Springer-Lehrbuch

Springer
Berlin
Heidelberg
New York
Barcelona
Budapest
Hongkong
London
Mailand
Paris
Santa Clara
Singapur
Tokio

Helmut Haase • Heyno Garbe

Elektrotechnik

Theorie und Grundlagen

Mit 206 Abbildungen

Professor Dr.-Ing. Helmut Haase
Professor Dr.-Ing. Heyno Garbe
Universität Hannover
Institut für Grundlagen der Elektrotechnik und Messtechnik
Appelstr. 9A
30167 Hannover

ISBN 3-540-62431-7 Springer Verlag Berlin Heidelberg New York

Die Deutsche Bibliothek – CIP-Einheitsaufnahme

Haase, Helmut:
Elektrotechnik: Theorie und Grundlagen / Helmut Haase; Heyno Garbe. – Berlin; Heidelberg; New York; Barcelona; Budapest; Hong Kong; London; Mailand; Paris; Santa Clara; Singapur; Tokio: Springer 1998
(Springer-Lehrbuch)

Springer-Verlag ist ein Unternehmen von Springer Science+Business Media
springer.de

Einbandentwurf: Struve & Partner, Heidelberg
Satzherstellung mit LaTeX: PTP - Protago • TeX • Production, Berlin
SPIN: 10977101 86/3111 - 5 4 3 2 1 - Gedruckt auf säurefreiem Papier

Vorwort

Diese „Grundlagen der Elektrotechnik" fassen die gleichnamige Vorlesung zusammen, welche die Autoren seit Beginn der 90er Jahre an der Universität Hannover halten. Der etwa hundert Vorlesungsstunden umfassende Stoff erschließt eine Auswahl der Begriffe und Methoden, die den elektrotechnischen Fachgebieten gemeinsam sind.

Den Kern des Buches bilden Kap. 6–9 über das elektrostatische, das Strömungs- und das Magnetfeld. Die Felder fundieren das Verständnis der Elektrizität. Alle anderen Kapitel beschäftigen sich mit Netzwerken. In den einführenden Kap. 1–5 sind dies Gleichstrom-, in Kap. 10–15 Wechselstrom- und Drehstromnetzwerke sowie Netze mit beliebigem Zeitverlauf der Erregung. Instationäre und Einschaltvorgänge sind eingeschlossen, ebenso nichtlineare Vorgänge und deren numerische Berechnung. Zur Methode des Zustandsraumes hinführend sind die instationären Vorgänge mit Differentialgleichungen erster Ordnung behandelt.

Für die vorangestellten Gleichstromnetzwerke werden nur geringe mathematische Fertigkeiten vorausgesetzt: Grundkenntnisse der Algebra und elementarer Funktionen sowie die Vertrautheit mit dem Ableitungs- und Integralbegriff genügen. Spätere Kapitel nutzen weitere mathematische Hilfsmittel. Dabei bleibt die routinierte Rechenfertigkeit zweitrangig. Wichtiger ist es, die *Bedeutung* der mathematischen Begriffe und Operationen zu erkennen. Man sollte z. B. die in der Feldtheorie üblichen Linien-, Flächen- und Volumenintegrale – unerachtet spezieller Koordinatensysteme und Integrationsmethoden – einfach als Summen verstehen.

Der Text eignet sich bei Einhaltung seiner Reihenfolge zum Selbststudium, berücksichtigt aber auch den Wunsch nach selektiver Lesbarkeit. Zahlreiche Rückverweise verknüpfen das Neue mit bereits Dargestelltem und helfen, Wissenslücken zu schließen.

Der Sprachstil stellt Präzision über Redundanz. Trotz der erreichten Kürze bleibt Raum für Analogien: Das Gemeinsame verschiedener Fachgebiete zu erkennen – z. B. der Mechanik, Hydraulik oder Wärmelehre – reduziert die Fülle des Stoffes und vertieft sein Verständnis.

Beispiele sind in dem Umfang eingearbeitet, wie zur Erläuterung des Grundsätzlichen hilfreich. Die angegebenen Zahlenwerte erlauben, die Ergebnisse nachzurechnen. Auch Verfahren der numerischen Mathematik sind mit allen Parametern nachvollziehbar eingebunden.

Besonderer Dank gebührt den Mitarbeitern des Instituts für Grundlagen der Elektrotechnik und Messtechnik der Universität Hannover für Anregungen und Korrekturen.

Die Autoren hoffen, dass ihre „Grundlagen der Elektrotechnik" nicht nur im Grundstudium und zur Prüfungsvorbereitung nützen; auch später können darin elektrotechnische Begriffe, Regeln und Gesetze schnell nachgeschlagen werden. Anders als rasch veraltendes Technologiewissen haben die „Grundlagen der Elektrotechnik" kein Verfallsdatum.

Hannover, Sommer 1997 Helmut Haase und Heyno Garbe

Symbole und Hinweise

Hier sind besondere Symbole und Begriffe sowie typographische Vereinbarungen erklärt. Die symbolischen Überschriften erleichtern das Wiederauffinden. Die Informationen werden vor allem zur selektiven Lektüre nützen.

1. $I = 3\mathrm{A},\ \{I\}_{\mathrm{SI}} = 3,\ [I]_{\mathrm{SI}} = \mathrm{A}$

Größensymbole - wie z. B. I für eine Stromstärke - sind *kursiv* gesetzt, Zahlen einschließlich der imaginären Einheit j und Einheiten dagegen gerade. Ebenfalls gerade erscheinen Naturkonstanten oder Zahlen wie e oder π, da sie festgelegt sind. Kursiven Symbolen kann dagegen stets ein vereinbarer Größenwert, bestehend aus Zahlenwert und Einheit, zugewiesen werden.

Geschweifte oder eckige Klammern spalten den Zahlenwert bzw. die Einheit der eingeklammerten Größe ab. Die Operation ist eindeutig, wenn die Klammern mit einem Kürzel für das verwendete Einheitensystem indiziert sind. Hier sind ausschließlich SI-Einheiten verwendet (vgl. Tabellen 17.2 bis 17.4).

2. $I = \frac{\mathrm{d}Q_D}{\mathrm{d}t},\ \int y\,\mathrm{d}x,\ \sin\alpha,\ Q = \int_{\mathrm{Volumen}} \rho\,\mathrm{d}V$

Das Differentialzeichen d bei Ableitungen und Integralen ist gerade gesetzt. Standardfunktionen wie ‚sin' oder ‚cos' sind zur Abhebung von den kursiven Variablen ebenfalls gerade gesetzt.

Bei Linien-, Flächen- oder Volumenintegralen ist der unter dem Integralzeichen angegebene Integrationsbereich - bei $Q = \ldots$ das ‚Volumen' - gerade gesetzt. Der Volumenbegriff bezeichnet hier ein dreidimensionales geometrisches Gebilde. Sein in m^3 zu messender Inhalt V ist nur eine spezielle Eigenschaft des Volumens. Auch Flächen oder Kurven sind in diesem Sinne umfassende geometrische Gebilde, die von ihrem Inhalt A bzw. ihrer Länge l zu unterscheiden sind.

3. *Kursivdruck*

stellt Begriffe heraus oder betont Wörter.

4. Kleingedruckter Text

weist auf Beispiele oder weiterführenden Stoff hin.

5. Fettgedruckte Formelnummern
besagen, dass die Formel – z. B. (7.10) – fundamentale Bedeutung hat.

6. Differentielle Größen dt, dQ_D, Grenzwert $\frac{\sin x}{x} \overset{x\to 0}{=} 1$
Differentielle Größen werden häufig einfach als *kleine* Größen bezeichnet (z. B. die kleine Zeitspanne dt, oder der kleine Beitrag dQ_D zum Ladungsdurchsatz). Zu betonen, dass sie eigentlich unendlich (infinitesimal) klein sind, wäre für den Umgang mit ihnen eher hinderlich.

Die *Grenzwertoperation* wird abgekürzt notiert. Das Beispiel in der Überschrift steht für $\lim\limits_{x\to 0}\left(\frac{\sin x}{x}\right) = 1.$

7. Vektoren $\vec{v}$, $\vec{B}$ und komplexe Zahlen $\underline{U}$, $\underline{I}$
sind am Pfeil über dem Buchstabensymbol bzw. an der Unterstreichung erkennbar.

8. Koordinate v_x und Komponente $\vec{v}_x = v_x\vec{e}_x$ des Vektors $\vec{v}$
sind voneinander zu unterscheiden. Koordinaten sind Skalare, Komponenten Vektoren. Im Schrifttum werden Koordinaten auch als Projektionen oder – normwidrig und verwirrend – als Komponenten bezeichnet.

9. Spaltenmatrix $\overline{z}$, Matrix $\overline{\overline{A}}$, Tensoren $\mathbf{S}$
Spaltenmatrizen (n Zeilen, eine Spalte) – häufig, aber selten zutreffend als Vektoren bezeichnet – sind einmal überstrichen, Matrizen mit Zeilen und Spalten doppelt. Tensoren sind fett gedruckt. Die Notation erlaubt hand- und druckschriftlich identische Symbole, von den nur ganz am Rande vorkommenden Tensoren abgesehen.

10. Pfeile in Abbildungen
Linien mit einem Halbpfeil ($\rightharpoondown$) stellen skalare Größen dar, z. B. Koordinaten eines Vektors oder den Wert eines Nullphasenwinkels. Zeigt der Halbpfeil in Richtung der zugehörigen Achse, markiert er einen positiven Wert, andernfalls einen negativen.

Linien mit Pfeilen oder Halbpfeilen an beiden Enden stellen solche Skalare dar, die nach ihrer Definition nicht negativ sein können, z. B. Längen oder Amplituden.

Vektoren oder Zeiger, die normalerweise symmetrische Pfeilspitzen haben, sind gelegentlich als Halbpfeile gezeichnet. In Treffpunkten ihrer Spitzen sind die Vektoren bzw. Zeiger dadurch leichter zu unterscheiden.

11. Normen
Für Begriffe und Symbole sind weitgehend die DIN-Normen beachtet.

12. Kurvendiagramme mit bezifferten Achsen
sind meistens mit dem Mathematik-Programm MATLAB™ berechnet und gezeichnet.

13. Größensymbole
sind in Tabelle 17.4 zusammengestellt.

Inhaltsverzeichnis

1 Grundbegriffe

1.1
Ladung als elektrisches Grundphänomen

Die elektrische Ladung spielt in der Elektrizitätslehre eine ähnliche Rolle wie in der Mechanik die Masse. Die elektrische Ladung Q tritt in der Materie fein verteilt auf, im Gegensatz zur Masse aber in zwei Polaritäten. Ein Proton trägt die positive Ladung

$$Q_{\text{Proton}} = 1{,}6 \cdot 10^{-19}\,\text{C} \qquad [Q]_{\text{SI}} = \text{C} = \text{Coulomb}^{1}, \tag{1.1}$$

ein Elektron die betragsmäßig gleich große negative Ladung

$$Q_{\text{Elektron}} = -1{,}6 \cdot 10^{-19}\text{C}. \tag{1.2}$$

Den Ladungsbetrag dieser Atombausteine bezeichnet man als Elementarladung e, da kleinere Ladungsportionen nicht existieren. Damit gilt

$$\text{e} = Q_{\text{Proton}} = -Q_{\text{Elektron}}. \tag{1.3}$$

Solange sich positive und negative Ladungen lokal kompensieren und ungeordnet bewegen, treten weder elektrische noch magnetische Erscheinungen auf.

1.2
Elektrische Stromstärke als Ladungsströmung

Ein Stoff oder ein Gebiet verhält sich elektrisch neutral, wenn sich seine positive Ladung Q_+ und seine negative Ladung Q_- überall neutralisieren. In diesem Fall ist die *wahre*[2] *Ladung*

$$Q = Q_+ + Q_- \tag{1.4}$$

des Gebietes Null.

---

[1] Ch. A. de Coulomb 1736-1806

[2] Der Zusatz *wahr* grenzt gegen später eingeführte weitere Ladungsbegriffe ab.

Replacement for page 2

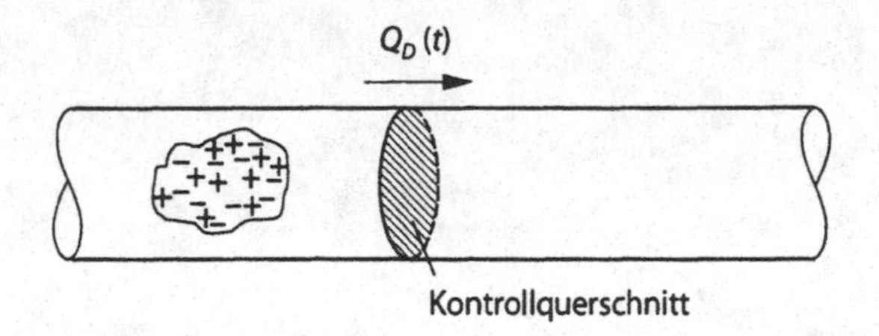

Bild 1.1 Leiter mit (Kontroll-)Querschnitt und Zählpfeil für den Ladungsdurchsatz $Q_D(t)$

Um eine elektrische Stromstärke zu erregen, ist wahre Ladung nicht erforderlich. Es genügt, wenn sich z. B. Elektronen gegenüber ruhenden Atomkernen gerichtet bewegen. Der stromführende Stoff bleibt dabei ladungsneutral.

Die Ladungsströmung in einem Leiter (Bild 1.1) wird durch den im Folgenden erklärten Ladungsdurchsatz $Q_D(t)$ beschrieben. Q_D ist eine Funktion der Zeit t.

Zur Ermittlung von $Q_D(t)$ legt man längs des Leiters eine Bezugsorientierung (Zählpfeil) für $Q_D(t)$ fest und registriert (zählt und bewertet) die den markierten Querschnitt durchsetzende Ladung (Bild 1.1).

Der während der kurzen Zeitspanne $\mathrm{d}t$ registrierte differentielle Ladungsdurchsatz $\mathrm{d}Q_D$ ist vereinbarungsgemäß positiv, wenn positive Ladungsträger den Querschnitt in Pfeilrichtung durchsetzen (oder negative Ladungen entgegen der Pfeilrichtung). In diesem Fall steigt $Q_D(t)$. Wenn negative Ladungsträger den markierten Querschnitt in Pfeilrichtung durchsetzen oder positive Ladung ihr entgegen, ergibt sich $\mathrm{d}Q_D$ negativ, d. h. $Q_D(t)$ fällt.

$Q_D(t)$ kann als Anzeige eines Ladungsmessers verstanden werden, der den beschriebenen Vorzeichenregeln gehorcht. Die Einbaurichtung (Polung) des Ladungsmessers ist in gleicher Weise wählbar wie die Orientierung des oben erwähnten Zählpfeils. Wenn die Anzeige des Ladungsmessers mit der Zeit fällt oder negativ ist, heißt das nicht, dass er ‚falsch gepolt' ist. Dementsprechend ist der Zählpfeil nicht ‚falsch gewählt', wenn sich im konkreten Falle negative Zahlenwerte ergeben.

Durch Auswertung von $Q_D(t)$ kann die elektrische Stromstärke $I(t)$ im Leiter als (Differential-)Quotient

$$I = \frac{\mathrm{d}Q_D}{\mathrm{d}t} \qquad [I]_{\mathrm{SI}} = \frac{\mathrm{C}}{\mathrm{s}} = \mathrm{A} = \text{Ampère}^3 \tag{1.5}$$

bestimmt werden.

Die elektrische Stromstärke[4] *ist der Differentialquotient von Ladungsdurchsatz und Zeit.*

[3] A. M. Ampère 1775-1836

[4] Die elektrische Stromstärke wird oft auch *elektrischer Strom* oder noch kürzer *Strom* genannt.

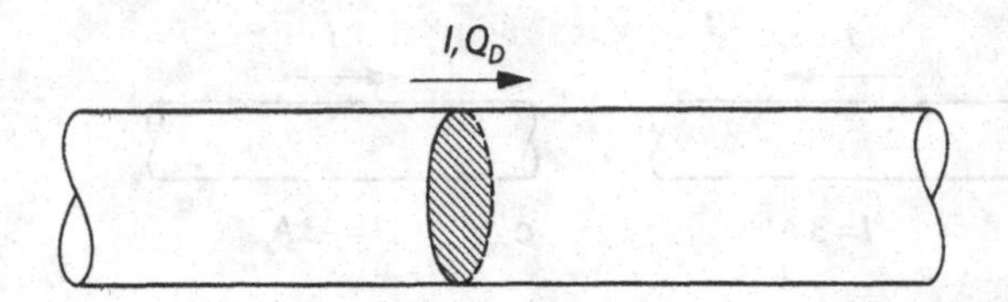

Bild 1.2 Ladungsdurchsatz und Stromstärke im Leiter haben denselben Zählpfeil

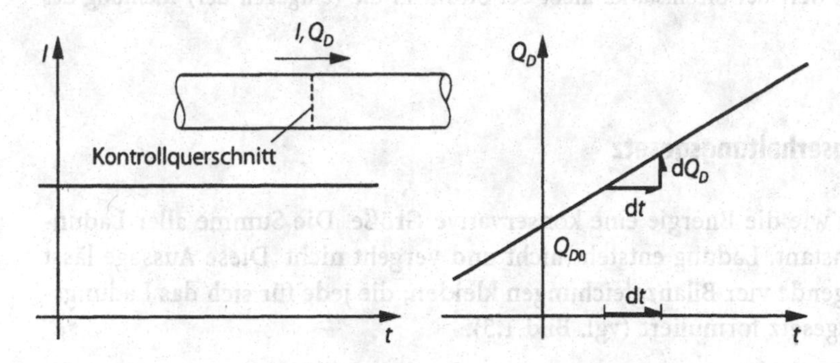

Bild 1.3 Die elektrische Stromstärke I und der Ladungsdurchsatz $Q_D(t)$ bieten zwei alternative Möglichkeiten, einen elektrischen Strom (hier: Gleichstrom) zu beschreiben.

Der differentielle Ladungsdurchsatz $\mathrm{d}Q_D$ in Gl. (1.5) benötigt zur Klärung der Bedeutung seines Vorzeichens einen Zählpfeil (Bild 1.1). Derselbe Zählpfeil gehört auch zur vollständigen Angabe der elektrischen Stromstärke I (Bild 1.2).

Gleichung (1.5) erklärt die elektrische Stromstärke aus dem Ladungsdurchsatz. Bei gegebener Zeitfunktion der Stromstärke $I(t)$ kann der Ladungsdurchsatz

$$Q_D(t) = \int_0^t I(\tau)\mathrm{d}\tau + Q_{D0} \tag{1.6}$$

t	Zeitpunkt, für den Q_D ermittelt wird,
τ	Zeit als Integrationsvariable,
$Q_{D0} = Q_D(0)$	Wert von Q_D zur Zeit $t = 0$.

durch Integration aus Gl. (1.5) errechnet werden.

Wird die elektrische Stromstärke in Analogie zum Volumenstrom (in m^3/s) gesetzt, so entspricht dem Ladungsdurchsatz Q_D ein Volumen (z. B. Anzeige einer Wasseruhr in m^3).

Aus Gl. (1.5) oder (1.6) folgt, dass $I(t)$ und $Q_D(t)$ alternative Begriffe sind, die beide das Phänomen der elektrischen Strömung durch einen Leiterquerschnitt beschreiben (Bild 1.3).

Das Vorzeichen von I und $\mathrm{d}Q_D$ ist an die gewählte Orientierung des Zählpfeils laut Bild 1.4 geknüpft.

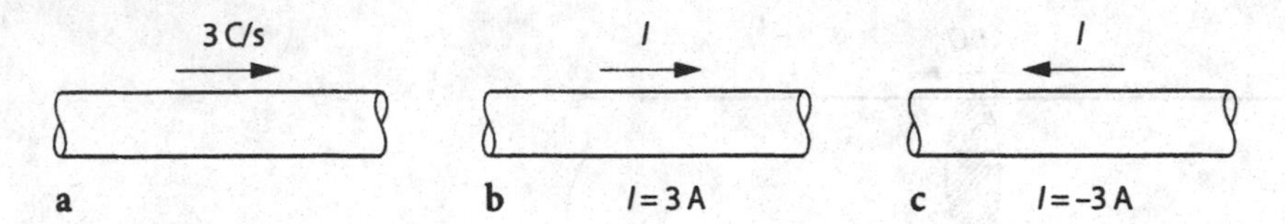

Bild 1.4 Zur Beschreibung der elektrischen Stromstärke, die der Ladungsströmung von ‚3 C/s nach rechts' entspricht (a), kann der Zählpfeil nach rechts (b) oder nach links (c) orientiert sein. Der Zählpfeil definiert die Bedeutung des Vorzeichens. Bei positivem (negativem) Wert der Stromstärke fließt der Strom in die (entgegen der) Richtung des Zählpfeils.

1.3 Ladungserhaltungsgesetz

Ladung ist wie die Energie eine konservative Größe. Die Summe aller Ladungen ist konstant. Ladung entsteht nicht und vergeht nicht. Diese Aussage lässt sich in folgende vier Bilanzgleichungen kleiden, die jede für sich das Ladungserhaltungsgesetz formuliert (vgl. Bild 1.5).

$$\mathrm{d}Q_D = -\mathrm{d}Q \tag{1.7a}$$

$$\frac{\mathrm{d}Q_D}{\mathrm{d}t} = -\frac{\mathrm{d}Q}{\mathrm{d}t} \tag{1.7b}$$

$$I = -\frac{\mathrm{d}Q}{\mathrm{d}t} \tag{1.7c}$$

$$\sum I = -\frac{\mathrm{d}Q}{\mathrm{d}t} \tag{1.7d}$$

Q wahre Ladung eines Gebiets, begrenzt durch eine geschlossene (Bilanz-) Hülle,
Q_D Ladungsdurchsatz nach außen durch die Bilanzhülle,
$\mathrm{d}Q$ Zunahme (wenn > 0) von Q innerhalb der Bilanzhülle,
$\mathrm{d}Q_D$ Zunahme (wenn > 0) von Q_D durch die Hülle nach außen,
I Strom durch die Hülle (Zählpfeil nach außen orientiert).

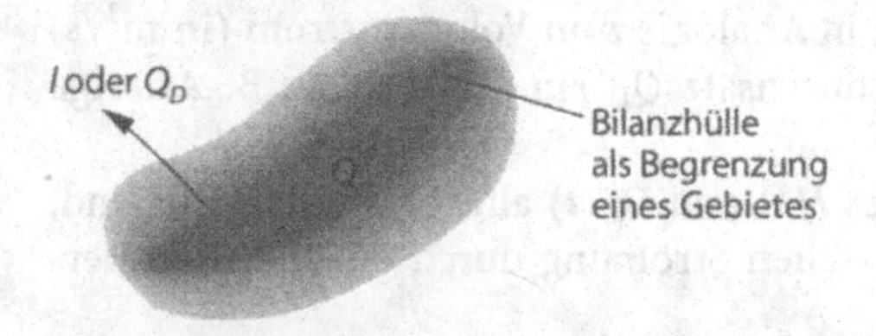

Bild 1.5 Ladungserhaltungsgesetz: Ladung, welche die Hülle verlässt, fehlt innen.

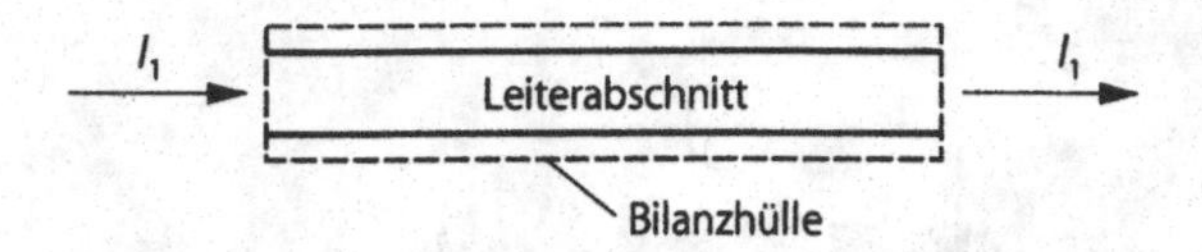

Bild 1.6 Der Leiter bleibt nach dem Ladungserhaltungsgesetz ladungsneutral. Der links eintretenden Ladung entspricht rechts eine gleichzeitig und in gleicher Größe abfließende.

Der Strom I, der durch die Hüllfläche fließt, kann über die ganze Hülle verteilt sein. Entscheidend ist der Gesamtstrom, was in Gl. (1.7d) zum Ausdruck kommt.

Das Ladungserhaltungsgesetz wird beispielsweise laut Bild 1.6 auf einen vom Strom I_1 durchflossenen Leiter angewendet. Dazu wird der Leiter mit einer Bilanzhülle umgeben und Gl. (1.7d) ausgewertet. Die linke Gleichungsseite liefert $-I_1 + I_1$; in die Hülle hineinfließende Ströme werden vereinbarungsgemäß negativ summiert. Da dieser Ausdruck Null ist, muss auch die rechte Seite der Gl. (1.7d) Null sein. Damit erhält man $-\mathrm{d}Q/\mathrm{d}t = 0$, d. h., die im Leiterstück eingeschlossene wahre Ladung ändert sich nicht. Wenn sie Null war, bleibt sie Null.

Die den Strom - hier I_1 - bildende bewegte Ladung, die von ruhenden Ladungen entgegengesetzter Polarität kompensiert wird, heißt Driftladung.

1.4 Äquivalenz von Ionen- und Massestrom

Während mit Elektronenströmen, z. B. in metallischen Leitern, wegen der vernachlässigbaren Masse der Elektronen keine nennenswerte Masseströmung verbunden ist, geht mit einem Ionenstrom, z. B. in (ionen-)leitenden Flüssigkeiten (Elektrolyten), ein Massestrom (kg/s) einher.

Wenn N Ionen desselben Stoffes, von denen jedes die Ladung $z \cdot \mathrm{e}$ trägt, eine Kontrollfläche innerhalb des Elektrolyten passieren, beträgt der entsprechende Ladungsdurchsatz

$$Q_D = Nze, \qquad [Q_D]_{\mathrm{SI}} = \mathrm{C}, \tag{1.8}$$

z Ladungszahl der Ionen, Wertigkeit (ganzz. pos. oder neg.), $[z] = 1$,
e $= 1{,}6 \cdot 10^{-19}\,\mathrm{C}$ Elementarladung.

Die N Ionen haben zusammen die Masse

$$m = \frac{N}{N_A} M \qquad [m]_{\mathrm{SI}} = \mathrm{kg} \tag{1.9}$$

N_A $= 6{,}022 \cdot 10^{23}\mathrm{mol}^{-1}$, Avogadro - Konstante,[5]
M Molmasse der Ionen (z. B. $M_{\mathrm{Ag}} = 107{,}9$ g/mol für Silber).

[5] A. C. Avogadro 1776–1856

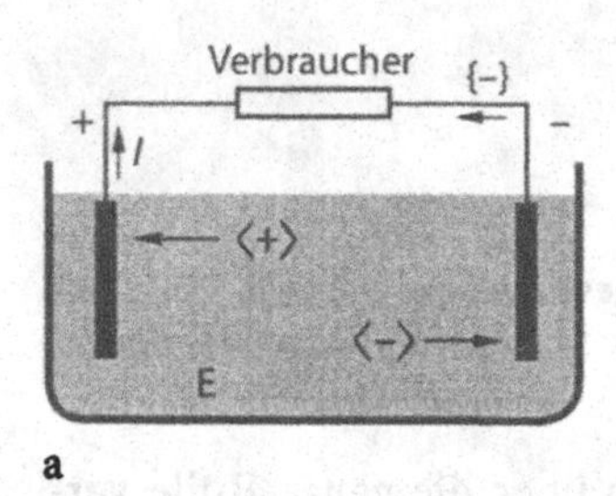

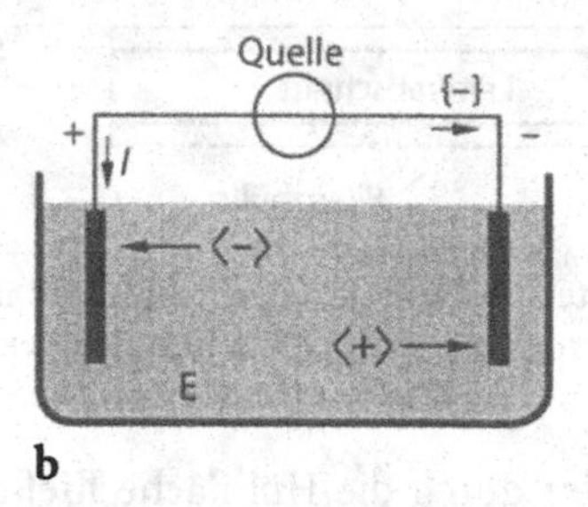

a b

Bild 1.7 Ionenleitung im Elektrolyten. **a** Galvanisches Element (Spannungsquelle) speist Verbraucher, **b** Wiederaufladbares galvanisches Element (z. B. Bleiakkumulator) beim Laden oder Galvanisierbad oder Elektrolyse.
+/−: positive/negative Elektrode, ⟨+⟩/⟨−⟩: positives/negatives Ion mit gerichteter Bewegung, {−}: Elektron, E: Elektrolyt

Aus Gl. (1.8) und (1.9) folgt durch Eliminierung von N das erste Faraday'sche[6] Gesetz

$$m = \frac{Q_D M}{z e N_A} = \frac{Q_D M}{zF} \qquad [m]_{SI} = \mathrm{kg} \qquad (1.10a)$$

m	Massedurchsatz einer Ionenart durch eine Kontrollfläche im ionenleitenden Gebiet,
Q_D	Ladungsdurchsatz durch dieselbe Kontrollfläche,
$F = eN_A = 96485$ C/mol	Faraday-Konstante.

Aus Gl. (1.10a) erhält man durch Differenzieren nach der Zeit $\dot{m} = \frac{\mathrm{d}m}{\mathrm{d}t} = \frac{\mathrm{d}Q_D/\mathrm{d}t \cdot M}{zF}$ und mit Gl. (1.5)

$$\dot{m} = \frac{IM}{zF} \qquad [\dot{m}]_{SI} = \frac{\mathrm{kg}}{\mathrm{s}} \qquad (1.10b)$$

$\dot{m}$	Massestrom in kg/s durch die Kontrollfläche,
$I = \frac{\mathrm{d}Q_D}{\mathrm{d}t}$	elektrische Stromstärke durch dieselbe Kontrollfläche.

Die Gln. (1.10) ordnen dem (elektrischen) Ionenstrom im Elektrolyten einen (hydraulischen) Massestrom zu.

An einer in den Elektrolyten eingetauchten Elektrode (Bild 1.7) eintreffende Ionen entladen (neutralisieren) sich dort, wenn die Elektrode mit einer zweiten über einen äußeren Leiterkreis elektrisch verbunden ist. Positive Ionen nehmen Elektronen aus dem äußeren Stromkreis auf. Negative Ionen geben ihre überzähligen Elektronen an ihn ab.

Im Gegensatz zum rein elektronenleitenden Stromkreis finden im Ionenstromgebiet stets chemische Umsetzungen statt. Sie sind Gegenstand der Elektrochemie.

---
[6] M. Faraday 1791-1867

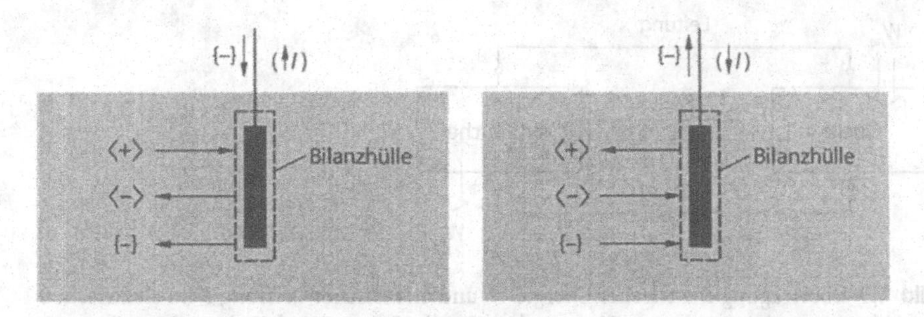

Bild 1.8 Strombilanz von Elektroden im Elektrolyten. Der Strom im (nicht dargestellten) äußeren Kreis ist ein reiner Elektronenstrom. Die Summe der Teilströme im Elektrolyten beträgt I.
⟨+⟩/⟨−⟩/{−}: Strömung von positiven Ionen / negativen Ionen / Elektronen

Wählt man die Oberfläche einer Elektrode (Bild 1.8) als Bilanzhülle nach dem Ladungserhaltungsgesetz laut Gln. (1.7), setzt sich der äußere Elektronenstrom I im Elektrolyten im allgemeinen Fall als Strömung von positiven und negativen Ionen sowie von Elektronen fort. Die Ladungsträgerarten bilden Teilströme.

Die eingetragenen Ionenbewegungen bedeuten für die Elektrode Masseverlust oder -gewinn.

Für die Bildung des Massestroms einer bestimmten Ionenart steht nach Bild 1.8 nur ein der elektrochemischen Reaktion eigener *Teil* des äußeren Stromes zu Verfügung. Dies ist bei Auswertung der Gln. (1.10) zu beachten.

Ionenströme fließen z. B. in Batterien, Brennstoffzellen und Galvanisierbädern.

1.5 Elektrische Spannung als energieverwandte Größe

In einem elektrischen Stromkreis (Bild 1.9) wird in der verlustfrei vorausgesetzten Quelle eine nichtelektrische (z. B. mechanische oder chemische) Energieform in elektrische Energie W gewandelt. Im angeschlossenen Verbraucher wird die über Leitungen übertragene elektrische Energie wieder in eine nichtelektrische Energie W_{ne}, z. B. Wärme, umgesetzt.

Da für jede Art von Energie der Energieerhaltungssatz gilt, hier also $\mathrm{d}W + \mathrm{d}W_{ne} = 0$, brauchen wir keine Definition der elektrischen Energie anzugeben. Wir betrachten sie mit $\mathrm{d}W = -\mathrm{d}W_{ne}$ als gegeben aus der beobachtbaren Änderung der nichtelektrischen Energie. Der Energiebegriff dient hier als Brücke zwischen elektrischen und nichtelektrischen Erscheinungen.

Beobachtet man in der Zeitspanne $\mathrm{d}t$ die Zunahme $\mathrm{d}W$ der elektrischen Energie (welche die Quelle abgibt und die der Verbraucher aufnimmt), so errechnet man die elektrische Leistung P (welche die Quelle abgibt und die der

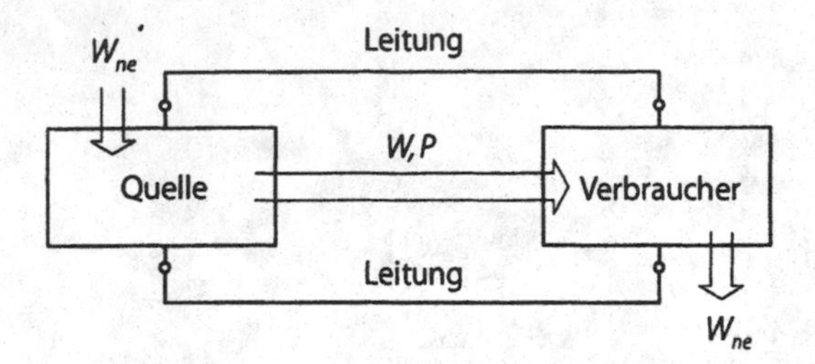

Bild 1.9 Übertragung elektrischer Energie W und elektrischer Leistung P im elektrischen Stromkreis von der Quelle zum Verbraucher. Quelle, Leitung und Verbraucher seien verlustlos.

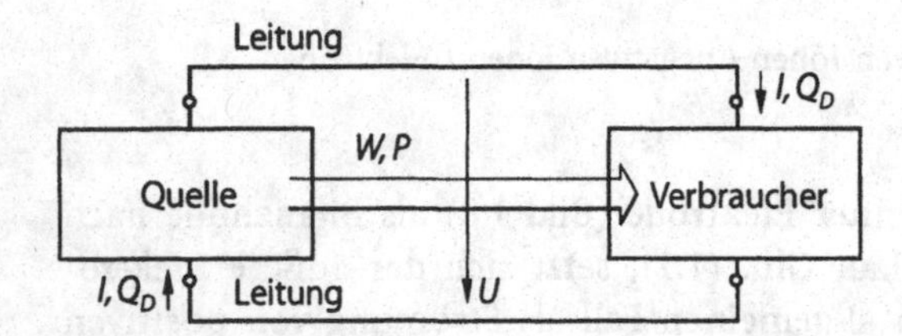

Bild 1.10 Einfacher Stromkreis mit seinen Beschreibungsgrößen

Verbraucher aufnimmt) als (Differential-)Quotient

$$P = \frac{\mathrm{d}W}{\mathrm{d}t}. \qquad [P]_{\mathrm{SI}} = \frac{\mathrm{J}}{\mathrm{s}} = \mathrm{W} = \mathrm{Watt}^7, \qquad \mathrm{J} = \mathrm{Joule}^8 \qquad (1.11)$$

Die elektrische Leistung ist die Ableitung der elektrischen Energie nach der Zeit.

Bei konstanter elektrischer Leistung P nimmt die elektrische Energie W gemäß Gl. (1.11) mit konstanter Rate zu oder ab.

Die übertragene elektrische Energie W und Leistung P im Stromkreis (Bild 1.10) stehen in Beziehung zum Ladungsdurchsatz Q_D – dementsprechend auch zur elektrischen Stromstärke I – und zur noch zu definierenden *elektrischen Spannung* U. Die fünf genannten Größen sind der Quelle und dem Verbraucher gemeinsam.

Die *elektrische Spannung*

$$U = \frac{\mathrm{d}W}{\mathrm{d}Q_D} \qquad [U]_{\mathrm{SI}} = \frac{\mathrm{J}}{\mathrm{C}} = \mathrm{V} = \mathrm{Volt}^9 \qquad (1.12a)$$

längs der Quelle oder des Verbrauchers ist aus den Zeitverläufen der übertragenen elektrischen Energie W und des Ladungsdurchsatzes Q_D definiert

[7] J. Watt 1736-1819
[8] J. P. Joule 1818-1889
[9] A. Graf Volta 1745-1827

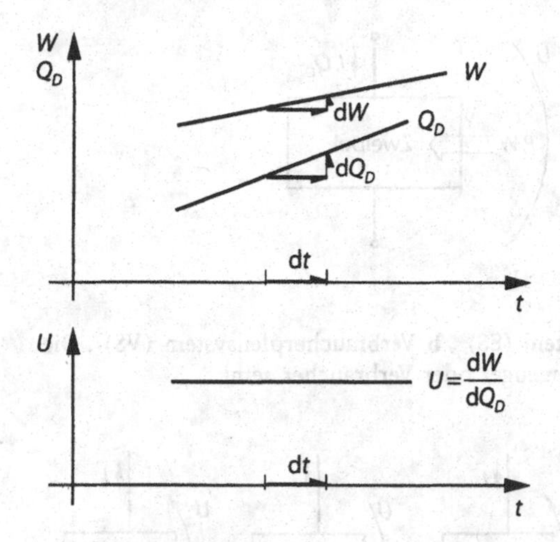

Bild 1.11 Die Zeitverläufe W und Q_D bestimmen die elektrische Spannung U (hier Gleichspannung).

(Bild 1.11). Ohne Ladungsdurchsatz (Nenner in Gl. (1.12a)) kann eine Spannung nicht gemessen werden.

Die Spannung ist nach Gl. (1.12a) eine energieverwandte Größe. Wegen $dW = Pdt$ (Gl. (1.11)) und $dQ_D = Idt$ (Gl. (1.5)) erhält man aus Gl. (1.12a)

$$U = \frac{P}{I}. \qquad [U]_{\text{SI}} = \frac{\text{W}}{\text{A}} = \text{V} \tag{1.12b}$$

1.6 Verbraucher- und Erzeugerpfeilsystem

Zur eindeutigen Festlegung der Größen W, P, Q_D, I und U reicht ihr jeweiliger Betrag allein nicht aus. Auch das Vorzeichen ist physikalisch relevant. Wechselt zum Beispiel der Strom durch einen Akkumulator sein Vorzeichen, so bedeutet das den Wechsel zwischen Lade- und Entladebetrieb. Wir haben zwischen der *Wirkungsrichtung* und der (formalen) *Zählrichtung* einer Größe zu unterscheiden. Bei positivem (negativem) Wert der Größe stimmen beide überein (verlaufen sie entgegengesetzt). Dementsprechend verlangen die Gln. (1.12) Sorgfalt bei der Interpretation der Vorzeichen. Bezieht man die Gln. (1.12) auf den linken Zweipol von Bild 1.10 (Quelle und Verbraucher bezeichnet man wegen ihrer zwei Anschlüsse als *Zweipol)*, so sind W und P seine elektrische Energie- und Leistungs*abgabe* und U die Spannung längs des Zweipols, orientiert *entgegen* der Zählrichtung von I und Q_D. Die Beschreibungsgrößen des linken Zweipols sind gemäß dem *Erzeuger*pfeilsystem (ES) orientiert und definiert (Bild 1.12a).

Für den rechten Zweipol von Bild 1.10 bezeichnen W und P in den Gln. (1.12) seine elektrische Energie- und Leistungs*aufnahme*. Die Zählpfeile des rechten Zweipols sind im *Verbraucher*pfeilsystem (VS, Bild 1.12b) ange-

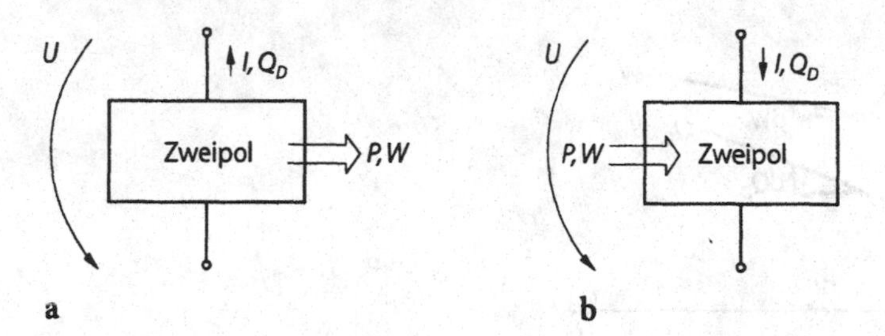

Bild 1.12 Zählpfeile. a Erzeugerpfeilsystem (ES) , b Verbraucherpfeilsystem (VS) . Die Zweipole können in beiden Teilbildern Erzeuger oder Verbraucher sein!

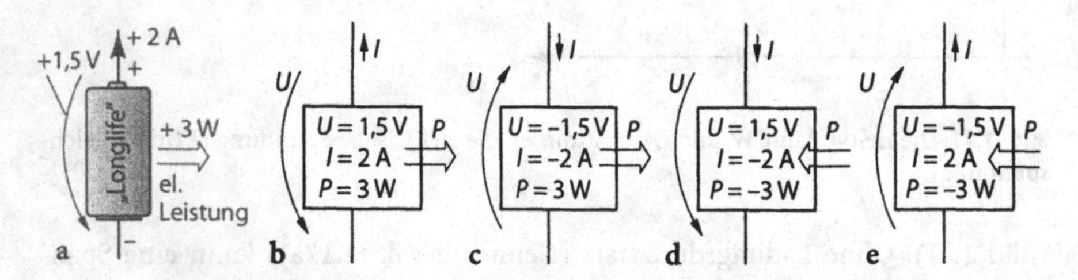

Bild 1.13 Dieselbe Quelle (a), dargestellt im ES (b und c) oder dargestellt im VS (d und e). a Die Pfeile bezeichnen die Wirkungsrichtung. b–e Die Pfeile sind Zählpfeile.

setzt. Pfeilsysteme sind Formalismen. Man kann z. B. eine Quelle auch im VS beschreiben (Bild 1.13).

Bei den Zweipolgrößen *P*, *W*, *I*, Q_D und *U* hat man in Berechnungen oder bei Wertangaben stets klarzustellen, welches der beiden Pfeilsysteme man benutzt. Das Vorzeichen eines Zahlenwertes bezieht seine Bedeutung allein aus der – in einer Zeichnung festgelegten – Zählpfeilorientierung der Größe.

2 Einfacher Stromkreis

2.1 Ideale Stromquelle und ideale Spannungsquelle

Der einfache Stromkreis besteht aus einer Quelle, Verbindungsleitungen und einem Verbraucher (Bild 1.10).

Quellen funktionieren ihrer physikalischen Natur nach nichtelektrisch. Die Kräfte, welche die Ladungsträger antreiben, sind z. B. chemischer, elektromagnetischer oder photovoltaischer Natur (Akkumulatorzelle, Kraftwerksgenerator, Solarzelle).

In Abstraktion ihres physikalischen Prinzips lassen sich Quellen durch ihre Strom-Spannungs-Kennlinie beschreiben.

Die ideale Spannungsquelle (Bild 2.1) hält bei jedem Strom die *Spannung* U_q an ihren Klemmen konstant. Sie ist unbegrenzt leistungsfähig. Ihre Leistungsabgabe (ES) beträgt laut Gl. (1.12b)

$$P = U_q I. \qquad [P]_{SI} = W = \text{Watt} \tag{2.1}$$

U_q Quellenspannung,
I Stromstärke in der Quelle.

Bei positiver Stromstärke, positive Quellenspannung und das ES vorausgesetzt, gibt die Quelle elektrische Leistung ab, bei negativer Stromstärke nimmt sie

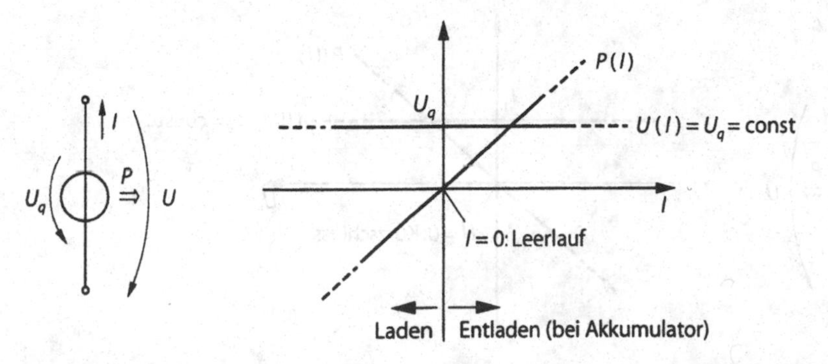

Bild 2.1 Ideale Spannungsquelle, Schaltzeichen und Kennlinie im Erzeugerpfeilsystem

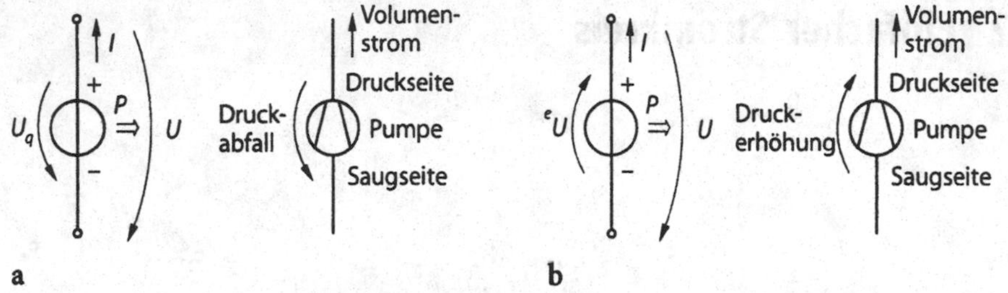

a b

Bild 2.2 Quelle im ES und Analogie Spannungsquelle/Pumpe. a Beschreibung mit Quellenspannung U_q, b mit eingeprägter Spannung ^{e}U

Energie aus einer anderen Quelle auf (Ladebetrieb). Welcher Strom sich in der Spannungsquelle einstellt, hängt von ihrer Quellenspannung U_q und vom angeschlossenen Netzwerk ab.

Anstelle der Quellenspannung U_q kann eine Spannungsquelle durch ihre *eingeprägte Spannung* ^{e}U beschrieben werden (Bild 2.2b).

Der eingeprägten Spannung ^{e}U entspricht in einer hydraulischen Analogie die in Strömungsrichtung zu beobachtende Druck*erhöhung*. Formal kann man die Druckdifferenz einer Pumpe auch als Druck*abfall* entgegen der Strömungsrichtung ansehen. In diesem Sinne ist U_q einem Druckabfall analog.

Die elektrischen Quellen in Bild 2.2 sind gleich, wenn $U_q = {}^{e}U$ gilt und die Zählpfeile von U_q und ^{e}U entgegengesetzt orientiert sind. Die eingeprägte Spannung ^{e}U wird auch *elektromotorische Kraft* (EMK) oder *innere Spannung* genannt. Obwohl die eingeprägte Spannung ^{e}U der physikalisch sinnfälligere Begriff ist, wird meistens die Quellenspannung U_q verwendet.

Das zur idealen Spannungsquelle alternative Element ist die *ideale Stromquelle* (Bild 2.3). Sie zwingt dem Stromkreis unter allen Umständen ihren Quellenstrom I_q auf. An ihren Klemmen stellt sich die dazu nötige Spannung ein.

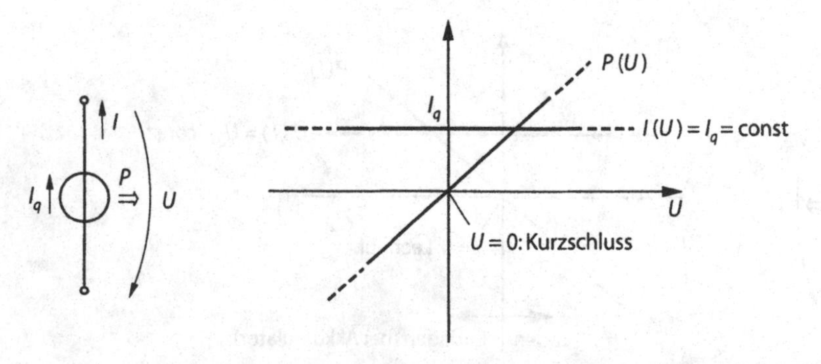

Bild 2.3 Ideale Stromquelle, Schaltbild und Kennlinie im Erzeugerpfeilsystem (ES)

Die Leistungsabgabe (ES) der Stromquelle beträgt

$$P = U\,I_q\,. \qquad [P]_{SI} = \mathrm{W} \tag{2.2}$$

2.2 Widerstand und Leitwert, Ohm'sches Gesetz

Im Gegensatz zur Quelle, dem aktiven Teil des Stromkreises, verhält sich der Verbraucher *passiv*. Er setzt dem Stromfluss einen Widerstand entgegen. Der Verbraucher wird, wie die Quelle, durch seine Strom-Spannungs-Kennlinie beschrieben.

Wir setzen jetzt das Verbraucherpfeilsystem voraus. Der Quotient

$$R = \frac{U}{I} \qquad [R]_{SI} = \Omega = \mathrm{Ohm}^{1} = \frac{\mathrm{V}}{\mathrm{A}} \tag{2.3}$$

ist der *elektrische Widerstand* des Verbrauchers, sein Kehrwert

$$G = \frac{I}{U} \qquad [G]_{SI} = \mathrm{S} = \mathrm{Siemens}^{2} = \frac{\mathrm{A}}{\mathrm{V}} = \frac{1}{\Omega} \tag{2.4}$$

der *elektrische Leitwert* des Verbrauchers. R und G haben stets positive Werte.

Im Falle einer linearen Kennlinie (Bild 2.4b) sind R bzw. G unabhängig vom Arbeitspunkt auf der Kennlinie. Jedes Wertepaar (U, I) liefert dasselbe Ergebnis. Man spricht in diesem Fall von einem *Ohm'schen* Widerstand bzw. *Ohm'schen* Leitwert.

Gleichung (2.3) oder (2.4) heißt dann *Ohm'sches Gesetz*.

Der differentielle Widerstand

$$r_D = \frac{\mathrm{d}U}{\mathrm{d}I} \qquad [r_D]_{SI} = \Omega \tag{2.5}$$

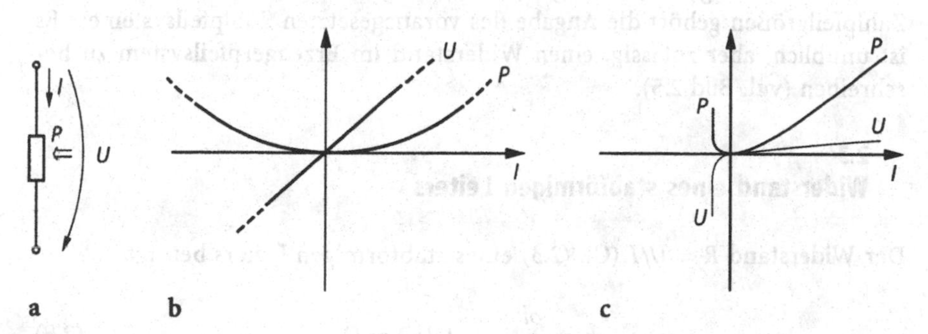

Bild 2.4 Verbraucher im VS. **a** Symbol, **b** lineare U-I-Kennlinie, **c** nichtlineare U-I-Kennlinie

[1] G. S. Ohm 1789–1854
[2] W. von Siemens 1816–1892

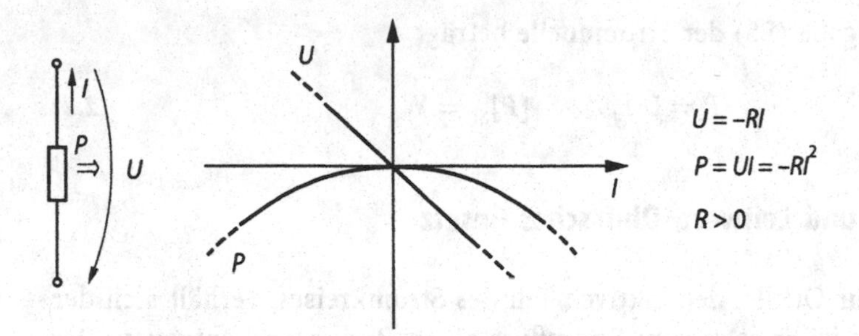

Bild 2.5 Kennlinie eines Widerstands sowie Ohm'sches Gesetz und Leistung im ES

eines Verbrauchers ist die Ableitung der Spannungskennlinie nach dem Strom. Im Ohm'schen (linearen) Fall gilt $R = r_D$, im nichtlinearen Fall (Bild 2.4c) hängen R, G und r_D vom Arbeitspunkt auf der Kennlinie ab.

Die vom Verbraucher aufgenommene elektrische Leistung (VS) beträgt im linearen und nichtlinearen Fall gemäß Gl. (1.12b)

$$P = U\,I. \qquad [P]_{\mathrm{SI}} = \mathrm{W} \tag{2.6}$$

Eine der beiden Größen U oder I muss zur Berechnung der Leistung des Verbrauchers bekannt sein. Die andere ist seiner Kennlinie zu entnehmen.

Im Ohm'schen Fall erhält man bei Anwendung des Verbraucherpfeilsystems (VS) aus Gl. (2.6) wegen $U = RI$ bzw. $I = GU$

$$P = RI^2 = \frac{U^2}{R} = GU^2 = \frac{I^2}{G}. \tag{2.7}$$

Die elektrische Leistung des im VS beschriebenen Verbrauchers ist unabhängig von der Art seiner Kennlinie positiv. Er nimmt elektrische Leistung auf.

Zur vollständigen Erklärung der Gleichungen und der darin auftretenden Zählpfeilgrößen gehört die Angabe des vorausgesetzten Zählpfeilsystemes. Es ist unüblich, aber zulässig, einen Widerstand im Erzeugerpfeilsystem zu beschreiben (vgl. Bild 2.5).

2.3 Widerstand eines stabförmigen Leiters

Der Widerstand $R = U/I$ (Gl. (2.3) eines stabförmigen Leiters beträgt

$$R = \frac{\rho l}{A}. \qquad [R]_{\mathrm{SI}} = \Omega \tag{2.8}$$

l Länge des Leiters, $[l]_{\mathrm{SI}} = \mathrm{m}$
A konstanter Querschnitt des Leiters, $[A]_{\mathrm{SI}} = \mathrm{m}^2$
ρ spezifischer Widerstand des Leitermaterials, $[\rho]_{\mathrm{SI}} = \Omega\mathrm{m}$.

Die Gleichung folgt aus Experimenten, in denen l, A und das Leitermaterial systematisch variiert werden. Gleichung (2.8) setzt voraus, dass der Leiter gerade, schlank ($l \gg \sqrt{A}$) und nicht verdreht ist. Sein Material muss homogen (einheitlich) und seine Temperatur überall konstant sein.

Der *spezifische elektrische Widerstand* ρ beschreibt den Einfluss des Leitermaterials auf den Widerstand. Beispielsweise beträgt der spezifische Widerstand von Kupfer ca. $0{,}017 \cdot 10^{-6}\,\Omega\text{m}$ bei 20 °C.

Bei beliebiger Gestalt eines Widerstandselementes hängt R prinzipiell vom Material (ρ) und von der geometrischen Form ab.

Der Kehrwert des spezifischen Widerstands (Beispielwerte vgl. Tabelle 17.8) heißt *spezifische elektrische Leitfähigkeit*

$$\kappa = \frac{1}{\rho}. \qquad [\kappa] = \frac{\text{S}}{\text{m}} = \frac{1}{\Omega\text{m}} \tag{2.9}$$

2.4 Temperaturabhängigkeit des elektrischen Widerstandes

Der spezifische Widerstand ρ von Metallen nimmt mit der Temperatur ϑ zu. Bei Graphit sinkt er dagegen. Der Funktionsverlauf $\rho(\vartheta)$ lässt sich in einem begrenzten Temperaturbereich durch die Potenzreihenentwicklung

$$\rho(\vartheta) = \rho_0\left[1 + \alpha_0(\vartheta - \vartheta_0) + \beta_0(\vartheta - \vartheta_0)^2\right] \qquad [\rho]_{\text{SI}} = \Omega\,\text{m} \tag{2.10}$$

ϑ Temperatur, $[\vartheta]_{\text{SI}} = \text{Grad Celsius}^3 = {}^\circ\text{C}$,
ϑ_0 Bezugstemperatur, $[\vartheta_0]_{\text{SI}} = {}^\circ\text{C}$, $\rho_0 = \rho(\vartheta_0)$,
α_0 linearer Temperaturkoeffizient von ρ, $[\alpha_0]_{\text{SI}} = \frac{1}{\text{K}} = \frac{1}{\text{Kelvin}^4} = \text{K}^{-1}$,
β_0 quadratischer Temperaturkoeffizient von ρ, $[\beta_0]_{\text{SI}} = \frac{1}{\text{K}^2} = \text{K}^{-2}$

annähern. In den meisten Fällen kann der quadratische Term vernachlässigt werden. Man beschränkt sich dann auf die lineare Approximation (Tangentennäherung) der $\rho(\vartheta)$-Kennlinie im Punkt ϑ_0, ρ_0. Für Kupfer beträgt $\alpha_0 = 0{,}0043\,\text{K}^{-1} = 0{,}43\frac{\%}{\text{K}}$ bei der Bezugstemperatur $\vartheta_0 = 20\,^\circ\text{C}$. Aus Gl. (2.10) ergibt sich bei Vernachlässigung des quadratischen Terms das Verhältnis

$$\frac{\rho(\vartheta_2)}{\rho(\vartheta_1)} = \frac{\vartheta_2 + c_0}{\vartheta_1 + c_0} \tag{2.11a}$$

mit

$$c_0 = \frac{1}{\alpha_0} - \vartheta_0. \qquad [c_0]_{\text{SI}} = \text{K} = \text{Kelvin} \tag{2.11b}$$

[3] A. Celsius 1701–1744
[4] Lord Kelvin of Largs 1824–1907 (bis 1866 Sir William Thomson)

Gleichung (2.11) eignet sich zur Umrechnung des spezifischen Widerstands von der Temperatur ϑ_1 auf die Temperatur ϑ_2. Wegen der Proportionalität von R und ρ nach Gl. (2.8) beschreibt die rechte Seite von Gl. (2.11a) auch das Widerstandsverhältnis $R(\vartheta_2)/R(\vartheta_1)$.

Ist das Widerstandsverhältnis nach Gl. (2.11) und eine der Temperaturen gegeben, kann die andere Temperatur errechnet werden (Temperaturmessung mit einem bekannten Widerstand).

2.5 Berechnung des einfachen Stromkreises

In den beiden einfachen Stromkreisen von Bild 2.6 haben Quelle und Verbraucher die Größen Strom und Spannung gemeinsam (Folgerung aus dem Ladungs- und dem Energieerhaltungssatz, vgl. Bild 1.10).

Der gesuchte Strom (Bild 2.6a) ist bei gegebener Quellenspannung *der* Strom I aus der Verbraucherkennlinie $U_V(I_V)$, bei dem die Verbraucherspannung der aufgezwungenen Quellenspannung U_q gleich ist (Bild 2.7a). Wenn der Verbraucher ein Ohm'scher Widerstand R ist, erhält man die Stromstärke

$$I = \frac{U_q}{R}. \tag{2.12}$$

Die gesuchte Spannung (Bild 2.6b) ist im Falle eines gegebenen Quellenstromes *die* Spannung U aus der Verbraucherkennlinie $I_V(U_V)$, bei welcher der Verbraucherstrom dem eingeprägten Quellenstrom I_q gleich ist (Bild 2.7b). Wenn der Verbraucher ein Ohm'scher Leitwert G ist, erhält man die Spannung

$$U = \frac{I_q}{G}. \tag{2.13}$$

Die Ergebnisgrößen I oder U sind der erregenden Quellengröße U_q bzw. I_q proportional.

Im nichtlinearen Fall ist die Ohm'sche Gerade durch die nichtlineare Kennlinie zu ersetzen (graphische Lösung). Rechnerisch erhält man den ge-

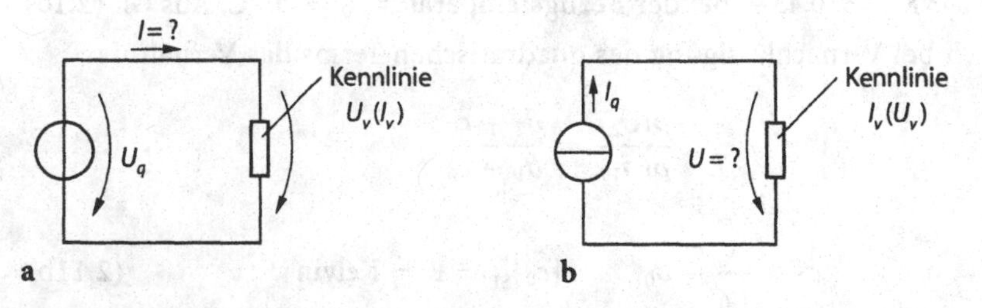

Bild 2.6 Einfache Stromkreise mit einer Quelle und einem Verbraucher. **a** Erregung durch eine ideale Spannungsquelle, **b** Erregung durch eine ideale Stromquelle. Für die Quelle ist das ES gewählt, für den Verbraucher das VS.

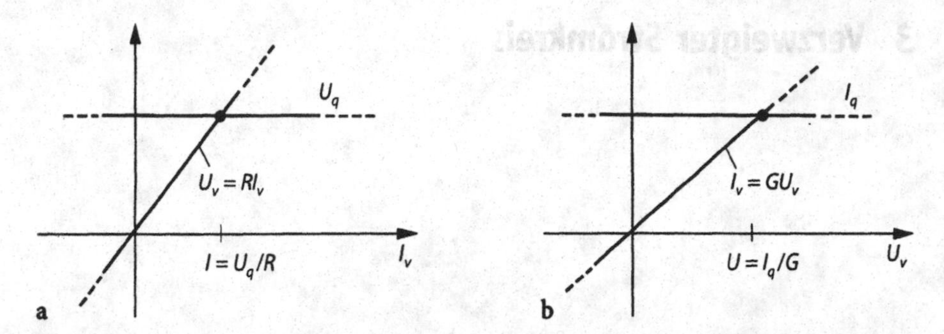

Bild 2.7 Stromkreisberechnung durch Ermittlung des Kennlinienschnittpunktes

suchten Strom I oder die gesuchte Spannung U durch Auflösung der Gleichung $U_V(I) = U_q$ bzw. $I_V(U) = I_q$ nach der Unbekannten I bzw. U. Die Wirkungsgröße (I oder U) ist, anders als im Ohm'schen (linearen) Fall, der Quellengröße (U_q bzw. I_q) *nicht* proportional.

3 Verzweigter Stromkreis

3.1 Aufgabenstellung

Verzweigte Stromkreise (Beispiel Bild 3.1) enthalten Quellen und Verbraucher in beliebiger Zahl und Anordnung. Es ist lediglich vorauszusetzen, dass alle Spannungen und Ströme im Netzwerk *eindeutig* und *endlich* sind. Diese Voraussetzung wäre zum Beispiel bei parallelgeschalteten idealen Spannungsquellen oder bei hintereinandergeschalteten idealen Stromquellen verletzt.

Die Verzweigungspunkte des Netzwerkes (K1, K2, K3) heißen *Knoten*. Die Schaltungselemente zwischen zwei benachbarten Knoten bilden einen *Zweig* (Z1 bis Z5). Jede geschlossene Zweigkette heißt *Masche* (z. B. Punktlinie in Bild 3.1b).

Die Aufgabe der Netzwerksberechnung besteht darin, aus den gegebenen Quellengrößen (in Bild 3.1 zwei Quellenspannungen und ein Quellenstrom) und aus den gegebenen Verbraucherwiderständen (oder -kennlinien) alle Ströme, Spannungen und Leistungen der Netzelemente zu berechnen. Die gegebenen Größen sind in Bild 3.1 **fettgedruckt.**

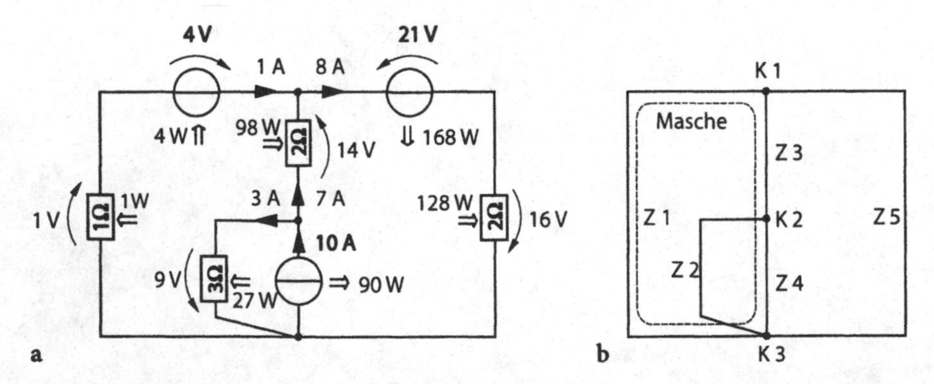

Bild 3.1 Verzweigter Stromkreis **a** Schaltbild, **b** Struktur. Die Werte bei den idealen Spannungsquellen sind Quellenspannungen (vgl. Bild 2.2).

3.2 Knotensatz von Kirchhoff und Maschenströme

Nach dem Ladungserhaltungsgesetz (Gl. (1.7)) müssen die jedem Knoten eines Netzwerkes zufließenden Ströme in jedem Augenblick restlos wieder abfließen. Andernfalls würde sich der Knoten aufladen. Die Stromstärken in Bild 3.1 erfüllen diese Bedingung in jedem Knoten.

Die eben skizzierte Überlegung ist der Inhalt des Kirchhoff'schen[1] Knotensatzes

$$\sum^{\text{'Zu'}} I_\mu = \sum^{\text{'Ab'}} I_\nu . \tag{3.1a}$$

Für jeden Knoten ist die Summe der zufließenden Ströme I_μ gleich der Summe der abfließenden Ströme I_ν.

Betrachtet man alle Ströme als abfließend (zufließende werden dann negativ gezählt), erhält der Knotensatz die Form

$$\sum_\mu^{\text{'Ab'}} I_\mu = 0. \tag{3.1b}$$

Für jeden Knoten ist die Summe aller (als abfließend gezählten) Ströme Null. Das Symbol 'Ab' am Summenzeichen erinnert an die besondere Summierungskonvention. Es wird meistens weggelassen.

Das Beispiel in Bild 3.2 bezieht sich auf den Knoten K3 laut Bild 3.1.

Vor der Berechnung eines Netzwerks sind Betrag und Vorzeichen jedes Stroms - von Quellenströmen abgesehen - unbekannt. Man ist gezwungen, die Stromzählpfeile, wie in Bild 3.2 geschehen, willkürlich zu orientieren.

Für ein Netzwerk mit k Knoten lassen sich nur $k-1$ unabhängige Knotengleichungen (Stromgleichungen) aus der Kirchhoff'schen Knotenregel aufstellen. Die Knotengleichungen für die Knoten K2 und K3 im Beispielnetzwerk

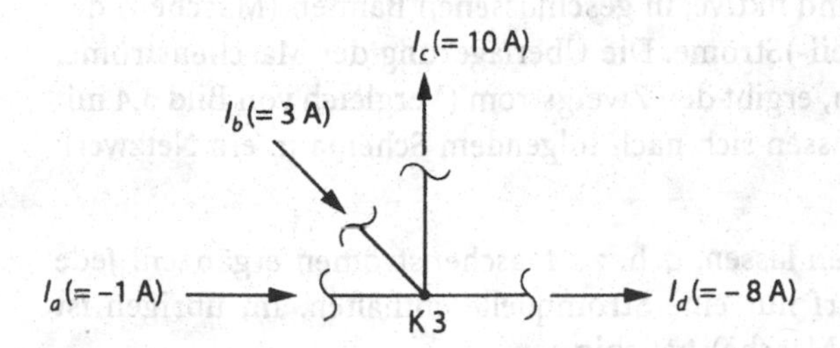

Bild 3.2 Knotensatz von Kirchhoff für Knoten K3 nach Bild 3.1. Gl. (3.1a): $I_a + I_b = I_c + I_d$; Gl. (3.1b): $-I_a - I_b + I_c + I_d = 0$

[1] G. R. Kirchhoff 1824-1887

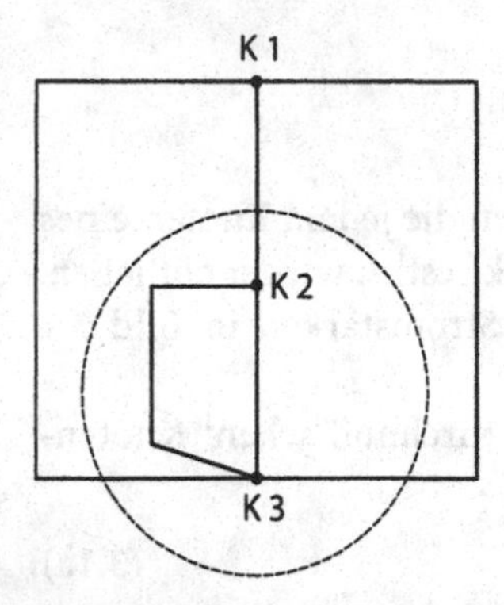

Bild 3.3 Nur $k - 1(= 2)$ Knotengleichungen sind unabhängig. Man vergleiche die Knotengleichung zu $K1$ mit der des eingekreisten fiktiven Knotens.

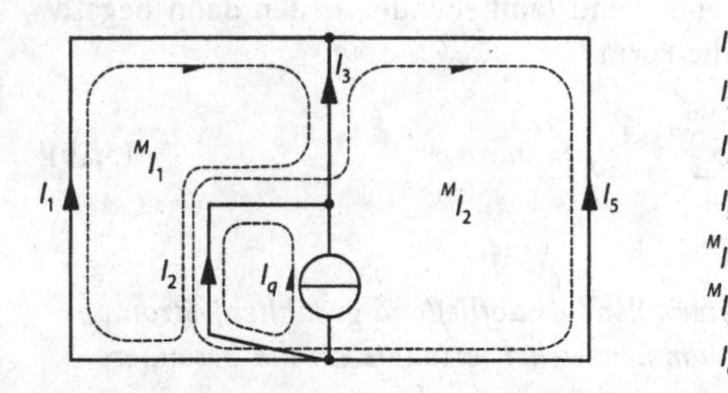

Bild 3.4 Maschenströme (vgl. Bild 3.1)

(Bild 3.1) lassen sich zu einer Gleichung für *die* drei Ströme zusammenfassen, welche die gestrichelte Hülle (Bild 3.3) um K2 und K3 durchsetzen. Die Knotengleichung zu K1 enthält demgegenüber keine neue Information.

Alle Zweigströme zusammen beschreiben die Stomverteilung im Netzwerk redundant, da sie die Knotengleichungen (Gl. (3.1)) erfüllen.

Eine alternative Darstellung ist mit *Maschenströmen* ${}^M I$ möglich (Beispiel Bild 3.4). Maschenströme sind fiktive, in geschlossenen Bahnen (Maschen) des Netzwerks zirkulierende (Teil-)Ströme. Die Überlagerung der Maschenströme, die einen Zweig durchsetzen, ergibt den Zweigstrom (Vergleich von Bild 3.4 mit Bild 3.1). Maschenströme lassen sich nach folgendem Schema in ein Netzwerk einführen:

1. Quellenströme zirkulieren lassen, d.h. zu Maschenströmen ergänzen! Jede Quellenstrommasche darf nur eine Stromquelle enthalten. Im übrigen ist der Zirkulationsweg (= Masche) beliebig.
2. Nächste Masche und entsprechenden Maschenstrom festlegen! Sie darf keine Stromquelle enthalten. Einen Zweig der Masche *auftrennen*, was besagt, dass in ihm kein weiterer Maschenstrom eingeführt werden soll!
3. Schema bei 2 fortsetzen (Schleife), solange es möglich ist!

Die Anzahl der auf diese Weise festlegbaren Maschen mit zugehörigen Maschenströmen ist

$$m = z - (k - 1) \tag{3.2}$$

z Anzahl der Zweige,
k Anzahl der Knoten.

Die m Maschenströme beschreiben die Stromverteilung vollständig. Sie bilden einen zweckmäßigen, kompakten Variablensatz, denn es gibt weniger Maschen- als Zweigströme. Ein Maschenstrom erfüllt die Knotenbedingung a priori, da er aus jedem Knoten, in den er hineinfließt, auch wieder abfließt.

Entsprechend der Freiheit bei der Wahl der Maschen sind verschiedene Maschenstromsätze angebbar. Man bevorzugt enge Maschen.

3.3 Maschensatz von Kirchhoff und Knotenpotentiale

Jedes elektrische Netzwerk erfüllt als Ganzes den Energieerhaltungssatz. Die Summe der von den Quellen abgegebenen elektrischen Leistungen wird vollständig von den Verbrauchern aufgenommen. Danach gilt

$$\sum_{\text{Netzwerk}}^{\text{'Mit'}} U_\mu I_\mu = 0 \tag{3.3}$$

U_μ Spannung des *μ-ten* Schaltungselements im Netzwerk,
I_μ Stromstärke des *μ-ten* Schaltungselements im Netzwerk.

Das Symbol 'Mit' am Summenzeichen besagt, daß der Term $U_\mu I_\mu$ zu addieren (subtrahieren) ist, wenn die Zählpfeile von U_μ und I_μ gleich (entgegengesetzt) orientiert sind. Gleichung (3.3) bietet bei vorliegenden Berechnungs- oder Messergebnissen eine Kontrollmöglichkeit für die Richtigkeit der Spannungen und Stromstärken, hilft aber bei der Netzwerkberechnung nicht weiter.

Der Energieerhaltungssatz gilt aber auch für jede Masche des Netzwerkes *separat*, wenn man die Bilanz nur über *die* Leistungsanteile erstreckt, die der Maschenstrom ${}^{M}I$ mit den Elementspannungen U_μ der Masche bildet. Somit gilt für jede Masche

$$\sum_{\text{Masche}}^{\text{'Mit'}} U_\mu \, {}^{M}I = 0, \tag{3.4a}$$

oder, da der Maschenstrom ${}^{M}I$ für alle Elemente in der Masche derselbe ist,

$$\sum_{\text{Masche}}^{\text{'Mit'}} U_\mu = 0. \tag{3.4b}$$

Die Summe der Elementspannungen in jeder Masche eines Netzwerks ist Null. Das Symbol 'Mit' *am Summenzeichen ist unter Gl. (3.4c) erklärt.*

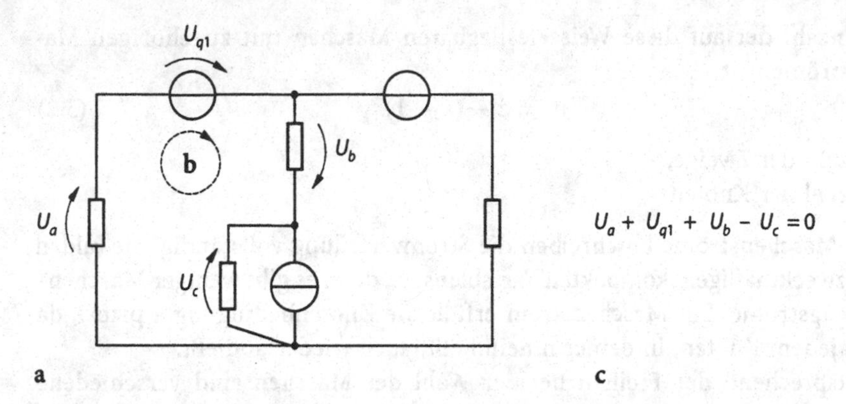

Bild 3.5 Beispiel zur Anwendung des Kirchhoff'schen Maschensatzes. **a** Netzwerk wie Bild 3.1, **b** Masche mit (wählbarem) Umlaufsinn, **c** Maschengleichung (Spannungsgleichung)

Gleichung (3.4b) ist der *Maschensatz von Kirchhoff*. Ideale Spannungsquellen gehen mit ihrer Quellenspannung in die Summe ein. Benutzt man statt dessen die eingeprägte Spannung ${}^{e}U$, lautet der Maschensatz

$$\sum_{\text{Verbr.}}^{\text{'Mit'}} U_{R\nu} = \sum_{\text{Spq.}}^{\text{'Mit'}} {}^{e}U_{\mu}. \tag{3.4c}$$

Die Summe rechts vom Gleichheitszeichen erfasst alle Spannungsquellen in der Masche, die Summe links alle Verbraucher in der Masche. Stromquellen in einer Masche sind in Gl. (3.4b oder c) mit ihrer (unbekannten) Spannung auf der linken Seite der Maschengleichung zu berücksichtigen. Durch Anwendung des Kirchhoff'schen Maschensatzes (Gl. (3.4b oder c)) erhält man die *Maschen- oder Spannungsgleichung* dieser Masche (Beispiel Bild 3.5).

Die Orientierung der Spannungszählpfeile ist freigestellt, ebenso der Umlaufsinn in der Masche. Spannungen mit einem im Umlaufsinn orientierten Zählpfeil erscheinen mit positivem Vorzeichen in der Spannungsgleichung, Spannungen mit entgegensetzter Orientierung mit negativem Vorzeichen (vgl. Bild 3.5b und c). Das Symbol 'Mit' am Summenzeichen erinnert an diese besondere Summierungskonvention. Es wird meistens weggelassen.

Nur $m = z - (k - 1)$ der identifizierbaren Maschen (vgl. Gl. (3.2)) liefern voneinander *unabhängige* Spannungsgleichungen. Wie man die m Maschen festlegt, ist am Ende des Abschn. 3.2 beschrieben.

Bis jetzt wurde die Spannungsverteilung im Netzwerk durch Elementspannungen oder Zweigspannungen beschrieben. Alternativ hierzu kann man die Spannung jedes Netzwerkknotens gegenüber einem festen Bezugspunkt B innerhalb oder außerhalb des Netzwerkes angeben (vgl. Bild 3.6). Eine solche Spannung heißt *elektrisches Potential* φ. Für das Potential φ_P eines Netzwerkspunktes P gilt

$$\varphi_P = U_{PB}, \qquad [\varphi]_{\text{SI}} = \text{V} \tag{3.5}$$

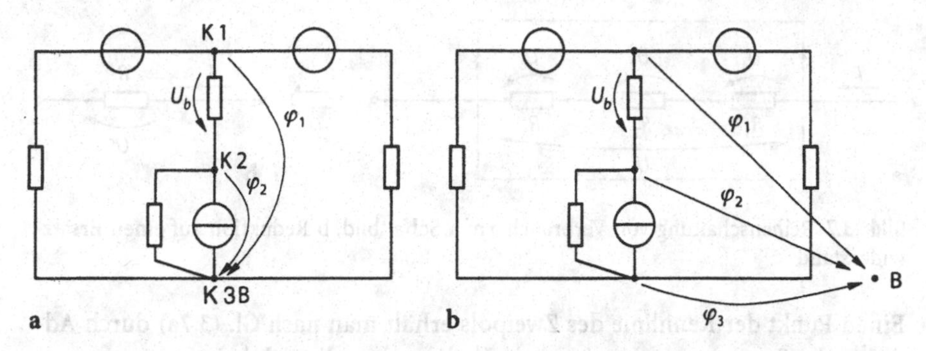

Bild 3.6 Zur Definition der Knotenpotentiale (Knotenspannungen). **a** Bezugspunkt B im Netzwerk, **b** Bezugspunkt B außerhalb

wobei U_{PB} die Spannung des Punktes P gegenüber dem Bezugspunkt B ist. Nach dieser Definition ist das Potential des Bezugspunktes B Null ($\varphi_B = U_{BB} = 0\,\mathrm{V}$). Von der Möglichkeit, dem Bezugspunkt ein Potential $\varphi_B \neq 0\,\mathrm{V}$ zuzuweisen, wird hier kein Gebrauch gemacht.

Die Spannung jedes Zweiges lässt sich mit der Definition laut Gl. (3.5)als Differenz der Potentiale seiner Knoten angeben. Zum Beispiel gilt in Bild 3.6a und b

$$U_b = U_{12} = \varphi_1 - \varphi_2. \tag{3.6}$$

Gleichung (3.6) folgt aus dem Maschensatz durch Anwendung auf den Umlauf längs der Zählpfeilmasche φ_1, φ_2 *und* U_b. Das Potential eines Knotens heißt *Knotenpotential* oder *Knotenspannung*.

Die aus den Knotenpotentialen durch Differenzbildung errechenbaren Zweigspannungen erfüllen den Kirchhoff'schen Maschensatz a priori. Da ein Netz weniger Knoten als Zweige hat, bilden die Knotenpotentiale einen für die Netzwerkberechnung zweckmäßigen, kompakten Variablensatz. Sein Umfang beträgt $k - 1$, wenn einer der k Knoten als Bezugspunkt fungiert. Zweige mit einer idealen Spannungsquelle als einzigem Element vermindern die Zahl der unbekannten Potentiale nochmals (vgl. Abschn. 4.3).

3.4 Verbraucher in Reihen- oder Parallelschaltung

Der Netzwerkausschnitt laut Bild 3.7 enthält eine Reihenschaltung von Verbrauchern, die einen Zweipol (eingerahmt) bildet. Gesucht sind die Strom-Spannungs-Kennlinie des Zweipols und die Spannungen der Widerstände.

Aus dem Maschensatz von Kirchhoff (Gl. (3.4b)) und den Kennlinien der Verbraucher folgt die Spannungsgleichung

$$U(I) = U_1(I) + U_2(I) + U_3(I). \tag{3.7a}$$

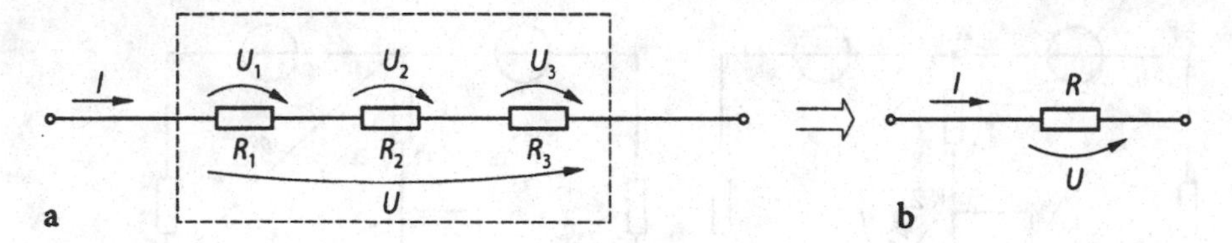

Bild 3.7 Reihenschaltung von Verbrauchern. a Schaltbild, b Reduktion auf einen Ersatzwiderstand

Einen Punkt der Kennlinie des Zweipols erhält man nach Gl. (3.7a) durch Addition der Spannungen der einzelnen Verbraucher, die sich beim gemeinsamen Strom I einstellen.

Die Teilspannungen lassen sich durch den Strom und die Widerstände ausdrücken, so dass sich im VS die Gesamtspannung

$$U(I) = (R_1 + R_2 + R_3)I = RI \tag{3.7b}$$

ergibt. Im nichtlinearen Fall ist zu beachten, dass die Widerstände von I abhängen.

Die (vom gleichen Strom durchflossene) Reihenschaltung von n Widerständen R_μ hat somit den (Ersatz-)Widerstand

$$R = \sum_{\mu=1}^{n} R_\mu. \tag{3.8}$$

Die Spannung längs eines Widerstands R_μ beträgt $U_\mu = R_\mu I$. Ihr Anteil an der Gesamtspannung U ist

$$\frac{U_\mu}{U} = \frac{IR_\mu}{I \sum\limits_{\mu=1}^{n} R_\mu} = \frac{R_\mu}{R}. \tag{3.9}$$

Gleichung (3.9) wird als *Spannungsteilerregel* bezeichnet:

Die Spannungen längs einer Reihenschaltung von Widerständen verhalten sich zueinander wie die entsprechenden Widerstände.

Eine ähnliche Betrachtung lässt sich für parallelgeschaltete Verbraucher (Bild 3.8) anstellen.

Gesucht ist die Strom-Spannungs-Kennlinie $I(U)$ der (eingerahmten) Parallelschaltung und die Zweigströme. Aus dem Kirchhoff'schen Knotensatz (Gl. (3.1)) und den Kennlinien der Verbraucher folgt die Stromgleichung

$$I(U) = I_1(U) + I_2(U) + I_3(U). \tag{3.10a}$$

Einen Punkt der Kennlinie der Parallelschaltung erhält man nach Gl. (3.10a) durch Addition der einzelnen Zweigströme, die sich abhängig von der gemeinsamen Spannung U einstellen.

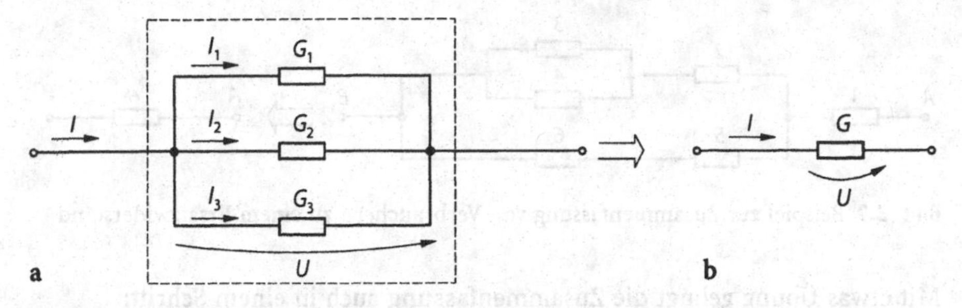

Bild 3.8 Parallelschaltung von Verbrauchern. **a** Schaltbild, **b** Reduktion auf einen Ersatzleitwert G

Die Teilströme lassen sich durch die Leitwerte G_μ ausdrücken, womit sich im VS der Gesamtstrom

$$I(U) = (G_1 + G_2 + G_3)U = GU \tag{3.10b}$$

ergibt. Im nichtlinearen Fall ist zu beachten, dass die Leitwerte von U abhängen. Eine Parallelschaltung von n Leitwerten G_μ hat somit den (Ersatz-)Leitwert

$$G = \sum_{\mu=1}^{n} G_\mu. \qquad [G]_{\mathrm{SI}} = \frac{1}{\Omega} = \mathrm{S} = \text{Siemens} \tag{3.11}$$

Die Stromstärke im Leitwert G_μ beträgt $I_\mu = G_\mu U$. Ihr Anteil an der Gesamtstromstärke I ist

$$\frac{I_\mu}{I} = \frac{UG_\mu}{U \sum\limits_{\mu=1}^{n} G_\mu} = \frac{G_\mu}{G}. \tag{3.12}$$

Gleichung (3.12) wird als *Stromteilerregel* bezeichnet:

Die Stromstärken in einer Parallelschaltung verhalten sich zueinander wie die entsprechenden Leitwerte.

Durch Zusammenfassung von parallel oder in Reihe geschalteten Verbrauchergruppen zu Ersatzwiderständen oder -leitwerten lässt sich ein passiver Netzwerksteil (ohne Quellen) auf einen Ersatzverbraucher reduzieren (Beispiel Bild 3.9).

Man erhält durch Anwendung der Gln. (3.8) und (3.11) folgenden Formelplan zur Bestimmung des Widerstandes R_{AB}:

$$\begin{aligned}
G_{34} &= G_3 + G_4, & R_{34} &= 1/G_{34};\\
R_{234} &= R_2 + R_{34}, & G_{234} &= 1/R_{234};\\
R_{56} &= R_5 + R_6, & G_{56} &= 1/R_{56};\\
G_{2\ldots6} &= G_{234} + G_{56}, & R_{2\ldots6} &= 1/G_{2\ldots6};\\
&\underline{\underline{R_{AB} = R_1 + R_{2\ldots6}.}}
\end{aligned}$$

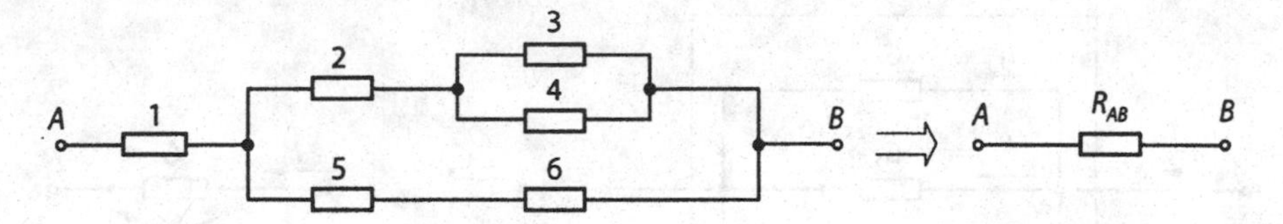

Bild 3.9 Beispiel zur Zusammenfassung von Verbrauchern zu einem Ersatzwiderstand

Mit etwas Übung gelingt die Zusammenfassung auch in einem Schritt:

$$R_{AB} = \left\{ \left[(G_3 + G_4)^{-1} + R_2 \right]^{-1} + (R_5 + R_6)^{-1} \right\}^{-1} + R_1.$$

Nicht jedes passive Netzwerk lässt sich auf diese Weise reduzieren. Beispielsweise widersetzt sich ein Vier-Knoten-Netzwerk, dessen sechs Widerstände auf den Kanten und Diagonalen eines Vierecks liegen (Bild 5.13), der beschriebenen Reduktionsmethode.

3.5 Quellen mit Innenwiderstand, Wirkungsgrad

Reale Spannungsquelle. Durch Reihenschaltung einer *idealen* Spannungsquelle (U_q) mit einem Widerstand (R_i) entsteht ein Zweipol (Bild 3.10), der die Kennlinie einer *realen* Spannungsquelle (z. B. Akkumulator) wirklichkeitsnah beschreibt.

Aus dem Kirchhoff'schen Maschensatz (Gl. (3.4b)) folgt die Spannungsgleichung

$$U - U_q + U_R = 0 \tag{3.13}$$

des Zweipols. Mit $U_R = R_i I$ (VS) erhält man daraus die U-I-Kennlinie

$$U = U_q - R_i I \tag{3.14}$$

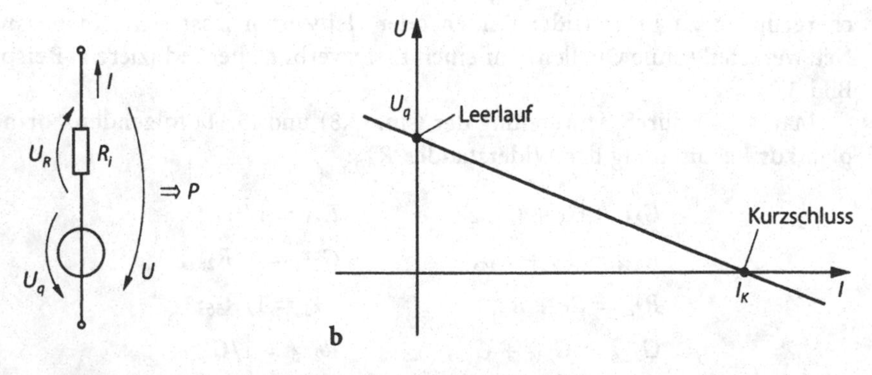

Bild 3.10 Reale Spannungsquelle (ES) a Schaltbild, b Kennlinie

der realen Spannungsquelle mit dem Innenwiderstand R_i.

Mit zunehmendem Belastungsstrom I der realen Quelle durch das angeschlossene Netzwerk nimmt ihre Klemmenspannung U ab (Bild 3.10b). Die ausgezeichneten Punkte der Kennlinie sind der *Leerlaufpunkt* ($I_L = 0, U_L = U_q$) und der *Kurzschlusspunkt* ($U_K = 0, I_K = U_q/R_i$).

Der Belastungsstrom I kann durch einen angeschlossenen Verbraucher oder eine Quelle (allgemein: durch ein passives oder ein aktives Netzwerk) zustande kommen. Im ersten Fall stellt sich ein Arbeitspunkt auf der Kennlinie zwischen Leerlauf und Kurzschlusspunkt ein, im zweiten Fall kann der Arbeitspunkt auch jenseits des Leerlauf- oder Kurzschlusspunktes liegen.

In einer Leistungsbilanz der Quelle sind drei Leistungen (Bild 3.11) zu unterscheiden:

- die von der idealen Quelle abgegebene (ES) elektrische (Quellen-)Leistung

$$P_q = U_q I, \tag{3.15a}$$

- die vom Innenwiderstand R_i der Quelle aufgenommene (VS) elektrische (Verlust-) Leistung

$$P_V = U_R I = R_i I^2 \tag{3.15b}$$

- die von der realen Quelle (ES) an das angeschlossene Netzwerk (VS) abgegebene elektrische (Klemmen-)Leistung

$$P = UI = (U_q - R_i I)I. \tag{3.15c}$$

Nach dem Energieerhaltungssatz gilt

$$P = P_q - P_V. \tag{3.16}$$

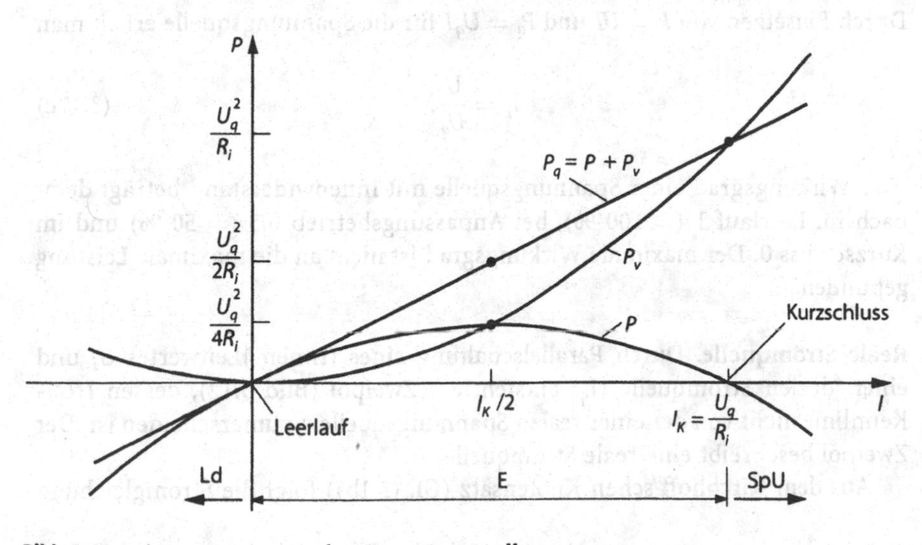

Bild 3.11 Leistungen einer realen Spannungsquelle

Die Leistungen nach Gl. (3.15a–c) erfüllen die Bilanzgleichung (3.16).

In Funktion des Stromes I verläuft die elektrische Klemmenleistung P der realen Spannungsquelle parabolisch (Bild 3.11). Sie erreicht ihren Maximalwert beim halben Kurzschlussstrom und ist dort wertgleich mit P_V. In diesem Betriebspunkt beträgt die Klemmenspannung $U_q/2$. Er kann z. B. durch Anschluss eines Belastungswiderstandes mit dem Wert von R_i oder durch Anschluss einer idealen Quelle mit der Quellenspannung $U_q/2$ eingestellt werden. Man bezeichnet diesen Betriebspunkt als *Anpassung* des Verbrauchers an die Quelle. Im Bereich negativer Ströme (Bereich Ld = Laden) wird die Quelle zum Verbraucher, indem sie von einer anderen Quelle gespeist (Akkumulatoren: geladen) wird. Im Bereich der Spannungsumkehr (SpU: $I > I_K$) wird der realen Spannungsquelle durch eine angeschlossene Quelle eine negative Spannung aufgezwungen (vgl. Bild 3.10). Hierbei ist die reale Quelle ebenfalls Verbraucher; ein Akkumulator würde aber nicht geladen. Nur im Strombereich $0 < I < I_k$ wirkt die reale Quelle als Erzeuger (Bereich E). Die ausgezeichneten Leistungswerte sind Bild 3.11 zu entnehmen.

Wirkungsgrad. Als Wirkungsgrad η bezeichnet man allgemein das Verhältnis

$$\eta = \frac{\textit{Leistungsertrag}}{\textit{Leistungsaufwand}}. \qquad [\eta] = 1 \tag{3.17a}$$

Für eine Quelle mit Innenwiderstand folgt daraus

$$\eta = \frac{P}{P_q} = \frac{P_q - P_V}{P_q} = \frac{P}{P + P_V}. \tag{3.17b}$$

Durch Einsetzen von $P = UI$ und $P_q = U_q I$ für die Spannungsquelle erhält man

$$\eta = \frac{U}{U_q}. \tag{3.17c}$$

Der Wirkungsgrad einer Spannungsquelle mit Innenwiderstand beträgt demnach im Leerlauf 1 (= 100 %), bei Anpassungsbetrieb 0.5 (= 50 %) und im Kurzschluss 0. Der maximale Wirkungsgrad ist nicht an die maximale Leistung gebunden.

Reale Stromquelle. Durch Parallelschaltung eines (Innen-)Leitwertes G_i und einer idealen Stromquelle (I_q) entsteht ein Zweipol (Bild 3.12), dessen $I(U)$-Kennlinie nicht von der einer realen Spannungsquelle zu unterscheiden ist. Der Zweipol beschreibt eine reale Stromquelle.

Aus dem Kirchhoff'schen Knotensatz (Gl. (3.1b)) folgt die Stromgleichung

$$I_q = I + I_G \tag{3.18}$$

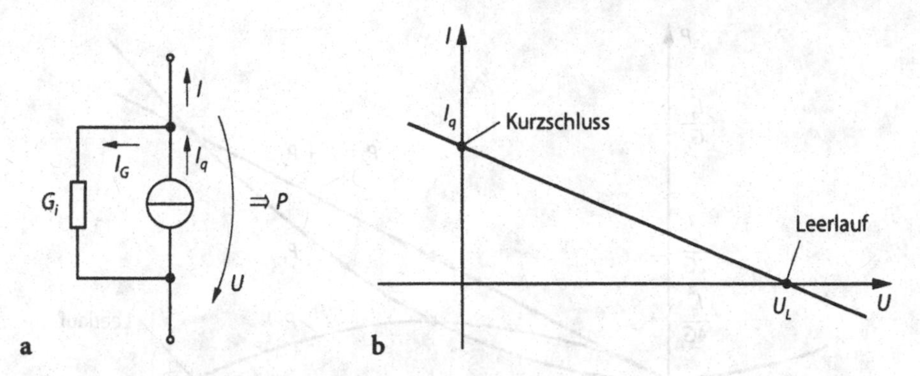

Bild 3.12 Reale Stromquelle (ES) **a** Schaltbild, **b** Kennlinie

des Zweipols.

Mit $I_G = G_i U$ (VS) erhält man aus Gl. (3.18) die *I-U*-Kennlinie

$$I = I_q - G_i U \tag{3.19}$$

der realen Stromquelle mit dem Innenleitwert G_i.

Mit zunehmender Belastungsspannung U der realen Quelle durch das angeschlossene Netzwerk nimmt ihr Klemmenstrom I ab (Bild 3.12b). Die ausgezeichneten Punkte der Kennlinie sind der *Kurzschlusspunkt* ($U_K = 0$, $I_K = I_q$) und der *Leerlaufpunkt* ($I_L = 0$, $U_L = I_q/G_i$).

Die Belastungsspannung U kann durch einen angeschlossenen Verbraucher oder eine Quelle (allgemein: durch ein passives oder ein aktives Netzwerk) zustande kommen. Im ersten Fall stellt sich ein Arbeitspunkt auf der Kennlinie zwischen Kurzschluss- und Leerlaufpunkt ein, im zweiten Fall kann der Arbeitspunkt auch jenseits des Leerlauf- oder Kurzschlusspunktes liegen.

In einer Leistungsbilanz der Quelle sind wieder drei Leistungen (Bild 3.13) zu unterscheiden:

Die von der idealen Quelle (ES) abgegebene elektrische (Quellen-)Leistung

$$P_q = UI_q, \tag{3.20a}$$

die vom Innenleitwert G_i der Quelle aufgenommene (VS) elektrische (Verlust-) Leistung

$$P_V = UI_G = G_i U^2 \tag{3.20b}$$

und die von der realen Quelle (ES) an das angeschlossene Netzwerk (VS) abgegebene elektrische (Klemmen-) Leistung

$$P = UI = U(I_q - G_i U). \tag{3.20c}$$

Nach dem Energieerhaltungssatz hat zu gelten:

$$P = P_q - P_V. \tag{3.21}$$

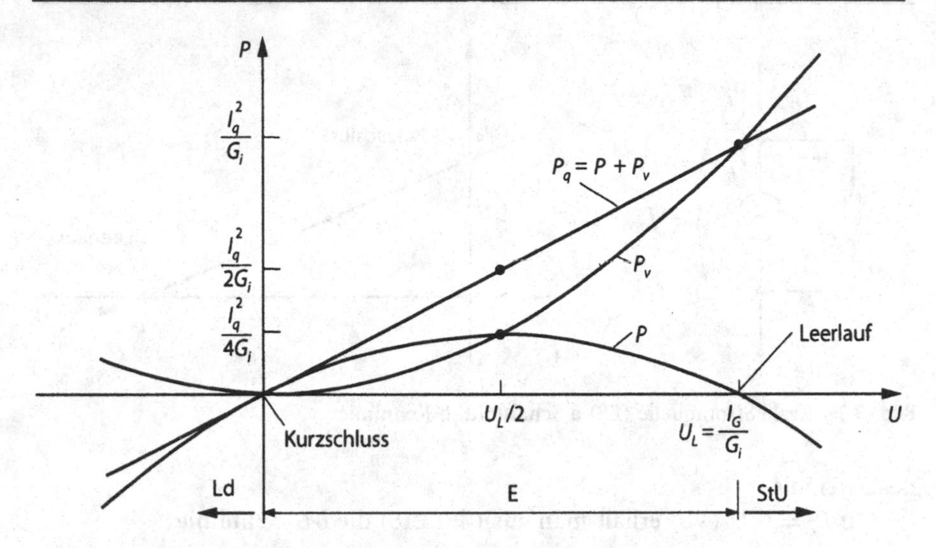

Bild 3.13 Leistungen einer realen Stromquelle

Die in den Gln. (3.20) angegebenen Leistungen erfüllen diese Bilanz.

In Funktion der Spannung U verläuft die elektrische Klemmenleistung P der realen Spannungsquelle parabolisch (Bild 3.13). Sie erreicht ihren Maximalwert bei der halben Leerlaufspannung und ist dort wertgleich mit P_V. In diesem Betriebsspunkt beträgt der Klemmenstrom $I_q/2$. Der Punkt kann z. B. durch Anschluss eines Belastungsleitwerts mit dem Wert von G_i oder durch Anschluss einer idealen Quelle mit dem Quellenstrom $I_q/2$ eingestellt werden. Man bezeichnet diesen Betriebspunkt wieder als *Anpassung* des Verbrauchers an die Quelle.

Im Bereich negativer Spannungen (Bereich Ld = Laden) wird die Quelle zum Verbraucher, indem sie von einer anderen gespeist (Akkumulator: geladen) wird. Im Bereich der Stromumkehr (StU: $U > U_L$) wird der realen Stromquelle durch eine angeschlossene Quelle ein negativer Strom aufgezwungen. Hierbei ist die reale Quelle ebenfalls Verbraucher; ein Akkumulator würde aber nicht geladen. Nur im Spannungsbereich $0 < U < U_L$ wirkt die reale Quelle als Erzeuger (Bereich E). Die ausgezeichneten Leistungswerte sind Bild 3.13 zu entnehmen.

Für den Wirkungsgrad der Stromquelle gilt

$$\eta = \frac{P}{P_q} = \frac{P_q - P_V}{P_q} = \frac{P}{P + P_V}. \tag{3.17b}$$

Durch Einsetzen von $P = UI$ und $P_q = UI_q$ erhält man

$$\eta = \frac{I}{I_q}. \tag{3.22}$$

Der Wirkungsgrad einer Stromquelle mit Innenwiderstand beträgt danach im Kurzschluss 1 (= 100 %), bei Anpassungsbetrieb 0.5 (= 50 %) und im Leerlauf 0. Bei den *Verlusten* verhalten sich Strom- und Spannungsquelle somit völlig verschieden (vgl. Gl. (3.17c) und (3.22)).

Die reale Strom- und Spannungsquelle ($G_i \neq 0$, $R_i \neq 0$) haben beide eine lineare Kennlinie, deren Achsabschnitte die Leerlaufspannung U_L und der Kurzschlussstrom I_K sind. An ihrer Strom-Spannungs-Kennlinie sind die beiden Zweipole nicht zu unterscheiden.

Betrachtet man die Achsabschnittsgrößen U_L und I_K als gegeben, so folgen daraus die Parameter der zur Kennlinie gehörigen realen Spannungsquelle zu

$$U_q = U_L \tag{3.23a}$$

und (vgl. Bild 3.10)

$$R_i = \frac{U_L}{I_K}, \tag{3.23b}$$

und die Parameter der gleichwertigen Stromquelle zu

$$I_q = I_K \tag{3.24a}$$

und (vgl. Bild 3.12)

$$G_i = \frac{I_K}{U_L}. \tag{3.24b}$$

Mit Hilfe der modellunabhängigen Kennlinienwerte U_L und I_K (Achsabschnitte der Kennlinie) kann eine Spannungs- in eine Stromquelle umgerechnet werden und umgekehrt (Gl. (3.23, 3.24)). Nur für *ideale* Quellen ($R_i = 0$ bzw. $G_i = 0$) ist diese Umrechnung nicht möglich. Wie aus dem Vergleich der Gl. (3.23b) mit Gl. (3.24b) ersichtlich, haben reale Spannungs- und Stromquellen mit gleicher Kennlinie denselben Innenwiderstand.

4 Allgemein anwendbare Verfahren zur Netzwerkberechnung

Die in diesem Kapitel beschriebenen Verfahren zur Netzwerkberechnung sind universell einsetzbar (Aufgabenstellung vgl. Abschn. 3.1).

Alle Verfahren zielen darauf, die elektrischen Größen des Netzwerkes unter Verwendung der Strom-Spannungs-Beziehung der Schaltungselemente oder ihrer Kennlinien so zu bestimmen, dass die beiden Kirchhoff'schen Sätze erfüllt sind. Die Verfahren unterscheiden sich in den Größen, die als Unbekannten gewählt werden.

4.1 Netzwerkberechnung mit Zweigströmen als Unbekannten

Das Verfahren wird am Beispiel des Netzwerkes laut Bild 4.1a (wie Bild 3.1) erläutert.

Als Unbekannten werden ausschließlich Zweigströme benutzt (*Zweigstromverfahren*). Nach Wahl des ersten unbekannten Stromes (I_a) wird der Strom in R_3 aus dem Knotensatz (Gl. (3.1a)) für den Knoten K2 (vgl. Bild 3.1b) errech-

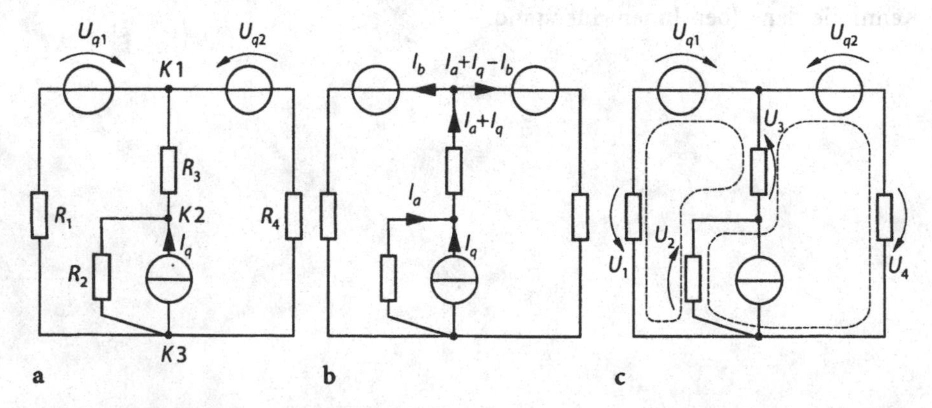

Bild 4.1 Beispiel für Zweigstromverfahren. a Schaltbild mit gegebenen Größen, b Einführung der Unbekannten I_a und I_b und Erfüllung der Knotengleichungen, c Identifikation der Maschen und Festlegung der Spannungszählpfeile

net und in das Schaltbild eingetragen. Da von den drei Strömen des Knotens K1 bis jetzt nur einer eingeführt ist $(I_a + I_q)$ wird ein zweiter unbekannter Strom (I_b) angesetzt und der Strom durch den Zweig Z5 (vgl. Bild 3.1b) aus dem Knotensatz für den Knoten K1 ausgedrückt. Damit sind alle Ströme des Netzwerkes auf die Unbekannten I_a und I_b zurückgeführt. Die angeschriebenen Ströme erfüllen den Knotensatz für alle Knoten.

Als nächstes werden Maschen nach dem in Abschn. 3.2 beschriebenen Verfahren identifiziert (Bild 4.1c) und Spannungszählpfeile eingeführt. Von den möglichen drei Maschen scheidet jede über die Stromquelle führende aus, weil andernfalls in der zugehörigen Spannungsgleichung (s. u.) die Spannung der Stromquelle als Unbekannte aufträte. Voraussetzungsgemäß sollen aber nur Ströme als Unbekannten dienen. Die in Abschn. 3.2 erläuterten Maschenströme stehen hier nicht zur Diskussion.

Der Kirchhoff'sche Maschensatz (Gl. (3.4b)) liefert die Spannungsgleichungen. Für die linke Masche erhält man aus Bild 4.1c

$$-U_1 + U_{q1} - U_3 - U_2 = 0, \tag{4.1a}$$

für die rechte Masche

$$U_2 + U_3 - U_{q2} + U_4 = 0. \tag{4.1b}$$

Die Spannungen an den Widerständen werden laut Ohm'schem Gesetz durch ihre Ströme ersetzt:

$$-R_1 I_b + U_{q1} - R_3(I_a + I_q) - R_2 I_a = 0, \tag{4.2a}$$

$$R_2 I_a + R_3(I_a + I_q) - U_{q2} + R_4(I_a + I_q - I_b) = 0. \tag{4.2b}$$

Durch Sortierung der Terme erhält man das lineare Gleichungssystem

$$(-R_3 - R_2)I_a + (-R_1)I_b = -U_{q1} + R_3 I_q \tag{4.3a}$$

$$(R_2 + R_3 + R_4)I_a + (-R_4)I_b = -R_3 I_q + U_{q2} - R_4 I_q. \tag{4.3b}$$

Die eingeklammerten Koeffizienten vor den Unbekannten I_a und I_b sind gegeben, ebenso die rechten Seiten beider Gleichungen. Somit kann das Gleichungssystem mit den üblichen mathematischen Methoden nach I_a und I_b aufgelöst werden. Mit den Zahlenwerten von Bild 3.1 ergibt sich $I_a = -3$ A und $I_b = -1$ A (Probe durch Einsetzen in die Gln. (4.3) oder (4.2)). Mit I_a und I_b lassen sich alle anderen Ströme sowie die Spannungen und Leistungen leicht berechnen.

Das Verfahren ist auf beliebig konfigurierte und beliebig große Netzwerke anwendbar, wenn diese eindeutig lösbar sind (vgl. Abschn. 3.1). Die Zahl der unbekannten Ströme (= Anzahl der Spannungsgleichungen) ist gleich der Anzahl m der nach Abschn. 3.2 identifizierbaren Maschen (hier 3) abzüglich der Anzahl der Stromquellen (hier 1).

4.2 Netzwerkberechnung mit Maschenströmen als Unbekannten

Das Verfahren wird am Beispiel des Netzwerkes laut Bild 4.2a (wie Bild 3.1) erläutert. Als Unbekannten werden ausschließlich Maschenströme benutzt (*Maschenstromverfahren*).

Wie in Abschn. 3.2 beschrieben, wird jeder Quellenstrom zu einem zirkulierenden Maschenstrom ergänzt und die Maschen mit den unbekannten Maschenströmen ${}^{M}I_1$ und ${}^{M}I_2$ festgelegt (Bild 4.2b). Die Zweigströme werden durch die Maschenströme ausgedrückt (Bild 4.2b) und Spannungszählpfeile (Bild 4.2c) eingeführt. Sie dürfen willkürlich orientiert sein.

Durch die Wahl der Maschenströme ${}^{M}I_1$ und ${}^{M}I_2$ als Unbekannten sind die Knotengleichungen bereits erfüllt (vgl. Abschn. 3.2).

Der Kirchhoff'sche Maschensatz (Gl. (3.4b)) liefert die Spannungsgleichungen. Für die linke Masche erhält man wie beim Zweigstromverfahren

$$-U_1 + U_{q1} - U_3 - U_2 = 0, \tag{4.1a}$$

für die rechte Masche

$$U_2 + U_3 - U_{q2} + U_4 = 0. \tag{4.1b}$$

Die Spannungen an den Widerständen werden laut Ohm'schem Gesetz durch ihre Ströme ausgedrückt. Unter Beachtung der Zählpfeilorientierungen (VS: $U = RI$, ES: $U = -RI$) erhält man

$$R_1\,{}^{M}I_1 + U_{q1} - R_3(-{}^{M}I_1 + {}^{M}I_2) - R_2(-{}^{M}I_1 + {}^{M}I_2 - I_q) = 0, \tag{4.4a}$$

$$R_2(-{}^{M}I_1 + {}^{M}I_2 - I_q) + R_3(-{}^{M}I_1 + {}^{M}I_2) - U_{q2} + R_4\,{}^{M}I_2 = 0. \tag{4.4b}$$

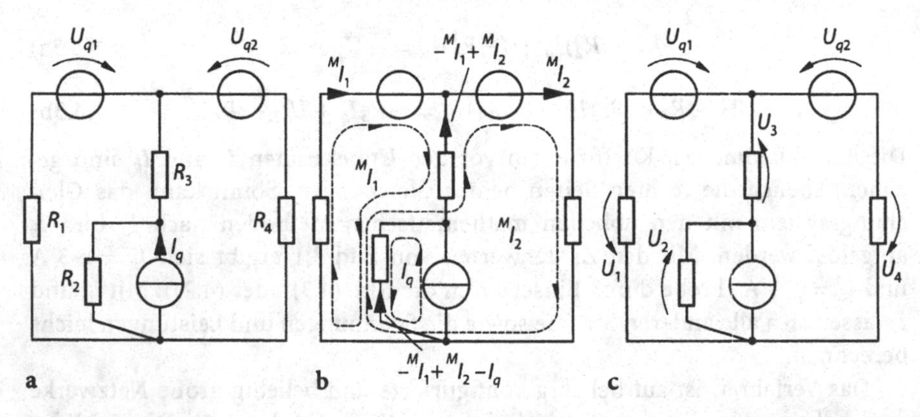

Bild 4.2 Beispiel für Maschenstromverfahren. **a** Schaltbild mit gegebenen Größen, **b** Identifikation der Maschen und Einführung der Maschenströme ${}^{M}I_1$ und ${}^{M}I_2$ sowie Substitution der Zweigströme durch die Maschenströme, **c** Festlegung der Spannungszählpfeile (U_1 und ${}^{M}I_1$ sind nach dem ES koordiniert!)

Durch Sortierung der Terme ergibt sich die geläufige Form eines linearen Gleichungssystemes

$$(R_1 + R_3 + R_2)^M I_1 + (-R_3 - R_2)^M I_2 = -U_{q1} - R_2 I_q, \tag{4.5a}$$

$$(-R_2 - R_3)^M I_1 + (R_2 + R_3 + R_4)^M I_2 = R_2 I_q + U_{q2}. \tag{4.5b}$$

Die eingeklammerten Koeffizienten vor den Unbekannten ${}^M I_1$ und ${}^M I_2$ sind gegeben, ebenso die rechten Seiten beider Gleichungen. Somit kann das Gleichungssystem mit den üblichen mathematischen Methoden nach ${}^M I_1$ und ${}^M I_2$ aufgelöst werden. Mit den Zahlenwerten von Bild 3.1 ergibt sich ${}^M I_1 = 1$ A und ${}^M I_2 = 8$ A (Probe durch Einsetzen in die Gln. (4.5) oder (4.4)). Mit ${}^M I_1$ und ${}^M I_2$ lassen sich alle Zweigströme laut Bild 4.2b ermitteln und daraus folgend die Spannungen und Leistungen.

Das Verfahren ist auf beliebig konfigurierte und beliebig große Netzwerke anwendbar, wenn diese eindeutig lösbar sind (vgl. Abschn. 3.1). Die Zahl der unbekannten Maschenströme (= Anzahl der Spannungsgleichungen) ist gleich der Anzahl m der nach Abschn. 3.2 identifizierbaren Maschen abzüglich der Anzahl der Stromquellen.

4.3 Netzwerkberechnung mit Knotenpotentialen als Unbekannten

Wir berechnen wieder das Beispielnetzwerk nach Bild 4.3a (wie Bild 3.1). Als Unbekannten werden ausschließlich Knotenpotentiale (vgl. Abschn. 3.3) benutzt (*Knotenpotentialverfahren*). Der Knoten K3 dient als Bezugsknoten. Sein Potential ist Null. Den übrigen beiden Knoten werden wie in Bild 3.6 die Potentiale φ_1 und φ_2 zugewiesen (Bild 4.3b). Jede Verbraucherspannung wird gemäß

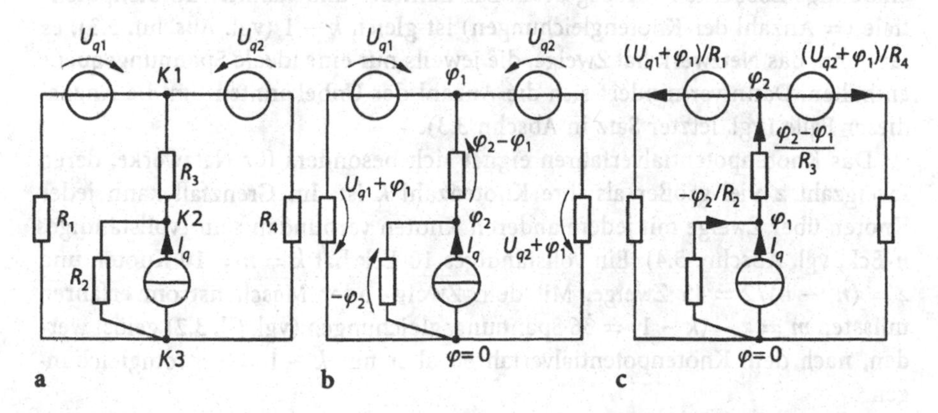

Bild 4.3 Beispiel für Knotenpotentialverfahren. **a** Schaltbild mit gegebenen Größen, **b** Festlegung der unbekannten Knotenpotentiale φ_1 und φ_2 sowie Substitution der Verbraucherspannungen durch die Knotenpotentiale, **c** Berechnung der Ströme aus den Verbraucherspannungen mit dem Ohm'schen Gesetz

Abschn. 3.3 durch die benachbarten Potentiale ausgedrückt. Durch die Wahl der Knotenpotentiale φ_1 und φ_2 als Unbekannten sind die Maschengleichungen à priori erfüllt (vgl. Abschn. 3.3).

Aus den Verbraucherspannungen folgen mit dem Ohm'schen Gesetz die Zweigströme (Bild 4.3c). Der Kirchhoff'sche Knotensatz (Gl. (3.1a)) liefert die Stromgleichungen. Für den Knoten K1 erhält man laut Bild 4.3c

$$\frac{\varphi_2 - \varphi_1}{R_3} = \frac{U_{q1} + \varphi_1}{R_1} + \frac{U_{q2} + \varphi_1}{R_4} \tag{4.6a}$$

und für K2

$$-\frac{\varphi_2}{R_2} + I_q = \frac{\varphi_2 - \varphi_1}{R_3}. \tag{4.6b}$$

Nach Sortierung der Terme und Übergang auf Leitwerte erscheint das lineare Gleichungssystem

$$(-G_3 - G_1 - G_4)\varphi_1 + (G_3)\varphi_2 = G_1 U_{q1} + G_4 U_{q2} \tag{4.7a}$$

$$(G_3)\varphi_1 + (-G_2 - G_3)\varphi_2 = -I_q. \tag{4.7b}$$

Die eingeklammerten Koeffizienten vor den Unbekannten φ_1 und φ_2 sind gegeben, ebenso die rechten Seiten beider Gleichungen. Somit kann das Gleichungssystem mit den üblichen mathematischen Methoden nach φ_1 und φ_2 aufgelöst werden. Mit den Zahlenwerten von Bild 3.1 ergibt sich $\varphi_1 = -5$ V und $\varphi_2 = 9$ V (Probe durch Einsetzen in Gln. (4.7) oder Gln. (4.6)). Mit φ_1 und φ_2 lassen sich alle Spannungen laut Bild 4.3b und Ströme laut Bild 4.3c ermitteln und daraus folgend die Leistungen.

Das Verfahren ist auf Netzwerke beliebiger Größe und Struktur anwendbar, eindeutige Lösbarkeit vorausgesetzt. Die Zahl der unbekannten Knotenpotentiale (= Anzahl der Knotengleichungen) ist gleich $k - 1$ (vgl. Abschn. 3.3), es sei denn, das Netzwerk hat Zweige, die jeweils nur eine ideale Spannungsquelle enthalten. Dann vermindert sich die Anzahl der Unbekannten um die Anzahl dieser Fälle (vgl. letzter Satz in Abschn 3.3).

Das Knotenpotentialverfahren eignet sich besonders für Netzwerke, deren Zweigzahl z viel größer als ihre Knotenzahl k ist. Im Grenzfall kann jeder Knoten über Zweige mit jedem anderen Knoten verbunden sein (vollständiges n-Eck, vgl. Abschn. 5.4). Ein vollständiges 10-Eck hat $k = n = 10$ Knoten und $z = (n^2 - n)/2 = 45$ Zweige. Mit dem Zweig- oder Maschenstromverfahren müssten $m = z - (k - 1) = 36$ Spannungsgleichungen (vgl. Gl. 3.2) gelöst werden, nach dem Knotenpotentialverfahren aber nur $k - 1 = 9$ Stromgleichungen.

5 Spezielle Verfahren zur Netzwerkberechnung

Die in Kap. 4 dargestellten Berechnungsverfahren sind universell einsetzbar. Sie laufen alle auf die Lösung eines Gleichungssystemes hinaus. Die Methoden des Kap. 5 vermeiden das Gleichungssystem. Sie eignen sich für weniger umfangreiche Netzwerke und bieten neben einem fallabhängigen Rechenvorteil zusätzliche Einsicht in das Verhalten von Netzwerken.

5.1 Netzwerkberechnung nach dem Überlagerungsprinzip

Das nur für *lineare* Netzwerke anwendbare Überlagerungs- oder Superpositionsprinzip lautet in allgemeiner Form:

Die Wirkungen simultaner Erregungen addieren sich zur Gesamtwirkung.

Die im Folgenden vorausgesetzten *linearen* Gleichstromnetzwerke bestehen ausschließlich aus idealen Quellen und konstanten Widerständen. Diese Elemente haben Geraden als Strom-Spannungs-Kennlinie. Die beiden zur Netzwerkanalyse benutzten (linearen) Kirchhoff'schen Sätze führen auf lineare Strom- oder Spannungsgleichungen. Das Netzwerk wird somit durch ein lineares Gleichungssystem (vgl. Kap. 4) beschrieben. Die Schaltung – besser: ihr mathematisches Modell – ist dann *linear.* Schon ein einziges nichtlineares Element im Netzwerk hebt die Linearität auf.

Die *Erregungen* X_μ eines Netzwerks sind seine Quellenspannungen U_q oder Quellenströme I_q. Deren *Wirkung* Y im Sinn des Überlagerungsprinzips ist ein beliebiger interessierender Strom, eine beliebige Spannung oder ein beliebiges Potential des Netzwerks, nicht dagegen eine Elementleistung. Mit diesen allgemeinen Bezeichnungen lautet das Überlagerungsprinzip

$$Y = \sum_{\mu} c_\mu X_\mu. \qquad [Y]_{\mathrm{SI}} = \mathrm{A} \text{ oder } \mathrm{V} \tag{5.1}$$

Die Faktoren c_μ sind Konstanten.

Für das Beispielnetzwerk laut Bild 5.1 (wie Zahlenbeispiel Bild 3.1) soll mit Hilfe des Überlagerungsprinzips der Strom I im linken Zweig bestimmt werden. Für diesen Fall

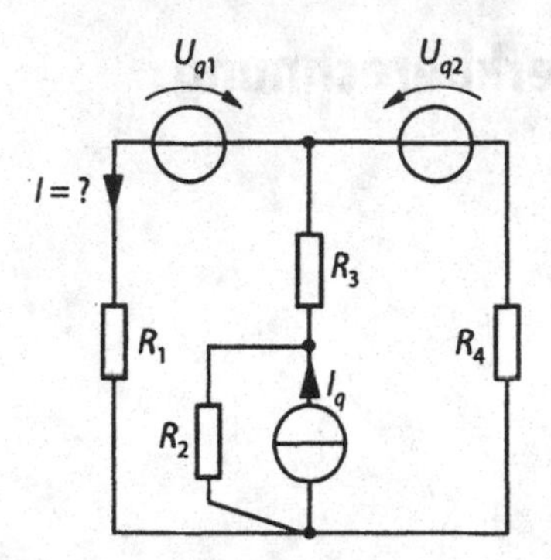

Bild 5.1 Zur Anwendung des Überlagerungsprinzips. Gesucht ist der Strom I

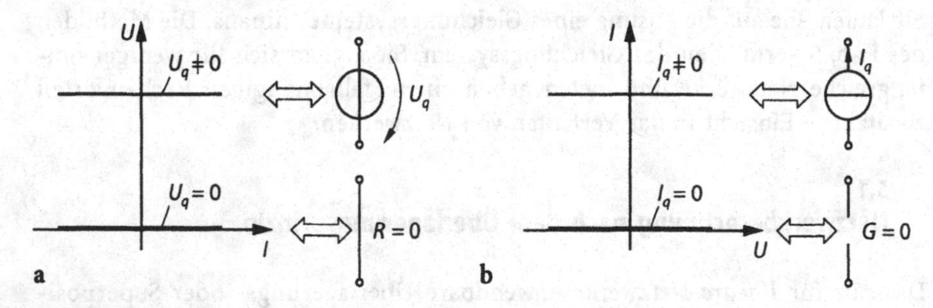

Bild 5.2 Kennlinien „genullter" Quellen **a** Spannungsquelle, **b** Stromquelle

gilt laut Gl. (5.1)

$$I = c_1 U_{q1} + c_2 I_q + c_3 U_{q2} \tag{5.1a}$$

oder

$$I = I_1 + I_2 + I_3. \tag{5.1b}$$

Im linken Zweig würde der Strom $I_1 = c_1 U_{q1}$ fließen, wenn nur die Quellenspannung U_{q1} wirkte und die Quellengrößen I_q und U_{q2} der beiden anderen Quellen auf den Wert Null eingestellt („genullt") wären. Sinngemäßes gilt für die Ströme I_2 und I_3.

Die Kennlinie einer „genullten" Spannungs- oder Stromquelle ist identisch mit der Kennlinie eines Widerstands bzw. Leitwertes vom Wert Null (Bild 5.2).

Eine ideale Spannungsquelle im Sinn des Überlagerungsprinzips zu *„nullen"* heißt, sie durch eine Kurzschlußverbindung zu ersetzen. Eine ideale Stromquelle im Sinn des Überlagerungsprinzips zu „nullen" heißt, den Zweig aufzutrennen, in dem sie sich befindet.

Die Ströme I_1, I_2 und I_3, deren Summe laut Gl. (5.1b) den gesuchten Strom I ergibt, lassen sich direkt aus den Schaltbildern laut Bild 5.3a, b und c „ablesen". Man berechnet nach Bild 5.3a $R_{1234} = [(R_2 + R_3)^{-1} + G_4]^{-1} + R_1 = 2{,}43\ \Omega$ und damit $I_1 = \dfrac{U_{q1}}{R_{1234}} = 1{,}65$ A als Wirkung der Quellenspannung U_{q1}.

Die Wirkung des Quellenstroms erhält man, indem man nach Bild 5.3b zunächst den Leitwert $G_{134} = [(G_1 + G_4)^{-1} + R_3]^{-1} = 0{,}375$ S und dann nach der Stromteilerregel die

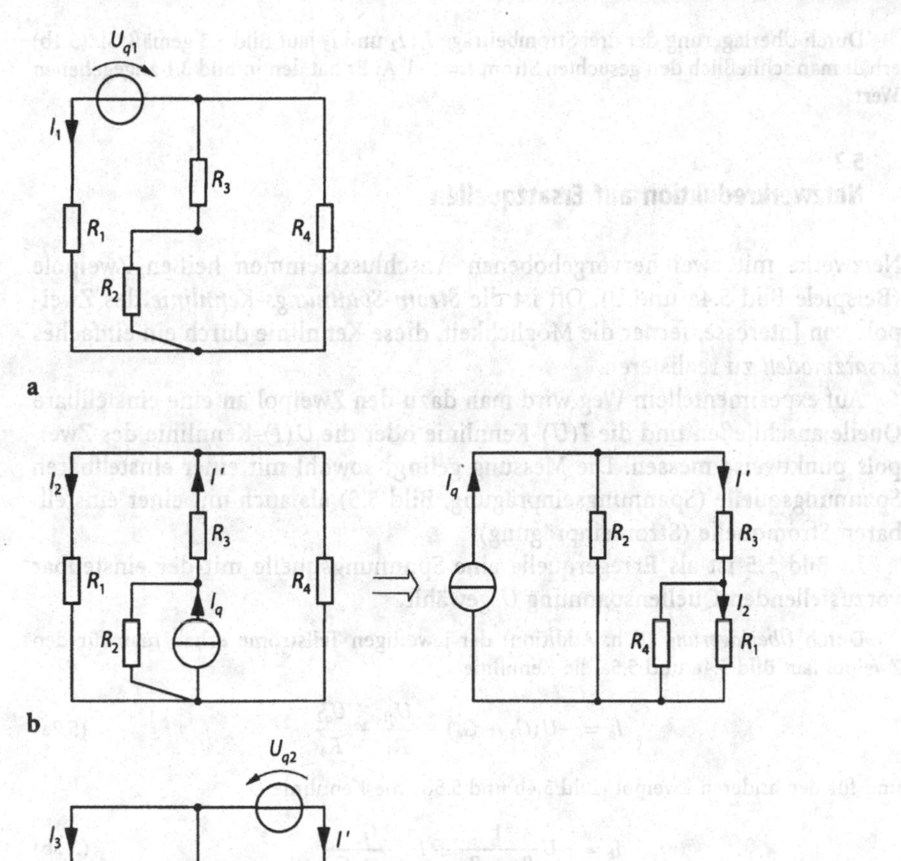

Bild 5.3 Nach dem Überlagerungsprinzip treiben die Quellen den Gesamtstrom $I_1 + I_2 + I_3$ durch den Widerstand R_1. **a** Wirkung der Quellenspannung U_{q1}, **b** Wirkung des Quellenstroms I_q. Das rechte Netzwerk ist identisch mit dem linken, aber übersichtlicher, **c** Wirkung der Quellenspannung U_{q2}

Ströme $I' = I_q \dfrac{G_{134}}{G_{134} + G_2} = 5{,}29$ A und $I_2 = I' \dfrac{G_1}{G_1 + G_4} = 3{,}53$ A ermittelt. Die Quellenspannung U_{q2} treibt nach Bild 5.3c den Strom $I' = \dfrac{U_{q2}}{R_4 + [(R_2 + R_3)^{-1} + G_1]^{-1}} = 7{,}41$ A an. Die Stromteilerregel liefert die Stromstärke $I_3 = -I' \dfrac{G_1}{(R_2 + R_3)^{-1} + G_1} = -6{,}18$ A im Widerstand R_1.

Durch Überlagerung der drei Strombeiträge I_1, I_2 und I_3 laut Bild 5.3 gemäß Gl. (5.1b) erhält man schließlich den gesuchten Strom $I = -1$ A. Er hat den in Bild 3.1 angegebenen Wert.

5.2 Netzwerkreduktion auf Ersatzquellen

Netzwerke mit zwei hervorgehobenen Anschlussklemmen heißen Zweipole (Beispiele Bild 5.4a und b). Oft ist die *Strom-Spannungs-Kennlinie* des Zweipols von Interesse, ferner die Möglichkeit, diese Kennlinie durch ein einfaches *Ersatzmodell* zu realisieren.

Auf experimentellem Weg wird man dazu den Zweipol an eine einstellbare Quelle anschließen und die $I(U)$-Kennlinie oder die $U(I)$-Kennlinie des Zweipols punktweise messen. Die Messung gelingt sowohl mit einer einstellbaren Spannungsquelle (Spannungseinprägung, Bild 5.5) als auch mit einer einstellbaren Stromquelle (Stromeinprägung).

In Bild 5.5 ist als Erregerquelle eine Spannungsquelle mit der einstellbar vorzustellenden Quellenspannung U gewählt.

Durch *Überlagerung* (d. h. Addition) der jeweiligen Teilströme erhält man für den Zweipol laut Bild 5.4a und 5.5a die Kennlinie

$$I_a = -U(G_1 + G_4) - \frac{U_{q1}}{R_1} - \frac{U_{q2}}{R_4} \tag{5.2a}$$

und für den anderen Zweipol (Bild 5.4b und 5.5b) die Kennlinie

$$I_b = -U\frac{1}{R_2 + R_3} + I_q\frac{G_3}{G_2 + G_3}\,. \tag{5.2b}$$

Die $I(U)$-Kennlinien sind linear, was laut Gl. (5.1) für lineare Zweipole ganz allgemein gilt.

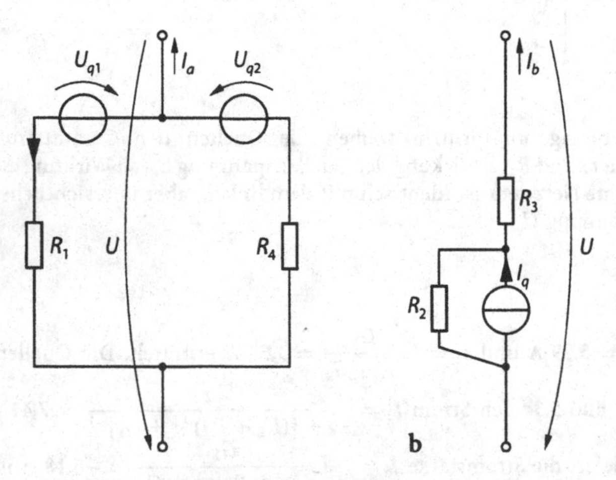

Bild 5.4 Zweipole (ES), deren Kennlinien gesucht sind

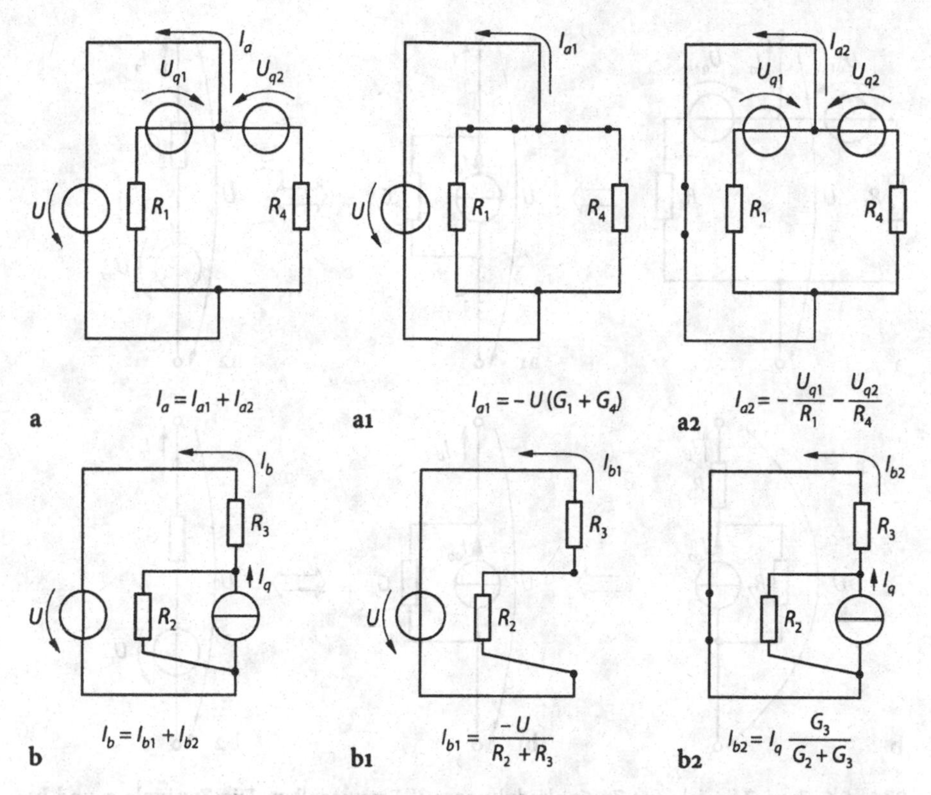

Bild 5.5 Messung eines Kennlinienpunktes und Berechnung mit dem Überlagerungsprinzip. **a, b**: Messschaltungen; **a1, b1**: Alle *Zweipol*quellen „genullt"; **a2, b2**: Erregerquelle „genullt". Der Zweipol ist im ES beschrieben, die Erregerspannungsquelle im VS.

Mit den Zahlenwerten der Schaltung nach Bild 3.1, die aus den untersuchten Zweipolen besteht, und den Größen

$$G_{ia} = G_1 + G_4 = 1{,}5\ \text{S}, \tag{5.3a'}$$

$$I_{qa} = -\frac{U_{q1}}{R_1} - \frac{U_{q2}}{R_4} = -14{,}5\ \text{A}, \tag{5.3a''}$$

$$R_{ib} = R_2 + R_3 = 5\ \Omega \tag{5.3b'}$$

und

$$I_{qb} = I_q \frac{G_3}{G_2 + G_3} = 6\ \text{A} \tag{5.3b''}$$

erhalten die Gln. (5.2) die Form

$$I_a = I_{qa} - G_{ia}U = -14{,}5\ \text{A} - 1{,}5\ \text{S} \cdot U \tag{5.4a}$$

$$I_b = I_{qb} - G_{ib}U = 6\ \text{A} - 0{,}2\ \text{S} \cdot U. \tag{5.4b}$$

Durch Vergleich der Gln. (5.4) mit Gl. (3.19) erkennt man, dass beide linearen Zweipole als Stromquelle mit Innenleitwert interpretierbar sind, deren

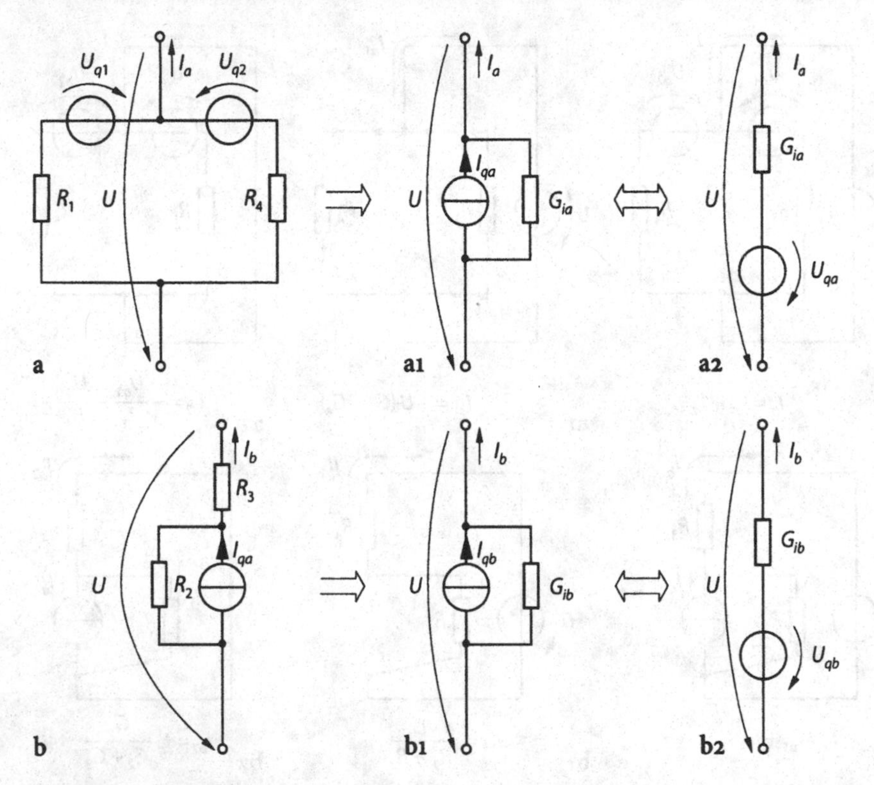

Bild 5.6 Zwei Beispiele für Zweipolreduktion auf Ersatzquellen. Die Zweipole **a** und **b** sind Teile des Netzwerks nach Bild 3.1.

$I(U)$- Kennlinie ebenfalls linear ist. Der (komplizierte) Zweipol ist damit auf eine (einfache) Stromquelle mit Innenwiderstand reduziert. Ihre Kennlinie ist mit derjenigen des Originalzweipols identisch. Man bezeichnet die Quelle mit Innenleitwert deshalb als *Ersatzstromquelle.*

Wäre in Bild 5.5 statt der Spannungsquelle mit der Quellenspannung U eine Stromquelle zur äußeren Erregung des Zweipols benutzt worden, hätte eine sinngemäße Herleitung (Überlagerung von Teilspannungen als Antwort auf die Stromerregung) auf eine Ersatz*spannungs*quelle geführt. Das ist kein Widerspruch, sondern spiegelt die Tatsache wieder, dass der Zweipol vor allem durch seine lineare Kennlinie charakterisiert wird. Die Interpretation dieser linearen Kennlinie als diejenige einer Ersatz*spannungs*quelle oder einer Ersatz*strom*quelle dient lediglich der Veranschaulichung. Die in Abschn. 3.5 dargelegte Umrechenbarkeit der Quellen (Stromquelle $\leftrightarrow$ Spannungsquelle) bestätigt das.

Das Verfahren der an zwei Beispielen erläuterten Reduktion eines aktiven Zweipols auf eine Ersatzquelle sei abschließend allgemeingültig wiederholt:

1. Das Zweipolnetzwerk muss linear sein (vgl. Abschn. 5.1).

2. Jedes lineare Zweipolnetzwerk (allgemeiner linearer Zweipol) hat eine lineare Strom-Spannungs-Kennlinie.
3. Die Bestimmungsstücke dieser Kennlinie sind *zwei* aus den drei Parametern Leerlaufspannung U_L, Kurzschlussstrom I_K und Innenwiderstand R_i.
4. Der Innenwiderstand lässt sich aus dem Schaltbild des Zweipols mit „genullten" Quellen ablesen (vgl. Bild 5.5a1 und b1, „Nullen" von Quellen vgl. Bild 5.2).
5. Die Leerlaufspannung U_L berechnet man, indem man den Zweipol ohne Belastungsstrom betrachtet. Der Kurzschlussstrom I_K ergibt sich als Strom bei kurzgeschlossenen Zweipolklemmen. Man bevorzugt die leichter zu ermittelnde Größe (U_L oder I_K).
6. Man wählt ein Modell (Ersatzspannungsquelle oder Ersatzstromquelle) und bestimmt dessen Parameter mit Hilfe der Gln. (3.23) oder (3.24).

Im durchgerechneten Beispiel wurde unter Punkt 5 des Schemas der Kurzschlussstrom ermittelt (Bild 5.5a2, b2). Hätte man sich für eine Erreger*strom*quelle entschieden, wäre bei ihrem „Nullen" die Leerlaufspannung angefallen.

Das Resultat der Überlegungen ist für beide besprochenen Beispiele in Bild 5.6 zusammengefasst.

Die Umrechnung einer (Ersatz-)Stromquelle in eine gleichwertige (Ersatz-) Spannungsquelle und der Zusammenhang mit den Kenngrößen U_L und I_K ist am Schluss von Abschn. 3.5 erläutert.

5.3 Netzwerkberechnung durch Zweipolzerlegung

Das im Folgenden beschriebene Verfahren erspart (ähnlich wie das Überlagerungsverfahren in Abschn. 5.1) die Aufstellung eines Gleichungssystems. Genau wie das Überlagerungsverfahren bleibt es auf übersichtliche Netzwerke von geringem Umfang beschränkt und zielt auf die Bestimmung *eines* Stroms I oder *einer* Spannung U statt auf die vollständige Lösung des Netzwerks. Im Gegensatz zum Überlagerungsverfahren ist es auch in nichtlinearen Fällen einsetzbar. Das wird in Abschn. 14.3 wieder aufgegriffen.

Das Verfahren setzt voraus, dass man die gesuchte Größe (U oder I) einem Zweipol zuordnen kann, den man aus dem gegebenen Netzwerk heraus- oder von ihm abtrennen kann.

Wenn z. B. im Netzwerk von Bild 5.7 (Zahlenwerte vgl. Bild 3.1) der Strom I und die Spannung U gesucht sind, kann das Netzwerk in den eingerahmten Zweipol und den Restzweipol zerlegt werden. Beide Zweipole sind durch Ersatzquellen modellierbar, wie in Abschn. 5.2 erläutert. Die dort ermittelten Ersatzstromquellen haben jeweils dieselbe Kennlinie wie die Originalzweipole. Wenn man die Ersatzstromquellen an ihren Klemmen miteinander verbindet, wird im *Ersatznetzwerk* derselbe Strom fließen, wie bei Verbindung des eingerahmten und des Restzweipoles im *Originalnetzwerk*. Der Strom hat die gesuchte Stärke I.

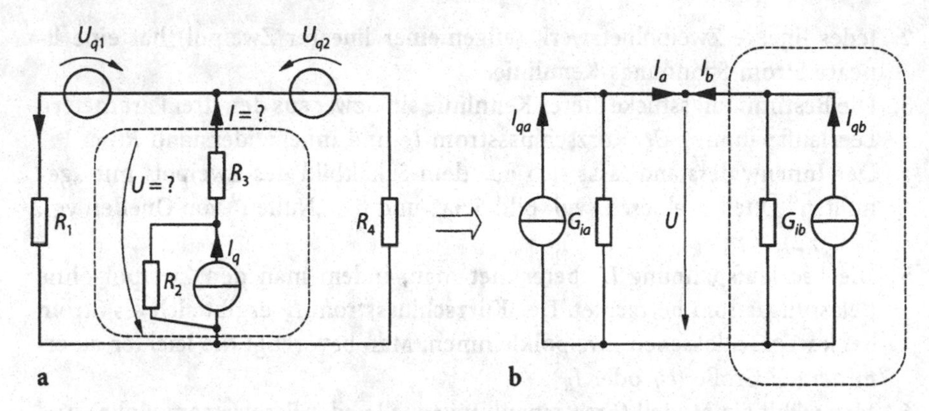

Bild 5.7 Zweipolzerlegung eines Netzwerkes zur Berechnung von U und I. Vgl. auch Bild 5.4

Die Spannung U folgt laut Bild 5.7b aus der Stromgleichheit

$$I_a = -I_b. \tag{5.5}$$

Setzt man für beide Ströme die in Abschn. 5.2 gewonnenen Ausdrücke (Gln. (5.4)) ein, erhält man

$$I_{qa} - G_{ia}U = -I_{qb} + G_{ib}U. \tag{5.6}$$

Hieraus folgt die gesuchte Spannung

$$U = \frac{I_{qa} + I_{qb}}{G_{ia} + G_{ib}} = -5\ \mathrm{V}. \tag{5.7}$$

Der Strom folgt aus der Kennlinie Gl. (5.4b) des eingerahmten Zweipols bei der jetzt bekannten Spannung U:

$$I = I_b = I_{qb} - G_{ib}U = 7\ \mathrm{A}. \tag{5.8}$$

Die Zahlenwerte stimmen erwartungsgemäß mit denen von Bild 3.1 überein.

5.4 Stern-Polygon-Umwandlung

Während alle bisherigen Verfahren auf die Berechnung der Ströme und Spannungen zielen, sind im folgenden Problem die *Widerstände* oder die ihnen reziproken *Leitwerte* eines Ersatznetzwerks gesucht.

Dem passiven sternförmigen Netzwerk nach Bild 5.8a mit n äußeren Klemmen und dem Sternpunkt 0 soll nach Bild 5.8b ein *gleichwertiges* Polygonnetzwerk mit ebenfalls n äußeren Klemmen zugeordnet werden. Unter Gleichwertigkeit ist zu verstehen, dass sich an den n Klemmen beider Netze dieselben Ströme und Spannungen einstellen, wenn Stern oder Polygon zur Probe an ein beliebiges drittes Netzwerk angeschlossen werden. Der Sternpunkt bleibt dabei frei. Die n Sternleitwerte G_1 bis G_n des Ausgangsnetzwerks sind gegeben, die Leitwerte G_{12} bis G_{n-1n} des Zielnetzwerks gesucht.

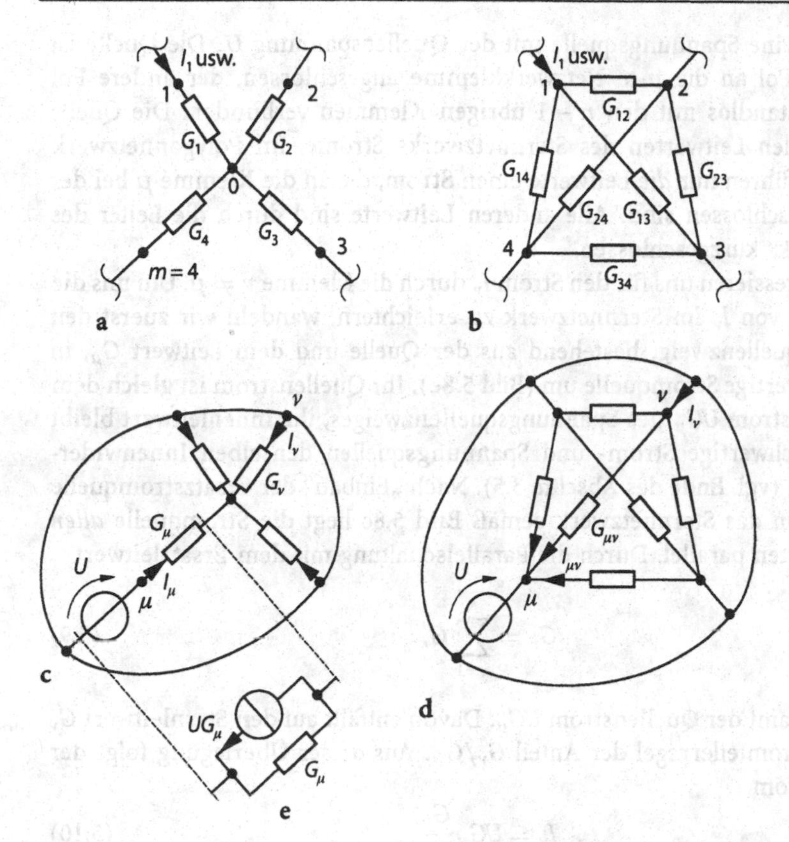

Bild 5.8 Umwandlung eines n-Stern-Netzwerks (**a**) in ein vollständiges n-Eck- oder Polygon-Netzwerk (**b**). **c** und **d** Einbettung in ein Testnetzwerk, **e** Ersatzstromquelle zum Spannungsquellenzweig

$$\begin{matrix} (R_{11}) & R_{12} & R_{13} & R_{14} \\ R_{21} & (R_{22}) & R_{23} & R_{24} \\ R_{31} & R_{32} & (R_{33}) & R_{34} \\ R_{41} & R_{42} & R_{43} & (R_{44}) \end{matrix}$$

Bild 5.9 Die Anzahl $(n^2 - n)/2$ der Leitwerte $G_{\mu\nu}$ des vollständigen Polygonnetzwerks (hier $n = 4$) ergibt sich als Anzahl der Widerstände oberhalb ($\mu < \nu$) der Diagonale. Die Indizes bezeichnen die Klemmen der Widerstände.

Zur Umwandlung in das Polygonnetzwerk reizt, dass dadurch der Knoten 0 (Sternpunkt) entfällt. Der Preis dafür ist die Vermehrung der Leitwerte von n Sternleitwerten G_μ auf $(n^2 - n)/2$ Polygonleitwerte $G_{\mu\nu}$. Bild 5.9 veranschaulicht, wie diese Anzahl zustande kommt.

Zur Berechnung der Polygonwiderstände betten wir das Ausgangs- und das Zielnetzwerk nach Bild 5.8c bzw. d in eine spezielle Testschaltung ein.

Sie enthält eine Spannungsquelle mit der Quellenspannung U. Die Quelle ist mit einem Pol an die μ-te Netzwerkklemme angeschlossen, der andere Pol wird widerstandlos mit den $n-1$ übrigen Klemmen verbunden. Die Quelle erregt in allen Leitwerten des Sternnetzwerks Ströme. Im Polygonnetzwerk (Bild 5.8d) führen nur *die* Leitwerte einen Strom, die an die Klemme μ bei der Quelle angeschlossen sind. Alle anderen Leitwerte sind durch die Leiter des Testnetzwerks kurzgeschlossen.

Wir interessieren uns für den Strom I_ν durch die Klemme $\nu \neq \mu$. Um uns die Berechnung von I_ν im Sternnetzwerk zu erleichtern, wandeln wir zuerst den Spannungsquellenzweig, bestehend aus der Quelle und dem Leitwert G_μ, in eine gleichwertige Stromquelle um (Bild 5.8e). Ihr Quellenstrom ist gleich dem Kurzschlussstrom UG_μ des Spannungsquellenzweiges, ihr Innenleitwert bleibt G_μ, da gleichwertige Strom- und Spannungsquellen denselben Innenwiderstand haben (vgl. Ende des Abschn. 3.5). Nach „Einbau" der Ersatzstromquelle (Bild 5.8e) in das Sternnetzwerk gemäß Bild 5.8c liegt die Stromquelle *allen* Sternleitwerten parallel. Durch die Parallelschaltung mit dem Ersatzleitwert

$$G_P = \sum_{\kappa=1}^{n} G_\kappa \tag{5.9}$$

fließt insgesamt der Quellenstrom UG_μ. Davon entfällt auf den Sternleitwert G_ν nach der Stromteilerregel der Anteil G_ν/G_P. Aus dieser Überlegung folgt der gesuchte Strom

$$I_\nu = UG_\mu \frac{G_\nu}{G_P} \tag{5.10}$$

durch die Klemme ν der *Sternschaltung*.

Von den drei (allgemein: $n-1$) an die Klemme ν der *Polygonschaltung* (Bild 5.8d) angeschlossenen Leitwerten führt nur das Schaltelement $G_{\mu\nu}$ den von Null verschiedenen Strom $I_{\mu\nu}$; die anderen beiden Polygonleitwerte sind kurzgeschlossen und stromlos. Aus dem Kirchhoff'schen Knotensatz für die Klemme ν folgt damit $I_\nu = I_{\mu\nu}$ Da die Spannung am Leitwert $G_{\mu\nu}$ nach dem Kirchhoff'schen Maschensatz gleich der Quellenspannung U ist, fließt durch den Leitwert $G_{\mu\nu}$ nach dem Ohm'schen Gesetz der Strom $I_{\mu\nu} = UG_{\mu\nu}$. Letzterer ist wegen $I_\nu = I_{\mu\nu}$ mit dem von der ν-ten Klemme der Polygonschaltung aufgenommenen Strom

$$I_\nu = UG_{\mu\nu} \tag{5.11}$$

identisch.

Die Gln. (5.10) und (5.11) liefern die gesuchte Gleichwertigkeitsbeziehung zwischen der Stern- und der Polygonschaltung: der in die Klemme ν der Polygonschaltung fließende Strom ist mit dem entsprechenden der Sternschaltung gleich, wenn man die Polygonleitwerte

$$G_{\mu\nu} = \frac{G_\mu G_\nu}{G_P} \tag{5.12}$$

vorsieht. Der Parallelleitwert G_P im Nenner ist nach Gl. (5.9) definiert. Nach Gl. (5.12) errechnet man einen Polygonleitwert zwischen zwei bestimmten Klemmen, indem man das Produkt der dort angeschlossenen Sternleitwerte durch den Parallelleitwert G_P aller Sternwiderstände teilt.

Das Ergebnis der Gl. (5.12) ist mit einer sehr speziellen Testschaltung hergeleitet, gilt aber allgemein bei jedem einbettenden Netzwerk.

Ersetzt man die Leitwerte in Gl. (5.12) durch die ihnen reziproken Widerstände, so folgt

$$R_{\mu\nu} = \frac{R_\mu R_\nu}{R_P} \tag{5.13}$$

R_μ Sternwiderstand bei Klemme μ,
R_ν Sternwiderstand bei Klemme ν,
R_P $1/G_P$ laut Gl. (5.9) und
$R_{\mu\nu}$ Widerstand des n-Eck-Netzwerks zwischen Klemme μ und ν.

Die Gln. (5.12) oder (5.13) transformieren ein n-Stern-Netzwerk in ein gleichwertiges n-Eck-Netzwerk.

Eine Umwandlung in entgegengesetzter Richtung (n-Eck $\rightarrow$ n-Stern) scheitert im Allgemeinen daran, dass die Anzahl $(n^2 - n)/2$ der Polygonwiderstände größer ist als die Anzahl n der Sternwiderstände. Nur für $(n^2 - n)/2 \leq n$ hat die Umwandlung in einen Stern Aussicht auf Erfolg, also für $n \leq 3$. Der Fall $n = 1$ ist bedeutungslos und der Fall $n = 2$ trivial (Reihenschaltung zweier Widerstände). Damit bleibt nur $n = 3$ als einziger (und praktisch wichtiger) Fall übrig, bei dem die Umwandlung in beiden Richtungen möglich ist.

Der Spezialfall der Stern-Dreieck-Umwandlung führt nach Gl. (5.12) mit $n = 3$ auf die in Bild 5.10 angegebenen Transformationsgleichungen.

Die für das Umkehrproblem (Dreieck-Stern-Umwandlung) gültigen, in Bild 5.11 eingetragenen Transformationsgleichungen 5.15 sind durch Auflösung der Gln. (5.14) nach den Sternwiderständen zu ermitteln. Ein direkter Weg zur Herleitung der Gln. (5.15) nutzt z. B. eine Stromquelle, die in beiden Netzwerken an zwei der drei Klemmen angeschlossen ist. Man fordert, dass die

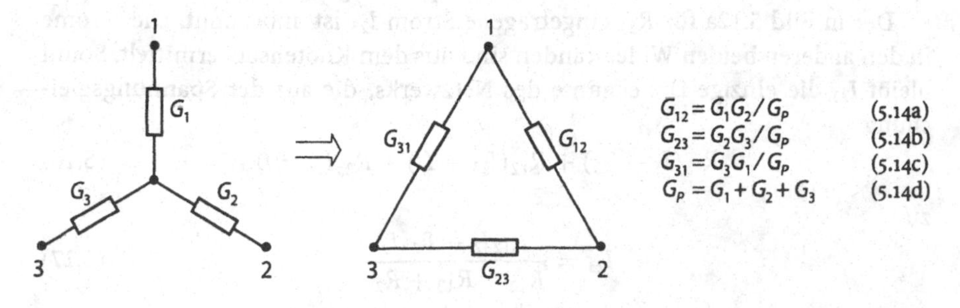

Bild 5.10 Stern-Dreieck-Umwandlung

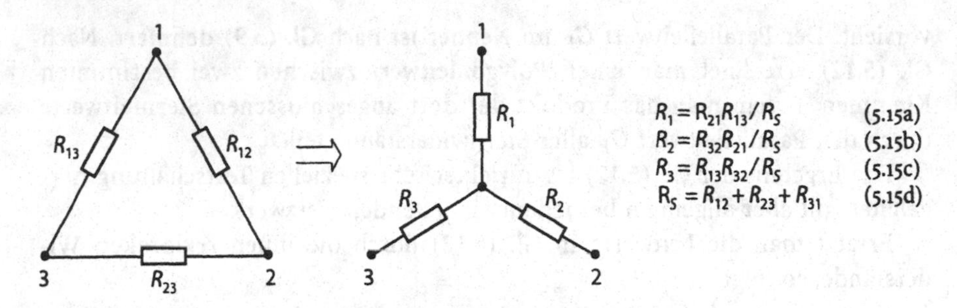

$$R_1 = R_{21}R_{13}/R_S \tag{5.15a}$$
$$R_2 = R_{32}R_{21}/R_S \tag{5.15b}$$
$$R_3 = R_{13}R_{32}/R_S \tag{5.15c}$$
$$R_S = R_{12} + R_{23} + R_{31} \tag{5.15d}$$

Bild 5.11 Dreieck-Stern-Umwandlung

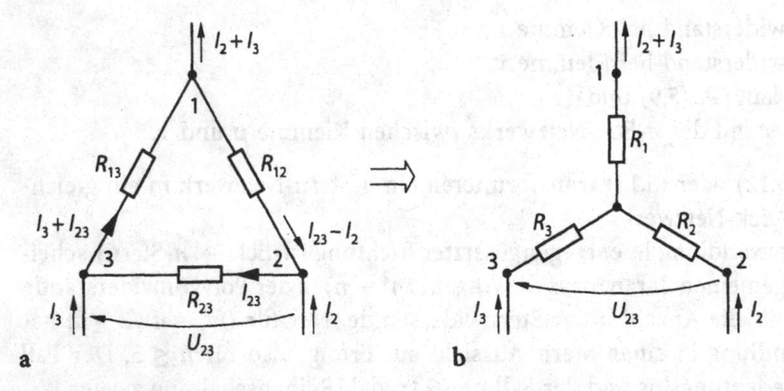

Bild 5.12 Zur Umwandlung einer Dreieck- in eine Sternschaltung. Nicht dargestellte Stromquellen prägen den Klemmen 2 und 3 die Ströme I_2 und I_3 ein.

Spannung zwischen der Klemme, die nicht an die Quelle angeschlossen ist, und einer der beiden anderen Klemmen in beiden Netzwerken gleich ist.

Wir gehen einen noch anderen im Folgenden skizzierten Weg. In die Klemmen 2 und 3 wird mittels Stromquellen der Strom I_2 und I_3 eingespeist. Der dritte Strom (Bild 5.12) kann nicht vorgegeben werden, da er durch den Kirchhoff'schen Knotensatz festgelegt ist. Das Stern-Netzwerk ist dem Dreieck-Netzwerk gleichwertig, wenn die Ströme I_2 und I_3 unabhängig von ihren Werten in beiden Netzwerken dieselben Klemmenspannungen erregen.

Der in Bild 5.12a für R_{23} eingetragene Strom I_{23} ist unbekannt. Die Ströme in den anderen beiden Widerständen sind aus dem Knotensatz ermittelt. Somit bleibt I_{23} die einzige Unbekannte des Netzwerks, die aus der Spannungsgleichung

$$R_{13}(I_3 + I_{23}) + R_{12}(I_{23} - I_2) + R_{23}I_{23} = 0 \tag{5.16}$$

zu

$$I_{23} = \frac{R_{12}I_2 - R_{13}I_3}{R_{12} + R_{13} + R_{23}} \tag{5.17}$$

bestimmt werden kann.

Im Nenner steht der Ersatzwiderstand

$$R_S = R_{12} + R_{13} + R_{23} \tag{5.18}$$

für die Serienschaltung der Dreieckwiderstände. Eine der oben genannten Gleichwertigkeitsbedingungen verlangt, dass bei gleicher Erregung (I_2, I_3) die Spannung U_{23} in beiden Schaltungen gleich sein muss, so dass

$$\underbrace{R_{23}I_{23}}_{\text{Dreieckschaltung}} = \underbrace{R_2I_2 - R_3I_3}_{\text{Sternschaltung}} \tag{5.19}$$

zu fordern ist. Mit Gl. (5.17) folgt daraus $\frac{R_{23}}{R_S}(R_{12}I_2 - R_{13}I_3) = R_2I_2 - R_3I_3$ oder in sortierter Form

$$I_2\left(\frac{R_{23}R_{12}}{R_S} - R_2\right) - I_3\left(\frac{R_{23}R_{13}}{R_S} - R_3\right) = 0. \tag{5.20}$$

Diese Gleichung kann nur dann unabhängig von I_2 und I_3 gelten, wenn beide Klammern gleich Null sind. Hieraus folgen die in Bild 5.11 angegebenen Sternwiderstände R_2 und R_3. Der dritte Sternwiderstand R_1 lässt sich z. B. aus der Gleichheit der Spannungen U_{31} in beiden Netzwerken auf ähnliche Weise errechnen. Die zyklische Vertauschung der Widerstandindizes führt zum gleichen Ergebnis.

Eine Anwendung der Stern-Dreieck-Umwandlung ist in Bild 5.13 skizziert. Der gesuchte, zwischen den Klemmen 2 und 4 messbare Widerstand R_{24} ist nicht durch Zusammenfassung in Parallel- oder Reihenschaltungen (Abschn. 3.4) zu ermitteln. Zerschneidet man das Netzwerk nach Art von Bild 5.13b, kann der entstandene Stern (Sternpunkt ist Knoten 1) mit Hilfe der Gln. (5.14) in ein Dreieck gewandelt werden. Wird das so ermittelte, dem Stern gleichwertige Ersatzdreieck (Klemmen 2′, 3′ und 4′) mit dem restlichen Dreieck (Klemmen 2, 3 und 4) wiedervereinigt, ist der gesuchte Widerstand R_{24} durch gewöhnliche Parallel- und Reihenschaltung zu berechnen.

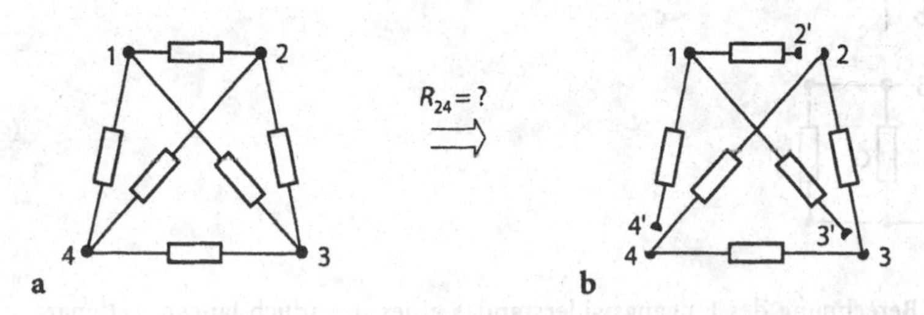

Bild 5.13 Anwendung der Stern- Dreieck-Umwandlung. **a** Problemstellung **b** Lösung: Der Stern 2′, 3′, 4′ mit dem Sternpunkt 1 wird in ein gleichwertiges Dreiecks-Netzwerk umgewandelt.

5.5 Unendlich langes Kettennetzwerk

Für das endlos fortgesetzte kettenartige Netzwerk nach Bild 5.14a ist der Eingangswiderstand R gesucht. Da das Netzwerk im Gegensatz zu allen bisher behandelten unendlich ausgedehnt ist, führen die vorherigen Berechnungsmethoden nicht weiter. Nach dem in Bild 5.14d skizzierten Lösungsansatz gilt für den gesuchten Eingangswiderstand R die Bedingung

$$R = R_l + \left(G_q + \frac{1}{R}\right)^{-1}. \tag{5.21}$$

Sie drückt aus, dass der Widerstand des unendlich langen Netzwerks gleich bleibt, wenn man es um ein weiteres $R_l - G_q$-Glied verlängert. Die in R quadratische Gleichung 5.21 hat die Lösungen

$$R_{1,2} = \frac{R_l}{2} \pm \sqrt{\frac{R_l^2}{4} + \frac{R_l}{G_q}}. \tag{5.21a}$$

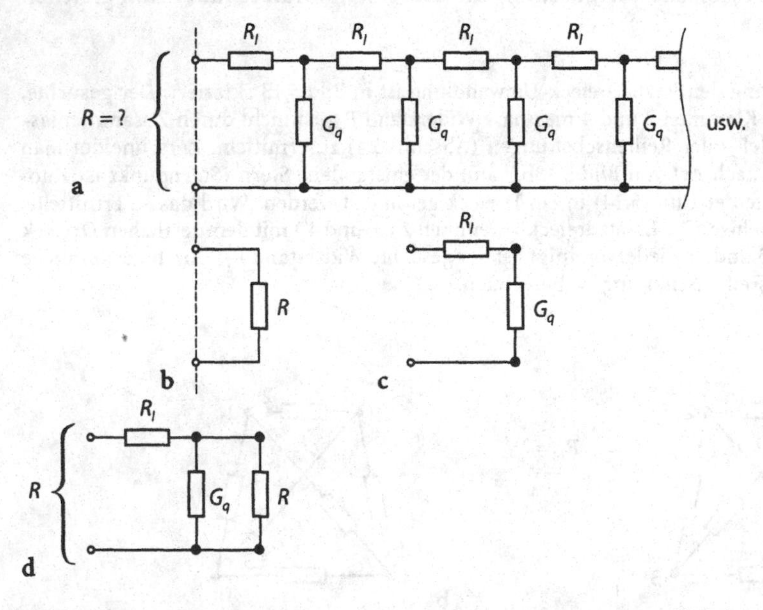

Bild 5.14 Zur Berechnung des Eingangswiderstandes eines unendlich langen, kettenartigen Netzwerks **a** Problemstellung **b** gesuchter Ersatzwiderstand R **c** $R_l - G_q$-Glied als Netzwerkelement **d** Ansatz: Die Verlängerung eines unendlich langen Kettennetzwerks um ein weiteres R_l-G_q-Glied (oder mehrere) beeinflusst den Eingangswiderstand R nicht.

Da der Eingangswiderstand positiv sein muss, verbleibt als einzige sinnvolle Lösung

$$R = \frac{R_l}{2} + \sqrt{\frac{R_l^2}{4} + \frac{R_l}{G_q}}. \tag{5.21b}$$

Wenn der Querwiderstand groß gegenüber dem Längswiderstand ist ($1/G_q \gg R_l$), ergibt sich der Eingangswiderstand zu

$$R = \sqrt{\frac{R_l}{G_q}}. \tag{5.21c}$$

Aus der Herleitung ist ein interessanter Schluss zu ziehen: Verbindet man eine endliche Anzahl n von R_l-G_q-Gliedern nach Bild 5.14c zu einer endlichen Kette und schließt sie am Ende mit dem nach Gl. (5.21b) berechneten Widerstand R ab, beträgt der Eingangswiderstand dieses endlichen Kettennetzwerkes *unabhängig von seiner Länge* (d. h. von seiner Gliederzahl n) wieder R.

Das Kettennetzwerk modelliert eine lange zweiadrige Gleichstromleitung mit nichtidealer, d. h. schwach leitfähiger „Isolation".

6 Mathematische Begriffe der Feldtheorie

In den Gesetzen des elektrischen und magnetischen Feldes treten spezielle mathematische Operationen und Ausdrücke auf. Die wichtigsten sind im Folgenden zusammengestellt.

Eine *Feldgröße* kann ein *Skalar*, ein *Vektor* oder ein *Tensor* in einem Raumpunkt mit dem Ortsvektor $\vec{r}$ sein. Der Raumpunkt heißt in diesem Zusammenhang *Aufpunkt*. Zum Beispiel bildet die Gesamtheit der Temperaturen ϑ in einem Kessel das (skalare) Temperaturfeld $\vartheta(\vec{r})$. Die Strömungsgeschwindigkeiten $\vec{v}$ eines Flusses ergeben das (vektorielle) Geschwindigkeitsfeld $\vec{v}(\vec{r})$ im Fluss. Der mechanische Spannungszustand in einem Werkstück wird durch das *Tensorfeld* $T(\vec{r})$ beschrieben. Die Feldgröße kann zusätzlich zeitabhängig sein, was die Notierung $\vartheta(\vec{r}, t)$, $\vec{v}(\vec{r}, t)$ oder $T(\vec{r}, t)$ ausdrückt. Ortsunabhängige Felder heißen *homogen*, zeitunabhängige Felder *statisch*.

Die Kenntnis der Vektoralgebra sowie des Ableitungs- und Integralbegriffs wird im Folgendem vorausgesetzt.

6.1 Linienintegral eines Vektorfeldes

Das Linienintegral

$$L = \int_{\text{Weg}} \vec{v}\,\mathrm{d}\vec{s} = \int_{\text{Weg}} v_t\,\mathrm{d}s = \int_{\text{Weg}} v \cos\alpha\,\mathrm{d}s \qquad [L]_{\mathrm{SI}} = [v]_{\mathrm{SI}} \cdot \mathrm{m} \tag{6.1}$$

des Vektors $\vec{v}$ längs eines bestimmten Wegs im Raum ist durch jedes der drei Integrale berechenbar. Das Linienintegral kann gemäß $L = \overline{v_t} l$ als Produkt der mittleren Tangentialkoordinate $\overline{v_t}$ von $\vec{v}$ längs des Wegs und der Weglänge l gedeutet werden. Im Einzelnen bedeuten die Bezeichnungen:

$\vec{v}$	Feldvektor, z. B. Geschwindigkeit oder Kraft,
$\mathrm{d}\vec{s}$	vektorielles Wegelement, in jedem Punkt des Wegs tangential zur Wegkurve gerichtet und zum Endpunkt orientiert (vgl. Bild 6.1),
$\mathrm{d}s = \lvert\mathrm{d}\vec{s}\rvert$	Länge des Wegelementes,
v_t	Koordinate von $\vec{v}$ in Richtung von $\mathrm{d}\vec{s}$ (Tangentialkoordinate von $\vec{v}$),

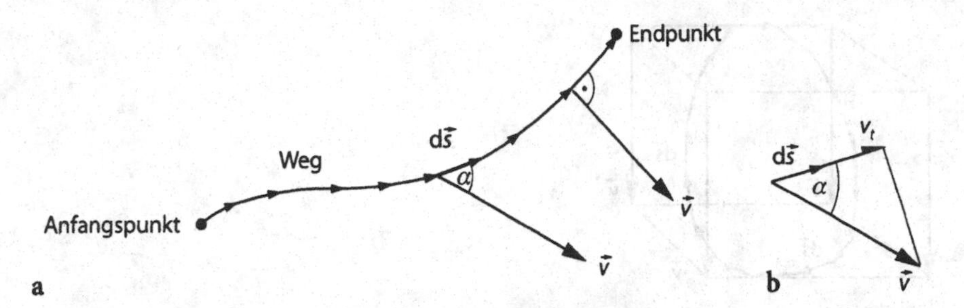

Bild 6.1 Das Linienintegral von $\vec{v}$ erfasst nur die zum Weg tangentiale Koordinate v_t des Feldvektors $\vec{v}$. Wegabschnitte senkrecht zum Feldvektor liefern keinen Beitrag. Der Vektor $\vec{v}$ existiert überall, ist aber nur in zwei Raumpunkten dargestellt

α Winkel zwischen $\vec{v}$ und $d\vec{s}$, $0 \leq \alpha \leq 180°$,
$\overline{v_t}$ Durchschnittswert von v_t längs des Wegs,
$l = \int_{\text{Weg}} ds$ Länge des Wegs.

Beispiel: Führt man einen Körper durch ein Kraftfeld, ergibt das Linienintegral des Feldkraftvektors $\vec{v}$ die Energie, die das Feld auf dem Weg am Körper verrichtet.

Sonderfall: Der Weg sei gerade und verlaufe auf der s-Achse von der Koordinate s_1 zur Koordinate s_2. Dann vereinfacht sich Gl. (6.1) zu

$$L = \vec{e}_s \int_{s_1}^{s_2} \vec{v} ds. \tag{6.2}$$

$\vec{e}_s$ Einsvektor in Richtung der s-Achse, unabhängig von der Lage der Koordinaten s_1 und s_2.

6.2 Umlaufintegral oder Zirkulation eines Vektorfeldes

Das spezielle Linienintegral

$$C = \oint_{\substack{\text{Weg-}\\ \text{schleife}}} \vec{v}\, d\vec{s} = \int_{\substack{\text{Weg-}\\ \text{schleife}}} \vec{v}\, d\vec{s} \qquad [C]_{SI} = [v]_{SI} \cdot \mathrm{m} \tag{6.3}$$

heißt *Umlaufintegral* oder *Zirkulation*. Der Integrationsweg ist eine Schleife, also ein Weg, der zum Ausgangspunkt zurückkehrt. Die Schleifenform des Integrationsweges wird durch das besondere Integralzeichen angedeutet.
Sonderfall: Vektorfelder, für die bei beliebigem Umlaufweg stets $C = 0$ gilt,

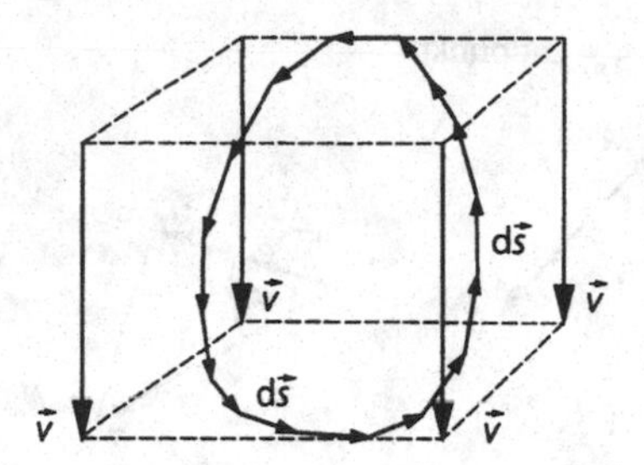

Bild 6.2 Umlaufweg in einem homogenen Feld

heißen *konservativ* oder *wirbelfrei*. Sie lassen sich durch ein *Potential* beschreiben (vgl. Abschn. 6.9). Jedes homogene Feld ist konservativ. Wegen $\vec{v} = \text{const}$ gilt im homogenen Feld

$$C = \vec{v} \oint_{\substack{\text{Weg-}\\\text{schleife}}} \mathrm{d}\vec{s} = \vec{v}\vec{0} = 0. \tag{6.4}$$

Beispiel: Im wirbelfreien Gravitationsfeld kann man keine Energie aus dem Feld gewinnen oder an das Feld verlieren, indem man ein Objekt zirkulieren lässt (Bild 6.2).

6.3 Fluss eines Vektorfeldes durch eine Fläche, Flussdichte

Der Fluss

$$\Phi = \int_{\text{Fläche}} \vec{v}\,\mathrm{d}\vec{A} = \int_{\text{Fläche}} v_n\,\mathrm{d}A = \int_{\text{Fläche}} v\cos\alpha\,\mathrm{d}A. \qquad [\Phi]_{\mathrm{SI}} = [v]_{\mathrm{SI}} \cdot \mathrm{m}^2 \tag{6.5}$$

des Vektors $\vec{v}$ durch eine Fläche im Raum ist durch jedes der drei Integrale berechenbar. Der Fluss kann gemäß $\Phi = \overline{v_n}A$ als Produkt der mittleren Normalkoordinate $\overline{v_n}$ von $\vec{v}$ in der Fläche und dem Flächeninhalt $A = \int_{\text{Fläche}} \mathrm{d}A$ gedeutet werden. Im einzelnen bedeuten die Bezeichnungen:

$\vec{v}$	Feldvektor,
$\mathrm{d}\vec{A}$	vektorielles Flächenelement, örtlich normal zur Fläche, für alle Elemente zur selben Seite der Fläche orientiert (vgl. Bild 6.3),
$\mathrm{d}A = \lvert\mathrm{d}\vec{A}\rvert$	Inhalt des Flächenelementes,
v_n	Koordinate von $\vec{v}$ zur Richtung von $\mathrm{d}\vec{A}$, Normalkoordinate
α	Winkel zwischen $\vec{v}$ und $\mathrm{d}\vec{A}$, $0 \le \alpha \le 180°$.

Der den Fluss nach Gl. (6.5) bildende Feldvektor $\vec{v}$ heißt in diesem Zusammenhang *Flussdichte*.

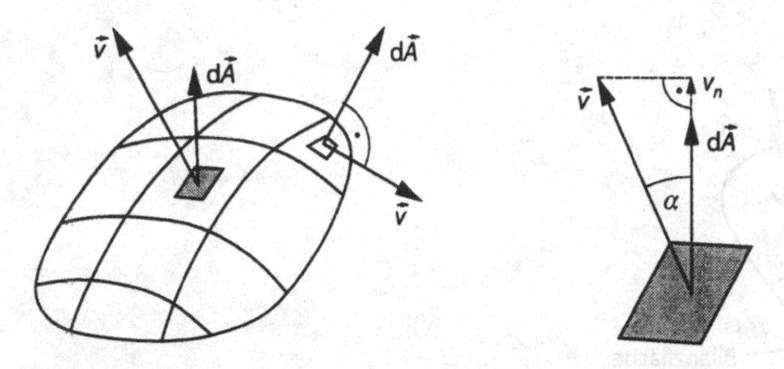

Bild 6.3 Der Fluss von $\vec{v}$ erfasst nur die zur Fläche normale Koordinate v_n des Feldvektors $\vec{v}$. Der Beitrag $\vec{v}\mathrm{d}\vec{A}$ eines Flächenelements ist mit dem dortigen Wert von $\vec{v}$ zu berechnen. Flächenbereiche, in denen $\vec{v}$ tangential zur Fläche gerichtet ist ($\vec{v}\perp\mathrm{d}\vec{A}$), liefern keinen Beitrag zum Fluss.

Aus einem gegebenen Fluss Φ kann nur der *Mittelwert* $\overline{v_n} = \Phi/A$ der Flussdichte-Normalkoordinate v_n in der Fläche rekonstruiert werden. Wie bestimmt man die Flussdichte in einem *Punkt* P aus gemessenen (gegebenen) Flüssen? Die Mess- oder Sensorfläche muss dann eben und ihr Inhalt A so klein sein, dass die Flussdichte in ihr konstant ist. Dann sind Mittelwert $\overline{v_n}$ und örtlicher Wert der Flussdichtekoordinate v_n identisch. Damit erhält man die Komponente

$$\vec{v}_n(\mathrm{P}) \overset{A\to 0}{=} \frac{\Phi}{A}\vec{e}_n \tag{6.5a}$$

der Flussdichte $\vec{v}$ zu jeder gewünschten Richtung $\vec{e}_n$. Der Fluss Φ im Zähler tritt durch die ebene kleine Messfläche mit dem Inhalt A. Die Fläche ist im Raum so zu positionieren, dass sie den Aufpunkt P enthält und ihr Flächenvektor $A\vec{e}_n$ die Richtung der gesuchten Flussdichtekomponente hat. Die Orientierung ist freigestellt. Die rechte Seite der Gl. (6.5a) ist als Grenzwert für $A \to 0$ im Zähler und Nenner zu lesen (vgl. Symbole und Hinweise, Nr. 6).

Die Flussdichte*komponente* $\vec{v}_n$ erfasst nur einen Teil des Flussdichte*vektors* $\vec{v}$. Der Vektor kann aus drei kartesischen Komponenten zusammengesetzt werden. Bei den entsprechenden Flussmessungen ist die Sensorfläche im Aufpunkt jeweils nach den Richtungen eines rechtwinkligen (x-y-z-)Koordinatensystems auszurichten.

Zur erläuterten Komposition des Vektors existiert eine Alternative: Statt die Richtungen eines Achsenkreuzes *vorzugeben*, kann man *die* Ausrichtung $\vec{e}_n$ der Sensorflächennormalen unter Beibehaltung des Aufpunktes P suchen, bei welcher der *maximale Fluss* $\Phi_{\max}(> 0)$ auftritt. Den so gefundenen speziellen Flächennormalen-Einsvektor bezeichnen wir mit $\vec{e}_v$. Damit ist der Flussdichtevektor

$$\vec{v}_n(\mathrm{P}) \overset{A\to 0}{=} \frac{\Phi_{\max}}{A}\vec{e}_v \tag{6.5b}$$

als Produkt seines Betrages und Einsvektors definiert. Der Inhalt A der ebenen (Sensor-)Fläche muss wieder ausreichend klein sein.

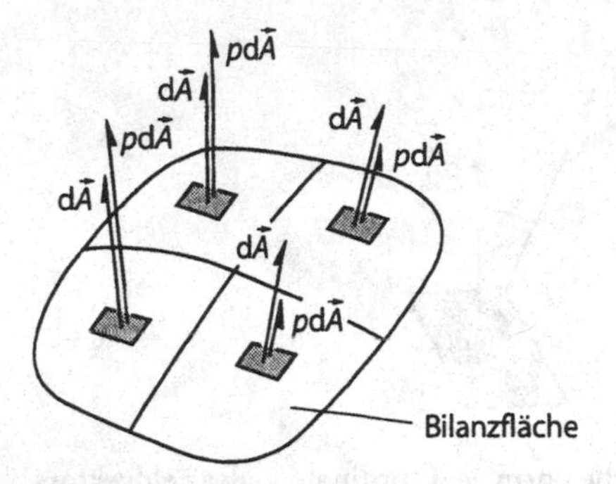

Bild 6.4 Kraft einer Normal-Zugspannung p auf eine Fläche als Fluss von p. Die Zugspannung $p(> 0)$ nimmt nach rechts ab

Beispiel: Der Fluss der Strömungsgeschwindigkeit $\vec{v}$ in m/s ist der Volumenstrom in m³/s. Die Strömungsgeschwindigkeit ist die Flussdichte der hydraulischen Strömung. Den Volumenstrom misst ein Flügelrad-Drehzahlmesser abhängig von seiner Achsausrichtung.

6.4 Fluss eines Skalarfeldes durch eine Fläche

Der Fluss

$$\vec{F} = \int_{\text{Fläche}} p \mathrm{d}\vec{A} \qquad [F]_{\mathrm{SI}} = [p]_{\mathrm{SI}} \cdot \mathrm{m}^2 \tag{6.6}$$

des Skalars p ist ein Vektor. Das Flächenelement $\mathrm{d}\vec{A}$ ist wie beim Fluss eines Vektors definiert.

Beispiel: Der Fluss der Normalspannung p (Skalar) ist die Kraft auf die Fläche (Bild 6.4).

6.5 Hüllenfluss eines Vektorfeldes

Der Hüllenfluss

$$H = \oint_{\substack{\text{Ober-}\\\text{fläche}}} \vec{v}\mathrm{d}\vec{A} = \int_{\substack{\text{Ober-}\\\text{fläche}}} \vec{v}\mathrm{d}\vec{A} \qquad [H]_{\mathrm{SI}} = [v]_{\mathrm{SI}} \cdot \mathrm{m}^2 \tag{6.7}$$

entspricht dem Fluss nach Gl. (6.5), nur dass die Integrationsfläche eine Oberfläche ist, also ein Volumen umschließt. Im Einzelnen bedeuten:

$\mathrm{d}\vec{A}$ vektorielles Flächenelement, senkrecht zur Oberfläche, für alle Elemente nach außen orientiert (vgl. Bild 6.5),

$\vec{v}$ wie beim Fluss eines Vektors (Abschn. 6.3)

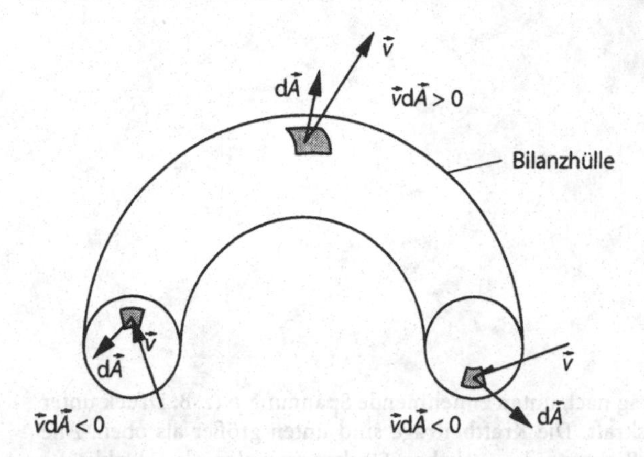

Bild 6.5 Das Hüllenintegral bezieht sich auf die Oberfläche eines Volumens. Die Oberfläche ist im Allgemeinen als nicht materielle Bilanzhülle zu verstehen. Die Flächennormale zeigt überall nach außen

Beispiel 1: Der Hüllenfluss der Strömungsgeschwindigkeit einer inkompressiblen Flüssigkeit ist Null. Mit anderen Worten: Die momentan einströmenden und ausströmenden Volumenströme (in m^3/s) sind gleich groß.
Beispiel 2: Die Partikel eines elastischen Körpers verschieben sich durch Erwärmung oder von außen eingeleitete verzerrende Kräfte an andere Orte. Die Verschiebungen bilden das Vektorfeld $\vec{v}$. Der Betrag der Vektoren sei überall klein gegen die Abmessungen des Körpers. Der Hüllenfluss der Verschiebung ist gleich der Volumenzunahme (in m^3) des Körpers.

6.6 Hüllenfluss eines Skalarfeldes

Der Hüllenfluss

$$\vec{H} = \oint\limits_{\substack{\text{Ober-}\\\text{fläche}}} p\mathrm{d}\vec{A} = \int\limits_{\substack{\text{Ober-}\\\text{fläche}}} p\mathrm{d}\vec{A} \qquad [H]_{\mathrm{SI}} = [p]_{\mathrm{SI}} \cdot \mathrm{m}^2 \tag{6.8}$$

des Skalars p ist ein Vektor. Die Oberfläche und $\mathrm{d}\vec{A}$ sind wie beim Hüllenfluss eines Vektors (Abschn. 6.5) zu verstehen.

Beispiel: Der Hüllenfluss einer Normal-Druckspannung ($p < 0$) „durch" die Oberfläche eines Körpers ist die auf den Körper wirkende Auftriebskraft (Bild 6.6).

6.7 Gradient eines Skalarfeldes

Der Gradient des Skalarfeldes p (kurz: grad p) ist ein *Vektor*, der in die Richtung des stärksten Anstiegs von p zeigt und dessen Betrag gleich der Ableitung von p in dieser Richtung ist. Der Vektor grad p kann koordinatenweise (Gl. (6.9))

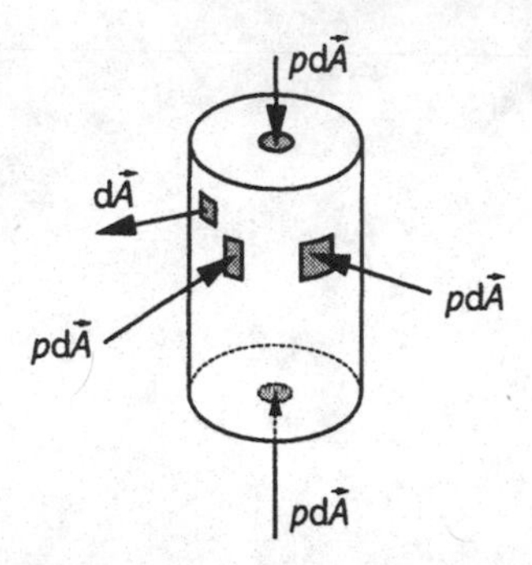

Bild 6.6 Eine negative, im Betrag nach unten zunehmende Spannung p (z. B. Druck unter Wasser) erzeugt eine Auftriebskraft. Die Kraftbeiträge sind unten größer als oben. Alle Beiträge wirken entgegen der Richtung der örtlichen Flächennormalen als Druckkräfte (vgl. auch Bild 6.4)

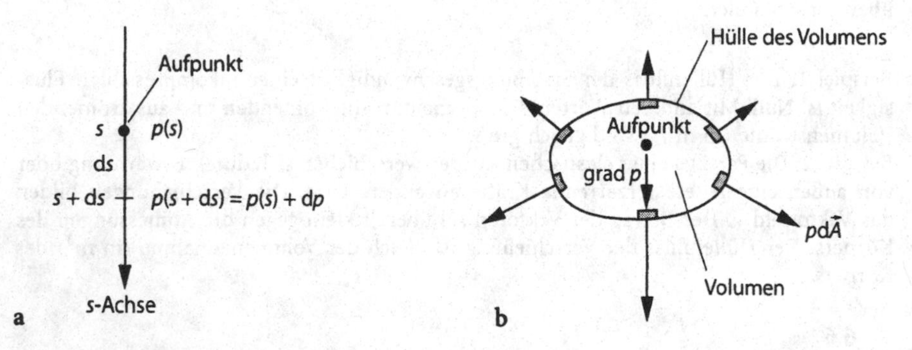

Bild 6.7 Zwei Möglichkeiten, den Vektor grad p zu bilden: **a** Koordinatenweise als Richtungsableitung (hier in Richtung der s-Achse) **b** als Volumenableitung (hier: $p > 0$, nach unten zunehmend)

durch Bildung von partiellen (Richtungs-)Ableitungen bestimmt werden oder direkt als Vektor durch Bildung einer Volumenableitung (Gl. (6.12)).

Bei Ableitung des Skalarfeldes im Aufpunkt (vgl. Bild 6.7a) in Richtung der s-Achse erhält man die s-Koordinate $(\text{grad}\, p)_s = \vec{e}_s \,\text{grad}\, p$ des Gradienten im Aufpunkt, also

$$(\text{grad}\, p)_s = \frac{\partial p}{\partial s}. \qquad \left[(\text{grad}\, p)_s\right]_{\text{SI}} = [p]_{\text{SI}} \cdot \frac{1}{\text{m}} \tag{6.9}$$

Durch Wahl verschiedener Achsen, insbesondere eines rechtwinkligen Achssystems, errechnet man alle Koordinaten und damit den Vektor grad p. Der Ausdruck grad p ist ein dem Skalarfeld p zugeordnetes Vektorfeld.

Wenn die Koordinatenachse eine Fläche mit $p = \text{const}$ tangiert, ist die entsprechende Tangentialkoordinate (Index t) von grad p im Tangentenpunkt Null:

$$(\text{grad}\, p)_t = 0. \tag{6.10}$$

Wir legen jetzt eine weitere besondere Koordinatenachse - die n-Achse - durch den Aufpunkt fest: Sie verläuft *senkrecht* zu einer Fläche $p = \text{const}$ *und zeigt zum höheren Potential.* Mit dieser Achse sind Betrag und Richtung des Gradienten

$$|\operatorname{grad} p| = (\operatorname{grad} p)_n = \frac{\partial p}{\partial n} \qquad \text{bzw.} \qquad \vec{e}_{\operatorname{grad} p} = \vec{e}_n \qquad (6.11\text{a, b})$$

festgelegt. Der Vektor grad p steht senkrecht auf Flächen mit $p = \text{const}$

Alternativ zur koordinatenweisen Ermittlung des Gradienten kann um den Aufpunkt eine kleine Bilanzhülle (Bild 6.7b) gelegt werden. Die Volumenableitung

$$\operatorname{grad} p \overset{V\to 0}{=} \frac{1}{V} \oint_{\text{H.d.V.}} p \, d\vec{A} \qquad [\operatorname{grad} p]_{\text{SI}} = [p]_{\text{SI}} \cdot \frac{1}{\text{m}} \qquad (6.12)$$

liefert den Vektor grad p im Aufpunkt. Das Symbol $V \to 0$ (vgl. Symbole und Hinweise, Nr. 6) über dem Gleichheitszeichen verlangt, dass der Wert des nachfolgenden Ausdrucks für ein genügend kleines Volumen im Sinne eines Grenzwertes zu ermitteln ist. Die Integration erstreckt sich auf die Hülle des Volumens (H. d. V.), das den festen Aufpunkt enthält. Es kann beliebig geformt sein. Auch regelmäßige Figuren wie Quader, Zylinder oder Kugeln kommen als Bilanzvolumen in Frage.

Beispiel: Der Gradient der (Druck-)Spannung $p(< 0)$ in einer unter Schwerkrafteinfluss stehenden ruhenden Flüssigkeit ist die nach oben gerichtete Auftriebskraft pro Volumen (vgl. Bild 6.6). Dort zeigt grad p in Richtung wachsendender Spannung, die nicht mit der Richtung des wachsenden Druck*betrages* zu verwechseln ist.

6.8 Rotation eines Vektorfeldes

Die Rotation rot $\vec{v}$ eines Vektorfeldes $\vec{v}$ in einem Aufpunkt ist ein Vektor, der sich wie folgt *koordinatenweise* bilden lässt: Man legt eine s-Koordinatenachse durch den Aufpunkt und definiert dort eine kleine, ebene Fläche senkrecht zur Achse, so dass der Flächenvektor $\vec{A}$ und die s-Achse parallel verlaufen (Bild 6.8). Der Grenzwert

$$(\operatorname{rot} \vec{v})_s \overset{A\to 0}{=} \frac{1}{A} \oint_{\text{R.d.F.}} \vec{v} \, d\vec{s}. \qquad [(\operatorname{rot} \vec{v})_s]_{\text{SI}} = [v]_{\text{SI}} \cdot \frac{1}{m} \qquad (6.13\text{a})$$

gibt die s-Koordinate von rot $\vec{v}$ an. Das Umlaufintegral auf der rechten Seite ist dabei nach Gl. (6.3) zu bilden.

Das Symbol $A \to 0$ über dem Gleichheitszeichen bedeutet, dass der Grenzwert des nachfolgenden Ausdrucks für eine genügend kleine Fläche zu ermitteln ist, die den festen Aufpunkt enthält. Der Ausdruck nach Gl. (6.13a) ist

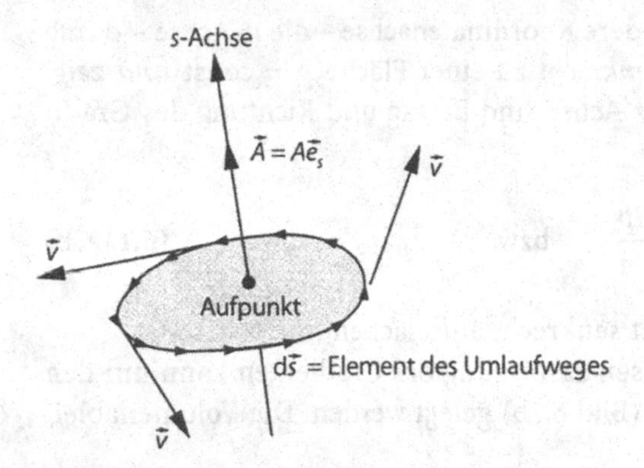

Bild 6.8 Die Zirkulation von $\vec{v}$ um die schraffierte ebene Fläche, dividiert durch den Flächeninhalt A, ist im Grenzwert gleich der s-Koordinate des Vektors rot $\vec{v}$

eine Flächenableitung. Die Integration erstreckt sich über die Randkurve der ebenen Fläche (R. d. F.). Die Wegschleife (Linienelement $d\vec{s}$) ist rechtswendig zur s-Achse zu durchlaufen.

Rotation ist Zirkulation pro Fläche (vgl. Abschn. 6.2). Die Rotation wird auch *Wirbeldichte* genannt.

Der Vektor rot $\vec{v}$ zeigt in Richtung *der* s-Achse, für die der Ausdruck nach Gl. (6.13a) maximal wird. Bezeichnet man diese spezielle Achse als n-Achse, so erhält man für den Betrag und die Richtung der Rotation

$$|\,\text{rot}\ \vec{v}| = (\text{rot}\ \vec{v})_n \qquad \text{und} \qquad \vec{e}_{\text{rot}\ \vec{v}} = \vec{e}_n. \qquad (6.13\text{b, c})$$

Bildet man rot $\vec{v}$ in allen Punkten eines Raumgebietes, so erhält man ein dem Vektorfeld $\vec{v}$ zugeordnetes weiteres Vektorfeld, eben rot $\vec{v}$.

Beispiel: In einem Zylinder, der um seine Achse (z-Achse) rechtswendig mit der Winkelgeschwindigkeit Ω rotiert, herrscht ein Geschwindigkeitsfeld $\vec{v}$ (Umfangsgeschwindigkeit proportional zum Achsabstand). Im Zylinder gilt überall rot $\vec{v} = 2\Omega\vec{e}_z$.

6.9 Potential eines Vektorfeldes

Vektorfelder mit rot $\vec{v} = 0$ heißen wirbelfrei. In diesem Fall kann für jeden Aufpunkt A ein *Skalarpotential*

$$p(\text{A}) = \int\limits_{\substack{\text{Weg von}\\ \text{A nach B}}} \vec{v}\,d\vec{s} + p(\text{B}) \qquad [p]_{\text{SI}} = [v]_{\text{SI}} \cdot \text{m} \qquad (6.14)$$

als Linienintegral angegeben werden. Das Potential p bildet ein dem Vektorfeld $\vec{v}$ zugeordnetes *Skalarfeld*. Der Punkt B ist der wählbare *Bezugspunkt* des

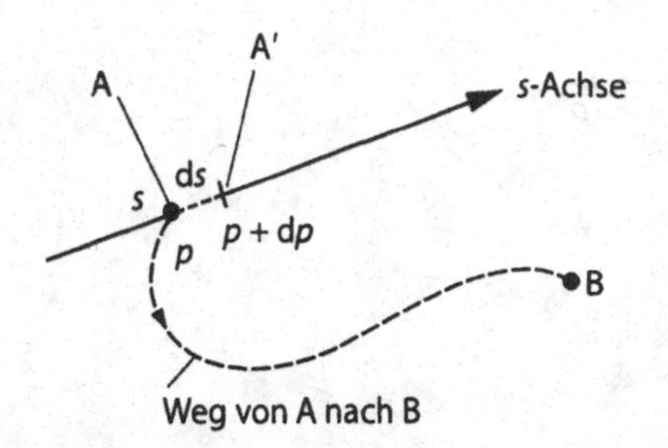

Bild 6.9 Zur Bestimmung des Feldvektors $\vec{v}$ im Aufpunkt A aus dem Potential p, B: Bezugspunkt des Potentials

Potentials. Der dortige Potentialwert $p(\mathrm{B})$, das *Bezugspotential*, kann *nach Ermessen* festgelegt werden. Häufig setzt man $p(\mathrm{B}) = 0$. Zur Integration kommt *jeder* Wegverlauf zwischen A und B in Frage. Das Ergebnis hängt nur vom Anfangs- und Endpunkt des Wegs ab, nicht von seinem Verlauf.

Berechnung des Vektorfeldes $\vec{v}$ aus dem Potential p. Die Potentiale der beiden Nachbarpunkte A und A′ auf der s-Achse (Bild 6.9) unterscheiden sich nach Gl. (6.14) nur um den Beitrag des Wegstückes $\mathrm{d}s$ auf der s-Achse. Es wird bei der Berechnung von $p(\mathrm{A}') = p(s + \mathrm{d}s) = p + \mathrm{d}p$ entgegen der Richtung der Koordinatenachse durchlaufen.

Es gilt $p + \mathrm{d}p = p + \vec{v}(-\vec{e}_s \mathrm{d}s)$. Daraus folgt $\vec{v}\vec{e}_s = (\vec{v})_s = -\mathrm{d}p/\mathrm{d}s = -(\text{grad } p)_s$. Bei bekanntem Potential p lässt sich der zugehörige Feldvektor

$$\vec{v} = -\,\text{grad } p \qquad [v]_{\mathrm{SI}} = [p]_{\mathrm{SI}} \cdot \frac{1}{\mathrm{m}} \tag{6.15}$$

also durch Gradientenbildung ermitteln (vgl. Abschn. 6.7).

Gleichung (6.14) liefert nur für wirbelfreie Felder (rot $\vec{v} = \vec{0}$) ein sinnvolles, wegunabhängiges Ergebnis. Die physikalische Bedeutung eines Potentials liegt ausschließlich in seinem Gradienten. Ein Potential ist nur durch seinen Gradienten definiert.

Beispiel: Das Potential der Schwerkraftdichte (in N/m³) in einer ruhenden Flüssigkeit ist gleich der Druckspannung in der Flüssigkeit (Bild 6.10).

6.10 Divergenz eines Vektorfeldes

Die Volumenableitung

$$\text{div } \vec{v} \overset{V \to 0}{=} \frac{1}{V} \oint\limits_{\text{H.d.V.}} \vec{v}\mathrm{d}\vec{A} \qquad [\text{div } \vec{v}]_{\mathrm{SI}} = [v]_{\mathrm{SI}} \cdot \frac{1}{\mathrm{m}} \tag{6.16}$$

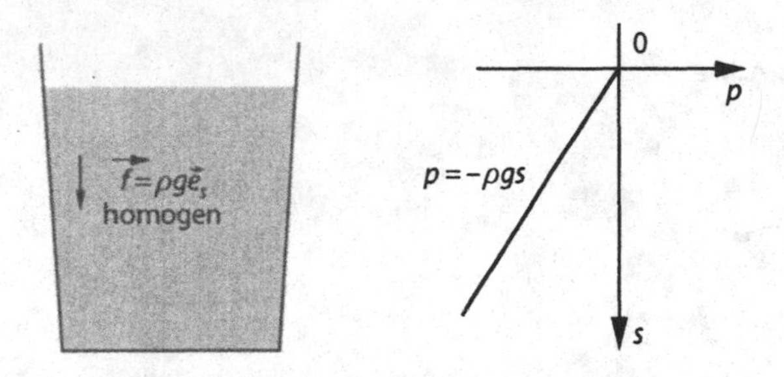

Bild 6.10 Das Potential p der Schwerkraftdichte $\vec{f} = \rho g\vec{e}_s$ (in N/m^3) einer inkompressiblen ruhenden Flüssigkeit kann als Druckspannung gedeutet werden. $g\vec{e}_s$ = Gravitationsbeschleunigung, ρ = Dichte. Dabei ist das Potential p an der Flüssigkeitsoberfläche (Bezugsebene) gleich Null gesetzt, womit man nach Gl. (6.14) $p = -\rho gs$ erhält. Das Potential p ist dann überall negativ. Sein Betrag $|p|$ nimmt linear mit der Tiefe zu. $\vec{f} = -\operatorname{grad} p$ ist nach unten gerichtet.

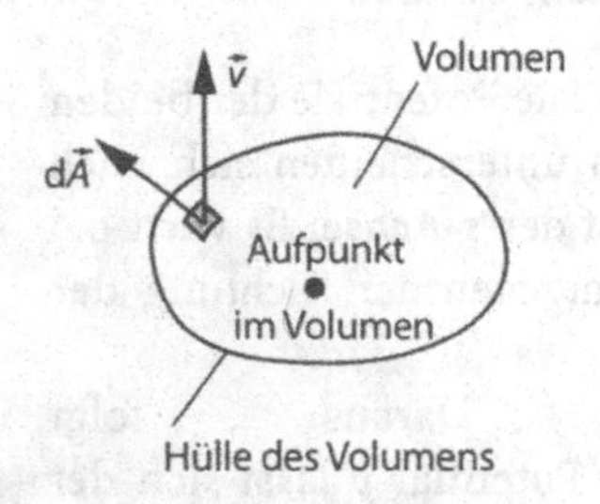

Bild 6.11 Zur Bildung der Divergenz von $\vec{v}$ im Aufpunkt wird der aus dem genügend kleinen Volumen austretende Hüllenfluss von $\vec{v}$ durch das Volumen dividiert.

ist die Divergenz von $\vec{v}$ im Aufpunkt (Bezeichnungen wie in Abschn. 6.5).

Das Symbol $V \to 0$ über dem Gleichheitszeichen bedeutet, dass der (Grenz-)Wert des nachfolgenden Ausdrucks für ein genügend kleines Volumen zu ermitteln ist, das den festen Aufpunkt enthält (vgl. Bild 6.11). Die Integration erstreckt sich über die Hülle des Volumens (H. d. V.).

Da div $\vec{v}$ der (Hüllen-)Fluss von $\vec{v}$ pro Volumen ist, bezeichnet man den Skalar div $\vec{v}$ auch als *Quellendichte* von $\vec{v}$. Vektorfelder $\vec{v}$, in denen div $\vec{v} = 0$ gilt, heißen *quellenfrei*.

Meistens sind die Beiträge $\vec{v}d\vec{A}$ zum Integral auf einem Teil der kleinen Hülle positiv und auf dem anderen negativ. Bei positivem (negativem) Hüllenintegral befindet sich in dem kleinen Volumen eine Quelle (Senke).

Beispiel 1: Die Strömungsgeschwindigkeit einer inkompressiblen Flüssigkeit ist überall quellenfrei (vgl. Abschn. 6.5).

Beispiel 2: Die Divergenz der Verschiebung nach Beispiel 2 in Abschn. 6.5 ist die Volumendehnung (in m^3/m^3), d. h. die Volumenzunahme eines kleinen Teilchens, dividiert durch sein Ausgangsvolumen.

6.11 Integralsatz von Gauß

Der Integralsatz von Gauß

$$\oint_{\text{Oberfläche}} \vec{v}\mathrm{d}\vec{A} = \int_{\text{Volumen}} \operatorname{div} \vec{v}\mathrm{d}V \tag{6.17}$$

bietet eine besondere Möglichkeit, den Hüllenfluss des Vektors $\vec{v}$ (linke Seite von Gl. (6.17), vgl. Abschn. 6.5) zu berechnen: Anstelle des Oberflächenintegrals von $\vec{v}$ wird das Volumenintegral von div $\vec{v}$ gebildet. Man beachte den Zusammenhang des Satzes von Gauß mit der Definition der Divergenz (Gl. (6.16)).

Das Beispiel 2 in Abschn. 6.5 veranschaulicht den Gauß'schen Integralsatz. Die Volumenzunahme des Körpers kann an seiner Oberfläche, aber auch im Körper aus den Beiträgen der Volumenelemente bilanziert werden.

6.12 Integralsatz von Stokes

Der Integralsatz von Stokes

$$\oint_{\text{Schleife}} \vec{v}\,\mathrm{d}\vec{s} = \int_{\substack{\text{Fläche über}\\ \text{Schleife}}} \operatorname{rot}\ \vec{v}\,\mathrm{d}\vec{A} \tag{6.18}$$

bietet eine besondere Möglichkeit, die Zirkulation des Vektors $\vec{v}$ (linke Seite von Gl. (6.18)) zu berechnen: Anstelle des Umlaufintegrals von $\vec{v}$ wird das Flächenintegral von rot $\vec{v}$ ausgewertet, d. h. der *Wirbelfluss* durch die Fläche. Die Weg- und Flächenelemente sind rechtswendig zueinander zu orientieren. Die Zirkulation von $\vec{v}$ längs einer Schleife und der Fluss von rot $\vec{v}$ durch irgendeine Fläche, welche die Schleife als Rand hat, sind wertgleich. Man beachte den Zusammenhang des Satzes von Stokes mit Gl. (6.13a).

Wenn sich die Fläche durch den Raum bewegt, gilt der Satz von Stokes in unveränderter Form zu jedem Zeitpunkt mit der momentanen Fläche und dem momentanen Flächenrand.

Weshalb kann eine Zirkulation (linke Seite von Gl. (6.18)) auch als Flächenintegral berechnet werden? Zur Veranschaulichung betrachten wir eine im Feld $\vec{v}$ liegende Insel. Sie sei ohne Straßen oder Wege in zahlreiche Grundstücke parzelliert. Die Zirkulation des Feldes längs der Küstenlinie kann man nach Gl. (6.3) berechnen, aber auch dadurch, dass man die Zirkulationen um alle Grundstücke separat ermittelt und addiert. Alle im Inselinneren liegenden Grundstücksgrenzen werden dabei in beiden Richtungen durchlaufen, so dass sich ihre Beiträge in der Summe aufheben. Nur die Uferlinien der Küstengrundstücke werden nur einmal durchlaufen. Ihre Beiträge bleiben unkompensiert. Damit haben wir die Küstenzirkulation in die Summe der Grundstückszirkulationen zerlegt.

Jede Grundstückszirkulation läßt sich nach Definition der Rotation (Gl. (6.13a)) als das Skalarprodukt $\vec{A}$ rot $\vec{v}$ ausdrücken. Dabei steht $\vec{A}$ für den Flächenvektor des jeweiligen Grundstücks. Jedes ist so klein vorausgesetzt, dass es auch bei hügeliger Insel eben und rot $\vec{v}$ auf ihm konstant ist. Die Summe der Terme A rot $\vec{v}$ über alle Inselgrundstücke ist gleich dem Flächenintegral auf der rechten Seite der Gl. (6.18).

6.13 Linien, Flächen und Volumen als Bilanzinstrumente

Die Wege, Flächen, Hüllen und Volumina von Kapitel 6 treten in der Formulierung von Naturgesetzen auf und sind in der Regel nicht materiell realisiert. Sie dienen der Analyse und können als Kontroll- oder Bilanzbegriffe nach Belieben festgelegt werden. Zum Beispiel gilt der Satz von Gauß für zusammenhängende beliebig geformte unregelmäßige oder regelmäßige Volumina einschließlich Kugel, Kegel, Quader oder Pyramide. Enstprechendes gilt für Flächen und die einer Randkurve zugeordneten Flächen. Sie können beliebig, z. B. eben oder schalenförmig sein. Die konkrete Ausprägung hängt stets von der beabsichtigten Analyse ab.

Die Wege, Flächen, Hüllen und Volumina sind als Integrationsbereiche geometrische Figuren. Sie sind durch ihren Verlauf im Raum beschrieben. Sie dürfen nicht mit der Weg*länge* oder dem Flächen- bzw. dem Volumen*inhalt* verwechselt werden. Es ist z. B. scharf zu trennen zwischen einer Fläche (Geraddruck) als geometrischem Objekt und dem *Flächeninhalt* (kursives Symbol) als einem in m^2 zu messenden Parameter der Fläche.

6.14 Tensoren

Der Vektorgleichung $\vec{a} = c\vec{b}$ mit dem skalaren Faktor c ist zu entnehmen, dass die Vektoren $\vec{a}$ und $\vec{b}$ gleich- oder gegensinnig parallel sind. Ihre Koordinaten sind verhältnisgleich, d. h. jede Koordinate von $\vec{b}$ hängt nur von der entsprechenden $\vec{a}$-Koordinate gemäß $b_\mu = ca_\mu$ ab. In anderen Fällen kann der Zusammenhang zwischen den Vektoren $\vec{a}$ und $\vec{b}$ komplizierter ausfallen. Jede Koordinate von $\vec{b}$ kann z. B. von *allen* $\vec{a}$-Koordinaten abhängen, so dass $\vec{a}$ und $\vec{b}$ i. Allg. *nicht* parallel sind. Diese Situation lässt sich mit dem Tensor $\boldsymbol{T}$ anstelle des Skalars c übersichtlich beschreiben. Der Tensor (zweiter Stufe) $\boldsymbol{T}$ verkörpert den nächsthöheren Zahlenbegiff nach Skalaren und Vektoren.

Die den Tensor $\boldsymbol{T}$ und die Vektoren $\vec{a}$ und $\vec{b}$ enthaltende Gleichung

$$\vec{a} = \boldsymbol{T}\vec{b} \tag{6.19}$$

besagt, dass die Koordinaten des Vektors $\vec{a}$ linear von den Koordinaten des Vektors $\vec{b}$ in der Form

$$a_x = T_{xx}b_x + T_{xy}b_y + T_{xz}b_z \tag{6.20a}$$

$$a_y = T_{yx}b_x + T_{yy}b_y + T_{yz}b_z \tag{6.20b}$$

$$a_z = T_{zx}b_x + T_{zy}b_y + T_{zz}b_z \tag{6.20c}$$

abhängen. In der matrixartigen Koordinatenform

$$T = \begin{pmatrix} T_{xx} & T_{xy} & T_{xz} \\ T_{yx} & T_{yy} & T_{yz} \\ T_{zx} & T_{zy} & T_{zz} \end{pmatrix} \tag{6.21}$$

erscheinen die 9 skalaren Koordinaten T_{jk} des Tensors. Die Koordinaten T_{xx}, T_{yy} und T_{zz} bilden die Diagonale des Tensors. Die Begriffe *Koordinate eines Vektors* und *Koordinate eines Tensors* sind klar zu trennen. Koordinaten werden in der Literatur oft, aber normwidrig, als Komponenten bezeichnet.

Ein Tensor ist *symmetrisch*, wenn die 6 Elemente außerhalb seiner Diagonalen den 3 Bedingungen $T_{jk} = T_{kj}$ genügen. Somit hat ein symmetrischer Tensor insgesamt 6 unabhängige Koordinaten, 3 davon auf der Diagonalen.

Ein Tensor heißt *schiefsymmetrisch oder antimetrisch*, wenn alle 3 Diagonalelemente Null sind und die 6 Elemente außerhalb der Diagonalen den 3 Bedingungen $T_{jk} + T_{kj} = 0$ genügen. Ein antimetrischer Tensor enthält nur 3 unabhängige Koordinaten.

Der *transponierte* Tensor $\boldsymbol{T}^t$ entsteht durch Vertauschen der Zeilen und Spalten von T, d.h. die 9 Koordinaten von $\boldsymbol{T}^t$ werden gemäß $T^t_{jk} = T_{kj}$ ermittelt. Die erste Zeile von $\boldsymbol{T}$ findet sich als erste Spalte von $\boldsymbol{T}^t$ wieder usw.. Die Diagonalkoordinaten T_{xx}, T_{yy} und T_{zz} behalten ihren Platz.

Die Summe $\boldsymbol{S} = \boldsymbol{A} + \boldsymbol{B}$ zweier Tensoren ist bei beliebigem Vektor $\vec{v}$ durch

$$\boldsymbol{A}\vec{v} + \boldsymbol{B}\vec{v} = \boldsymbol{S}\vec{v} \tag{6.22}$$

definiert. Für die Koordinaten von $\boldsymbol{S}$ gilt $S_{jk} = A_{jk} + B_{jk}$. Ein beliebiger Tensor $\boldsymbol{T}$ lässt sich mit

$$\boldsymbol{T} = \underbrace{\frac{\boldsymbol{T} + \boldsymbol{T}^t}{2}}_{\boldsymbol{T}_s} + \underbrace{\frac{\boldsymbol{T} - \boldsymbol{T}^t}{2}}_{\boldsymbol{T}_a} \tag{6.23}$$

in einen symmetrischen und einen antimetrischen Komponententensor $\boldsymbol{T}_s$ bzw. $\boldsymbol{T}_a$ zerlegen.

Der spezielle Tensor $\boldsymbol{D}$ enthält in der Diagonale drei gleiche Koordinaten d und sonst nur Nullen. Das Produkt $\boldsymbol{D}\vec{v}$ ist identisch mit $d\vec{v}$, wobei $\vec{v}$ wieder ein beliebiger Vektor ist.

Der Vektor $D\vec{v} = \mathrm{d}\vec{v}$ ist parallel oder antiparallel zu $\vec{v}$. Dagegen bildet der Vektor $T\vec{v}$ mit $\vec{v}$ im Allgemeinen einen spitzen oder stumpfen Winkel.

Der Einstensor δ ist mit $\mathrm{d} = 1$ definiert, so dass $\delta\vec{v} = \vec{v}$ gilt. Seine Koordinaten werden mit δ_{jk} abgekürzt.

6.15 Ableitungen in kartesischen Koordinaten, Feldbilder

Die Ableitungsbegriffe Gradient, Divergenz und Rotation sind bisher *koordinatensystemunabhängig* unter Betonung ihrer physikalischen Bedeutung behandelt worden. Aus den angegebenen Definitionen lassen sich *koordinatensystemabhängige* Berechnungsvorschriften herleiten. Die Herleitung für kartesische Koordinaten ist im Folgenden angedeutet.

Wir interessieren uns zunächst für die Verteilung eines *stetigen* Feldes in *enger* Nachbarschaft eines Raumpunktes, so dass ein *linearer* Ansatz für das Feld genügt. Legt man den Ursprung eines kartesischen Koordinatensystems in den interessierenden Punkt, so hängen das Potential

$$p(x,y,z) = p_0 + \frac{\partial p}{\partial x}x + \frac{\partial p}{\partial y}y + \frac{\partial p}{\partial z}z \tag{6.24}$$

oder das Vektorfeld

$$\vec{v}(x,y,z) = \vec{v}_0 + \frac{\partial \vec{v}}{\partial x}x + \frac{\partial \vec{v}}{\partial y}y + \frac{\partial \vec{v}}{\partial z}z \tag{6.25}$$

in der Umgebung des Koordinatenursprungs linear von den Koordinaten x, y und z ab. Die Ausdrücke nähern Skalar- oder Vektorfelder auf ähnliche Art wie die Tangentennäherung eine gewöhnliche stetige Funktion.

Die Faktoren vor den Koordinaten sind partielle Ableitungen, also Änderungen pro Schritt in die entsprechende Koordinatenrichtung bei Fixierung der beiden anderen Raumkoordinaten. Wir stellen uns die partiellen Ableitungen, die beim Potential Skalare und beim Vektorfeld Vektoren sind, als konstant in der Umgebung des Koordinatenursprungs und gegeben vor.

Die Ableitungsbegriffe grad p, rot $\vec{v}$ oder div $\vec{v}$ lassen sich für kartesische Koordinaten unter Verwendung der in den Abschn. 6.7, 6.8 und 6.10 gegebenen Definitionen aus den partiellen Ableitungen berechnen. Man erhält den in Spaltenschreibweise notierten Vektor

$$\operatorname{grad} p = \begin{pmatrix} \partial p/\partial x \\ \partial p/\partial y \\ \partial p/\partial z \end{pmatrix} \tag{6.26}$$

nach Gl. (6.24) direkt aus Gl. (6.9), indem man die drei Koordinatenachsen nacheinander als s-Achse betrachtet.

Aus Gl. (6.13a) folgen die kartesischen Koordinaten von rot $\vec{v}$ mit Gl. (6.25) aus achsparallelen Rechteckumläufen um den Koordinatenursprung in den Ebenen $x = 0$, $y = 0$ und $z = 0$, zusammengefasst im Vektor

$$\operatorname{rot} \vec{v} = \begin{pmatrix} \partial v_z/\partial y - \partial v_y/\partial z \\ \partial v_x/\partial z - \partial v_z/\partial x \\ \partial v_y/\partial x - \partial v_x/\partial y \end{pmatrix} \tag{6.27}$$

Die Rechtecke müssen so klein sein, dass sie ganz im räumlichen Gültigkeitsbereich von Gl. (6.25) liegen. v_x, v_y und v_z sind die kartesischen Koordinaten des Feldvektors $\vec{v} = v_x\vec{e}_x + v_y\vec{e}_y + v_z\vec{e}_z$.

Die Divergenz des Vektors $\vec{v}$ ergibt sich zu

$$\operatorname{div} \vec{v} = \partial v_x/\partial x + \partial v_y/\partial y + \partial v_z/\partial z. \tag{6.28}$$

Dieses Ergebnis folgt aus der Integraldefinition laut Gl. (6.16), wenn man sie auf einen kleinen Quader um den Koordinatenursprung mit achsparallelen Kanten anwendet. Der Quader muss so klein sein, dass er ganz im räumlichen Gültigkeitsbereich von Gl. (6.25) liegt.

Man entnimmt den Gln. (6.26)–(6.28), dass die Ableitungsbegriffe Gradient, Rotation und Divergenz nur von den *Feldänderungen im Raum* abhängen und nicht von der absoluten Größe des Feldes. Wenn das Feld p oder $\vec{v}$, wie hier vorausgesetzt, linear von den Raumkoordinaten abhängt, sind grad p, rot $\vec{v}$ oder div $\vec{v}$ konstante Ausdrücke im ganzen Raumbereich, in dem die linearen Ansätze der Gln. (6.24) oder Gln. (6.25) zutreffen.

Mit dem Ortsvektor $\vec{r} = \begin{pmatrix} x \\ y \\ z \end{pmatrix}$ der Raumkoordinaten x, y und z und dem

Tensor $\boldsymbol{A} = \begin{pmatrix} \partial v_x/\partial x & \partial v_x/\partial y & \partial v_x/\partial z \\ \partial v_y/\partial x & \partial v_y/\partial y & \partial v_y/\partial z \\ \partial v_z/\partial x & \partial v_z/\partial y & \partial v_z/\partial z \end{pmatrix}$, der alle partiellen Ableitungen der v-Koordinaten enthält, können die Gln. (6.24) und (6.25) kürzer als

$$p(\vec{r}) = p_0 + \operatorname{grad} p \, \vec{r} \tag{6.29}$$

und

$$\vec{v}(\vec{r}) = \vec{v}_0 + \boldsymbol{A}\vec{r} \tag{6.30}$$

notiert werden. Das Produkt $\boldsymbol{A}\vec{r}$ ist nach Gl. (6.19) gleich dem Vektor

$$\boldsymbol{A}\vec{r} = \frac{\partial \vec{v}}{\partial x}x + \frac{\partial \vec{v}}{\partial y}y + \frac{\partial \vec{v}}{\partial z}z = \begin{pmatrix} x\partial v_x/\partial x + y\partial v_x/\partial y + z\partial v_x/\partial z \\ x\partial v_y/\partial x + y\partial v_y/\partial y + z\partial v_y/\partial z \\ x\partial v_z/\partial x + y\partial v_z/\partial y + z\partial v_z/\partial z \end{pmatrix}. \tag{6.31}$$

Seine Koordinaten hängen wegen der vorausgesetzten Konstanz der partiellen Ableitungen linear von den Aufpunktkoordinaten x, y und z ab.

Ein symmetrischer Tensor A (vgl. Abschn. 6.14) entspricht einem wirbelfreien Vektorfeld, weil im Symmetriefall wegen $\partial v_x/\partial y = \partial v_y/\partial x, \partial v_x/\partial z = \partial v_z/\partial x$ und $\partial v_y/\partial z = \partial v_z/\partial y$ jede Koordinate der Rotation laut Gl. (6.27) Null ist. Bei den partiellen Ableitungen sind der Koordinatenindex von v und die Ableitungsvariable vertauschbar. Wenn außerdem div $\vec{v}$ nicht Null ist, liegt ein *wirbelfreies Quellenfeld* vor.

Ein schiefsymmetrischer Tensor A (vgl. Abschn. 6.14) entspricht einem *quellenfreien Wirbelfeld*, wovon man sich wieder durch Bildung der Divergenz und Rotation überzeugen kann. Da sich jeder Tensor laut Gl. (6.23) in einen symmetrischen und einen schiefsymmetrischen Teil zerlegen lässt, sind das wirbelfreie Quellenfeld und das quellenfreie Wirbelfeld Grundformen, in die man jedes Vektorfeld zerlegen kann.

Wirbelfreie Felder (rot $\vec{v} = \vec{0}$ nach Gl. (6.27)) können laut Abschn. 6.9 durch ein Potential $p(\vec{r})$ beschrieben werden. Wählt man als Bezugspunkt des Potentials den Koordinatenursprung $\vec{r} = \vec{0}$ und setzt das dortige Potential p_0 gleich Null, so erhält man nach Gl. (6.14) zu $\vec{v}$ das Potential

$$p(\vec{r}) = - \int\limits_{\substack{\text{Weg von} \\ \vec{0} \text{ nach } \vec{r}}} \vec{v}\, d\vec{s} \tag{6.32}$$

im Punkt $\vec{r} = x\vec{e}_x + y\vec{e}_y + z\vec{e}_z$. Das Minuszeichen erklärt sich aus dem gegenüber Gl. (6.14) umgekehrten Durchlaufsinn des Integrationsweges.

Führt man den Integrationsweg von $\vec{0}$ nach (x, y, z) in achsparallelen Schritten über die Raumpunkte $(x, 0, 0)$ und $(x, y, 0)$, so erhält man durch Integration von $\vec{v}$ aus Gl. (6.30)

$$\begin{aligned} p(\vec{r}) = &- v_{0x}x - v_{0y}y - v_{0z}z \\ &- \frac{1}{2}\left(\frac{\partial v_x}{\partial x}x^2 + \frac{\partial v_y}{\partial y}y^2 + \frac{\partial v_z}{\partial z}z^2\right) - \left(\frac{\partial v_x}{\partial y}xy + \frac{\partial v_x}{\partial z}xz + \frac{\partial v_y}{\partial z}yz\right). \end{aligned} \tag{6.33}$$

Das Potential $p(\vec{r})$ hängt nicht vom Integrationsweg ab. Jeder andere Weg von $\vec{0}$ nach $\vec{r}$ würde zum gleichen Ergebnis führen.

Für die partiellen Ableitungen im zweiten Klammerterm wird an die bei Wirbelfreiheit zulässige Vertauschbarkeit von Feldkoordinatenindex und Ableitungsvariable erinnert. Da die Feldkoordinaten in Gl. (6.30) linear von den Raumkoordinaten abhängen, erscheinen im Potential infolge der Integration auch *quadratische* Ausdrücke. Sie sind in den Gln. (6.24) und (6.29) vernachlässigt.

Die Bilder 6.12 bis 6.14 veranschaulichen die obigen mathematisch-formalen Ausführungen. Die Vektorfelder sind mit angenommenen partiellen Ableitungen aus Gl. (6.30) berechnet. Um die Ortsabhängigkeit des Feldes klarer herauszustellen, sind die konstanten Anteile p_0 und $\vec{v}_0$ zu Null angenommen. Jedes Bild gilt für die Ebene $z = 0$. Für alle Bilder sind die vorausgesetzten Ableitungs-Tensoren A in Koordinatenform angegeben, so dass man die Rotation und Divergenz nach Gl. (6.27) und Gl. (6.28) sowie die prinzipielle Feldverteilung mit Gl. (6.30) verifizieren kann.

Schon mit dem linearen Feldansatz laut Gl. (6.30) lässt sich eine große Vielfalt von Feldbildern erzeugen. Sie erhöht sich, wenn man den konstanten (homogenen) Anteil $\vec{v}_0$ hinzunimmt. Ein homogenes Feld hat weder Quellen noch Wirbel, da es von den Ortskoordinaten unabhängig ist. Daraus kann nicht gefolgert werden, dass quellen- und wirbelfreie Felder homogen sein müssen (Bild 6.14c).

Wenn Quellen oder Wirbel nicht konstant, sondern ungleichmäßig im Raum verteilt sind und der gesamte Feldraum ($0 \leq |\vec{r}| < \infty$) in Betracht steht, hängen die Feldkoordinaten v_x, v_y und v_z *nichtlinear* von den Raumkoordinaten x, y, und z ab.

Mit etwas Übung kann man einem Vektorfeldbild ansehen, ob es Quellen oder Wirbel oder beides hat. Mit Quellen ist gemäß Gl. (6.7) ein Hüllenfluss verbunden und mit Wirbeln gemäß Gl. (6.3) eine Zirkulation.

Bild 6.12 Feldbilder in Beispielen: Wirbelfreie Quellenfelder und ihre Potentiale

a1, a2

$$A = \begin{pmatrix} 0{,}2 & 0 & 0 \\ 0 & 0 & 0 \\ 0 & 0 & 0 \end{pmatrix}$$

$\operatorname{div} \vec{v} = 0{,}2; \quad \operatorname{rot} \vec{v} = \vec{0}$

b1, b2

$$A = \begin{pmatrix} 0{,}15 & 0 & 0 \\ 0 & 0{,}05 & 0 \\ 0 & 0 & 0 \end{pmatrix}$$

$\operatorname{div} \vec{v} = 0{,}2; \quad \operatorname{rot} \vec{v} = \vec{0}$

c1, c2

$$A = \begin{pmatrix} 0{,}1 & 0 & 0 \\ 0 & 0{,}1 & 0 \\ 0 & 0 & 0 \end{pmatrix}$$

$\operatorname{div} \vec{v} = 0{,}2; \quad \operatorname{rot} \vec{v} = \vec{0}$

(Vgl. auch Text zu Bild 6.13)

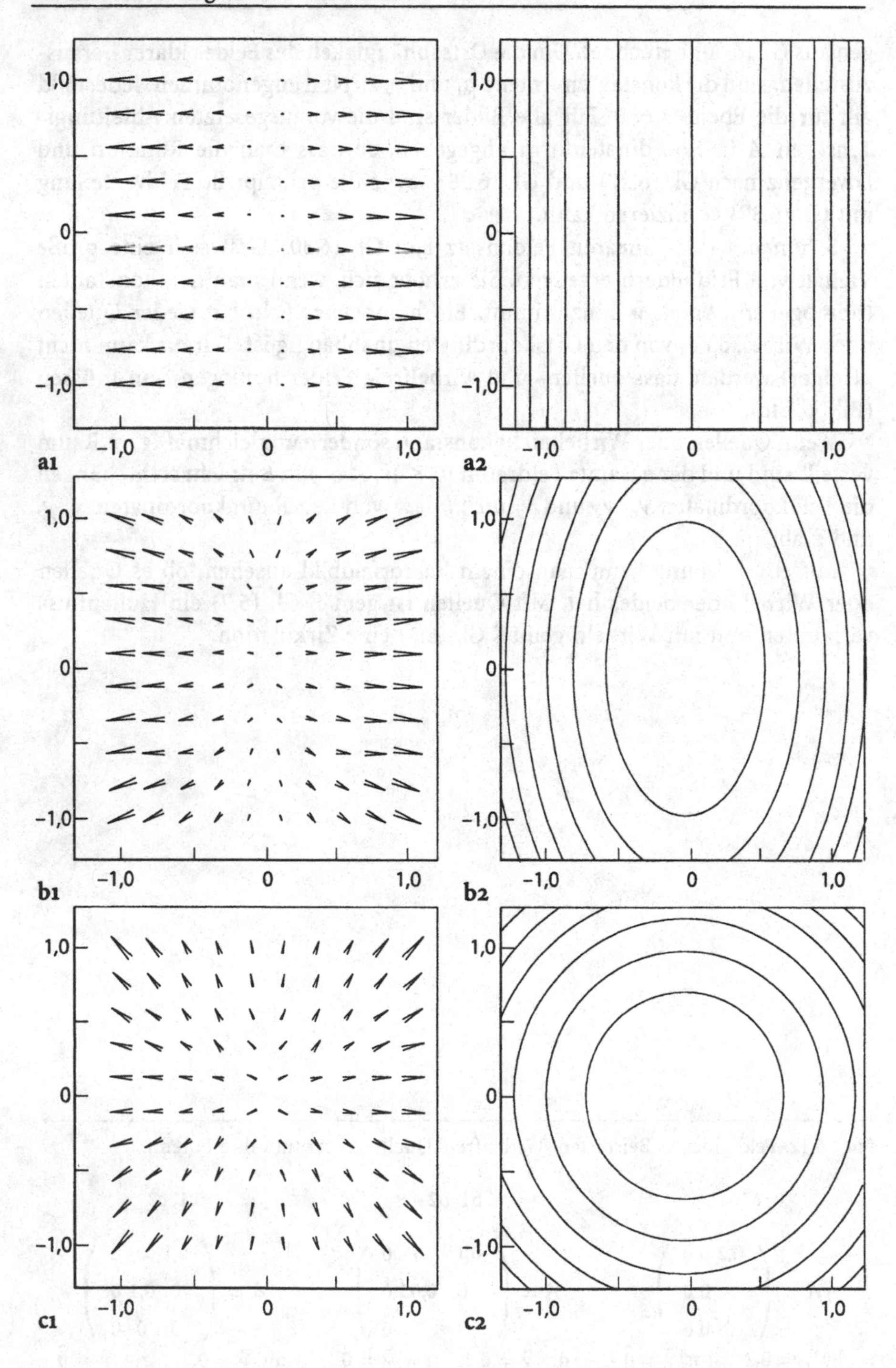
1,0
0
-1,0
-1,0
0
1,0
a1
a2
b1
b2
c1
c2

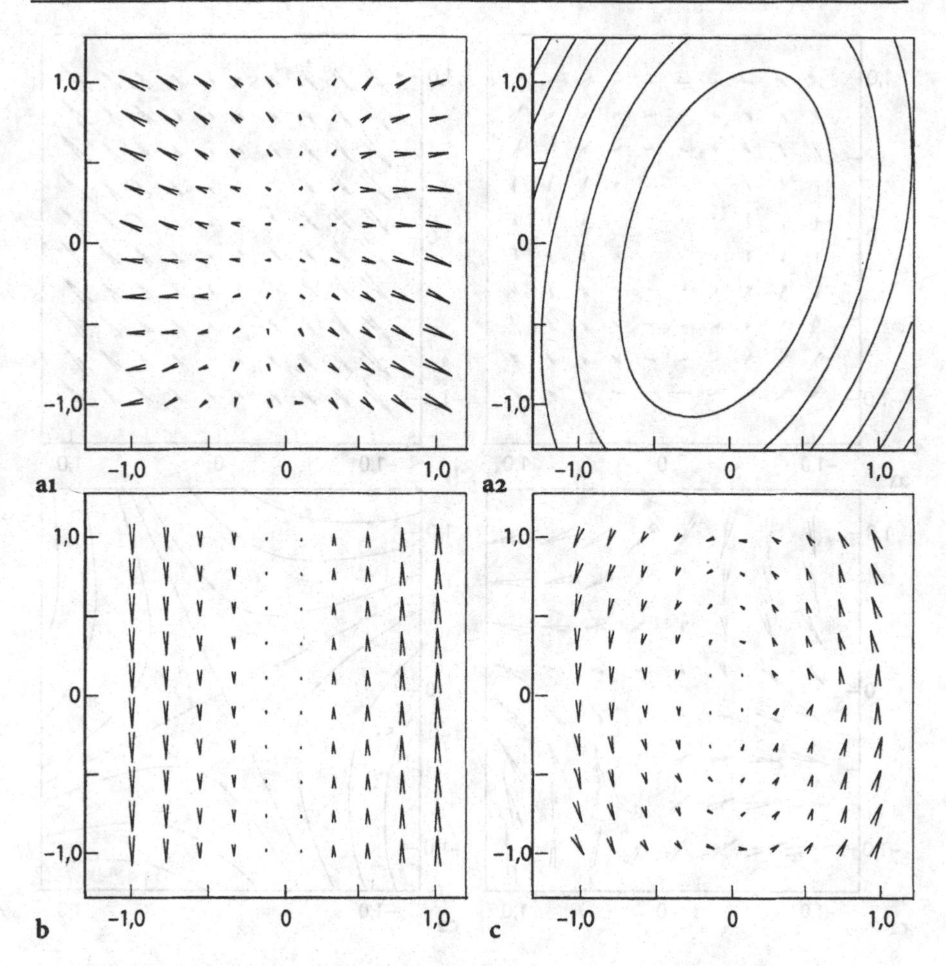

Bild 6.13 Feldbilder in Beispielen. **a1** Wirbelfreies Quellenfeld wie Bild 6.12b, aber um 20° gedreht, **a2** Potential zu **a1**, **b** und **c**: Quellenfreie Wirbelfelder. Hierzu existiert kein Potential.

a1, a2

$$A = \begin{pmatrix} 0{,}1383 & -0{,}0321 & 0 \\ -0{,}0321 & 0{,}0617 & 0 \\ 0 & 0 & 0 \end{pmatrix}$$

$\operatorname{div} \vec{v} = 0{,}2$

$\operatorname{rot} \vec{v} = \vec{0}$

b

$$A = \begin{pmatrix} 0 & 0 & 0 \\ 0{,}2 & 0 & 0 \\ 0 & 0 & 0 \end{pmatrix}$$

$\operatorname{div} \vec{v} = 0$

$\operatorname{rot} \vec{v} = 0{,}2\vec{e}_z$

c

$$A = \begin{pmatrix} 0 & -0{,}05 & 0 \\ 0{,}15 & 0 & 0 \\ 0 & 0 & 0 \end{pmatrix}$$

$\operatorname{div} \vec{v} = 0$

$\operatorname{rot} \vec{v} = 0{,}2\vec{e}_z$

Der Vektorbetrag (Pfeillänge) ist mit der Achsskalierung ablesbar. Achskoordinaten (horizontal x, vertikal y) und Vektorlängen sind als Verhältnisgrößen dargestellt, weshalb keine Einheiten erscheinen.

Die Potentiale sind durch Linien gleichen Potentials (Äquipotentiallinien) dargestellt. Pro Bild haben benachbarte Linien jeweils dieselbe Potentialdifferenz.

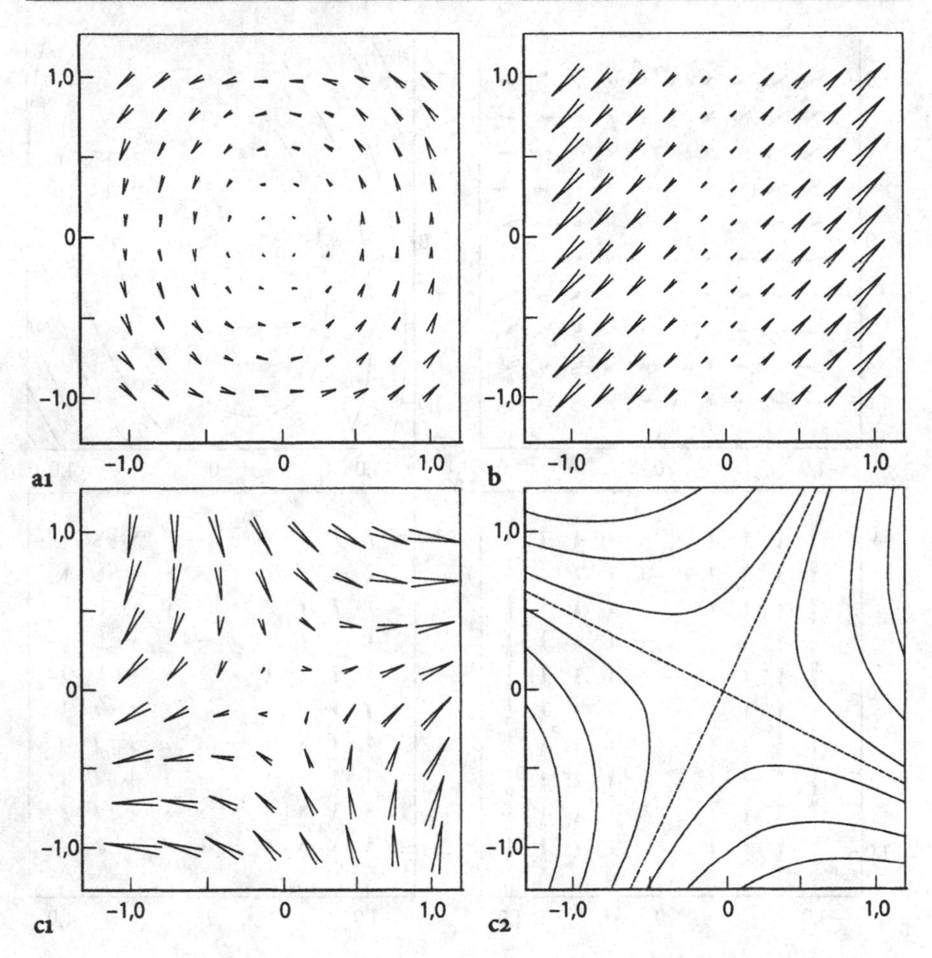

Bild 6.14 Feldbilder in Beispielen. **a** Ein weiteres quellenfreies Wirbelfeld, **b** Ein Feld mit Quellen und Wirbeln, **c** Ein quellen- *und* wirbelfreies Feld mit seinem Potential

a

$$A = \begin{pmatrix} 0 & -0{,}1 & 0 \\ 0{,}1 & 0 & 0 \\ 0 & 0 & 0 \end{pmatrix}$$

$\operatorname{div} \vec{v} = 0$

$\operatorname{rot} \vec{v} = 0{,}2\vec{e}_z$

b

$$A = \begin{pmatrix} 0{,}2 & 0 & 0 \\ 0{,}2 & 0 & 0 \\ 0 & 0 & 0 \end{pmatrix}$$

$\operatorname{div} \vec{v} = 0{,}2$

$\operatorname{rot} \vec{v} = 0{,}2\vec{e}_z$

c

$$A = \begin{pmatrix} 0{,}2 & 0{,}15 & 0 \\ 0{,}15 & -0{,}2 & 0 \\ 0 & 0 & 0 \end{pmatrix}$$

$\operatorname{div} \vec{v} = 0$

$\operatorname{rot} \vec{v} = \vec{0}$

Der Vektorbetrag (Pfeillänge) ist mit der Achsskalierung ablesbar. Achskoordinaten (horizontal x, vertikal y) und Vektorlängen sind als Verhältnisgrößen dargestellt, weshalb keine Einheiten auftreten.

Die Potentiale sind durch Linien gleichen Potentials (Äquipotentiallinien) dargestellt. Pro Bild haben benachbarte Linien jeweils dieselbe Potentialdifferenz.

7 Elektrostatik

In einer elektrostatischen Anordnung *ruhen* die Ladungen. Sie erregen das elektrostatische Feld. Da elektrische Ströme dem *Transport* von Ladung entsprechen, verletzen gewöhnliche Stromkreise schon die Voraussetzungen der Elektrostatik.

7.1 Verteilungsarten der elektrischen Ladung

Die Ladung Q tritt in vier idealisierten Verteilungsformen auf (Bild 7.1). Die *elektrische Raumladungsdichte*

$$\rho = \frac{dQ}{dV}, \qquad [\rho]_{SI} = \frac{C}{m^3} \tag{7.1}$$

die *elektrische Flächenladungsdichte*

$$\sigma = \frac{dQ}{dA}, \qquad [\sigma]_{SI} = \frac{C}{m^2} \tag{7.2}$$

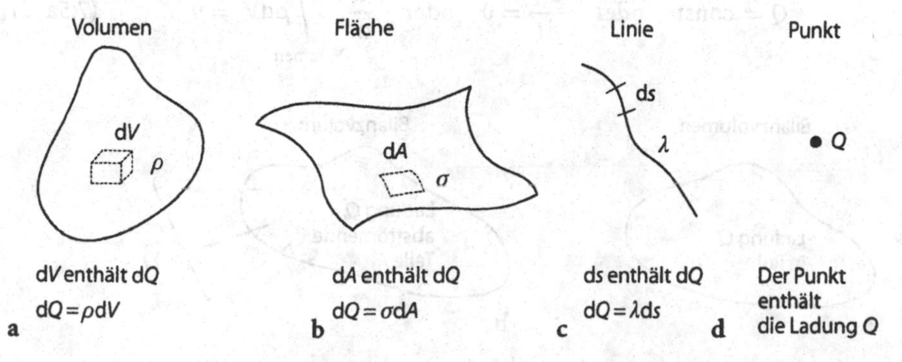

Bild 7.1 Ladungsverteilungen: In einer elektrostatischen Anordnung hängt die Ladungsverteilung nicht von der Zeit ab. Alle Ladungen ruhen. Es fließen keine Ströme.

und die *elektrische Linienladungsdichte*

$$\lambda = \frac{dQ}{ds}, \qquad [\lambda]_{SI} = \frac{C}{m} \tag{7.3}$$

beschreiben die jeweilige Verteilung durch eine im Allgemeinen ortsabhängige Ladungsdichte. Die auf einen Raumpunkt komprimierte Ladung heißt *Punktladung* Q. In der Mechanik existieren analoge Begriffe für die Verteilung der Masse.

Wenn die Ladungsdichte bekannt ist, kann die in einem Gebiet (Volumen, Fläche, Wegkurve) befindliche Ladung

$$Q = \int_{\text{Volumen}} \rho dV, \quad Q = \int_{\text{Fläche}} \sigma dA, \quad Q = \int_{\text{Weg}} \lambda ds \quad \text{oder} \quad Q = \sum_{\mu} Q_{\mu}. \tag{7.4a–d}$$

durch Integration oder Summation ermittelt werden.

Im Gegensatz zur Driftladung wird die hier behandelte Ladung *nicht* durch eng benachbarte gleich große Ladung entgegengesetzer Polarität kompensiert. Um das hervorzuheben, spricht man von *wahrer* Ladung. Zur Stromführung benötigt ein Leiter keine wahre Ladung und keine Raumladungsdichte.

7.2 Ladungserhaltungsgesetz

In einem Gebiet mit der Raumladungsdichte ρ, die vom Ort abhängen kann, lässt sich ein interessierendes, ansonsten beliebiges Kontrollvolumen abgrenzen. Nach den Voraussetzungen der Elektrostatik *ruht* die darin befindliche Ladung Q (Bild 7.2a). Elektrische Ladung kann sich nicht in eine andere Größe verwandeln oder neu entstehen. Damit verändert sich die im Volumen befindliche Ladung Q nicht. Die Gleichungen

$$Q = \text{const} \quad \text{oder} \quad \frac{dQ}{dt} = 0 \quad \text{oder} \quad \frac{d}{dt} \int_{\text{Volumen}} \rho dV = 0 \tag{7.5a–c}$$

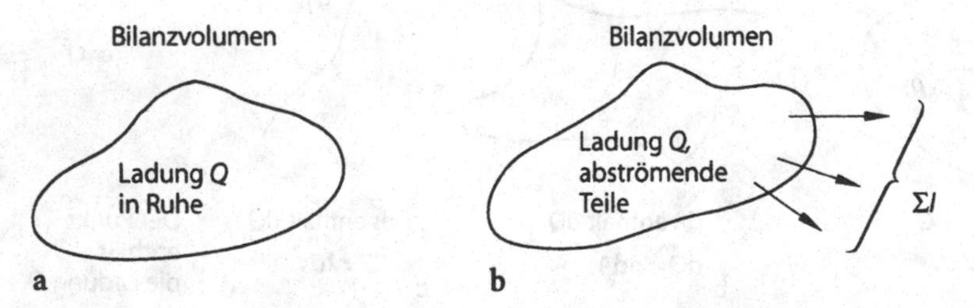

Bild 7.2 Zum Ladungserhaltungssatz. **a** elektrostatischer Sonderfall **b** allgemeiner Fall (vgl. Abschn. 1.3)

sind gleichwertige Formulierungen des *Ladungserhaltungssatzes* für den elektrostatischen Fall (vgl. Abschn. 1.3).

Wenn, außerhalb der Elektrostatik, aus dem Kontrollvolumen Ladung ausströmt, indem die Stromstärke $\sum I$ aus dem Volumen abfließt (Bild 7.2b), gilt das Ladungserhaltungs*gesetz* in seiner allgemeingültigen Form

$$\sum I = -\frac{\mathrm{d}Q}{\mathrm{d}t} \quad \text{oder} \quad \sum I = -\frac{\mathrm{d}}{\mathrm{d}t} \int\limits_{\text{Volumen}} \rho \mathrm{d}V = 0. \tag{7.6a, b}$$

Die aus einem Volumen abfließende Stromstärke $\sum I$ ist gleich dem Ladungsschwund $-\mathrm{d}Q/\mathrm{d}t$ im Volumen.

Diese allgemeine Form des Ladungserhaltungsgesetzes schließt den elektrostatischen Sonderfall $\sum I = 0$ ein.

Der Kirchhoff'sche Knotensatz für elektrische Netzwerke (Abschn. 3.2) fußt auf dem Ladungserhaltungsgesetz (Gl. (7.6)) mit $\mathrm{d}Q/\mathrm{d}t = 0$.

7.3 Coulombkraft als Fernwirkung

Ladungen ungleicher oder gleicher Polarität üben aufeinander Kräfte aus, die nach Ch. A. de Coulomb benannt sind. Für den (sehr künstlichen) Fall, dass sich zwei Punktladungen Q und q im sonst leeren Raum im Abstand a befinden (Bild 7.3), wirkt auf den Träger der Ladung q die *Coulombkraft*

$$\vec{F}_q = \frac{1}{4\pi\varepsilon_0} \frac{Qq}{a^2} \vec{e}_{Qq} \qquad [F_q]_{\mathrm{SI}} = \mathrm{N} \tag{7.7}$$

$\varepsilon_0 = 8{,}854 \cdot 10^{-12}\,\mathrm{As/(Vm)}$ elektrische Feldkonstante, Permittivität des Vakuums,

$\vec{e}_{Qq}$ Einsvektor, von Q nach q gerichtet.

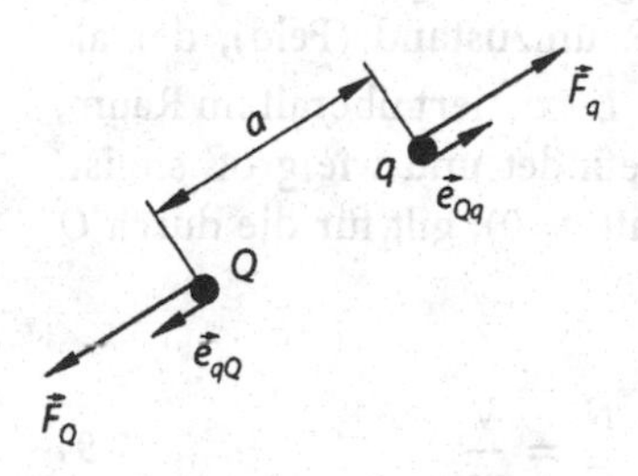

Bild 7.3 Die beiden Punktladungen Q und q üben aufeinander eine Kraft aus, deren Wirkungslinie mit der Verbindungslinie zwischen den Ladungen identisch ist. Bei Ladungen gleicher Polarität ($Qq > 0$) stoßen sich die Ladungen ab. Bei ungleicher Polarität ($Qq < 0$) ziehen sie sich an. Bei 10-facher Entfernung reduziert sich die Kraft auf 1 % des Ausgangswertes.

Infolge der Symmetrie der Gl. (7.7) bzgl. der beiden Ladungen Q und q erhält man die Kraft

$$\vec{F}_Q = \frac{1}{4\pi\varepsilon_0}\frac{qQ}{a^2}\vec{e}_{qQ} \tag{7.7a}$$

auf die Punktladung Q durch Vertauschen von Q und q.

Wegen $\vec{e}_{qQ} = -\vec{e}_{Qq}$ gilt $\vec{F}_{qQ} = -\vec{F}_{Qq}$ bzw. $\vec{F}_{qQ} + \vec{F}_{Qq} = \vec{0}$ (vgl. Bild 7.3). Auf das aus beiden Ladungen bestehende Gesamtsystem wird keine Kraft ausgeübt. Es befindet sich im *statischen Gleichgewicht.*

Ist eine der Ladungen Null, verschwindet die Kraft auf die andere, d. h. auf sich selbst übt eine Punktladung keine verschiebende Kraft aus.

Die Coulombkraft nach Gl. (7.7) benötigt kein Übertragungsmedium. Sie erklärt die Kräfte zwischen Ladungen als *Fernwirkung*.

Die Coulombkraft ist der Gravitationskraft zwischen zwei Punktmassen ähnlich. An Stelle des Proportionalitätsfaktors $1/(4\pi\varepsilon_0)$ erscheint im Gravitationsgesetz die negative Gravitationskonstante, an Stelle der Punktladungen die Punktmassen. Das Gravitationsgesetz ist wie das Coulomb'sche Kraftgesetz ein *Fernwirkungsgesetz.*

7.4 Coulombkraft als Nahwirkung des elektrischen Feldes

Die Coulombkraft, die in der Formulierung von Gl. (7.7) eine Fernwirkung ist, lässt sich auch als *Nahwirkung* deuten. Die Schreibweise

$$\vec{F}_q = q \underbrace{\frac{1}{4\pi\varepsilon_0}\frac{Q}{a^2}\vec{e}}_{\substack{\text{Elektrische Feldstärke}\\ \text{von der Ladung } Q \text{ erregt}}} = q\vec{E} \tag{7.8}$$

mit $\vec{a} = a\vec{e}$ als Abstandsvektor von Q nach q suggeriert folgende Vorstellung: Die Punktladung Q erzeugt einen vektoriellen Raumzustand (Feld), der als *elektrische Feldstärke* $\vec{E}$ bezeichnet wird (Bild 7.4). $\vec{E}$ existiert überall im Raum, unabhängig davon, wo sich die Punktladung q befindet und wie groß sie ist. Auch wenn gar keine Ladung q vorhanden ist (Fall q=0), gilt für die durch Q erregte *elektrische Feldstärke*

$$\vec{E}(\mathrm{P}) = \frac{1}{4\pi\varepsilon_0}\frac{Q}{a^2}\vec{e}. \qquad [E]_{\mathrm{SI}} = \frac{\mathrm{N}}{\mathrm{C}} = \frac{\mathrm{V}}{\mathrm{m}} \tag{7.9}$$

Der betrachtete Punkt P im Raum, an dem sich q befindet oder befinden könnte, wird als *Aufpunkt* bezeichnet. Der Einsvektor $\vec{e}$ zeigt von der Ladung Q zum Aufpunkt.

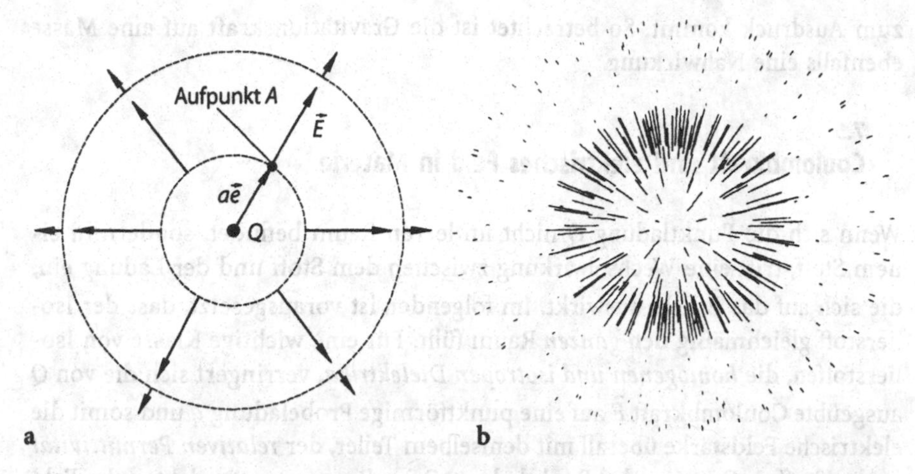

Bild 7.4 Die elektrische Feldstärke $\vec{E}$ einer Punktladung Q ist ein zentrales Vektorfeld. Kugelflächen um die Ladung im Zentrum sind Flächen gleichen Feldstärkebetrages. Der Betrag ist umgekehrt proportional dem Quadrat des Aufpunktabstandes von Q. $\vec{E}$ ist überall radial gerichtet. Bei $Q > 0$ zeigt $\vec{E}$ von der Ladung zum Aufpunkt, bei $Q < 0$ zeigt $\vec{E}$ vom Aufpunkt nach Q. Man bezeichnet positive Ladungen als *Quellen* und negative Ladungen als *Senken* von $\vec{E}$. **a** Feldbild in der Ebene von Q. Ein Aufpunkt ist hervorgehoben. **b** Versuch einer perspektivischen Darstellung des $\vec{E}$-Feldes. Die Striche bezeichnen Betrag und Richtung von $\vec{E}$ auf zwei Kugelschalen mit Q in deren Zentrum.

Mit Gl. (7.9) kann die elektrische Feldstärke in jedem beliebigen Aufpunkt errechnet werden. Allerdings wächst die Feldstärke am Ort der Punktladung Q wegen $a=0$ über alle Grenzen[1]. Die Kraft

$$\vec{F}_q = q\vec{E} \tag{7.10}$$

auf den Träger der Ladung q ergibt sich nach Gl. (7.8) als Produkt der Punktladung q und der am Ort der Ladung herrschenden elektrischen Feldstärke $\vec{E}$.

Die Kraft $\vec{F}_q$ ist jetzt als *Nahwirkung* erklärt, da sie von der am Ort der Ladung q anzutreffenden Feldgröße $\vec{E}$ bestimmt ist. Das Feld der Punktladung q bleibt dabei außer Betracht.

Die Kraft $\vec{F}_m = m\vec{g}$ des Gravitationsfeldes auf eine Masse wird analog zu Gl. (7.10) berechnet. Der Punktladung q entspricht die Punktmasse m und der elektrischen Feldstärke $\vec{E}$ die Fallbeschleunigung $\vec{g}$. Diese kann als Feldstärke des Gravitationsfeldes bezeichnet werden, was in ihrer SI-Einheit $\mathrm{m/s^2 = N/kg}$

[1] Ersetzt man die Punktladung durch einen raumgeladenen Körper – z. B. eine Kugel – sehr kleiner, aber endlicher Ausdehnung, bleibt die elektrische Feldstärke auch in der Kugel überall endlich. Die unendlich hohe Feldstärke am Ort der Punktladung ist eine formale Begleiterscheinung der Ladungsreduktion auf einen Punkt.

zum Ausdruck kommt. So betrachtet ist die Gravitationskraft auf eine Masse ebenfalls eine Nahwirkung.

7.5 Coulombkraft und elektrisches Feld in Materie

Wenn sich die Punktladung Q nicht im leeren Raum befindet, sondern in einem Stoff, tritt eine Wechselwirkung zwischen dem Stoff und der Ladung ein, die sich auf das $\vec{E}$-Feld auswirkt. Im folgenden ist vorausgesetzt, dass der Isolierstoff gleichmäßig den *ganzen* Raum füllt. Für eine wichtige Klasse von Isolierstoffen, die *homogenen und isotropen Dielektrika*, verringert sich die von Q ausgeübte Coulombkraft $\vec{F}$ auf eine punktförmige Probeladung q und somit die elektrische Feldstärke überall mit demselbem Teiler, der *relativen Permittivität* ε_r des Stoffes. Das von der Punktladung Q im Raum erregte elektrische Feld bleibt dabei ein Zentralfeld (Bild 7.4) mit der Feldstärke

$$\vec{E} = \frac{\vec{F}}{q} = \frac{1}{\varepsilon_r \varepsilon_0} \frac{Q}{4\pi a^2} \vec{e}. \tag{7.11}$$

Das im Nenner erscheinende Produkt

$$\varepsilon = \varepsilon_r \varepsilon_0 \qquad [\varepsilon_r] = 1 \qquad [\varepsilon]_{\mathrm{SI}} = \frac{\mathrm{C}}{\mathrm{Vm}} = \frac{\mathrm{As}}{\mathrm{Vm}} \tag{7.12}$$

ist eine Stoffeigenschaft, die als *Permittivität* ε bezeichnet wird. Die *relative Permittivität* ε_r der meisten Isolierstoffe liegt zwischen 2 und 10. Deshalb ist das $\vec{E}$-Feld im Isolierstoff schwächer als im Vakuum. Einige Keramiksorten haben ε_r-Werte über 1000. Für Vakuum gilt $\varepsilon_r = 1$, was in bester Näherung auch für Luft zutrifft (weitere Werte vgl. Tabelle 17.8).

Führt man eine neue – erst weiter unten im Text besser motivierte – vektorielle Feldgröße ein, die *elektrische Flussdichte* oder *elektrische Erregung*

$$\vec{D} = \varepsilon \vec{E}, \qquad [D]_{\mathrm{SI}} = \frac{\mathrm{C}}{\mathrm{m}^2} \tag{7.13}$$

so folgt mit Gl. (7.11) und Gl. (7.12)

$$\vec{D} = \frac{Q}{4\pi a^2} \vec{e}. \tag{7.14}$$

Für das $\vec{D}$-Feld laut Gl. (7.14) gelten dieselben Voraussetzungen wie für das $\vec{E}$-Feld laut Gl. (7.11): Die Punktladung Q muss sich in einem homogenen, dielektrisch isotropen Stoff befinden. Sobald irgendwo im Raum ein Stoff mit einer anderen Permittivität existiert (z. B. Luftblase im Isolierstoff), stört dieser das elektrische Feld. Die Gln. (7.11) und (7.14) gelten dann nicht und auch das $\vec{D}$-Feld verteilt sich permittivitätsabhängig.

An Gl. (7.14) fällt auf, dass der Hüllenfluss von $\vec{D}$ durch jede konzentrisch zur felderregenden Punktladung Q angeordnete Kugeloberfläche $4\pi a^2$ gleich der Ladung Q ist (vgl. Abschn. 6.5). Diese Eigenschaft von $\vec{D}$ ist allgemeinerer Natur als hier zu erkennen ist. Sie verleiht dem Begriff der elektrischen Erregung $\vec{D}$ seine Zweckmäßigkeit. Hierauf ist im Abschn. 7.8 (Gauß'scher Satz) zurückzukommen.

In Abschn. 7.25 ist die Einführung der Feldgröße $\vec{D}$ ausführlicher begründet.

7.6 Berechnung des elektrischen Feldes im homogenen Raum

Der ganze Raum sei mit einem Dielektrikum gefüllt, das überall dieselbe Permittivität ε hat (isotropes und homogenes Dielektrikum).

Wenn mehrere Punktladungen das elektrische Feld erregen, so kann es nach dem *Überlagerungsprinzip* durch Summation der Teilfelder ermittelt werden. Jedes Teilfeld (Bild 7.5) ist definiert als das Feld der jeweils betrachteten Ladung in Abwesenheit aller anderen Ladungen.

Nach dem Überlagerungsprinzip erhält man für eine beliebige Anzahl n von Punktladungen die elektrische Flussdichte

$$\vec{D} = \frac{1}{4\pi} \sum_{\nu=1}^{n} \frac{Q_\nu}{a_{\nu P}^2} \vec{e}_{\nu P}. \tag{7.15}$$

Wegen $\vec{D} = \varepsilon \vec{E}$ (Gl. (7.12)) folgt daraus die elektrische Feldstärke zu

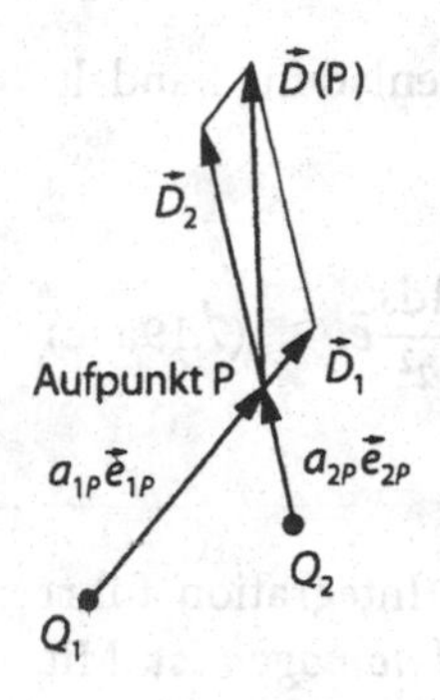

Bild 7.5 Bei zwei Punktladungen erhält man die elektrische Erregung $\vec{D}$ im Aufpunkt P durch Überlagerung der zwei Feldvektoren $\vec{D} = \vec{D}_1 + \vec{D}_2$. Jeder Komponentenvektor $\vec{D}_1 = \frac{1}{4\pi} \frac{Q_1}{a_{1P}^2} \vec{e}_{1P}$ und $\vec{D}_2 = \frac{1}{4\pi} \frac{Q_2}{a_{2P}^2} \vec{e}_{2P}$ ist mit *seiner* Ladung und *seinem* Abstandsvektor laut Gl. (7.14) zu bilden.

$$\vec{E} = \frac{1}{4\pi\varepsilon} \sum_{\nu=1}^{n} \frac{Q_\nu}{a_{\nu P}^2} \vec{e}_{\nu P}. \tag{7.16}$$

Aus dem Überlagerungsvorgang folgt, dass das Feld zweier gleich großer, eng benachbarter Ladungen *unterschiedlicher* Polarität erheblich schwächer ist als dasjenige einer Ladung allein.

Auch für den Fall, dass eine kontinuierliche Ladungsverteilung (vgl. Abschn. 7.1) das elektrische Feld erregt, erlaubt der Überlagerungsansatz die Berechnung des Feldes in einem beliebigen Aufpunkt P. Das Ladungsgebiet wird je nach Art der Ladungsverteilung in genügend kleine volumen-, flächen- oder linienartige Ladungselemente dQ eingeteilt, die wegen ihrer Kleinheit als Punktladung aufgefasst werden können (Bild 7.6). Jede dieser infinitesimal kleinen Punktladungen liefert nach Gl. (7.14) den Beitrag

$$\mathrm{d}\vec{D}(\mathrm{P}) = \frac{\mathrm{d}Q}{4\pi a^2} \vec{e} \tag{7.17}$$

zur elektrischen Erregung $\vec{D}$ im Aufpunkt P. Dabei ist $a\vec{e}$ wieder der Abstandsvektor des gerade betrachteten Ladungselementes dQ zum Aufpunkt P. $a\vec{e}$ ist von Ladungselement zu Ladungselement verschieden. Die Teilbeträge d$\vec{D}$ summieren sich durch Integration zum Ergebnis

$$\vec{D}(\mathrm{P}) = \frac{1}{4\pi} \int\limits_{\substack{\text{Ladungs-}\\ \text{gebiet}}} \frac{\mathrm{d}Q}{a^2} \vec{e}. \tag{7.18}$$

Je nachdem, ob es sich um eine Volumen-, Flächen- oder Linienladung handelt, erregt sie die elektrische Flussdichte

$$\vec{D} = \frac{1}{4\pi} \int\limits_{\text{Volumen}} \frac{\rho \mathrm{d}V}{a^2} \vec{e}, \; \vec{D} = \frac{1}{4\pi} \int\limits_{\text{Fläche}} \frac{\sigma \mathrm{d}A}{a^2} \vec{e} \text{ oder } \vec{D} = \frac{1}{4\pi} \int\limits_{\text{Weg}} \frac{\lambda \mathrm{d}s}{a^2} \vec{e}. \tag{7.19a–c}$$

Die Überlagerung (Bild 7.6) der Teilbeiträge d$\vec{D}$ durch Integration führt zum richtigen Ergebnis, wenn das Dielektrikum *isotrop und homogen* ist. Mit anderen Worten: Im ganzen Raum muss dieselbe Permittivität ε herrschen.

Die mathematischen Verfahren zur Berechnung der Integrale laut Gl. (7.18) und (7.19) sind hier von geringem Interesse. Es genügt, sich die Integrale als Summen einer endlichen Zahl von Ausdrücken der Art $\Delta Q_\nu a_\nu{}^{-2} \vec{e}_\nu$ vorzustellen. Diese Bemerkung gilt sinngemäß auch für die Integrale in Abschn. 7.1.

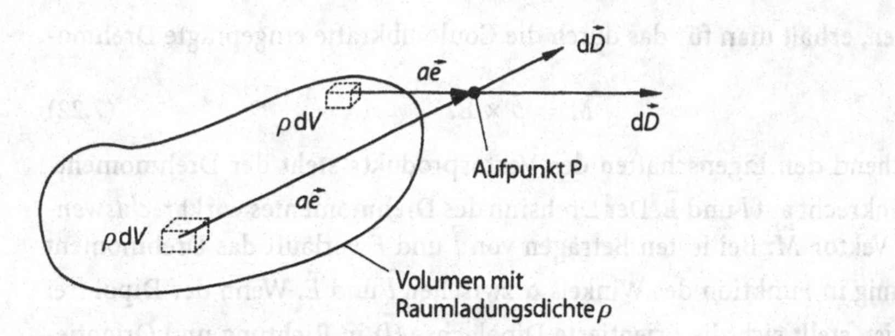

Bild 7.6 Beiträge $d\vec{D}$ zweier punktförmiger Ladungselemente ρdV zur elektrischen Erregung $\vec{D}$. (Gleiche Permittivität im ganzen Raum)

7.7 Kraft und Drehmoment auf einen elektrischen Dipol

Der Träger zweier betragsgleicher Punktladungen entgegengesetzter Polarität bildet einen *elektrischen Dipol* (Bild 7.7).

Die mit Q bezeichnete Punktladung ist gegenüber der anderen ($-Q$) um den vektoriellen Abstand $\vec{l}$ versetzt. Der Dipol befinde sich in einem vorgegebenen elektrischen Feld $\vec{E}$, das im Bereich des Dipols homogen ist. Das $\vec{E}$-Feld übt auf die Ladung Q die Kraft $Q\vec{E}$ und auf die andere Ladung die Kraft $-Q\vec{E}$ aus. Die Kraft auf den Dipol, also die *Summe* beider Kräfte, ist Null.

Das Kräftepaar prägt dem Dipol nach den Begriffen der Mechanik das Drehmoment

$$\vec{M} = \vec{l} \times Q\vec{E}. \qquad [M]_{\mathrm{SI}} = \mathrm{Nm} \tag{7.20}$$

auf. Fasst man die beiden charakteristischen Größen des Dipols zum *elektrischen Dipolmoment*

$$\vec{p} = Q\vec{l} \qquad [p]_{\mathrm{SI}} = \mathrm{Cm} \tag{7.21}$$

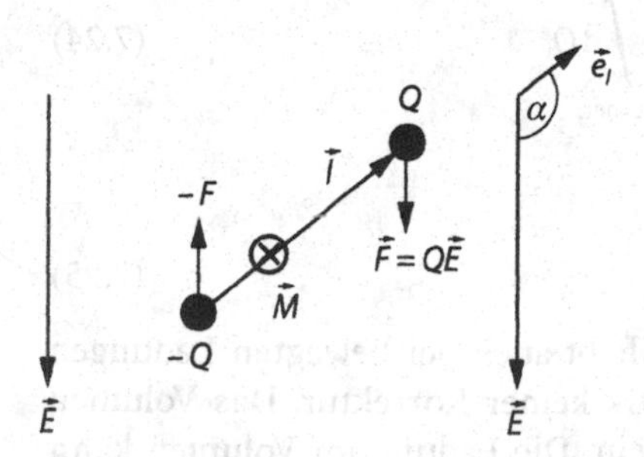

Bild 7.7 Auf die beiden Ladungen des Dipols wirkt im homogenen Feld ein Kräftepaar mit der resultierenden Kraft Null. Das Kräftepaar bildet das Drehmoment $\vec{M}$.

zusammen, erhält man für das durch die Coulombkräfte eingeprägte Drehmoment

$$\vec{M} = \vec{p} \times \vec{E}. \tag{7.22}$$

Entsprechend den Eigenschaften des Vektorprodukts steht der Drehmomentvektor senkrecht auf $\vec{l}$ und $\vec{E}$. Der Drehsinn des Drehmomentes wirkt *rechtswendig* zum Vektor $\vec{M}$. Bei festen Beträgen von $\vec{l}$ und $\vec{E}$ verläuft das Drehmoment sinusförmig in Funktion des Winkels α zwischen $\vec{l}$ und $\vec{E}$. Wenn der Dipol frei drehbar ist, stellt sich die orientierte Dipolachse ($\vec{l}$) in Richtung und Orientierung nach $\vec{E}$ ein. Wegen $\alpha = 0$ und $|\vec{M}| \sim \sin\alpha$ greift dann kein Drehmoment mehr an.

7.8 Elektrischer Fluss und Gauß'scher Satz der Elektrostatik

Der Fluss (vgl. Abschn. 6.3) der elektrischen Erregung oder Flussdichte $\vec{D}$ durch eine Fläche wird als *elektrischer Fluss*

$$\Psi = \int\limits_{\text{Fläche}} \vec{D} \mathrm{d}\vec{A} \qquad [\Psi]_{\mathrm{SI}} = \mathrm{C} = \mathrm{As} \tag{7.23}$$

bezeichnet. Er lässt sich bei gegebenem $\vec{D}$-Feld für beliebige, gedachte Flächen berechnen, analog einem Volumenstrom (in $\mathrm{m^3/s}$), der in einem strömenden Gewässer durch eine entsprechende Kontrollfläche fließt.

Der *elektrische Hüllenfluss* $\Psi_H = \oint\limits_{\text{Oberfläche}} \vec{D} \mathrm{d}\vec{A}$ aus der Oberfläche eines Kontrollvolumens (vgl. Abschn. 6.5) und die darin befindliche Ladung $Q = \int\limits_{\text{Volumen}} \mathrm{d}Q$ stehen in einem *naturgesetzlichen Zusammenhang*. Hüllenfluss Ψ_H und Ladung Q haben nach dem *Gauß'schen Satz der Elektrostatik*

$$\oint\limits_{\text{Oberfläche}} \vec{D} \mathrm{d}\vec{A} = \int\limits_{\text{Volumen}} \mathrm{d}Q \tag{7.24}$$

oder

$$\Psi_H = Q \tag{7.25}$$

stets denselben Wert (Bild 7.8). Der Satz bleibt auch bei bewegten Ladungen gültig. Er bedarf außerhalb der Elektrostatik keiner Korrektur. Das Volumen kann beliebig groß und beliebig geformt sein. Die Ladung im Volumen kann beliebig verteilt sein, also punkt-, linien-, flächen- oder volumenartig. Auch die Permittivität ε darf irgendwie im Raum verteilt sein.

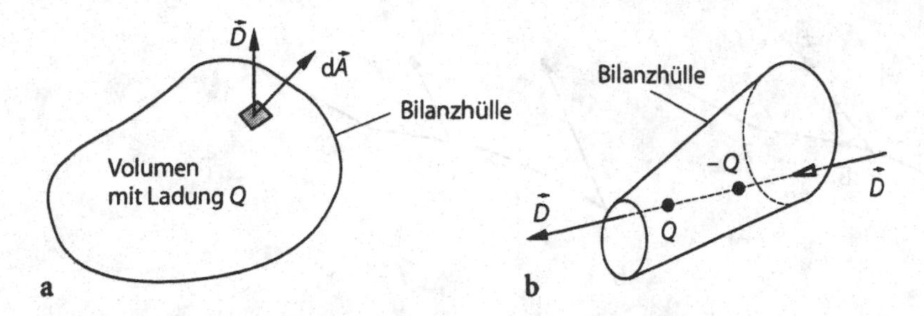

Bild 7.8 Zum Gauß'schen Satz.**a** Der Hüllenfluss Ψ_H von $\vec{D}$ ist gleich der Ladung im Volumen. **b** $\Psi_H = 0$ wegen $\sum Q = 0$

Für ein genügend kleines Volumen (Inhalt $V \to 0$) und bei stetig verteilter Raumladung geht das Volumenintegral auf der rechten Seite von Gl. (7.24) in das Produkt ρV über. Man erhält

$$\frac{1}{V} \oint_{\text{Ober-fläche}} \vec{D} d\vec{A} \overset{V \to 0}{=} \rho \tag{7.26}$$

oder kürzer

$$\operatorname{div} \vec{D} = \rho \tag{7.27}$$

Die linke Gleichungsseite bezeichnet die Divergenz der elektrischen Erregung $\vec{D}$ (vgl. Gl. (6.16)). Die Gl. (7.27) drückt den *Gauß'schen Satz der Elektrostatik* in Differentialform aus, Gl. (7.24) in Integralform. Das elektrostatische Feld ist wegen Gl. (7.27) ein *Quellenfeld* (vgl. Abschn. 6.10). Durch Integration der Differentialform laut Gl. (7.27) über ein beliebigen Volumen und Anwendung des Integralsatzes von Gauß (vgl. Abschn. 6.11) erhält man mit $dQ = \rho dV$die Integralform Gl. (7.24).

Durch Auswertung des $\vec{D}$-Feldes laut Gl. (7.26) oder Gl. (7.27) kann ermittelt werden, wie die Ladung über das Volumen verteilt ist. Wenn der Hüllenfluss Ψ_H aus einem endlichen Volumen Null ist, heißt das nicht, dass das Volumen überall ladungsfrei ist (Bild 7.8b). Man weiß dann nur, dass die *Summe* aller Ladungen im Volumen Null ist.

Der Beitrag einer differentiellen Teilfläche $d\vec{A}$ zum Hüllenfluss laut Gl. (7.24) beträgt $d\Psi_H = \vec{D} d\vec{A}$. Dieser Beitrag hat die *Dimension* einer Ladung, darf aber nicht als (differentielle) Ladung verstanden werden. Nur das *Integral* über die *ganze* Oberfläche hat den beschriebenen physikalischen Sinn. Teilbeträge des Integrals sind *nicht* physikalisch interpretierbar.

Obwohl der Gauß'sche Satz eine enge Beziehung zwischen der elektrischen Ladung und der elektrischen Erregung herstellt, ermöglicht er nur in Ausnahmefällen mit besonderer Symmetrie, das elektrische Feld zu berechnen.

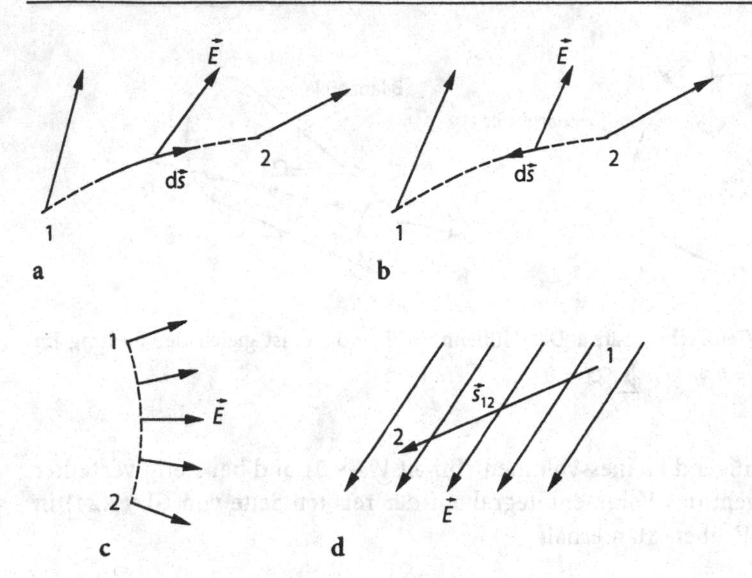

Bild 7.9 Zur Definition der Spannung im elektrischen Feld $\vec{E}$. **a** U_{12} positiv, **b** $U_{21} = -U_{12}$ negativ, **c** $U_{12} = U_{21} = 0$, **d** $\vec{E}$ homogen, U_{12} positiv

7.9 Elektrische Spannung und elektrisches Potential

Die elektrische Spannung ist im Abschn. 1.5 als energieverwandte Größe erklärt. Im elektrostatischen Feld gilt eine nur scheinbar andersartige Definition: Die elektrische Spannung U_{12} von Raumpunkt 1 nach Raumpunkt 2 ist durch das Linienintegral

$$U_{12} = \int\limits_{\substack{\text{Weg von} \\ \text{1 nach 2}}} \vec{E}d\vec{s} \tag{7.28}$$

längs des Weges von Punkt 1 zum Punkt 2 definiert (vgl. Abschn. 6.1). Der linke Index von U_{12} bezeichnet den Anfangspunkt, der rechte den Endpunkt der Raumkurve, die den Integrationsweg bildet (vgl. Bild 7.9). Dementsprechend bezeichnet man U_{12} als die Spannung *von* 1 *nach* 2.

In Bild 7.9a verlaufen die Linienelemente $d\vec{s}$ im spitzen Winkel zur Feldstärke $\vec{E}$ des gegebenen elektrischen Feldes. Die zum Linienintegral beitragenden Skalarprodukte $\vec{E}d\vec{s}$ sind hier positiv. Die Spannung U_{12} ergibt sich in diesem Falle positiv .

Die Spannung U_{21} von Punkt 2 nach Punkt 1 längs desselben Weges ist U_{12} nach Gl. (7.28) negativ gleich:

$$U_{21} = -U_{12}. \tag{7.29}$$

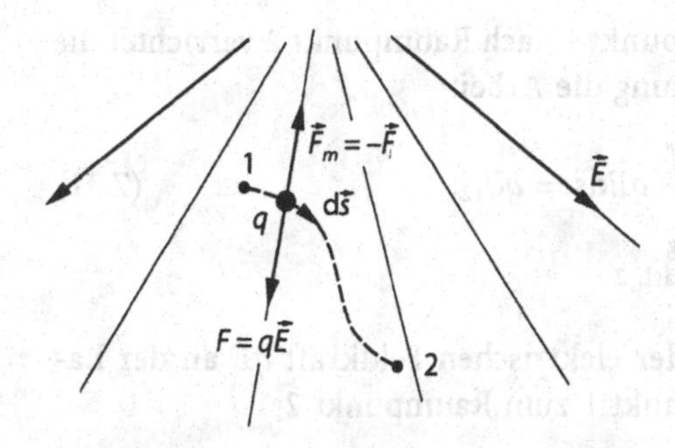

Bild 7.10 Mit einer (nicht dargestellten) Führungseinrichtung wird die Probeladung q auf einer gewünschten Bahn im elektrischen Feld $\vec{E}$ verschoben. Die Führungseinrichtung verrichtet dabei Arbeit an der Ladung oder nimmt Arbeit von ihr auf. Dargestellt ist der letzte Fall.

Dieselbe Beziehung gilt in elektrischen Netzwerken (vgl. Abschn. 1.6). Dort hängt das Vorzeichen der Spannung von der eingeführten Orientierung des Zählpfeiles ab. Der Spannungszählpfeil ist aus feldtheoretischer Sicht ein *stilisierter Integrationsweg*, dessen Orientierung über das Spannungsvorzeichen entscheidet.

Verläuft der Integrationsweg wie in Bild 7.9c überall senkrecht zur elektrischen Feldstärke $\vec{E}$, ist die Spannung Null.

Im homogenen Feld ($\vec{E}$ überall konstant) und bei geradem Integrationsweg (Bild 7.9d) vereinfacht sich das Linienintegral zum Skalarprodukt

$$U_{12} = \vec{E}\vec{s}_{12}, \tag{7.30}$$

wobei $\vec{s}_{12}$ den Schrittvektor vom Anfangs- zum Endpunkt des Integrationsweges bezeichnet.

Wie lässt sich die Spannung mit einer Energie verknüpfen? In einem von einer beliebigen, ruhenden Ladung erregten elektrischen Feld $\vec{E}$ werde die punktförmige (Probe-)Ladung q von einer mechanischen Führungseinrichtung längs einer vorbestimmten Bahn (Bild 7.10) bewegt. Die Führungseinrichtung hält zu jedem Zeitpunkt der auf q wirkenden Coulombkraft $\vec{F} = q\vec{E}$ mit der mechanischen Reaktionskraft $\vec{F}_m = -\vec{F}$ das Gleichgewicht.

Die Bahn verlaufe von Raumpunkt 1 zum Raumpunkt 2. Bei der Verschiebung um das vektorielle Wegelement $d\vec{s}$ verrichtet die Feldkraft $\vec{F}$ an der Ladung q die kleine Arbeit $\vec{F}d\vec{s} = q\vec{E}d\vec{s}$. Die Ladung gibt die Energie an die Führungseinrichtung weiter.

Auf dem gesamten Weg von Raumpunkt 1 nach Raumpunkt 2 verrichtet die Probeladung an der Führungseinrichtung die Arbeit

$$W_{12} = \int\limits_{\substack{\text{Weg} \\ \text{von 1 nach 2}}} q\vec{E}d\vec{s} = qU_{12}. \tag{7.31}$$

Sie ist wertgleich mit der Arbeit der elektrischen Feldkraft $q\vec{E}$ an der Ladung. Die Spannung U_{12} vom Raumpunkt 1 zum Raumpunkt 2

$$U_{12} = \frac{W_{12}}{q} \qquad [U_{12}]_{SI} = \frac{J}{C} = V \tag{7.32}$$

lässt sich somit – ähnlich der Definition in Abschn. 1.5 – als die an der Führungseinrichtung verrichtete Arbeit W_{12} pro Ladung q interpretieren. Anders ausgedrückt:

Die elektrische Spannung längs eines Weges ist die ladungsbezogene Arbeit, welche die Feldkraft längs des Weges an der Ladung verrichtet.

Bei der Definition der Spannung als Linienintegral nach Gl. (7.28) liegt die Vermutung nahe, dass die Spannung auch vom Wegverlauf zwischen Anfangs- und Endpunkt abhängt. Im elektrostatischen Feld, das von *ruhenden* Ladungen erregt wird, ist dieses aber *nicht* der Fall. Die Spannung U_{12} ist allein von der Lage des Anfangs- und Endpunkts des Weges abhängig. Somit gilt

$$U_{12} = \int\limits_{\substack{\text{Beliebiger Weg} \\ \text{von 1 nach 2}}} \vec{E}d\vec{s}. \tag{7.33}$$

Wählt man in Bild 7.11 den Integrationsweg a, ergibt sich dieselbe Spannung wie längs des Weges b. Die Spannungen U_{12a} und U_{12b} haben *unabhängig vom Weg* denselben Wert.

Die Zirkulation von $\vec{E}$ (vgl. Abschn. 6.2), die längs des Weges a von 1 nach 2 führt und über den Weg b wieder nach 1 zurück, nennt man *elektrische Umlaufspannung*. Sie lässt sich als Summe zweier Spannungen ausdrücken. Mit den Gln. (7.33) und (7.29) und dem Satz nach Gl. (7.33) erhält man

$$\oint\limits_{\substack{\text{Umlauf} \\ \text{12a,21b}}} \vec{E}d\vec{s} = U_{12a} + U_{21b} = U_{12a} - U_{12b} = 0. \tag{7.34}$$

In einer beliebigen elektrostatischen Anordnung ist die Umlaufspannung stets Null. Somit gilt

$$\oint\limits_{\substack{\text{Beliebiger} \\ \text{Umlauf}}} \vec{E}d\vec{s} = 0. \tag{7.35}$$

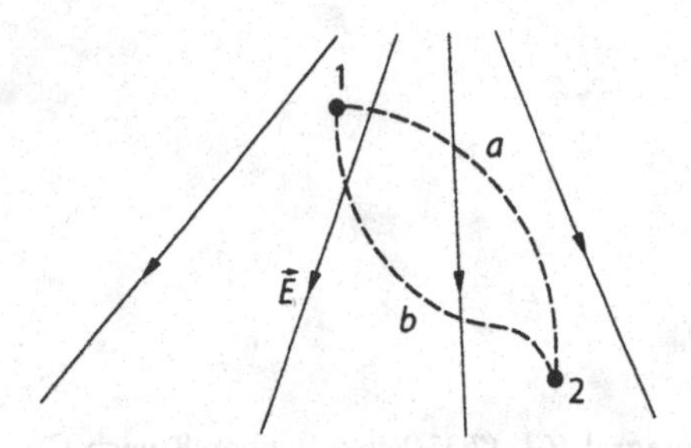

Bild 7.11 Zur Unabhängigkeit der Spannung im elektrostatischen Feld vom Integrationsweg

Da Gl. (7.35) auch für Umlaufwege längs des Randes einer sehr kleinen ebenen Fläche gilt, folgt daraus mit Gl. (6.13)

$$\operatorname{rot} \vec{E} = \vec{0}. \tag{7.36}$$

Das elektrostatische Feld ist ein *wirbelfreies (Quellen-)Feld.* Man findet keinen Umlaufweg (Schleife), auf dem die Umlaufspannung ungleich Null ist. Durch Herumführen einer Ladung im elektrostatischen Feld auf einem geschlossenen Weg kann man Energie (Gl. (7.31)) weder gewinnen noch verlieren.

Wenn das $\vec{E}$-Feld durch eine Punktladung erregt ist (Zentralfeld laut Gl. (7.11)), lässt sich dieser Sachverhalt leicht einsehen: Jedes Wegelement $d\vec{s}$ im Zentralfeld ist in zwei Komponenten zerlegbar; eine verläuft auf einer (mit der Punktladung konzentrischen) Kugel, die andere in radialer Richtung. Der Teilschritt auf der Kugel trägt nichts zur Spannung bei, da er senkrecht zu $\vec{E}$ verläuft. Allein die radialen Schritte bestimmen das Linienintegral U_{12a}. Das Linienintegral U_{21b} besteht aus denselben radialen Schritten, nur in entgegengesetzter Richtung. Die Beiträge haben das entgegengesetzte Vorzeichen. Die Summe $U_{12a} + U_{21b}$ aller Beiträge längs des gesamten Umlaufs ist gleich Null.

Da man sich ein beliebiges elektrostatisches Feld durch endliche oder infinitesimal kleine Punktladungen erregt denken kann (vgl. Abschn. 7.6), gilt die Überlegung auch für jedes Teilfeld und damit für das elektrostatische Feld allgemein.

Bei der praktischen Berechnung einer Spannung im elektrostatischen Feld nutzt man die Wegunabhängigkeit der Spannung, indem man den *einfachsten* Weg wählt.

Da das elektrostatische $\vec{E}$-Feld wirbelfrei ist (Gl. (7.35) oder (7.36)), kann ihm in jedem Aufpunkt P ein skalares Potential φ gemäß der Definition

$$\varphi(\mathrm{P}) = U_{PB} + \varphi_B = \int\limits_{\substack{\text{Beliebiger Weg}\\ \text{von P nach B}}} \vec{E}\,d\vec{s} + \varphi_B \tag{7.37}$$

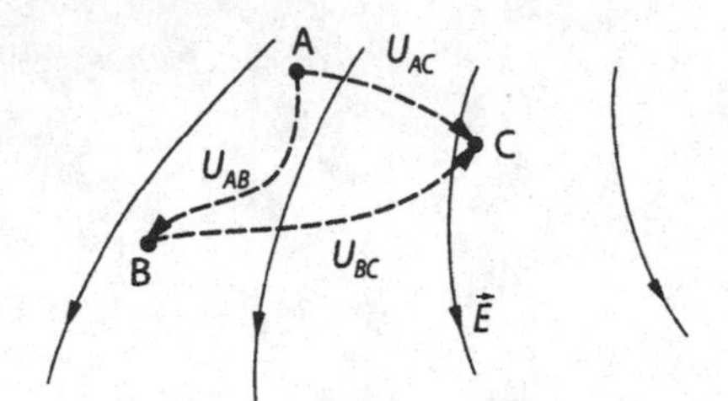

Bild 7.12 Die Spannung U_{AC} kann als Linienintegral (Gl. (7.33)) von A über B nach C ermittelt werden. Wegen der Zerlegung des Integrationsweges in zwei Teile ergibt sich U_{AC} als Summe zweier Spannungen: $U_{AC} = U_{AB} + \underbrace{U_{BC}}_{-U_{CB}} = \varphi_A - \varphi_C$.

zugeordnet werden (vgl. Abschn. 6.9). Dabei setzt man einen Punkt des Raumes als Bezugspunkt B fest und gibt ihm das Potential φ_B. Häufig wird $\varphi_B = 0$ gesetzt.

Aufgrund der Eindeutigkeit der Spannung U_{PB} vom Aufpunkt zum Bezugspunkt kann zwischen P und B ein beliebiger Integrationsweg genommen werden. Das Potential $\varphi(\mathrm{P})$ hat stets denselben Wert. Es ist eindeutig.

Die Spannung U_{AC} in Bild 7.12 von Punkt A zum Punkt C lässt sich als Potentialdifferenz

$$U_{AC} = \varphi_A - \varphi_C \tag{7.38}$$

ermitteln, wie aus Bild 7.12 ersichtlich.

1. Beispiel. Im Fall des Punktladungsfeldes (Gl. (7.11)) erhält man das Potential

$$\varphi(r_P) = \int\limits_{\substack{\text{Weg von} \\ r_P \text{ nach } r_B}} \frac{Q\vec{e}}{4\pi\varepsilon r^2} \mathrm{d}r\vec{e} + \varphi_B = \frac{Q}{4\pi\varepsilon} \int_{r_P}^{r_B} \frac{1}{r^2} \mathrm{d}r + \varphi_B = \frac{Q}{4\pi\varepsilon} \left(\frac{1}{r_P} - \frac{1}{r_B} \right) + \varphi_B. \tag{7.39}$$

Der Integrationsweg verläuft auf *der* r-Achse, in deren Nullpunkt die felderregende Punktladung Q liegt. Der Ort des Aufpunkts geht in das Potential nur mit seinen Abstand r_P zur Punktladung Q ein. Solange sich der Aufpunkt auf einer Kugel mit diesem Radius bewegt, bleibt das Potential nach Gl. (7.39) konstant. Kugeln sind hier Äquipotentialflächen, d. h. Flächen gleichen Potentials. Entsprechendes gilt für den Bezugspunkt B des Potentials: Es genügt, einen Bezugsradius r_B festzulegen. Die zugehörige Kugelfläche ist die Bezugsfläche für das Potential. Die Gl. (7.39) nimmt eine besonders einfache Form an, wenn man die Bezugsfläche ins Unendliche verlegt ($r_B = \infty$) und das dortige Potential φ_B Null setzt. Man erhält dann

$$\varphi(r_P) = \frac{Q}{4\pi\varepsilon} \frac{1}{r_P} \tag{7.40}$$

Während der Betrag der elektrischen Feldstärke proportional $1/r_P^2$ abnimmt, sinkt der Potentialbetrag mit wachsendem Abstand zur Punktladung langsamer, nämlich mit $1/r_P$. Da die Äquipotentialflächen Kugeln sind, erscheinen in der Ebene, welche die Ladung Q enthält, Kreise als Schnittspuren mit den Kugeln (Bild 7.13).

2. Beispiel. Im homogenen Feld (Bild 7.14) sind die Äquipotentialflächen Ebenen senkrecht zur Feldstärke $\vec{E}$. Führt man eine s-Koordinate antiparallel zu $\vec{E}$ ein, wählt als Bezugs-

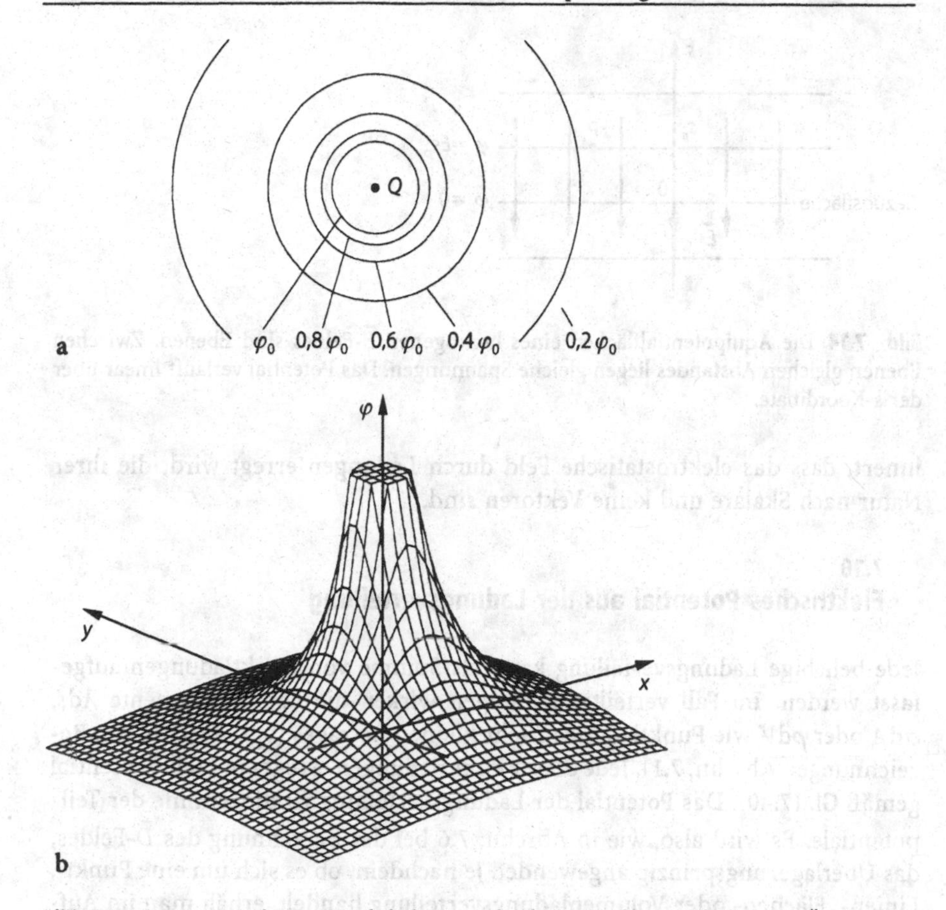

Bild 7.13 Das Potential einer Punktladung nach Gl. (7.40), dargestellt durch: **a** Äquipotentialkreise in der Ladungsebene. φ_0 ist ein willkürlich gewähltes Potential zur Normierung der Darstellung, **b** die Reliefffläche über der Ladungsebene (Potentialtrichter, Betrag aus Darstellungsgründen künstlich begrenzt)

ebene die Ebene $s = 0$ und setzt das Bezugspotential Null, ergibt sich aus Gl. (7.37) mit $\vec{E} = E(-\vec{e}_s)$ unter Beachtung von Gl. (6.2) das Potential

$$\varphi(s_P) = \int\limits_{\substack{\text{Von Ebene } s=s_P \\ \text{nach Ebene } s=0}} E(-\vec{e}_s)\mathrm{d}s\vec{e}_s = -E\int\limits_{s_P}^{0} \mathrm{d}s = -E[s]_{s_P}^{0} = Es_P. \tag{7.41}$$

Das Potential wächst – wie in jedem Fall – entgegen der Richtung der elektrischen Feldstärke.

Es mag zunächst überraschen, dass das skalare φ-Feld (*eine* Zahl pro Raumpunkt) das vektorielle $\vec{E}$-Feld (*drei* Zahlen pro Raumpunkt) ohne Informationsverlust ersetzen kann. Im Sinne einer Plausibilitätserklärung sei daran er-

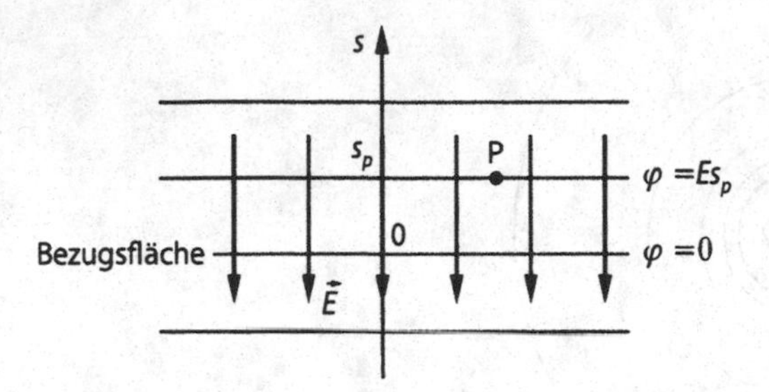

Bild 7.14 Die Äquipotentialflächen eines homogenen $\vec{E}$-Feldes sind Ebenen. Zwischen Ebenen gleichen Abstandes liegen gleiche Spannungen. Das Potential verläuft linear über der s-Koordinate.

innert, dass das elektrostatische Feld durch Ladungen erregt wird, die ihrer Natur nach Skalare und keine Vektoren sind.

7.10 Elektrisches Potential aus der Ladungsverteilung

Jede beliebige Ladungsverteilung kann als Summe von Punktladungen aufgefasst werden. Im Fall verteilter Ladungen wirken die Ladungselemente $\lambda \mathrm{d}s$, $\sigma \mathrm{d}A$ oder $\rho \mathrm{d}V$ wie Punktladungen sehr kleinen Betrages (vgl. Abschn. 7.6, Bezeichnungen Abschn. 7.1). Jede dieser Punktladungen erregt ein (Teil-)Potential gemäß Gl. (7.40). Das Potential der Ladungsverteilung ist die Summe der Teilpotentiale. Es wird also, wie in Abschn. 7.6 bei der Berechnung des $\vec{D}$-Feldes, das Überlagerungsprinzip angewendet. Je nachdem, ob es sich um eine Punkt-, Linien-, Flächen- oder Volumenladungsverteilung handelt, erhält man im Aufpunkt P das elektrische Potential

$$\varphi(\mathrm{P}) = \frac{1}{4\pi\varepsilon} \sum_{\mu} \frac{Q_\mu}{a_\mu}, \qquad \varphi(\mathrm{P}) = \frac{1}{4\pi\varepsilon} \int_{\text{Linie}} \frac{\lambda \mathrm{d}s}{a}, \tag{7.42a, b}$$

$$\varphi(\mathrm{P}) = \frac{1}{4\pi\varepsilon} \int_{\text{Fläche}} \frac{\sigma \mathrm{d}A}{a} \quad \text{oder} \quad \varphi(\mathrm{P}) = \frac{1}{4\pi\varepsilon} \int_{\text{Volumen}} \frac{\rho \mathrm{d}V}{a}. \tag{7.42c, d}$$

Das Symbol a_μ bezeichnet den Abstand zwischen dem Ort der Ladung Q_μ und dem Aufpunkt P laut Bild 7.15a und ist nicht mit den Abständen zwischen den Ladungen zu verwechseln. Dementsprechend ist a (Bild 7.15b) der Abstand des Ladungselements $\lambda \mathrm{d}s$, $\sigma \mathrm{d}A$ oder $\rho \mathrm{d}V$ vom Aufpunkt P. Bei der Integration ist a also *keine* Konstante.

Die Gln. (7.42) setzen im ganzen Raum die konstante Permittivität ε voraus. Die Bezugsfläche für das Potential ist die Kugel mit dem Radius ∞. Das Potential dort ist Null gesetzt. Deshalb gelten die Gln. (7.42) nicht, wenn sich Ladungen im Unendlichen befinden (z. B. ladungsbelegte Gerade).

7.11 Elektrische Feldstärke aus dem elektrischen Potential

Nach Gl. (7.37) kann aus dem $\vec{E}$-Feld das ihm gleichwertige Potential φ durch Integration berechnet werden. Danach ist zu erwarten, dass $\vec{E}$ aus dem φ-Feld durch Differentiation folgt.

Die Potentiale des Aufpunkts P und seines Nachbarpunkts P′ auf der s-Achse (Bild 7.16) unterscheiden sich nur um den Beitrag $\vec{E}(-\vec{e}_s\mathrm{d}s)$ des Wegstückes ds auf der s-Achse, das bei der Berechnung von $\varphi(s+\mathrm{d}s) = \varphi + \mathrm{d}\varphi$ gemäß Gl. (7.37) entgegen der Richtung der Koordinatenachse durchlaufen wird.

Aus $\varphi + \mathrm{d}\varphi = \varphi + \vec{E}(-\vec{e}_s\mathrm{d}s)$ folgt für die s-Koordinate $E_s = \vec{E}\vec{e}_s$ der elektrischen Feldstärke

$$E_s = -\mathrm{d}\varphi/\mathrm{d}s. \tag{7.43}$$

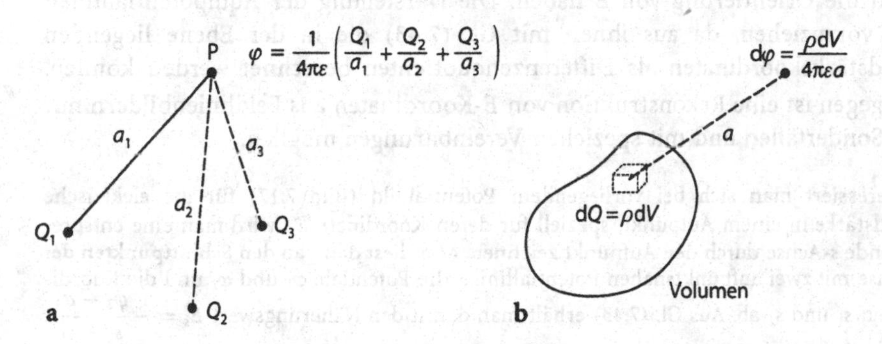

Bild 7.15 In jedem Aufpunkt P kann das Potential a mehrerer Punktladungen Q_μ oder b einer verteilten Ladung – hier Raumladungsdichte ρ – durch Überlagerung von Punktladungsbeiträgen ermittelt werden.

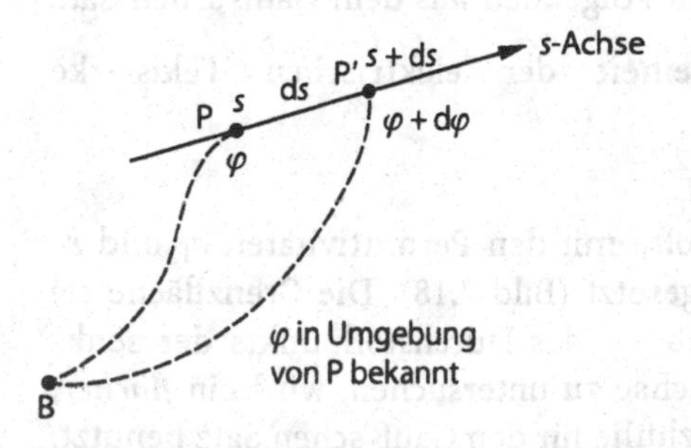

Bild 7.16 Zur koordinatenweisen Bestimmung der elektrischen Feldstärke $\vec{E}$ im Aufpunkt P aus dem Potential φ in der Umgebung von P. B: Bezugspunkt des Potentials

Bei bekanntem Potential φ lässt sich der zugehörige Feldvektor $\vec{E}$ somit koordinatenweise durch Bildung des Gradienten

$$\vec{E} = -\operatorname{grad}\varphi \tag{7.44}$$

ermitteln (vgl. Abschn. 6.7).

Da der Gradient eines Skalarfeldes in die Richtung seines steilsten Anstiegs zeigt, weist $\vec{E}$ in Richtung des steilsten Potential*gefälles*. $\vec{E}$ steht senkrecht auf der Äquipotentialfläche, in welcher der Aufpunkt liegt (vgl. Abschn. 6.7).

Wir verfügen jetzt über zwei Möglichkeiten, bei gegebener Ladungsverteilung und konstanter Permittivität das elektrische Feld zu berechnen. Entweder wird die elektrische Feldstärke $\vec{E} = \vec{D}/\varepsilon$ direkt als Vektor laut Abschn. 7.6 berechnet oder man bestimmt $\vec{E}$ indirekt mit Hilfe des Potentials nach Gl. (7.44).

Für die graphische Darstellung des elektrostatischen Feldes in einer Ebene kommen Äquipotentialflächen (in der Ebene: -linien) oder *Feldlinien* in Frage. Feldlinien sind Kurven, die in jedem Punkt parallel zu $\vec{E}$ verlaufen (Bild 7.17) und die Orientierung von $\vec{E}$ haben. Die Darstellung der Äquipotentiallinien ist vorzuziehen, da aus ihnen mit Gl. (7.43) die in der Ebene liegenden Feldstärkekoordinaten als Differenzenquotienten berechnet werden können. Dagegen ist eine Rekonstruktion von $\vec{E}$-Koordinaten aus Feldlinienbildern nur in Sonderfällen und mit speziellen Vereinbarungen möglich.

Interessiert man sich bei vorliegendem Potentialbild (Bild 7.17) für die elektrische Feldstärke in einem Aufpunkt, speziell für deren Koordinate E_s, wird man eine entsprechende s-Achse durch den Aufpunkt zeichnen. Man liest dann an den Schnittpunkten der Achse mit zwei aufpunktsnahen Potentiallinien die Potentiale φ_1 und φ_2 und die Koordinaten s_1 und s_2 ab. Aus Gl. (7.43) erhält man damit den Näherungswert $E_s = -\dfrac{\varphi_2 - \varphi_1}{s_2 - s_1}$.

7.12 Das elektrostatische Feld an Grenzflächen

An Materialgrenzen gehorchen die elektrische Feldstärke $\vec{E}$ und Erregung $\vec{D}$ besonderen Bedingungen. Sie werden im Folgenden aus dem Gauß'schen Satz $\left(\oint \vec{D}\mathrm{d}\vec{A} = Q\right)$ oder der Wirbelfreiheit der elektrischen Feldstärke $\left(\oint \vec{E}\mathrm{d}\vec{s} = 0\right)$ hergeleitet.

Zwei aneinandergrenzende Isolierstoffe mit den Permittivitäten ε_1 und ε_2 seien einem elektrostatischen Feld ausgesetzt (Bild 7.18). Die Grenzfläche sei ladungsfrei. Um das Feld in der Umgebung des Durchstoßpunkts der senkrecht zur Grenzfläche eingeführten n-Achse zu untersuchen, wird ein *flacher*, zur n-Achse koaxialer Zylinder als Bilanzhülle für den Gauß'schen Satz benutzt. Die Grenzfläche schneidet den Zylinder nur im Bereich seines Mantels. Sein Durchmesser ist so klein, dass die Feldgrößen im Bereich der Deckelflächen

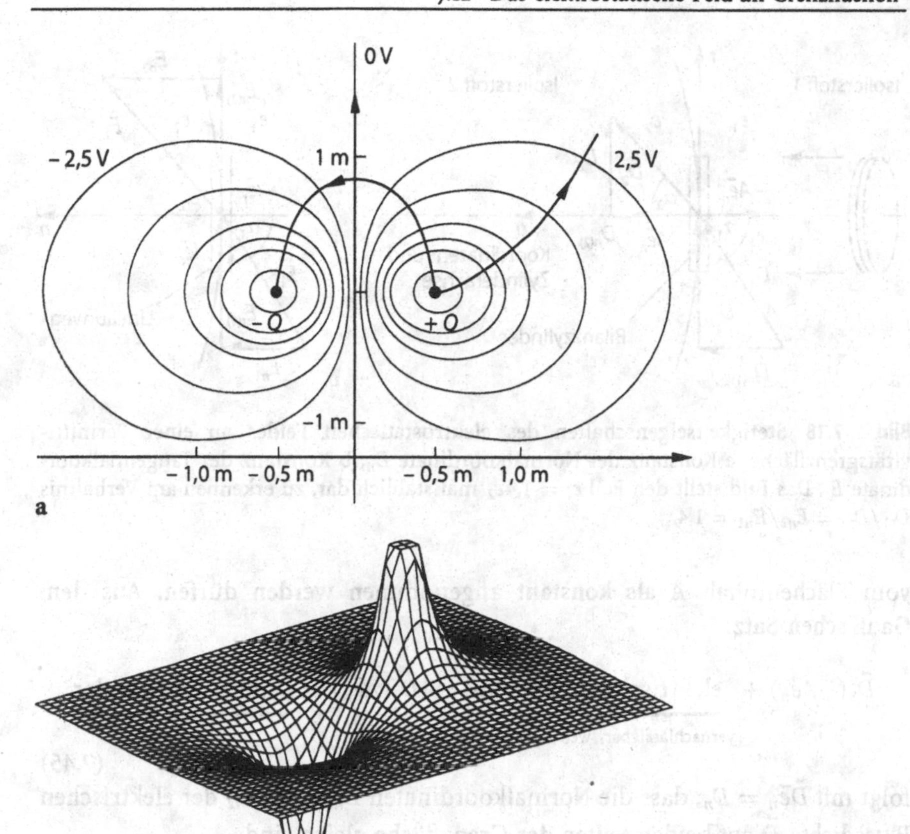

Bild 7.17 Dipolfeld mit $Q=1$ nC $= 10^{-9}$ As, Ladungsabstand 1 m, Permittivität $\varepsilon = \varepsilon_0$ (Luft) **a** Äquipotentiallinien und zwei Feldlinien in der Dipolebene. Die geschlossenen Potentiallinien (keine Kreise) verbinden Orte mit den Potentialbeträgen 50/20/15/10/5/2,5 V. Die ladungsnäheren Linien entsprechen den größeren Beträgen. Links sind die Potentiale negativ, rechts positiv. Die senkrechte Symmetrielinie entspricht $\varphi = 0$ V. Die Potentiale sind gemäß Gl. (7.42a) mit $Q_1 = Q = 1$ nC und $Q_2 = -Q$ numerisch berechnet. Eine Äquipotentiallinie erhält man, indem man den Rechenbereich nach dem vorgegebenen Potentialwert absucht und die Fundstellen zu einer Linie verbindet. Die räumlichen, hüllenförmigen Äquipotential*flächen* ergeben sich aus den dargestellten Äquipotentiallinien durch Rotation um die Dipolachse. Im Bereich zwischen den Ladungen sind die Beträge der elektrischen Feldstärke am höchsten, da dort die Äquipotentiallinien am dichtesten liegen. **b** Potential in der Dipolebene, aufgetragen als Relief über einer Dipolebene. Die Äquipotentiallinien nach Bild a sind die Schnittkurven (Höhenlinien) der Potentialtrichter mit Ebenen parallel zur Dipolebene. Die Relief- und die Äquipotentialflächen sind streng zu trennen (vgl. auch Text zu Bild 7.13).

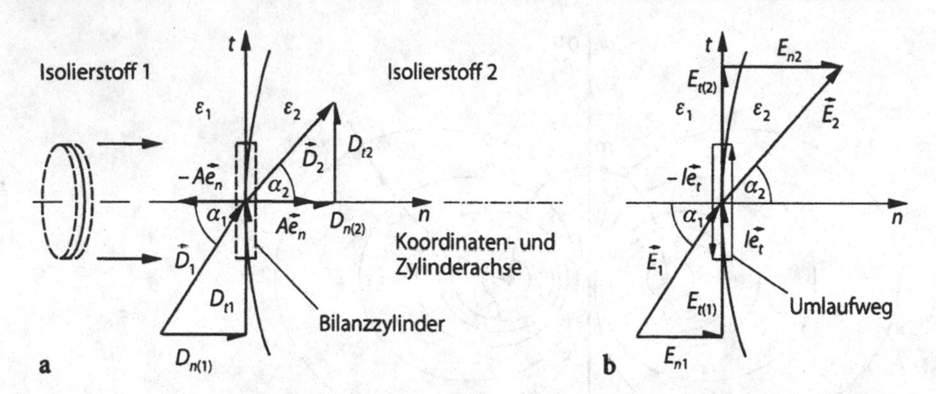

Bild 7.18 Stetigkeitseigenschaften des elektrostatischen Feldes an einer Permittivitätsgrenzfläche. **a** Konstanz der Normalkoordinate D_n, **b** Konstanz der Tangentialkoordinate E_t. Das Bild stellt den Fall $\varepsilon_1 = 1{,}4\varepsilon_2$ maßstäblich dar, zu erkennen am Verhältnis $D_{t1}/D_{t2} = E_{n2}/E_{n1} = 1{,}4$.

vom Flächeninhalt A als konstant angenommen werden dürfen. Aus dem Gauß'schen Satz

$$\vec{D}_1(-A\vec{e}_n) + \underbrace{\text{elektrischer Mantelfluß}}_{\text{vernachlässigbar, weil Fläche} \to 0} + \vec{D}_2(A\vec{e}_n) = \underbrace{\text{Ladung im Zylinder}}_{0} \tag{7.45}$$

folgt mit $\vec{D}\vec{e}_n = D_n$, dass die Normalkoordinaten D_{n1} und D_{n2} der elektrischen Flussdichte $\vec{D}$ auf beiden Seiten der Grenzfläche gleich sind:

$$D_{n1} = D_{n2}. \tag{7.46}$$

Wegen Gl. (7.46) kann man die Normalkoordinate der elektrischen Erregung auf beiden Seiten der Grenzfläche einfach D_n nennen.

Zur Untersuchung der elektrischen Feldstärke $\vec{E}$ wird ein rechteckiger, dicht an der Grenzfläche verlaufender Umlaufweg gewählt (Bild 7.18b). Die Wegabschnitte, welche die Grenzfläche durchstoßen, sind kurz gegen die in tangentialer Richtung verlaufenden der Länge l. Die Umlaufspannung $\oint \vec{E}d\vec{s}$ längs des in Bild 7.18b eingezeichneten Weges gegen den Uhrzeigersinn ist wegen der Wirbelfreiheit der elektrischen Feldstärke Null:

$$\vec{E}_1(-l\vec{e}_t) + \underbrace{\text{Beiträge der kurzen Wegstücke}}_{\text{vernachlässigbar}} + \vec{E}_2(l\vec{e}_t) = 0. \tag{7.47}$$

Mit $\vec{E}\vec{e}_t = E_t$ folgt daraus, dass die Tangentialkoordinaten von $\vec{E}$ auf beiden Seiten der Grenzfläche gemäß

$$E_{t1} = E_{t2} \tag{7.48}$$

denselben Wert haben. Wegen Gl. (7.48) kann man die Tangentialkoordinate der elektrischen Feldstärke auf beiden Seiten der Grenzfläche E_t nennen.

An ladungsfreien Grenzflächen wird man mit Vorteil die elektrische Feldstärke und die elektrische Erregung durch die stetigen Feldkoordinaten E_t und D_n ausdrücken, womit sich
$E_{1,2} = E_t\vec{e}_t + (1/\varepsilon_{1,2})D_n\vec{e}_n$ und $D_{1,2} = \varepsilon_{1,2}E_t\vec{e}_t + D_n\vec{e}_n$ ergibt.

Wenn die Grenzfläche mit der Flächenladungsdichte σ belegt ist, beträgt die Ladung im Zylinder laut Bild 7.18 σA. Die Normalkoordinaten von $\vec{D}$ unterscheiden sich dann nach Gl. (7.45) gemäß

$$D_{n2} - D_{n1} = \sigma \tag{7.49}$$

um die Flächenladungsdichte σ. Die n-Koordinate ist vom Stoff 1 zum Stoff 2 orientiert. Gleichung (7.48) bleibt bei Ladungsbelegung der Permittivitätsgrenzfläche unverändert.

Das Verhältnis der Tangens der Winkel α_1 und α_2, welche die Feldgrößen auf beiden Seiten der Grenzfläche mit der n-Achse bilden, beträgt $\tan\alpha_1/\tan\alpha_2 = (E_{t1}/E_{n1})/(E_{t2}/E_{n2})$, wie aus Bild 7.18b zu erkennen ist. Ersetzt man die auftretenden Feldstärkekoordinaten durch die Koordinaten E_t sowie D_{n1} und D_{n2} und beachtet $\vec{D} = \varepsilon\vec{E}$, erhält man das Brechungsgesetz für die $\vec{E}$- und $\vec{D}$-Linien $\tan\alpha_1/\tan\alpha_2 = (\varepsilon_1/\varepsilon_2)D_{n2}/D_{n1}$ oder

$$\frac{\tan\alpha_1}{\tan\alpha_2} = \frac{\varepsilon_1}{\varepsilon_2}\left(1 + \frac{\sigma}{D_{n1}}\right). \tag{7.50}$$

Bei $\sigma = 0$ tritt der größere Winkel im Stoff mit der größeren Permittivität auf.

Wenn ein Stoff ein Leiter ist (Bild 7.19), spielt der Wert der konstanten Permittivität des angrenzenden Nichtleiters für die Felder an der Grenzfläche keine Rolle. Alle Ladungen im Leiter, die dort leicht beweglich sind, werden sich aufgrund ihrer abstoßenden Kräfte unmittelbar unter der Leiteroberfläche anordnen. Das Leiterinnere ist feldfrei. Ein im Gegensatz dazu unterstelltes Restfeld im Leiter würde Ladungen bewegen, was im Widerspruch zur elektrostatischen Situation steht. Somit gilt im Leiter überall $\vec{E} = \vec{0}$. Die Normalkoordinate E_n und die Tangentialkoordinate E_t der elektrischen Feldstärke sind Null.

Das Potential eines Leiters im elektrostatischen Feld nach Gl. (7.37) ist überall dasselbe, denn zwischen zwei beliebigen Punkten im Leiter hat das Linienintegral $u = \int \vec{E}d\vec{s}$ wegen $\vec{E} = \vec{0}$ den Wert Null. Leiter sind Äquipotentialkörper, ihre Oberflächen Äquipotentialflächen.

Das elektrostatische $\vec{E}$-Feld hat auch an der Grenzfläche zwischen Leiter und Nichtleiter keine Wirbel (Gl. (7.48)). Wegen $E_t = 0$ im Leiter ist E_t auch auf der Isolierstoffseite der Grenzfläche Null. Dort besitzen die Felder die Normalkomponente

$$\vec{D}_n = \vec{D} = \varepsilon\vec{E} = \varepsilon\vec{E}_n. \tag{7.51}$$

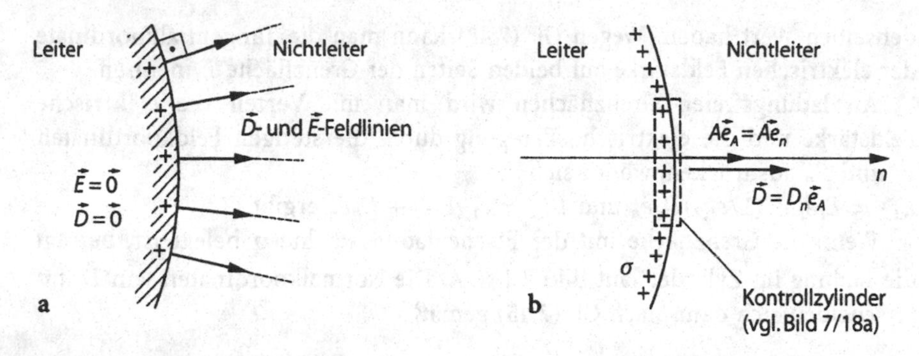

Bild 7.19 Grenzfläche zwischen Leiter und Nichtleiter. **a** Leiteroberfläche ist Äquipotentialfläche **b** Die Normalkoordinate D_n der elektrischen Erregung im Nichtleiter über der Elektrodenoberfläche und die Flächenladungsdichte σ unter der Elektrodenoberfläche sind betragsgleich.

$\vec{D}$ und $\vec{E}$ stehen auf Elektrodenoberflächen – wie auf allen Äquipotentialflächen – senkrecht.

Für einen Kontrollzylinder, der ähnlich wie in Bild 7.18a von der Elektrodenoberfläche geteilt wird, liefert der Gauß'sche Satz den an der Grenzfläche gültigen Zusammenhang $D_n\vec{e}_n A\vec{e}_n = \sigma A$ zwischen der elektrischen Erregung $\vec{D}$ im Isolierstoff und der (Grenz-)Flächenladungsdichte σ im Leiter. Im Leiterinneren sind die elektrische Feldstärke $\vec{E}$ und die Flussdichte $\vec{D}$ gleich Null. Daraus folgt für die Normalkoordinaten der Feldgrößen im Isolierstoff an der Leiteroberfläche unter Beachtung von $\vec{D} = \varepsilon\vec{E}$ die Beziehung

$$D_n = \varepsilon E_n = \sigma. \tag{7.52}$$

Die n-Achse ist hierbei vom Leiter zum Isolierstoff orientiert. Die Feldlinien von $\vec{D}$ und $\vec{E}$ beginnen oder enden auf den positiven bzw. negativen Flächenladungen σ (Quellen und Senken des Feldes) an der Elektrodenoberfläche. An dieser Grenzfläche sind die elektrische Erregung (Isolationsseite) und die Flächenladungsdichte σ (Leiterseite) betragsgleich.

7.13 Kapazität einer Zweielektrodenanordnung

Zwei elektrisch gut leitende Elektroden in isolierender Umgebung bilden einen Kondensator. Schließt man die Elektroden an die Pole einer Gleichspannungsquelle an, nimmt der Kondensator kurzzeitig einen Strom auf. Auf der an den Pluspol der Quelle angeschlossenen Elektrode sammelt sich die positive Ladung Q, auf der anderen die betragsgleiche negative Ladung, also $-Q$. Der Kondensator bildet einen Dipol mit der Gesamtladung Null (Gesamtladung = Ladungssumme = $Q + (-Q) = 0$). Der Kondensator behält seine Ladung auch nach Entfernen der Spannungsquelle bei. An ihm wird eine dauerhafte Spannung gemessen. Wegen der getrennten positiven und negativen Ladung umgibt die Elektroden ein elektrostatisches Feld (Bild 7.20).

Die Feldverteilung hängt nicht vom Ladungsbetrag ab. An einem beliebigen festen Punkt des Feldes ist der Feldstärkebetrag $|\vec{E}|$ proportional der Ladung Q. Wegen der Proportionalität von $|\vec{E}|$ und Q ist auch die Spannung U – als Linienintegral der elektrischen Feldstärke $|\vec{E}|$ zwischen den Elektroden – der Ladung Q proportional. Die Kapazität

$$C = \frac{Q}{U} \qquad [C]_{\mathrm{SI}} = \frac{\mathrm{As}}{\mathrm{V}} = \frac{\mathrm{C}}{\mathrm{V}} = \mathrm{F} = \mathrm{Farad} \tag{7.53}$$

ist daher eine Konstante der Anordnung.

Die Kapazität ist aus dem Feldbild ermittelbar. Hierzu berechnet man die Ladung Q mit dem Gauß'schen Satz der Elektrostatik (Abschn. 7.8) als Hüllenintegral von $\vec{D} = \varepsilon\vec{E}$ über eine Elektrode. Die Spannung U erhält man als Linienintegral über $\vec{E}$ von derselben Elektrode zur anderen (Äquipotentialflächen) oder einfach als Differenz der Elektrodenpotentiale. Da die Feldgrößen nur von der Geometrie der Anordnung und der Permittivität ε abhängen, ist die Kapazität C ebenfalls nur von diesen Größen abhängig.

Das Feld der Anordnung in Bild 7.20 ist aus Bild 7.17 bekannt. Deshalb kann ihre Kapazität mit Gl. (7.53) direkt als Quotient aus Ladung und Spannung ermittelt werden. Man erhält $C = 10^{-9}$ As/ 40 V = 25 pF.

Reale Kondensatoren haben eng benachbarte Elektroden mit möglichst hoher Permittivität ε dazwischen. Das elektrostatische Feld des in Bild 7.21a halb dargestellten Plattenkondensators geht genau wie in Bild 7.20 von den flächig auf den ebenen Platten verteilten Ladungen $\pm Q$ aus. Allerdings ist die Flächenladungsdichte σ auf den einander zugewandten Plattenflächen erheblich größer als diejenige auf den Außenflächen. Bei eng benachbarten Platten (Bild 7.21b) vernachlässigt man das Außenfeld gänzlich und rechnet näherungsweise mit einem homogenen $\vec{E}$- und $\vec{D}$-Feld zwischen den Plat-

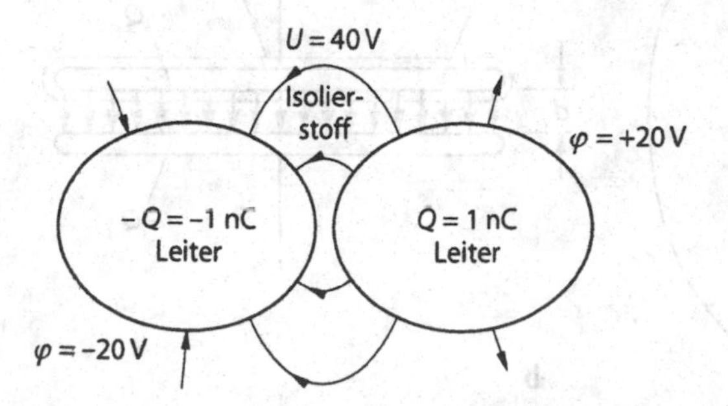

Bild 7.20 Kondensator mit kugelähnlichen Elektroden. Sie sind wie die ±20 V-Äquipotentialflächen aus Bild 7.17 geformt.

ten. Überzieht man z. B. die obere Kondensatorplatte (vom Feld durchsetzter Flächeninhalt A) mit einer Bilanzhülle, folgt aus dem Gauß'schen Satz der Elektrostatik (Gl. (7.24)) $DA = Q$. Mit $D = \varepsilon E$, $Q = CU$ und $U = Ed$ erhält man die Kapazität des Plattenkondensators zu

$$C = \frac{\varepsilon A}{d}. \tag{7.54}$$

A die mit Ladung belegte einseitige Fläche einer Platte,
d Plattenabstand,
ε die Permittivität des Isolators zwischen den Platten.

Da das Außenfeld des Kondensators ohnehin vernachlässigt wird, braucht man sich um den Einfluss der leitenden Zuleitungsdrähte auf diesen Feldbereich nicht zu kümmern.

Lädt man Kondensatoren unterschiedlicher Kapazität einzeln auf dieselbe Ladung Q auf (Bild 7.22a) und schaltet sie durch Verbindung der ungleichnamigen Pole in Reihe, beträgt die Gesamtspannung von der ersten positiven zur letzten negativen Platte $U = \sum_{\mu=1}^{n} Q/C_\mu = Q \sum_{\mu=1}^{n} 1/C_\mu$. Sind die Kondensatoren von Anfang an in Reihe verbunden, ergibt sich dieselbe Spannung. Der entstandene Zweipol ersetzt die Reihenschaltung bei gleicher Gesamtspannung U und Ladung Q. Wegen $1/C = U/Q$ ergibt sich die Kapazität C der Reihenschaltung von n Kondensatoren mit den Einzelkapazitäten C_μ aus

$$\frac{1}{C} = \sum_{\mu=1}^{n} \frac{1}{C_\mu}. \tag{7.55}$$

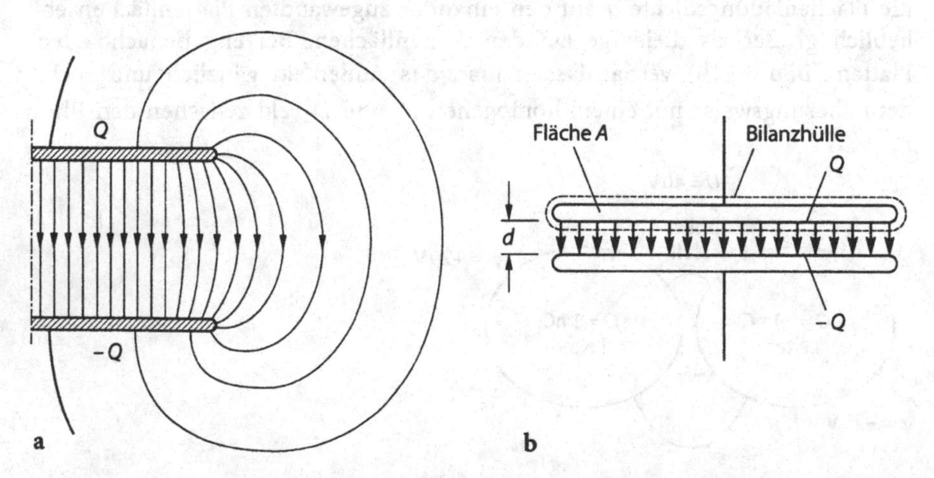

Bild 7.21 Plattenkondensator. a Außenfeld wegen großen Plattenabstandes berücksichtigt, b Außenfeld bei kleinem Plattenabstand vernachlässigt

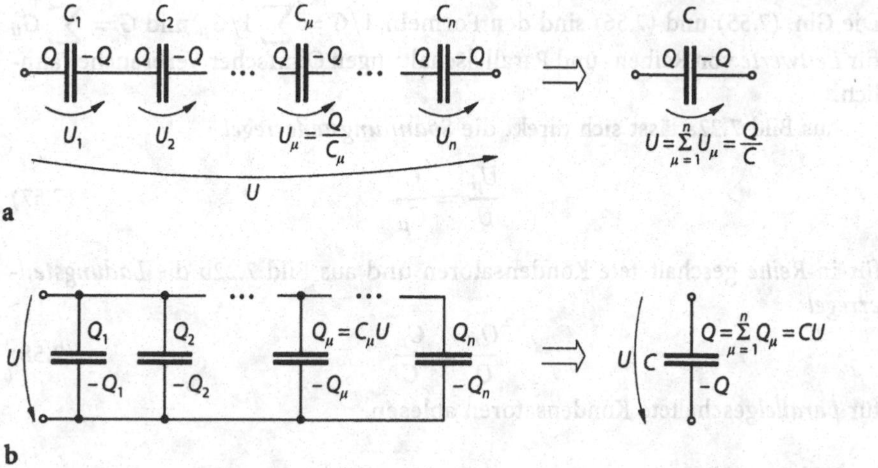

a

b

Bild 7.22 Zusammenschaltung von Kondensatoren. a Reihenschaltung (gleiche Ladung) b Parallelschaltung (gleiche Spannung)

Die Kapazität C der Reihenschaltung ist kleiner als die kleinste Einzelkapazität.

Die inneren Plattenpaare der Reihenschaltung tragen sich vollständig kompensierende positive und negative Ladungen und können als stofflich realisierte Äquipotentialflächen des resultierenden Kondensators betrachtet werden, der auf seinen (äußeren) Platten die Ladungen $+Q$ und $-Q$ trägt. Lädt man ungeladen in Reihe geschaltete Kondensatoren gemeinsam auf, stellt sich dieselbe, in Bild 7.22a skizzierte Ladungsverteilung ein. Dabei zieht die (nicht dargestellte) Ladequelle die auf der äußeren positiven Platte ankommende Ladung Q von der äußeren negativen Platte ab. In den verbundenen Platten benachbarter Kondensatoren trennt das beim Ladevorgang entstehende Feld elektrische Ladungen. Die Feldkräfte halten sie an der Plattenoberfläche fest. Durch das Dielektrikum zwischen den Platten fließt zu keinem Zeitpunkt ein Strom. Vielmehr enden oder entspringen die Ladeströme auf den Platten. Lade- und Entladevorgänge sind wegen der dabei fließenden Ströme außerhalb der Elektrostatik zu behandeln.

Legt man n parallelgeschaltete Kondensatoren (Kapazitäten C_μ) an eine Spannungsquelle, bilden alle positiven und alle negativen Platten jeweils eine Äquipotentialfläche. Auf den positiven Platten ist insgesamt die Ladung $Q = \sum_{\mu=1}^{n} C_\mu U$ gespeichert. Die Ersatzkapazität der Parallelschaltung ergibt sich aus $C = Q/U$ zu

$$C = \sum_{\mu=1}^{n} C_\mu. \tag{7.56}$$

Die Gln. (7.55) und (7.56) sind den Formeln $1/G = \sum 1/G_\mu$ und $G = \sum G_\mu$ für *Leitwerte* von Reihen- und Parallelschaltungen Ohm'scher Verbraucher ähnlich.

Aus Bild 7.22a lässt sich direkt die *Spannungsteilerregel*

$$\frac{U_\mu}{U} = \frac{C}{C_\mu} \tag{7.57}$$

für in *Reihe* geschaltetete Kondensatoren und aus Bild 7.22b die *Ladungsteilerregel*

$$\frac{Q_\mu}{Q} = \frac{C_\mu}{C} \tag{7.58}$$

für *parallel*geschaltete Kondensatoren ablesen.

7.14 Mehrelektrodenanordnungen

Wir betrachten in diesem Abschnitt Anordnungen mit $n > 2$ Elektroden (z. B. $n = 4$ in Bild 7.23), deren Ladungs*summe* Null ist. Die Permittivität ε des Isolierstoffs darf vom Ort, aber nicht von der Feldstärke abhängen. Der Hüllenfluss jeder Ladung Q_μ, der nach dem Gauß'schen Satz der Ladung wertgleich ist, kann in eine Summe von elektrischen Teilflüssen $\Psi_{\mu\nu}$ (vgl. Gl. (7. 23)) zerlegt werden, die zwischen der betrachteten und den $n - 1$ anderen Ladungen fließen. Beispielsweise gilt für die erste Ladung $Q_1 = \Psi_{12} + \Psi_{13} + \Psi_{14}$. Die elektrischen Teilflüsse sind jeweils der Spannung zwischen den beiden Elektroden proportional; es gilt z. B. $\Psi_{12} = C_{12}U_{12} = C_{12}(\varphi_1 - \varphi_2)$. Die Ladungen der *insgesamt* elektrisch neutralen Beispielanordnung in Bild 7.23 betragen demnach

$$Q_1 = C_{12}(\varphi_1 - \varphi_2) + C_{13}(\varphi_1 - \varphi_3) + C_{14}(\varphi_1 - \varphi_4) \tag{7.59a}$$

$$Q_2 = C_{21}(\varphi_2 - \varphi_1) + C_{23}(\varphi_2 - \varphi_3) + C_{24}(\varphi_2 - \varphi_4) \tag{7.59b}$$

$$Q_3 = C_{31}(\varphi_3 - \varphi_1) + C_{32}(\varphi_3 - \varphi_2) + C_{34}(\varphi_3 - \varphi_4) \tag{7.59c}$$

$$Q_4 = C_{41}(\varphi_4 - \varphi_1) + C_{42}(\varphi_4 - \varphi_2) + C_{43}(\varphi_4 - \varphi_3). \tag{7.59d}$$

Die Koeffizienten $C_{\mu\nu}$ heißen Teilkapazitäten. Der Beitrag $C_{12}(\varphi_1 - \varphi_2)$ der Spannung $(\varphi_1 - \varphi_2)$ zu Q_1 ist negativ gleich groß wie der Beitrag $C_{21}(\varphi_2 - \varphi_1)$ zu Q_2. Aus der entsprechenden Gleichung $C_{12}(\varphi_1 - \varphi_2) = -C_{21}(\varphi_2 - \varphi_1)$ folgt $C_{12} = C_{21}$. Eine sinngemäße Überlegung für die anderen Teilkapazitäten ergibt

$$C_{\mu\nu} = C_{\nu\mu} \tag{7.60}$$

Da das Elektrodensystem insgesamt elektrisch neutral vorausgesetzt ist, erfüllen die Gln. (7.59) die Bedingung

$$\sum_{\mu=1}^{n} Q_\mu = 0, \tag{7.61}$$

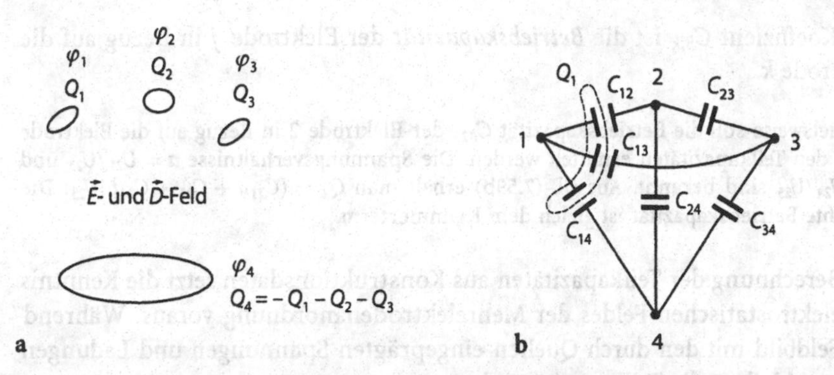

Bild 7.23 Mehrelektrodensystem mit der Gesamtladung Null. Das Ersatz-Netzwerk **b** aus Teilkapazitäten verknüpft Ladungen und Potentiale in gleicher Weise wie das elektrostatische Feld in der Originalanordnung a. Beispielsweise ruft das Anlegen einer Spannung zwischen Elektrode 1 und 4 auch eine Spannung zwischen den Elektroden 2 und 3 hervor.

wovon man sich durch Addition der Gln. (7.59) unter Berücksichtigung von Gl. (7.60) überzeugen kann. Die vorausgesetzte Ladungsneutralität ist immer gegeben, wenn die Elektroden ladungstrennend – d. h. mit Spannungsquellen und nicht ladungsübertragend durch Berührung mit anderen geladenen Elektroden – aufgeladen wurden.

Es gibt insgesamt $(n^2 - n)/2$ Spannungen zwischen den Elektroden (vgl. Bild 5.9) und gleich viele Teilkapazitäten, aber nur n Elektrodenpotentiale, von denen eines noch als Bezugspotential wählbar ist. Deshalb sind die Gln. (7.59) mit Potentialen statt mit Spannungen formuliert. Sind die Teilkapazitäten $C_{\mu\nu}$ bekannt, können die Ladungen Q_μ, wie dargestellt, aus den Elektrodenspannungen ermittelt werden.

Das *Umkehrproblem* zu den Gln. (7.59) – die Bestimmung der Potentiale aus den Ladungen – ist widerspruchsfrei gestellt, wenn die Summe der n gegebenen Ladungen nach Gl. (7.61) Null ist. Zur Lösung muss man einem der Potentiale einen willkürlichen Bezugswert zuweisen, eine der n Gleichungen streichen und das verbleibende System aus $n - 1$ linear unabhängigen Gleichungen nach den $n - 1$ unbekannten Potentialen auflösen.

Beispielsweise bildet eine *Freileitung* mit drei Seilen zusammen mit der leitenden Erde ein Vierelektrodensystem. Die Teilkapazitäten sind der Länge der betrachteten Leitung proportional. Die Spannungen sollen zueinander in einem *festen*, gegebenen Verhältnis stehen. Jede Spannung $U_{\mu\nu} = \varphi_\mu - \varphi_\nu$ in den Gln. (7.59) bzw. in ihren auf n Gleichungen verallgemeinerten Äquivalenten lässt sich dann als Vielfaches einer als Bezugsspannung ausgewählten Spannung $U_{jk} = \varphi_j - \varphi_k$ angeben. Die Ladung Q_j kann durch diese eine Spannung aus der j-ten der Gln. (7.59) bestimmt werden. Man erhält

$$Q_j = C_{Bjk} U_{jk}. \qquad (7.62)$$

Der Koeffizient C_{Bjk} ist die *Betriebskapazität* der Elektrode j in Bezug auf die Elektrode k.

Beispielsweise soll die Betriebskapazität C_{B23} der Elektrode 2 in Bezug auf die Elektrode 3 aus den Teilkapazitäten ermittelt werden. Die Spannungsverhältnisse $a = U_{21}/U_{23}$ und $b = U_{24}/U_{23}$ sind bekannt. Aus Gl. (7.59b) erhält man $Q_2 = (C_{21}a + C_{23} + C_{24}b)U_{23}$. Die gesuchte Betriebskapazität ist gleich dem Klammerterm.

Die Berechnung der Teilkapazitäten aus Konstruktionsdaten setzt die Kenntnis des elektrostatischen Feldes der Mehrelektrodenanordnung voraus. Während das Feldbild mit den durch Quellen eingeprägten Spannungen und Ladungen variiert, bleiben die Teilkapazitäten konstant.

7.15 Energie des elektrostatischen Feldes

Da jede Ladung im elektrischen (Fremd-)Feld eine Kraft erfährt, ist die Verschiebung der Ladung mit einem Energieumsatz verbunden (vgl. Abschn. 7.9). Transportiert man z. B. eine positive Punktladung von der negativen Platte eines Kondensators zur positiven Platte, geschieht dieses entgegen der Coulombkraft. Zu ihrer Überwindung ist Energie erforderlich. Nach erfolgtem Ladungstransport kann die investierte Energie nicht einfach verschwunden sein. Man könnte sie der Ladung als ihre *potentielle Energie* W_{pot} zuschreiben, wie für Massen im Schwerefeld üblich. Die andere Möglichkeit besteht darin, die Energie dem elektrischen *Feld* zwischen den Platten zuzuweisen und sie als *Feldenergie* W_e aufzufassen.

Für den *Fall eines anfangs ungeladenen Kondensators* in einem widerstandslosen Stromkreis soll die in ihm gespeicherte Feldenergie ermittelt werden, wenn der Kondensator auf die Ladung Q und die damit einhergehende Spannung $U = Q/C$ aufgeladen wird. Dabei spielt es keine Rolle, ob die Ladung mechanisch durch das Feld transportiert wird – was selten geschieht – oder elektrisch mittels einer Spannungsquelle von der negativen Platte abgezogen und der positiven über die Zuleitungsdrähte zugeführt wird. In beiden Fällen durchläuft jedes betrachtete Ladungselement $\mathrm{d}Q'$ die aktuelle Spannung U', so dass zum Transport die mechanische bzw. elektrische Energie $U'\mathrm{d}Q'$ aufzuwenden ist. Diese Energiezufuhr erscheint nach dem Energieerhaltungssatz als Zuwachs $\mathrm{d}W_e$ der soeben eingeführten Feldenergie W_e.

Bezeichnet man den Kondensatorzustand durch die Ladung Q', erhält man für den Zuwachs an Feldenergie $\mathrm{d}W_e = U'(Q')\mathrm{d}Q'$. Die Feldenergie

$$W_e = \int_0^Q U'(Q')\mathrm{d}Q' \qquad [W_e]_{SI} = \mathrm{V} \cdot \mathrm{C} = \mathrm{Ws} = \mathrm{J} \tag{7.63}$$

des Kondensators ist gleich der von der Quelle abgegebenen elektrischen Energie.

Mit $U'(Q') = Q'/C$ erhält man aus Gl. (7.63)

$$W_e = \int_0^Q \frac{Q'}{C} \mathrm{d}Q' = \frac{Q^2}{2C} = \frac{CU^2}{2} = \frac{QU}{2}. \tag{7.64}$$

Die ungestrichenen Größen kennzeichnen den Endzustand nach abgeschlossener Aufladung.

Die Ladung auf einer Kondensatorplatte beträgt nach dem Gauß'schen Satz $Q = DA$ und die Spannung zwischen den Platten $U = Ed$. Dabei sind A und d Fläche und Abstand der Kondensatorplatten und D und E die Größen des homogenen Feldes im Kondensator. Führt man diese in Gl. (7.63) ein, erhält man

$$W_e = Ad \int_0^D E'(D')\mathrm{d}D'. \tag{7.65}$$

Mit dem Feldvolumen $V = Ad$ zwischen den Platten folgt daraus $W_e = V \int_0^D E'(D')\mathrm{d}D'$. Daraus erhält man die gemäß

$$w_e = \frac{W_e}{V} \tag{7.66}$$

definierte volumenbezogene Energie oder *Energiedichte* des homogenen elektrischen Feldes durch Integration mit $D' = \varepsilon E'$ zu

$$w_e = \frac{DE}{2}. \qquad [w_e]_{SI} = \frac{\mathrm{J}}{\mathrm{m}^3} \tag{7.67}$$

Der Zähler DE in Gl. (7.67) kann durch εE^2 oder D^2/ε ersetzt werden.

Die letzte Gleichung gilt für den Fall feldstärkeunabhängiger Permittivität ε und auch bei *inhomogenem* Feld. Zerlegt man ein inhomogenes Feld in genügend kleine Volumenteile, in denen das Feld praktisch homogen ist, ergibt sich die Energie des Feldraumes durch Summation der Teilenergien. Man erhält bei feldstärkeunabhängiger Permittivität ε die Feldenergie

$$W_e = \frac{1}{2} \int_{\text{Feldraum}} DE\mathrm{d}V. \tag{7.68}$$

Wegen $DE = \varepsilon E^2 = \varepsilon|\vec{E}|^2 = \varepsilon\vec{E}^2$ sind wir mit Gl. (7.68) in der Lage, die im Feld gespeicherte Energie durch Auswertung des Betragsquadrates der elektrischen Feldstärke zu ermitteln.

Gleichung (7.68) soll dazu benutzt werden, die Energie des elektrischen Feldes zu untersuchen, das von zwei Punktladungen Q_1 und Q_2 im Raum mit der konstanten Permittivität ε erregt wird. Insbesondere soll berechnet werden, wie sich die Feldenergie mit dem Abstand a der Ladungen ändert. Um das Integral Gl. (7.68) auszuwerten, ist zunächst die elektrische Feldstärke $\vec{E}$ im ganzen Raum zu ermitteln. Mit dem Überlagerungssatz lässt sich $\vec{E}$ aus einem Beitrag von Q_1 und einem von Q_2 zusammensetzen (Bild 7.24a). An einem beliebigen Ort P erhält man $\vec{E}(\mathrm{P}) = \vec{E}_1(\mathrm{P}) + \vec{E}_2(\mathrm{P})$. Für $E^2 = \vec{E}^2$ folgt damit $E^2 = E_1^2 + 2\vec{E}_1\vec{E}_2 + E_2^2$. Da die Permittivität ε als konstant vorausgesetzt ist, kann diese vor das Integralzeichen in Gl. (7.68) gezogen werden. Damit ist die Feldenergie

$$W_e = \underbrace{\frac{\varepsilon}{2} \int\limits_{\substack{\text{ganzer}\\ \text{Raum}}} E_1^2 \mathrm{d}V}_{W_1} + \underbrace{\varepsilon \int\limits_{\substack{\text{ganzer}\\ \text{Raum}}} \vec{E}_1\vec{E}_2 \mathrm{d}V}_{W_{12}} + \underbrace{\frac{\varepsilon}{2} \int\limits_{\substack{\text{ganzer}\\ \text{Raum}}} E_2^2 \mathrm{d}V}_{W_2} \tag{7.69}$$

in drei Beiträge zerlegt.

Der erste und letzte Summand stellt die mit Q_1 bzw. Q_2 verknüpfte Energie dar. Diese Eigenenergien hängen nicht davon ab, wo sich die Ladungen befinden. Beiden Termen liegt ein Punktladungs-Zentralfeld zugrunde, dessen Betragsquadrat E^2 über den ganzen Raum zu integrieren ist. Als Volumenelemente $\mathrm{d}V$ verwendet man mit Vorteil zur Ladung konzentrische, dünnwandige Kugelschalenkörper mit dem Radius r und der Wandstärke $\mathrm{d}r$, deren Volumen $\mathrm{d}V = 4\pi r^2 \mathrm{d}r$ beträgt. Damit gehen die Volumenintegrale für W_1 und W_2 in Einfachintegrale mit r als Integrationsvariable über. E^2 ist laut Gl. (7.11) proportional $1/r^4$. Damit verläuft $E^2\mathrm{d}V$ proportional $1/r^2$. Wegen $\int_0^\infty r^{-2}\mathrm{d}r = \infty$ erhält man

$$W_1 = W_2 = \infty. \tag{7.70}$$

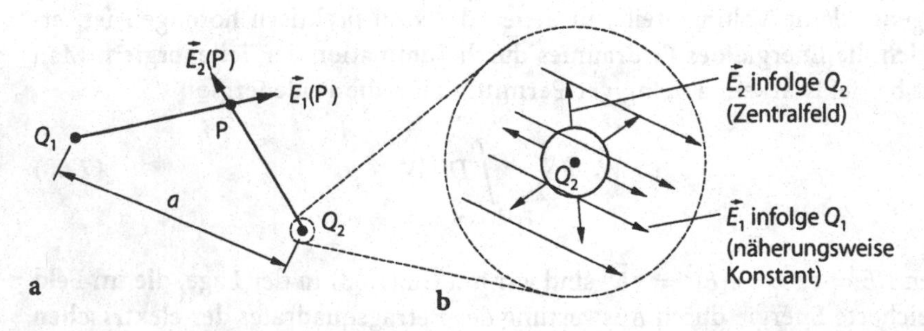

Bild 7.24 Zur Energie des elektrischen Felds zweier Punktladungen (hier beide positiv). a Anwendung des Überlagerungsprinzips, b Feld von Q_1 und Q_2 in unmittelbarer Nähe von Q_2

Das elektrische Feld einer Punktladung speichert eine positiv unendliche Energie. Um aus einer Ladungswolke eine Punktladung gegen die Abstoßungskräfte ihrer Teile zusammenzusetzen, müsste man eine unendliche Energie aufwenden.

Diese Eigenschaft von Punktladungen macht deutlich, dass der Punktladungsbegriff ebenso wie die Punktmasse eine mathematische Abstraktion darstellt. Sie bleibt nützlich, solange man der Punktladung nicht zu nahe tritt. Wenn man einen beliebig kleinen Raum um die Punktladung aus der Energieberechnung ausspart, bleibt das Ergebnis endlich.

Wie *ändert* sich die Gesamtenergie W_e mit dem Abstand a der Ladungen? Die Eigenenergien W_1 und W_2 der Punktladungen können außer Betracht bleiben. Sie sind unabhängig von der Position der Ladungen. Es gilt $\Delta W_e = \Delta W_{12}$. Die Berechnung der *gegenseitigen Feldenergie* W_{12} mit Hilfe eines hier nicht behandelten Integralsatzes [Simo 1.14.4, dort Gl. (29)] ergibt $W_{12} = Q_1 Q_2/(4\pi\varepsilon a)$. Führt man in dieses Resultat gemäß Gl. (7.40) das Potential der einen Ladung am Ort der anderen ein, erhält man mit $\varphi_1(2) = Q_1/(4\pi\varepsilon a)$ oder $\varphi_2(1) = Q_2/(4\pi\varepsilon a)$ die Ausdrücke

$$W_{12} = Q_2\varphi_1(2) = Q_1\varphi_2(1). \tag{7.71}$$

Verschiebt man die Ladung Q_2 von ihrem Ort 2 an den Ort 2′, ändert sich die gegenseitige Feldenergie um

$$W_{12'} - W_{12} = Q_2\left[\varphi_1(2') - \varphi_1(2)\right] = Q_2 \int\limits_{\substack{\text{Weg von} \\ 2' \text{ nach } 2}} \vec{E}_1 \mathrm{d}\vec{s} = Q_2 U_{2'2}. \tag{7.72}$$

Bei Verschiebung der Ladung Q_2 wächst die (gegenseitige) Feldenergie um die Arbeit, welche der Ladung während der Verschiebung von außen zugeführt wird. Die Gleichheit der Feldenergieänderung mit dem Integralausdruck in Gl. (7.72) hätte man auch direkt aus dem Energieerhaltungssatz schließen können.

Dass das Volumenintegral, mit dem W_{12} gemäß Gl. (7.69) berechnet wird, den endlichen Wert laut Gl. (7.71) liefert, obwohl im Raum am Ort von Q_1 und Q_2 der elektrische Feldstärkebetrag E_1 bzw. E_2 jeweils unendlich ist, veranschaulicht Bild 7.24b. Das von Q_1 in der unmittelbaren Nachbarschaft von Q_2 erregte Feld $\vec{E}_1$ ist dort praktisch konstant. $\vec{E}_1$ kann in diesem Bereich gemäß $\int\limits_{\substack{\text{Raum} \\ \text{nahe } Q_2}} \vec{E}_1\vec{E}_2 \mathrm{d}V = \vec{E}_1 \int\limits_{\substack{\text{Raum} \\ \text{nahe } Q_2}} \vec{E}_2 \mathrm{d}V$ vor das Integral gezogen werden. Die Symmetrie des Zentralfeldes $\vec{E}_2$ bewirkt, dass der Beitrag $\vec{E}_2\mathrm{d}V$ eines Q_2-nahen Kugelschalenelementes $\mathrm{d}V$ zum Integral stets klein bleibt, denn diametral gegenüberliegende Teile des Elements liefern sich kompensierende Teilbeiträge. Eine sinngemäße Überlegung gilt für den Energiebeitrag des Feldes in der unmittelbaren Nachbarschaft von Q_1.

Die dargestellte Gleichwertigkeit von potentieller und Feldenergie gilt auch im Schwerefeld. Wenn man eine Masse anhebt, verändert man das Gravitationsfeld im All geringfügig und erhöht dabei dessen Feldenergie. Die gemeinhin betrachtete potentielle Energie der Masse ist dem Energiezuwachs des Gravitationsfeldes gleich.

7.16 Methode der virtuellen Verschiebung zur Kraftberechnung

Die Kraft $\vec{F}$ des Feldes auf ein Objekt im elektrostatischen oder einem anderen Feld kann aus einer Energiebilanz nach dem Energieerhaltungssatz ermittelt werden. Dazu werden die *energetischen Folgen* einer virtuellen (gedachten) kleinen Verschiebung des Objektes analysiert. Die Methode liefert die Kraft *koordinatenweise.*

Um die zur s-Achse gehörige Kraftkoordinate F_s zu berechnen, verschiebt man das Objekt gedanklich längs der Achse um den differentiellen Weg ds (Bild 7.25). Zuvor sind die mechanischen Bindungen, die es am Ort festhalten, zu beseitigen und durch die Reaktionskraft $\vec{R}$ zu ersetzen. Sie hält der gesuchten Feldkraft gemäß $\vec{R} + \vec{F} = \vec{0}$ das Gleichgewicht.

Für die Energiebilanz ist eine Bilanzhülle festzulegen. Sie umfasst das Objekt und das energiespeichernde Feld. Der Energieerhaltungssatz verlangt, dass die insgesamt bei der Verschiebung in die Bilanzhülle eingeflossene Energie als zusätzliche Feldenergie gespeichert wird. Bei den eingetragenen Zählrichtungen wird dem System zur Verschiebung die mechanische Energie $dW_m = R_s ds$ zugeführt. Mit dem Feld ändert sich die Feldenergie W_e um den Wert dW_e mit W_e laut Gl. (7.68). Die Verschiebung löst *entsprechend der Konstruktion der Anordnung* möglicherweise einen weiteren Energiezufluss $dW_{übr}$

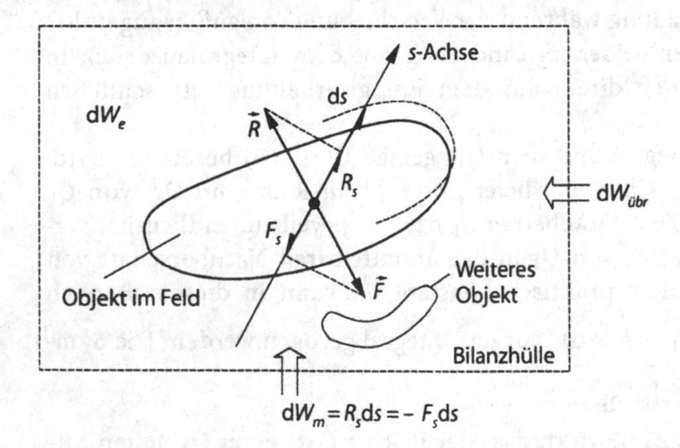

Bild 7.25 Energiebilanz einer virtuellen Verschiebung ds. $\vec{F}$: Kraft des Feldes auf das virtuell zu verschiebende (fett berandete) Objekt, $\vec{R}$: Gleichgewichtskraft zu $\vec{F}$, F_s: s-Koordinate von $\vec{F}$, R_s: s-Koordinate von $\vec{R}$, $dW_{übr}$: mit der Verschiebung ds einhergehender Energieeintrag infolge Kopplungen des Bilanzraums mit der Außenwelt

in die Bilanzhülle aus, der gemäß dem Energieerhaltungssatz in der Energiebilanz $\mathrm{d}W_m + \mathrm{d}W_{übr} = \mathrm{d}W_e$ zu berücksichtigen ist. Der Term $\mathrm{d}W_{übr}$ kann elektrische, aber auch nichtelektrische Energien enthalten. Wegen $R_s = -F_s$ folgt aus der Bilanz die Formel

$$F_s = -\left.\frac{\mathrm{d}W_e}{\mathrm{d}s}\right|_{s_0} + \left.\frac{\mathrm{d}W_{übr}}{\mathrm{d}s}\right|_{s_0} \tag{7.73}$$

für die Feldkraftkoordinate F_s auf das Objekt. Die Ableitungen sind bei $s = s_0$ zu bilden, d. h. für die Lage des unverschobenen Objekts. Der Bilanzraum ist durch den Zählpfeil von $\mathrm{d}W_{übr}$ als Verbrauchersystem definiert. Kennt man die mit der Verschiebung $\mathrm{d}s$ einhergehenden Energieänderungen $\mathrm{d}W_e$ und $\mathrm{d}W_{übr}$, kann man die vom Feld auf das Objekt ausgeübte Kraftkoordinate F_s mit Gl. (7.73) berechnen.

Zum Beispiel bietet eine elektrische Leitung, welche die Bilanzhülle durchstößt, einen Weg für die - in diesem Fall elektrische - Energiezufuhr $\mathrm{d}W_{übr}$. Um den Kraft*vektor* zu erhalten, müssen die Koordinaten zu drei nicht in einer Ebene liegenden Achsen ermittelt werden. Gleichung (7.73) gilt auch für das Magnetfeld oder das Schwerefeld, wenn man W_e durch die entsprechende Feldenergie ersetzt. Das Prinzip der virtuellen Verschiebung, auch Prinzip der virtuellen Arbeit genannt, erweist sich als eine Anwendung des Energieerhaltungssatzes. Um es benutzen zu können, muss das Feld bekannt sein.

Beispielsweise soll die Kraft auf die positive Platte eines an der Spannung U liegenden Plattenkondensators mit der Kapazität C ermittelt werden (Bild 7.26). Der Außenraum des Kondensators sei feldfrei. Die Feldenergie befindet sich zwischen den Kondensatorplatten. Die Bilanzhülle muss den ganzen Kondensator umschließen. Wir interessieren uns für die Kraftkomponente senkrecht zur Platte. Damit liegt die *Richtung* der s-Achse fest. Ihre *Orientierung* ist frei wählbar.

Die Kondensatorspannung U bleibt während der Verschiebung konstant. Wir schreiben die Feldenergie in der Form $W_e = CU^2/2$ an, so dass beim Differenzieren nach Gl. (7.73) $U^2/2$ als konstanter Faktor zu behandeln ist. Damit erhält man für die Feldenergieänderung des Kondensators $\mathrm{d}W_e/ds = (\mathrm{d}C/\mathrm{d}s)U^2/2$. Die Ableitung des elektrischen Energieeintrages aus der Quelle beläuft sich auf den Wert $\mathrm{d}W_{übr}/\mathrm{d}s = U\mathrm{d}Q/\mathrm{d}s = U^2\mathrm{d}C/\mathrm{d}s$. Der Kondensator ist im Verbraucherpfeilsystem beschrieben. Mit Gl. (7.73) erhält man für die s-Koordinate der Feldkraft auf die positive Platte $F_s = (U^2/2)\mathrm{d}C/\mathrm{d}s$. Die Kapazität C des Kondensators hängt gemäß $C = \varepsilon A/(-s)$ von der Fläche A und dem Abstand $-s$ der Platten ab. Für die Ableitung der Kapazität nach der s-Koordinate erhält man $\mathrm{d}C/\mathrm{d}s|_{-a} = \varepsilon A/a^2$. Damit folgt schließlich

$$F_s = \frac{U^2 \varepsilon A}{2a^2} = \frac{E^2 \varepsilon A}{2} = \frac{DE}{2}A. \tag{7.74}$$

Die Kraftkomponente $F_s\vec{e}_s$ ist wie die s-Achse orientiert. Die Platten ziehen sich an. Der im rechten Ausdruck von Gl. (7.74) auftretende Faktor $DE/2$, den wir bereit aus Gl. (7.67) als Energiedichte des elektrischen Feldes kennen, beschreibt hier die Zugspannung des Feldes auf die Elektrode.

Wenn der Kondensator auf dieselbe Spannung U aufgeladen, aber *nicht* mit der Spannungsquelle verbunden ist, kann bei der virtuellen Verschiebung keine Energie mit der

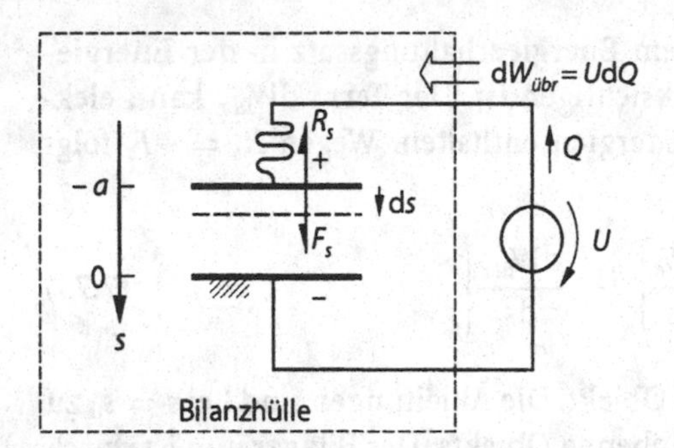

Bild 7.26 Virtuelle Verschiebung der oberen Kondensatorplatte. Die s-Koordinate bezeichnet die Position der oberen Platte, a den Abstand der Platten. Bei dem an der Spannungsquelle liegenden Kondensator ist die übrige Energie $W_{übr}$ im Sinn von Gl. (7.73) die von der Quelle abgegebene elektrische Energie.

Quelle ausgetauscht werden ($\mathrm{d}W_{übr} = 0$). Dann ist die Ladung $Q = CU$ konstant und die Kraftkoordinate F_s kann mit $W_e = Q^2/(2C)$ als
$F_s = -\frac{\mathrm{d}}{\mathrm{d}s}\left(\frac{Q^2}{2C}\right)\Big|_{-a} = -\frac{Q^2}{2}\frac{\mathrm{d}}{\mathrm{d}s}\left(\frac{-s}{\varepsilon A}\right)\Big|_{-a} = \frac{Q^2}{2\varepsilon A} = \frac{D^2A^2}{2\varepsilon A} = \frac{DE}{2}A$ berechnet werden. Das Ergebnis ist dasselbe, was wegen der völlig gleichen Feldverteilung im Kondensator auch zu erwarten ist.

Die Kraftkomponente parallel zur Platte erhält man auf sinngemäße Weise. Die s-Achse verläuft dann parallel zur Platte. Da die Kapazität C in der unverschobenen Position maximal ist, beträgt $\mathrm{d}C/\mathrm{d}s$ und damit F_s Null.

Für eine gescherte – d. h. in ihrer Ebene tatsächlich verschobene – Position der Platten liefert das Verfahren eine in die Normallage zurückstellende Kraft.

7.17 Kräfte aus den fiktiven mechanischen Feldspannungen

Wir kennen die Coulombkraft auf eine Probeladung bisher aus zwei Sichten: entweder als Fernwirkung der das Feld erregenden anderen Ladungen oder als Nahwirkung des elektrischen Feldes, das von diesen anderen Ladungen erregt wird. Im Falle zweier Ladungen Q_1 und Q_2 im Abstand a im ansonsten homogenen Raum kommt der Unterschied der beiden Interpretationen bei der Formulierung der Kraft

$$\vec{F}_2 = \underbrace{\frac{Q_1 Q_2}{4\pi\varepsilon a^2}\vec{e}_{12}}_{\text{Fernwirkung}} = \underbrace{\left(\frac{Q_1}{4\pi\varepsilon a^2}\vec{e}_{12}\right) Q_2}_{\text{Nahwirkung}} \tag{7.75}$$

auf die Ladung Q_2 (s. Abschn. 7.3-7.5) formal in der Umsortierung der Terme zum Ausdruck.

Wenn die Ladung Q_2 mit der Raumladungsdichte ρ verteilt ist, folgt die resultierende Kraft auf das Ladungsgebiet aus dem Volumenintegral der Kraftdichte $\rho\vec{E}$, wobei $\vec{E}$ das Feld ohne Berücksichtigung der verteilten Ladung ist.

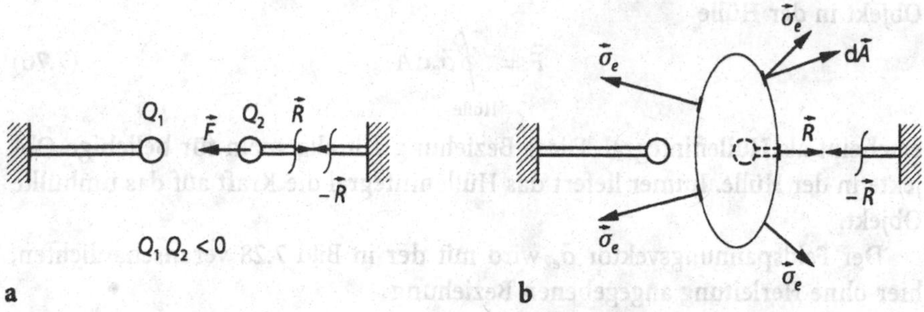

Bild 7.27 Kraftermittlung aus den fiktiven Feldspannungen. **a** Das Feld von Q_1 übt auf Q_2 die Kraft $\vec{F}$ aus. **b** Das Feld von Q_1 und Q_2 übt auf die Bilanzhülle um Q_2 fiktive mechanische Spannungen $\vec{\sigma}_e$ aus, deren Resultierende über die ganze Hülle gleich der Kraft $\vec{F}$ auf die eingeschlossene Ladung (allgemein: auf das eingeschlossene Objekt) ist.

In diesem Abschnitt wird eine weitere Möglichkeit zur Berechnung der Kraft auf ein Objekt im elektrostatischen Feld beschrieben. Hierzu hat man sich im ganzen Feldraum *feldstärkeabhängige fiktive mechanische Spannungen* vorzustellen, die auch im Vakuum existieren. Diese Feldspannungen üben auf ein beliebiges Flächenelement $d\vec{A} = dA\vec{e}_n$ die fiktive Kraft $\vec{\sigma}_e dA$ aus. Der Spannungsvektor $\vec{\sigma}_e$ in einem Raumpunkt hängt nicht nur von der dortigen Feldstärke, sondern *auch von der Richtung und Orientierung des Flächenelementes im Raum* ab. Die Feldkraft auf ein Objekt erhält man, indem man es mit einer Bilanzhülle umgibt und die Gesamtkraft der fiktiven Spannungsvektoren $\vec{\sigma}_e$ auf die Hülle berechnet. Im Gegensatz zur Berechnung der Kraft aus dem erwähnten Volumenintegral, zu dessen Auswertung das Feld im *Volumen* bekannt sein muss, folgt die Kraft der fiktiven mechanischen Spannungsvektoren $\vec{\sigma}_e$ aus einem Hüllenintegral. Es genügt, wenn die Feldstärke, die $\vec{\sigma}_e$ mitbestimmt, auf der *Hülle* bekannt ist. Die Bilanzhülle darf das Objekt in beliebigem Abstand umschließen.

Das Prinzip soll am Beispiel zweier Punktladungen verschiedener Polarität (Bild 7.27) erläutert werden.

Die Kraft $\vec{F}$ auf die Ladung Q_2 ist laut Gl. (7.75) bei Ladungen ungleicher Polarität in Bild 7.27a nach links, also zur Ladung Q_1 gerichtet. Die Schnittkraft $\vec{R}$ im Befestigungsträger (Bild 7.27a) hält $\vec{F}$ gemäß $\vec{R} + \vec{F} = \vec{0}$ das Gleichgewicht.

Bei der Berechnung von $\vec{F}$ aus den Feldspannungen (Bild 7.27b) wird eine Hülle um Q_2 gelegt, welche die Befestigungsstange schneidet. Die *Gesamtkraft auf die Hülle* muss Null sein, da sich das System im statischen Gleichgewicht befindet. Auf den Teil der Hülle, der den Träger schneidet, wirkt die mechanische Reaktionskraft $\vec{R}$. Wenn $\vec{R}$ die einzige Kraft auf die Hülle wäre, befände diese sich nicht im Gleichgewicht. Das Gleichgewicht $\vec{R} + \int\limits_{\text{Hülle}} \vec{\sigma}_e dA = \vec{0}$ ergibt sich erst zusammen mit der Kraft der Feldspannungen $\vec{\sigma}_e$. Die Kraft auf das

Objekt in der Hülle

$$\vec{F} = \oint_{\text{Hülle}} \vec{\sigma}_e \mathrm{d}A \tag{7.76}$$

erscheint als Hüllenintegral. Diese Beziehung gilt allgemein für beliebige Objekte in der Hülle. Immer liefert das Hüllenintegral die Kraft auf das umhüllte Objekt.

Der Feldspannungsvektor $\vec{\sigma}_e$ wird mit der in Bild 7.28 veranschaulichten, hier ohne Herleitung angegebenen Beziehung

$$\vec{\sigma}_e = D_n\vec{E} - \frac{DE}{2}\vec{e}_n \tag{7.77}$$

aus den Feldgrößen $\vec{E}$ und $\vec{D}$ und dem Normaleneinsvektor $\vec{e}_n$ des Flächenelementes $\mathrm{d}\vec{A} = \vec{e}_n \mathrm{d}A$ berechnet. $D_n = \vec{D}\vec{e}_n$ ist die Normalkoordinate von $\vec{D}$. Im allgemeinen Fall hat der fiktive Spannungsvektor $\vec{\sigma}_e$ Komponenten senkrecht und parallel zum Flächenelement, also eine Normal- und eine Schubkomponente.

Stellt man die elektrische Feldstärke $\vec{E} = E_n\vec{e}_n + E_t\vec{e}_t$ als Summe ihrer Normal- und Tangentialkomponente dar, ergibt sich der Betrag des Spannungsvektors $\sigma_e = \left| D_n\left(E_n\vec{e}_n + E_t\vec{e}_t\right) - \frac{DE}{2}\vec{e}_n \right|$ mit $E^2 = E_n^2 + E_t^2$ und $E_nD = ED_n$ zu

$$\sigma_e = \frac{DE}{2}. \tag{7.78}$$

Der Betrag der Feldspannung hängt *nicht* von der Ausrichtung des Flächenelementes ab.

Wenn das Flächenelement senkrecht zum Feldvektor ausgerichtet ist, d. h. wenn $\mathrm{d}\vec{A}$ parallel oder antiparallel zu $\vec{E}$ gerichtet ist, folgt mit $\vec{E} = E_n\vec{e}_n$ und $D_nE_n = DE$ aus Gl. (7.77)

$$\vec{\sigma}_e = \frac{DE}{2}\vec{e}_n. \tag{7.79}$$

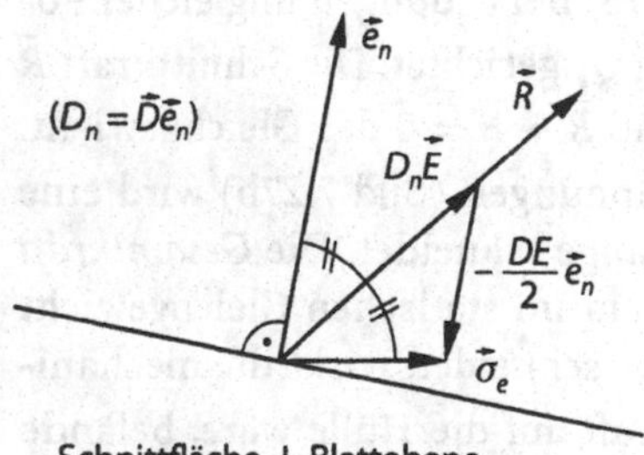

Bild 7.28 Der fiktive Feldspannungsvektor $\vec{\sigma}_e$ in einem Aufpunkt hängt von $\vec{D}$, $\vec{E}$ und der Ausrichtung des Flächenelementes ab. $\vec{E}$ bildet die Winkelhalbierende zwischen $\vec{e}_n$ und $\vec{\sigma}_e$.

In diesem Sonderfall übt die fiktive Feldspannung eine fiktive *Zug*kraft auf das Flächenelement $\mathrm{d}\vec{A} = \mathrm{d}A\vec{e}_n$aus.

Wenn das Flächenelement parallel zum Feldvektor ausgerichtet ist, d. h. wenn die Vektoren $\mathrm{d}\vec{A}$ und $\vec{E}$ senkrecht aufeinander stehen, folgt aus Gl. (7.77) wegen $D_n = 0$

$$\vec{\sigma}_e = -\frac{DE}{2}\vec{e}_n. \qquad (7.80)$$

In diesem Sonderfall übt die fiktive Feldspannung eine fiktive *Druck*kraft auf das Flächenelement aus. Die Größen $\vec{\sigma}_e$ und $\vec{e}_n$ nach Gl. (7.79) und Gl. (7.80) sind die *Hauptspannungen* bzw. *Hauptrichtungen* des fiktiven Spannungszustandes.

Die Kraft $\vec{F}$ auf ein beliebiges Objekt im elektrostatischen Feld wird durch Einsetzen von $\vec{\sigma}_e$ laut Gl. (7.77) in Gl. (7.76) als Hüllenintegral ermittelt. Die Feldverteilung auf der Hülle muss bekannt sein.

Es wird nochmals betont, dass „Teilkräfte“, aus denen sich das Hüllenintegral formal zusammensetzen lässt, reine Rechengrößen ohne die physikalische Bedeutung einer Kraft sind. Nur das *Integral* selbst hat physikalische Bedeutung. Einen ähnlichen Sachverhalt kennen wir schon aus der Rekonstruktion einer Ladung in einer Bilanzhülle nach dem Gauß'schen Satz. Teilbeiträge der Form $\int\limits_{\text{Hüllenteil}} \vec{D}\mathrm{d}\vec{A}$ zum Hüllenintegral haben keine physikalische Bedeutung. Nur das Integral über die vollständige Hülle ist wertgleich mit der eingeschlossenen Ladung.

Äquipotentialflächen eignen sich gut als Bilanzhüllen für die Kraftberechnung, da $\vec{\sigma}_e$ auf ihnen laut Gl. (7.79) schubfrei ist. Das für die Feldspannungen maßgebliche Feld ist das *Gesamtfeld* einschließlich desjenigen, das von eventuell in der Hülle befindlichen Ladungen erregt wird.

In der Literatur wird der fiktive Spannungszustand wie mechanische Spannungen durch den Spannungstensor $\boldsymbol{S}$ beschrieben, dessen Koordinaten $S_{jk} = (-DE/2)\delta_{jk} + D_j E_k$ feldabhängig sind (Tensoren vgl. Abschn. 6.14). Der fiktive Feldspannungsvektor $\vec{\sigma}_e$, der auf eine Fläche mit dem Normaleneinsvektor $\vec{e}_n$ wirkt, folgt aus der Gl. (7.77) gleichwertigen Tensorbeziehung $\vec{\sigma}_e = \boldsymbol{S}\vec{e}_n$. Die Kraft auf ein Objekt in einer Bilanzhülle lässt sich mit dem Spannungstensor $\boldsymbol{S}$ aus dem Gl. (7.76) entsprechenden Hüllenintegral $\vec{F} = \oint\limits_{\text{Hülle}} \boldsymbol{S}\mathrm{d}\vec{A}$ ermitteln. Die in den Gln. (7.79) und (7.80) angegebenen Spannungsvektoren sind die Hauptnormalspannungen des durch $\boldsymbol{S}$ beschriebenen Spannungszustandes. Nur in diesen beiden Fällen verlaufen Flächennormaleneinsvektor $\vec{e}_n$ und fiktiver Spannungsvektor $\vec{\sigma}_e$ parallel bzw. antiparallel.

Der fiktive Spannungszustand des Feldes darf nicht mit dem mechanischen, elastischen Spannungszustand verwechselt werden. Die beiden Spannungsarten befinden sich im Allgemeinen *nicht* im lokalen Gleichgewicht. Das Gleich-

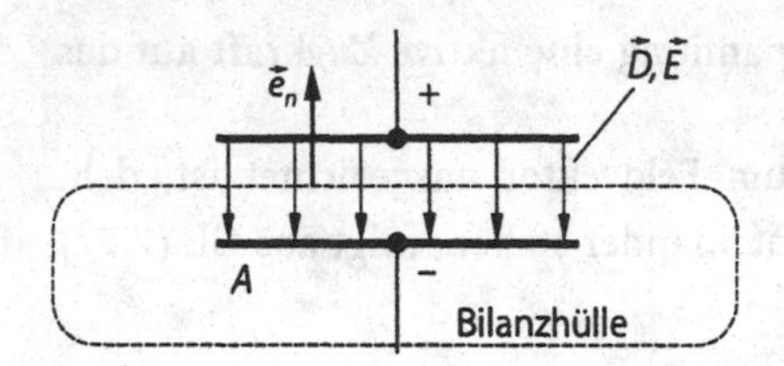

Bild 7.29 Berechnung der Kraft auf die negative Platte eines Plattenkondensators aus den fiktiven mechanischen Spannungen des elektrostatischen Feldes

gewicht besteht in einem statischen System lediglich zwischen den aus beiden Spannungszuständen berechenbaren *Gesamtkräften* auf die Bilanzhülle. In der Anordnung nach Bild 7.27 sind die mechanischen, elastischen Spannungen auf dem in Luft verlaufenden Hüllenteil Null. Die fiktiven Feldspannungen dagegen sind auf der ganzen Hülle von Null verschieden.

Mit Hilfe des Feldspannungsvektors $\vec{\sigma}_e$ soll die Kraft auf die negative Platte eines Kondensators mit homogenem Feld (Bild 7.29) $\vec{D} = \varepsilon\vec{E}$ berechnet werden. Die Plattenfläche beträgt A. Das Feld im Außenraum soll vernachlässigt werden.

Zur Lösung wird die negative Platte mit einer Bilanzhülle umgeben, die durch den Feldraum geht. Dort verläuft die Bilanzhülle parallel zu den Platten. Zum Hüllenintegral Gl. (7.76) liefert nur der dem Feld ausgesetzte Hüllenteil mit dem Flächeninhalt A einen Beitrag der Größe $\vec{\sigma}_e A$. Auf allen anderen Gebieten der Hülle ist das Feld und damit die Feldspannung laut Gl. (7.77) Null. Für die Ausrichtung der Hülle zum Feld liegt der durch Gl. (7.79) beschriebene Sonderfall vor. Mit $\vec{e}_n$ als dem Normaleneinsvektor der Hülle im Bereich zwischen den Platten erhält man den fiktiven Feldspannungsvektor $\vec{\sigma}_e = (DE/2)e_n$. Die Auswertung des Hüllenintegrales Gl. (7.77) liefert somit das schon aus dem vorigen Abschnitt bekannte Ergebnis $\vec{F} = (DE/2)A\vec{e}_n$. Die Kraft ist wie $\vec{e}_n$ zur positiven Platte gerichtet.

Deutlicher als bei der Kraftberechnung nach der Methode der virtuellen Verschiebung ist zu erkennen, dass das *Feld* die Kraft bestimmt.

7.18 Kraft auf Elektroden

Die Kraft $\vec{F}$ auf eine Elektrode im $\vec{E}$-Feld (Bild 7.30) folgt aus dem Hüllenintegral über die fiktive Feldspannung $\vec{\sigma}_e$. Als Hülle bietet sich die Elektrodenoberfläche an, genauer gesagt, eine Hülle, die dicht an der Oberfläche *außerhalb* der Elektrode verläuft. Die Elektrode ist eine Äquipotentialfläche, weshalb das Feld senkrecht zur Hülle gerichtet ist. Es liegt der in Gl. (7.79) erfasste Sonderfall fiktiver *Zug*spannungen vor. Durch Einsetzen von $\vec{\sigma}_e$ in das Hüllenintegral laut Gl. (7.76) erhält man mit dem senkrecht auf der Elektrode stehenden und nach außen weisenden Flächenelementvektor $d\vec{A} = \vec{e}_n dA$ die Kraft

$$\vec{F} = \frac{1}{2} \oint_{\substack{\text{Elektroden-}\\\text{oberfläche}}} DE d\vec{A}. \tag{7.81}$$

auf die Elektrode. D und E sind die Feldbeträge auf der Hülle, wobei der Ausdruck DE im Integranden auch durch εE^2 oder D^2/ε ersetzbar ist.

Wie verteilt sich die Kraft über die Elektrode? Wir untersuchen zunächst ihr Inneres. Dort gilt überall $E = 0$ und $D = 0$, weshalb dort auch die fiktiven Feldspannungen Null sind. Damit wirkt auf ein beliebiges Volumen im Inneren der Elektrode keine Kraft. Die Kraftwirkung kommt offensichtlich durch Einleitung einer Flächenkraftdichte $\vec{f}_e$ in die Oberfläche zustande. Um $\vec{f}_e$ zu berechnen, positionieren wir nach Bild 7.30b einen flachen Bilanzzylinder im Sinne von Gl. (7.76) so, dass die Elektrodenoberfläche zwischen seinen Deckelflächen und zu diesen parallel verläuft. Der Zylinder enthält das Oberflächenelement dA bei verschwindend kleinem Volumen. Auf die Deckelfläche außerhalb der Elektrode wirkt die fiktive Zugspannung $(DE/2)\vec{e}_n$, während die innere Deckelfläche wegen $E = 0$ und der Mantel wegen seiner verschwindend kleinen Fläche nichts zum Hüllenintegral in Gl. (7.76) beitragen. Die Kraft auf das Objekt in der Hülle, also auf das Oberflächenelement, beträgt $(DE/2)\vec{e}_n dA$. Die Division dieser Kraft durch die Angriffsfläche dA ergibt die elektrische Flächenkraftdichte

$$\vec{f}_e = \frac{DE}{2}\vec{e}_n \tag{7.82}$$

auf die Elektrode. In diesem speziellen Fall sind die *fiktive* Feldspannung $\vec{\sigma}_e$ und die in die Oberfläche eingeleitete *reale* Flächenkraftdichte $\vec{f}_e$ identisch.

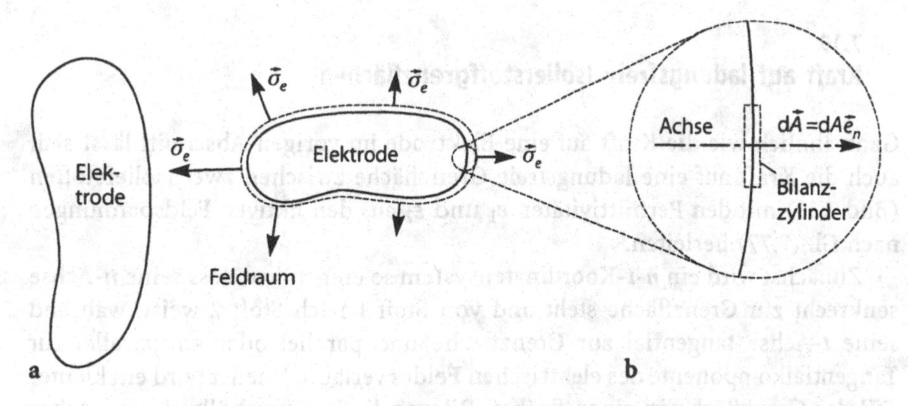

Bild 7.30 Kraftberechnung auf die rechte Elektrode aus den fiktiven Feldspannungen des elektrostatischen Feldes. **a** Die fiktiven Spannungen $\vec{\sigma}_e$ sind Normal-Zugspannungen (senkrecht zur Oberfläche), **b** Bilanzzylinder mit Achse senkrecht zur Oberfläche zur Ermittlung der elektrischen Flächenkraftdichte $\vec{f}_e$

Die mechanische Beanspruchung der Elektrode könnte mit dieser elektrisch eingeprägten Flächenkraftdichte $\vec{f}_e$ ermittelt werden.

Die Kraft auf ein Flächenelement dA der Elektrodenoberfläche muss auch als Coulombkraft auf die Flächenladung $\sigma \mathrm{d}A$ des Elements interpretierbar sein. Entsprechend Gl. (7.52) ($\sigma = D_n$) sind die Flächenladungsdichte σ und die Normalkoordinate D_n der elektrischen Erregung direkt an der Oberfläche außerhalb der Elektrode wertgleich. Da das elektrische Feld dort keine Tangentialkomponente hat, gilt $DE = D_n E_n$. Drückt man D_n durch σ aus, erhält man für die Flächenkraftdichte $\vec{f}_e$ den Ausdruck

$$\vec{f}_e = \sigma \frac{E_n}{2} \vec{e}_n = \sigma \frac{\vec{E}}{2}. \tag{7.83}$$

Man beachte, dass σ und E_n stets dasselbe Vorzeichen haben, so dass $\vec{f}_e$, wie vorher, eine *Zug*-Flächenkraftdichte ist. Gleichung (7.83) erlaubt die Deutung, dass die Ladung $\sigma \mathrm{d}A$ des Flächenelementes dA im Mittel der elektrischen Feldstärke $\vec{E}/2$ ausgesetzt ist. Dieser Mittelwert ist plausibel, da das $\vec{E}$-Feld im dünnen Flächenladungsfilm vom äußeren vollen Wert $\vec{E}$ auf Null im Elektrodeninneren abfällt.

Gleichung (7.81) ist für die Kraft auf eine Elektrode hergeleitet worden. Die Formel gilt aber auch ganz allgemein für ein beliebiges Objekt in einer Hülle, wenn die Integrationshülle eine Äquipotentialfläche ist.

Abschließend wird das Beispiel nach Bild 7.29 am Ende des vorigen Abschnittes aufgegriffen. Legt man die Bilanzhülle eng um die Platte, wie das für Gl. (7.81) vorgeschrieben ist, erhält man das bereits errechnete Ergebnis, wenn das Feld auf der Plattenrückseite wieder vernachlässigt wird. Das dort in Wirklichkeit vorhandene Restfeld liefert aber eine kleine, die Platten auseinanderziehende Zugkraft *entgegen* der berechneten Anziehungskraft. Der angegebene Betrag $(DE/2)\ A$ überschätzt die tatsächliche Kraft etwas.

7.19 Kraft auf ladungsfreie Isolierstoffgrenzflächen

Ganz ähnlich wie die Kraft auf eine Elektrode im vorigen Abschnitt lässt sich auch die Kraft auf eine ladungsfreie Grenzfläche zwischen zwei Isolierstoffen (Bild 7.31) mit den Permittivitäten ε_1 und ε_2 aus den fiktiven Feldspannungen nach Gl. (7.77) herleiten.

Zunächst wird ein n-t-Koordinatensystem so eingeführt, dass seine n-Achse senkrecht zur Grenzfläche steht und von Stoff 1 nach Stoff 2 weist, während seine t-Achse tangential zur Grenzfläche und parallel oder antiparallel zur Tangentialkomponente des elektrischen Feldes verläuft. Wieder wird ein kleiner Teil der Grenzfläche in einen flachen Bilanzzylinder eingehüllt, dessen Achse mit der n-Achse identisch ist.

Die auf die beiden Deckelflächen wirkenden Feldspannungsvektoren $\vec{\sigma}_{e1}$ und $\vec{\sigma}_{e2}$ werden gemäß $\vec{\sigma}_{e1,2} = D_{A1,2}\vec{E} - \vec{e}_{A1,2} D_{1,2} E_{1,2}/2$ nach Gl. (7.77) (D_n

in D_A umbenannt und $\vec{e}_n$ in $\vec{e}_A$) aus den Feldgrößen $\vec{E}_{1,2} = \vec{e}_n D_n/\varepsilon_{1,2} + \vec{e}_t E_t$ und $\vec{D}_{1,2} = \vec{e}_n D_n + \vec{e}_t \varepsilon_{1,2} E_t$ berechnet. Wegen der Stetigkeit von D_n und E_t an Grenzflächen (vgl. Abschn. 7.12) gelten diese Feldkoordinaten auf *beiden* Seiten der Grenzfläche. Die der Grenzfläche elektrisch eingeprägte Flächenkraftdichte $\vec{f}_e$ ist gleich der Gesamtkraft auf die Bilanzhülle, dividiert durch den Inhalt des eingehüllten Flächenteils, womit man $\vec{f}_e = \vec{\sigma}_{e1} + \vec{\sigma}_{e2}$ erhält. Der Zylindermantel braucht in der Kraftbilanz wieder nicht berücksichtigt zu werden, da der Bilanzzylinder beliebig flach ist. Mit $\vec{e}_{A1} = -\vec{e}_n$, $\vec{e}_{A2} = \vec{e}_n$, $D_{A1} = -D_n$, $D_{A2} = D_n$, $D_{1,2} = \varepsilon_{1,2} E_{1,2}$ und $E_{1,2}^2 = D_n^2/\varepsilon_{1,2}^2 + E_t^2$ folgt

$$\vec{f}_e = \vec{e}_n \left[\frac{D_n^2}{2} \left(\frac{1}{\varepsilon_2} - \frac{1}{\varepsilon_1} \right) + \frac{E_t^2}{2} (\varepsilon_1 - \varepsilon_2) \right], \qquad [f_e]_{\mathrm{SI}} = \frac{\mathrm{N}}{\mathrm{m}^2} \tag{7.84}$$

Für $\varepsilon_1 > \varepsilon_2$ weist die Flächenkraftdichte $\vec{f}_e$ in Richtung der n-Koordinatenachse, da dann beide Summanden in der eckigen Klammer positiv sind. $\vec{f}_e$ wirkt *senkrecht* zur ladungsfreien Grenzfläche und ist zum Stoff mit der kleineren Permittivität orientiert.

Gleichung (7.84) kann durch identische Umformung und Benutzung der vor Gl. (7.84) angegebenen Formel in die kompaktere Form

$$\vec{f}_e = \frac{1}{2} \left(\frac{D_n^2}{\varepsilon_1 \varepsilon_2} + E_t^2 \right) (\varepsilon_1 - \varepsilon_2) \vec{e}_n = \frac{\vec{E}_1 \vec{E}_2}{2} (\varepsilon_1 - \varepsilon_2) \vec{e}_n$$

gebracht werden. Die Darstellung mit den stetigen Feldkoordinaten D_n und E_t, bei denen man nicht zwischen den Grenzflächenseiten 1 und 2 unterscheiden muss, ist allerdings transparenter.

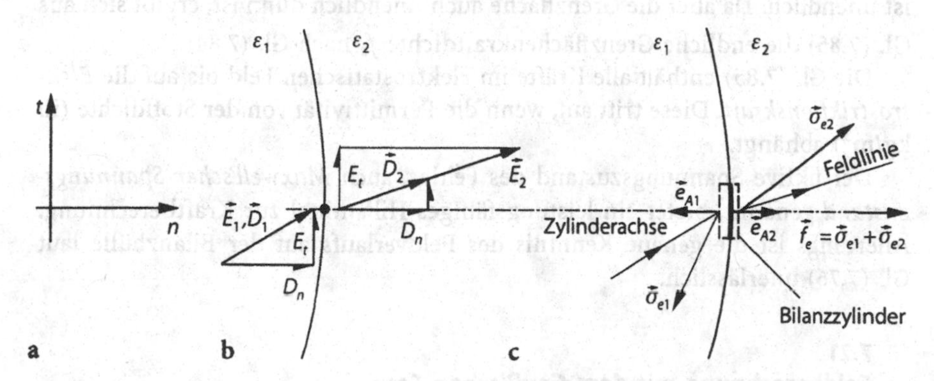

Bild 7.31 Elektrische Flächenkraftdichte auf eine ungeladene Grenzfläche zwischen zwei Dielektrika mit den Permittivitäten ε_1 und ε_2. **a** Lokales Koordinatensystem mit Normal- und Tangentialkoordinate. Die n-Achse zeigt von Stoff 1 nach Stoff 2, **b** Feldvektoren, **c** Die Summe der fiktiven Kräfte auf einen mit der n-Achse koaxialen Bilanzzylinder liefert die Kraft auf das eingeschlossene Element der Grenzfläche.

7.20 Kraftdichte im elektrostatischen Feld

Wertet man das Hüllenintegral Gl. (7.76) der fiktiven Feldspannung $\vec{\sigma}_e$ für ein sehr kleines Volumen aus und dividiert durch den Volumeninhalt, erhält man die auf das Volumen wirkende Kraftdichte $\vec{f} \overset{V \to 0}{=} \frac{1}{V} \oint\limits_{\substack{\text{Hülle des}\\ \text{Volumens}}} \vec{\sigma}_e \mathrm{d}A$. Bei einem kleinen quaderförmigen Bilanzvolumen folgt daraus mit den kartesischen Ortskoordinaten x, y, z

$$\vec{f} = \frac{\partial}{\partial x}\left(-\frac{DE}{2}\vec{e}_x + D_x\vec{E}\right) + \frac{\partial}{\partial y}\left(-\frac{DE}{2}\vec{e}_y + D_y\vec{E}\right) + \frac{\partial}{\partial z}\left(-\frac{DE}{2}\vec{e}_z + D_z\vec{E}\right).$$

Die erste der drei partiellen Ableitungen berücksichtigt den Beitrag des zur x-Achse normalen Flächenpaares des Quaders usw.. Mit Hilfe einiger (hier übergangener) identischer Umformungen ergibt sich für den Fall des wirbelfreien elektrostatischen Feldes ($\text{rot}\,\vec{E} = \vec{0}$) die Kraftdichte $\vec{f} = \vec{E}\,\text{div}\,\vec{D} - (E^2/2)\,\text{grad}\,\varepsilon$. Mit $\text{div}\,\vec{D} = \rho$ laut Gl. (7.27) und der Identität $\text{grad}(1/\varepsilon) = -(1/\varepsilon^2)\,\text{grad}\,\varepsilon$ sowie $D = \varepsilon E$ folgt daraus die Kraftdichte

$$\vec{f} = \rho\vec{E} - \frac{E^2}{2}\,\text{grad}\,\varepsilon = \rho\vec{E} + \frac{D^2}{2}\,\text{grad}\,\frac{1}{\varepsilon} \qquad [f]_{\text{SI}} = \frac{\text{N}}{\text{m}^3} \qquad (7.85)$$

des elektrostatischen Feldes. Der Term mit der Raumladungsdichte ρ entspricht der Coulomb-Kraftdichte. Der andere Term tritt auf, wenn die Permittivität ε vom Ort abhängt.

Isolierstoffgrenzflächen stellen einen Sonderfall ortsabhängiger Permittivität dar. Der Vektor $\text{grad}\,\varepsilon$ steht senkrecht auf der Grenzfläche und sein Betrag ist unendlich. Da aber die Grenzfläche auch unendlich dünn ist, ergibt sich aus Gl. (7.85) die endliche Grenzflächenkraftdichte $\vec{f}_e$ nach Gl. (7.84).

Die Gl. (7.85) enthält alle Kräfte im elektrostatischen Feld bis auf die *Elektrostriktionskraft*. Diese tritt auf, wenn die Permittivität von der Stoffdichte (in kg/m^3) abhängt.

Der fiktive Spannungszustand des Feldes, auch *Maxwell'scher Spannungszustand* genannt, bietet ein leistungsfähiges Hilfsmittel zur Kraftberechnung. Allerdings ist die genaue Kenntnis des Feldverlaufs auf der Bilanzhülle laut Gl. (7.76) unerlässlich.

7.21 Feldberechnung mit dem Gauß'schen Satz

In übersichtlichen Sonderfällen besonderer Symmetrie, in denen ein Ansatz für den Feldverlauf naheliegt, kann dieser mit dem Gauß'schen Satz (Abschn. 7.8) quantifiziert werden.

Hat man sich in den Anordnungen von Bild 7.32a und b ansatzweise jeweils für ein homogenes Feld senkrecht zur Platte entschieden, lässt sich der einzige Parameter dieses Ansatzes, die Feldkoordinate D, mit dem Gauß'schen Satz $\oint\limits_{\text{Hülle}} \vec{D}\mathrm{d}\vec{A} = Q$ bestimmen. Da die Felder ortsunabhängig sind, vereinfacht sich das Integral zu einem Produkt oder zu einer Produktsumme.

Für Bild 7.32a ergibt sich $(D_a\vec{e}_n)(A\vec{e}_n) + (-D_a\vec{e}_n)(-A\vec{e}_n) = Q$, woraus $D_a = Q/(2A)$ folgt. Für Bild 7.32b erhält man $(D_b\vec{e}_n)(A\vec{e}_n) = Q$ und $D_b = Q/A$.

Bei einem langen, geraden, gleichmäßig geladenen *Faden* wird man annehmen, dass das Feld zylindersymmetrisch verteilt ist (Bild 7.33). Als Bilanzhülle zum Gauß'schen Satz wird ein Zylinder (Radius r, Länge L) mit dem Faden als Achse gewählt. Im Zylinder befindet sich voraussetzungsgemäß die Ladung $Q = \lambda l$. Das angesetzte Feld hat auf der ganzen Hülle dieselbe Radialkoordinate D, so dass sich das Hüllenintegral wieder als Produkt $(D\vec{e}_r)(2\pi rL\vec{e}_r) = Q = \lambda l$ berechnen lässt. Daraus folgt unmittelbar $D = \frac{Q}{2\pi rL} = \frac{\lambda}{2\pi r}$, womit der Ansatz bestimmt ist. Die Beträge der elektrischen Erregung $\vec{D}$ und der Feldstärke

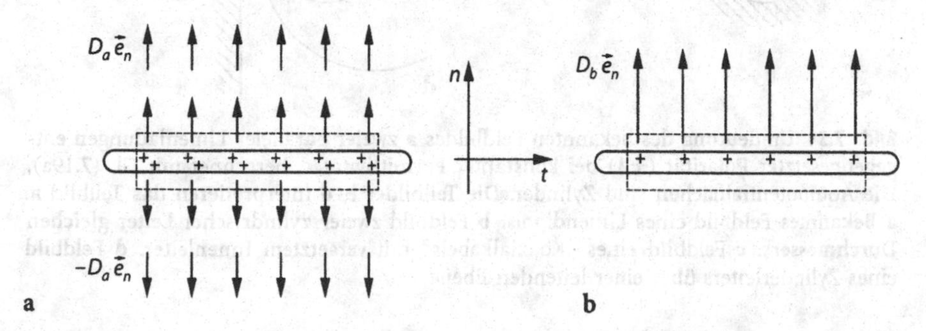

Bild 7.32 Geladene ausgedehnte Platte. Der in der Hülle befindliche Plattenteil (einseitige Fläche A), trägt die gleichmäßig verteilte Ladung Q. **a** Ansatz für die Feldverteilung im leeren Raum oder homogenen Stoff, **b** Ansatz bei gegenüberliegender (nicht dargestellter) plattenförmiger Gegenladung

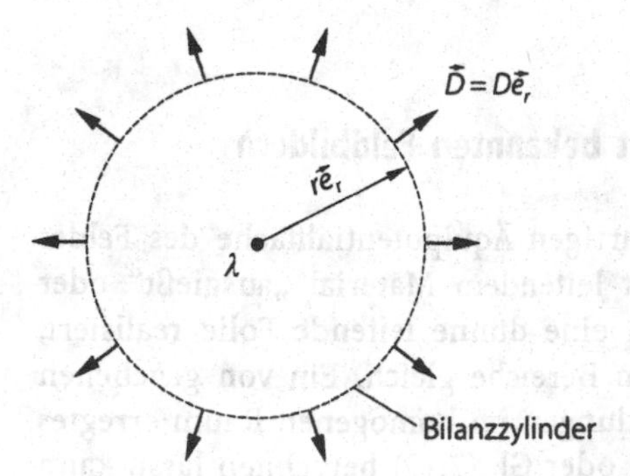

Bild 7.33 Ansatz für das Feld eines langen gleichmäßig geladenen Fadens senkrecht zur Blattebene. Der Faden trägt auf der Länge L die Ladung $Q = \lambda L$. λ Linienladungsdichte, $\vec{e}_r$ radialer Einsvektor in Fadennormalebene

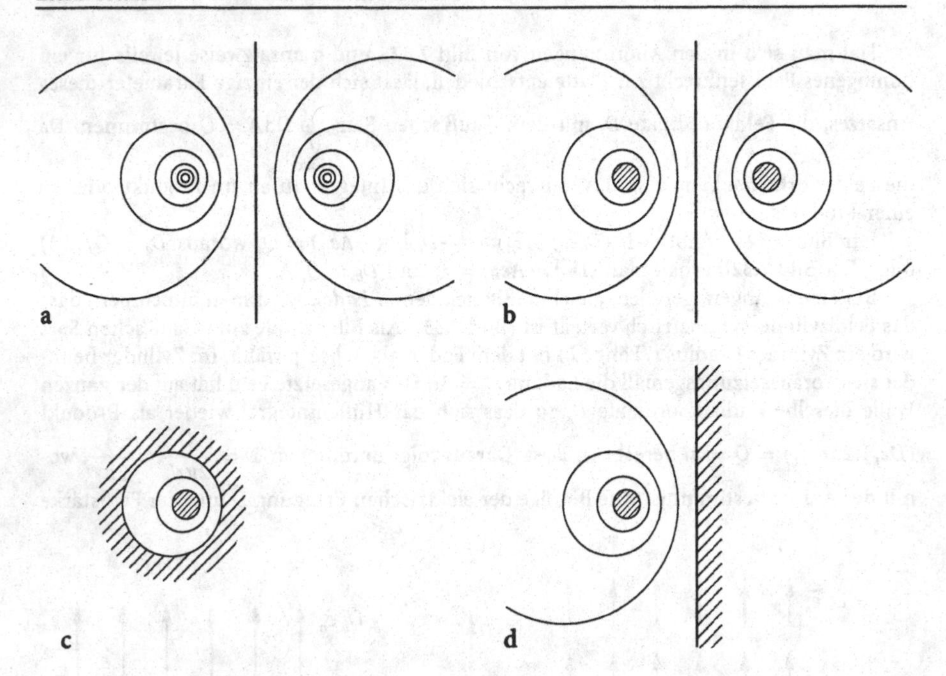

Bild 7.34 Umdeutung des bekannten Feldbildes a zweier paralleler Linienladungen entgegengesetzter Polarität ($\pm\lambda$) bei konstanter Permittivität ε, berechnet mit Gl. (7.19a). Die Äquipotentialflächen sind Zylinder. Die Teilbilder **b–d** interpretieren das Teilbild **a**. **a** Bekanntes Feldbild eines Liniendipols. **b** Feldbild zweier zylindrischer Leiter gleichen Durchmessers. **c** Feldbild eines „Koaxialkabels" mit versetztem Innenleiter. **d** Feldbild eines Zylinderleiters über einer leitenden Ebene

$\vec{E} = \vec{D}/\varepsilon$ verlaufen im Falle der Linienladung proportional $1/r$. In diesem Fall folgt aus dem Gauß'schen Satz kein Ansatzparameter, sondern der Feld*verlauf* längs der radialen Ortskoordinate r.

7.22 Feldermittlung durch Vergleich mit bekannten Feldbildern

Wenn man den Raum in einer hüllenartigen Äquipotentialfläche des Feldes einer ruhenden Ladungsverteilung mit leitendem Material „ausgießt" oder wenn man Äquipotentialflächen durch eine dünne leitende Folie realisiert, bleibt das Feld außerhalb der leitenden Bereiche gleich. Ein von gegebenen Punkt-, Linien-, Flächen- oder Raumladungen im homogenen Raum erregtes Feld (Bild 7.34), das sich mit Gl. (7.15) oder Gl. (7.19) berechnen lässt, kann als Feldbild geladener Elektroden *umgedeutet* werden.

Der Nachteil des Verfahrens liegt in seiner Indirektheit. Das gestellte Problem muss zu einem schon vorher gelösten passen!

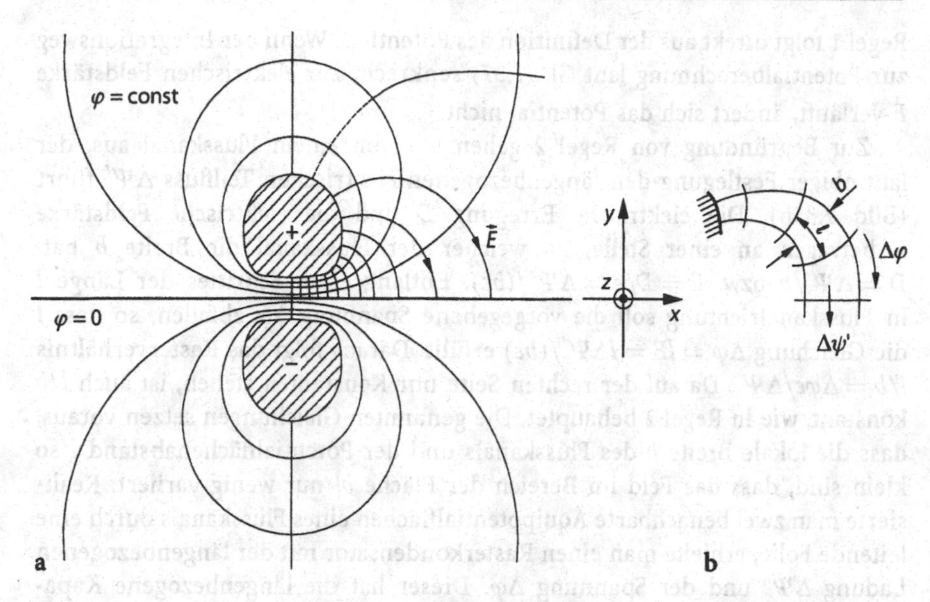

Bild 7.35 Skizze eines ebenen Feldes. **a** Feldbild paralleler Elektroden speziellen Querschnittes (schraffiert), **b** Flusskanalhälfte mit 4 Rasterkondensatoren, $b/l = 1$. Man zählt $n_P = 8$ Potentialabschnitte und $n_K = 26$ Flusskanäle.

7.23 Feldbildskizze für ebene Felder

Ein Feld bezeichnet man als eben, wenn es von nur zwei Raumkoordinaten abhängt, z. B. von x und y. Das Feldbild ist dann in allen Ebenen $z = \text{const}$ identisch. Beispielsweise ist das Feld einer sich in z-Richtung erstreckenden, gleichmäßig verteilten Linienladung eben oder zweidimensional, das Feld einer Punktladung dagegen dreidimensional.

Das Feldbild eines in z-Richtung langen Elektrodenpaares konstanten Querschnitts (lange Doppelleitung), das von einem Isolierstoff mit konstanter Permittivität ε umgeben ist, kann man auf grafischem Wege gewinnen (Bild 7.35). Hierzu wird das Feldbild als Netz von Äquipotential- und Feldlinien in einer Ebene $z = \text{const}$ skizziert. Durch alle von zwei benachbarten Feldlinien gebildeten Flusskanäle (Bild 7.35b) von einer Elektrode zur anderen soll jeweils derselbe längenbezogene elektrische Teilfluss $\Delta\Psi'$ (in C/m) strömen und zwischen zwei benachbarten Äquipotentiallinien soll jeweils dieselbe Spannung $\Delta\varphi$ herrschen. Folgende Regeln sind zu beachten:

Regel 1: Feldlinien und Äquipotentiallinien verlaufen überall senkrecht zueinander. Insbesondere stehen Feldlinien lokal senkrecht zur Elektrodenoberfläche.

Regel 2: Das Raster aus Äquipotential- und Feldlinien besteht aus lauter ähnlichen Rechtecken. Empfehlenswert sind Quadrate ($l/b = 1$, s. u.).

Regel 1 folgt direkt aus der Definition des Potentials. Wenn der Integrationsweg zur Potentialberechnung laut Gl. (7.37) senkrecht zur elektrischen Feldstärke $\vec{E}$ verläuft, ändert sich das Potential nicht.

Zur Begründung von Regel 2 gehen wir von einem Flusskanal aus, der laut obiger Festlegung den längenbezogenen elektrischen Teilfluss $\Delta\Psi'$ führt (Bild 7.35b). Die elektrische Erregung D und die elektrische Feldstärke E betragen an einer Stelle, an welcher der Flusskanal die Breite b hat, $D = \Delta\Psi'/b$ bzw. $E = D/\varepsilon = \Delta\Psi'/(b\varepsilon)$. Entlang eines Schrittes der Länge l in Flusskanalrichtung soll die vorgegebene Spannung $\Delta\varphi$ abfallen, so dass l die Gleichung $\Delta\varphi = lE = l\Delta\Psi'/(b\varepsilon)$ erfüllt. Daraus folgt das Rasterverhältnis $l/b = \Delta\varphi\varepsilon/\Delta\Psi'$. Da auf der rechten Seite nur Konstanten stehen, ist auch l/b konstant, wie in Regel 2 behauptet. Die genannten Gleichungen setzen voraus, dass die lokale Breite b des Flusskanals und der Potentialflächenabstand l so klein sind, dass das Feld im Bereich der Fläche bl nur wenig variiert. Realisierte man zwei benachbarte Äquipotentialflächen eines Flusskanals durch eine leitende Folie, erhielte man einen Rasterkondensator mit der längenbezogenen Ladung $\Delta\Psi'$ und der Spannung $\Delta\varphi$. Dieser hat die längenbezogene Kapazität $c' = \Delta\Psi'/\Delta\varphi = \varepsilon b/l$. Ergeben sich am Ende des grafischen Verfahrens n_P Potentialabschnitte und n_K Flusskanäle, kann man sich das Feld aus $n_P n_K$ Rasterkondensatoren gleicher Kapazität c' zusammengesetzt denken. Die n_P Kondensatoren eines Flusskanals (Bild 7.35b) liegen in Reihe und n_K solcher Kondensatorstränge sind parallelgeschaltet. Daraus ergibt sich die längenbezogene Gesamtkapazität der Anordnung zu

$$C' = \varepsilon \frac{b}{l} \frac{n_K}{n_P}. \qquad [C']_{\mathrm{SI}} = \frac{\mathrm{As}}{\mathrm{Vm}} = \frac{\mathrm{F}}{\mathrm{m}} \tag{7.86}$$

Wenn man nach Empfehlung mit einem quadratischen Raster arbeitet, ist $b = l$ zu setzen.

Es ist nicht nötig, vor Beginn der Konstruktion die Größen $\Delta\Psi'$ und $\Delta\varphi$ festzulegen. Man skizziert das Raster „nach Gefühl“ und korrigiert so lange, bis die Regeln 1 und 2 erfüllt sind (Bild 7.35a). Durch Abzählen ermittelt man n_P und n_K, womit aus Gl. (7.86) die Kapazität der Anordnung bestimmt werden kann.

Aus den oben hergeleiteten Gleichungen $E = \Delta\varphi/l$ und $E = \Delta\Psi'/(b\varepsilon)$ folgt wegen der Proportionalitäten $E \sim l^{-1}$ oder $E \sim b^{-1}$, dass die Feldstärke im Bereich kleiner Raster hoch ist.

7.24 Abschirmung elektrostatischer Felder

Bringt man einen leitenden, ungeladenen Körper in ein elektrisches Feld, z. B. in dasjenige einer Punktladung, wird die ursprüngliche Feldverteilung erheblich gestört (Bild 7.36).

Im neutralen Leiter trennen sich die leicht beweglichen Ladungen von den ortsfesten. Sie verteilen sich in kürzester Zeit so an der Oberfläche, dass das Feld überall senkrecht zur Oberfläche steht. Im Inneren wird der Leiter feldfrei. Insgesamt bleibt er ungeladen. Die Oberflächenladungen werden als Influenzladungen bezeichnet und das beschriebene Phänomen als *Influenz.*

Da die Summe der Influenzladungen auf dem leitenden Körper Null ist, liefert der Gauß'sche Satz für den Hüllenfluss auch dann nur den Wert der Erregerladung, wenn die Bilanzhülle sowohl die Erregerladung als auch die polarisierte Kugel einschließt.

Hielte man die Influenzladungen an ihren Plätzen fest und beseitigte dann das leitende Material, änderte sich das Feld nicht. Die spezielle Ladungsverteilung erzeugt *im* leitenden Körper einen feld- und ladungsfreien Raum. Sie schirmt das äußere Feld ab.

Die Schirmwirkung der Ladungsverteilung auf der leitenden Oberfläche macht man sich mit dem metallisch ummantelten *Faraday'schen Käfig* (Bild 7.37) zunutze. In seinem Inneren existiert *kein* elektrostatisches Feld, sofern dort keine Ladungen aufbewahrt werden. Der Käfig schirmt das äußere Feld ab.

Zweifelnd wollen wir vorübergehend annehmen, es gäbe doch ein Feld im leeren, d.h. ladungslosen Käfig (Bild 7.37). Gegen die Annahme der positiven und der in der Betragssumme gleich großen negativen Ladungen auf der inneren Oberfläche des Käfigs ist nach dem Gauß'schen Satz nichts einzuwenden. Angewendet auf eine Hülle, die vollständig in der Schirmwand verläuft, liefert er wegen $\vec{E} = \vec{0}$ im Leiter den Hüllenfluss Null, bestätigt also, dass sich keine Ladung im Käfig befindet. Allerdings müssten von den positiven Ladungen Feldlinien ausgehen, die auf negativen Ladungen enden. Die Spannung $U_{AB} = \int\limits_{\text{Feldlinie}} \vec{E}\,d\vec{s}$ längs einer Feldlinie von A nach B wäre ungleich Null. Wählt man zur Berechnung der Spannung U_{AB} einen Weg, der ganz im Leiter verläuft, erhält man wegen $\vec{E} = \vec{0}$ den Wert $U_{AB} = 0$. Im elektrostatischen Feld hängt die Spannung

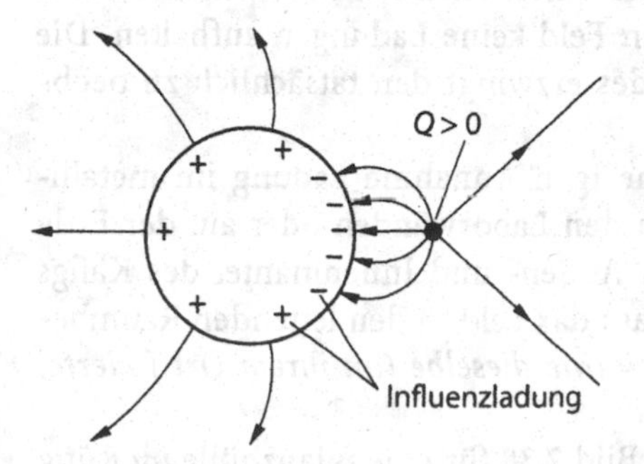

Bild 7.36 Leitender Körper im Feld einer positiven Punktladung (Feldbild grob qualitativ)

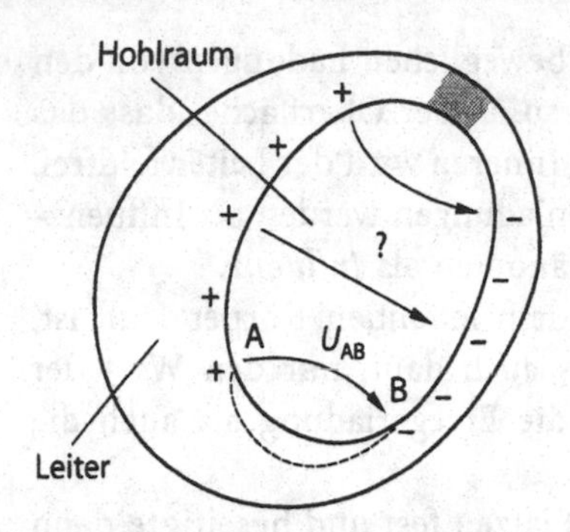

Bild 7.37 Metallischer Körper mit Hohlraum im äußeren elektrostatischen Feld (Faraday-Käfig). Die Annahme eines elektostatischen Feldes $\vec{E}$ im Käfig steht im Widerspruch zur (nicht zu bezweifelnden) Wirbelfreiheit von $\vec{E}$. Anders als abgebildet befindet sich keine Ladung an der inneren Oberfläche und der Hohlraum ist feldfrei. Das Bild stellt eine falsche Annahme dar!

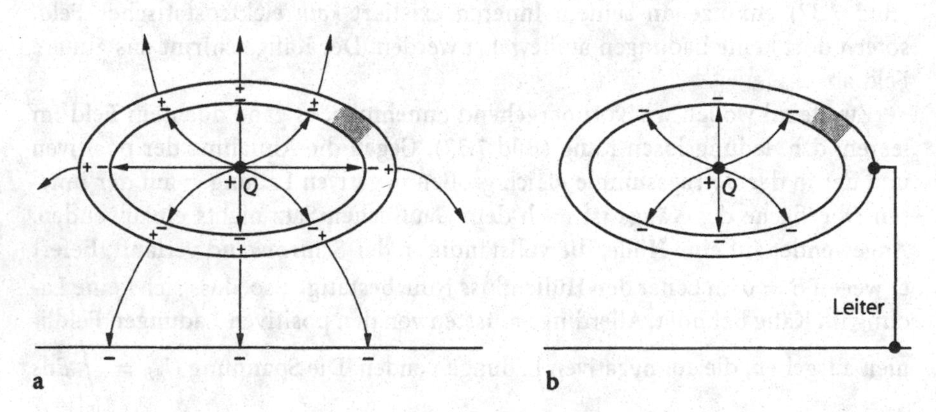

Bild 7.38 Schirmwirkung eines Metallkäfigs gegen das Feld der eingeschlossenen Ladung. a ohne Erdung keine Schirmwirkung, b Abschirmung nach Erdung

aber nicht vom Integrationsweg ab. Wir haben offensichtlich eine *falsche Annahme* getroffen. An der Innenoberfläche eines leitenden Käfigs können sich bei beliebigem äußeren elektrostatischen Feld keine Ladungen aufhalten. Die Wirbelfreiheit des elektrostatischen Feldes erzwingt den tatsächlich zu beobachtenden *feldfreien* Innenraum.

Befindet sich im Gegensatz zur bisherigen Annahme Ladung im metallischen Käfig, deren Gegenladung sich an den Laborwänden oder auf der Erde (Bild 7.38) aufhält, erscheinen auf dem Außen- und Innenmantel des Käfigs Influenzladungen. Sie sind so verteilt, dass das Feld in den leitenden Raumbereichen verschwindet. *Im leeren Raum würde dieselbe (an ihrem Ort fixierte) Ladungsverteilung dasselbe Feld erregen.*

Wendet man den Gauß'schen Satz in Bild 7.38 für eine Bilanzhülle *im Käfig* an, welche die innere Ladung Q einschließt, erhält man für den Hüllenfluss von

$\vec{D}$ den Wert von Q. Erstreckt sich die Bilanzhülle vollständig *im Metallmantel* des Käfigs, beträgt der Hüllenfluss von $\vec{D}$ Null, weil die Summe der Influenzladungen an der inneren Käfigoberfläche negativ gleich der Ladung Q ist. Da die Summe der äußeren Influenzladungen der Summe der inneren negativ gleich ist, neutralisieren sich die Influenzladungen. Der Gauß'sche Satz, angewendet auf eine Hülle , die den Käfig *außen* umschließt, liefert wieder den Hüllenfluss Q. Der Käfig nach Bild 7.38a bildet *keinen* Feldschirm für den Außenraum.

Eine Schirmwirkung erlangt der Käfig erst, wenn man ihn *erdet*. Hierzu ist er leitend mit dem Bereich zu verbinden, wo sich die Gegenladungen aufhalten (Bild 7.38b). In kürzester Zeit (elektrodynamischer Vorgang) fließt Ladung über die Erdungsleitung so, dass sich die äußere Influenzladung und die Gegenladung neutralisieren. Da die innere Ladung Q ihre Gegenladung jetzt nur noch in der inneren Influenzladung des Käfigs findet, bleibt der gesamte Außenraum im elektrostatischen Beharrungszustand feldfrei. Das Feld im Käfig ist gegenüber dem ungeerdeten Zustand verändert. Die äußere Influenzladung und die Gegenladung auf der Gegenelektrode (Erde) haben sich ausgeglichen. Die Erdungsleitung kann entfernt werden, ohne dass sich das Feld nochmals ändert.

7.25 Elektrische Polarisation

Im Abschnitt 7.5 über das elektrische Feld in Materie wurde die elektrische Flussdichte $\vec{D}$ als zusätzliche Feldgröße neben der elektrischen Feldstärke $\vec{E}$ eingeführt. Die elektrische Flussdichte $\vec{D} = \varepsilon\vec{E}$ steht nach dem Gauß'schen Satz (differentielle Form: $\operatorname{div}\vec{D} = \rho$) in enger, stoffunabhängiger Beziehung zur Ladungsdichte ρ. Die Größe $\vec{D}$ soll in diesem Abschnitt aus anderer Sicht betrachtet werden. Sie wird sich als Rechengröße erweisen, in der die elektrische Feldstärke und die noch zu erklärende elektrische Polarisation $\vec{P}$ zusammengefasst sind.

Im Sinne einer Vorbemerkung (und zur Übung) bestimmen wir zunächst das Potential $\varphi(a)$ im leeren Raum im Aufpunkt A, das ein Dipol (Abstandsvektor $\vec{l}$, Ladungen $\pm Q$, vgl. Bild 7.7) mit seinem Dipolmoment $\vec{p} = Q\vec{l}$ erregt. Nach Gl. (7.42a) erhält man $\varphi(\mathrm{A}) = \dfrac{Q}{4\pi\varepsilon_0}\left(\dfrac{1}{a_+} - \dfrac{1}{a_-}\right)$. Die Größen a_+ und a_- sind die Abstände der Dipolladungen vom Aufpunkt A. Wählt man den Aufpunkt weit vom Dipol entfernt, erhält man die Anordnung nach Bild 7.39. Die Abstandsvektoren $\vec{a}_+, \vec{a}_-$ und $\vec{a}$, die von den Ladungen bzw. von der Dipolmitte zum Aufpunkt zeigen, sind praktisch parallel. Aus der Zeichnung lassen sich die Abstände $a_\pm = a \mp \dfrac{l}{2}\cos\alpha$ ablesen.

Ihre Kehrwerte ergeben sich mit der für $|x| \ll 1$ gültigen Näherung $1/(1+x) \approx 1 - x$ zu $\dfrac{1}{a_\pm} = \dfrac{1}{a}\left(1 \pm \dfrac{l}{2a}\cos\alpha\right)$, wobei $x = \dfrac{l}{2a}\cos\alpha$ gesetzt ist. Durch Einsetzen von $1/a_\pm$ in

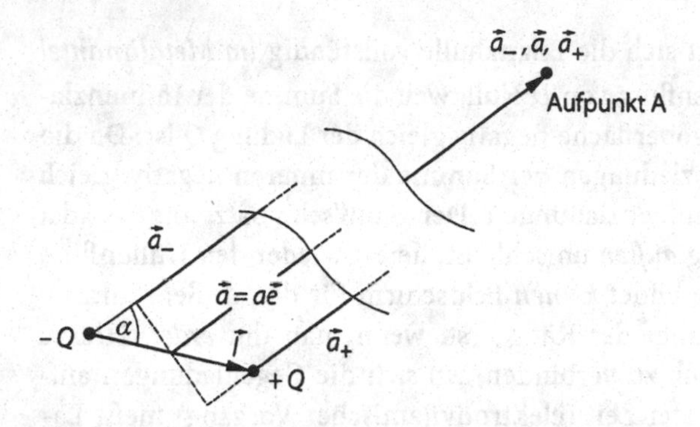

Bild 7.39 Die Verbindungslinien von den Dipolladungen zu einem weit entfernten Aufpunkt A verlaufen praktisch parallel zum Ortsvektor $\vec{a}$ des Aufpunkts. Ein Aufpunkt ist weit entfernt, wenn die Relation $|\vec{a}| \gg |\vec{l}|$ zutrifft.

den Ausdruck für $\varphi(A)$ erhält man $\varphi(A) = \frac{Q}{4\pi\varepsilon_0} \frac{1}{a} \frac{l}{a} \cos\alpha$. Um diese Gleichung vektoriell zu schreiben, wird der Term $\cos\alpha$ durch das Skalarprodukt der Einsvektoren $\vec{e}_l$ und $\vec{e}$ ersetzt. Mit $\cos\alpha = \vec{e}_l\vec{e}$ und $\vec{p} = Q\vec{l} = Ql\vec{e}_l$ ergibt sich für das Potential $\varphi(A)$ eines Dipols vom Moment $\vec{p}$ im fernen Aufpunkt, der um den Abstandsvektor $\vec{a} = a\vec{e}$ gegen die Dipolmitte versetzt ist, schließlich

$$\varphi(A) = \frac{\vec{p}\vec{e}}{4\pi\varepsilon_0 a^2}. \tag{7.87}$$

Verschiebt man den Aufpunkt auf der Oberfläche einer gedachten Kugel (Variation von $\vec{e}$), durchläuft das Zählerprodukt den Wertebereich $-Ql \ldots +Ql$ und der Nenner bleibt konstant. Verschiebt man den Aufpunkt auf einem Strahl durch den Dipol, bleibt der Zähler konstant und das Potential $\varphi(A)$ des Dipols mit dem Moment $\vec{p}$ verläuft proportional zu $1/a^2$ Das Potential eines Dipols geht mit wachsendem Abstand a des Aufpunkts vom Dipol schneller gegen Null als das Potential einer Punktladung (vgl. Gl. (7.40)).

Weshalb interessieren wir uns für Dipole? Ein Materiebaustein (Atom oder Molekül) wirkt als Dipol, wenn das Zentrum seiner negativen Ladung gegen dasjenige seiner positiven Ladung versetzt ist.

Das Moment $\vec{p}$ des Dipols bestimmt das (Fern-)Potential nach Gl. (7.87). Bei gegebenem Vektor $\vec{p}$ lassen sich seine Faktoren $\vec{l}$ und Q nicht eindeutig rekonstruieren. Vergrößerte man beide Ladungen eines Dipols um einen Faktor und reduzierte gleichzeitig ihren Abstand bei unveränderter Dipolrichtung ($\vec{e}_l = \text{const}$) mit dem Kehrwert desselben Faktors, bliebe das Moment $\vec{p}$ des Dipols und sein Fernfeld nach Gl. (7.87) unverändert. Wählt man den Faktor unendlich groß, schrumpft der Dipol auf einen Punkt zusammen. Man erhält

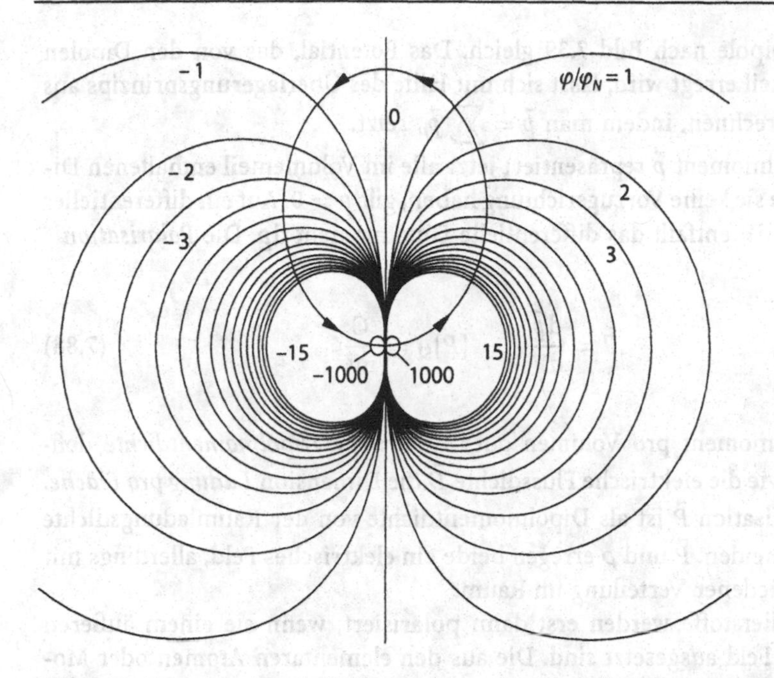

Bild 7.40 Potential eines in Bildmitte liegenden Punktdipols mit waagerechter Achse. Die positive Ladung ist nach rechts versetzt. Dargestellt sind die Potentiallinien $\varphi/\varphi_N = 0, \pm 1, \ldots, \pm 14, \pm 15, \pm 1000$ und eine Feldlinie. Die Potentiallinie mit dem Normierungspotential φ_N ist willkürlich wählbar. Die dichtliegenden Linien in Dipolnähe weisen auf hohe Feldstärken hin. Der dipolnahe Feldbereich ist aus Darstellungsgründen ausgespart. Die Feldlinien beginnen auf der positiven und enden auf der negativen Dipolladung. Um die Dipolachse gedrehte Darstellungsebenen bieten dasselbe Bild.

einen *Punktdipol*[2]. Wenn $\vec{p}$ das Moment eines Punktdipols ist, gilt Gl. (7.87) im ganzen Raum, da jeder endliche Abstand a zwischen Aufpunkt und Punktdipol groß gegen seinen Ladungsabstand ist (Bild 7.40).

Die Punktladung und der Punktdipol sind formal verwandte mathematische Abstraktionen. In einem Gebiet mit Punktdipolen sind einzelne Ladungen nicht mehr zu orten, nur noch ihre Dipolmomente.

Wir haben bisher nur die *Ladung* in punkt-, linien-, flächen- und volumenartiger Verteilung als die Ursache elektrostatischer Felder angesehen. Mit dem *Dipolmoment*, das ebenfalls *verteilt* auftreten kann, kommt eine zweite Ursache hinzu.

Wenn viele Dipole mit den Momenten $\vec{p}_\mu$ dicht über ein Raumgebiet verteilt sind, sieht man sie als stetig verteilt an. Wir setzen voraus, dass die Verbindungslinien von den Dipolen eines *kleinen* Volumenteiles zu einem entfernten Aufpunkt mit dem Ortsvektor $\vec{a} = a\vec{e}$ sämtlich parallel verlaufen. Auch wenn die Dipole individuelle Achsen haben, sind Aufpunktsabstand a und Einsvek-

[2]Durch eine ähnliche Überlegung gelangt man in der Mechanik vom Kräftepaar mit endlichem Wirkungsabstand der Kräfte zum gleichwertigen Drehmoment in einem Punkt.

tor $\vec{e}$ aller Dipole nach Bild 7.39 gleich. Das Potential, das von den Dipolen im Volumenteil erregt wird, lässt sich mit Hilfe des Überlagerungsprinzips aus Gl. (7.87) berechnen, indem man $\vec{p} = \sum \vec{p}_\mu$ setzt.

Das Dipolmoment $\vec{p}$ repräsentiert jetzt alle im Volumenteil enthaltenen Dipole. Solange sie keine Vorzugsrichtung haben, gilt $\vec{p} = 0$. Auf ein differentielles Teilvolumen $\mathrm{d}V$ entfällt das differentielle Dipolmoment $\mathrm{d}\vec{p}$. Die *Polarisation*

$$\vec{P} = \frac{\mathrm{d}\vec{p}}{\mathrm{d}V} \qquad [P]_{\mathrm{SI}} = \frac{\mathrm{C}}{\mathrm{m}^2} \tag{7.88}$$

ist als Dipolmoment pro Volumen oder *elektrische Dipolmomentdichte* definiert. $\vec{P}$ hat wie die elektrische Flussdichte $\vec{D}$ die Dimension *Ladung pro Fläche.*

Die Polarisation $\vec{P}$ ist als Dipolmomentdichte von der Raumladungsdichte ρ zu unterscheiden. $\vec{P}$ und ρ erregen beide ein elektrisches Feld, allerdings mit grundverschiedener Verteilung im Raum.

Viele Isolierstoffe werden erst dann polarisiert, wenn sie einem äußeren elektrischen Feld ausgesetzt sind. Die aus den elementaren Atomen oder Molekülen gebildeten Dipole erregen selbst wieder ein Feld. Stoffe verändern das Feld.

Permanent polarisierte Stoffe oder *Ferroelektrika* erregen auch dann ein elektrisches Feld, wenn sie keinem äußeren Feld ausgesetzt sind.

Wir stellen uns die Polarisation $\vec{P}$ in einem Körper (allgemein: Raumgebiet) jetzt als gegeben vor. Jedes Volumenelement trägt das differentielle Dipolmoment $\mathrm{d}\vec{p} = \vec{P}\mathrm{d}V$. Ersetzt man in Gl. (7.87) das Dipolmoment $\vec{p}$ durch das differentielle Dipolmoment $\vec{P}\mathrm{d}V$, liefert es zum Potential $\varphi(\mathrm{A})$ im Aufpunkt A den Beitrag $\mathrm{d}\varphi(A) = \dfrac{\vec{P}\mathrm{d}V\vec{e}}{4\pi\varepsilon_0 a^2}$. Der Abstand a vom Ort des Volumenelementes $\mathrm{d}V$ zum Aufpunkt und der von $\mathrm{d}V$ zum Aufpunkt gerichtete Einsvektor $\vec{e}$ hängen gemäß ihrer Definition von der Lage des Volumenelementes und des Aufpunkts A ab.

Durch Integration der letzten Gleichung über das polarisierte Raumgebiet erhält man das vom polarisierten Stoff erregte Potential $\varphi(\mathrm{A}) = \dfrac{1}{4\pi\varepsilon_0} \displaystyle\int_{\substack{\text{polarisierter}\\ \text{Körper}}} \frac{\vec{P}\vec{e}}{a^2}\mathrm{d}V$. Durch identische Umformungen, die wegen erhöhter mathematischer Schwierigkeit übergangen werden, erhält man

$$\varphi(\mathrm{A}) = \frac{1}{4\pi\varepsilon_0} \oint_{\substack{\text{Ober-}\\ \text{fläche}}} \frac{\vec{P}\mathrm{d}\vec{A}}{a} - \frac{1}{4\pi\varepsilon_0} \int_{\text{Körper}} \frac{\operatorname{div}\vec{P}}{a}\mathrm{d}V. \tag{7.89}$$

Das Potential $\varphi(A)$ des elektrostatischen Feldes, das ein polarisierter Körper erregt, ist in ein Hüllen- und ein Volumenintegral zerlegt. Die Integrationshülle ist die Oberfläche des polarisierten Körpers.

Das Hüllenintegral ist von gleichem Aufbau, wie das Flächenintegral in Gl. (7.42c), mit dem das Potential einer *flächig* verteilten Ladung berechnet wird. Wegen $\vec{P}\mathrm{d}\vec{A} = P_n \mathrm{d}A$ bezeichnet man die Normalkoordinate P_n der Polarisation

$$\sigma_P = P_n \qquad [\sigma_P]_{\mathrm{SI}} = \frac{\mathrm{C}}{\mathrm{m}^2} \tag{7.90}$$

als *Polarisations-Flächenladungsdichte.* P_n bezieht sich auf die lokale *äußere* Flächennormale.

Das Volumenintegral entspricht in seinem Aufbau demjenigen in Gl. (7.42d), mit dem das Potential einer räumlich verteilten Ladung berechnet wird. Der Term

$$\rho_P = -\operatorname{div}\vec{P} \qquad [\rho_P]_{\mathrm{SI}} = \frac{\mathrm{C}}{\mathrm{m}^3} \tag{7.91}$$

ist als *Polarisations-Raumladungsdichte* anzusehen.

Ein ungeladenener aber polarisierter Körper erregt im Raum ein elektrisches Feld, als ob in seinem inneren die Raumladungsdichte $\rho_P = -\operatorname{div}\vec{P}$ und auf seiner Oberfläche die Flächenladungsdichte $\sigma_P = P_n$ herrschte.

Bei homogener Polarisation im ganzen Körper ($\vec{P} = \mathrm{const}$) liefert das Volumenintegral keinen Beitrag, da die Divergenz eines konstanten Vektors gleich Null ist.

In der Hülle, in der $\vec{P}$ auf den Außenwert Null springt, hat $\operatorname{div}\vec{P}$ den Betrag unendlich. Die Beiträge der Hülle sind deshalb in Gl. (7.89) separat durch das Hüllenintegral erfasst.

Für den *leeren Raum* gilt der Gauß'sche Satz der Elektrostatik in seiner Integralform $\varepsilon_0 \oint\limits_{\text{Oberfläche}} \vec{E}\mathrm{d}\vec{A} = \int\limits_{\text{Volumen}} \rho \mathrm{d}V$ oder in seiner differentieller Form $\varepsilon_0 \operatorname{div}\vec{E} = \rho$. Ist zusätzlich polarisierter Stoff vorhanden, ist zu der *wahren* Raumladungsdichte ρ die *Polarisations*-Raumladungsdichte $\rho_P = -\operatorname{div}\vec{P}$ hinzuzunehmen, so dass der Gauß'sche Satz die Form $\varepsilon_0 \operatorname{div}\vec{E} = \rho - \operatorname{div}\vec{P}$ oder

$$\operatorname{div}\left(\varepsilon_0\vec{E} + \vec{P}\right) = \rho \tag{7.92}$$

einnimmt.

Die *elektrische Erregung* $\vec{D}$ oder *Flussdichte* ist als die im Divergenzargument stehende Rechengröße

$$\vec{D} = \varepsilon_0\vec{E} + \vec{P} \tag{7.93}$$

definiert, womit der Gauß'sche Satz die geläufige und einfach erscheinende Form $\operatorname{div}\vec{D} = \rho$ einnimmt. Im (technisch sehr wichtigen) Sonderfall, dass die

Polarisation $\vec{P}$ eines Stoffes gemäß

$$\vec{P} = \chi_e \varepsilon_0 \vec{E} \qquad [\chi_e] = 1 \tag{7.94}$$

mit χ_e als konstanter und positiver *elektrischer Suszeptibilität* (Dimension Eins) der elektrischen Feldstärke *proportional* ist, verhält sich auch die elektrische Erregung gemäß $\vec{D} = \varepsilon_0 \vec{E} + \chi_e \varepsilon_0 \vec{E}$ oder

$$\vec{D} = \varepsilon_0 (1 + \chi_e) \vec{E} \tag{7.95}$$

der elektrischen Feldstärke proportional.

Mit der relativen Permittivität

$$\varepsilon_r = 1 + \chi_e \tag{7.96}$$

und der Permittivität $\varepsilon = \varepsilon_0 \varepsilon_r$ folgt daraus das uns schon geläufige Stoffgesetz $\vec{D} = \varepsilon \vec{E}$. Im technischen Schrifttum wird der Polarisationsbegriff seltener benutzt, häufiger dagegen im Bereich der Festkörperphysik und der Werkstoffwissenschaften.

Der Polarisationsbegriff erweist sich als besonders fruchtbar, wenn $\vec{P}$ nichtlinear von der elektrischen Feldstärke $\vec{E}$ abhängt oder wenn $\vec{P}$ und $\vec{E}$ nicht parallel verlaufen. Damit setzen wir uns aber nicht auseinander. Uns dient er zum besseren Verständnis dafür, warum ein Isolierstoff in das Feldgeschehen eingreift.

Zusammenfassend ist festzuhalten: Leiter und Isolierstoffe bestimmen die Verteilung der wahren Ladung bzw. der Polarisationsladungen im Raum. Kennt man Ort und Größe der Ladungen und Dipole, lässt sich das elektrostatische Feld *wie im leeren Raum* bestimmen.

Im Gegensatz zu wahren Ladungen lassen sich Polarisationsladungen nicht vom Körper abnehmen.

Die Coulombkraft wirkt auch auf Polarisationsladungen. Die Kräfte auf Oberfläche und Volumen eines ladungsfreien Isolierstoffes (Abschn. 7.19 und 7.20) sind als Coulombkräfte auf Polarisationsladungen interpretierbar.

7.26 Zusammenfassung der Elektrostatik

Die Elektrostatik beschreibt die Phänomene ruhender Ladungen. Der Raum kann leitende oder isolierende Körper enthalten oder leer sein. Die primäre Feldgröße ist die elektrische Feldstärke $\vec{E}$. Die Raumladungsdichte ρ und die Polarisation $\vec{P}$ erregen das resultierende Feld. Die von $\vec{E}$ abhängige Polarisation beschreibt die Dipolverteilung in Isolierstoffen. Die elektrische Flussdichte oder Erregung ist als Rechengröße $\vec{D} = \varepsilon_0 \vec{E} + \vec{P}$ eingeführt.

Die Berechnung des elektrischen Feldes gelingt auf elementare Weise nur in übersichtlichen Sonderfällen mit besonderen Symmetrien. Auch bei erhöhtem, hier nicht eingesetztem mathematischem Aufwand versagen analytische Berechnungsverfahren häufig. Es bleibt die Zuflucht zu numerischen Methoden.

Wir können aber ein zur gegebenen Raumladungsdichte ρ berechnetes $\vec{E}$- und $\vec{D}$-Feld *überprüfen*. Wenn in jedem Punkt des Raumes

- das $\vec{E}$-Feld nach $\operatorname{rot}\vec{E} = \vec{0}$ wirbelfrei ist und
- das $\vec{D}$-Feld entsprechend $\operatorname{div}\vec{D} = \rho$ die Raumladungsdichte ρ als Quellendichte hat und
- die Felder $\vec{E}$ und $\vec{D}$ die Stoffgleichung $\vec{D} = \varepsilon\vec{E}$ erfüllen, ist das elektrostatische Feld richtig ermittelt.

Die in Kap. 7 erläuterten Eigenschaften des elektrostatischen Feldes, nämlich
- Stetigkeit von D_n und E_t an ladungsfreien ε-Grenzflächen sowie Brechung der Feldlinien an Grenzflächen,
- senkrechte Ausrichtung des Feldes auf Elektrodenoberflächen und
- Feld- und Ladungsfreiheit ($\vec{E} = \vec{0}$, $\vec{D} = 0$, $\rho = 0$) im Inneren leitender Körper folgen aus den angegebenen Beziehungen.

Bei Kenntnis der (i. Allg. schwer zu berechnenden) Verteilung der elektrischen Feldstärke $\vec{E}$ sind die übrigen interessierenden Größen wie Kräfte, Drehmomente, Kraft- und Energiedichten sowie Kapazitäten leicht zu ermitteln. Sie hängen direkt von der Feldstärke ab.

Da das elektrostatische $\vec{E}$-Feld wegen $\operatorname{rot}\vec{E} = \vec{0}$ wirbelfrei ist, kann ihm ein, bis auf einen konstanten Summanden, eindeutiges Potential φ zugeordnet werden, aus dem es durch Gradientenbildung gemäß $\vec{E} = -\operatorname{grad}\varphi$ herleitbar ist. Das skalare Potential φ vereinfacht die Lösung vieler elektrostatischer Aufgaben. Es bezieht seine Bedeutung ausschließlich aus der ihm zugeordneten elektrischen Feldstärke.

8 Stationäres elektrisches Strömungsfeld

Die elektrische Stromstärke ist in Abschn. 1.2 als Ladungsströmung eingeführt. Wegen der Bewegung der Ladungsträger liegt der Strombegriff außerhalb der Elektrostatik. Der elektrische Strom, der einen Leiterquerschnitt durchsetzt, ist nach Gl. (1.5) als Ladungsdurchsatz durch den Querschnitt pro Zeit definiert. Unser Interesse richtet sich jetzt auf die *Verteilung* der elektrischen Strömung im leitenden Material, wie z. B. in einem Leiter mit variablem Querschnitt (Bild 8.1).

Die eingezeichneten Linien sind Feldlinien der elektrischen Stromdichte $\vec{S}$. Das Stromdichtefeld oder *Strömungsfeld* ist Gegenstand der folgenden Abschnitte. Dabei beschränken wir uns auf den Sonderfall *stationärer* elektrischer Strömungsfelder. Sie hängen nicht von der Zeit ab; in ihnen fließen Gleichströme.

8.1 Elektrische Stromdichte und elektrische Stromstärke

Die *elektrische Stromdichte* $\vec{S}$ beschreibt die örtliche elektrische Strömung. Wenn sich im Volumen verteilte Ladungsträger (Driftladungsdichte ρ_D in C/m^3) an einem Raumpunkt mit der Driftgeschwindigkeit $\vec{v}_D$ bewegen, herrscht dort die Stromdichte

$$\vec{S} = \rho_D \vec{v}_D. \qquad [S]_{\text{SI}} = \frac{\text{C}}{\text{m}^3}\frac{\text{m}}{\text{s}} = \frac{\text{A}}{\text{m}^2} \tag{8.1}$$

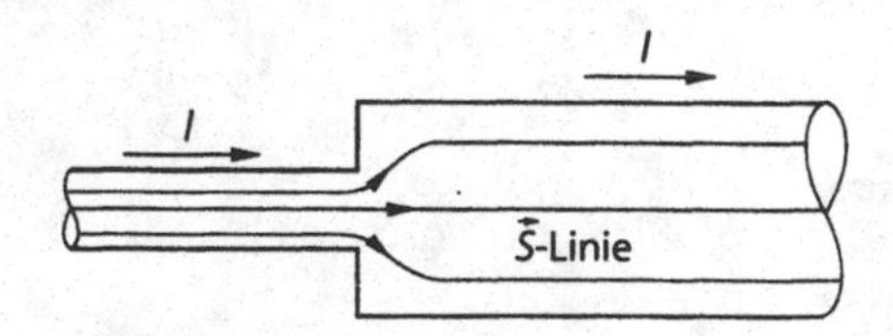

Bild 8.1 Strömungsfeld eines Leiters im Bereich eines Querschnittsüberganges

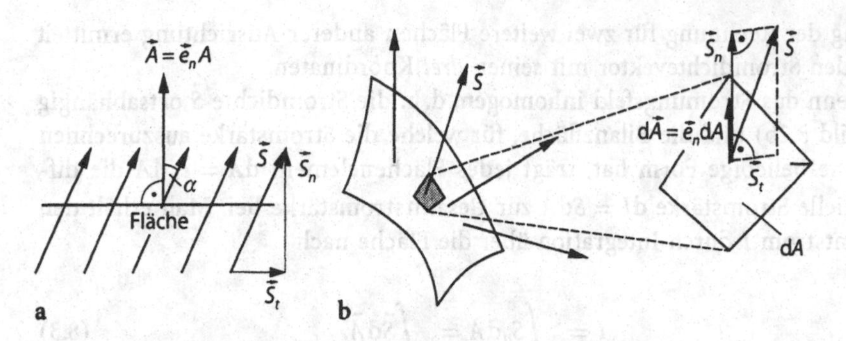

Bild 8.2 Stromstärke im elektrischen Strömungsfeld. **a** Stromdichte $\vec{S}$ homogen und Fläche $\vec{A} = A\vec{e}_n$ eben. **b** Stromdichte und Fläche beliebig

Die elektrische Stromdichte ist ein Vektor mit der Richtung der Driftgeschwindigkeit $\vec{v}_D$. Bei Elektronenströmen in metallischen Leitern ist ρ_D negativ, so dass $\vec{v}_D$ und $\vec{S}$ entgegengesetzt orientiert sind.

Bei Metallleitern liegt die Driftgeschwindigkeit v_D bei realistischen Stromdichten in der Größenordnung mm/S. In der *Elektrotechnik* muss man sich für die Aufspaltung der Stromdichte $\vec{S}$ in die Faktoren ρ_D und $\vec{v}_D$ nicht sonderlich interessieren.

Für ein homogenes Strömungsfeld, dessen Stromdichte $\vec{S}$ nicht vom Ort abhängt, wollen wir die Stärke I des Stroms berechnen, der durch die ebene Bilanzfläche $\vec{A} = A\vec{e}_n$ mit dem Inhalt A fließt (Bild 8.2a).

Hierzu wird die Stromdichte gemäß $\vec{S} = \vec{S}_n + \vec{S}_t$ in Komponenten normal und tangential zur Fläche zerlegt. Die Tangentialkomponente $\vec{S}_t$ trägt nichts zum Ladungsdurchsatz durch die Bilanzfläche bei. Allein die zur Fläche senkrechte Normalkoordinate S_n bestimmt den Strom $I = S_n A$. Sie lässt sich als Skalarprodukt $S_n = \vec{S}\vec{e}_n$ ausdrücken.

Für den Strom I, der im *homogenen* Strömungsfeld durch die ebene Bilanzfläche $\vec{A} = A\vec{e}_n$ tritt, erhält man

$$I = S_n A = SA\cos\alpha = \vec{S} \cdot \vec{A} = \vec{S}\vec{A}. \tag{8.2}$$

Bei festgelegter Größe und Ausrichtung der Bilanzfläche $\vec{A} = A\vec{e}_n$ bestimmt die Orientierung von $\vec{e}_n$ das Vorzeichen der die Fläche durchsetzenden Stromstärke I. Da man zwei Alternativen der Orientierung hat, wirkt sich die Festlegung wie die Wahl eines Stromzählpfeiles aus. Wir erkennen jetzt die geläufigen Stromzählpfeile als *stilisierte orientierte Flächennormalen* wieder.

Nach Gl. (8.2) liefert die Division einer Stromstärke I durch den Inhalt A der ihr zugeordneten ebenen Fläche gemäß $S_n = I/A$ nicht den Betrag der homogen angenommenen Stromdichte, sondern die Koordinate S_n der Stromdichte in Richtung von $\vec{e}_n$, d. h. in Richtung der Flächennormale. Erst durch Wiederholung der Rechnung für zwei weitere Flächen anderer Ausrichtung ermittelt man den Stromdichtevektor mit seinen *drei* Koordinaten.

Wenn das Strömungsfeld inhomogen, d. h. die Stromdichte $\vec{S}$ ortsabhängig ist (Bild 8.2b) und die Bilanzfläche, für welche die Stromstärke auszurechnen ist, eine beliebige Form hat, trägt jedes Flächenelement $\mathrm{d}\vec{A} = \vec{e}_n \mathrm{d}A$ die differentielle Stromstärke $\mathrm{d}I = \vec{S}\mathrm{d}\vec{A}$ zur Gesamtstromstärke bei. Man erhält den Gesamtstrom I durch Integration über die Fläche nach

$$I = \int\limits_{\text{Fläche}} S_n \mathrm{d}A = \int\limits_{\text{Fläche}} \vec{S}\mathrm{d}\vec{A}. \tag{8.3}$$

Die elektrische Stromstärke I durch eine (Bilanz-)Fläche im Strömungsfeld ist der *Fluss des Stromdichtevektors* $\vec{S}$ *durch die Fläche* (vgl. Abschn. 6.3). Die Festlegung auf eine der beiden möglichen *Orientierungen* der Flächennormale entspricht der Wahl eines Stromzählpfeiles. Die in einem elektrischen Leiter herrschende Stromdichte $\vec{S}$ ist in gleicher Weise mit der elektrischen Stromstärke I verknüpft wie die Strömungsgeschwindigkeit (in m/s) in einer Flüssigkeitsströmung mit dem Volumenstrom (in m^3/s).

Auch aus dem differentiellen Strom $\mathrm{d}I(= \vec{S}\mathrm{d}\vec{A})$ und dem Flächenstück $\mathrm{d}\vec{A}(= \vec{e}_n \mathrm{d}A)$, durch das $\mathrm{d}I$ fließt, kann nicht der Stromdichtevektor $\vec{S}$, sondern nur seine n-Koordinate oder seine n-Komponente

$$S_n = \frac{\mathrm{d}I}{\mathrm{d}A} \quad \text{bzw.} \quad \vec{S}_n = S_n \vec{e}_n \tag{8.3a, b}$$

ermittelt werden. Zur Berechnung aller drei *kartesischen* Koordinaten ist die Bilanzfläche jeweils normal zu den Koordinatenachsen auszurichten (vgl. Abschn. 6.3).

8.2 Kirchhoff'scher Knotensatz im Strömungsfeld

Erstreckt man das Flächenintegral laut Gl. (8.3) über eine Bilanz*hülle*, ergibt sich der aus dem Gebiet abfließende Strom aus dem Hüllenintegral $I_{Hülle} = \oint\limits_{\text{Hülle}} \vec{S}\mathrm{d}\vec{A}$. Die Stromstärke ist abfließend gezählt, da die Einsvektoren $\vec{e}_n$ der Flächenelemente $\mathrm{d}\vec{A} = \mathrm{d}A\vec{e}_n$ wie üblich nach *außen* orientiert gewählt sind. Ein aus dem Gebiet abfließender Strom $I_{Hülle}$ geht mit der Abnahme der wahren Ladung $Q = \int\limits_{\text{Volumen}} \rho \mathrm{d}V$ im eingeschlossenen Gebiet einher, wobei ρ die Dichte der wahren Ladung bezeichnet, mithin die Raumladungsdichte in C/m^3.

Das *Ladungserhaltungsgesetz* $I_{Hülle} = -\mathrm{d}Q/\mathrm{d}t$ (vgl. Abschn. 1.3 und 7.2) oder

$$\oint_{\text{Hülle}} \vec{S}\mathrm{d}\vec{A} = -\frac{\mathrm{d}}{\mathrm{d}t}\int_{\text{Volumen}} \rho \mathrm{d}V \tag{8.4a}$$

bringt den naturgesetzlichen Zusammenhang zwischen Stromabfluss (linke Seite) und Ladungsschwund (rechte Seite) für ein beliebiges Kontrollvolumen zum Ausdruck. Gleichung (8.4a) wird auch *Kontinuitätsgleichung* der Ladung genannt. Durch Anwendung auf ein sehr kleines Gebiet oder mit dem Integralsatz von Gauß (Gl. (6.17)) erhält man die differentielle Form

$$\operatorname{div} \vec{S} = -\frac{\partial \rho}{\partial t} \tag{8.4b}$$

des Ladungserhaltungsgesetzes.

Die Quellen der Stromdichte (im Sinne des Abschn. 6.10) liegen im Ladungsdichteschwund.

Wir wollen uns auf Fälle beschränken, in denen das Strömungsgebiet überall ladungsneutral bleibt ($\rho = 0 \Rightarrow \partial\rho/\partial t = 0$), wodurch die Gln. (8.4a und b) die speziellen Formen

$$\oint_{\text{Hülle}} \vec{S}\mathrm{d}\vec{A} = 0 \quad \text{bzw.} \quad \operatorname{div} \vec{S} = 0 \tag{8.4c, d}$$

annehmen, die wir jeweils Ladungserhaltungs*satz* nennen. Im Sonderfall von Gl. (8.4) erscheint die Stromdichte $\vec{S}$ quellenfrei.

Die Knoten eines gewöhnlichen elektrischen Netzwerkes sind erfahrungsgemäß ladungsneutral, so dass, wie bereits in Abschn. 3.2 angedeutet, der Kirchhoff'sche Knotensatz aus dem Ladungserhaltungssatz herleitbar ist. Legt man, wie in Bild 8.3, die Bilanzhülle um den Knoten, liefern nur *die* Teilflächen

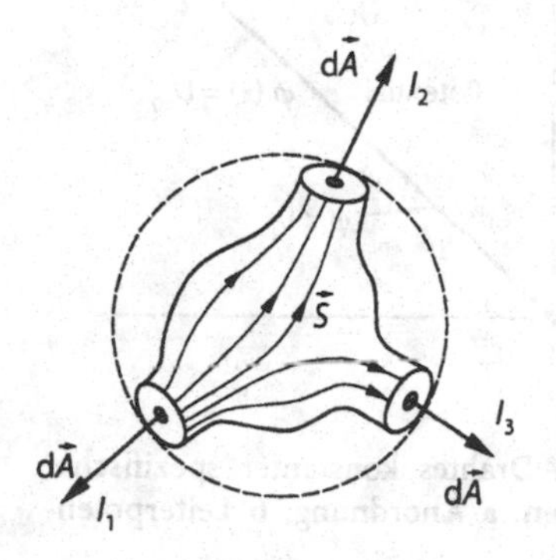

Bild 8.3 Herleitung des Kirchhoff'schen Knotensatzes aus dem Ladungserhaltungssatz. Die Flächennormalen auf der Hülle dienen auch als Stromzählpfeile. I_1 ist im Bild negativ, I_2 und I_3 positiv.

der Hülle einen Beitrag zum Hüllenintegral, in denen die Leiter die Hülle durchstoßen. In Luft ist die Stromdichte Null. Das Hüllenintegral $\oint\limits_{\text{Hülle}} \vec{S}\mathrm{d}\vec{A}$ kann als Summe der drei Flächenintegrale $I_{1,2,3} = \int\limits_{\substack{\text{Leiterquer-}\\ \text{schnitt } 1,2,3}} \vec{S}\mathrm{d}\vec{A}$ geschrieben werden, also als Summe der Leiterströme $I_{1,2,3}$, die wegen Verwendung der *äußeren* Flächennormalen $\mathrm{d}\vec{A}$ *abfließend* gezählt sind. Wenn sich die Ladung in der Hülle, wie vorausgesetzt, nicht ändert, ist die rechte Seite von Gl. (8.4a) gleich Null, und somit auch das Hüllenintegral auf der linken Seite, für das wir $\oint\limits_{\text{Hülle}} \vec{S}\mathrm{d}\vec{A} = I_1 + I_2 + I_3 = \sum^{\text{'Ab'}} I_\mu$. schreiben. Damit ist der Kirchhoff'sche Knotensatz

$$\sum^{\text{'Ab'}} I_\mu = 0 \tag{8.5}$$

feldtheoretisch fundiert. Der Vermerk 'Ab' am Summenzeichen, den man üblicherweise weglässt, deutet an, dass die Ströme *abfließend gezählt* sind. Wenn ein Stromzählfeil zum Knoten zeigt, geht der Strom negativ in die Summe ein.

8.3 Ohm'sches Gesetz und Coulombkraft im Strömungsfeld

Längs eines vom Gleichstrom I durchflossenen Widerstandsdrahtes konstanten Querschnittes A (Bild 8.4) aus einem Stoff mit dem spezifischen Widerstand[1] ρ

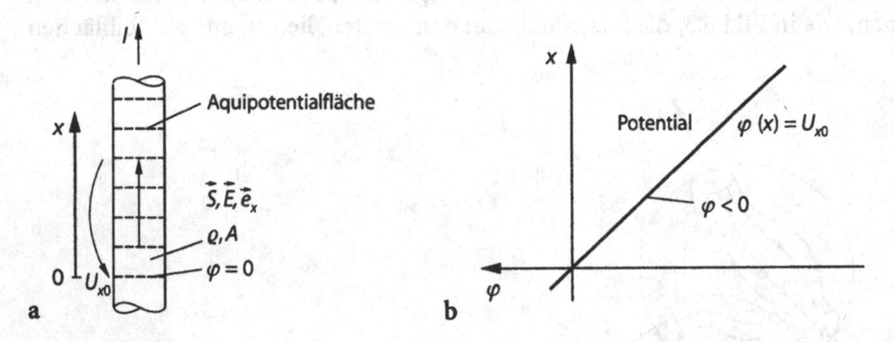

Bild 8.4 Das Strömungsfeld eines dünnen, geraden Drahtes konstanter spezifischer Leitfähigkeit, der den Gleichstrom I führt, ist homogen. **a** Anordnung, **b** Leiterpotential längs des Drahtes

[1] Nicht zu verwechseln mit der Ladungsdichte ρ oder der Driftladungsdichte ρ_D!

herrscht erfahrungsgemäß eine Spannung. Zwischen der Drahtlängskoordinate x und dem Nullpunkt der x-Achse ist die Spannung $U_{x\to 0}$ zu messen. Diese Spannung kann auch als Potential $\varphi(x) = \int\limits_{\substack{\text{Weg von}\\ x \text{ nach } 0}} \vec{E}d\vec{s}$ interpretiert werden. Der Bezugspunkt des Potentials sei der Koordinatenursprung $x = 0$. Dort herrsche das Bezugspotential $\varphi(0) = 0$.

Wenn der Draht gerade und gegenüber seiner Länge dünn ist, hat die Stromdichte im ganzen Querschnitt denselben Wert und zeigt in Drahtlängsrichtung. Die Stromdichte $\vec{S} = S_x\vec{e}_x$ ist dann *homogen*.

Durch Messen von Teilspannungen längs des Drahtes zeigt sich ferner, dass bei gegebenem Strom I das elektrische Potential φ längs des Drahts linear mit x gemäß $\varphi(x) = U_{x0} = \mp RI = \mp\dfrac{\rho(\pm x)}{A}I = -\rho x S_x$ abfällt (oberes Vorzeichen: $x > 0$, unteres: $x < 0$). R bezeichnet den Widerstand eines Drahtstückes der Länge $|x|$. Die Vorzeichen berücksichtigen, dass U_{x0} und I für $x > 0$ ($x < 0$) in Erzeugerzuordnung (Verbraucherzuordnung) angesetzt sind und R stets positiv ist. Aus $\vec{E} = -\operatorname{grad}\varphi$ erhält man die x-Koordinate der elektrischen Feldstärke zu $E_x = -\mathrm{d}\varphi/\mathrm{d}x = \rho S_x$. Dieser Zusammenhang ist an der Oberfläche des Drahtes messbar. Er gilt aber auch im Inneren des Leiters und ganz allgemein in Strömungsgebieten. Die Beziehung $E_x = \rho S_x$ ist eine Koordinatengleichung des vektoriellen Ohm'schen Gesetzes

$$\vec{E} = \rho\vec{S}. \tag{8.6a}$$

Mit der spezifischen elektrischen Leitfähigkeit $\kappa = 1/\rho$ ($[\kappa]_{\mathrm{SI}} = \mathrm{S/m}$) erhält man die gleichwertige Form

$$\vec{S} = \kappa\vec{E}. \tag{8.6b}$$

Die elektrische Feldstärke $\vec{E}$ hat in jedem Raumpunkt eines Strömungsgebietes mit isotropem spezifischen Widerstand dieselbe Richtung wie die Stromdichte $\vec{S}$. Die Beträge der beiden Feldgrößen sind einander proportional. Während das Ohm'sche Gesetz in den Formen der Gl. (8.6a oder b) einen *lokalen* Zusammenhang zwischen den Feldvektoren $\vec{E}$ und $\vec{S}$ ausdrückt, erweisen sich die uns bisher geläufigen Formen $U = RI$ bzw. $I = GU$ als *globaler* Zusammenhang zwischen den integralen Größen Spannung (Linienintegral) und Strom (Flächenintegral). Das Ohm'sche Gesetz ist ein Stoffgesetz. Es gilt nicht in elektrisch Materialien, in denen $\vec{E}$ und $\vec{S}$ verschiedene Richtungen haben können. Solche Stoffe heißen anisotrop.

Die elektrische Feldstärke im passiven Strömungsfeld, also außerhalb von Quellen, kann als Antriebsgröße verstanden werden, die eine strömende Driftladung q mit der Coulombkraft $q\vec{E}$ vorantreibt. Die Strömung stellt sich so ein, dass die treibende Kraft $q\vec{E}$ überall ins statische Gleichgewicht mit der stromdichteproportionalen Widerstandskraft $-q\rho\vec{S}$ kommt. In der Form

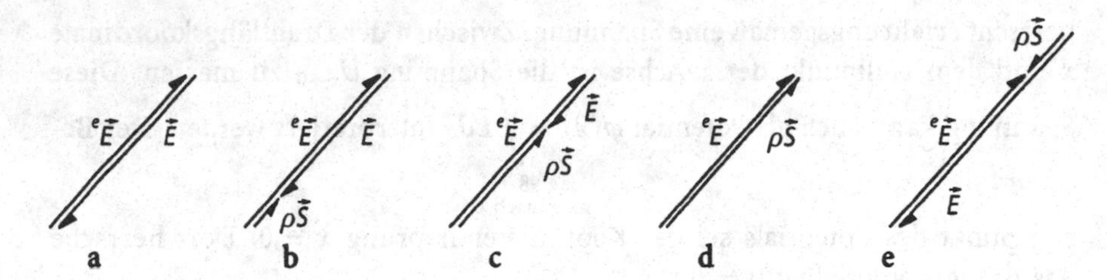

Bild 8.5 Zum Ohm'schen Gesetz $^e\vec{E} + \vec{E} = \rho\vec{S}$ im Inneren einer Quelle mit dem spezifischen Innenwiderstand ρ. **a** Leerlauf, **b** schwache Belastung, **c** hohe Belastung, **d** Kurzschluss, **e** Ladebetrieb (bei Akkumulator)

$\vec{E} + (-\rho\vec{S}) = \vec{0}$ drückt das Ohm'sche Gesetz ein statisches Kräftegleichgewicht pro Driftladung aus.

8.4 Eingeprägte Feldstärke und Kirchhoff'scher Maschensatz

Wenn in ein elektrisch leitendes Stoffgebiet keine Ströme eingespeist werden und in dem Gebiet selbst keine Quellen wirken, fließen dort ebensowenig Ströme wie in einem Netzwerk, das nur aus Widerständen besteht. Die im vorigen Abschnitt beschriebene Antriebsrolle der elektrischen Feldstärke $\vec{E}$ ist zu verstehen, wie die Antriebswirkung in einem Zug, die z. B. der achte Waggon auf den neunten weiterleitet. Was ist das Äquivalent der „Lokomotive" im Strömungsfeld?

Die primären Antriebskräfte in einem elektrischen Strömungsfeld sind *nichtelektrischer* Natur. Magnetische Kräfte in einem Motor oder Generator, chemische Kräfte in einem Akkumulator, die Thermokraft in einem Thermoelement oder Diffusionskräfte bei ungleicher Ladungsträgerkonzentration sind Beispiele. Solche nichtelektrischen Kräfte stellen wir uns im Volumen verteilt vor und erfassen sie durch eine *nichtelektrische* oder *eingeprägte Feldstärke* $^e\vec{E}$. Sie ist streng von der gewöhnlichen, durch ein Potential beschreibbaren elektrischen Feldstärke $\vec{E}$ zu unterscheiden. Der hochgestellte Präfix soll daran erinnern.

Die eingeprägte Feldstärke $^e\vec{E}$ übt auf einen Ladungsträger mit der Ladung q die Kraft $q\,^e\vec{E}$ aus. Führt man $^e\vec{E}$ als weitere *ladungsbezogene Antriebskraft* in das Ohm'sche Gesetz Gl. (8.6) ein, gilt es in der allgemeinen Form

$$^e\vec{E} + \vec{E} = \rho\vec{S} \qquad [^eE]_{SI} = [E]_{SI} = \mathrm{N/C} = \mathrm{V/m} \tag{8.7}$$

auch für aktive Strömungsgebiete. Das sind Bereiche mit Quellen. Die eingeprägte Feldstärke ist außerhalb von Quellen Null. In einer unbelasteten Quelle gilt $\vec{E} = -^e\vec{E}$ wegen $\vec{S} = \vec{0}$ (Bild 8.5), in einer kurzgeschlossenen Quelle $\vec{S} = (1/\rho)\,^e\vec{E}$ wegen $\vec{E} = \vec{0}$.

Die elektrische Feldstärke $\vec{E}$ ist im stationären Strömungsfeld (nur Gleichströme sind zugelassen) nach

$$\oint \vec{E}\mathrm{d}\vec{s} = 0 \quad \text{oder} \quad \mathrm{rot}\,\vec{E} = \vec{0} \tag{8.8a, b}$$

wirbelfrei. Diese Eigenschaft aus der Elektrostatik bleibt im stationären Strömungsfeld erhalten. Der elektrischen Feldstärke im Strömungsfeld kann – wie dem elektrostatischen Feld – ein Potential φ zugeordnet werden, aus dem $\vec{E}$ eindeutig rekonstruierbar ist.

Zur Definition der schon in Abschn. 2.1 benutzten eingeprägten Spannung ${}^{\mathrm{e}}U$ einer Quelle legt man einen nur in der Quelle verlaufenden Integrationsweg vom einen zum anderen Pol fest und bildet das Linienintegral

$${}^{\mathrm{e}}U = \int\limits_{\mathrm{Pol}\to\mathrm{Pol}} {}^{\mathrm{e}}\vec{E}\mathrm{d}\vec{s}. \tag{8.9}$$

Der Durchlaufsinn des Integrationsweges und die Orientierung des ${}^{\mathrm{e}}U$-Zählpfeiles sind identisch. Geht man bei der Integration vom Minus- zum Pluspol der Quelle, ergibt sich ${}^{\mathrm{e}}U$ positiv. Die in Netzwerken verwendeten Spannungszählpfeile verstehen wir jetzt als *stilisierte Integrationswege.*

Integriert man beide Seiten der Gl. (8.7) längs desselben geschlossenen Weges, erscheint im Resultat

$$\oint {}^{\mathrm{e}}\vec{E}\mathrm{d}\vec{s} = \oint \rho\vec{S}\mathrm{d}\vec{s} \tag{8.10}$$

wegen der Wirbelfreiheit von $\vec{E}$ nach Gl. (8.8a) die elektrische Feldstärke $\vec{E}$ nicht mehr. Die mit der eingeprägten elektrischen Feldstärke ${}^{\mathrm{e}}\vec{E}$ gebildete Umlaufspannung ${}^{\mathrm{e}}\mathring{U} = \oint {}^{\mathrm{e}}\vec{E}\mathrm{d}\vec{s} = \sum {}^{\mathrm{e}}U_\mu$ erfasst auf der linken Seite der Gl. (8.10) alle *eingeprägten Spannungen* ${}^{\mathrm{e}}U_\mu$ längs des Umlaufweges. Die mit $\rho\vec{S}$ gebildete Umlaufspannung $\mathring{U}_{\rho\vec{S}} = \oint \rho\vec{S}\mathrm{d}\vec{s} = \sum U_{R\mu}$ erfasst auf der rechten Seite der Gl. (8.10) alle *Widerstandsspannungen.* Auf Gl. (8.10) beruht der Maschensatz von Kirchhoff in der Form ${}^{\mathrm{e}}\mathring{U} = \mathring{U}_{\rho\vec{S}}$ oder

$$\sum {}^{\mathrm{e}}U_\mu = \sum U_{R\mu}. \tag{8.11}$$

Zu der meistens anzutreffenden Formulierung des Maschensatzes $\sum U_\mu = 0$ gelangt man durch Definition der *Quellenspannung* U_q. Hierzu legt man einen ganz in der Quelle verlaufenden Integrationsweg von einem Pol zum anderen fest und bildet das Linienintegral

$$U_q = \int\limits_{\text{Pol}\to\text{Pol}} \left(-{}^{e}\vec{E}\right) d\vec{s}. \tag{8.12}$$

Der Durchlaufsinn des Integrationsweges und die Orientierung des U_q-Zählpfeils sind identisch. Wählt man ihn vom Plus- zum Minuspol der Quelle, ergibt sich U_q positiv. Die *Quellenspannung* einer Quelle wird jetzt formal wie eine Widerstandsspannung eingestuft, d. h. sie wird auf der rechten Seite von Gl. (8.10) aufgeführt. Dadurch wird die linke Seite gleich Null. Auf Kosten der physikalischen Transparenz unterscheidet man formal nicht mehr zwischen der eingeprägten Spannung, die den stromtreibenden Effekt einer Quelle repräsentiert und einer Widerstandsspannung, welche die strombegrenzende Wirkung eines Widerstandes ausdrückt.

8.5 Grenzflächen

Die wesentlichen, das stationäre[2] Strömungsfeld in passiven Gebieten (${}^{e}\vec{E} = \vec{0}$) charakterisierenden Gleichungen sind $\operatorname{div}\vec{S} = 0$ (Quellenfreiheit nach Gl. (8.4d)), $\operatorname{rot}\vec{E} = \vec{0}$ (Wirbelfreiheit nach Gl. (8.8b)) und $\vec{S} = \kappa\vec{E}$ (Ohm'sches Stoffgesetz nach Gl. (8.6b)). Benennt man die Stromdichte $\vec{S}$ in $\vec{D}$ um und die spezifische Leitfähigkeit κ in ε, erscheinen die Gleichungen des elektrostatischen Felds $\operatorname{div}\vec{D} = 0$, $\operatorname{rot}\vec{E} = \vec{0}$ und $\vec{D} = \varepsilon\vec{E}$ für ladungsfreie Gebiete ($\rho = 0$). Dementsprechend muss das stationäre Strömungsfeld für $\vec{E}$ und $\vec{S}$ in passiven Gebieten dieselben Eigenschaften aufweisen wie das elektrostatische Feld für $\vec{E}$ und $\vec{D}$. Auch die an ladungsfreien Permittivitäts-Grenzflächen im elektrostatischen Feld gültigen Feldeigenschaften müssen analog im stationären Strömungsfeld an Grenzflächen zwischen Stoffen verschiedener spezifischer elektrischer Leitfähigkeit κ gelten.

Mit Überlegungen wie in Abschn. 7.12 kommt man zu entsprechenden Resultaten für die Feldgrößen des stationären Strömungsfeldes an Leitfähigkeitsgrenzflächen (z. B. Stahl an Kupfer).

Die Tangentialkoordinate E_t der elektrischen Feldstärke und die Normalkoordinate S_n der Stromdichte ändern sich nicht mit dem Durchschreiten der Grenzfläche, was in den Regeln

$$E_t = \text{const} \quad \text{und} \quad S_n = \text{const} \tag{8.13, 8.14}$$

zum Ausdruck kommt. Die Feldgrößen $\vec{E}$ und $\vec{S}$ gehorchen dem in Bild 8.6 veranschaulichten Brechungsgesetz

[2] Der Ausdruck „stationär" besagt hier, dass im Strömungsfeld Gleichströme oder langsam veränderliche Ströme fließen.

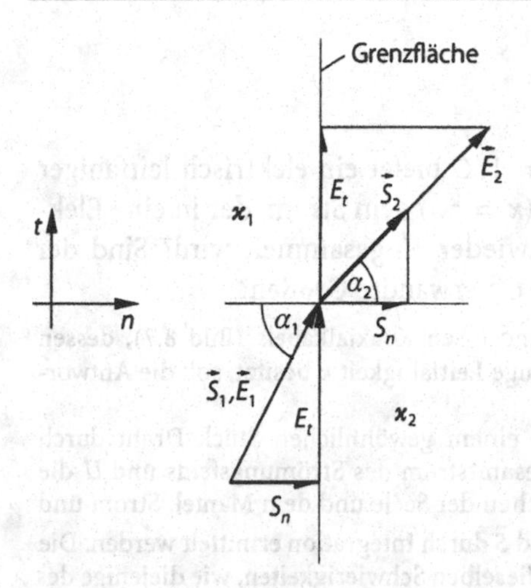

Bild 8.6 Das Brechungsgesetz im stationären elektrischen Strömungsfeld ist demjenigen des elektrostatischen Felds analog. Das Bild stellt den Fall $\kappa_2 = 0{,}5\kappa_1$ maßstäblich dar.

$$\frac{\tan\alpha_1}{\tan\alpha_2} = \frac{\kappa_1}{\kappa_2}. \tag{8.15}$$

Die zueinander parallelen Vektoren $\vec{E}$ und $\vec{S}$ bilden mit der n-Achse im Stoff 1 und 2 die Winkel α_1 bzw. α_2.

Das *elektrostatische* Feld steht senkrecht auf Elektroden. Eine entsprechende Eigenschaft existiert im Strömungsfeld nicht, da hier auf beiden Seiten der Grenzfläche leitende Elektroden vorliegen. Grenzen allerdings Stoffe aneinander, deren Leitfähigkeiten sich um mehrere Zehnerpotenzen unterscheiden, verläuft das Strömungsfeld dem Brechungsgesetz Gl. (8.15) zufolge auf der niedrigleitenden Seite selbst dann fast senkrecht zur Grenzfläche, wenn es auf der gut leitenden Seite praktisch parallel dazu gerichtet ist. (Zahlenbeispiel: $\kappa_1/\kappa_2 = 10^4$ und $\alpha_1 = 89^\circ \Rightarrow \alpha_2 = 0{,}3^\circ$).

Wenn die Leitfähigkeit auf einer Seite gleich Null ist (z. B. Kupferdraht mit der Leitfähigkeit κ, umgeben von Luft), kann dort kein Strom fließen. Die Normalkoordinate S_n und die Tangentialkoordinate S_t der Stromdichte sind dort Null. Wegen der Stetigkeit von S_n nach Gl. (8.14) existiert im Leiter nur eine Tangentialkoordinate S_t. Für den Leiter folgt die zugehörige Feldstärkekoordinate E_t aus $E_t = S_t/\kappa$. Wegen $E_t = \text{const}$ herrscht dieselbe Feldstärke E_t auch auf der Leiteroberfläche im Luftraum. Das $\vec{E}$-Feld setzt sich in den Raum fort. Man vergleiche dies mit dem abweichenden Verhalten der elektrischen Feldstärke in der Nähe elektrostatischer Elektroden (Abschn. 7.12).

Das Brechungsgesetz Gl. (8.15) erfasst den gerade erläuterten Sonderfall nicht, da bei seiner Herleitung die Existenz einer Stromdichte-Normalkomponente vorausgesetzt ist.

8.6 Elektrischer Leitwert und Kapazität

Welchen Leitwert G bzw. Widerstand $R = 1/G$ bietet ein elektrisch leitfähiger Raum zwischen zwei idealen Elektroden ($\kappa = \infty$) dem Strom, der in eine Elektrode eingespeist und von der anderen wieder eingesammelt wird? Sind der elektrische Leitwert G und die Kapazität C verwandte Größen?

Das **Beispiel** eines leerlaufenden widerstandslosen Koaxialkabels (Bild 8.7), dessen „Isolation" zwischen Seele und Mantel die geringe Leitfähigkeit κ besitzt, soll die Antworten veranschaulichen.

Der Leitwert G der Isolation ist wie bei einem gewöhnlichen Stück Draht durch $G = I/U$ festgelegt. Dabei bezeichnet I den Gesamtstrom des Strömungsfelds und U die Spannung zwischen den Elektroden, hier zwischen der Seele und dem Mantel. Strom und Spannung können bei gegebenen Strömungsfeld $\vec{S}$ durch Integration ermittelt werden. Die Berechnung des Strömungsfeldes selbst bietet dieselben Schwierigkeiten, wie diejenige des elektrostatischen Felds.

Die Zylindersymmetrie des Kabels legt den Ansatz $\vec{S}(r) = S_r(r)\vec{e}_r$ für die Stromdichte nahe: Wir vermuten, dass die Stromdichte in der „Isolation" nur eine Radialkoordinate S_r besitzt, die ausschließlich vom Achsabstand r des Aufpunktes abhängt.

Der konkrete Verlauf von $S_r(r)$ wird aus dem Ladungserhaltungssatz in der speziellen Form von Gl. (8.4c) bestimmt. Die Integrationshülle wird dazu in Form eines Zylinders mit dem Radius r über eine Elektrode gelegt und das Hüllenintegral nach $\oint_{\text{Hülle}} \vec{S}\mathrm{d}\vec{A} = \int_{\text{Mantel}} \vec{S}\mathrm{d}\vec{A} + \int_{\text{Deckel}} \vec{S}\mathrm{d}\vec{A} = 0$ in zwei Flächenintegrale zerlegt. Eins erstreckt sich über den Mantel und eines über die Deckelflächen. Das Integral über die Deckelflächen hat den Wert $-I$, da die Stromzuleitung zur Kabelseele eine Deckelfläche durchstößt. Setzt man in das Mantelintegral für $\vec{S}$ den Ansatz $S_r(r)\vec{e}_r$ und für das Mantelflächenelement $\mathrm{d}\vec{A}$ den Ausdruck $\vec{e}_r dA$ ein, folgt die Gleichung $\int_{\text{Mantel}} S_r(r)\vec{e}_r\vec{e}_r \mathrm{d}A - I = 0$. Da der Term $S_r(r)$ auf dem ganzen Mantel konstant ist, kann er vor das Integral gezogen werden. Mit $\vec{e}_r\vec{e}_r = 1$ erhält man $S_r(r)\int_{\text{Mantel}} \mathrm{d}A - I = 0$. Das Integral $\int_{\text{Mantel}} \mathrm{d}A$ gibt den Inhalt $2\pi rl$ der Mantelfläche an. Damit ergibt sich für die Stomdichtekoordinate $S_r(r) = I/(2\pi rl)$. Die Stromdichte $\vec{S}$ und die elektrische Feldstärke $\vec{E}$ im nichtidealen, d. h. leitenden „Isolator" sind somit durch die Vektoren

$$\vec{S} = \frac{I}{2\pi rl}\vec{e}_r \quad \text{bzw.} \quad \vec{E} = \rho\frac{I}{2\pi rl}\vec{e}_r \tag{8.16, 8.17}$$

beschrieben.

Die Spannung $U = \int_{R_i \to R_a} \vec{E}\mathrm{d}\vec{s}$ folgt aus dem angegebenen Linienintegral mit $\vec{E}$ laut Gl. (8.17) und $\mathrm{d}\vec{s} = \vec{e}_r \mathrm{d}r$ zu $U = \int_{R_i}^{R_a} \rho\frac{I}{2\pi rl}\vec{e}_r\vec{e}_r \mathrm{d}r = \rho\frac{I}{2\pi l}\ln\frac{R_a}{R_i}$. Aus $G = I/U$ folgt schließlich mit $\kappa = 1/\rho$ der gesuchte Leitwert

$$G = \kappa 2\pi l/\ln(R_a/R_i) \tag{8.18}$$

des Koaxialkabels mit leitender „Isolation".

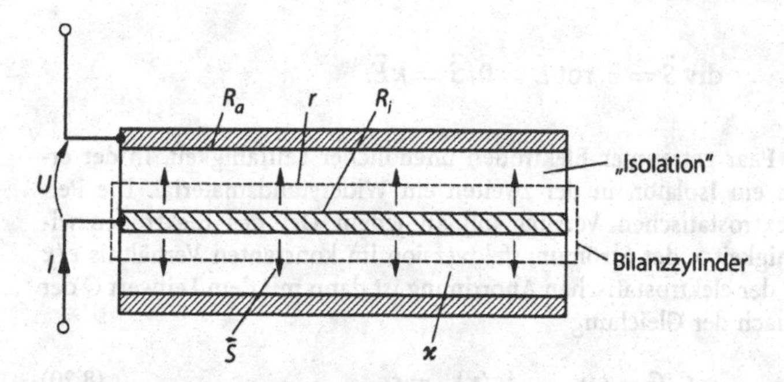

Bild 8.7 Bei bekanntem Strömungsfeld zwischen den Elektroden oder Polen (hier Mantel und Seele eines Koaxialkabels mit leitfähiger „Isolation") kann man I und U durch Integration ermitteln und den Leitwert G des Zweipols aus $G = I/U$ errechnen.

Welchem allgemeinen Schema zur Leitwertberechnung folgt das Beispiel?

1. Berechnung des Strömungsfeldes $\vec{S}$ (schwierigste Teilaufgabe). Damit liegt auch die elektrische Feldstärke $\vec{E} = \rho\vec{S}$ im ganzen passiven Raum fest.
2. Berechnung des von der Elektrode 1 abfließenden Stroms[3] $I = \int\limits_F \vec{S}\mathrm{d}\vec{A}$. Die Integrationsfläche F ist fast identisch mit der Hülle um die Elektrode 1. Nur der Einspeisebereich bleibt ausgespart; deswegen kein Hüllenintegral!
3. Berechnung der Spannung U von Elektrode E1 nach Elektrode E2 gemäß $U = \int\limits_{E1 \to E2} \vec{E}\mathrm{d}\vec{s}$
4. Der gesuchte Leitwert ergibt sich daraus zu $G = I/U$, der Widerstand zu $R = U/I$.

Die Formel

$$G = \frac{\int\limits_F \kappa\vec{E}\mathrm{d}\vec{A}}{\int\limits_{E1 \to E2} \vec{E}\mathrm{d}\vec{s}} \tag{8.19}$$

fasst das skizzierte Verfahren zusammen.

Denkt man sich die Leitfähigkeit κ durch die Permittivität ε ersetzt, berechnet Gl. (8.19) statt des Leitwerts die Kapazität $C = Q/U$ der entsprechenden *elektrostatischen* stromlosen Zweielektrodenanordnung. Die Begriffe Kapazität und Leitwert sind formal eng verwandt.

Die schon in Abschn. 8.4 erwähnte Ähnlichkeit des elektrostatischen Felds außerhalb von Ladungsgebieten mit dem stationären Strömungsfeld in passiven Gebieten spiegelt sich in der Ähnlichkeit der Grundgleichungen

$$\operatorname{div}\vec{D} = 0, \operatorname{rot}\vec{E} = \vec{0}, \vec{D} = \varepsilon\vec{E}.$$

[3] Häufig ist der Strom vorgegeben. Dann entfällt Punkt 2.

und

$$\operatorname{div}\vec{S} = 0, \operatorname{rot}\vec{E} = \vec{0}, \vec{S} = \kappa\vec{E}.$$

Wir betrachten ein Paar getrennter Elektroden unendlicher Leitfähigkeit. In der ersten Version umgibt es ein Isolator, in der zweiten ein Widerstandsmaterial. Die Permittivität ε in der elektrostatischen Version soll an jedem Ort des Elektrodenzwischenraums zur Leitfähigkeit κ der Strömungsfeldversion im konstanten Verhältnis ε/κ stehen. Die Kapazität C der elektrostatischen Anordnung ist dann mit dem Leitwert G der Strömungsanordnung nach der Gleichung

$$C/G = \varepsilon/\kappa \qquad [\varepsilon/\kappa]_{SI} = \mathrm{s} \tag{8.20}$$

oder $CR = \varepsilon\rho$ verknüpft.

Das nichtideale Dielektrikum eines verlustbehafteten Kondensators besitzt die Permittivität ε und auch die Leitfähigkeit κ. Der Zweipol hat die Kapazität C *und* den Leitwert G. Im Ersatzschaltbild sind C und G parallelgeschaltet. Das Verhältnis $\tau = C/G = \varepsilon/\kappa$, das die Dimension einer Zeit hat, ist die *Eigenzeitkonstante* τ des Kondensators. Während dieser Zeit, die bei Kondensatoren Stunden betragen kann, verringert sich die Spannung eines von der Quelle getrennten Kondensators durch Selbstentladung auf $\mathrm{e}^{-1} \approx 37\%$ des Ausgangswertes.

Im verlustbehafteten Kondensor existieren die Feldgrößen $\vec{S}, \vec{E}$ und die elektrische Flussdichte $\vec{D}$ nebeneinander. In metallischen Strömungsgebieten vernachlässigt man das $\vec{D}$-Feld.

Wir betrachten zum **Beispiel** einen an Gleichspannung liegenden Plattenkondensator mit sandwichartiger, in jeder Schicht homogener „Isolation". Die Grenzflächen sollen plattenparallel verlaufen. Die Stromdichte $\vec{S}$ ist dann in allen „Isolations"schichten gleich. Die elektrische Feldstärke gehorcht dem Stoffgesetz $\vec{E} = \rho\vec{S}$. Die elektrische Flussdichte folgt mit dem Stoffgesetz $\vec{D} = \varepsilon\vec{E}$ zu $\vec{D} = \varepsilon\rho\vec{S}$.[4] Für die Permittivität ε und den spezifische Widerstand ρ ist jeweils der Wert der betrachteten Schicht einzusetzen. An den Grenzflächen stellen sich Flächenladungen nach Gl. (7.49) so ein, dass der Gauß'sche Satz der Elektrostatik erfüllt ist.

In einem **weiteren Beispiel** soll Gl. (8.19) auf einen Widerstandsdraht (Bild 8.8) angewendet werden. Wie gelangt man zum bekannten Ergebnis $G = \kappa A/l$?

Für die elektrische Feldstärke $\vec{E}$ im Leiter setzen wir das homogene, in Leiterlängsrichtung verlaufende Vektorfeld $\vec{E} = E_x\vec{e}_x$ an. Die für das Integral in Gl. (8.19) festzulegende Integrationsfläche F umfasst die Elektrode E1 mit Ausnahme des Einspeisebereichs (Bild 8.8). Die Polflächen E1 und E2 des Leiters sind Äquipotentialflächen. Da κ und $\vec{E}$ im ganzen Leiter konstant sind, können beide Terme vor das Flächenintegral und $\vec{E}$ vor das Linienintegral gezogen werden. Man erhält aus Gl. (8.19) mit $\vec{e}_x\vec{e}_x = 1$ das erwartete Ergebnis

$$G = \frac{\kappa E\vec{e}_x \int\limits_{\mathrm{F}} \mathrm{d}\vec{A}}{E_x\vec{e}_x \int\limits_{\mathrm{E1}\to\mathrm{E2}} \mathrm{d}\vec{s}} = \frac{\kappa E_x\vec{e}_x A\vec{e}_x}{E_x\vec{e}_x l\vec{e}_x} = \frac{\kappa A}{l}.$$

[4]Die schon in Gl. (8.20) auftretende Stoffgröße $\varepsilon/\kappa = \varepsilon\rho$ wird auch Relaxationszeit genannt. Sie beträgt für gute metallische Leiter ca. 10^{-19} s.

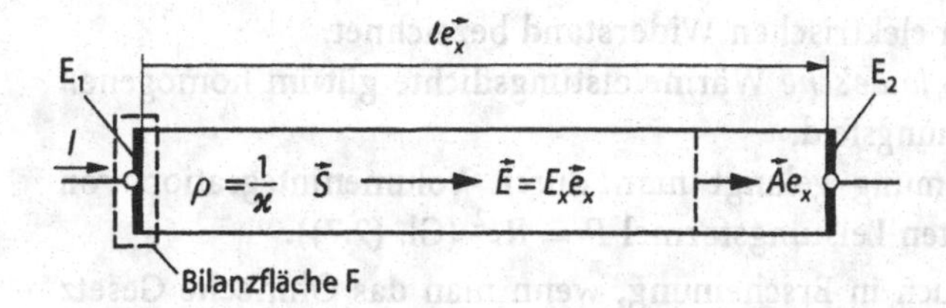

Bild 8.8 Zur Anwendung von Gl. (8.19) auf einen zylindrischen Widerstandsdraht (Länge l, Querschnitt A, Leitfähigkeit κ). Die Leiterenden E1 und E2 sind Äquipotentialflächen. Der Einspeisebereich bleibt aus der Integrationsfläche F ausgespart.

Wie berechnet man den Widerstand eines Leiters, bei dem Querschnitt und spezifische Leitfähigkeit κ bzw. spezifischer Widerstand $\rho = 1/\kappa$ von der Längskoordinate des Leiters abhängen? Solange das Strömungsfeld im Wesentlichen in Längsrichtung des Leiters verläuft, kann man ihn in kurze Abschnitte der Länge dl unterteilen und die in Reihe geschalteten differentiellen Widerstände $\mathrm{d}R = \frac{\rho \mathrm{d}l}{A}$ durch das Integral

$$R = \int\limits_{\substack{\text{Leiter-}\\ \text{länge}}} \frac{\rho}{A} \mathrm{d}l \tag{8.21}$$

aufsummieren.

Bei schroffen Querschnittsübergängen, an denen die Stromdichte den Querschnitt ungleichmäßig nutzt (Bild 8.1), unterschätzt das Integral den Widerstand.

8.7 Leistung und Arbeit

In einem widerstandsbehafteten Leiter übt die elektrische Feldstärke $\vec{E}$ auf die mit der mittleren Geschwindigkeit $\vec{v}_D$ strömenden Driftladungen der Dichte ρ_D die Kraftdichte $\vec{f}_D = \rho_D \vec{E}$ aus. Das elektrische Feld überträgt die Leistungsdichte $p = \vec{f}_D \vec{v}_D$ auf die Driftladungen. Infolge der volumenbezogenen „Antriebsleistung“ p behalten sie ihre Geschwindigkeit gegen den Leiterwiderstand bei. Die auf elektrischem Wege übertragene Leistung wird in Wärmeleistung umgesetzt. Auf das Volumenelement dV entfällt die Leistung $\mathrm{d}P = p\mathrm{d}V$. Die nach *J. P. Joule* bezeichnete Wärmeleistungsdichte $p = \rho_D \vec{E} \vec{v}_D$ ergibt sich mit $\vec{S} = \rho_D \vec{v}$ zu $p = \vec{E}\vec{S}$. Mit dem Ohm'schen Gesetz (Gln. (8.6)) für passive Gebiete erhält man daraus $p = \kappa \vec{E}^2$ oder

$$p = \frac{\mathrm{d}P}{\mathrm{d}V} = \rho \vec{S}^2, \qquad [p]_{\mathrm{SI}} = \frac{\mathrm{W}}{\mathrm{m}^3} \tag{8.22}$$

wobei ρ den spezifischen elektrischen Widerstand bezeichnet.

Die Gl. (8.22) für die *Joule'sche* Wärmeleistungsdichte gilt im homogenen und inhomogenen Strömungsfeld.

Bei homogener Strömung gelangt man durch Volumenintegration von Gl. (8.22) zu der bekannten Leistungsformel $P = RI^2$ (Gl. (2.7)).

Der Term $\rho\vec{S}^2$ tritt auch in Erscheinung, wenn man das Ohm'sche Gesetz für aktive Gebiete $\rho\vec{S} = \vec{E} + {}^{e}\vec{E}$ auf beiden Seiten mit der Stromdichte $\vec{S}$ skalar multipliziert. Man erhält dann die Leistungsdichtebilanz

$$\underbrace{\rho\vec{S}^2}_{\substack{\text{Joulesche}\\ \text{Wärmeleistung}}} = \underbrace{\vec{E}\vec{S}}_{\substack{\text{Elektrische}\\ \text{Leistungsaufnahme}\\ \text{(Abgabe, wenn negativ)}}} + \underbrace{{}^{e}\vec{E}\vec{S}}_{\substack{\text{Nichtelektrische}\\ \text{Leistungsaufnahme}\\ \text{(Abgabe, wenn negativ)}}} \tag{8.23}$$

für ein Volumenelement.

Die Joule'sche Wärmeleistung ist nie negativ. Sie fließt aus dem Volumen ab oder wird dort bei zunehmender Temperatur gespeichert. Bei den übrigen Termen der Gl. (8.23) sind die Vorzeichenfälle nach Tabelle 8.1 zu unterscheiden (vgl. Bild 8.5 und Bild 8.9). Die nichtelektrische Leistung wird, wenn sie positiv ist, dem Volumen von außen zugeführt (mechanisch-elektrischer Wandler) oder im Volumen freigesetzt (chemischer Speicher).

Die Gl. (8.23) sagt nichts darüber aus, auf welchem räumlichen Weg die elektrische Leistung von einem Volumenelement der Quelle (${}^{e}\vec{E} \neq \vec{0}$) zu einem entfernt liegenden Verbrauchervolumenelement kommt. Teile dieses Wegs verlaufen – was nur am Rande und ohne weitere Begründung erwähnt sei – im Feldraum außerhalb des Leiters.

In der kurzen Zeitspanne $\mathrm{d}t$ fällt die Joule'sche Wärmeverlust-Energiedichte $\mathrm{d}w = p\mathrm{d}t = \rho\vec{S}^2\mathrm{d}t$ an. Ihren Zeitverlauf erhält man durch Integration zu

$$w(t) = \rho\int_0^t \vec{S}^2(\tau)\mathrm{d}\tau, \qquad [w]_{\mathrm{SI}} = \frac{\mathrm{Ws}}{\mathrm{m}^3} = \frac{\mathrm{J}}{\mathrm{m}^3} \tag{8.24}$$

Tabelle 8.1 Vorzeichen der Terme in Gl. (8.23)

	Aktive Gebiete (Quellen) bei elektrischer Leistungsabgabe	Aktive Gebiete (Quellen) bei elektrischer Leistungsaufnahme	Passive Strömungsgebiete
$\rho\vec{S}^2$	> 0	> 0	> 0
$\vec{E}\vec{S}$	< 0	> 0	> 0
${}^{e}\vec{E}\vec{S}$	> 0	< 0	$= 0$

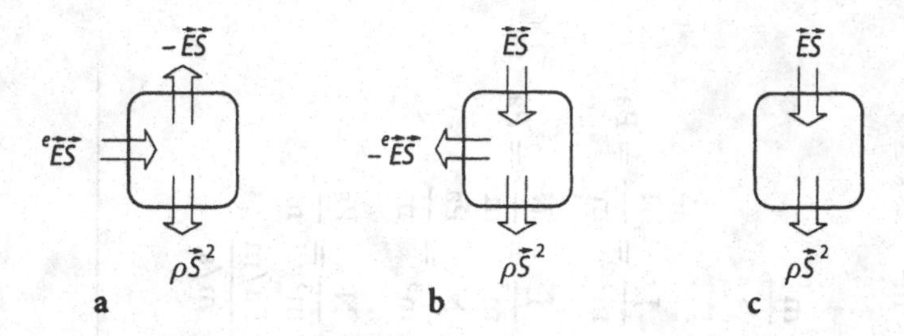

Bild 8.9 Elektrische, nichtelektrische und Joule'sche Leistungsdichte in einem Volumenelement des stationären elektrischen Strömungsfeldes nach Gl. (8.23). Da das Temperaturfeld ebenfalls stationär (zeitkonstant) vorausgesetzt ist, wird die Wärme nicht im Volumenelement gespeichert, sondern nach außen abgeführt. Die Pfeile geben die Wirkungsrichtung an. **a** und **b** Quellengebiet bei elektrischer Leistungsabgabe bzw. -aufnahme, **c** passives Gebiet

wobei $w(0) = 0$ gesetzt ist. Mit τ ist die Zeit als Integrationsvariable bezeichnet. Die gesamte Verlustwärmeleistung

$$P = \int_{\text{Volumen}} \rho \vec{S}^2 \mathrm{d}V \qquad [P]_{\mathrm{SI}} = \mathrm{W} \tag{8.25}$$

erhält man durch Integration über das interessierende Volumen.

8.8 Analogie von Strom- und Pumpenkreis

Zum vertieften Verständnis[5] des Strömungsfeldes und zum interdisziplinären Studium ist in diesem Abschnitt eine Analogie zwischen einem einfachen Gleichstromkreis und dem hydraulischen Pumpenkreislauf nach Bild 8.10 dargestellt. Analogien sind generell möglich, wenn Gleichungen der Originalanordnung, hier der elektrischen, durch Umdeutung ihrer Größen in Gleichungen übergehen, die für die Vergleichsanordnung zutreffen.

Für die *hydraulischen* Größen sind im Folgenden nicht die üblichen Symbole der Strömungsmechanik verwendet, sondern jeweils dasjenige, das auf die analoge Größe des *elektrischen* Stromkreises hinweist. Zur leichteren Interpretierbarkeit der Terme und Gleichungen ist häufig die SI-Einheit in eckigen Klammern angehängt.

Worin liegt der Kern der Analogie? Die transportierte *elektrische Ladung* im Stromkreis und das transportierte *Volumenteil* im Pumpenkreislauf werden als analoge Größen angesehen. Damit erhält man die Korrespondenzen nach Tabelle 8.2.

Wir betrachten den Pumpenkreislauf nach Bild 8.10, in dem eine *inkompressible, zähe* Flüssigkeit im Uhrzeigersinn so langsam zirkuliert, dass sich eine laminare, nichttur-

[5] Bei der ersten und zweiten Lektüre kann dieser Abschnitt überschlagen werden.

Tabelle 8.2 Analoge Größen im elektrischen und hydraulischen Strömungsfeld

Elektrische Größe	Einheit	Symbol	Hydraulische Größe	Einheit
Elektrische Ladung	C	Q	**Volumen**	$\mathrm{m^3}$
Stromdichte (Ladung pro Zeit und Fläche)	$\frac{\mathrm{C/s}}{\mathrm{m^2}}$	$\vec{S}$	Geschwindigkeit (Volumen pro Zeit und Fläche)	$\frac{\mathrm{m^3/s}}{\mathrm{m^2}} = \frac{\mathrm{m}}{\mathrm{s}}$
Elektrische Stromstärke (Ladungsdurchsatz pro Zeit)	$\frac{\mathrm{C}}{\mathrm{s}} = \mathrm{A}$	I	Volumenstrom (Volumendurchsatz pro Zeit)	$\frac{\mathrm{m^3}}{\mathrm{s}}$
Potential (Energie pro Ladung)	$\frac{\mathrm{J}}{\mathrm{C}} = \mathrm{V}$	φ	Druck (Energie pro Volumen)	$\frac{\mathrm{J}}{\mathrm{m^3}} = \frac{\mathrm{N}}{\mathrm{m^2}} = \mathrm{Pa}$
Elektrische Spannung	$\frac{\mathrm{J}}{\mathrm{C}} = \mathrm{V}$	U	Druckdifferenz	$\frac{\mathrm{J}}{\mathrm{m^3}} = \frac{\mathrm{N}}{\mathrm{m^2}} = \mathrm{Pa}$
Elektrische Feldstärke (Kraft pro Ladung)	$\frac{\mathrm{N}}{\mathrm{C}} = \frac{\mathrm{V}}{\mathrm{m}}$	$\vec{E}$	Potentialkraftdichte (Kraft pro Volumen)	$\frac{\mathrm{N}}{\mathrm{m^3}} = \frac{\mathrm{Pa}}{\mathrm{m}}$
Eingeprägte Feldstärke	$\frac{\mathrm{N}}{\mathrm{C}} = \frac{\mathrm{V}}{\mathrm{m}}$	${}^{e}\vec{E}$	Eingepr. Kraftdichte	$\frac{\mathrm{N}}{\mathrm{m^3}} = \frac{\mathrm{Pa}}{\mathrm{m}}$
Spezifischer Widerstand (Potentialgradient pro Stromdichte)	$\frac{\mathrm{V/m}}{\mathrm{A/m^2}} = \Omega\mathrm{m}$	ρ	(kein besonderer Name) (Druckgradient pro mittlerer Geschwindigkeit)	$\frac{\mathrm{Pa/m}}{\mathrm{m/s}}$

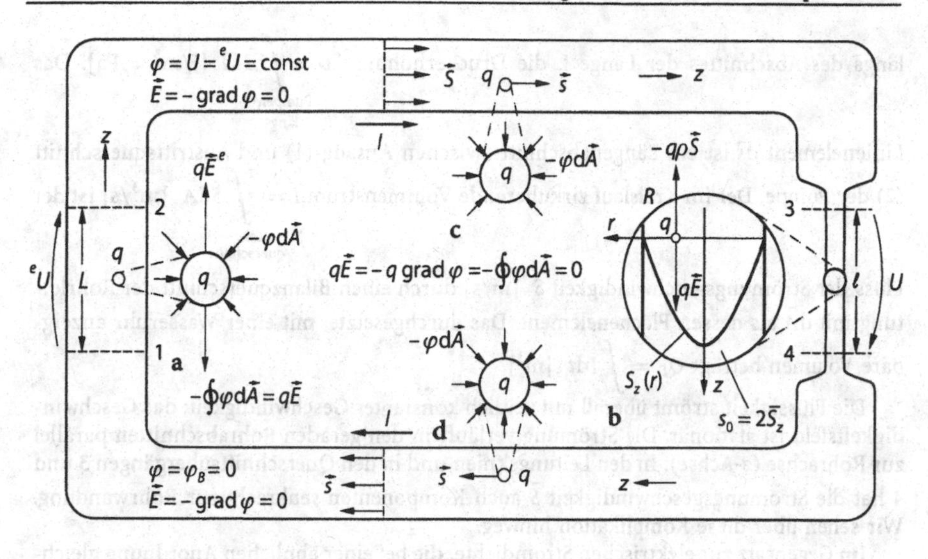

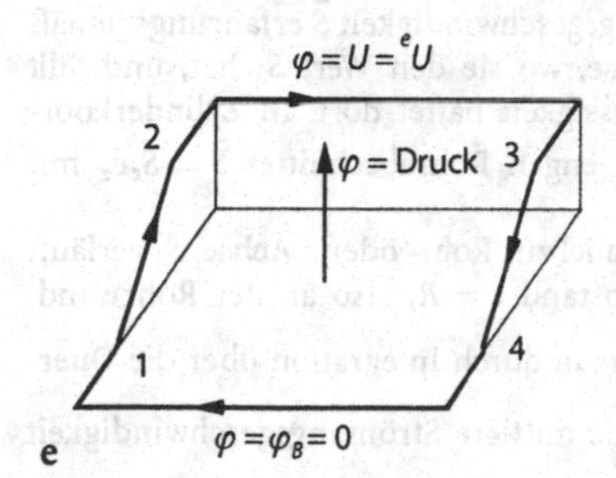

Bild 8.10 Pumpenkreislauf mit inkompressiblem und zähem Medium (laminare Zylinderrohrströmung) als hydraulische Analogie zum elektrischen Gleichstromkreis
Abschn. 1–2: Pumpe,
Abschnitt 3-4: Widerstand
a Gleichgewicht der Kräfte im Bereich der Pumpe, **b** Strömungsfeld und Kräftegleichgewicht im Bereich des Strömungswiderstandes, **c** und **d** Außerhalb von Pumpe und Strömungswiderstand herrscht konstanter Druck. **e** Verlauf des Drucks φ längs des Kreislaufs Die Volumenteilchen q [m^3] als Träger der hydraulischen Strömung entsprechen Ladungen als Träger der elektrischen Strömung. Die Kräfte auf das Volumenteilchen stehen überall im statischen Gleichgewicht (außer in den Bögen und Querschnittsübergängen).

bulente Rohrströmung ausbildet. Die Flüssigkeit hat die (verschwindend kleine) Dichte ρ_F[kg/m^3] und die konstante dynamische Scherzähigkeit η[sPa]. Der Kreislauf besteht aus Rohren mit überall kreisförmigem Querschnitt. Im Bereich des Strömungswiderstandes zwischen den Bilanzquerschnitten 3 und 4 ist der Rohrradius R erheblich kleiner als im gesamten übrigen Kreis.

Der Pumpenkreislauf enthält zwischen den Bilanzquerschnitten 1 und 2 eine Pumpe, die der Strömung (auf nicht näher interessierende Weise) die nach oben gerichtete, homogene und zeitlich konstante Kraftdichte ${}^e\vec{E}$ [N/m^3 = Pa/m] einprägt. Die Pumpe bewirkt längs des Abschnittes der Länge L die Druckerhöhung ${}^{e}U = \int\limits_{\substack{\text{Pumpen-}\\\text{länge}}} {}^{e}\vec{E}\,d\vec{s}$ [J/m³ = Pa]. Das Linienelement $d\vec{s}$ ist ein Längenabschnitt zwischen Ansaug-(1) und Austrittsquerschnitt (2) der Pumpe. Der im Kreislauf zirkulierende Volumenstrom $I = \int\limits_{\substack{\text{Rohr-}\\\text{querschnitt}}} \vec{S}\,d\vec{A}$ [m³/s] ist der Fluss der Strömungsgeschwindigkeit $\vec{S}$ [m/s] durch einen Bilanzquerschnitt der Rohrleitung mit $d\vec{A}$ als dessen Flächenelement. Das durchgesetzte, mit einer Wasseruhr anzeigbare Volumen beträgt $Q_D = \int I\,dt$ [m³].

Die Flüssigkeit strömt überall mit zeitlich konstanter Geschwindigkeit; das Geschwindigkeitsfeld ist stationär. Die Strömung verläuft in den geraden Rohrabschnitten parallel zur Rohrachse (z-Achse). In den Leitungsknien und in den Querschnittsübergängen 3 und 4 hat die Strömungsgeschwindigkeit $\vec{S}$ auch Komponenten senkrecht zur Rohrwandung. Wir sehen über diese Komplikation hinweg.

Im Gegensatz zur elektrischen Stromdichte, die bei einer ähnlichen Anordnung gleichverteilt über den Querschnitt wäre, ist die Strömungsgeschwindigkeit $\vec{S}$ erfahrungsgemäß ungleich verteilt. Sie ist maximal in der Rohrachse, wo sie den Wert S_0 hat, und fällt zur Rohrwand hin auf den Wert Null ab. Die Flüssigkeit haftet dort. In Zylinderkoordinaten (Bild 8.10b) gilt entlang der Länge l des engen Rohrabschnittes $\vec{S} = S_z\vec{e}_z$ mit $S_z = S_0(1 - r^2/R^2)$ [Hütt].

Das Medium strömt im ganzen Querschnitt parallel zur Rohr- oder z-Achse. S_z verläuft quadratisch mit dem Achsabstand r. Beim Achsabstand $r = R$, also an der Rohrwand, gilt $S_z = 0$. Den Volumenstrom $I = \int \vec{S}\,d\vec{A}$ erhält man durch Integration über die Querschnittsfläche zu $I = \overline{S}_z\pi R^2$. Dabei ist $\overline{S}_z = S_0/2$ die mittlere Strömungsgeschwindigkeit im Abschn. 3–4.

Die parabolische Verteilung der Geschwindigkeit über den Querschnitt, die einer homogenen Stromdichte gegenübersteht, deutet darauf hin, dass die Analogie offensichtlich *nicht streng* gilt. In beiden Strömungsfeldern gilt das Kontinuitätsgesetz $\operatorname{div}\vec{S} = 0$ (Gl. (8.4)). Aber an die Stelle des Ohm'schen Gesetzes (Gl. (8.7)) tritt die erheblich kompliziertere *Bewegungsgleichung von Navier* und *Stokes*[Hütt]

$$\rho_F \frac{D\vec{S}}{Dt} = -\operatorname{grad}\varphi + {}^{e}\vec{E} - \eta \operatorname{rot}\operatorname{rot}\vec{S}. \tag{8.26}$$

Auf der rechten Seite stehen drei Kraftdichten, die wir uns auf ein kleines Volumenteil mit dem Rauminhalt q [m³] wirkend vorstellen. Die Potentialkraft $-q\operatorname{grad}\varphi$ repräsentiert die (eigentlich auf die Volumenoberfläche) wirkende Druckkraft, die das Volumenteil zum niederen Druck hin vorantreibt (vgl. Definition des Gradienten als Volumenableitung Gl. (6.12)). Diese Kraft ist bei homogener Druckverteilung ($\varphi = \text{const}$) wegen $\operatorname{grad}\varphi = 0$ Null, was in guter Näherung in den Kreisabschnitten 2–3 und 4–1 mit großem Querschnitt zutrifft (Bild 8.10c und d). Die eingeprägte Kraft $q\,{}^{e}\vec{E}$ existiert nur im Bereich der Pumpe und ist dort homogen verteilt. Die Widerstandskraft $-q\eta \operatorname{rot}\operatorname{rot}\vec{S}$ ist der Strömung entgegengerichtet. Ihrer physikalischen Natur nach wirkt sie auf die Oberfläche des Volumenteilchens. Sie hat einen bedeutenden Betrag nur in Abschn. 3–4.

Die Summe aller auf das Volumenteil q wirkenden Kräfte ist gleich der Beschleunigungskraft $q\rho_F \frac{D\vec{S}}{Dt}$, die mit der *substantiellen* Beschleunigung

$\frac{D\vec{S}}{Dt} \overset{\Delta t \to 0}{=} \frac{\vec{S}(t+\Delta t, \vec{r}+\vec{S}\Delta t) - \vec{S}(t,\vec{r})}{\Delta t}$ zu bilden ist. In diesem Ausdruck ist $\vec{r}$ der Ortsvektor im Strömungsfeld und t die Zeit.

Wir wollen die Bewegungsgleichung (Gl. (8.26)) nun auf den Kreislauf in Bild 8.10 anwenden und dabei die Knieteile und Querschnittübergänge außer Acht lassen. Ohne diese Vereinfachung müssten wir die substantielle Beschleunigung berücksichtigen.

In den geraden Rohrabschnitten bewegt sich ein Flüssigkeitsteilchen mit jeweils konstanter Geschwindigkeit – rohrwandnahe Teilchen langsam und achsnahe Teilchen schneller. Sie erfahren keine Beschleunigung. Die linke Seite der Bewegungsgleichung ist Null, d. h. die Kräfte der rechten Gleichungsseite stehen miteinander im *statischen* Gleichgewicht. Die Ausdrücke $\operatorname{rot}\vec{S}$ und $\operatorname{rot}\operatorname{rot}\vec{S} = \operatorname{rot}(\operatorname{rot}\vec{S})$ können wir nicht nach Gl. (6.27) berechnen. Vielmehr benötigen wir die Rotation in Zylinderkoordinaten [MeVa], wobei wir beachten, dass die Geschwindigkeit $\vec{S} = S_0(1 - r^2/R^2)\vec{e}_z$ nur eine z-Koordinate besitzt, die nur vom Achsabstand r abhängt. In diesem Fall erhält man $\operatorname{rot}\vec{S} = \vec{e}_\varphi 2S_0 r/R^2$ und durch nochmalige Bildung der Rotation $\operatorname{rot}(\operatorname{rot}\vec{S}) = \vec{e}_z 4S_0/R^2 = \vec{e}_z 8\overline{S}_z/R^2$. Mit der Abkürzung $\rho = 8\eta/R^2$ergibt sich die Widerstandskraftdichte $(-\eta \operatorname{rot}\operatorname{rot}\vec{S})_z = -\rho\overline{S}_z$. Sie verläuft bei laminarer Strömung in zylindrischen Rohren *linear* mit der *mittleren* Strömungsgeschwindigkeit $\overline{S}_z$, die wiederum zum Mengenstrom I proportional ist. Da auf die Flüssigkeitsteilchen quer zur Strömung keine Kräfte wirken, genügt die Betrachtung der z-Kraftdichtekoordinaten in der Bewegungsgleichung. Die entsprechende Koordinatengleichung lautet $0 = {}^eE_z - (\operatorname{grad}\varphi)_z - \rho\overline{S}_z$. Mit $(-\operatorname{grad}\varphi)_z = -\partial\varphi/\partial z$ erhält man daraus

$$ {}^eE_z - \partial\varphi/\partial z = \rho\overline{S}_z. \tag{8.26a}$$

Wir vergleichen die letzte Beziehung mit einer Koordinatengleichung des Ohm'schen Gesetzes

$$ {}^eE_z - \partial\varphi/\partial z = \rho S_z, \tag{8.27}$$

in der die Symbole wieder ihre elektrische Bedeutung tragen. Der Ausdruck $\rho = 8\eta/R^2$ in Gl. (8.26a) erweist sich als der zähigkeitsproportionale, aber auch rohrradiusabhängige „spezifische" Strömungswiderstand, der in der Hydraulik allerdings nicht so bezeichnet wird. Der *lokalen* Stromdichte S_z im Ohm'schen Gesetz steht die *mittlere* Stömungsgeschwindigkeit $\overline{S}_z$ gegenüber. Ansonsten sind beide Gleichungen von gleicher Struktur. Damit sind Ähnlichkeiten und Unterschiede von elektrischem und Pumpenkreis erklärbar.

Im Bereich der reibungsfrei vorgestellten Pumpe ist der Reibungsterm $\rho\overline{S}_z$ vernachlässigbar. Entsprechend ${}^eE_z - \partial\varphi/\partial z = 0$ stehen die durch die Pumpe eingeprägte Kraftdichte ${}^eE_z$ (in Strömungsrichtung) und die Druckkraftdichte $E_z = -\partial\varphi/\partial z$ (gegen die Strömungsrichtung) im statischen Gleichgewicht (Bild 8.10a). Die eingeprägte Kraftdichte ist die primäre Antriebsgröße für den Kreislauf. Die Geschwindigkeit jedes Teilchens bleibt konstant.

In den Abschnitten 2–3 und 4–1 ist ${}^eE_z$ Null und der Reibungsterm vernachlässigbar klein. Daraus folgt $\partial\varphi/\partial z = 0$, womit der Druck φ konstant bleibt. Die Teilchen bewegen sich mit gleichförmiger Geschwindigkeit (Bild 8.10 c und d).

Im Bereich des engen Querschnittes (${}^eE_z = 0$) stehen die in Strömungsrichtung wirkende Druckkraftdichte $E_z = -\partial\varphi/\partial z$, welche die Partikel vorantreibt, und die Reibkraftdichte $-\rho\overline{S}_z$ (gegen die Strömungsrichtung) gemäß $-\partial\varphi/\partial z - \rho\overline{S}_z = 0$ im statischen Gleichgewicht (Bild 8.10 b). Der Druck nimmt in Strömungsrichtung ab. Die Teilchen strömen wiederum ohne Beschleunigung.

Bei gegebener Kraftdichte ${}^e\vec{E} = {}^eE_z\vec{e}_z$ beträgt die Druckerhöhung der Pumpe ${}^eU = \int\limits_{1\to 2} {}^e\vec{E}d\vec{s} = L\,{}^eE_z$. Für den Druckabfall längs des engen Abschnittes erhält man sinngemäß $U = \int\limits_{3\to 4} \vec{E}d\vec{s} = \int\limits_{3\to 4}(-\operatorname{grad}\varphi)d\vec{s} = l\rho\overline{S}_z$. Drückt man $\overline{S}_z$ gemäß $I = \overline{S}_z\pi R^2$ durch I aus, erhält man $U = \frac{8\eta l}{\pi R^4} I$ oder $I = U\frac{\pi R^4}{8\eta l}$, das *Widerstandsgesetz von Hagen und Poisseuille.*

Integriert man die Gleichung ${}^eE_z - \partial\varphi/\partial z = \rho\overline{S}_z$ auf beiden Seiten längs eines Umlaufes durch den Pumpenkreis, erhält man die „Maschengleichung" ${}^eU = U$. Der von grad φ abstammende Term $\partial\varphi/\partial z$ liefert keinen Beitrag zum Umlaufintegral, weil ein durch Gradientenbildung gewonnenes Vektorfeld stets wirbelfrei ist. Wir bezeichnen $\vec{E} = -\operatorname{grad}\varphi$ als Potentialkraftdichte, da man den Druck φ als Skalarpotential ansehen kann.

Wegen $I = {}^eU\frac{\pi R^4}{8\eta l}$ ist der Volumenstrom I dem Pumpendruck ${}^eU$ proportional. Da bei gegebenem Volumenstrom I [m^3/s] der Druckabfall U (Druckverlust) bei Vergrößerung des Rohrradius R mit $1/R^4$ zurückgeht, trägt der großflächige Rohrabschnitt 4–1–2–3 nicht nennenswert zum Druckverlust infolge innerer Reibung bei. Benutzt man den Druck φ_B an einem beliebigen Bezugspunkt B in der Strömung als Bezugsdruck (in Bild 8.10 ist B in Abschn. 4–1 gelegt), lässt sich der Druck $\varphi(P)$ in jedem Punkt P der Strömung als Wegintegral $\varphi(P) = \int\limits_{\substack{\text{Weg von}\\ \text{P nach B}}} \vec{E}d\vec{s} + \varphi(B) = -\int\limits_{\substack{\text{Weg von}\\ \text{B nach P}}} \vec{E}d\vec{s} + \varphi(B)$ berechnen. Das Wegintegral über die Potentialkraftdichte $\vec{E}$ hängt nicht vom Verlauf des Weges ab, nur von seinem Anfangs- und Endpunkt.

Zusammenfassung der Analogie. Der elektrische und der spezielle hydraulische Strömungskreis nach Bild 8.10 mit inkompressiblem und zähem Medium verschwindender Dichte weisen *zahlreiche Ähnlichkeiten* auf.

In beiden Kreisen

- gilt ein Kontinuitätssatz für den Vektor $\vec{S}$, d.h. beide Strömungsfelder $\vec{S}$ sind gemäß $\operatorname{div}\vec{S} = 0$ quellenfrei und erfüllen den Knotensatz $\oint \vec{S}d\vec{A} = 0$;
- verlaufen die Stromlinien parallel zur Leitungsachse;
- verlaufen die Flächen $\varphi = \text{const}$ (Äquipotential- bzw. Isobarenflächen) senkrecht zu den Stromlinien;
- ist das Feld $\vec{E} = -\operatorname{grad}\varphi$ wirbelfrei, d.h. beide Felder $\vec{E}$ sind Potentialfelder und erfüllen den Maschensatz $\oint \vec{E}d\vec{s} = 0$;
- gilt eine lineare U-I-Kennlinie.

Die Ähnlichkeiten sind eine Folge der entfernten Verwandtschaft des statischen Ohm'schen Gesetzes mit der Bewegungsgleichung von Navier und Stokes (Gl. (8.26)). Die Verwandtschaft wird erst sichtbar (Gl. (8.26a)), wenn man einen so speziellen Fall wie den von Bild 8.10 konstruiert. Dabei sind die Beschleunigungskräfte vernachlässigt, was streng nur für eine Flüssigkeit mit der Dichte Null zutrifft.

Elektrischer und hydraulischer Kreis sind *nicht streng* analog. Der entscheidende Unterschied liegt im Mechanismus der Reibungskräfte. Eine *homogene* hydraulische Strömung ist im Gegensatz zur elektrischen *im Volumen* verlustfrei, da sich die Teilchen in diesem Fall nicht reiben oder scheren. Der im Ohm'schen Gesetz ganz fehlende Beschleunigungsterm spielt für unsere spezielle Analogie keine Rolle, da wir eine *stationäre*

Strömung oder ein Medium der Dichte Null betrachten. Man muss aber im Allgemeinen beachten, dass die Gleichung von Navier und Stokes eine *Bewegungsgleichung* ist, während das Ohm'sche Gesetz ein *statisches Gleichgewicht* ausdrückt.

Ob man die Ähnlichkeiten oder die Unterschiede betont, ist Geschmackssache. Man kann eine eingeschränkte Analogie und gleichzeitig völlig unvereinbare Phänomene bemerken.

8.9 Zusammenfassung zum stationären Strömungsfeld

Die elektrische Stromdichte $\vec{S}$ bildet die örtliche (Drift-)Ladungsbewegung in leitenden Körpern ab. Die $\vec{S}$-Vektoren definieren das Strömungsfeld. Der Strom durch eine interessierende Bilanzfläche im Strömungsfeld ist der Fluss von $\vec{S}$ durch die Fläche.

Solange nur ladungsneutrale Gebiete und Gleichströme betrachtet werden, ist die Stromdichte $\vec{S}$ entsprechend $\oint \vec{S}\mathrm{d}\vec{A} = 0$ bzw. $\operatorname{div}\vec{S} = 0$ quellenfrei. Hieraus folgt der Kirchhoff'sche Knotensatz für elektrische Netzwerke.

Die elektrische Feldstärke $\vec{E}$ ist im stationären Strömungsfeld - wie im elektrostatischen Feld - entsprechend $\oint \vec{E}\mathrm{d}\vec{s} = 0$ oder $\operatorname{rot}\vec{E} = \vec{0}$ wirbelfrei.

In Ohmsch leitfähigen Stoffen, in denen zusätzlich örtlich die nichtelektrische Feldstärke ${}^{e}\vec{E}$ eingeprägt ist, gilt mit $\rho = 1/\kappa$ das erweiterte Ohm'sche Gesetz $\rho\vec{S} = \vec{E} + {}^{e}\vec{E}$. Die Zirkulation von $\rho\vec{S}$ ist gemäß $\oint \rho\vec{S}\mathrm{d}\vec{s} = \oint {}^{e}\vec{E}\mathrm{d}\vec{s}$ gleich der Summe aller im Kreis eingeprägten Spannungen. Hieraus folgt der Kirchhoff'sche Maschensatz.

Die Gesetze des elektrischen Strömungsfeldes fundieren die Methoden zur Berechnung elektrischer Netzwerke (Kap. 2–5).

Aufgrund der Quellenfreiheit der Stromdichte gemäß $\operatorname{div}\vec{S} = 0$ und der Wirbelfreiheit der elektrischen Feldstärke gemäß $\operatorname{rot}\vec{E} = \vec{0}$ besteht eine formale Ähnlichkeit zwischen elektrostatischem und stationärem Strömungsfeld. Der Stromdichte $\vec{S}$ im stationären Strömungsfeld entspricht die elektrische Flussdichte $\vec{D}$ im elektrostatischen Feld. An Grenzflächen der Leitfähigkeit κ gelten entsprechende Stetigkeitsregeln und ein entsprechendes Brechungsgesetz für die Feldlinien.

Der für Elektrodenpaare gültige Leitwertsbegriff ist formal eng mit dem der Kapazität verwandt.

Das elektrostatische Feld speichert Energie; dem Stromdichtefeld muss dauernd Energie zugeführt werden. Es transportiert sie und wandelt sie in Wärme. Die Joule'sche Wärmeleistungsdichte beträgt in Ohm'schen Stoffen $\rho\vec{S}^2$.

Das Stromdichtefeld $\vec{S}$ der Platte eines Kondensators ist beim Auf- oder Entladen *nicht* quellenfrei. Der Hüllenfluss der Stromdichte aus einer die Platte vollständig umschließenden Bilanzhülle ist nach $\oint \vec{S}\mathrm{d}\vec{A} = -\mathrm{d}Q/\mathrm{d}t$ wertgleich mit dem Ladungsschwund auf der Kondensatorplatte, d. h. mit dem von ihr abfließenden Strom $I = -\mathrm{d}Q/\mathrm{d}t$. Die Stromdichte quillt nach Gl. (8.4b) aus dem Ladungsdichteschwund auf der Kondensatorplatte. In diesem Fall bleibt das Strömungsgebiet, hier die Kondensatorplatte, nicht ladungsneutral. Das Beispiel liegt außerhalb der Voraussetzungen dieses Kapitels.

9 Magnetisches Feld

Magnetische Kräfte wurden zuerst zwischen elektrisch neutralen, d. h. ungeladenen Eisenerzen beobachtet. An Naturmagneten ließen sich anziehende und abstoßende Kräfte feststellen. Später wurde erkannt, dass auch zwischen stromführenden Leitern und Naturmagneten Kräfte wirken.

Wir führen die Kräfte auf ein magnetisches Feld zurück, das Naturmagnete und stromführende Leiter umgibt. Elektrostatische Kräfte zwischen ruhenden Ladungen kommen wegen der vorausgesetzten Ladungsneutralität zur Erklärung nicht in Frage. Es wird erläutert, dass alle magnetischen Kräfte und mit ihnen das magnetische Feld auf Ladungs*bewegungen* zurückgehen. In stromführenden Leitern bewegen sich die Driftelektronen, bei Naturmagneten erregen ausgerichtete *atomare Kreisströme* das Magnetfeld.

9.1 Magnetisches Dipolmoment und magnetische Flussdichte

Ein magnetisches Feld lässt sich durch das von ihm ausgeübte Drehmoment auf eine vom Gleichstrom i durchflossene Testspule (Bild 9.1) mit w Windungen messen. Ein solches Messverfahren wird praktisch kaum genutzt, vermittelt aber eine anschauliche Vorstellung.

Zunächst schreiben wir der Spule unabhängig vom zu messenden Magnetfeld das *magnetische Dipolmoment*

$$\vec{m} = wi\vec{A} = wiA\vec{e}_n \qquad [m]_{\mathrm{SI}} = \mathrm{Am}^2 \tag{9.1}$$

zu. Die Größen w, i und A sind Konstanten der Messspule, der Einsvektor $\vec{e}_n$ bezeichnet die Ausrichtung, mit der die Spule in das zu messende Magnetfeld gehalten wird.

Bringt man die um ihren raumfesten Mittelpunkt frei drehbare Spule in die Nähe eines stromdurchflossenen Drahtes (Bild 9.2), wird sie vom Magnetfeld in die Lage a gedreht. In dieser Position übt das Magnetfeld des geraden Drahtes kein Drehmoment auf die Spule aus. Der zu $\vec{m}$ parallele Einsvektor $\vec{e}_n$ zeigt in die Umfangsrichtung eines gedachten Zylinders mit dem Draht als Achse und

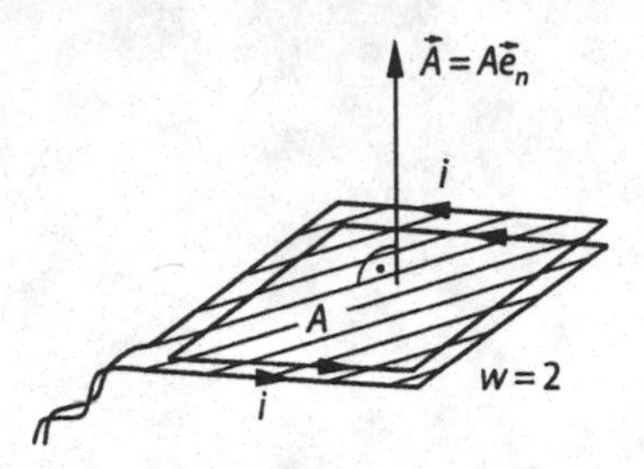

Bild 9.1 Testspule zur Messung eines Magnetfeldes nach seiner Drehmomentwirkung. Die Drähte der w Windungen liegen in einer Ebene dicht beieinander, so dass der Verlauf der Drähte durch *eine* geschlossene *Linie* angegeben werden kann, die den Flächeninhalt A umfasst. Die Spule ist so klein, dass das auszumessende Feld in ihrem Bereich als konstant angesehen werden kann. Der ebenen Spule wird ein Flächenvektor $\vec{A} = A\vec{e}_n$ zugeordnet. Sein Betrag A ist der eben definierte Flächeninhalt. Der Einsvektor $\vec{e}_n$ ist rechtswendig zum Stromzählpfeil orientiert.

ist *rechtswendig*[1] zum Strom I des geraden Drahtes orientiert. Der spezielle Einsvektor $\vec{e}_n$ dieser Position gibt die *Richtung* der örtlichen *magnetischen Flussdichte* $\vec{B}$ an. Wir benennen $\vec{e}_n$ in $\vec{e}_B$ um und bezeichnen die magnetische Flussdichte – die auch *magnetische Induktion*[2] heißt – mit $\vec{B} = B\vec{e}_B$. Ihr *Betrag* B ist noch unbekannt.

Dreht man die Messspule in eine neue Richtung, so dass $\vec{e}_n$ senkrecht auf $\vec{e}_B$ steht, erfährt die Spule das maximale Drehmoment $\hat{M}_\mathrm{d}$, welches das Magnetfeld in diesem Raumpunkt der Spule einprägen kann. Dass in einer solchen Position (Bild 9.2b, c und d) wirklich das maximale Drehmoment $\hat{M}_\mathrm{d}$ ausgeübt wird, ist durch Verändern der Spulenausrichtung kontrollierbar.

Man nimmt das maximale Drehmoment $\hat{M}_\mathrm{d}$ als Maß für den Betrag B der magnetischen Flussdichte $\vec{B}$, die auf die Spule wirkt, und legt ihn durch die Gleichung

$$B = \frac{\hat{M}_\mathrm{d}}{m} \qquad [B]_\mathrm{SI} = \frac{\mathrm{Nm}}{\mathrm{Am}^2} = \frac{\mathrm{Vs}}{\mathrm{m}^2} = \mathrm{T} = \mathrm{Tesla}^3 \tag{9.2}$$

oder $B = \hat{M}_\mathrm{d}/(wiA)$ fest. Bei festem Flussdichtevektor $\vec{B} = B\vec{e}_B$, dessen Betrag B und Einsvektor $\vec{e}_B$ jetzt bekannt sind, lässt sich das mit Messspulen verschiedener Konstruktionsdaten gemessene Drehmoment $\vec{M}_\mathrm{d}$ stets durch das Vektorprodukt $\vec{M}_\mathrm{d} = wiA\vec{e}_n \times \vec{B}$ ausdrücken. Das Magnetfeld $\vec{B}$ übt auf die Messspule das Drehmoment

$$\vec{M}_\mathrm{d} = \vec{m} \times \vec{B} \tag{9.3}$$

[1] Der Drehsinn und der axiale Vorschub einer Schraube mit *Rechtsgewinde* sind beim Anziehen oder Lösen einander *rechtswendig zugeordnet.*

[2] Der Name weist auf die Induktionswirkung des zeitveränderlichen Magnetfeldes hin (vgl. Abschn. 9.15).

[3] Nikola Tesla 1856–1943

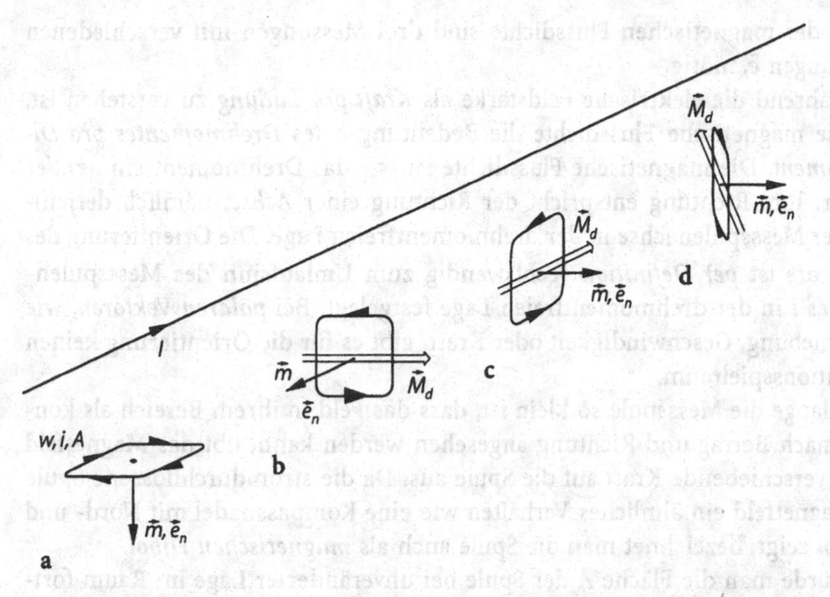

Bild 9.2 Ebene Spule mit dem Dipolmoment $\vec{m}$ zur Messung des Magnetfeldes, das vom Strom I des geraden Drahtes erregt wird. In der Lage **a** erfährt die Spule kein, in den Lagen **b**, **c** und **d** das maximal mögliche Drehmoment $\vec{M}_d$. Die Spulenmitten liegen mit dem Leiter in einer Ebene.

aus. Die ebene Messspule (vgl. Text zu Bild 9.1) kann rechteckig, rund oder sonstwie geformt sein. Nur w, i, A und $\vec{e}_n$ bestimmen ihr Dipolmoment $\vec{m} = wiA\vec{e}_n$. Es ist unabhängig von der *Form* der ebenen[4] Fläche.

Nach der Gl. (9.3) zugehörigen Betragsgleichung $M_d = mB \sin\left\{\angle(\vec{m}, \vec{B})\right\}$ ist M_d Null, wenn $\vec{m} = wiA\vec{e}_n$ parallel zur magnetischen Flussdichte $\vec{B}$ gerichtet ist. Wir hatten aus diesem Fall die Richtung von $\vec{B}$ bestimmt, indem wir $\vec{e}_B = \vec{e}_n$ setzten. Wenn $\vec{m}$ und $\vec{B}$ nach $\angle(\vec{m}, \vec{B}) = 90°$ einen rechten Winkel einschließen, beträgt das Drehmoment $\hat{M}_d = mB$, woraus wir den Betrag von $\vec{B}$ ermittelt hatten.

Wenn man für eine einzige, durch $\vec{e}_n$ bezeichnete Ausrichtung der Messspule das Drehmoment $\vec{M}_d$ gemessen hat, könnte man versucht sein, mit den gegebenen Vektoren $\vec{M}_d$ und $\vec{m}$ die Gl. (9.3), die drei Koordinatengleichungen umfasst, nach den drei Koordinaten von $\vec{B}$ aufzulösen.

Das Gleichungssystem ist aber nicht eindeutig lösbar. Zur Begründung zerlegen wir die gesuchte Flussdichte gemäß $\vec{B} = \vec{B}_m + \vec{B}_{\perp m}$ in Komponenten parallel und senkrecht zu $\vec{m}$. Die Parallelkomponente $\vec{B}_m$ geht nach $\vec{m} \times \vec{B} = \vec{m} \times (\vec{B}_m + \vec{B}_{\perp m}) = \vec{m} \times \vec{B}_{\perp m}$ nicht in die Berechnung von $\vec{M}_d$ ein, kann also auch nicht aus $\vec{M}_d$ rekonstruiert werden. Zur vollständigen Bestim-

[4] Dipolmoment von unebenen Spulen: vgl. Abschn. 9.7

mung der magnetischen Flussdichte sind drei Messungen mit verschiedenen Richtungen $\vec{e}_n$ nötig.

Während die elektrische Feldstärke als *Kraft pro Ladung* zu verstehen ist, hat die magnetische Flussdichte die Bedeutung eines *Drehmomentes pro Dipolmoment*. Die magnetische Flussdichte ist wie das Drehmoment ein *axialer* Vektor. Ihre Richtung entspricht der Richtung einer *Achse*, nämlich derjenigen der Messspulenachse in der drehmomentfreien Lage. Die Orientierung des $\vec{B}$-Vektors ist *per Definition* rechtswendig zum Umlaufsinn des Messspulenstromes i in der drehmomentfreien Lage festgelegt. Bei *polaren Vektoren*, wie Verschiebung, Geschwindigkeit oder Kraft, gibt es für die Orientierung keinen Definitionsspielraum.

Solange die Messspule so klein ist, dass das Feld in ihrem Bereich als konstant nach Betrag und Richtung angesehen werden kann, übt das Magnetfeld keine verschiebende Kraft auf die Spule aus. Da die stromdurchflossene Spule im Magnetfeld ein ähnliches Verhalten wie eine Kompassnadel mit Nord- und Südpol zeigt, bezeichnet man die Spule auch als *magnetischen Dipol*.

Würde man die Fläche A der Spule bei unveränderter Lage im Raum fortgesetzt halbieren und mit jedem Halbierungsschritt den Strom i verdoppeln, bliebe das Dipolmoment der Spule $\vec{m} = wiA\vec{e}_n$ unverändert. Auf diese Weise gelangt man zur Vorstellung eines *magnetischen Punktdipoles*, der sich wegen seiner Punktförmigkeit ideal zum Ausmessen inhomogener Felder eignete, der aber aus naheliegenden Gründen nicht realisierbar ist. Einzelne Atome mit zirkulierenden Elektronen können als Punktdipole angesehen werden.

Da nach Gl. (9.3) die Größe $\vec{B}$ unmittelbar mit einer mechanischen Wirkung verknüpft ist, käme ihr *eigentlich* die Bezeichnung *magnetische Feldstärke* zu. Dieser Name ist traditionell leider für den Vektor $\vec{H}$ reserviert, dem wir uns später zuwenden.

9.2 Magnetfeld einer bewegten Punktladung im leeren Raum

Ein punktförmiger Ladungsträger (Bild 9.3a) mit der Ladung q erregt im ganzen leeren Raum neben der aus Gl. (7.9) gegebenen elektrischen Feldstärke $\vec{E} = \frac{1}{4\pi\varepsilon_0}\frac{q}{a^2}\vec{e}$ zusätzlich ein Magnetfeld, wenn sich der Ladungsträger mit der Geschwindigkeit $\vec{v}$ bewegt.

Die entsprechende magnetischen Flussdichte

$$\vec{B} = \frac{1}{c_0^2}\vec{v} \times \vec{E} \quad \text{oder} \quad \vec{B} = \frac{1}{4\pi\varepsilon_0 c_0^2}\frac{q\vec{v} \times \vec{e}}{a^2} \quad \text{oder} \quad \vec{B} = \frac{\mu_0}{4\pi}\frac{q\vec{v} \times \vec{e}}{a^2} \qquad (9.4\text{a, b, c})$$

steht überall im Raum senkrecht auf der Ebene, welche die Geschwindigkeit $\vec{v}$ und der Abstandsvektor $\vec{a} = a\vec{e}$ von der Ladung zum Aufpunkt P aufspannen. Die Gln. (9.4) sind experimentell begründet.

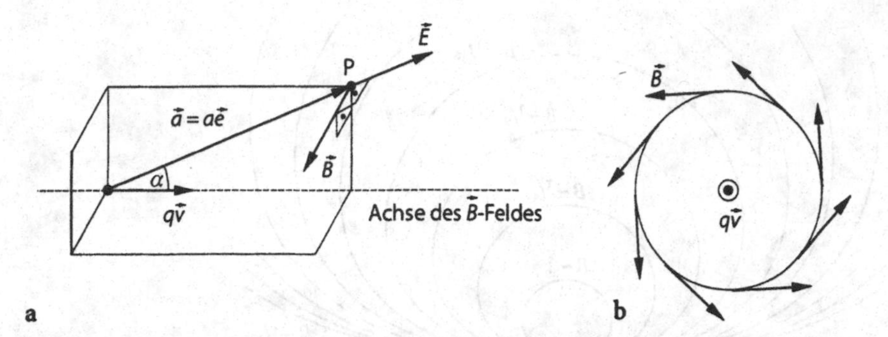

Bild 9.3 Die mit der Geschwindigkeit $\vec{v}$ bewegte Punktladung q erregt im Raum ein Magnetfeld mit der Flussdichte $\vec{B}$. **a** Die Erregergröße des $\vec{B}$-Feldes ist $q\vec{v}$. Im Bild bewegt sich eine positive Ladung nach rechts oder eine negative nach links. Die Raumecke dient der leichteren Interpretierbarkeit der perspektivischen Darstellung. **b** In einer Ebene senkrecht zur Achse „umläuft" die magnetische Flussdichte $\vec{B}$ den Vektor $q\vec{v}$ rechtswendig in konzentrischen Kreisen.

Die beiden Naturkonstanten

$$c_0 = 299{,}8 \cdot 10^6 \mathrm{m/s} \tag{9.5}$$

und

$$\mu_0 = \frac{1}{\varepsilon_0 c_0^2} = 4\pi \cdot 10^{-7} \frac{\mathrm{Vs}}{\mathrm{Am}} = 1{,}256 \cdot 10^{-6} \frac{\mathrm{Vs}}{\mathrm{Am}} \tag{9.6}$$

sind die *Ausbreitungsgeschwindigkeit des Lichtes im leeren Raum* bzw. die *magnetische Feldkonstante* oder *Permeabilität des Vakuums.*

Die Verteilung der magnetischen Flussdichte $\vec{B}$ im Raum ist durch Gl. (9.4c) vollständig beschrieben. Das $\vec{B}$-Feld ist zylindersymmetrisch, d. h. die Feldlinien sind konzentrische Kreise mit dem Vektor $q\vec{v}$ als Achse. Wir bezeichnen den (nie negativen) Winkel zwischen den Vektoren $q\vec{v}$ und $\vec{a}$ mit α. Die der Gl. (9.4c) zugehörige Betragsgleichung

$$B = \frac{\mu_0}{4\pi} |q| v \frac{\sin\alpha}{a^2} \tag{9.7}$$

besagt, dass der Betrag B (Bild 9.4) der magnetischen Flussdichte $\vec{B}$ wegen des Faktors $\sin\alpha$ längs der eben definierten Achse Null ist. In Achsnähe ist B dementsprechend klein. In der Ebene $\sin\alpha = 1$ – das ist die Achsnormalebene, welche die Ladung enthält – tritt für einen gegebenen Aufpunktabstand a der maximale Flussdichtebetrag auf. Auf jedem Kegelmantel $\alpha =$ const verläuft B proportional $1/a^2$: Mit zunehmender Entfernung a des Aufpunktes von der erregenden Ladung nimmt das magnetische Feld $\vec{B}$ *bei konstantem Winkel* α mit derselben Potenz ab wie die elektrische Feldstärke $\vec{E}$ in jeder Raumrichtung.

Die durch das Produkt $q\vec{v}$ charakterisierte *bewegte* Ladung wird als Elementarursache des Magnetfeldes angesehen. Gl. (9.4c) hat für das magnetische

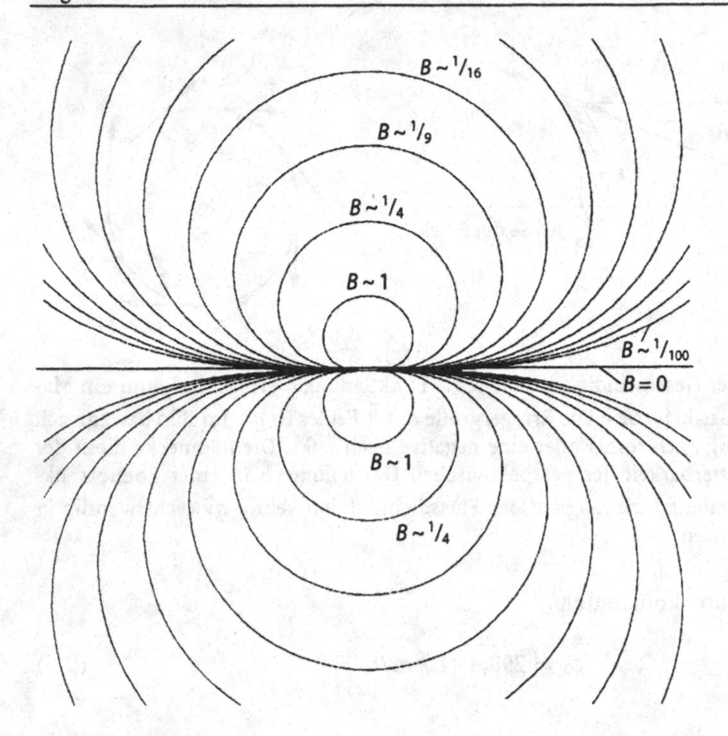

Bild 9.4 Linien gleichen Betrages B der magnetischen Flussdichte $\vec{B}$ im Raum, die von einer im Bildzentrum befindlichen Ladung erregt wird, wenn sich diese entlang der horizontalen Bildachse bewegt. Dort gilt $B = 0$. Die Linien dürfen nicht mit Feld- oder Potentiallinien verwechselt werden.

Feld eine ähnliche Bedeutung wie Gl. (7.9) für das elektrostatische. Das Vektorprodukt ($\times$-Operation) $\vec{v} \times \vec{e}/a^2$ in Gl. (9.4c) anstelle von $\vec{e}/a^2$ in Gl. (7.9) weist auf die völlig andere räumliche Verteilung des Magnetfeldes hin.

9.3 Magnetfeld von Leiterschleifen und Strömungsgebieten

Das Magnetfeld von Leiterschleifen und Strömungsgebieten lässt sich im sonst leeren Raum aus Gl. (9.4c) durch Superposition herleiten. Hierzu zerlegt man das Strömungsfeld in kleine Teilgebiete mit dem Volumen $\mathrm{d}V$ (Bild 9.5a). Die darin befindliche kleine Driftladung $\mathrm{d}q_D$ strömt mit der Geschwindigkeit $\vec{v}_D$, so dass an Stelle von $q\vec{v}$ in Gl. (9.4c) $\mathrm{d}q_D\vec{v}_D$ einzusetzen ist, um den Beitrag $\mathrm{d}\vec{B}$ des Volumenelementes zum Magnetfeld zu errechnen. Bei der Driftladungsdichte ρ_D ist im Volumenelement $\mathrm{d}V$ die Driftladung $\mathrm{d}q_D = \rho_D \mathrm{d}V$ enthalten. Mit der Stromdichte $\vec{S} = \rho_D\vec{v}_D$ (Gl. (8.1)) ergibt sich $\mathrm{d}q_D\vec{v}_D = \rho_D\mathrm{d}V\vec{v}_D = \vec{S}\mathrm{d}V$. Das Magnetfeld $\vec{B}$ eines Strömungsgebietes in einem bestimmten Aufpunkt, der inner- oder außerhalb des Strömungsgebietes liegen darf, erhält man aus

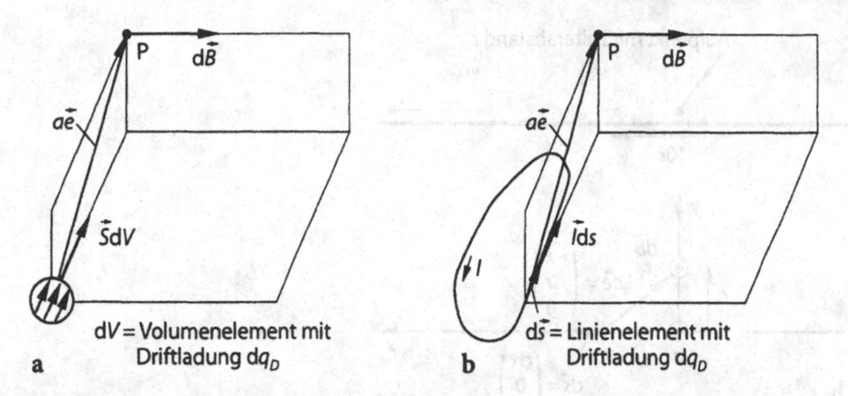

Bild 9.5 Ein Volumenelement dV im Strömungsgebiet **a** oder ein Linienelement $d\vec{s}$ einer Linienleiterschleife **b** enthält die (bewegte) Driftladung $dq = SdV$. Diese erregt im Aufpunkt P gemäß Gl. (9.4c) den Beitrag $d\vec{B}$ zur magnetischen Flussdichte $\vec{B}$.

Gl. (9.4c) durch Aufsummierung aller Beiträge $d\vec{B} = \frac{\mu_0}{4\pi}\frac{\vec{S}dV \times \vec{e}}{a^2}$ zu

$$\vec{B} = \frac{\mu_0}{4\pi}\int\limits_{\substack{\text{Strömungs-}\\\text{gebiet}}} \frac{\vec{S}dV \times \vec{e}}{a^2}. \tag{9.8}$$

Der Abstand a und der Einsvektor $\vec{e}$ bilden den vom Volumenelement dV zum Aufpunkt zeigenden *veränderlichen* Abstandsvektor $a\vec{e}$. Sein Betrag a und Einsvektor $\vec{e}$ hängen vom Volumenelement- und Aufpunktort ab. Im Volumenelement herrscht die Stromdichte $\vec{S}$. Die Gleichung gilt für den leeren Raum oder in Anwesenheit von Stoffen, die nicht auf das Magnetfeld zurückwirken.

Gleichung (9.8) lässt sich zur Berechnung des Magnetfeldes einer beliebig geformten Leiterschleife herrichten (Bild 9.5b), die den Strom I führt. Ihr Leiterquerschnitt A muss so klein sein, dass die Stromdichte $\vec{S}$ die Richtung des örtlichen Linienelementes $d\vec{s}$ des Leiters hat und dass alle Flächenelemente des Querschnittes praktisch gleich weit vom Aufpunkt entfernt liegen. In diesem Fall gilt $\vec{S}dV = \vec{S}Ads = SAd\vec{s} = Id\vec{s}$. Durch Einsetzen von $Id\vec{s}$ anstelle von $\vec{S}dV$in die Gleichung vor Gl. (9.8) erhält man den Beitrag $d\vec{B}$ des Linienelementes zum Magnetfeld. Die magnetische Flussdichte ergibt sich durch Integration über die ganze Leiterschleife aus dem Ringintegral

$$\vec{B} = \frac{\mu_0 I}{4\pi}\oint\limits_{\substack{\text{Leiter-}\\\text{schleife}}} \frac{d\vec{s} \times \vec{e}}{a^2}. \tag{9.9}$$

Die Größen a und $\vec{e}$ haben dieselbe Bedeutung wie in Gl. (9.8), nur dass sie sich jetzt auf das Linienelement $d\vec{s}$ der Leiterschleife beziehen. Die Gln. (9.8)

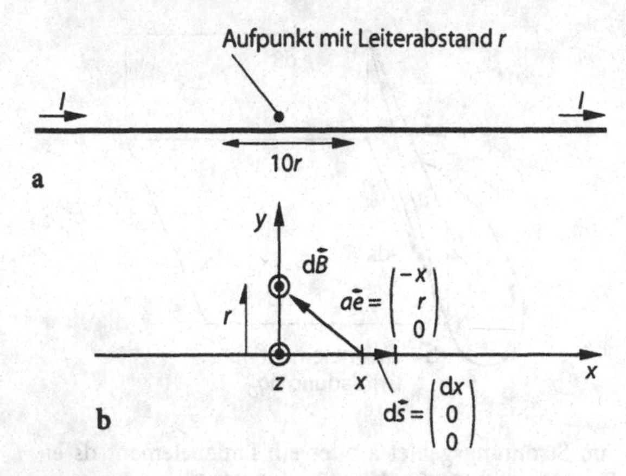

Bild 9.6 Zur Berechnung des Magnetfeldes eines langen Linienleiters im leeren Raum. a Anordnung des Aufpunktes im Abstand r vom Leiter, b Koordinatensystem mit x-Achse im Leiter. Darstellung gegenüer a vergrößert.

oder (9.9) werden als *Gesetz von Biot und Savart*[5] bezeichnet. Wenn die Stromverteilung gegeben ist, kann mit ihnen das Magnetfeld in jedem Punkt des leeren Raumes, außer im Linienleiter selbst, durch Integration bestimmt werden.

Warum ist das „Innere des Linienleiters" auszuschließen? Dort würde der Flussdichtebetrag über alle Grenzen gehen. Im realen Leiter bleibt die Flussdichte aber endlich. Das Linienleitermodell versagt in seinem „Inneren" – genau wie das Punktladungsmodell der Elektrostatik. Als Faustregel gilt: Für den Nahbereich – d.h. für Aufpunkte, die im Volumen des zum Linienleiter reduzierten Originalleiters liegen – liefert Gl. (9.9) unrealistische Ergebnisse.

Beispielsweise soll mit Gl. (9.9) das Magnetfeld eines langen geraden Leiters (Bild 9.6a) im Abstand r vom Leiter bestimmt werden. Außerdem ist zu ermitteln, wieviel der unmittelbar dem Aufpunkt benachbarte Leiterabschnitt mit der Länge $10r$ zum Feld beiträgt.

Der Beitrag $\mathrm{d}\vec{B}$ des Linienelementes (vgl. Bild 9.6b), das sich bei der Koordinate x auf der x-Achse befindet, ist
$\mathrm{d}\vec{B} = \frac{\mu_0 I}{4\pi}\frac{\mathrm{d}\vec{s}\times\vec{e}}{a^2} = \frac{\mu_0 I}{4\pi}\frac{\mathrm{d}\vec{s}\times a\vec{e}}{a^3} = \frac{\mu_0 I}{4\pi\sqrt{(r^2+x^2)}^3}\begin{pmatrix}\mathrm{d}x\\0\\0\end{pmatrix}\times\begin{pmatrix}-x\\r\\0\end{pmatrix}$. Durch Ausmultiplizieren des Vektorproduktes erhält man $\mathrm{d}\vec{B} = \frac{\mu_0 I}{4\pi\sqrt{(r^2+x^2)}^3}\begin{pmatrix}0\\0\\r\mathrm{d}x\end{pmatrix}$. Die x- und y-Koordinaten von $\vec{B}$ sind Null. Der Feldbeitrag eines symmetrisch zum Aufpunkt angeordneten Leiterabschnittes mit der beliebigen Länge $2X$ folgt aus dem Integral
$B_Z = \frac{\mu_0 Ir}{4\pi}\int_{-X}^{X}\frac{\mathrm{d}x}{\sqrt{(r^2+x^2)}^3}$.

Aus einer Integraltabelle liest man $\int\frac{\mathrm{d}x}{\sqrt{(r^2+x^2)}^3} = \frac{x}{r^2\sqrt{(r^2+x^2)}}$ ab, womit sich

[5] J. B. Biot 1774–1862, F. Savart 1791–1841

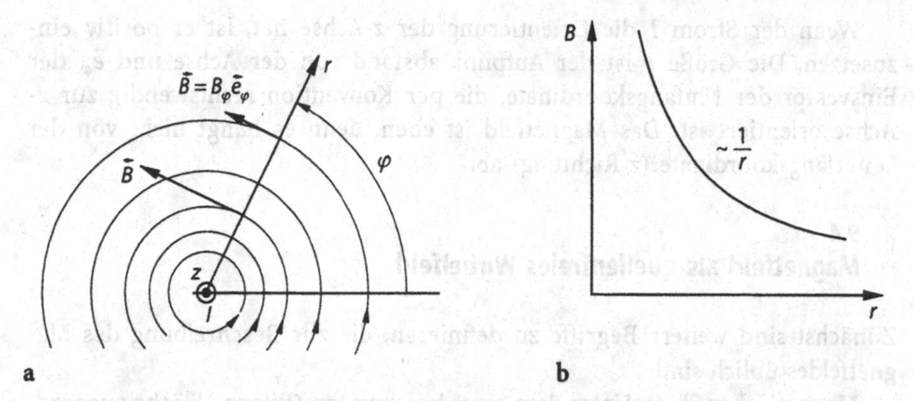

Bild 9.7 Magnetisches Feld eines langen, geraden in der z-Achse eines Zylinderkoordinatensystems angeordneten Linienleiters. a Feldlinien in einer Ebene z = const, b Feldbetrag in Funktion des Aufpunktabstandes r

$B_Z = \frac{\mu_0 I r}{4\pi}\left[\frac{x}{r^2\sqrt{(r^2+x^2)}}\right]_{-X}^{X} = \frac{\mu_0 I}{2\pi r}\frac{X}{\sqrt{(r^2+X^2)}}$ ergibt. Für $X = \infty$ hat der rechte Bruch den Wert 1, für $X = 5r$ den Wert $5/\sqrt{26} = 0{,}98$. Berücksichtigt man den unendlich lang vorgestellten Leiter in seiner Gänze ($X = \infty$), erhält man $B_Z = \frac{\mu_0 I}{2\pi r}$. Der $10r$ lange Leiterabschnitt (Bild 9.6a) trägt dazu den Hauptanteil von 98% bei. Dieses hohe Gewicht berechtigt dazu, das Magnetfeld bei *weit entferntem Rückleiter* so zu berechnen, als existiere er nicht; d. h. das eigentlich auszuwertende *Ring*integral nach Gl. (9.9) für den ganzen Stromkreis durch ein *Linien*integral für den aufpunktsnahen Teil des Stromkreises anzunähern.

Beispiel: $I = 5A$, $r = 1\text{cm} \Rightarrow B_Z = 100\mu\text{T}$ (Erdmagnetfeld zum Vergleich: $\approx 40\mu\text{T}$).

Löst man sich von dem im Beispiel gewählten Koordinatensystem, ist das Magnetfeld $\vec{B}$ eines sehr langen geraden Linienleiters durch folgende Angaben charakterisiert: $\vec{B}$ steht senkrecht auf der Ebene, in der Aufpunkt und Leiter liegen; der Betrag B ist dem Abstand r des Aufpunktes vom Leiter umgekehrt proportional[6]; die Feldlinien von $\vec{B}$ in jeder zum Leiter senkrechten Ebene sind Kreise mit dem Leiter im Zentrum; das Feld ist zylindersymmetrisch; die Orientierung von $\vec{B}$ ist rechtswendig zur Stromorientierung (Bild 9.7a).

Alle genannten Eigenschaften des berechneten Magnetfeldes, das von einem geraden langen Linienleiter erregt wird, lassen sich in Zylinderkoordinaten durch die Gleichung

$$\vec{B} = \frac{\mu_0 I}{2\pi r}\vec{e}_\varphi \tag{9.10}$$

ausdrücken. Der gerade Linienleiter liegt in der z-Achse des Koordinatensystems.

[6]Das Magnetfeld des stromdurchflossenen Leiters ($\sim a^{-1}$) nimmt also langsamer mit zunehmender Entfernung ab als das der bewegten Ladung nach Gl. 9.4 ($\sim a^{-2}$).

Wenn der Strom I die Orientierung der z-Achse hat, ist er positiv einzusetzen. Die Größe r ist der Aufpunktabstand von der Achse und $\vec{e}_\varphi$ der Einsvektor der Umfangskoordinate, die per Konvention rechtswendig zur z-Achse orientiert ist. Das Magnetfeld ist eben, denn es hängt nicht von der Leiterlängskoordinate (z-Richtung) ab.

9.4 Magnetfeld als quellenfreies Wirbelfeld

Zunächst sind weitere Begriffe zu definieren, die zur Beschreibung des Magnetfeldes üblich sind.

Magnetischer Fluss. Unter dem einer bestimmten (Bilanz-)Fläche zugeordneten *magnetischen Fluss*

$$\Phi = \int_{\text{Fläche}} \vec{B} \mathrm{d}\vec{A} \qquad [\Phi]_{\mathrm{SI}} = \mathrm{Vs} = \mathrm{Tm}^2 = \mathrm{Wb} = \mathrm{Weber}^7 \tag{9.11}$$

versteht man den Fluss der magnetischen Flussdichte $\vec{B}$ im Sinne von Abschn. 6.3. Wenn das $\vec{B}$-Feld im Bereich der Bilanzfläche homogen und die Fläche eben ist, geht das Integral in das einfache Produkt $\Phi = \vec{B}\vec{A} = B_n A$ über. Da nur die zur Fläche *normale* (senkrechte) Komponente $\vec{B}_n = B_n \vec{e}_n$ von $\vec{B}$ zum Fluss beiträgt, kann nur die Normalkoordinate B_n und nicht auch die tangentiale aus dem Fluss Φ und der zugehörigen Fläche A gemäß $B_n = \Phi / A$ bestimmt werden. Dieselbe Überlegung hatten wir schon für die Berechnung der Stomdichte $\vec{S}$ aus dem Strom I in Abschn. 8.1 angestellt.

Ferner hatten wir den *elektrischen* Fluss Ψ als Fluss der *elektrischen Flussdichte* $\vec{D}$ und den *elektrischen Strom* I als Fluss der *elektrischen Stromdichte* $\vec{S}$ kennengelernt. Danach überrascht es nicht, dass der Vektor $\vec{B}$ als *magnetische Flussdichte* bezeichnet wird.

Durch sorgfältiges Messen eines beliebigen Magnetfeldes lässt sich bestätigen, dass der Hüllenfluss aus einem beliebigen Bilanzvolumen nach

$$\oint_{\text{Hülle}} \vec{B} \mathrm{d}\vec{A} = \oint_{\text{Hülle}} B_n \mathrm{d}A = 0 \tag{9.12a}$$

stets Null ist. *Magnetfelder sind quellenfrei.* Das Naturgesetz Gl. (9.12a) gilt unabhängig davon, ob die Hülle einen Leiter oder ein Strömungsgebiet ($\vec{S}$-Feld) umschließt oder nicht. Der in die Hülle eintretende Fluss tritt nach Gl. (9.12a) in einem anderen Bereich der Hülle in gleicher Höhe wieder aus. Die magnetische Flussdichte $\vec{B}$ ist in dieser Hinsicht mit der Strömungsgeschwindigkeit einer inkompressiblen Flüssigkeit vergleichbar.

---

[7] W. Weber 1804–1894

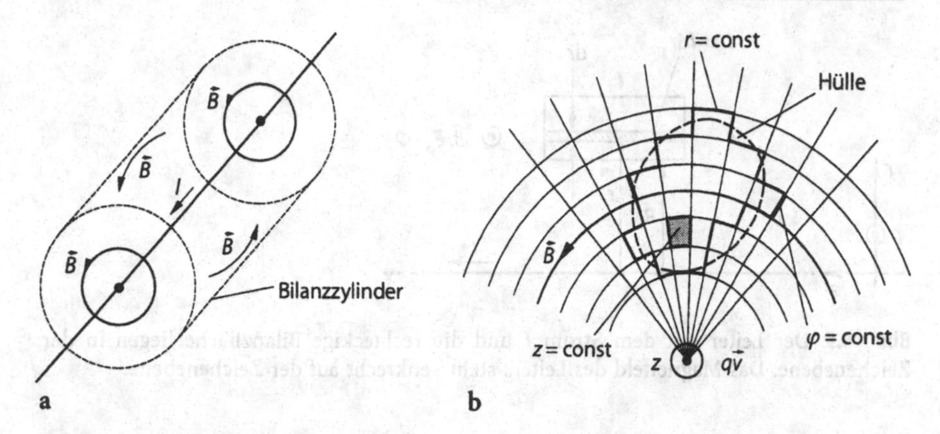

Bild 9.8 Zur Quellenfreiheit des magnetischen Flussdichte $\vec{B}$. **a** Zylinder als spezielle Bilanzhülle für Gl. (9.12a) mit dem stromführenden Leiter als Achse **b** Beliebige Bilanzhülle im Feld einer längs der z-Achse bewegten Ladung

Wendet man Gl. (9.12a) auf ein sehr kleines Raumgebiet an, in dem $\vec{B}$ praktisch konstant (homogen) ist, folgt mit Gl. (6.16) (Definition der Divergenz eines Vektorfeldes)

$$\operatorname{div} \vec{B} = 0. \tag{9.12b}$$

Die Gl. (9.12a) drückt die Quellenfreiheit der magnetischen Flussdichte in Integralform aus, Gl. (9.12b) in Differentialform. Die Feldlinien der Flussdichte sind geschlossene Kurven. Man vergleiche den Gauß'schen Satz (Gln. (7.24) und (7.27)) für das elektrische Feld mit Gl. (9.12a bzw. b), um die Ähnlichkeiten und den Unterschied zu erkennen.

Dass das Hüllenintegral nach Gl. (9.12a) gleich Null ist, folgt für das Beispiel einer speziellen, zylindrischen Hülle (Bild 9.8a) um einen langen geraden Leiter unmittelbar aus der Anschauung. Das Feld verläuft an den Deckelflächen und am Mantel des Zylinders tangential. Damit ist B_n überall auf der Bilanzhülle gleich Null.

Aber auch bei beliebiger Hülle in beliebiger Lage (Bild 9.8b) erfüllt die magnetische Flussdichte $\vec{B}$ die gleichwertigen Gln. (9.12a und b). Stellt man sich die Hülle bei einer längs der z-Achse, d. h. senkrecht zur Zeichenebene bewegten Ladung zur Veranschaulichung durch lauter kleine Koordinatenflächen ($r = \text{const}$, $\varphi = \text{const}$ oder $z = \text{const}$) realisiert vor, durchqueren Teilflüsse wegen der Rotationssymmetrie des Magnetfeldes nur die Flächen $\varphi = \text{const}$. In Bild 9.8b ist ein solches Flächenpaar hervorgehoben. Jede Feldlinie tritt durch eine Fläche $\varphi = \text{const}$ in die Hülle ein und durch eine gleich große Fläche bei gleichem Flussdichtebetrag wieder aus. Damit ist der Hüllenfluss nach Gl. (9.12a) als vorzeichenrichtige Summe aller Teilflüsse Null. Diese Begründung für die Quellenfreiheit von $\vec{B}$ gilt zunächst nur für das Magnetfeld einer bewegten Punktladung und eine „eckige" Hüllfläche. Da man sich jedes

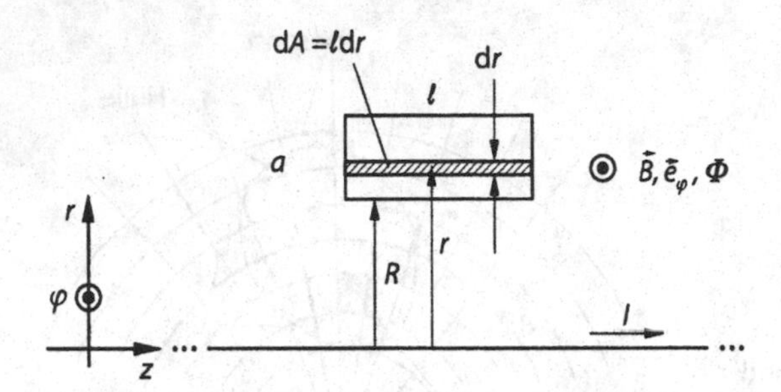

Bild 9.9 Der Leiter mit dem Strom I und die rechteckige Bilanzfläche liegen in der Zeichenebene. Das Magnetfeld des Leiters steht senkrecht auf der Zeichenebene.

$\vec{B}$-Feld aus der Überlagerung von Teilfeldern nach Art von Gl. (9.4c) vorstellen kann, ist *jedes $\vec{B}$-Feld quellenfrei.* Die Hüllflächen können auch glatt ohne Ecken und Kanten sein. Dann sind die Koordinatenflächenstücke *differentiell klein* vorzustellen.

Beispielsweise ist der Fluss Φ des Magnetfeldes eines langen geraden Leiters, der den Strom I führt, durch ein in der Leiterebene liegendes leiterparalleles Rechteck zu berechnen (Bild 9.9).

In den nach Bild 9.9 eingeführten Zylinderkoordinaten (r, φ, z) ist die magnetische Flussdichte nach Gl. (9.10) durch $\vec{B} = \mu_0 I \vec{e}_\varphi/(2\pi r)$ gegeben. Zur Auswertung von Gl. (9.11) muss man sich für eine Orientierung des Flächenelementes mit dem Betrag $\mathrm{d}A = l\mathrm{d}r$ entscheiden. Wir wählen $\mathrm{d}\vec{A} = l\mathrm{d}r\vec{e}_\varphi$ und haben damit den Zählpfeil des magnetischen Flusses in Richtung von $+\vec{e}_\varphi$ festgelegt. Das Differential $\mathrm{d}\Phi = \vec{B}\mathrm{d}\vec{A}$ des magnetischen Flusses ergibt sich mit dem festgelegten Flächenelement zu $\mathrm{d}\phi = \dfrac{\mu_0 I}{2\pi r}\vec{e}_\varphi l\mathrm{d}r\vec{e}_\varphi$. Wir vereinfachen den Ausdruck mit $\vec{e}_\varphi\vec{e}_\varphi = 1$ und erhalten durch Integration $\phi = \dfrac{\mu_0 Il}{2\pi}\displaystyle\int_R^{R+a}\dfrac{\mathrm{d}r}{r} = \dfrac{\mu_0 Il}{2\pi}[\ln r]_R^{R+a} = \dfrac{\mu_0 Il}{2\pi}\ln(1 + a/R)$. Der Fluss ist dem Strom I und der Längsausdehnung l des Rechtecks proportional. Für $R \to 0$ oder für $a \to \infty$ erhält man $\phi \to \infty$. Für eine sehr schmale Fläche $(a \ll R)$ folgt aus dem Ergebnis mit der für $|x| \ll 1$ gültigen Näherungsformel $\ln(1 + x)$ der einfachere Ausdruck $\phi = \dfrac{\mu_0 I}{2\pi R}la$.

Magnetische Feldstärke. Vor der Behandlung des Durchflutungssatzes Gl. (9.17), der das Magnetfeld als *Wirbelfeld* charakterisiert, führen wir zunächst die *magnetische Feldstärke* oder *magnetische Erregung*

$$\vec{H} = \frac{\vec{B}}{\mu_0} \qquad [H]_{\mathrm{SI}} = \frac{\mathrm{Vs}}{\mathrm{m}^2}\frac{\mathrm{Am}}{\mathrm{Vs}} = \frac{\mathrm{A}}{\mathrm{m}} \tag{9.13}$$

als ein weiteres magnetisches Feld ein.

Zahlenbeispiel: Die Flussdichte des Erdmagnetfeldes liegt in unseren Breiten bei $B = 40\mu\mathrm{T}$. Mit μ_0 nach Gl. (9.6) beträgt die zugehörige magnetische Erdfeldstärke $H = 126\ \mathrm{A/m}$.

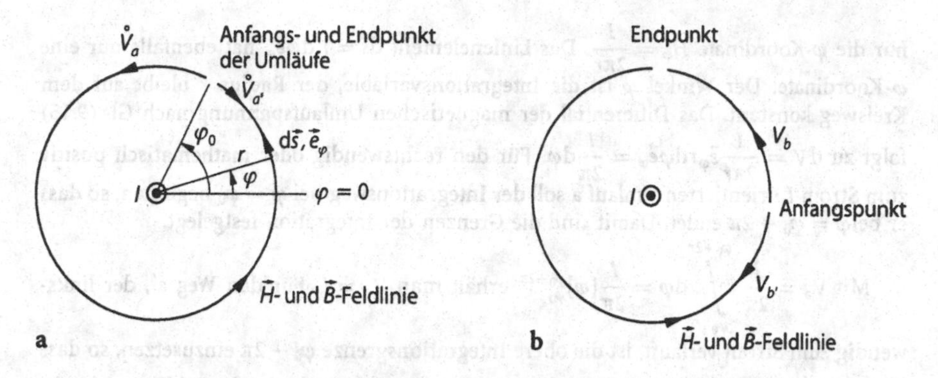

Bild 9.10 a Magnetische Umlaufspannung $\mathring{V}$, b magnetische Spannung V

Die einfache Verknüpfung der beiden Feldgrößen $\vec{H}$ und $\vec{B}$ durch Gl. (9.13) trifft so nur für den leeren Raum und in Stoffen zu, die nicht auf das Magnetfeld zurückwirken. Die Einführung des $\vec{H}$-Feldes an dieser Stelle erscheint überflüssig. Sie ist dadurch gerechtfertigt, dass der später behandelte *Durchflutungssatz* Gl. (9.17), wenn man ihn mit $\vec{H}$ statt $\vec{B}$ formuliert, *die* Gestalt annimmt, die auch für magnetisch aktive Stoffe stimmt.

Magnetische Spannung und magnetische Umlaufspannung. Das Linienintegral der magnetischen Feldstärke längs eines gegebenen orientierten Weges wird als die *magnetische Spannung*

$$V = \int_{\text{Weg}} \vec{H} d\vec{s} \qquad [V]_{\text{SI}} = \text{A} \tag{9.14}$$

bezeichnet. Im Gegensatz zur *elektrischen* Spannung im elektrostatischen Feld hängt die *magnetische* Spannung nicht nur von der Lage der beiden Endpunkte des Weges ab, sondern auch von dessen Verlauf. Zur Definition der Größe V gehört stets die vollständige Information über den Weg, wie anhand Bild 9.10 erläutert ist.

Im speziellen Fall, dass der Weg ein geschlossener, zu seinem Ausgangspunkt zurückkehrender Umlauf ist, bezeichnet man die zugehörige magnetische Spannung als *magnetische Umlaufspannung*

$$\mathring{V} = \oint_{\text{Umlaufweg}} \vec{H} d\vec{s}. \tag{9.15}$$

Beispielsweise sollen die magnetischen Umlaufspannungen $\mathring{V}_a$ und $\mathring{V}_{a'}$ um den langen geraden Linienleiter (Bild 9.10) für die zwei konzentrisch zum Leiter verlaufenden, gegensinnigen, kreisförmigen Umläufe a und a′ nach Gl. (9.15) berechnet werden. Die magnetische Feldstärke beträgt nach Gl. (9.10) und Gl. (9.13) $\vec{H} = \frac{I}{2\pi r}\vec{e}_\varphi$. Sie besitzt nur die φ-Koordinate $H_\varphi = \frac{I}{2\pi r}$. Das Linienelement $d\vec{s} = r\,d\varphi\vec{e}_\varphi$ hat ebenfalls nur eine φ-Koordinate. Der Winkel φ ist die Integrationsvariable, der Radius r bleibt auf dem Kreisweg konstant. Das Differential der magnetischen Umlaufspannung nach Gl. (9.15) folgt zu $d\overset{\circ}{V} = \frac{I}{2\pi r}\vec{e}_\varphi r d\varphi \vec{e}_\varphi = \frac{I}{2\pi}d\varphi$. Für den rechtswendig oder mathematisch positiv zum Strom I orientierten Umlauf a soll der Integrationsweg bei $\varphi = \varphi_0$ beginnen, so dass er bei$\varphi = \varphi_0 + 2\pi$ endet. Damit sind die Grenzen der Integration festgelegt.

Mit $\overset{\circ}{V}_a = \frac{I}{2\pi}\int\limits_{\varphi_0}^{\varphi_0+2\pi} d\varphi = \frac{I}{2\pi}[\varphi]_{\varphi_0}^{\varphi_0+2\pi}$ erhält man $\overset{\circ}{V}_a = I$. Für den Weg a', der linkswendig zum Strom verläuft, ist die obere Integrationsgrenze $\varphi_0 - 2\pi$ einzusetzen, so dass $\overset{\circ}{V}_{a'} = -I$ folgt. Beim Umlauf a wird der Integrationsweg in Richtung der Feldlinien durchlaufen, im Fall a' ihnen entgegen, weshalb sich das Vorzeichen der Umlaufspannung umkehrt.

Ähnliche Überlegungen sind auch für die magnetische Spannung längs eines *nicht* geschlossenen Weges anzustellen. Exemplarisch sollen zwei magnetische Spannungen (Bild 9.10b) berechnet werden. Die magnetische Spannung V_b längs eines Kreissegmentes von 90°, das in Richtung der Feldlinien durchlaufen wird, beträgt $V_b = 0{,}25\,I$. Beginnt und beendet man den Integrationsweg an denselben Punkten, wählt aber einen Weg entgegen den Feldlinien über 270° des Kreises, ergibt sich die magnetische Spannung $V_{b'} = -0{,}75\,I$.

Im Gegensatz zur Berechnung der elektrischen Spannung im elektrostatischen Feld hängt die magnetische Spannung i. Allg. auch vom Wegverlauf ab. Man spricht deshalb besser nicht von einer magnetischen Spannung zwischen zwei Punkten, sondern von einer solchen längs eines bestimmten Weges.

Man darf allerdings für die Berechnung der magnetischen Spannung doch vom vorgeschriebenen Weg abweichen: Der Ersatzweg muss aber denselben Anfangs- und Endpunkt haben und darf mit dem vorgeschriebenen keinen stromführenden Leiter einschließen.

Elektrische Durchflutung. Ein elektrischer Strom, der durch eine Bilanzfläche tritt, wird auch *elektrische Durchflutung* Θ genannt. Der Strom wird durch diese Bezeichnung in einen Zusammenhang mit dem von ihm erregten Magnetfeld gerückt. Die *elektrische Durchflutung* (Bild 9.11)

$$\Theta = \int\limits_{\text{Fläche}} \vec{S}\,d\vec{A} \qquad [\Theta]_{SI} = A \tag{9.16a}$$

ist somit nur eine anderer Name für den elektrischen Strom I nach Gl. (8.3). Wenn statt der Stromdichte $\vec{S}$ Ströme I_μ gegeben sind, tritt die Summe

$$\Theta = \sum_\mu I_\mu \tag{9.16b}$$

an die Stelle des Integrals.

Die elektrische Durchflutung ist nach Gl. (9.16a oder b) einer (Bilanz-) Fläche zugeordnet. Da die Stromdichte gemäß Gl. (8.4c) quellenfrei ist, kann

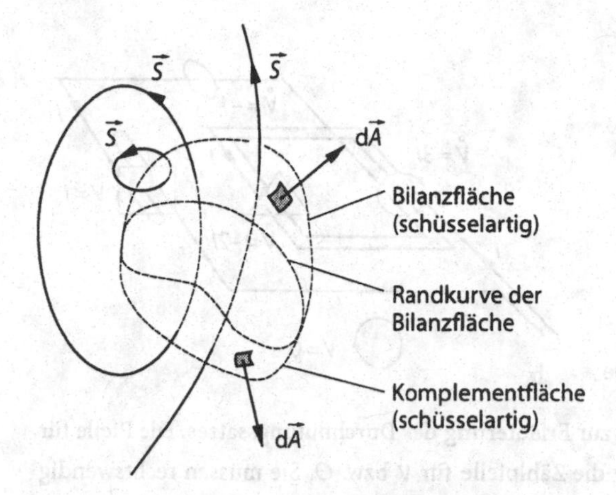

Bild 9.11 Zur elektrischen Durchflutung Θ einer Bilanzfläche tragen nur die mit der Randkurve verketteten Stromlinien bei.

aber die elektrische Durchflutung ebensogut auch der *Randkurve* der Fläche zugeschrieben werden. Man sagt, die Durchflutung sei mit der Randkurve der Fläche *verkettet*.

Zur Erläuterung dieser Behauptung berechnen wir mit Gl. (9.16a) die Durchflutung der schüsselförmigen Bilanzfläche in Bild 9.11 aus der Stromdichte $\vec{S}$ gemäß $\Theta = \int\limits_{\text{Bilanzfläche}} \vec{S}\mathrm{d}\vec{A}$. Wir ergänzen die Bilanzfläche durch eine (Komplement-)Fläche, so dass sie zusammen eine geschlossene Hülle ergeben. Die elektrische Durchflutung der Komplementfläche ist $\Theta' = \int\limits_{\text{Kompl.-fläche}} \vec{S}\mathrm{d}\vec{A}$.

Wegen der Quellenfreiheit der Stromdichte nach Gl. (8.4c) entspringt der Hülle gemäß $\oint \vec{S}\mathrm{d}\vec{A} = \Theta + \Theta' = 0$ kein Strom. Variiert man nun die Bilanzfläche in beliebiger Weise, aber unter Beibehaltung des Randes und der Komplementfläche, ändert sich die Durchflutung Θ' der Komplementfläche nicht. Wegen $\Theta = -\Theta'$ bleibt auch die Durchflutung Θ der Bilanzfläche dieselbe. Obwohl sie nach der Berechnungsformel Gl. (9.16a) zunächst wesentlich mit der Bilanzfläche verknüpft erscheint, ist die Durchflutung bereits durch Festlegung der Randkurve bestimmt, wie oben behauptet wurde. Mit dieser Einsicht sind wir auf den Durchflutungssatz vorbereitet.

Durchflutungssatz. Misst man ein Magnetfeld aus, das durch den konstanten oder langsam veränderlichen Strom eines Stromkreises ohne Kondensatoren erregt wird, und bestimmt aus den gemessenen $\vec{H}$-Vektoren die magnetische Umlaufspannung $\mathring{V}$ nach Gl. (9.15) für einen willkürlich gewählten Umlaufweg, so zeigt sich, dass $\mathring{V}$ und die mit dem Umlaufweg verkettete, nach Gl. (9.16a

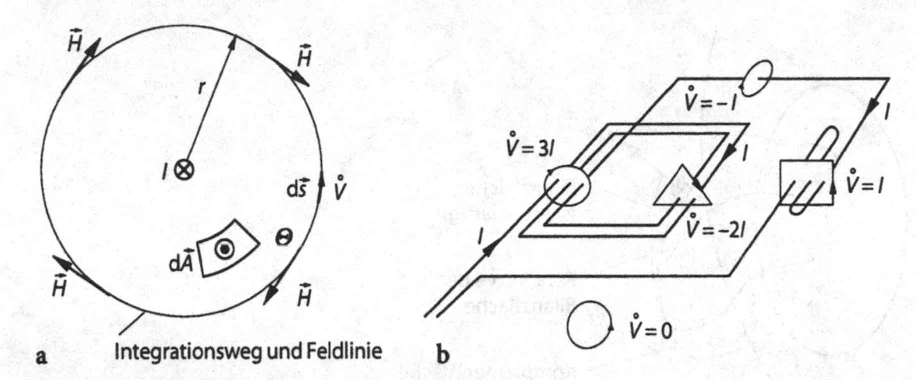

Bild 9.12 Zwei Leiteranordnungen zur Erläuterung des Durchflutungssatzes. Die Pfeile für $d\vec{s}$ und $d\vec{A}$ bezeichnen gleichzeitig die Zählpfeile für $\mathring{V}$ bzw. Θ. Sie müssen rechtswendig zueinander eingeführt sein. **a** Langer gerader Leiter: $\Theta = -I$ nach Gl. (9.16b), $\mathring{V} = -I$ (vgl. Bild 9.10). Bei exzentrischer Verlagerung des Bilanzumlaufes um weniger als r bleiben $\mathring{V}$ und Θ unverändert. **b** Übungsleiterkreis: Umlaufspannungen mit Gl. (9.17) berechnet. Man beachte die Vorzeichen.

oder b) ermittelte elektrische Durchflutung Θ *wertgleich* sind. Das entsprechende Naturgesetz

$$\mathring{V} = \Theta \quad \text{oder} \quad \underset{\text{Randkurve der Fläche}}{\oint \vec{H}\,d\vec{s}} = \underset{\text{Fläche}}{\int \vec{S}\,d\vec{A}} \tag{9.17a, b}$$

wird als *Durchflutungssatz* (Integralform) bezeichnet. Es verknüpft das magnetische Feld (linke Seite) mit dem elektrischen Strömungsfeld (rechte Seite). Es gilt in der vorgestellten Form auch in magnetisch aktiven Materialien, deren $\vec{B}(\vec{H})$-Stoffgesetz wir allerdings noch zu untersuchen haben.

Zur vorzeichenrichtigen Formulierung des Durchflutungssatzes müssen die an sich wählbaren Orientierungen des Integrationsweges ($d\vec{s}$ für $\mathring{V}$) und der Integrationsfläche ($d\vec{A}$ für Θ) miteinander koordiniert sein. Vereinbart ist die *rechtswendige* Zuordnung (Bild 9.12).

Im Beispiel von Bild 9.12a verläuft der Integrationsweg der Einfachheit halber auf einer Feldlinie. Der Durchflutungssatz gilt darüber hinaus *für jeden beliebigen Umlaufweg*. Die Leiteranordnung von Bild 9.12b dient ausschließlich zur Einübung des Durchflutungssatzes.

Wendet man den Durchflutungssatz auf eine sehr kleine ebene Fläche an, erhält man mit der Definition der Rotation (Gl. (6.13)) seine Differentialform

$$\operatorname{rot} \vec{H} = \vec{S}. \tag{9.17c}$$

Die Stromdichte $\vec{S}$ erscheint als die Wirbeldichte der magnetischen Feldstärke $\vec{H}$ (vgl. Abschn. 6.8). Durch Integration von Gl. (9.17c) auf beiden Seiten

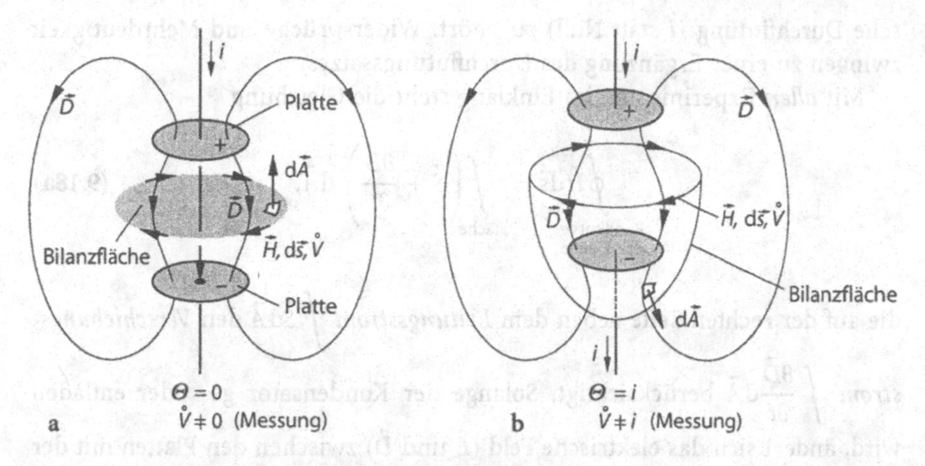

Bild 9.13 Anwendung des Durchflutungsgesetzes auf einen Stromkreis mit Kondensator

über irgendeine Bilanzfläche erhält man $\int \operatorname{rot} \vec{H} d\vec{A} = \int \vec{S} d\vec{A}$. Mit Hilfe des Integralsatzes von Stokes (Gl. (6.18)) kann die linke Seite in das Umlaufintegral $\oint \vec{H} d\vec{s}$ umgeformt werden, womit man zur Integralform des Durchflutungssatzes zurückkehrt.

Der Durchflutungssatz erlaubt nicht, aus gegebenen Strömen die Feldverteilung zu berechnen. Hierfür steht die Formel von Biot und Savart (Gln. (9.8) oder (9.9)) zur Verfügung. Wir können mit dem Durchflutungssatz aber eine angebotene Lösung für das Magnetfeld kontrollieren. In Fällen einfacher Symmetrie gelingt es, mit dem Durchflutungssatz einen erratenen *Ansatz* für das Magnetfeld auszuwerten - wie mit dem Gauß'schen Satz im elektrostatischen Feld.

Wenn ein Kondensator[8] den *Stromkreis unterbricht* (Bild 9.13), misst man während der Ladung oder Entladung des Kondensators mit dem Strom i auch im Bereich des elektrischen Feldes zwischen den Platten eine magnetische Feldstärke $\vec{H}$. Die daraus für den eingezeichneten Umlaufweg errechenbare magnetische Umlaufspannung $\mathring{V}$ ist nicht Null. Wählt man eine den Umlaufweg straff überspannende Bilanzfläche zwischen den Platten (Bild 9.13a), die von keiner Kondensatorzuleitung durchstoßen wird, so ist die elektrische Durchflutung Θ dieser Fläche Null. Für diesen Fall ($\mathring{V} \neq 0$ aber $\Theta = 0$) erweist sich der Durchflutungssatz Gl. (9.17) als falsch. Wählt man eine ausgestülpte Bilanzfläche nach Bild 9.13b, ergibt sich $\Theta = i$. Die gemessene Umlaufspannung hat aber nicht den Wert i. Sie passt somit wieder nicht zu Θ. Das Ergebnis irritiert auch dadurch, dass demselben Umlaufweg jetzt eine andere elektri-

[8] Der Rest des Abschnittes 9.4 kann bei der ersten Lektüre überschlagen werden.

sche Durchflutung (i statt Null) zugehört. Widersprüche und Mehrdeutigkeit zwingen zu einer Ergänzung des Durchflutungssatzes.

Mit *allen* Experimenten im Einklang steht die Gleichung

$$\oint\limits_{\substack{\text{Randkurve}\\ \text{der Fläche}}} \vec{H}\mathrm{d}\vec{s} = \int\limits_{\text{Fläche}} \left(\vec{S} + \frac{\partial \vec{D}}{\partial t}\right) \mathrm{d}\vec{A}, \tag{9.18a}$$

die auf der rechten Seite neben dem *Leitungsstrom* $\int \vec{S}\mathrm{d}\vec{A}$ den *Verschiebungsstrom* $\int \frac{\partial \vec{D}}{\partial t}\mathrm{d}\vec{A}$ berücksichtigt. Solange der Kondensator ge- oder entladen wird, ändert sich das elektrische Feld ($\vec{E}$ und $\vec{D}$) zwischen den Platten mit der Zeit ($\frac{\partial \vec{D}}{\partial t} \neq \vec{0}$). Durch die Bilanzfläche in Bild 9.13a fließt – auch im Vakuum – ein Verschiebungsstrom $\int \frac{\partial \vec{D}}{\partial t}\mathrm{d}\vec{A}$, dessen Betrag vom Inhalt der Bilanzfläche mitbestimmt wird. Die Summe aus Verschiebungsstrom und Leitungsstrom ist nach Gl. (9.18a) wertgleich mit der magnetischen Umlaufspannung $\oint \vec{H}\mathrm{d}\vec{s}$. Die Gestalt der dem Umlaufweg zugeordneten Bilanzfläche entscheidet über die Aufteilung der magnetischen Umlaufspannung in Verschiebungs- und Leitungsstrom.

Die Differentialform der Gl. (9.18a)

$$\operatorname{rot} \vec{H} = \vec{S} + \frac{\partial \vec{D}}{\partial t} \tag{9.18b}$$

enthält auf ihrer „elektrischen" (rechten) Seite zusätzlich zur Leitungsstromdichte $\vec{S}$ die Verschiebungsstromdichte $\partial\vec{D}/\partial t$. Sie darf nicht mit einer auf Ladungstransport beruhenden Strömung verwechselt werden. Die Gln. (9.18a und b) sind allgemeingültig. Sie stimmen auch, wenn Kondensatoren den Stromkreis unterbrechen und bei schnellveränderlichen Vorgängen.

In Bereichen mit kleinem elektrischen Feld ist $\partial\vec{D}/\partial t$ gegenüber S zu vernachlässigen. Für solche *magnetischen* Anordnungen genügt Gl. (9.17). Die Stromdichte $\vec{S}$ ist dann quellenfrei. Die Summe $\vec{S} + \partial\vec{D}/\partial t$ ist immer quellenfrei. Ein Kondensator unterbricht den Leitungsstrom. Erst der Verschiebungsstrom innerhalb des Kondensators schließt den Stromkreis.

9.5 Magnetisches Vektor- und Skalarpotential

Die Magnetfeldberechnung vereinfacht sich gegenüber der Methode nach Biot und Savart (Gl. (9.8 oder 9.9)) in vielen Fällen, wenn man, ähnlich wie im elek-

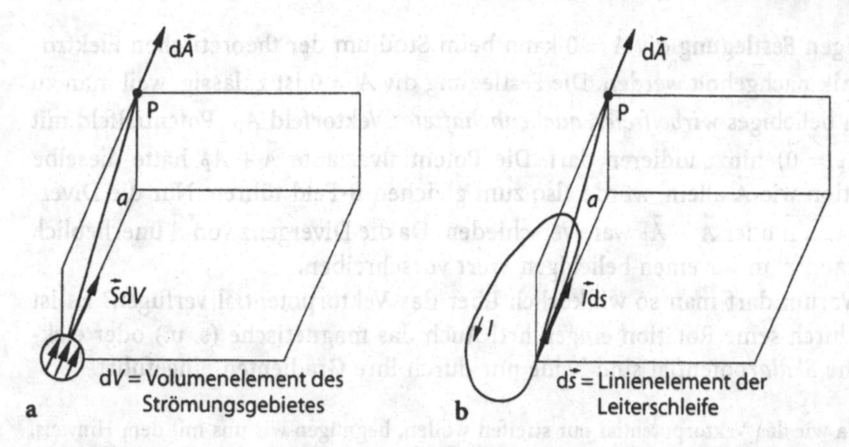

Bild 9.14 Zur Berechnung des magnetischen Vektorpotentiales $\vec{A}$. **a** Strömungsgebiet, **b** Leiterschleife

trostatischen Feld, zuerst ein *Potential* durch Integration berechnet und dann durch *Differentiation* das eigentlich gesuchte Magnetfeld ermittelt. Der Umweg lohnt, wenn Integration und Differentiation zusammen einfacher verlaufen als die direkte Integration nach Biot und Savart.

Das *magnetische Vektorpotential*[9]

$$\vec{A} = \frac{\mu_0}{4\pi} \int\limits_{\substack{\text{Strömungs-}\\ \text{gebiet}}} \frac{\vec{S}\mathrm{d}V}{a} \quad \text{oder} \quad \vec{A} = \frac{\mu_0 I}{4\pi} \oint\limits_{\substack{\text{Leiter-}\\ \text{schleife}}} \frac{\mathrm{d}\vec{s}}{a} \qquad [A]_{\mathrm{SI}} = \mathrm{Tm} \tag{9.19a, b}$$

eines Strömungsgebietes (Gl. (9.19a)) oder einer Leiterschleife (Gl. (9.19b)) ist dadurch bestimmt, dass die Rotation

$$\vec{B} = \operatorname{rot} \vec{A} \tag{9.20}$$

des Potentials gleich der magnetischen Flussdichte ist. Die Gln. (9.19) gelten nur, wenn der ganze Raum mit $\mu = \mu_0$ magnetisch neutral, insbesondere eisenfrei ist.

Der Nenner a im Integranden ist der Abstand vom Aufpunkt P (Bild 9.14), für den das magnetische Vektorpotential $\vec{A}$ gilt, zum Volumenelement dV bzw. zum Linienelement d$\vec{s}$. Letzteres ist wie der Stromzählpfeil zu orientieren. Die Gl. (9.19b) folgt aus Gl. (9.19a), indem man wie beim Gesetz von Biot und Savart den Term $S\mathrm{d}V$ durch $I\mathrm{d}\vec{s}$ ersetzt.

Die Herleitung der Integralformeln Gl. (9.19a und 9.19b) aus den Gleichungen des Magnetfeldes $\operatorname{div}\vec{B} = 0$, $\operatorname{rot}\vec{H} = \vec{S}$ und $\vec{B} = \mu_0\vec{H}$ sowie der zweck-

[9] Das Vektorpotential wird hier – wie üblich – mit $\vec{A}$ bezeichnet. Die Größe ist in keiner Weise mit einem Flächenvektor verwandt, für den man dasselbe Symbol benutzt.

mäßigen Festlegung $\operatorname{div}\vec{A} = 0$ kann beim Studium der theoretischen Elektrotechnik nachgeholt werden. Die Festlegung $\operatorname{div}\vec{A} = 0$ ist zulässig, weil man zu $\vec{A}$ ein beliebiges *wirbelfreies, quellenbehaftetes* Vektorfeld $\vec{A}_P$ (Potentialfeld mit $\operatorname{rot}\vec{A}_P = \vec{0}$) hinzuaddieren darf. Die Potentialvariante $\vec{A} + \vec{A}_P$ hätte dieselbe Rotation wie $\vec{A}$ allein, würde also zum gleichen $\vec{B}$-Feld führen. Nur die Divergenz von $\vec{A}$ oder $\vec{A} + \vec{A}_P$ wäre verschieden. Da die Divergenz von $\vec{A}$ unerheblich ist, kann man ihr einen beliebigen Wert vorschreiben.

Warum darf man so willkürlich über das Vektorpotential verfügen? Es ist nur durch seine Rotation eingeführt! Auch das magnetische (s. u.) oder elektrische *Skalar*potential sind beide nur durch ihre Gradienten eingeführt.

Da wir das Vektorpotential nur streifen wollen, begnügen wir uns mit dem Hinweis, dass das Feld eines geraden Linienleiters mit der Stromstärke I nach Gl. (9.19b) das Vektorpotential $\vec{A} = \vec{e}_z \frac{\mu_0 I}{2\pi} \ln \frac{r_0}{r}$ hat. Der Einsvektor $\vec{e}_z$ hat die Richtung des Leiters und die Orientierung des Stromzählpfeiles. Das Symbol r bezeichnet den Abstand des Aufpunktes vom Leiter und r_0 einen festgesetzten Bezugsradius. Das Potential besitzt nur eine z-Komponente, da alle Beiträge $\mathrm{d}\vec{A}$ zum Integral Gl. (9.19b) die Richtung von $\vec{e}_z$ haben, und es hängt nur vom Abstand r ab. Mit Hilfe der Formel für die Rotation in Zylinderkoordinaten [MeVa] kontrollieren wir, ob $\operatorname{rot}\vec{A}$ das mit Gl. (9.10) beschriebene $\vec{B}$-Feld ergibt. Wir erhalten $\vec{B} = \operatorname{rot}\vec{A} = -\vec{e}_\varphi \frac{\partial A_z}{\partial r} = -\vec{e}_\varphi \frac{\mu_0 I}{2\pi} \frac{\partial}{\partial r}\left(\ln \frac{r_0}{r}\right) = -\vec{e}_\varphi \frac{\mu_0 I}{2\pi}\left(\frac{-1}{r}\right)$ und bestätigen damit das aus Gl. (9.10) bekannte Ergebnis $\vec{B} = \vec{e}_\varphi \frac{\mu_0 I}{2\pi r}$.
B hängt erwartungsgemäß nicht von der Hilfsgröße r_0 ab, die dem Logarithmusargument der Potentialformel die Dimension Eins gibt.

Aus dem Gesetz von Biot und Savart lässt sich für das Feld von Linienleiterkreisen auch ein *magnetisches Skalarpotential*

$$\psi = \frac{I}{4\pi} \int\limits_{\substack{\text{Fläche über} \\ \text{Leiterkreis}}} \frac{\vec{e}\,\mathrm{d}\vec{A}}{a^2} \qquad [\psi]_{\mathrm{SI}} = \mathrm{A} \tag{9.21}$$

herleiten, dessen Gradient gemäß

$$\vec{H} = -\operatorname{grad}\psi \tag{9.22}$$

die magnetische Feldstärke ist. Als Integrationsfläche für Gl. (9.21) ist jede Fläche geeignet, welche die Linienleiterschleife als Rand hat (Bild 9.15a). Jedes Element $\mathrm{d}\vec{A}$ dieser Fläche hat seinen Abstand a zum Aufpunkt P. Der Einsvektor $\vec{e}$ zeigt wieder vom Integrationselement zum Aufpunkt. Die Orientierung der Flächenelementvektoren $\mathrm{d}\vec{A}$ ist rechtswendig zum Stromzählpfeil festzulegen. Das magnetische Skalarpotential ist nur über seinen Gradienten eingeführt, so dass wegen $\operatorname{grad} c = \vec{0}$ beliebige Konstanten c hinzuaddiert werden dürfen.

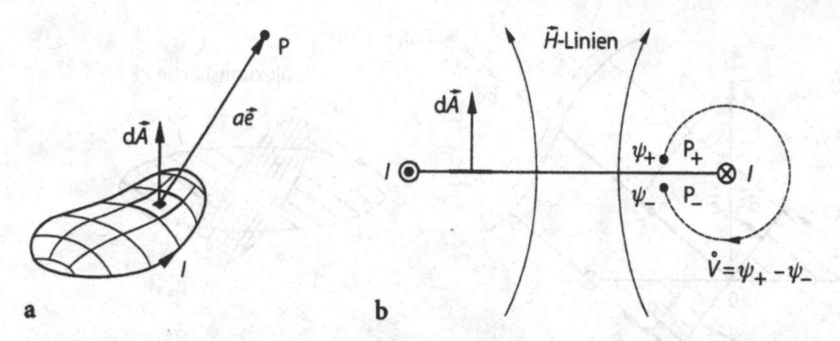

Bild 9.15 Zum magnetischen Skalarpotential. **a** Die Integrationsfläche für Gl. (9.21) hat den Leiter als Rand. **b** Das Skalarpotential nach Gl. (9.21) ist unstetig in der Integrationsfläche.

Wie können wir anschaulich erklären, dass das Magnetfeld einer Leiterschleife nach Gl. (9.21) als Integral über eine *Fläche* berechnet werden kann, welche die Leiterschleife als Rand hat? Eigentlich wäre doch ein Linienintegral zu erwarten! Belegt man die Fläche mit kleinen, z. B. rechteckigen Leiterschleifchen, die alle den Strom I mit derselben Orientierung führen und überlagert alle Teilfelder, darf man als Summe der Teilfelder das Magnetfeld der (großen) Leiterschleife erwarten; im Inneren der Fläche kompensieren sich alle Schleifchenströme und mit ihnen die entsprechenden Feldbeiträge. Im Übrigen kennen wir mit dem Stokes'schen Satz (Gl. (6.18)) ganz allgemein die Möglichkeit, ein Umlaufintegral durch ein Flächenintegral auszudrücken.

Es befremdet zunächst, dass die magnetische Feldstärke $\vec{H}$ als *Gradient* eines Skalarfeldes auftritt. Die Zirkulation $\oint \operatorname{grad} \psi d\vec{s}$ eines Gradienten ist *stets* Null. Dagegen verlangt der Durchflutungssatz, dass die Zirkulation $\oint \vec{H} d\vec{s}$ bei einem mit der Leiterschleife verketteten Umlaufweg gleich dem Leiterstrom ist. Wir tragen dieser Komplikation Rechnung, indem wir Gl. (9.22) nur für Aufpunkte *außerhalb der Fläche* auswerten. Ferner werden wir die magnetische Spannung $V_{12} = \int\limits_{\substack{\text{Weg von} \\ 1 \text{ nach } 2}} \vec{H} d\vec{s}$ nur dann als Potentialdifferenz

$$V_{12} = \psi_1 - \psi_2 \tag{9.23}$$

berechnen, wenn der Weg die Integrationsfläche, mit der das Potential ψ nach Gl. (9.21) ermittelt wurde, *nicht kreuzt*.

Die hilfsweise ausgesprochenen Regeln werden verständlich, wenn man beachtet, dass das Potential in der Integrationsfläche *unstetig* ist. Von der negativen Flächenseite zur positiven springt das magnetische Skalarpotential um den Wert des Stromes I. (Aus der positiven Seite einer Fläche tritt der Flächenvektor aus.)

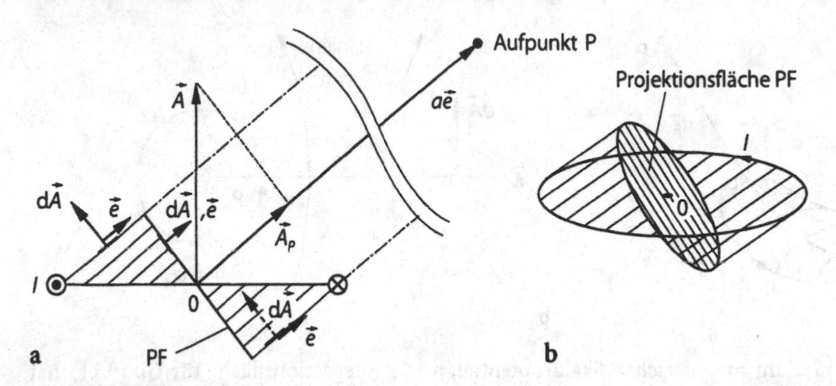

Bild 9.16 Zur Berechnung des magnetischen Fernpotentials einer Leiterschleife. **a** Der Aufpunkt P ist weit entfernt von der Schleife, d. h. die Strichpunkt-Linien verlaufen praktisch parallel zum Einsvektor $\vec{e}$, **b** Die spezielle Integrationsfläche für Gl. (9.21)

Wir betrachten zur Erläuterung in Bild 9.15b eine ebene Leiterschleife (Blick auf die Leiterschleife aus ihrer Ebene heraus), die wir mit einer ebenen Integrationsfläche überspannen. Die infinitesimal eng benachbarten Aufpunkte P_+ und P_- liegen auf der positiven bzw. negativen Seite der Fläche. Das mit Gl. (9.21) ermittelte Potential ψ_+ muss einen positiven Wert haben, da der Integrand für alle Flächenelemente positiv ist. Eine entsprechende Überlegung führt auf einen negativen Wert für ψ_-. Wegen der Symmetrie der Anordnung gilt $|\psi_+| = |\psi_-|$. Das Integral hat die Werte $\psi_+ = I/2$ und $\psi_- = -I/2$. Das Potential besitzt die erwähnte Unstetigkeitseigenschaft $\psi_+ - \psi_- = I$. Die magnetische Spannung auf dem eingezeichneten Weg, die praktisch gleich der Umlaufspannung ist, wird mit Gl. (9.23) richtig berechnet, da der Weg die Fläche nicht durchstößt. Die Leiterschleife ist nur aus Darstellungsgründen eben gewählt. Die Unstetigkeitsbeziehung $\psi_+ - \psi_- = I$ gilt auch bei unebenen Schleifen und Flächen.

Wir wollen jetzt mit Gl. (9.21 und 9.22) das *Fernfeld* einer den Strom I führenden *ebenen* Leiterschleife ansonsten beliebiger Form berechnen. Als fern gelten Aufpunkte, zu denen alle Verbindungslinien von den Leiterelementen praktisch parallel verlaufen (Bild 9.16).

Die Leiterschleife hat den Flächeninhalt A. Der entsprechende Flächenvektor $\vec{A}$ ist rechtswendig zum Stromzählpfeil orientiert. Wir legen einen Nullpunkt 0 in die Gegend der Ebenenmitte und bezeichnen die Entfernung des Aufpunktes P vom Nullpunkt mit a sowie den von 0 nach P zeigenden Einsvektor mit $\vec{e}$. Als Integrationsfläche für Gl. (9.21) wählen wir nicht die sich aufdrängende Leiterschleifenebene, sondern ihre von P aus gesehene Projektionsfläche PF, die um Mantelflächenteile so ergänzt ist, dass die Integrationsfläche (Bild 9.16b) die Leiterschleife als Rand hat. Die Projektionsfläche hat den Inhalt $A_P = \vec{A}\vec{e}$. Bei der Ausführung der Integration hat der Einsvektor $\vec{e}$ für alle Flächenelemente dieselbe Richtung, da der Aufpunkt P voraussetzungsgemäß weit entfernt liegt. Die Mantelteile tragen nichts zum Integral bei, weil $d\vec{A}$ und $\vec{e}$ überall auf dem

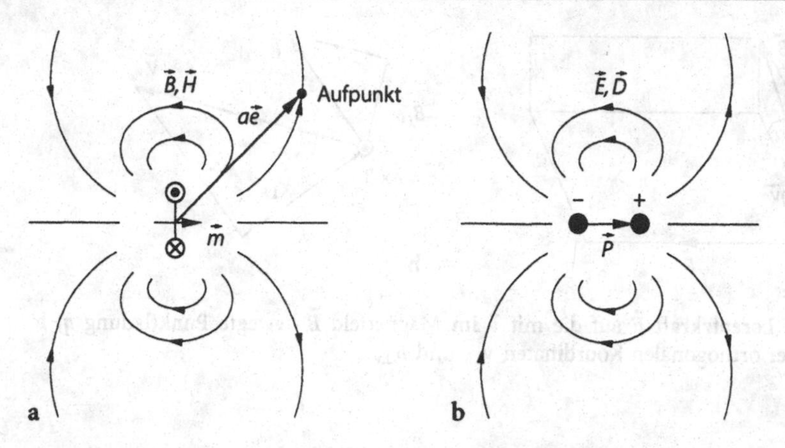

Bild 9.17 Die Fernfeldbilder eines **a** magnetischen Dipols (Leiterschleife) und eines **b** elektrischen Dipols (zwei Punktladungen) sind gleich.

Mantel senkrecht zueinander stehen. Die Elemente $\mathrm{d}\vec{A}$ der Projektionsfläche PF haben alle dieselbe Entfernung a zum Aufpunkt und sind parallel zu $\vec{e}$ gerichtet. Damit erhält man $\int_{\mathrm{PF}} \frac{\vec{e}\mathrm{d}\vec{A}}{a^2} = \frac{1}{a^2}\int_{\mathrm{PF}} \vec{e}\mathrm{d}\vec{A} = \frac{\vec{A}\vec{e}}{a^2} = \frac{A_P}{a^2}$. Das Potential ergibt sich zu $\psi = IA_P/(4\pi a^2) = I\Omega$. Dabei ist $\Omega = A_P/(4\pi a^2)$ der Raumwinkel (in sr, vgl. Tabelle 17.4), unter dem die Leiterschleife vom Aufpunkt P aus erscheint. Fassen wir den Strom I und die Fläche $\vec{A}$ der Leiterschleife nach Gl. (9.1) zum Dipolmoment $\vec{m} = I\vec{A}$ zusammen, erhält man für das magnetische Skalarpotential einer Leiterschleife den Ausdruck

$$\psi = \frac{\vec{m}\vec{e}}{4\pi a^2} \tag{9.24}$$

Das magnetische Skalarpotential einer Leiterschleife ist im Fernbereich gleich verteilt wie das elektrische Potential $\varphi = \vec{p}\vec{e}/(4\pi\varepsilon_0 a^2)$ eines Dipols (Gl. (7.87)).

Deshalb kann Bild 7.40 auch als Potentiallinienbild für ψ betrachtet werden. Die Ähnlichkeit berechtigt dazu, eine Leiterschleife als *magnetischen Dipol* zu bezeichnen, wie in Abschn. 9.1 eingeführt. Wegen $\vec{E} = -\operatorname{grad}\varphi$ und $\vec{H} = -\operatorname{grad}\psi$ sind auch die Feldbilder von $\vec{E}$ und $\vec{H}$ gleich (Bild 9.17).

Das Feld in der Nähe der Dipole ist nicht dargestellt, um daran zu erinnern, dass das magnetische und elektrische Feldbild sich nur *in großem Abstand* von den Dipolen decken. Diese Einschränkung entfällt für Punktdipole (vgl. Abschn. 9.1 und Abschn. 7.25). Jede von Null verschiedene Entfernung ist groß gegen den Durchmesser eines Punktes.

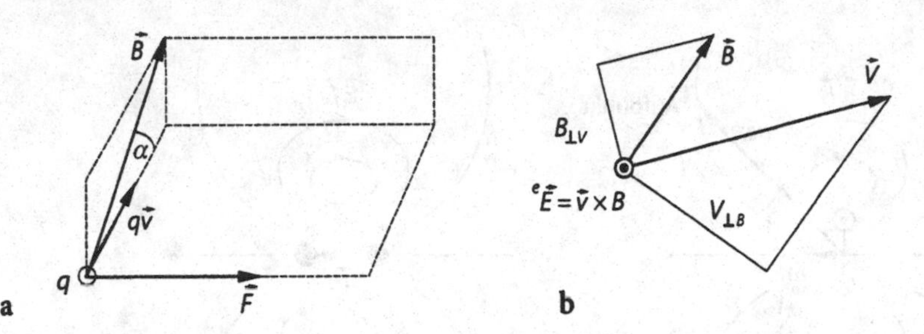

Bild 9.18 a Lorentzkraft $\vec{F}$ auf die mit $\vec{v}$ im Magnetfeld $\vec{B}$ bewegte Punktladung q, b Definition der orthogonalen Koordinaten $v_{\perp B}$ und $B_{\perp v}$

9.6 Kraft auf eine bewegte Ladung im Magnetfeld

Eine mit der Geschwindigkeit $\vec{v}$ im Magnetfeld bewegte Punktladung q erfährt die Kraft

$$\vec{F} = q\vec{v} \times \vec{B}. \tag{9.25a}$$

Die nach Lorentz[10] bezeichnete Kraft $\vec{F}$ steht senkrecht auf $\vec{v}$ und auf der magnetischen Flussdichte $\vec{B}$ (Bild 9.18a).

Anstelle der bewegten Punktladung q betrachten wir jetzt eine mit der Dichte ρ (in C/m^3) verteilte, *bewegte* Ladung. Das Volumenelement dV enthält die Ladung $\mathrm{d}q = \rho \mathrm{d}V$. Auf das Element, das sich mit der Geschwindigkeit $\vec{v}$ bewegen soll, übt das Magnetfeld nach Gl. (9.25a) die Kraft $\mathrm{d}\vec{F} = \rho \mathrm{d}V \vec{v} \times \vec{B}$ aus. Wir bezeichnen $\vec{f} = \mathrm{d}\vec{F}/\mathrm{d}V$ als die Kraftdichte

$$\vec{f} = \rho\vec{v} \times \vec{B}, \qquad [f]_{\mathrm{SI}} = \mathrm{N/m^3} \tag{9.25b}$$

die auf das Volumenelement wirkt.

Im Gegensatz zum elektrostatischen Feld verrichtet das Magnetfeld wegen $\vec{F} \perp \vec{v}$ keine Arbeit an der Ladung. Die Komponente F_v von $\vec{F}$ in Richtung von $\vec{v}$ ist Null.

Der Term $\vec{v} \times \vec{B}$ wird als *eingeprägte elektrische* (oder als nichtelektrische) *Feldstärke*

$$^{e}\vec{E} = \vec{v} \times \vec{B} \tag{9.26}$$

bezeichnet (vgl. Abschn. 8.4), womit die Lorentzkraft und -kraftdichte die Form

$$\vec{F} = q\,^{e}\vec{E} \quad \text{bzw.} \quad \vec{f} = \rho\,^{e}\vec{E} \tag{9.27a, b}$$

annehmen. Hinsichtlich ihrer Kraftwirkung ist die eingeprägte Feldstärke $^{e}\vec{E}$ nicht von der elektrischen Feldstärke $\vec{E}$ zu unterscheiden.

---
[10] H. A. Lorentz 1853–1929

Die Gl. (9.25a) zugehörige Betragsgleichung

$$F = |q|vB \sin\alpha \tag{9.28}$$

zeigt, dass die Ladung keine Kraft erfährt, wenn sie sich entlang einer Magnetfeldlinie ($\alpha = 0$, Bild 9.18a) bewegt. Den Regeln des Vektorproduktes entsprechend kann der Betrag ${}^{e}\vec{E} = vB \sin\alpha$ der eingeprägten Feldstärke auch durch die Koordinaten $v_{\perp B}$ oder $B_{\perp v}$ ausgedrückt werden. Man erhält ${}^{e}\vec{E} = vB_{\perp v} = v_{\perp B}B$. Die $\perp$-Koordinaten folgen aus der Zerlegung des einen Vektors in orthogonale Komponenten zur Basis des anderen (Bild 9.18b). Die Koordinaten $v_{\perp B}$ und $B_{\perp v}$ sind wie der Winkel α nicht negativ.

9.7 Kraft und Drehmoment auf stromführende Leiter

Das Kraftgesetz $\vec{F} = q\vec{v} \times \vec{B}$ beschreibt die Kräfte im Magnetfeld einschließlich derjenigen auf einen stromführenden Leiter vollständig.

Wie im Abschn. 9.3 verstehen wir die Stromdichte $\vec{S} = \rho_D \vec{v}_D$ als strömende Driftladung mit der Driftgeschwindigkeit $\vec{v}_D$ und der Dichte ρ_D (in C/m³). Damit wirkt im Magnetfeld (Flussdichte $\vec{B}$) auf die Driftladung gemäß Gl. (9.25b) die Kraftdichte $\vec{f}_D = \rho_D \vec{v}_D \times \vec{B}$. Ersetzt man darin den Term $\rho_D \vec{v}_D$ durch $\vec{S}$, ergibt sich die Kraftdichte

$$\vec{f} = \vec{S} \times \vec{B} \qquad [f]_{\mathrm{SI}} = \frac{\mathrm{N}}{\mathrm{m}^3} \tag{9.29}$$

auf einen die Stromdichte $\vec{S}$ führenden Leiter.

Hieraus folgt durch Integration die Kraft

$$\vec{F} = \int\limits_{\substack{\text{Strömungs-}\\ \text{gebiet}}} \vec{S} \times \vec{B} dV \tag{9.30}$$

auf den Leiter oder das Strömungsgebiet.

Die Stromdichte in einem sehr dünnen, *linienartigen* Leiter mit dem Querschnitt A verläuft parallel zur Leiterachse, so dass die Kraft $d\vec{F} = \vec{S}dV \times \vec{B}$ auf ein Volumenelement gemäß $\vec{S}dV = \vec{S}Ads = SAd\vec{s} = Id\vec{s}$ auch als Kraft auf ein Linienelement $d\vec{s}$ geschrieben werden kann (Bild 9.19a).

Die Gesamtkraft

$$\vec{F} = I \oint\limits_{\substack{\text{Leiter-}\\ \text{schleife}}} d\vec{s} \times \vec{B} \tag{9.31}$$

auf die linienförmig vorgestellte Leiterschleife erhält man wieder durch Integration.

Die Orientierung des Linienelementes $d\vec{s}$ ist gleich derjenigen des Stromzählpfeils. Wenn kein Eisen oder andere magnetisch aktiven Teile in der Nähe sind, genügt es, für $\vec{B}$ den *fremderregten* Teil des Magnetfeldes einzusetzen.

Das (Eigen-)Feld der Schleife übt in diesem Fall keine *resultierende* Kraft auf die Schleife selbst aus. Die mechanische Beanspruchung der Schleife hängt allerdings auch von den Eigenfeldkräften ab.

Enthält die Schleife ein *gerades* Leiterstück (Bild 9.19b) der Länge l und befindet sich dieses in einem *homogenen* Feld $\vec{B}$, trägt dieser Abschnitt laut Gl. (9.31) mit der Kraft $\vec{F} = I\vec{l} \times \vec{B}$ zur Gesamtkraft bei. Der Längenvektor $\vec{l}$ hat die Richtung der Leitergeraden und die Orientierung des Stromzählpfeiles.

Ein *homogenes* Magnetfeld übt unabhängig von der Schleifenform *keine Kraft* auf die Leiterschleife aus. Die konstanten Koordinaten der magnetischen Flussdichte $\vec{B}$ können in diesem Fall vor das Integral gezogen werden. Die Kraft ist wegen $\oint d\vec{s} = \vec{0}$ Null. Nur ein *inhomogenes* Magnetfeld bildet nach Gl. (9.31) eine resultierende Kraft auf eine Leiterschleife.

In Abschn. 9.1 hatten wir das Drehmoment $\vec{M}_d = \vec{m} \times \vec{B}$ im homogenen Feld $\vec{B}$ auf eine ebene Leiterschleife mit dem Dipolmoment $\vec{m} = I\vec{A}$ zur Definition der magnetischen Flussdichte verwendet. Wir stellen uns die Aufgabe, die Drehmomentformel aus der Lorentzkraft zu gewinnen.

Eine beliebige - auch unebene - Leiterschleife voraussetzend wählen wir einen festen Nullpunkt 0 und bezeichnen die Vektoren von 0 zum Linienelement $d\vec{s}$ der Leiterschleife mit $\vec{r}$. Da auf das Linienelement die Kraft $d\vec{F} = I d\vec{s} \times \vec{B}$ wirkt, bildet sie mit dem „Hebelarmvektor" $\vec{r}$ das Drehmoment $d\vec{M}_d = \vec{r} \times d\vec{F} = \vec{r} \times (I d\vec{s} \times \vec{B})$. Das resultierende Drehmoment auf die Leiterschleife

$$\vec{M}_d = I \oint \vec{r} \times (d\vec{s} \times \vec{B}) \tag{9.32}$$

erhält man wieder als Umlaufintegral. Das Drehmoment hängt nicht von der Wahl des Nullpunktes 0 ab.

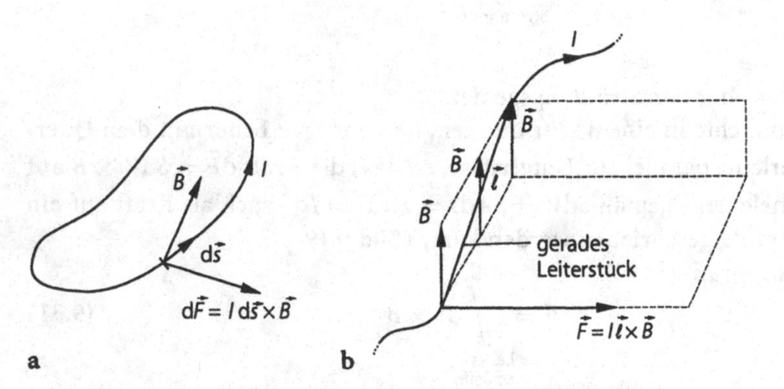

Bild 9.19 Kraft auf einen dünnen stromführenden Leiter (Linienleiter). a Kraft auf Linienelement, b Kraft auf gerades Leiterstück im homogenen Feld

Wir interessieren uns nun für $\vec{M}_\mathrm{d}$ in dem *speziellen Fall* laut Abschn. 9.1, bei dem $\vec{B}$ *homogen* und die Leiterschleife eben ist. Ihr Flächeninhalt soll A betragen. Ohne Einschränkung der Allgemeingültigkeit legen wir den Punkt 0 in die Ebene der Leiterschleife und diese in die Ebene $z = 0$ eines kartesischen Koordinatensystems, deren z-Achse rechtswendig zum Stromzählpfeil orientiert ist. Damit kann der Leiterschleife der Flächenvektor $\vec{A} = A\vec{e}_z$ zugeordnet werden. Mit den Vektoren $\vec{r} = \begin{pmatrix} x \\ y \\ 0 \end{pmatrix}$, $\mathrm{d}\vec{s} = \begin{pmatrix} \mathrm{d}_x \\ \mathrm{d}_y \\ 0 \end{pmatrix}$ und $\vec{B} = \begin{pmatrix} B_x \\ B_y \\ B_z \end{pmatrix}$ erhält man durch Bildung der Vektorprodukte $I \oint \vec{r} \times (\mathrm{d}\vec{s} \times \vec{B}) = I \oint \begin{pmatrix} B_y y\mathrm{d}x - B_x y\mathrm{d}y \\ B_x x\mathrm{d}y - B_y x\mathrm{d}x \\ -B_z x\mathrm{d}x - B_z y\mathrm{d}y \end{pmatrix} = I \begin{pmatrix} -B_y A \\ B_x A \\ 0 \end{pmatrix}$. Der rechtsstehende Vektor ergibt sich mit $\oint y\mathrm{d}x = -A$ und $\oint x\mathrm{d}y = A$. Die Umlaufintegrale über $y\mathrm{d}y$ und $x\mathrm{d}x$ sind jeweils Null. Der rechtsstehende Vektor lässt sich mit $\vec{A} = A\vec{e}_z$ als Vektorprodukt $I\vec{A} \times \vec{B}$ ausdrücken. Mit $\vec{m} = I\vec{A}$ erhalten wir das nach Gl. (9.3) zu erwartende und jetzt aus der Lorentzkraft hergeleitete Ergebnis $\vec{M}_\mathrm{d} = \vec{m} \times \vec{B}$.

Die Gl. (9.32) lässt sich für den Fall eines homogenen Magnetfeldes mit dem *magnetischen Dipolmoment*

$$\vec{m} = I \int\limits_{\substack{\text{Fläche mit}\\ \text{LS als Rand}}} \mathrm{d}\vec{A} = \frac{I}{2} \oint_{\mathrm{LS}} \vec{r} \times \mathrm{d}\vec{s} \qquad (9.33\mathrm{a,b})$$

der Leiterschleife LS weiter vereinfachen, das als Flächen- oder Umlaufintegral berechnet werden kann. Bei der Berechnung von $\vec{m}$ als Flächenintegral sind die Flächenelemente $\mathrm{d}\vec{A}$ rechtswendig zum Stromzählpfeil zu orientieren. Bei der Berechnung des Umlaufintegrals hat das Linienelement $\mathrm{d}\vec{s}$ die Orientierung des Stromzählpfeils. Der Vektor $\vec{r}$ geht von einem festen Punkt 0 zum Linienelement $\mathrm{d}\vec{s}$. Der Vektor $\vec{m}$ hängt nicht von der speziellen Wahl der Integrationsfläche oder des 0-Punktes ab. Die Gln. (9.33) enthalten die Gl. (9.1) als Sonderfall.

Mit dem magnetischen Dipolmoment $\vec{m}$ nach Gl. (9.33) geht Gl. (9.32) bei *homogenem Magnetfeld* in

$$\vec{M}_\mathrm{d} = \vec{m} \times \vec{B} \qquad (9.34)$$

über, was hier ohne Herleitung angegeben ist. In Abschn. 9.1 diente diese Beziehung zur Definition der magnetischer Flussdichte $\vec{B}$. Die Formel gilt mit $\vec{m}$ nach Gl. (9.33a oder b) auch für nicht ebene (räumliche) Leiterschleifen.

Ebenfalls ohne Herleitung wird schließlich ein Ausdruck für die Kraft

$$\vec{F} = \mathrm{grad}(\vec{m}\vec{B}) \qquad (9.35)$$

auf eine *kleine*, stromdurchflossene Leiterschleife mit dem Dipolmoment $\vec{m}$ (konstanter Vektor) angegeben. Eine Schleife ist klein, wenn die Koordinaten des $\vec{B}$-Feldes im Bereich der Schleife praktisch linear mit den Ortskoordinaten variieren (vgl. Gl. (6.25)). Wegen $\vec{m}\vec{B} = mB_m$ und $m = \text{const}$ kann Gl. (9.35) in die Form $\vec{F} = m \operatorname{grad}(B_m)$ gebracht werden. Die Kraft wirkt in Richtung des steilsten Anstiegs von B_m, der Koordinate von $\vec{B}$ in Richtung von $\vec{m}$.

Wenn der Dipol punktartig klein ist, sind die zu den Gln. (9.34) und (9.35) genannten Voraussetzungen immer erfüllt.

9.8 Magnetfeld in Stoffen

Die einen Materiebaustein umkreisenden Elektronen erzeugen ein Magnetfeld wie eine kleine stromdurchflossene Leiterschleife. Ein Atom oder Molekül ist so gesehen ein elementarer magnetischer Dipol oder Punktdipol. Das Magnetfeld jedes dieser Punktdipole ist nach Gl. (9.24) und Bild 9.17a verteilt. Ein resultierendes Feld tritt aber solange nicht in Erscheinung, wie die Dipolachsen regellos in alle Richtungen zeigen. In diesem Fall ist die vektorielle Summe der einzelnen Dipolmomente in jedem Volumenelement Null.

Bei Stoffen mit permanentem Magnetismus herrscht dagegen Ordnung unter den Dipolen. Die angesprochene Summe ist nicht Null. Die geordneten Dipole erregen ein permanentes, d. h. dauerhaftes magnetischen Feld. Bei anderen Stoffen führt erst die Anwesenheit eines äußeren magnetischen Feldes zu einer gewissen Ordnung der Dipole. Sie macht sich wiederum in der Erregung eines Magnetfeldes bemerkbar, das sich dem äußeren Feld überlagert. Der Stoff ist *magnetisiert*, solange das äußere Feld wirkt.

Wir betrachten ein Volumenelement eines Stoffes mit dem Inhalt $\mathrm{d}V$ und nehmen an, dass die Elementardipole in diesem Volumenelement eine gewisse Vorzugsrichtung besitzen. Dementsprechend habe die vektorielle Summe der in $\mathrm{d}V$ enthaltenen Dipolmomente den Wert $\mathrm{d}\vec{m}$.

Die örtliche magnetische Dipolmomentdichte

$$\vec{M} = \frac{\mathrm{d}\vec{m}}{\mathrm{d}V} \qquad [M]_{\mathrm{SI}} = \frac{\mathrm{Am}^2}{\mathrm{m}^3} = \mathrm{A/m} \tag{9.36}$$

wird als *Magnetisierung* bezeichnet. Wir betrachten $\vec{M}$ als weitere Feldgröße des Magnetfeldes in Stoffen. Sie ist dimensionsgleich mit der magnetischen Feldstärke $\vec{H}$. Außerhalb von Stoffen ist $\vec{M}$ immer Null.

Der $\vec{M}$ parallele Vektor

$$\vec{J} = \mu_0 \vec{M} \qquad [J]_{\mathrm{SI}} = \mathrm{T} \tag{9.37}$$

wird als *magnetische Polarisation* bezeichnet. Die Größen Magnetisierung und Polarisation werden nebeneinander verwendet. Beide drücken dasselbe aus.

Wenn man die Verteilung von $\vec{M}$ in einem Körper kennt, ist das durch $\vec{M}$ erregte Magnetfeld zu berechnen, indem man die Feldbeiträge der einzelnen Volumenelemente überlagert.

Man erhält (die Herleitung wiederum auslassend) das Vektorpotential

$$\vec{A}_M = \frac{\mu_0}{4\pi} \int\limits_{\substack{\text{Körper-}\\\text{inneres}}} \frac{\operatorname{rot}\vec{M}}{a} \mathrm{d}V + \frac{\mu_0}{4\pi} \oint\limits_{\substack{\text{Körper-}\\\text{oberfläche}}} \frac{\vec{M} \times \mathrm{d}\vec{A}}{a}. \tag{9.38}$$

Jedes Volumenelement dV oder jedes Oberflächenelement d$\vec{A}$ hat *seinen* Abstand a vom Aufpunkt, in dem $\vec{A}_M$ gilt.

Aus dem Vergleich des ersten Integrals mit Gl. (9.19a) schließt man, dass der Ausdruck

$$\vec{S}_M = \operatorname{rot}\vec{M} \qquad [S_M]_{\mathrm{SI}} = \mathrm{A/m^2} \tag{9.39}$$

im Integranden als Stromdichte der elementaren Kreisströme zu deuten ist (*Magnetisierungsstromdichte*). Das *Innere* des magnetisierten Körpers erzeugt ein Magnetfeld, als herrsche dort ein Strömungsfeld mit der Stromdichte $\vec{S}_M = \operatorname{rot}\vec{M}$. Bei homogener Magnetisierung ($\operatorname{rot}\vec{M} = \vec{0}$) erregt das Körper*innere* kein Feld. Bei Verwechselungsgefahr mit $\vec{S}_M$ bezeichnet man die bisher behandelte gewöhnliche Stromdichte $\vec{S}$ als *wahre* oder Leitungsstromdichte.

Den Zähler des zweiten Integrals formen wir mit $\vec{e}_n$ als lokalem Normaleneinsvektor in $\vec{M} \times \mathrm{d}\vec{A} = \vec{M} \times \vec{e}_n \mathrm{d}A$ um. Das Differential $\vec{M} \times \vec{e}_n \mathrm{d}A$ spielt in Gl. (9.38) dieselbe Rolle wie das Differential $\vec{S}\mathrm{d}V$ in Gl. (9.19a), weshalb der Ausdruck

$$\vec{C}_M = \vec{M} \times \vec{e}_n \qquad [C_M]_{\mathrm{SI}} = \mathrm{A/m} \tag{9.40}$$

als *Strombelag der Magnetisierung* zu interpretieren ist. Die *Oberfläche* des magnetisierten Körpers erzeugt ein Magnetfeld, als herrsche dort ein flächenhaftes Strömungsfeld mit dem Strombelag $\vec{C}_M = \vec{M} \times \vec{e}_n$. Ein zylindrischer Permanentmagnet mit homogener axialer Magnetisierung erzeugt z. B. ein ähnliches Feld im Außenraum wie eine Zylinderspule gleicher Abmessungen.

Bei einem vorgestellten Übergang von innen durch die Körperoberfläche nach außen in die *unmagnetisierte* Umgebung fällt die Magnetisierung $\vec{M}$ unstetig auf den Wert Null ab, was der Berechnung ihrer Rotation in der Grenzfläche entgegensteht. Deshalb beschränkt sich das Integrationsvolumen in Gl. (9.38) auf das Körper*innere*; die Wirkung der Magnetisierung an der *Oberfläche* ist separat im Hüllenintegral erfasst.

Im leeren Raum gilt der Durchflutungssatz (Gl. (9.17c)) in der Form $\operatorname{rot}\frac{\vec{B}}{\mu_0} = \vec{S}$. Diese Gleichung stimmt auch in magnetisierbarer Materie, wenn wir auf der rechten Seite zur wahren Stromdichte $\vec{S}$ die Magnetisierungs-

stromdichte $\vec{S}_M = \operatorname{rot} \vec{M}$ addieren. Die so ergänzte Form $\operatorname{rot} \dfrac{\vec{B}}{\mu_0} = \vec{S} + \operatorname{rot} \vec{M}$ berücksichtigt die magnetisierte (magnetisch polarisierte) Materie. Wir schreiben die Magnetisierungsstromdichte auf die linke Gleichungsseite und erhalten damit den in Stoffen gültigen Durchflutungssatz

$$\operatorname{rot} \left(\frac{\vec{B}}{\mu_0} - \vec{M} \right) = \vec{S}. \tag{9.41}$$

Die gewohnte, ebenfalls in Stoffen gültige Form $\operatorname{rot} \vec{H} = \vec{S}$ ergibt sich mit der Rechengröße

$$\vec{H} = \frac{\vec{B}}{\mu_0} - \vec{M} \tag{9.42}$$

Die Gl. (9.42) ist als Definitionsgleichung für die bereits in Abschn. 9.4 vorläufig eingeführte magnetische Feldstärke $\vec{H}$ zu betrachten. Die Größe ist zweckmäßig, da mit ihr der Durchflutungssatz die kompaktere Form $\operatorname{rot} \vec{H} = \vec{S}$ annimmt. Die magnetische Flussdichte $\vec{B}$ wird von der Stromdichte- und Magnetisierungsverteilung des *ganzen* Raumes erregt.

Durch Auflösung der letzten Gleichung nach $\vec{B}$ erhält man

$$\vec{B} = \mu_0 \left(\vec{H} + \vec{M} \right) \tag{9.43a}$$

oder mit $\vec{J} = \mu_0 \vec{M}$

$$\vec{B} = \mu_0 \vec{H} + \vec{J}. \tag{9.43b}$$

Bei Gl. (9.43a oder b) ist zu beachten, dass die Magnetisierung $\vec{M}$ oder die Polarisation $\vec{J}$ von der magnetischen Feldstärke $\vec{H}$ häufig in komplizierter Weise abhängt. $\vec{B}$ und $\vec{H}$ verlaufen im Allgemeinen *nicht* parallel und in manchen Fällen hängt die Magnetisierung $\vec{M}$ des Stoffes sogar von der magnetischen Vorgeschichte ab, welcher der Stoff ausgesetzt war. Die Kompliziertheit des magnetischen Verhaltens entspringt den verwickelten Ausrichtvorgängen der Elementardipole.

Wir wollen uns vor allem solchen Stoffen zuwenden, deren Magnetisierung $\vec{M}$ gemäß

$$\vec{M} = \chi_m \vec{H} \tag{9.44}$$

der magnetischen Feldstärke *proportional* ist. Das schließt ein, dass die magnetischen Eigenschaften des Stoffes nicht von seiner Vorgeschichte abhängen. Die Konstante χ_m mit der Dimension Eins ist die *magnetische Suszeptibilität* des Stoffes. Führt man diese Abhängigkeit $\vec{M}(\vec{H})$ in Gl. (9.43a) mit dem Ergebnis $\vec{B} = \mu_0(\vec{H} + \chi_m \vec{H}) = \mu_0(1 + \chi_m)\vec{H}$ ein, lässt sich diese Gleichung nach

Definition der *relativen magnetischen Permeabilität*

$$\mu_r = 1 + \chi_m \qquad [\mu_r] = 1 \tag{9.45}$$

und der *magnetischen Permeabilität*

$$\mu = \mu_r \mu_0 \qquad [\mu]_{SI} = [\mu_0]_{SI} = \frac{\text{Vs}}{\text{Am}} \tag{9.46}$$

in der Form

$$\vec{B} = \mu \vec{H} \tag{9.47}$$

schreiben.

Die magnetische Permeabilität μ erweist sich als nützliche Größe, wenn sie nicht von der magnetischen Belastung des Stoffes abhängt, wenn also χ_m in Gl. (9.44) konstant ist. In diesem Fall sind $\vec{B}$ und $\vec{H}$ wie im Vakuum einander proportional. Alle bisher für den leeren Raum angegebenen Gleichungen können auf den Fall übertragen werden, dass der Stoff mit der konstanten Permeabilität μ den ganzen Raum füllt. Dann ist μ_0 einfach durch μ zu ersetzen.

Nach ihren unterschiedlichen Magnetisierungseigenschaften werden die Materialien als *dia-, para-, antiferro-, ferro- oder ferrimagnetisch* bezeichnet (vgl. Tabelle 9.1). Die atomistische Erklärung der verschiedenen Mechanismen ist Sache der Festkörperphysik (Überblick und Daten s. z. B. [Stöc]).

Bei konstanter Permeabilität $\mu = \mu_r \mu_0$ birgt das Stoffgesetz Gl. (9.47) keine besonderen Probleme, da die *Magnetisierungskennlinie* $B(H)$ linear verläuft. *Ferromagnetische* Stoffe, insbesondere die technisch bedeutenden Eisenlegierungen, zeigen dagegen Besonderheiten, die der Nichtlinearität ihres magnetischen Verhaltens entspringen. Ferromagnetische Stähle bieten sich wegen ihrer hohen Permeabilität für Elektromotoren, Generatoren und Transformatoren an. Mit speziellen ferromagnetischen Magnetblechen und -stählen erreicht man bei geringem Erregungsaufwand ($\vec{H}$) die gewünschte hohe magnetische Flussdichte ($\vec{B}$). Die magnetische Feldstärke $\vec{H}$ kann als Maß für den Erregungsaufwand bezeichnet werden, da sie nach dem Durchflutungssatz Gl. (9.17) die aufgebrachte elektrische Durchflutung Θ widerspiegelt.

Die Magnetisierungskennlinie *weichmagnetischer* Stähle (Bild 9.20a) verläuft eindeutig über H. Im Bereich kleiner magnetischer Erregung H steigt die magnetische Polarisation J mit wachsendem Feldstärkebetrag $|\vec{H}|$ steil an. Die zum Vergleich eingetragene Gerade $\mu_0 H$ verliefe bei maßstäblicher Darstellung so flach, dass sie nicht von der H-Achse zu unterscheiden wäre. Bei hohen Feldstärkebeträgen erreicht die Polarisation ihren Sättigungswert J_S. Dann verläuft die magnetische Flussdichte $\vec{B} = \mu_0 \vec{H} + \vec{J}_S$ linear mit $\vec{H}$.

Die magnetische Polarisation $\vec{J}$ und die Magnetisierung $\vec{M}$ sind wegen der die Naturkonstante μ_0 enthaltenden Beziehung $\vec{J} = \mu_0 \vec{M}$ Begriffe mit gleichem physikalischen Inhalt (etwa in dem Sinne wie der Weg s und die Zeit t dasselbe

Tabelle 9.1 Einteilung magnetischer Materialien [Stöc]

Stoffgruppe	Eigenschaften	Beispiel
Diamagnetisch	Stoff schwächt Magnetfeld geringfügig $1 - 10^{-4} < \mu_r < 1 - 10^{-9}$ $(\mu_r \approx 1)$	Cu, Au, Ag, H_2O, N_2, Mehrzahl der anorganischen und fast alle organischen Stoffe
Paramagnetisch	Stoff verstärkt Magnetfeld geringfügig $1 + 10^{-6} < \mu_r < 1 + 10^{-4}$ $(\mu_r \approx 1)$	O_2, Al, Mg, Ti, Pt
Antiferromagnetisch	Stoff verstärkt Magnetfeld $\mu_r > 1$	MnO, NiO, FeO, $CuSO_4$
Ferromagnetisch	Stoff verstärkt Magnetfeld gravierend $\mu_r \gg 1$ Nichtlineare Magnetisierungskurve, Hysterese	Fe, Co, Ni, Stahl als Magnetkreismaterial
Ferrimagnetisch[11] (Ferrite)	Stoff verstärkt Magnetfeld gravierend $\mu_r \gg 1$ Nichtlineare Magnetisierungskurve, Hysterese (wie ferromagnetisch)	Fe_3O_4, Keramische HF-Spulenkerne

besagen, wenn man mit t die vom Licht zurückgelegte Entfernung $c_0 t$ meint). Deshalb ist es üblich, sowohl die $J(H)$-Kurve wie die $M(H)$-Kurve als *Magnetisierungskennlinie* zu bezeichnen. Die häufig benutzte $B(H)$-Kurve wird ebenso genannt. Die Kurve $B(H) = J(H) + \mu_0 H$ unterscheidet sich bei Ferromagnetika wegen $\mu_0 H \ll J(H)$ (vgl. Bild 9.20) wenig von der abgebildeten Polarisationskurve $J(H)$.

Beaufschlagt man einen völlig entmagnetisierten, d. h. magnetfeldfreien *hartmagnetischen* Stahl mit H-Werten, die den Stoff abwechselnd in die positive und negative Sättigung treiben (Vollaussteuerung), durchläuft die Magnetisierungskurve gemäß Bild 9.20b (nach Absolvierung der gestrichelt gezeichneten Neukurve und einiger nicht dargestellter Einschwingzyklen) die gezeichnete Hystereseschleife in der durch Pfeile angedeuteten Orientierung. Die Magnetisierungskurve ist mehrdeutig und hängt von der magnetischen Vorgeschichte ab (Nutzung zum Bau von Permanentmagneten und zur magnetischen Informationsspeicherung).

Bricht man die Zyklen beim Feldstärkewert $H = 0$ ab, erweist sich der Stoff als dauermagnetisch. Er zeigt *Remanenz.* Diese kann durch die *Remanenzpolarisation* J_r, die *Remanenzmagnetisierung* M_r oder die *Remanenzflussdichte* B_r charakterisiert werden. Dazwischen vermittelt die Beziehung $B_r = J_r = \mu_0 M_r$.

Der Feldstärkebetrag, bei dem – ausgehend von Vollaussteuerung – die Polarisation Null ist, heißt *Polarisations-Koerzitivfeldstärke* H_{cJ} (Bild 9.20b). Ein für

[11] Auf die Unterschiede zwischen ferro- und ferrimagnetischem Verhalten wird hier nicht weiter eingegangen.

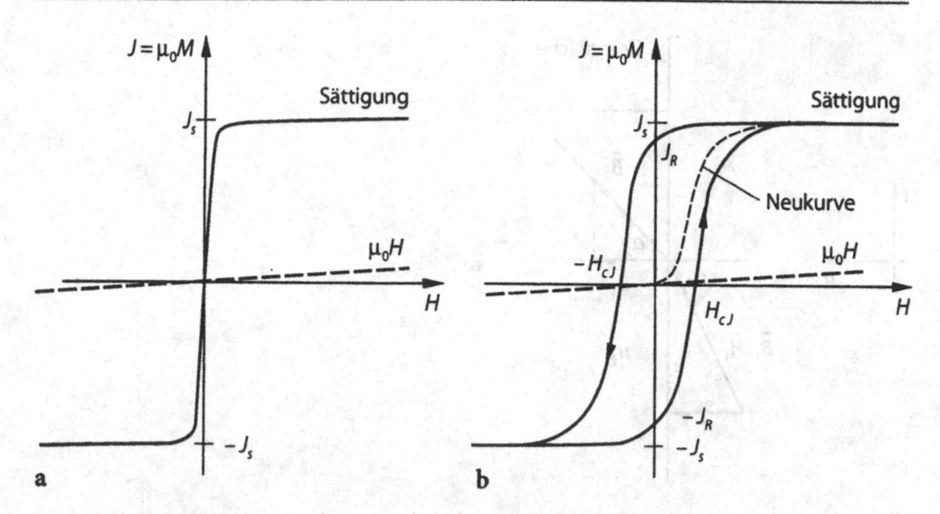

Bild 9.20 Magnetisierungskurven von ferromagnetischem Stahl (hier als Polarisationskurven). **a** Ideal weichmagnetische Sorte, **b** hartmagnetische Sorte (Hysterese-Grenzkurve)

verschwindende *Flussdichte B* sinngemäß definierter *H*-Wert wird *Flussdichte-Koerzitivfeldstärke* H_{cB} genannt.

Bei Materialien, deren Koerzitivfeldstärken wesentlich kleiner als 1000 A/m sind (*weichmagnetische* Stoffe), unterscheiden sich die beiden Koerzitivfeldstärken H_{cJ} und H_{cB} praktisch nicht, so dass sie einfach Koerzitivfeldstärke H_c heißen. Stoffe, deren Koerzitivfeldstärken H_{cJ} und H_{cB} weit über 1000 A/m liegen, heißen *hartmagnetisch*. Die Kurve in Bild 9.20a ist dagegen als Idealbild eines weichmagnetischen Stoffes zu sehen, dessen Hysterese extrem schmal oder – wie hier – gar nicht mehr erkennbar ist.

Bisher wurde die Hysterese-Grenzkurve besprochen, die sich bei *Vollaussteuerung* ergibt. Bei periodischer Wechselerregung mit *kleinerer H*-Amplitude werden engere, *partielle Hystereseschleifen* durchlaufen, die sämtlich innerhalb der Grenzkurve liegen. Form und Größe dieser Hystereseschleifen sind von der Erregungsamplitude abhängig. Verbindet man die Umkehrpunkte aller partiellen Hystereseschleifen bei Wechselerregung, erhält man die *Kommutierungskurve*, die der Kurve in Bild 9.20a gleicht. Sie ist Grundlage der Bemessung von Magnetkreisen mit weichmagnetischem Material.

Die relative Permeabilität $\mu_r = B/(\mu_0 H)$ hängt bei ferromagnetischem Material von der magnetischen Erregung ab. Bei schwacher Erregung ($H < 100\ A/m$) eines Transformator- oder eines Dynamobleches beträgt μ_r z. B. 5000. In der Sättigung dagegen (z. B. bei $J \approx B > 1{,}5$ T) liegt der Wert unter 1000. Der Permeabilitätsbegriff büßt bei nichtlinearer *B-H*-Kennlinie seinen praktischen Nutzen ein – ähnlich dem Widerstandsbegriff bei nichtlinearer *U-I*-Kennlinie.

Weitere Begriffe und Definitionen zur Magnetisierungskurve können in [DIN 1324] nachgeschlagen werden.

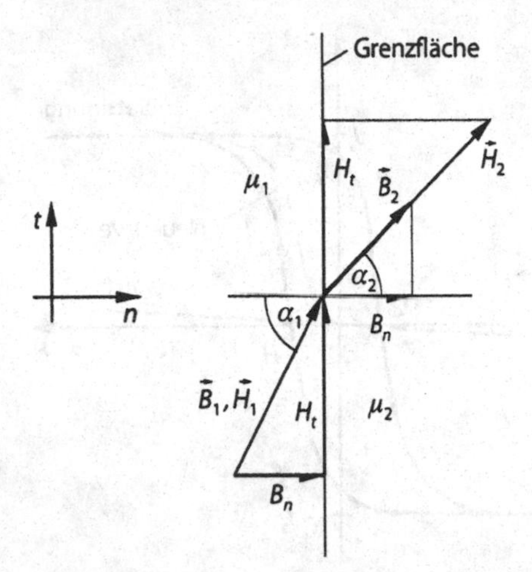

Bild 9.21 Magnetisches Feld an der Grenzfläche zwischen Stoffen unterschiedlicher Permeabilität. Die Abbildungsmaßstäbe sind so gewählt, dass $\vec{B}$ und $\vec{H}$ im Stoff 1 durch denselben Vektorpfeil dargestellt sind. Das Bild gilt für den Fall $\mu_2 = 0{,}5\ \mu_1$. In der Grenzfläche fließt kein Strom.

9.9 Magnetfeld an Grenzflächen

Für *Permittivitäts*grenzflächen (Stoff mit ε_1 grenzt an Stoff mit ε_2) im elektrostatischen Feld hatten wir die Feldkoordinatenregeln $E_t = \text{const}$ und $D_{n2} - D_{n1} = \sigma$ aus den Grundgleichungen des Feldes hergeleitet (Abschn. 7.12). Dabei war ein rechtwinkliges n-t-Koordinatensystem so in die Grenzfläche gelegt, dass die n-Achse senkrecht zur Grenzfläche vom Stoff 1 zum Stoff 2 wies und die t-Achse die Richtung der tangentialen Feldkomponente hatte.

Ähnliche Koordinatenregeln sind in diesem Abschnitt auch für μ_1/μ_2-Grenzflächen im stationären Magnetfeld angegeben, wobei wieder dasselbe Koordinatensystem (Bild 9.21) verwendet wird.

Die Grundgleichungen $\text{rot}\,\vec{H} = \vec{S}$ und $\text{div}\,\vec{B} = 0$ sowie das Stoffgesetz $\vec{B} = \mu\vec{H}$ für das stationäre Magnetfeld und $\text{rot}\,\vec{E} = \vec{0}$ und $\text{div}\,\vec{D} = \rho$ sowie das Stoffgesetz $\vec{D} = \varepsilon\vec{E}$ für das elektrostatische Feld sind einander ähnlich, aber keineswegs strukturgleich.

Um Strukturgleichheit zu erreichen, schließen wir den Fall aus, dass in der Grenzfläche ein Strombelag (in A/m) existiert. Dann ist das $\vec{H}$-Feld dort wirbelfrei, d. h. es gilt $\text{rot}\,\vec{H} = 0$. Das Grenzflächenverhalten des Magnetfeldes lässt sich jetzt auf den elektrostatischen Fall mit flächenladungsfreier Grenzfläche ($\sigma = 0$) zurückführen. Wir schreiben zur besseren Übersicht die modifizierten Gleichungen noch einmal direkt untereinander:

$$\text{rot}\,\vec{H} = \vec{0}, \text{div}\,\vec{B} = 0,$$

$$\operatorname{rot}\vec{E} = \vec{0}, \operatorname{div}\vec{D} = 0.$$

Sie haben jetzt dieselbe Struktur, und wir gehen genauso vor wie in Abschn. 7.12. Statt des wirbelfreien $\vec{E}$-Feldes betrachten wir $\vec{H}$ und statt des quellenfreien $\vec{D}$-Feldes $\vec{B}$. Den Regeln $E_t = \text{const}$ und $D_n = \text{const}$ entsprechen im stationären Magnetfeld die Regeln

$$H_t = \text{const} \quad \text{und} \quad B_n = \text{const}, \tag{9.48, 9.49}$$

wobei die erste aus dem Durchflutungssatz (hier $\oint \vec{H}\mathrm{d}\vec{s} = 0$) und die zweite aus dem Hüllenintegral $\oint \vec{B}\mathrm{d}\vec{A} = 0$ um die Grenzfläche folgt.

Analog erhält man auch das Gl. (7.50) entsprechende Feldlinien-Brechungsgesetz

$$\frac{\tan\alpha_1}{\tan\alpha_2} = \frac{\mu_1}{\mu_2} \tag{9.50}$$

für strombelagsfreie Grenzflächen. Es entspricht im elektrostatischen Fall der Variante für flächenladungsfreie Grenzflächen ($\sigma = 0$). Die Feldvektoren sind um die Winkel $\alpha_{1,2}$ gegen die n-Achse geneigt.

Man beachte, dass nach Gl. (9.50) Feldlinien aus hochpermeablem Material (z. B. Eisen mit $\mu_{r1} = 5000$) auch dann fast senkrecht in die Luft ($\mu_{r2} = 1$) austreten, wenn sie im Eisen fast parallel zur Oberfläche verlaufen. In diesem Fall ($\mu_1/\mu_2 = 5000$) bildet Gl. (9.50) den Winkelbereich $0 < \alpha_1 < 89°$ gemäß $\alpha_2 = \operatorname{Arctan}\left(\frac{\mu_2}{\mu_1}\tan\alpha_1\right)$ auf den Bereich $0 < \alpha_2 < 0{,}66°$ ab.

9.10 Magnetfeld der Ringspule und der langen Zylinderspule

Die Ringspule nach Bild 9.22a besteht aus einem - nicht unbedingt kreisförmigen - Ring mit dem konstanten Querschnitt A, der gestreckten Länge l und einer gleichmäßig über die ganze Länge verteilten Wicklung mit der Windungszahl w. Der Ringkern hat die konstante Permeabilität μ. Die Querschnittsabmessung des Ringes ist klein im Vergleich zur gestreckten Länge, so dass $\sqrt{A} \ll l$ zutrifft.

Durch *Messung* lässt sich belegen, dass *im* Ringkern ein praktisch homogen über den Querschnitt verteiltes Längsmagnetfeld $\vec{B} = \mu\vec{H}$ mit den angedeuteten Feldlinien zirkuliert und der Außenraum der Spule feldfrei ist. Mit dieser Vorstellung wählen wir irgendeine Feldlinie (alle haben näherungsweise die Länge l) als Umlaufweg für den Durchflutungssatz Gl. (9.17). Die magnetische Umlaufspannung $\mathring{V} = \oint \vec{H}\mathrm{d}\vec{s}$ ergibt sich mit dem angenommenen Feld H zu $\mathring{V} = H\,l$, weil Feld und Umlaufweg überall parallel verlaufen. Die Durchflutung, die mit dem Umlaufweg verkettet ist, hat den Wert $\Theta = wI$. Aus dem

Durchflutungssatz $\mathring{V} = \Theta$, also aus $H\,l = w\,I$, folgt die magnetische Feldstärke im Ring zu $H = w\,I/l$ und die magnetische Flussdichte zu $B = \mu_0\mu_r w\,I/l$.

Bei der *langen Luft-Zylinderspule* in Bild 9.22b (Kernmaterial $\mu = \mu_0$) weisen *Feldmessungen* darauf hin, dass sich das Magnetfeld über den ganzen Raum schließt. Es durchsetzt die Spule in Längsrichtung und ist einigermaßen homogen über den Kernquerschnitt verteilt. Im Spulenzylinder ist das Feld $\vec{H}_Z$ erheblich stärker als $\vec{H}_A$ im Außenraum. Auf diese Beobachtung gründen wir eine ziemlich kühne Näherung: Für die Anwendung des Durchflutungssatzes auf einen Umlaufweg, der längs der Achse durch den Zylinder führt und dann auf irgendeinem Weg durch das Außenfeld wieder zum Ausgangspunkt zurückführt, nehmen wir an, dass der äußere Wegabschnitt *nichts* zur Umlaufspannung $\mathring{V}$ beiträgt. Damit erhält man $\mathring{V} = \oint \vec{H}\mathrm{d}\vec{s} = H_Z l$. Die gesamte mit dem Umlaufweg verkettete elektrische Durchflutung ist $\Theta = wI$. Aus $\mathring{V} = \Theta$ folgt $H_Z = w\,I/l$ und $B_Z = \mu_0 w\,I/l$, wobei klar ist, dass das durch H_Z und B_Z errechnete mittlere Feld im Zylinder das wirkliche überschätzt. Der magnetische Fluss, der die Spule durchsetzt, beträgt $\phi = B_Z A = \mu_0 w\,IA/l$.

Setzt man eine solche Spule dem homogenen Fremdfeld $\vec{B}_F$ aus, übt es nach Gl. (9.34) das Drehmoment $\vec{M}_\mathrm{d} = \vec{m} \times \vec{B}_F$ auf die Spule aus. Das Dipolmoment $\vec{m} = wIA\vec{e}_l$ nach Gl. (9.33a) lässt sich nach $\phi = \mu_0 wIA/l = \mu_0 m/l$ auch durch den Fluss ϕ ausdrücken, womit man $\vec{m} = \dfrac{\phi}{\mu_0}\vec{l}$ erhält. Das auf die Spule wirkende Drehmoment ist damit durch $\vec{M}_\mathrm{d} = \dfrac{\phi}{\mu_0}\vec{l} \times \vec{B}_F$ beschrieben. Dieses Ergebnis ist auf einen stabförmigen Permanentmagneten (z. B. Kompassnadel) übertragbar, den seine Länge l und sein magnetischer Fluss ϕ charakterisieren.

In beiden Beispielen (Ring- und Zylinderspule) diente der Durchflutungssatz nicht zur exakten Berechnung des Magnetfeldes. Er wurde lediglich dazu

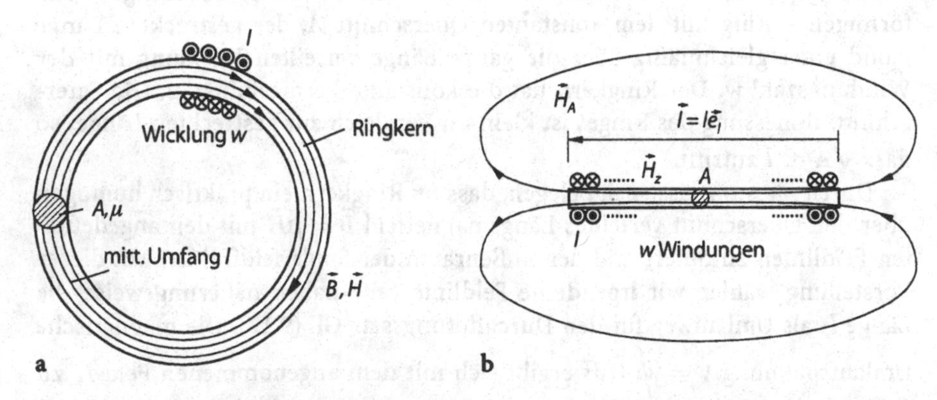

Bild 9.22 Magnetfeld in Spulen. a Ringspule mit magnetischem Kern, b Zylinderspule mit unmagnetischem Kern (Luftspule)

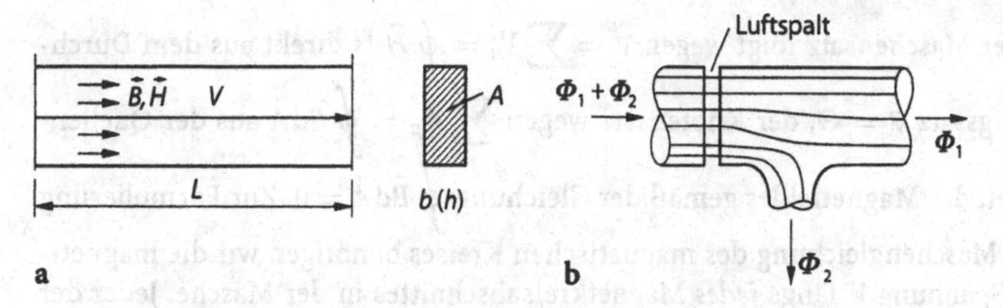

Bild 9.23 Elemente eines magnetischen Kreises. a Stabförmiger Abschnitt der Länge L mit konstantem Querschnitt A und Material mit der umkehrbar eindeutigen Magnetisierungskurve $b(h)$ bzw. $h(b)$, b Verzweigungsstelle (Knoten) und Luftspalt mit angedeuteten Magnetfeldlinien

benutzt, aus vorhergegangenen orientierenden Messungen oder aus plausiblen Überlegungen entwickelte Ansätze zu quantifizieren. Die hierzu nötige, im Vorfeld mathematischer Methoden anzuwendende Intuition ist für ingenieurwissenschaftliches Arbeiten wesentlich.

9.11 Magnetischer Eisenkreis

In Elektromagneten oder Transformatoren verläuft das Magnetfeld vorzugsweise in deren hochpermeablen Eisenteilen ($\mu \gg \mu_0$). Es breitet sich in nur geringem Maße in der magnetisch schlecht leitenden Umgebung aus. Insofern verhält sich das Magnetfeld im hochpermeablen Eisenkreis wie das Stromdichtefeld im gut leitenden, aber nach außen isolierten elektrischen Netzwerk.

Wir betrachten magnetische Netzwerke aus „Stäben" mit konstantem Querschnitt und – außer in Luftspalten – überall hoher, aber feldstärkeabhängiger Permeabilität (Bild 9.23a).

Die Stäbe sind magnetisch gut leitend miteinander verbunden. Das Magnetfeld hat die Richtung der Längsachse des jeweiligen Stabes und ist über dessen Querschnitt mit konstanter Flussdichte verteilt. Der magnetische Fluss in einem Stab zwischen zwei Verzweigungspunkten ist längs des Stabes konstant, da kein Fluss in den Luftraum ab- oder von dort einfließt. Ein kleiner Luftspalt (Bild 9.23b), der im Magnetkreis zwei sich dicht gegenüberliegende Polflächen bildet, wird als kurzer Stab behandelt, der denselben Fluss führt wie die Abschnitte vor und hinter dem Spalt.

Die magnetischen Flüsse Φ_μ, die aus dem betrachteten Verzweigungspunkt des Magnetkreises – genauer: aus den mit ihm verbundenen Stäben – abfließen, und die magnetischen Spannungen V_μ der Abschnitte der betrachteten magnetischen Masche müssen den magnetischen Knotensatz $\sum \Phi_\mu = 0$ bzw. den Maschensatz $\sum V_\mu = \Theta$ erfüllen. Der Index μ bezieht sich bei Φ_μ auf die im Knoten verbundenen Stäbe und bei V_μ auf die Zweige der Masche.

Der Maschensatz folgt wegen $\mathring{V} = \sum V_\mu = \oint \vec{H}\mathrm{d}\vec{s}$ direkt aus dem Durchflutungssatz $\mathring{V} = \Theta$, der Knotensatz wegen $\sum \Phi_\mu = \oint \vec{B}\mathrm{d}\vec{A}$ aus der Quellenfreiheit des Magnetfeldes gemäß der Gleichung $\oint \vec{B}\mathrm{d}\vec{A} = 0$. Zur Formulierung einer Maschengleichung des magnetischen Kreises benötigen wir die magnetische Spannung V längs *jedes* Magnetkreisabschnittes in der Masche. Jeder der Stäbe (Bild 9.23a) ist durch seine Länge L, durch seine in Längsrichtung konstante Querschnittsfläche A und durch seine Magnetisierungskennlinie $h(b)$ festgelegt.

Wir bezeichnen die gesuchten konstanten magnetischen Größen Flussdichte, Feldstärke, Fluss und Spannung, die im Betrieb des Kreises *messbar* sind, mit den Großbuchstaben B, H, Φ, und V. Entsprechende Kleinbuchstaben b, h, φ und v werden für den *Funktionszusammenhang* zwischen den Größen verwendet. Damit steht $h(b)$ für eine Kennlinie und $h(B)$ für einen festen Wert.

Je nachdem, ob wir b oder φ als primäre Kennlinienvariable für einen bestimmten Stab wählen, berechnen wir die Kennlinie $v(b) = Lh(b)$ oder $v(\varphi) = Lh(\varphi/A)$. Die Klammerausdrücke sind jeweils Argumente der Magnetisierungskennlinienfunktion. Die v-Kennlinie des Magnetkreisabschnittes ist der $h(b)$-Magnetisierungskennlinie des Werkstoffes ähnlich.

Ein Luftspalt hat wegen der Magnetisierungskennlinie von Luft $h(b) = \dfrac{b}{\mu_0}$ die $v(\varphi)$-Kennlinie $v = L\dfrac{b}{\mu_0} = \dfrac{L}{\mu_0 A}\varphi$. Den Faktor vor dem magnetischen Fluss bezeichnet man als den *magnetischen Widerstand* des Luftspaltes. Der Begriff eines magnetischen Widerstandes als Quotient aus magnetischer Spannung und magnetischem Fluss ist nur dann zweckmäßig, wenn der Widerstandswert nicht von der magnetischen Belastung abhängt, d. h. bei konstanter Permeabilität μ. Dieselbe Bemerkung gilt sinngemäß auch für nichtlineare *elektrische* Widerstände

Wir stellen uns jetzt vor, wir hätten für alle Magnetkreisabschnitte die $v(\varphi)$-Kennlinien berechnet, die elektrischen Erregerströme I in den Wicklungen und damit die elektrischen Durchflutungen $\Theta = wI$ der Magnetkreismaschen seien bekannt und die magnetischen Flüsse gesucht.

Damit stehen wir vor derselben Aufgabe, als wenn bei einem nichtlinearen *elektrischen* Netzwerk die $u(i)$-Kennlinien aller nichtlinearen Widerstände und die eingeprägten Spannungen ${}^{e}U$ der Spannungsquellen bekannt und die Ströme I gesucht seien (vgl. Tabelle 9.2).

Im magnetischen wie im elektrischen Netzwerk sind die Knoten- und Maschengleichungen zu erfüllen. Die bei nichtlinearen elektrischen Netzwerken gebräuchlichen Lösungsmethoden (vgl. Abschn. 14) sind auf nichtlineare magnetische Netzwerke direkt übertragbar.

Tabelle 9.2 Analogie zwischen magnetischem und elektrischem Kreis

Zu erfüllende Bedingung	Magnetisches Netzwerk	Elektrisches Netzwerk
Knotensatz:	$\sum \phi = 0$	$\sum I = 0$
Maschensatz:	$\sum V(\phi) = \Theta$	$\sum U(I) = \mathring{U}$

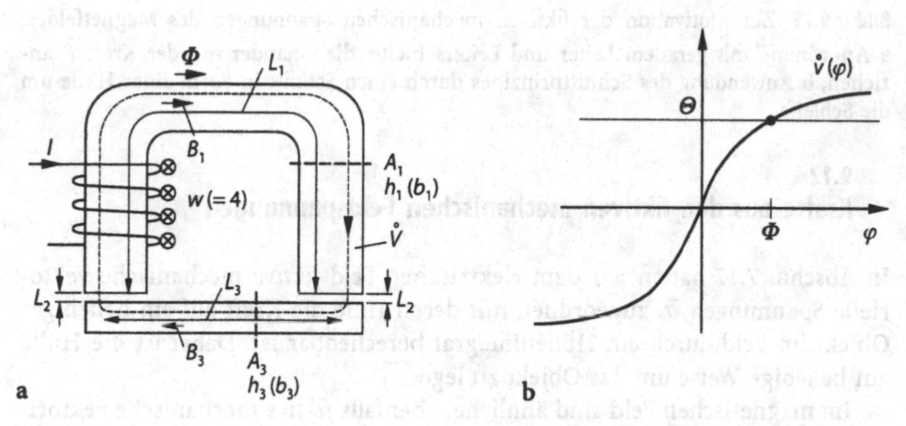

Bild 9.24 Gleichstrom-Hubmagnet als Magnetkreis mit Eisen. **a** Magnetkreis, **b** Kennlinie der magnetischen Umlaufspannung

Wir wollen beispielsweise für einen Hubmagneten aus den in Bild 9.24 eingetragenen Angaben den sich einstellenden magnetischen Fluss Φ sowie die Flussdichten B_1 und B_3 berechnen.

Wir ermitteln zuerst die Kennlinie des n-förmigen Teils $v_1(\varphi) = L_1 h_1(\varphi/A_1)$, die Kennlinie eines Luftspaltes $v_2(\varphi) = L_2 \cdot (\varphi/A_1)/\mu_0$ und die Kennlinie des Joches $v_3(\varphi) = L_3 h_3(\varphi/A_3)$.

Die in Bild 9.24 skizzierte Kennlinie der *magnetischen Umlaufspannung* $\mathring{v}(\varphi) = v_1(\varphi) + v_2(\varphi) + v_3(\varphi) + v_2(\varphi)$ auf einem Umlauf rechtswendig zur Durchflutung $\Theta = wI$ ergibt sich als Summe der magnetischen Teilspannungen. Der gesuchte Fluss Φ muss den Durchflutungssatz bzw. den magnetischen Maschensatz $\mathring{v}(\Phi) = \Theta$ erfüllen. Wir werden deshalb grafisch den Kennlinienpunkt (Φ, Θ) ermitteln, in dem die Funktion $\mathring{v}(\varphi)$ den Wert Θ einnimmt. Aus dem abgelesenen Lösungswert Φ folgt unmittelbar $B_1 = \Phi/A_1$ und $B_3 = \Phi/A_3$. Die Flussdichte im Luftspalt ist gleich B_1.

Das Magnetfeld im Joch (Stab 3, Bild 9.24a) ist infolge des Querschnittsüberganges von A_1 auf A_3 im Bereich des Luftspaltes ähnlich wie das Feld im Verzweigungsbereich in Bild 9.23b inhomogen. Das vorgestellte Rechenverfahren sieht darüber hinweg.

Die Lösung Φ kann auch numerisch als Nullstelle der nichtlinearen Funktion $f(\varphi) = v_1(\varphi) + 2v_2(\varphi) + v_3(\varphi) - \Theta$ ermittelt werden. Hierfür kommt z. B. das Verfahren von Newton in Frage. Bei magnetischen Netzwerken mit mehreren Maschen und dementsprechend mehreren unbekannten Flüssen oder Flussdichten führt die mehrdimensionale Variante des Newtonverfahrens zum Ziel (vgl. Abschn. 14).

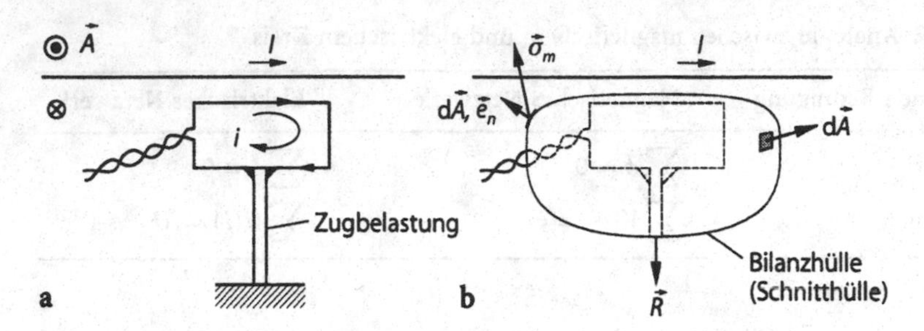

Bild 9.25 Zur Motivation der fiktiven mechanischen Spannungen des Magnetfeldes. **a** Anordnung mit geradem Leiter und Leiterschleife, die einander mit der Kraft $\vec{F}$ anziehen, **b** Anwendung des Schnittprinzipes durch einen Schnitt in Form einer Hülle um die Schleife

9.12 Kräfte aus den fiktiven mechanischen Feldspannungen

In Abschn. 7.17 hatten wir dem elektrischen Feld *fiktive* mechanische vektorielle Spannungen $\vec{\sigma}_e$ zugeordnet, mit deren Hilfe die Kraft auf ein beliebiges Objekt im Feld durch ein Hüllenintegral berechenbar ist. Dabei ist die Hülle auf beliebige Weise um das Objekt zu legen.

Im magnetischen Feld sind ähnliche, ebenfalls *fiktive* mechanische vektorielle Spannungen $\vec{\sigma}_m$ definiert, die dasselbe Rechenverfahren erlauben. Es stellt wieder eine Verallgemeinerung des in der Mechanik üblichen Schnittprinzips dar. Die Schnittfläche ist eine Bilanzhülle. Sie kann durch Luft oder den leeren Raum verlaufen. In Bild 9.25 ist als Beispiel für das Objekt eine Leiterschleife gewählt, auf die das Magnetfeld eines geraden langen Leiters eine zum Leiter gerichtete Anziehungskraft ausübt. Die Resultierende der auf die Hülle wirkenden Schnittkräfte (Bild 9.25b) - das sind die fiktiven Kräfte der fiktiven mechanischen Feldspannungen zusammen mit der Schnittkraft $\vec{R}$ im mechanischen Befestigungselement - müssen bei einem statischen System gemäß $\vec{R} + \oint_{\text{Hülle}} \vec{\sigma}_m \mathrm{d}A = \vec{0}$ im Gleichgewicht stehen.

Die Schnittkraft $\vec{R}$ hält der magnetischen Kraft $\vec{F}$ auf das Objekt gemäß $\vec{R} + \vec{F} = \vec{0}$ das Gleichgewicht. Daraus folgt die gesuchte Kraft

$$\vec{F} = \oint_{\text{Hülle}} \vec{\sigma}_m \mathrm{d}A. \tag{9.51}$$

Da die fiktiven mechanischen Spannungen des Magnetfeldes denen des elektrischen Feldes wesensgleich sind, werden die ausführlicheren Erläuterungen des Abschnittes 7.17 hier nicht wiederholt.

Der fiktive mechanische Feldspannungsvektor $\vec{\sigma}_m$ des magnetischen Feldes wird mit der in Bild 9.26 veranschaulichten, wieder ohne Herleitung angege-

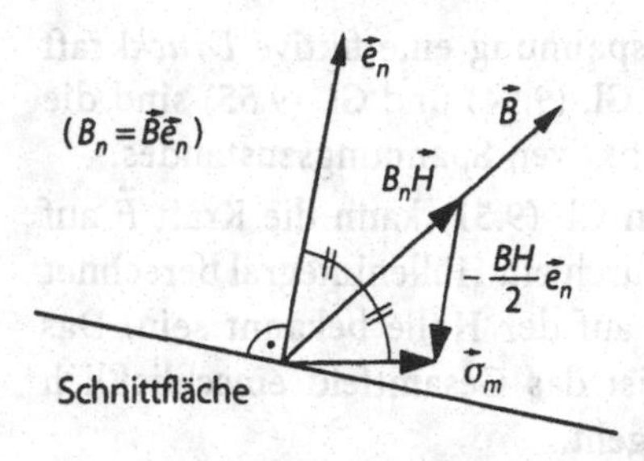

Bild 9.26 Der fiktive Feldspannungsvektor $\vec{\sigma}_m$ in einem Aufpunkt hängt von $\vec{B}, \vec{H}$ und der Winkellage des Flächenelementes ab. $\vec{B}$ bildet die Winkelhalbierende zwischen $\vec{e}_n$ und $\vec{\sigma}_m$.

benen Beziehung

$$\vec{\sigma}_m = B_n\vec{H} - \frac{BH}{2}\vec{e}_n \qquad [\sigma_m]_{SI} = \frac{\mathrm{N}}{\mathrm{m}^2} = \mathrm{Pa} \tag{9.52}$$

aus den Feldgrößen $\vec{B}$ und $\vec{H}$ und dem Normaleneinsvektor $\vec{e}_n$ des Flächenelementes $\mathrm{d}\vec{A} = \vec{e}_n \mathrm{d}A$ berechnet. $B_n = \vec{B}\vec{e}_n$ ist die Normalkoordinate von $\vec{B}$. Im allgemeinen Fall hat der fiktive Spannungsvektor $\vec{\sigma}_m$ Komponenten senkrecht und parallel zum Flächenelement, also eine Normal- und eine Schubkomponente.

Stellt man die magnetische Feldstärke $\vec{H} = H_n\vec{e}_n + H_t\vec{e}_t$ als Summe ihrer Normal- und Tangentialkomponente dar, ergibt sich der Betrag des Spannungsvektors $\sigma_m = \left| B_n\left(H_n\vec{e}_n + H_t\vec{e}_t\right) - \frac{BH}{2}\vec{e}_n \right|$ mit $H^2 = H_n^2 + H_t^2$ und $H_nB = HB_n$ zu

$$\sigma_m = \frac{BH}{2} \geq 0 \tag{9.53}$$

Der Betrag der Feldspannung hängt nicht von der Ausrichtung des Flächenelementes ab.

Wenn die Feldlinien das Flächenelement senkrecht durchstoßen, d. h. wenn $\mathrm{d}\vec{A}$ parallel oder antiparallel zu $\vec{B}$ gerichtet ist, folgt mit $\vec{H} = H_n\vec{e}_n$ und $B_nH_n = BH$ aus Gl. (9.52)

$$\vec{\sigma}_m = \frac{BH}{2}\vec{e}_n. \tag{9.54}$$

In diesem Spezialfall übt die fiktive Feldspannung eine fiktive *Zug*kraft auf das Flächenelement $\mathrm{d}\vec{A} = \mathrm{d}A\vec{e}_n$ aus.

Wenn der Feldvektor in der Ebene des Flächenelementes liegt, d. h. wenn die Vektoren $\mathrm{d}\vec{A}$ und $\vec{B}$ senkrecht aufeinander stehen, folgt aus Gl. (9.52) wegen $B_n = 0$

$$\vec{\sigma}_m = -\frac{BH}{2}\vec{e}_n. \tag{9.55}$$

In diesem Spezialfall übt die fiktive Feldspannung eine fiktive *Druck*kraft auf das Flächenelement aus. $\vec{\sigma}_m$ und $\vec{e}_n$ nach Gl. (9.54) und Gl. (9.55) sind die *Hauptspannungen* und *Hauptrichtungen* des fiktiven Spannungszustandes.

Durch Einsetzen von $\vec{\sigma}_m$ laut Gl. (9.52) in Gl. (9.51) kann die Kraft $\vec{F}$ auf ein beliebiges Objekt im magnetischen Feld durch ein Hüllenintegral berechnet werden. Allerdings muss die Feldverteilung auf der Hülle bekannt sein. Das für die Feldspannungen maßgebliche Feld ist das Gesamtfeld einschließlich desjenigen, das vom Objekt in der Hülle ausgeht.

In der Literatur wird der fiktive Spannungszustand wie bei mechanischen Spannungen durch den Spannungstensor S beschrieben, dessen Koordinaten $S_{jk} = (-BH/2)\delta_{jk} + B_j H_k$ feldabhängig sind (vgl. Abschn. 6.14). Der fiktive Feldspannungsvektor $\vec{\sigma}_m$, der auf eine Fläche mit dem Normaleneinsvektor $\vec{e}_n$ wirkt, folgt aus der Tensorbeziehung $\vec{\sigma}_m = S\vec{e}_n$. Die Kraft auf ein Objekt in einer Bilanzhülle lässt sich mit dem Spannungstensor S aus dem Gl. (9.51) entsprechenden Hüllenintegral $\vec{F} = \oint S\,\mathrm{d}\vec{A}$ ermitteln, wobei $S\,\mathrm{d}\vec{A} = \vec{\sigma}_m \mathrm{d}A$ gilt. Die in Gl. (9.54) und Gl. (9.55) angegebenen Spannungsvektoren sind die Hauptnormalspannungen des durch S beschriebenen Spannungszustandes. Nur in diesen beiden Fällen verlaufen Flächennormaleneinsvektor $\vec{e}_n$ und fiktiver Spannungsvektor $\vec{\sigma}_m$ parallel oder antiparallel. In tensorieller Darstellung ist der fiktive Spannungszustand unabhängig von der Ausrichtung der Fläche formuliert, was in der Formel für S_{jk} zum Ausdruck kommt; der Tensor S der fiktiven mechanischen Spannungen des magnetischen Feldes hängt – formal befriedigend – nur von den Feldkoordinaten ab und ist – im Gegensatz zu $\vec{\sigma}_m$ – nicht an die Festlegung eines speziellen Flächenelementes $\mathrm{d}\vec{A}$ gebunden.

9.13 Magnetische Flächenkraftdichte

Ganz ähnlich wie die Kraft auf eine ladungsfreie Permittivitätsgrenzfläche im elektrischen Feld (vgl. Abschn. 7.19) lässt sich auch die Kraft auf eine stromfreie Grenzfläche zwischen zwei Stoffen (Bild 9.27) mit den Permittivitäten μ_1 und μ_2 aus den fiktiven Feldspannungen nach Gl. (9.52) herleiten.

Dazu wird wieder ein n-t-Koordinatensystem so eingeführt, dass seine n-Achse senkrecht zur Grenzfläche steht und von Stoff 1 nach Stoff 2 weist, während seine t-Achse tangential zur Grenzfläche und parallel oder antiparallel zur Tangentialkomponente des magnetischen Feldes verläuft. Wieder wird ein kleiner Teil der Grenzfläche in einen flachen Bilanzzylinder eingehüllt, dessen Achse mit der n-Achse identisch ist und die Gesamtkraft auf den Bilanzzylinder als Hüllenintegral berechnet. Der Rechengang verläuft genau wie in Abschn. 7.19. Es sind lediglich die elektrischen Größen $\vec{D}$ und $\vec{E}$ durch die entsprechenden magnetischen Größen $\vec{B}$ und $\vec{H}$ zu ersetzen. Die beiden Analogiepaare $\vec{D}, \vec{B}$ und $\vec{E}, \vec{H}$ sind dadurch begründet, dass $\vec{D}$ und $\vec{B}$ an der Grenzfläche stetige Normalkoordinaten, $\vec{E}$ und $\vec{H}$ dagegen stetige Tangentialkoordinaten haben. Entsprechend sind auch die Ausdrücke für die fiktiven mechanischen Spannungen nach Gl. (9.52) und Gl. (7.77) ähnlich. Die Rechnung führt zum Ergebnis

$$\vec{f}_m = \vec{e}_n \left[\frac{B_n^2}{2} \left(\frac{1}{\mu_2} - \frac{1}{\mu_1} \right) + \frac{H_t^2}{2} (\mu_1 - \mu_2) \right]. \qquad [f_m]_{\mathrm{SI}} = \frac{\mathrm{N}}{\mathrm{m}^2} \tag{9.56}$$

Für $\mu_1 > \mu_2$ weist die Flächenkraftdichte $\vec{f}_m$ in Richtung der n-Achse. Beide Summanden in der eckigen Klammer sind dann positiv. Der Vektor $\vec{f}_m$ greift stets senkrecht zur stromfreien Grenzfläche an und ist zum Stoff mit der kleineren Permeabilität orientiert.

Mit Gl. (9.56) berechnet man zum **Beispiel** die Kraft, die das Magnetfeld auf die Polflächen eines Luftspaltes im Magnetkreis (Bild 9.28) ausübt. Die Flächenkraft auf die untere Polfläche, an der Eisen ($\mu_1 = \mu_{Fe}$) und Luft ($\mu_2 = \mu_0$) aneinander grenzen, ergibt sich bei $1/\mu_0 \gg 1/\mu_{Fe}$ mit $H_t = 0$ und $|B_n| = B$ (senkrecht zur Polfläche gerichtetes Feld) zu $\vec{f}_m = \dfrac{B^2}{2\mu_0}\vec{e}_n$. Die Kraft ist nach oben gerichtet (Hubkraft). Auf die obere Fläche wirkt eine betragsgleiche nach unten gerichtete Flächenkraft. Bei $B = 1\mathrm{T}$ folgt mit $\mu_0 = 4\pi \cdot 10^{-7}$ As/Vm $f_m \approx 400$ kPa $= 40$ N/cm^2.

Richtet man zwei parallele Eisenstäbe (weiteres **Beispiel**) in einem ursprünglich homogenen Magnetfeld parallel zur Feldrichtung aus (Bild 9.29), werden die Stäbe gleichsinnig magnetisiert. Das Feld ist nach Einbringung der Stäbe inhomogen verteilt. Die Stäbe stoßen einander erfahrungsgemäß ab. Die Abstoßungskraft wird gemeinhin aus der Abstoßung gleichnamiger Magnetpole erklärt.

Die Kraftwirkung ist aus Gl. (9.56) zu verstehen, was auf den ersten Blick schwerfällt, da alle auf die Staboberfläche wirkenden Kräfte Normal*zug*kräfte sind. In der Tat liefern

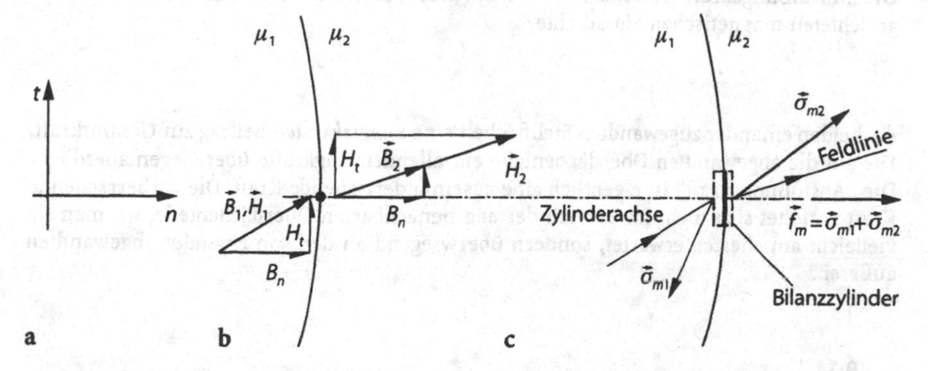

Bild 9.27 Magnetische Flächenkraftdichte auf eine stromlose Grenzfläche zwischen zwei Stoffen mit den Permeabilitäten μ_1 und μ_2 (vgl. ähnliches Bild 7.31). **a** Lokales Koordinatensystem mit Normal- und Tangentialkoordinate, **b** Feldvektoren, **c** Die Summe der fiktiven Kräfte auf einen mit der n-Achse koaxialen Bilanzzylinder ist gleich der Kraft auf das eingeschlossene Objekt. Das ist das Element der Grenzfläche.

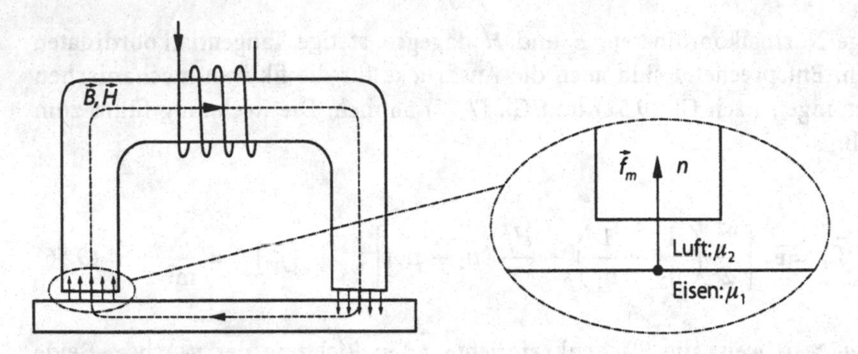

Bild 9.28 Kraft auf die Luftspalt-Polfläche eines Magnetkreises mit Eisen ($\mu_1 \gg \mu_2$). Das Magnetfeld ist senkrecht zur Polfläche gerichtet.

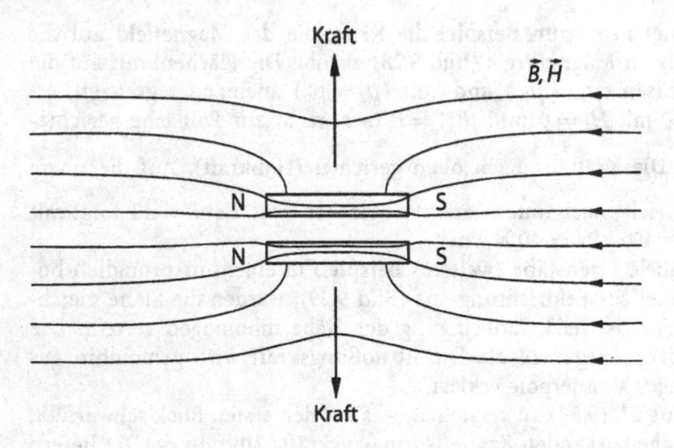

Bild 9.29 Zwei Eisenstäbe in einem ursprünglich homogenen Magnetfeld stoßen sich ab. Die „Abstoßungskraft" resultiert aus der *Zug*kraft (Gl. (9.56)) der normal zur Oberfläche gerichteten magnetischen Flussdichte.

die beiden einander zugewandten Stabflächen einen *anziehenden* Beitrag zur Gesamtkraft. Die auf die abgewandten Oberflächenteile entfallenden Zugkräfte überwiegen allerdings. Die „Abstoßungskraft" ist eigentlich eine auseinanderziehende Kraft. Die vorherrschende Kraft entfaltet sich nicht im Bereich der eng benachbarten Oberflächenteile, wo man sie vielleicht am ehesten erwartet, sondern überwiegend an den von einander abgewandten äußeren.

9.14 Kraftdichte im Magnetfeld

Wertet man das Hüllenintegral Gl. (9.51) der fiktiven Feldspannung $\vec{\sigma}_m$ für ein sehr kleines Volumen aus und dividiert durch seinen Inhalt V, erhält

man die auf das Volumen wirkende Kraftdichte $\vec{f} \stackrel{V\to 0}{=} \frac{1}{V} \oint\limits_{\text{Hülle des Volumens}} \vec{\sigma}_m \mathrm{d}A$. Bei einem kleinen quaderförmigen Bilanzvolumen, dessen Kanten parallel zu den Achsen eines kartesischen Koordinatensystems verlaufen, folgt daraus
$\vec{f} = \frac{\partial}{\partial x}\left(-\frac{BH}{2}\vec{e}_x + B_x\vec{H}\right) + \frac{\partial}{\partial y}\left(-\frac{BH}{2}\vec{e}_y + B_y\vec{H}\right) + \frac{\partial}{\partial z}\left(-\frac{BH}{2}\vec{e}_z + B_z\vec{H}\right).$
Die erste der drei partiellen Ableitungen berücksichtigt den Beitrag des zur x-Achse normalen Flächenpaares des Quaders usw.. Mit $BH = \mu H^2$ und den Formeln für den Gradienten und die Divergenz in kartesischen Koordinaten (Gl. (6.26) bzw. Gl. (6.28)) erhält man
$\vec{f} = -\frac{1}{2}\,\mathrm{grad}(\mu H^2) + \vec{H}\,\mathrm{div}\,\vec{B} + B_x\frac{\partial \vec{H}}{\partial x} + B_y\frac{\partial \vec{H}}{\partial y} + B_z\frac{\partial \vec{H}}{\partial z}$. Der zweite Summand ist wegen $\mathrm{div}\,\vec{B} = 0$ Null. Durch Nutzung der Identität $\mathrm{grad}(\mu H^2) = H^2\,\mathrm{grad}\,\mu + \mu\,\mathrm{grad}\,H^2$ und Bildung der Ableitungen $\mathrm{grad}\,H^2$, $\partial\vec{H}/\partial x$, $\partial\vec{H}/\partial y$ und $\partial\vec{H}/\partial z$ in kartesischen Koordinaten folgt daraus mit $\mathrm{rot}\,\vec{H} = \vec{S}$, der Rotationsformel Gl. (6.27) in kartesischen Koordinaten und mit $\vec{B} = \mu\vec{H}$ die Kraftdichte des magnetischen Feldes

$$\vec{f} = \vec{S} \times \vec{B} - \frac{H^2}{2}\,\mathrm{grad}\,\mu = \vec{S} \times \vec{B} + \frac{B^2}{2}\,\mathrm{grad}\,\frac{1}{\mu}. \qquad [f]_{\mathrm{SI}} = \frac{\mathrm{N}}{\mathrm{m}^3} \qquad (9.57\mathrm{a,b})$$

Die Gl. (9.57b) ergibt sich aus Gl. (9.57a) mit $\mathrm{grad}(1/\mu) = -(1/\mu^2)\,\mathrm{grad}\,\mu$ und mit $B = \mu H$. Der Term mit $\mathrm{grad}\,\mu$ oder $\mathrm{grad}(1/\mu)$ tritt zusätzlich zu der uns schon geläufigen Lozentzkraftdichte $\vec{S} \times \vec{B}$ (Gl. (9.29)) auf, wenn die Permeabilität μ ortsabhängig verteilt ist.

Grenzflächen zwischen verschiedenen magnetischen Stoffen stellen einen Sonderfall ortsabhängiger Permeabilität dar. Der Vektor $\mathrm{grad}\,\mu$ steht dann senkrecht auf der Grenzfläche und sein Betrag ist unendlich. Da aber die Grenzfläche auch unendlich dünn ist, ergibt sich aus Gl. (9.57) die (endliche) Grenzflächenkraftdichte $\vec{f}_m$ nach Gl. (9.56).

Die Gl. (9.57) enthält alle Kräfte im magnetischen Feld bis auf die *Magnetostriktionskraft*. Sie wirkt, wenn die Permeabilität von der Stoffdichte (in kg/m^3) abhängt.

Der fiktive mechanische Spannungszustand des Feldes, auch *Maxwell'scher Spannungszustand* genannt, bietet ein leistungsfähiges Hilfsmittel zur Kraftberechnung. Allerdings ist die genaue Kenntnis des Feldverlaufs auf der Bilanzhülle unerlässlich. Die Forderung nach Genauigkeit rührt daher, dass sich bei der Bildung der resultierenden Kraft nach Gl. (9.51) ein großer Teil der fiktiven Teilkräfte $\vec{\sigma}_m \mathrm{d}A$ kompensiert (Problem kleiner Differenzen großer Zahlen).

9.15 Induktionsgesetz

Wir stellen uns vor, wir verfügten über präzise Messgeräte, mit denen man die elektrische Feldstärke $\vec{E}$ und die magnetische Flussdichte $\vec{B}$ zu jedem Zeitpunkt und an jedem Ort messen kann. Beide Felder dürfen dabei orts- und zeitabhängig variieren. Wir legen im Feldraum in oder außerhalb von Materie eine geschlossene ortsfeste Bilanzkurve als Umlaufweg fest. Den Umlaufweg überspannen wir mit einer Fläche, so dass er der Rand der Fläche ist. Wir berechnen aus dem gemessenen $\vec{E}$-Feld zunächst die *elektrische Umlaufspannung*

$$\mathring{u} = \oint\limits_{\text{Flächenrand}} \vec{E}\mathrm{d}\vec{s}. \qquad [\mathring{u}]_{\mathrm{SI}} = \mathrm{V} \tag{9.58}$$

Im elektrostatischen Feld wäre $\mathring{u}$ wegen der Wirbelfreiheit von $\vec{E}$ gleich Null, im hier vorausgesetzten zeitveränderlichen Fall dagegen nicht.

Für den gleichen Zeitpunkt berechnen wir aus den gemessenen $\vec{B}$-Vektoren die magnetische, hier zunächst nicht weiter motivierte Größe

$$u_{iT} = -\int\limits_{\text{Fläche}} \frac{\partial \vec{B}}{\partial t}\mathrm{d}\vec{A}, \qquad [u_{iT}]_{\mathrm{SI}} = \frac{\mathrm{T}}{\mathrm{s}}\mathrm{m}^2 = \mathrm{V} \tag{9.59}$$

die als *transformatorisch induzierte Spannung* bezeichnet wird. Der Name „*Spannung*“ ist aufgund der *Dimension* treffend. Es handelt sich aber um einen Begriff des magnetischen Feldes.

Die elektrische Größe $\mathring{u}$ hat in jedem Experiment überraschenderweise denselben Wert wie die magnetische Größe u_{iT}; es gilt stets $\mathring{u} = u_{iT}$. Hierbei ist vorausgesetzt, dass die Orientierung der Fläche und die ihrer Randkurve rechtswendig miteinander koordiniert sind. Die in der Gleichung $\mathring{u} = u_{iT}$ oder

$$\oint\limits_{\text{Flächenrand}} \vec{E}\mathrm{d}\vec{s} = -\int\limits_{\text{Fläche}} \frac{\partial \vec{B}}{\partial t}\mathrm{d}\vec{A} \tag{9.60}$$

ausgedrückte naturgesetzliche Verknüpfung von elektrischem und magnetischem Feld heißt *Induktionsgesetz*.

Für eine sehr kleine, ebene Fläche geht die Integralform Gl. (9.60) mit der Definition der Rotation (Gl. (6.13)) in die Differentialform des Induktionsgesetzes

$$\operatorname{rot}\vec{E} = -\frac{\partial \vec{B}}{\partial t} \tag{9.61}$$

über. Die Herleitung ist dieselbe wie beim Durchflutungssatz in Abschn. 9.4.

Wie ordnet sich das Induktionsgesetz in unsere Vorstellungen ein? Wenn die magnetische Flussdichte nicht von der Zeit abhängt ($\partial\vec{B}/\partial t = \vec{0}$) gilt $u_{iT} = 0$.

Für diesen Fall erhalten wir aus Gl. (9.60) die geläufige Beziehung $\oint \vec{E}d\vec{s} = 0$ oder $\mathring{u} = 0$, die im elektrostatischen und im stationären Strömungsfeld sowie für die Maschen eines Gleichstromnetzwerkes (Maschensatz von Kirchhoff) zutrifft. In diesen Fällen ist das elektrische Feld wirbelfrei, d. h. ein Potentialfeld. Die Spannung $\int \vec{E}d\vec{s}$ längs eines bestimmten Weges im Feld hängt nur von der Lage des Anfangs- und Endpunktes des Weges ab, nicht aber vom Wegverlauf.

Im Falle einer zeitveränderlichen magnetischen Flussdichte $\vec{B}$ sind diese Vorstellungen falsch. Der Kirchhoff'sche Satz $\mathring{u} = 0$ weicht der allgemeineren Beziehung $\mathring{u} = u_{iT}$. Die Umlaufspannung ist im allgemeinen Fall nicht gleich Null, sondern gleich der transformatorisch induzierten Spannung u_{iT}.

Das Induktionsgesetz gilt in Materie, aber auch im leeren Raum, wo es die Ausbreitung elektromagnetischer Wellen mitbestimmt.

Wir interessieren uns vornehmlich für die Spannungsinduktion in *Leiterkreisen* und *Strömungsgebieten*, weshalb wir die elektrische Feldstärke $\vec{E}$ nach dem Ohm'schen Gesetz $\vec{E} = \rho\vec{S} - {}^e\vec{E}$ (Gl. (8.7)) durch die Stromdichte $\vec{S}$ und die eingeprägte elektrische Feldstärke ${}^e\vec{E}$ eventueller im Kreis vorhandener Spannungsquellen ausdrücken. Aus Gl. (9.60) folgt dann $\oint\limits_{\text{Leiterkreis}} (\rho\vec{S} - {}^e\vec{E})d\vec{s} = -\int\limits_{\substack{\text{Fläche über}\\ \text{Leiterkreis}}} \frac{\partial\vec{B}}{\partial t}d\vec{A}$. Mit den aus der Netzwerksberechnung und dem elektrischen Strömungsfeld geläufigen Bezeichnungen $\sum u_R = \oint\limits_{\text{Leiterkreis}} \rho\vec{S}d\vec{s}$ und $\sum {}^eu = \oint\limits_{\text{Leiterkreis}} {}^e\vec{E}d\vec{s}$ erhalten wir die Spannungsgleichung eines ortsfesten Leiterkreises im zeitveränderlichen Magnetfeld in der Form

$$\sum u_R - \sum {}^eu = u_{iT}. \tag{9.62}$$

Die linke Umlaufsumme erfasst alle Spannungen an Widerständen oder an offenen Klemmen. Die rechte Umlaufsumme betrifft die eingeprägten Spannungen eventueller Spannungsquellen im Kreis. Beide Summen haben dieselbe Bedeutung wie im Maschensatz Gl. (3.4c). Die transformatorisch induzierte Spannung u_{iT} ist nach Gl. (9.59) zu berechnen. Die Umlaufrichtung im Leiterkreis für die Ermittlung der Summen und die Orientierung der Flächennormalen, die zur Berechnung von u_{iT} festzulegen ist, sind *rechtswendig* miteinander zu koordinieren.

Zur Erläuterung des Induktionsgesetzes wird die ebene Leiterdrahtschleife nach Bild 9.30a untersucht. Sie enthält eine Spannungsquelle mit der eingeprägten Spannung ${}^eU > 0$ und einen hochohmigen Spannungsmesser. Die Leiterschleife umfasst den Flächeninhalt A. Die Fläche wird von der homogenen Flussdichte $\vec{B}$ senkrecht durchsetzt, die gemäß $\vec{B} = \vec{e}_n B_n t/T$ linear mit der Zeit t wächst. B_n und T sind gegebene positive Konstanten und $\vec{e}_n$ der senkrecht auf der Leiterschleifenebene stehende Einsvektor. Ge-

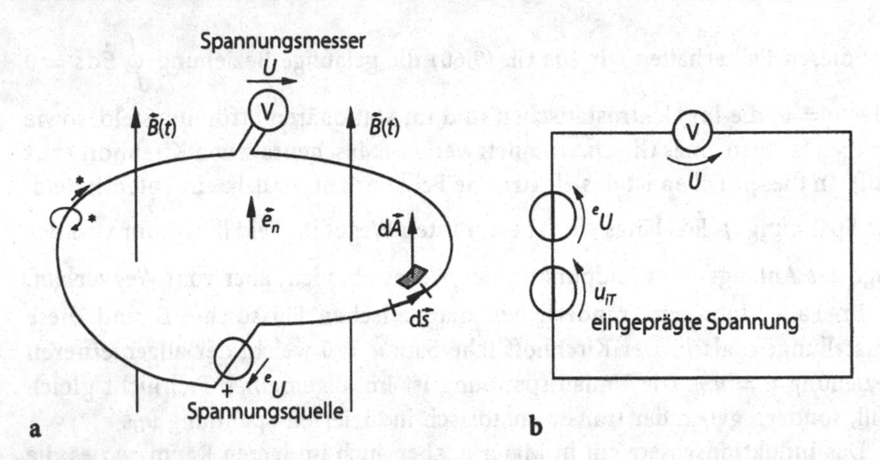

Bild 9.30 Induktionswirkung in einem ruhenden Leiterkreis durch eine zeitveränderliche magnetische Flussdichte $\vec{B}$. **a** Originalanordnung. Die Spannungsquelle ist über widerstandslose Messleitungen an den Spannungsmesser angeschlossen, **b** Bezüglich U gleichwertige Anordnung mit konzentrierter Spannungsquelle. U Spannung am Spannungsmesser, ${}^{e}U$ eingeprägte Spannung der Spannungsquelle
* Das Magnetfeld des Messstromes ist konstant und liefert keinen Beitrag zur induzierten Spannung.

sucht ist die Anzeige U des Spannungsmessers. Ohne die zeitveränderliche magnetische Flussdichte ergäbe sich $U = {}^{e}U$.

Wir führen mit dem Linienelement $d\vec{s}$ der Leiterschleife einen Umlaufsinn ein. Die Orientierung des Flächenelementes $d\vec{A}$ ist vorschriftsgemäß rechtswendig mit $d\vec{s}$ koordiniert. Ein Maschenumlauf im gewählten Umlaufsinn ergibt für die linke Seite von Gl. (9.62) den Ausdruck $-U - (-{}^{e}U)$. Zur Berechnung der transformatorisch induzierten Spannung u_{iT} nach Gl. (9.59) bilden wir zunächst die partielle Ableitung $\partial\vec{B}/\partial t = \vec{e}_n B_n/T$. Die transformatorisch induzierte Spannung $u_{iT} = -\int\limits_{\text{Fläche}} \vec{e}_n B_n/T \mathrm{d}\vec{A}$ erhalten wir mit $\mathrm{d}\vec{A} = \vec{e}_n \mathrm{d}A$ zu $u_{iT} = -AB_n/T < 0$. Die Integration konnte wegen des über die ganze Fläche konstanten Vektors $\vec{e}_n B_n/T$ durch die Multiplikation mit dem Flächeninhalt A ersetzt werden. Die Gl. (9.62) nimmt mit den berechneten Ausdrücken die Form $-U - (-{}^{e}U) = -AB_n/T$ an. Die Anzeige des Voltmeters ergibt sich daraus zu $U = AB_n/T + {}^{e}U$. Beide Beiträge zur Messspannung U sind positiv.

Der Induktionsvorgang wirkt sich auf die Messspannung U so aus, als befände sich im Kreis eine zweite Spannungsquelle. Die eingeprägte Spannung ${}^{e}U$ der ersten Quelle und die transformatorisch induzierte Spannung u_{iT} wirken gleichsinnig und treiben über den hohen Innenwiderstand des Spannungsmessers einen kleinen Messstrom. Da sich U positiv ergeben hat, fließt der Messstrom in Richtung des Zählpfeiles der Spannung U.

Die Wirkung der transformatorisch induzierten Spannung kann man formal durch Einfügen einer Spannungsquelle mit einer eingeprägten Spannung in den Kreis beschreiben (Bild 9.30b). Der Einfluss des zeitveränderlichen Magnetfeldes auf den Kreis ist dann auf diese Spannungsquelle konzentriert. Die Ersatzanordnung in Bild 9.30b ist der Originalanordnung Bild 9.30a hinsichtlich der Berechnung der Messspannung U gleichwertig. Man darf aber nicht übersehen, dass die Positionierung der Ersatzquelle an einer bestimmten Stelle im Kreis willkürlich erfolgt. Die transformatorisch induzierte Spannung kann nicht bestimmten Teilen des Kreises zugeschrieben werden. Sie ist dem *ganzen* Kreis zugeordnet.

Jeder durch die transformatorisch induzierte Spannung induzierte Strom erregt seinerseits ein magnetisches Feld, das gemäß der *Lenz'schen Regel der Änderung* des Magnetfeldes *entgegenwirkt*. Mit dieser Regel kann das Vorzeichen des berechneten Stromes kontrolliert werden. Im Beispiel laut Bild 9.30 ist der Beitrag, den das Magnetfeld des Messstromes zur transformatorisch induzierten Spannung nach Gl. (9.59) liefert, Null. Der Messstrom ist ein Gleichstrom! Prinzipiell ist aber zu beachten, dass die transformatorisch induzierte Spannung mit dem *resultierenden* Feld zu berechnen ist.

Ferner zeigt das Beispiel, dass der elektrische Spannungsbegriff im zeitveränderlichen Magnetfeld seine Wegunabhängigkeit einbüßt[12]. Bei konstantem oder nicht vorhandenem Magnetfeld in der Anordnung von Bild 9.30a zeigt der Spannungsmesser unabhängig von der Verlegung der Messleitungen den Wert $U = {}^{e}U$ an. Bei zeitveränderlichem Magnetfeld dagegen genügt es nicht zu wissen, welche Punkte die Enden der Messleitungen berühren. Die angezeigte Spannung hängt zusätzlich davon ab, wie die Messleitungen des Spannungsmessers im Feld verlegt sind. Auch bei offenen Kreisen, die sich im zeitveränderlichen Magnetfeld befinden, ist der gewohnte Begriff einer „elektrischen Spannung zwischen zwei Klemmen" durch den Begriff der „elektrischen Spannung längs eines bestimmten Weges" zu ersetzen. Ohne diese Präzisierung bliebe die Fläche, auf die sich die transformatorisch induzierte Spannung bezieht, samt ihrer Randkurve unbestimmt.

9.16 Spannungsinduktion in bewegten Leiterkreisen

Im vorigen Abschnitt ist mit Gl. (9.62) ein *ruhender* Leiterkreis im orts- und zeitveränderlichen Magnetfeld untersucht worden. Darauf aufbauend soll jetzt der Fall eingeschlossen werden, dass sich die Leiterschleife im Magnetfeld *bewegt*. Zur Beschreibung der Bewegung genügt die Geschwindigkeit $\vec{v}$ des Leiters. Sie kann vom Ort auf dem Leiter und der Zeit abhängen. Die Schleife darf ihre Form oder ihre gestreckte Länge verändern.

Wir greifen die der Gl. (9.62) vorausgehende Beziehung $\oint\limits_{\text{Leiterkreis}} (\rho\vec{S} - {}^{e}\vec{E})\mathrm{d}\vec{s} - \int\limits_{\substack{\text{Fläche über}\\ \text{Leiterkreis}}} \frac{\partial\vec{B}}{\partial t}\mathrm{d}\vec{A}$ auf, bei der jetzt aber zu beachten ist, dass auf die Ladungsträger im Leiterkreis zusätzlich die geschwindigkeitsabhängige Lorentzkraft wirkt. Sie ist pro Ladung durch die eingeprägte Feldstärke ${}^{e}\vec{E} = \vec{v} \times \vec{B}$

[12] Ähnliches kennen wir von der magnetischen Spannung laut Abschn. 9.4.

laut Gl. (9.26) gegeben. In der entsprechend ergänzten Beziehung

$$\oint\limits_{\text{Leiterkreis}} \left(\rho\vec{S} - {}^{e}\vec{E} - \vec{v} \times \vec{B}\right) \mathrm{d}\vec{s} = - \int\limits_{\substack{\text{Fläche über}\\ \text{Leiterkreis}}} \frac{\partial \vec{B}}{\partial t} \mathrm{d}\vec{A} \tag{9.63}$$

ist an die Stelle von ${}^{e}\vec{E}$ der Ausdruck ${}^{e}\vec{E} + \vec{v} \times \vec{B}$ getreten, wobei ${}^{e}\vec{E}$ jetzt alle eingeprägten Feldstärken im Kreis außer $\vec{v} \times \vec{B}$ bezeichnet. Das zusätzliche Umlaufintegral

$$u_{iM} = \oint\limits_{\text{Leiterkreis}} \vec{v} \times \vec{B} \mathrm{d}\vec{s} \qquad [u_{iM}]_{\mathrm{SI}} = \mathrm{V} \tag{9.64}$$

wird *motorisch induzierte Spannung* genannt (von *motio*: lateinisch für Bewegung). Wie die tranformatorisch induzierte Spannung u_{iT} ist u_{iM} eine *magnetische Größe*.

Schreibt man in Gl. (9.63) gemäß

$$\oint\limits_{\text{Leiterkreis}} \left(\rho\vec{S} - {}^{e}\vec{E}\right) \mathrm{d}\vec{s} = - \int\limits_{\substack{\text{Fläche über}\\ \text{Leiterkreis}}} \frac{\partial \vec{B}}{\partial t} \mathrm{d}\vec{A} + \oint\limits_{\text{Leiterkreis}} \vec{v} \times \vec{B} \mathrm{d}\vec{s} \tag{9.65}$$

die motorisch induzierte Spannung u_{iM} auf die rechte Seite und kürzt die Integrale durch die eingeführten Größen ab, so erhält man $\sum u_R - \sum {}^{e}u = u_{iT} + u_{iM}$. Nach Zusammenfassung von u_{iT} und u_{iM} zur *induzierten Spannung*

$$u_i = u_{iT} + u_{iM} = - \int\limits_{\substack{\text{Fläche über}\\ \text{Leiterkreis}}} \frac{\partial \vec{B}}{\partial t} \mathrm{d}\vec{A} + \oint\limits_{\text{Leiterkreis}} \vec{v} \times \vec{B} \mathrm{d}\vec{s} \tag{9.66}$$

erhalten wir schließlich die Maschengleichung

$$\sum u_R - \sum {}^{e}u = u_i \tag{9.67}$$

für bewegte Leiterschleifen im orts- und zeitveränderlichen Magnetfeld. Sie unterscheidet sich nur dadurch von Gl. (9.62), dass an die Stelle der transformatorisch induzierten Spannung u_{iT} jetzt die induzierte Spannung u_i getreten ist, die u_{iT} mitenthält. Bei der Ermittlung der integralen Größen auf beiden Seiten von Gl. (9.67), die Gl. (9.65) abkürzt, sind Linien- und Flächenelement $\mathrm{d}\vec{s}$ und $\mathrm{d}\vec{A}$ wieder rechtswendig miteinander zu koordinieren.

Erfasst man Quellen nicht durch ihre eingeprägten sondern durch ihre *Quellenspannungen*, sind letztere wie Widerstandsspannungen zu behandeln. Die

Spannungsgleichung (9.67) erhält dann die Form

$$\sum u = u_i. \tag{9.67a}$$

Unter $\sum u$ sind die Widerstands- und Quellenspannungen sowie die Spannungen an offenen Klemmen des Kreises zu summieren. Für den Fall $u_i = 0$ formulieren die beiden letzten Gleichungen jeweils den Kirchhoff'schen Maschensatz (vgl. Gl. (3.4b,c)).

Die motorisch induzierte Spannung u_{iM} soll am Beispiel der Anordnung in Bild 9.31 näher erläutert werden. Ein Paar im Abstand a parallel verlaufender Leiterschienen, auf dem ein leitender Bügel mit der Geschwindigkeit $\vec{v}$ gleitet, befindet sich in einem konstanten und homogenen Magnetfeld, das senkrecht zur Schienenebene gerichtet ist. Die untere Schiene ist an einer Stelle ausgebuchtet, wobei die gerade Schienenbahn nur unendlich kurz unterbrochen ist. Zu bestimmen ist die vom Spannungsmesser angezeigte Spannung U.

Die gesuchte Spannung folgt aus der Maschengleichung (9.67a) auf folgendem Weg: Wir legen für die Masche, die durch Punkte markiert ist, ein Linienelement $d\vec{s}$ und für die überspannende Fläche ein zu $d\vec{s}$ rechtswendig orientiertes Flächenelement $d\vec{A}$ fest. Die linke Seite der Gl. (9.67) liefert den Ausdruck $-U$; unter $\sum {}^{e}u$ zu erfassende Spannungsquellen sind im Kreis nicht vorhanden $\left(\sum {}^{e}u = 0\right)$.

Die induzierte Spannung u_i auf der rechten Seite von Gl. (9.67) wird nach Gl. (9.66) berechnet. Das Flächenintegral hat wegen $\partial\vec{B}/\partial t = \vec{0}$ den Wert Null, d. h. die transformatorisch induzierte Spannung u_{iT} ist Null. Zum Umlaufintegral liefert nur der bewegte Gleitbügel einen Beitrag. Alle anderen Teile des Kreises ruhen. Man erhält $u_{iM} = -vBa$. Das Minuszeichen ergibt sich, da das Linienelement $d\vec{s}$ und die durch die Bewegung eingeprägte Feldstärke $\vec{v} \times \vec{B}$ auf dem Bügel entgegengesetzt orientiert sind. Linke und rechte Seite von Gl. (9.67) sind jetzt bestimmt. Durch Gleichsetzung erhalten wir $U = vBa$. Dieses Ergebnis gilt auch dann, wenn der Bügel über die Ausbuchtung gleitet, da sich in diesem Moment weder $u_{iT} = 0$ noch u_{iM} ändert. Auf die Ausbuchtung kommen wir in Bild 9.33 zurück.

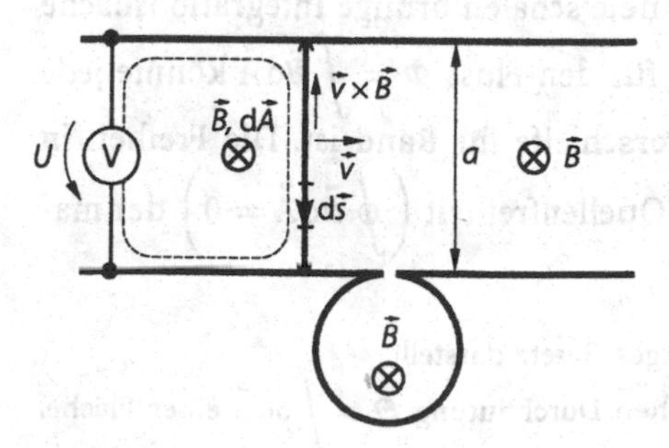

Bild 9.31 Die gesamte Anordnung aus zwei parallelen Schienen und dem Gleitbügel befindet sich in einem senkrecht zur Schienenebene gerichteten konstanten Magnetfeld. Bügel und Schienen leiten elektrisch. Die untere Schiene ist ausgebuchtet.

9.17 Magnetischer Schwund

Die induzierte Spannung $u_i = -\int\limits_{\substack{\text{Fläche über}\\\text{Leiterkreis}}} \frac{\partial\vec{B}}{\partial t}\mathrm{d}\vec{A} + \oint\limits_{\text{Leiterkreis}} \left(\vec{v}\times\vec{B}\right)\mathrm{d}\vec{s}$ nach Gl. (9.66), die in einem im zeitveränderlichen Magnetfeld bewegten Leiterkreis auftritt, kann unter sehr geringen Voraussetzungen durch mathematische Umformung in die einfachere Form

$$u_i = -\frac{\mathrm{d}}{\mathrm{d}t}\int\limits_{\substack{\text{Fläche über}\\\text{Leiterkreis}}} \vec{B}\mathrm{d}\vec{A} \qquad (9.68)$$

gebracht werden. Die induzierte Spannung erscheint als die negative zeitliche Ableitung des magnetischen Flusses $\Phi(t) = \int\limits_{\substack{\text{Fläche über}\\\text{Leiterkreis}}} \vec{B}\mathrm{d}\vec{A}$ durch die Leiterschleife. Als Integrationsgebiet kommt jede Fläche in Frage, die den Leiterkreis in seiner augenblicklichen Lage als Rand hat. Die als Flussregel[13] bezeichnete Beziehung

$$u_i = -\frac{\mathrm{d}\Phi}{\mathrm{d}t} \qquad (9.69)$$

wiederholt Gl. (9.68) in kompakterer Form. Aus Gl. (9.69) wird erneut deutlich, dass die induzierte Spannung eine magnetische Größe ist. Induzierte Spannung u_i und magnetischer Schwund $-\mathrm{d}\Phi/\mathrm{d}t$ sind verschiedene Bezeichnungen für dieselbe magnetische Größe.

Der magnetische Schwund berücksichtigt den transformatorischen und motorischen Anteil der induzierten Spannung, also die Bewegung der Leiterschleife und die Zeitveränderlichkeit der magnetischen Flussdichte.

Die Gleichwertigkeit der Gln. (9.66) und (9.68) machen wir uns am Beispiel einer Leiterschleife (Bild 9.32) klar, die sich der Einfachheit halber mit der einheitlichen Geschwindigkeit $\vec{v}$ fortbewegt. Zur Berechnung des magnetischen Flusses Φ verwenden wir die eingezeichnete schalenförmige Integrationsfläche $\text{Flä}(t)$ nach Bild 9.32a. Als Bilanzfläche für den Fluss $\Phi = \int \vec{B}\mathrm{d}\vec{A}$ könnte jede andere Fläche dienen, solange die Leiterschleife ihr Rand ist. Die Freiheit in der Wahl der Bilanzfläche folgt aus der Quellenfreiheit $\left(\oint \vec{B}\mathrm{d}\vec{A} = 0\right)$ der magnetischen Flussdichte[14].

---

[13] Regel, weil Gl. (9.69) kein allgemeingültiges Gesetz darstellt.

[14] Ähnliches kennen wir von der elektrischen Durchflutung $\Theta = \int \vec{S}\mathrm{d}\vec{A}$ einer Fläche. Letztere darf wegen der Quellenfreiheit der Stromdichte ($\oint \vec{S}\mathrm{d}\vec{A} = 0$) im stationären Strömungsfeld ebenfalls beliebig über der Randkurve verlaufen (Begründung bei Bild (9.11).

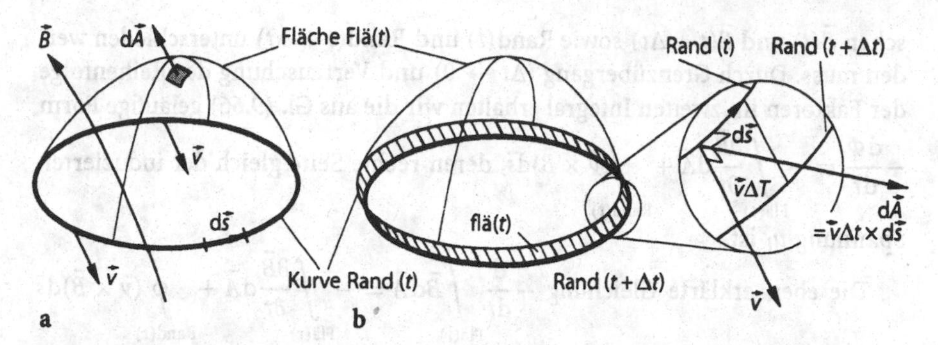

Bild 9.32 Bewegte Leiterschleife im zeitveränderlichen Magnetfeld, Berechnung des magnetischen Schwundes $-\mathrm{d}\Phi/\mathrm{d}t$. **a** Leiterschleife zur Zeit t, **b** Leiterschleife zur Zeit $t+\Delta t$. Die Bilanzfläche, welche die bewegte Leiterschleife zur Zeit $t+\Delta t$ überspannt, unterscheidet sich von der schalenförmigen Fläche (Flä) zur Zeit t nur um die zusätzlichen Flächenelemente $\mathrm{d}\vec{A} = \vec{v}\Delta t \times \mathrm{d}\vec{s}$, die einen Randstreifen bilden. In Bildteil a und b ruht die Schalenfläche (Flä) an derselben Stelle. Nur der Rand bewegt sich!

Der magnetische Schwund $-\mathrm{d}\Phi/\mathrm{d}t$ ist – mit der üblichen Formulierung einer Ableitung als Grenzwert eines Differenzenquotienten – durch
$$-\frac{\mathrm{d}\Phi}{\mathrm{d}t} = -\frac{\mathrm{d}}{\mathrm{d}t}\int\limits_{\text{Flä}(t)}\vec{B}\mathrm{d}\vec{A} \overset{\Delta t\to 0}{=} -\frac{1}{\Delta t}\left(\int\limits_{\text{Flä}(t+\Delta t)}\vec{B}(t+\Delta t)\mathrm{d}\vec{A} - \int\limits_{\text{Flä}(t)}\vec{B}(t)\mathrm{d}\vec{A}\right)$$ bestimmt.
Das Integrationsgebiet Flä(t) ist die schalenförmige Fläche über der Leiterschleife zur Zeit t. Das Integrationsgebiet Flä($t+\Delta t$), also die Fläche über der Leiterschleife in verschobener Lage, stellen wir uns aus der „alten“, schalenförmigen Integrationsfläche Flä(t) und dem von der Schleife während der Zeitspanne Δt überstrichenen Randstreifen flä(t) zusammengesetzt vor. Damit ergibt sich für den magnetischen Schwund der Ausdruck
$$-\frac{\mathrm{d}\Phi}{\mathrm{d}t} \overset{\Delta t\to 0}{=} -\frac{1}{\Delta t}\left(\int\limits_{\text{Flä}(t)}\vec{B}(t+\Delta t)\mathrm{d}\vec{A} + \int\limits_{\text{flä}(t)}\vec{B}(t+\Delta t)\mathrm{d}\vec{A} - \int\limits_{\text{Flä}(t)}\vec{B}(t)\mathrm{d}\vec{A}\right).$$ Die beiden Integrale mit dem Integrationsgebiet Flä(t) lassen sich samt Grenzwertbildung zu $-\int\limits_{\text{Flä}(t)}\frac{\partial\vec{B}(t)}{\partial t}\mathrm{d}\vec{A}$ zusammenfassen. Das zweite Flächenintegral kann in ein Umlaufintegral umgeformt werden, da die Flächenelemente, welche die Randstreifenfläche flä(t) bilden, unmittelbar an die Leiterschleife „anwachsen“. Die Elemente sind in der Form $\mathrm{d}\vec{A} = \vec{v}\Delta t \times \mathrm{d}\vec{s}$ darstellbar (Bild 9.32b). Dabei ist $\vec{v}\Delta t$ die Verschiebung des Linienelementes $\mathrm{d}\vec{s}$ in der Zeitspanne Δt. Mit den eingeführten Termen erhalten wir
$$-\frac{\mathrm{d}\Phi}{\mathrm{d}t} \overset{\Delta t\to 0}{=} -\int\limits_{\text{Flä}(t)}\frac{\partial\vec{B}}{\partial t}\mathrm{d}\vec{A} - \frac{1}{\Delta t}\oint\limits_{\text{Rand}(t)}\vec{B}(\vec{v}\Delta t \times \mathrm{d}\vec{s}).$$ Das Umlaufintegral ist über die Leiterkurve („Rand“ der Fläche) zu erstrecken, wobei wegen $\Delta t \to 0$ nicht zwi-

schen $\vec{B}(t)$ und $\vec{B}(t+\Delta t)$ sowie Rand(t) und Rand$(t+\Delta t)$ unterschieden werden muss. Durch Grenzübergang $(\Delta t \to 0)$ und Vertauschung der Reihenfolge der Faktoren im zweiten Integral erhalten wir die aus Gl. (9.66) geläufige Form $-\frac{\mathrm{d}\Phi}{\mathrm{d}t} = -\int\limits_{\text{Flä}(t)} \frac{\partial \vec{B}}{\partial t}\mathrm{d}\vec{A} + \int\limits_{\text{Rand}(t)} (\vec{v}\times\vec{B})\mathrm{d}\vec{s}$, deren rechte Seite gleich der induzierten Spannung u_i ist.

Die eben erklärte Gleichung $-\frac{\mathrm{d}}{\mathrm{d}t}\int\limits_{\text{Flä}(t)} \vec{B}\mathrm{d}\vec{A} = -\int\limits_{\text{Flä}(t)} \frac{\partial \vec{B}}{\partial t}\mathrm{d}\vec{A} + \oint\limits_{\text{Rand}(t)} (\vec{v}\times\vec{B})\mathrm{d}\vec{s}$ setzt voraus, dass der Inhalt $\int\limits_{\text{Flä}(t)} \mathrm{d}A$ der Integrationsfläche Flä(t) zeitlich stetig verläuft. Wenn das nicht zutrifft, führt die Rechnung nach 9.68 oder 9.69 zu einem falschen Ergebnis. Die Gl. (9.66) ist dagegen allgemeingültig.

Zur Erläuterung des magnetischen Schwundes wird nochmals die Anordnung laut Bild 9.31 betrachtet. Allerdings soll die homogene magnetische Flussdichte $\vec{B}$ jetzt nicht konstant sein, sondern gemäß $\vec{B} = B(t)\vec{e}_n = \vec{c}t = c\vec{e}_n t$ linear von der Zeit abhängen (Bild 9.33).

Der konstante Vektor $\vec{c}$(in T/s, T = Tesla), der parallel zum Normaleneinsvektor $\vec{e}_n$ der Schienenebene gerichtet ist, drückt die gegebene zeitliche Änderung der magnetischen Flussdichte aus. Zur Zeit $t = 0$ befindet sich der Gleitbügel auf der geraden Verbindungslinie zwischen den linken Schienenendpunkten. Längs dieser Linie ist die mit U bezeichnete Spannung zu bestimmen. Die induzierte Spannung u_i, die zur Bestimmung von U bekannt sein muss, soll zunächst nach Gl. (9.66) und dann zum Vergleich nach Gl. (9.68) berechnet werden. Zur Auswertung der Gl. (9.66) legen wir das Flächenelement $\mathrm{d}\vec{A} = \vec{e}_n\mathrm{d}A$ der Schienenebene und das dazu rechtswendig orientierte Linienelement $\mathrm{d}\vec{s}$

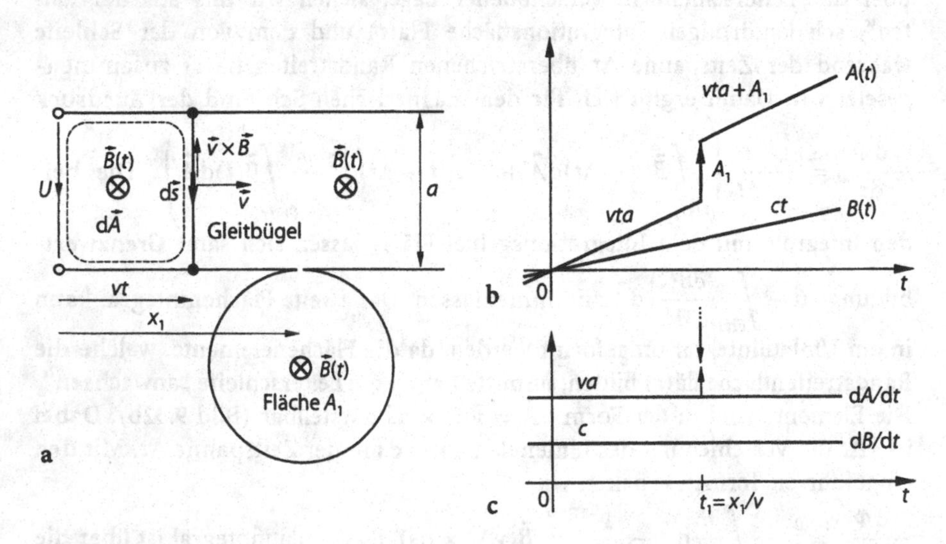

Bild 9.33 Anordnung wie Bild 9.31 im homogenen Magnetfeld, aber $\vec{B}$ ändert sich gemäß $\vec{B} = B(t)\vec{e}_n = \vec{c}t = c\vec{e}_n t$ linear mit der Zeit t. Gesucht ist die Spannung U.

fest. Die in Gl. (9.66) enthaltene transformatorisch induzierte Spannung $u_{iT} = -\int \frac{\partial \vec{B}}{\partial t} \mathrm{d}\vec{A}$ ergibt sich mit $\partial\vec{B}/\partial t = c\vec{e}_n$ und $\mathrm{d}\vec{A} = \mathrm{d}A\vec{e}_n$ zu $u_{iT} = -cA(t)$. Dabei ist $A(t)$ der Inhalt der Maschenfläche (in Bild 9.33a gepunktet). Wenn der Gleitbügel zur Zeit $t_1 = x_1/v$ die Kreisschleife passiert, wächst der Flächeninhalt sprungartig um den Inhalt A_1 der Kreisfläche (Bild 9.33b). Die transformatorisch induzierte Spannung u_{iT} ist der Fläche $A(t)$ proportional. Für die in Gl. (9.66) ebenfalls enthaltene motorisch induzierte Spannung $u_{iM} = \oint (\vec{v} \times \vec{B})\mathrm{d}\vec{s}$ erhält man unter Beachtung der Richtung der Vektoren das Produkt $u_{iM} = -vB(t)a$, wobei $B(t)$ aufgabengemäß linear mit der Zeit ansteigt. Die induzierte Spannung ist die Summe von u_{iT} und u_{iM}. Die entsprechende Zeitfunktion $u_i(t) = -cA(t) - vB(t)a$ ändert sich, abgesehen von dem Sprung um den Betrag cA_1 zur Zeit t_1, mit konstanter zeitlicher Rate ($A(t)$ und $B(t)$ vgl. Bild 9.33b).

Die letzte Ausdruck für u_i ist das Ergebnis der Auswertung von Gl. (9.66). Wir kontrollieren jetzt, ob wir mit Gl. (9.69) zum selben Ergebnis kommen. Dazu berechnen wir zunächst den magnetischen Fluss $\Phi = \int \vec{B}\mathrm{d}\vec{A}$ durch die gepunktete, sich mit der Bügelbewegung vergrößernde Masche. Da $\vec{B} = c\vec{e}_n t$ homogen (ortsunabhängig) ist, kann das Flächenintegral durch ein einfaches Produkt berechnet werden. Mit $\mathrm{d}\vec{A} = \vec{e}_n \mathrm{d}A$ ergibt sich $\Phi(t) = B(t)A(t)$, wobei beide Faktoren Funktionen der Zeit sind (Bild 9.31b). Den magnetischen Schwund $-\mathrm{d}\Phi/\mathrm{d}t$ bilden wir mit der Produktregel des Differenzierens und erhalten $-\frac{\mathrm{d}\Phi}{\mathrm{d}t} = -\frac{\mathrm{d}B}{\mathrm{d}t}A(t) - B(t)\frac{\mathrm{d}A}{\mathrm{d}t}$. Die Ableitung $\mathrm{d}B/\mathrm{d}t = c$ ist konstant. Dagegen enthält $\mathrm{d}A/\mathrm{d}t$ zur Zeit t_1, wenn der Bügel die Kreisschleife tangiert, einen steilen Impuls (Bild 9.33c). Für $t \neq t_1$ gilt $\mathrm{d}A/\mathrm{d}t = va$.

Wir erhalten damit für $t \neq t_1$ den magnetischen Schwund $-\frac{\mathrm{d}\Phi}{\mathrm{d}t}(t \neq t_1) = -cA(t) - B(t)va$. Dieses Resultat ist identisch mit dem vorher nach Gl. (9.66) gewonnenen Ausdruck für die induzierte Spannung u_i. Im Zeitpunkt t_1 dagegen trägt der Term $B\frac{\mathrm{d}A}{\mathrm{d}t}$ nach Bild 9.33c einen Impuls zum magnetischen Schwund bei, den die (korrekte) induzierte Spannung nach Gl. (9.66) nicht enthält.

Das Beispiel zeigt: Die induzierte Spannung u_i kann für $t \neq t_1$ als magnetischer Schwund $-\mathrm{d}\Phi/\mathrm{d}t$ berechnet werden, für den Zeitpunkt t_1 dagegen nicht. Für $t = t_1$ liefert nur Gl. (9.66) das richtige Ergebnis. Für diesen Zeitpunkt ist die Gleichung $u_i = -\mathrm{d}\Phi/\mathrm{d}t$ falsch! Sie gilt unter der Voraussetzung, dass der Inhalt der Integrationsfläche in Funktion der Zeit *stetig* verläuft. Diese Voraussetzung ist zur Zeit t_1 verletzt, da sich die Fläche sprungartig um den Wert A_1 vergrößert.

Für die gesuchte Spannung U erhalten wir aufgrund der schon im Beispiel nach Bild 9.31 angestellten Überlegungen schließlich mit $-U = u_i$ den Ausdruck $U = cA(t) + vB(t)a$.

Es wird nochmals daran erinnert, dass U nicht die „Spannung zwischen den Schienen" ist, sondern die „Spannung längs des eingezeichneten Weges". In Bild 9.33a ist demgemäß für U kein Zählpfeil, sondern ein orientierter Integrationsweg eingetragen.

Das elektrische Feld von Ladungen, sogenannter Polladungen, die auf den Schienen durch die ladungstrennende Wirkung der Spannungsinduktion hervorgerufen sind, ist in der dargestellten Berechnung der Spannung U unerheblich. Der Berechnung liegt das Induktionsgesetz zugrunde, das die *Zirkulation* $\oint \vec{E}\mathrm{d}\vec{s}$ der elektrischen Feldstärke mit dem Magnetfeld verknüpft. Das elektrische Feld, das von den Polladungen ausgeht, hat die Zirkulation Null ($\oint \vec{E}\mathrm{d}\vec{s} = 0$). Es trägt nichts zur Umlaufspannung bei.

Die eben beschriebene Anordnung, bei der die induzierte Spannung vom magnetischen Schwund abweicht, bildet die Ausnahme. Im Regelfall berechnet man die induzierte Spannung mit Gl 9.68 richtig und vorteilhaft. In Zweifelsfällen ist Gl. (9.66) zu benutzen. Sie gilt ausnahmslos.

9.18 Selbst- und Gegeninduktivität

Selbstinduktivität. Jeder Stromkreis (Bild 9.34) erregt im Raum ein Magnetfeld $\vec{B}$. Der magnetische Fluss durch den felderzeugenden Leiterkreis ist durch $\Phi = \int \vec{B} d\vec{A}$ gegeben. Das Integral ist über eine Fläche zu erstrecken, die den Leiterkreis als Rand hat. Der Fluss *ändert* sich, wenn die Stromstärke von der Zeit abhängt. In diesem Fall induziert das vom Stromkreis erregte Feld eine Spannung u_i im Leiterkreis, denn im Fluss Φ, von dem die induzierte Spannung $u_i = -d\Phi/dt$ abhängt, ist *jedes* Magnetfeld ohne Rücksicht auf seine Herkunft zu berücksichtigen. Der Vorgang wird als *Selbstinduktion* bezeichnet. Wir wollen zunächst einen für die Selbstinduktion zweckmäßigen Kennwert der Leiterschleife definieren, nämlich ihre *Selbstinduktivität*

$$L = \frac{\Phi(i)}{i}. \qquad [L]_{SI} = \frac{Vs}{A} = \frac{Wb}{A} = H = \text{Henry}^{15} \tag{9.70}$$

Der magnetische Fluss $\Phi(i)$ ist das Flächenintegral $\int \vec{B} d\vec{A}$ *der* magnetischen Flussdichte $\vec{B}$, die der Strom i der Leiterschleife in ihr selbst erregt. Der Stromzählpfeil und das Flächenelement müssen wieder rechtswendig miteinander koordiniert sein.

Die Selbstinduktivität ergibt sich stets positiv. Sie ist im Allgemeinen eine Funktion des Stromes. Die Größe L ist allerdings besonders zweckmäßig, wenn

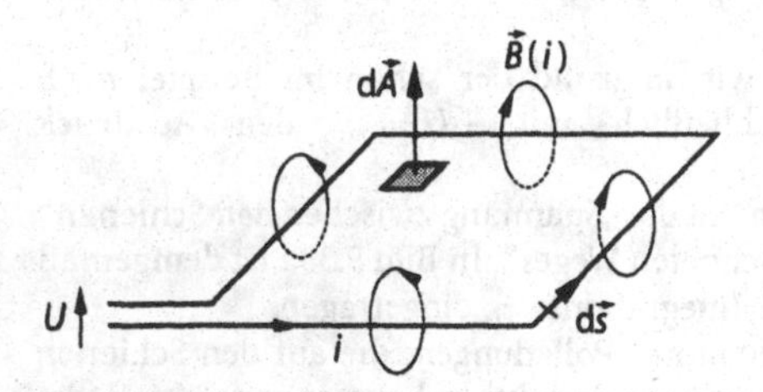

Bild 9.34 Der Stromkreis erregt durch seinen Strom i ein Magnetfeld und damit in sich selbst einen magnetischen Fluss. Die Zählpfeile für Strom und Spannung sind nach dem Verbraucherpfeilsystems koordiniert.

[15] J. Henry 1797–1878

alle Körper in der Nähe des Leiterkreises konstante Permeabilitäten haben. Dann ist sein Magnetfeld $\vec{B}$ dem Strom i proportional[16]. Das Feldlinienbild bleibt zu jedem Zeitpunkt gleich. Man kann dann für irgendeinen Strom i_0 das Feld $\vec{B}(i_0)$ berechnen, damit den Fluss $\Phi_0 = \int \vec{B}(i_0)\mathrm{d}\vec{A}$ und schließlich die Selbstinduktivität $L = \Phi_0/i_0$ der Leiterschleife. Die Größe L ist im vorausgesetzten Fall - konstanter Permeabilität im umgebenden Raum - vom Strom i unabhängig, also selbst eine Konstante.

Die Definition der Selbstinduktivität nach Gl. (9.70) verlangt eine Präzisierung. Zur Bestimmung des Flusses $\Phi(i) = \int \vec{B}(i)\mathrm{d}\vec{A}$ ist der Integrationsbereich, d. h. die *Integrationsfläche* festzulegen. Der Versuch, eine *reale Leiterschleife mit endlicher Leiterdicke* auf eine *Linien*leiterschleife zu reduzieren und die Integrationsfläche so festzulegen, dass ihr Rand mit dem Linienleiter zusammenfällt, schlägt fehl: In seiner unmittelbaren Nachbarschaft strebt das $\vec{B}$-Feld mit dem Kehrwert des Leiterabstandes gegen Unendlich. Der magnetische Fluss wäre unendlich groß und die Selbstinduktivität ebenfalls. Damit ist das Linienleitermodell für die Berechnung der Selbstinduktivität untauglich. Wir bleiben deshalb beim Originalleiter mit endlicher Dicke und vereinbaren eine kleinere Integrationsfläche, die den Leiter gerade berührt, aber das Leiterinnere ausspart. Wir rechtfertigen dieses Vorgehen damit, dass der Betrag des Magnetfeldes im Leiter mit Annäherung an seine Achse abnimmt, so dass die Fläche innerhalb des Leiters ohnehin wenig zum Fluss beitragen würde. Die so definierte Selbstinduktivität wird als *äußere Selbstinduktivität* bezeichnet.

Für den Fall einer langgezogenen, rechteckigen Leiterschleife (Bild 9.35) der Länge l senkrecht zur Zeichenebene, deren Leiter (Radius R) im engen Achsabstand a gerade und parallel verlaufen ($R \ll a \ll l$), ist die äußere Selbstinduktivität L zu berechnen. Die Permeabilität innerhalb und außerhalb der zylindrischen Leiter betrage μ.

Die magnetische Flussdichte im Bereich der Leiterschleife setzt sich nach dem Überlagerungsprinzip aus den Beiträgen des Hin- und Rückleiters zusammen (Bild 9.35). Wir betrachten das Rechteck der Breite $a - 2R$ und der Länge l, das in der Ebene der beiden Leiterachsen *zwischen* den Leitern liegt. Das Rechteck bildet die einfachstmögliche von der Leiterschleife aufgespannte Fläche. Der linke Leiter erregt in dem Rechteck das Feld $\vec{B}_1 = \frac{\mu i}{2\pi x}\vec{e}_n$ (vgl. Gl. (9.10)). Der Einsvektor $\vec{e}_n$ der Flächennormalen ist vorschriftsgemäß rechtswendig zum Umlaufsinn des Stromzählpfeiles eingeführt. Das definierte Rechteck dient jetzt als Integrationsfläche. Mit den streifenförmigen Flächenelementen $\mathrm{d}\vec{A} = l\,\mathrm{d}x\vec{e}_n$ ergibt sich der Flussbeitrag $\Phi_1 = \int_R^{a-R} \frac{\mu i}{2\pi x}\vec{e}_n l\,\mathrm{d}x\vec{e}_n = \frac{\mu i l}{2\pi}\ln\frac{a-R}{R}$. Das Magnetfeld im Leiter interessiert nicht, da nur nach der äußeren Selbstinduktivität gefragt ist. Wegen der Symmetrie der Anordnung trägt der rechte Leiter den gleichen Fluss zum Gesamtfluss Φ bei. Mit $\Phi(i) = 2\Phi_1$ und $L = \Phi(i)/i$ ergibt sich $L = \frac{\mu l}{\pi}\ln\frac{a-R}{R}$. Das Ergebnis bestätigt, dass eine Linienleiterschleife ($R \to 0$) eine unendlich große Selbstinduktivität hätte.

---

[16]Die Symbole u und i bezeichnen wie $\vec{B}$ und Φ Momentanwerte.

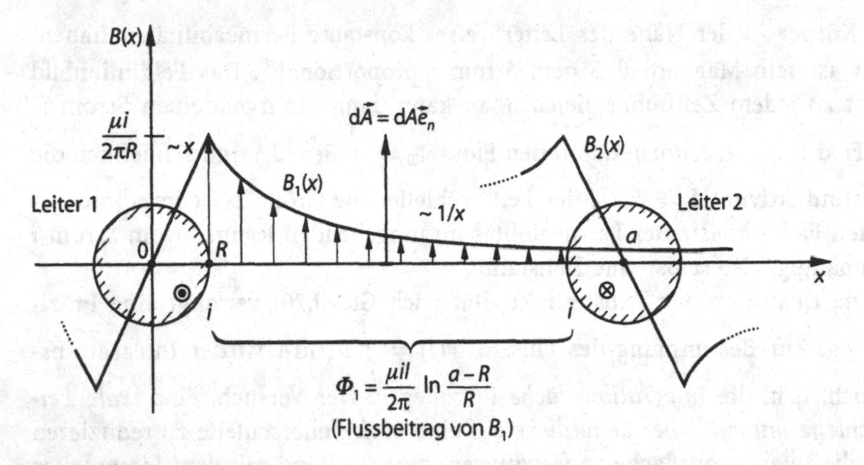

Bild 9.35 Der Stromkreis erregt durch seinen Strom i ein Magnetfeld und damit in sich selbst einen magnetischen Fluss. Die Zählpfeile für Strom und Spannung sind nach dem Verbraucherpfeilsystem koordiniert.

Das mit der äußeren Selbstinduktivität gebildete Produkt Li ist gleich dem Fluss der von der Leiterschleife selbst erregten magnetischen Flussdichte durch eine Fläche, welche die beiden engstbenachbarten Mantellinien der Leiter beranden. Durch die Fläche zwischen den Leiter*achsen* tritt ein größerer magnetischer Fluss. Bei großem Leiterabstand ($a \gg R$) ist der Unterschied gering.

In Bild 9.35 verlaufen die Magnetfelder, welche die beiden Leiter *innerhalb* ihres Querschnittes erregen, linear mit dem Abstand r von der Leiterachse. Wie ist dieser Verlauf zu erklären?

Auch *im* Leiter gilt der Durchflutungssatz Gl. (9.17), der dort die magnetische Feldstärke und die elektrische Durchflutung gemäß $H_1(r)\vec{e}_\varphi \cdot 2\pi r\vec{e}_\varphi = \Theta$ verknüpft. Die Durchflutung Θ berücksichtigt den Anteil $\Theta = \frac{i}{\pi R^2}\pi r^2$ des Stromes, der den Leiter-Teilquerschnitt πr^2 durchsetzt. Dabei ist die Stromdichte $i/(\pi R^2)$ gleichmäßig über den Leiterquerschnitt verteilt angenommen. Mit dem angegebenen Ausdruck für Θ folgt aus dem Durchflutungssatz im Bereich des Leiterquerschnittes die Feldstärke $H_1(r) = \frac{i}{2\pi R} \cdot \frac{r}{R}$. Sie ist dem Abstand r des Aufpunktes von der Leiterachse proportional, wie in Bild 9.35 eingezeichnet.

Wenn die Leiterschleife mehrere Windungen hat (z. B. Spule mit zwei Windungen nach Bild 9.36a), fällt die Vorstellung einer Fläche schwer, welche die Leiter als Rand hat.

Wir behelfen uns mit einer Ersatzanordnung (Bild 9.36b). Sie geht in die Originalanordnung über, wenn man erstere an den mit „Falz" bezeichneten Linien zieharmonikaartig faltet und die drei Ebenen übereinanderlegt. In der Ersatzanordnung ist die Fläche zur Flussbildung leicht zu erkennen, wobei die wechselnde Orientierung der Teilflächen zwischen den Falzen zu beachten ist. Der Gesamtfluss durch die Fläche ergibt sich als Summe der Flüsse über die einzelnen Windungen. Den mit allen Windungsflächen einer Spule gebildeten

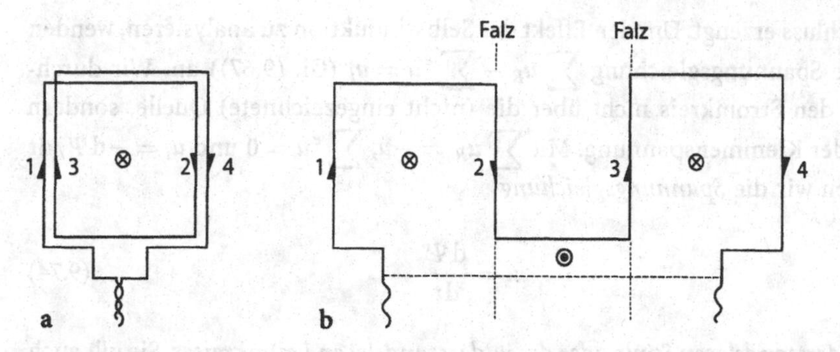

Bild 9.36 Spule mit zwei Windungen ($w = 2$). **a** Original-, **b** Ersatzanordnung

magnetischen Fluss bezeichnet man als *magnetischen Verkettungsfluss* oder *Spulenfluss*

$$\Psi = \sum_{\text{Windung } \nu} \Phi_\nu. \qquad [\Psi]_{\text{SI}} = \text{Vs} = \text{Wb} = \text{Weber}^{17} \tag{9.71}$$

Φ_ν bezeichnet den mit der Fläche der ν-ten Windung gebildeten Fluss.

Wenn die Drähte der Spule dicht liegen, darf man annehmen, dass jede Windung denselben Fluss Φ führt. Der magnetische Verkettungsfluss

$$\Psi = w\Phi \tag{9.72}$$

ist dann einfach das Produkt aus der *Windungszahl* w der Spule und dem magnetischen Fluss Φ durch *eine* Windung.

Bei einer *Spule* mit mehreren Windungen ist die Selbstinduktivität

$$L = \frac{\Psi(i)}{i} \tag{9.73}$$

mit dem Verkettungsfluss Ψ zu bilden, so dass alle Windungsflächen berücksichtigt sind. Da eine einfache Stromschleife eine „Spule" mit *einer* Windung ($w = 1$) ist, betrachten wir Gl. (9.70) als Spezialfall von Gl. (9.73).

Bei einer Spule mit Eisen, deren Permeabilität von der magnetischen Feldstärke abhängt, ist die Kennlinie $\Psi(i)$ nichtlinear, so dass die Selbstinduktivität L nicht mehr konstant ist. In diesem Fall büßt der Begriff der Selbstinduktivität seine Einfachheit und Zweckmäßigkeit ein. An seiner Stelle verwendet man besser direkt die Kennlinie $\Psi(i)$.

Wir stellen uns die Spule oder den Stromkreis nach Bild 9.34, der aus *widerstandslosem* Draht bestehen soll, an eine zeitveränderliche Spannungs- oder Stromquelle angeschlossen vor. Bei einem Gleichstromkreis hätten wir einen

[17] W. Weber 1804–1894

Kurzschluss erzeugt. Um den Effekt der Selbstinduktion zu analysieren, wenden wir die Spannungsgleichung $\sum u_R - \sum {}^{e}u = u_i$ (Gl. (9.67)) an. Wir durchlaufen den Stromkreis nicht über die (nicht eingezeichnete) Quelle, sondern längs der Klemmenspannung. Mit $\sum u_R = -u$, $\sum {}^{e}u = 0$ und $u_i = -\mathrm{d}\Psi/\mathrm{d}t$ erhalten wir die *Spannungsgleichung*

$$u = \frac{\mathrm{d}\Psi}{\mathrm{d}t} \tag{9.74}$$

der widerstandslosen Spule oder des widerstandslosen Leiterkreises. Sie gilt auch bei nichtlinearer Kennlinie $\Psi(i)$. Vorausgesetzt ist das Verbraucherpfeilsystem. Für Leiterschleifen mit nur einer Windung kann der Verkettungsfluss Ψ, wie bei Gl. (9.73) erwähnt, durch den Fluss Φ ersetzt werden. Wenn die Selbstinduktivität L *konstant* ist, folgt mit $\Psi = Li$ aus Gl. (9.74) die Spannungsgleichung

$$u = L\frac{\mathrm{d}i}{\mathrm{d}t} \tag{9.75}$$

der widerstandslosen Spule für den *linearen Fall.* Die Zählpfeile für u und i sind in Bild 9.34 nach der *Verbraucherkonvention* angesetzt. Würde man den Spannungszählpfeil entgegengesetzt orientieren, erhielte man die Spannungsgleichung $u = -\mathrm{d}\Psi/\mathrm{d}t$ oder $u = -L\mathrm{d}i/\mathrm{d}t$ in *Erzeugernotierung.*

Die Gln. (9.74) und (9.75) sind *Differentialgleichungen.* Im nichtlinearen Fall (Gl. (9.74)) betrachten wir den Verkettungsfluss Ψ als „Stellvertretergröße" des Stromes. Strom und Verkettungsfluss sind durch die nichtlineare $\Psi(i)$-Kennlinie – oder ihre Umkehrung, die $i(\Psi)$-Kennlinie) – miteinander verknüpft. Durch Anwendung der Kettenregel des Differenzierens auf Gl. (9.74) erhält man $u = \frac{\mathrm{d}\Psi}{\mathrm{d}i} \cdot \frac{\mathrm{d}i}{\mathrm{d}t}$. Der stromabhängige Faktor $\mathrm{d}\Psi/\mathrm{d}i$ (Steigung der $\Psi(i)$-Kennlinie) heißt in Anlehnung an den Begriff des differentiellen Widerstandes *differentielle Induktivität.*

In Gl. (9.75) tritt der Strom (genauer: seine zeitliche Ableitung) explizit auf. Die magnetische Flussdichte $\vec{B}$, die eigentlich den Vorgang der Selbstinduktion bestimmt, ist aus der Gleichung eliminiert. Mit ihr verfügen wir über eine Strom-Spannungs-Beziehung, welche die Wirkung einer widerstandslosen Spule in einem elektrischen Stromkreis beschreibt (Bild 9.37).

Im Gegensatz zum Ohm'schen Widerstand kann für die Induktivität *keine* Strom-Spannungs-*Kennlinie* angegeben werden. Die an einer widerstandslosen Spule anliegende Spannung bestimmt nach Gl. (9.75) nicht die Stromstärke selbst, sondern nur deren zeitliche Änderung. Die Stromänderungsgeschwindigkeit ist nach $\mathrm{d}i/\mathrm{d}t = u/L$ der Spannung proportional. Je größer die Selbstinduktivität L ist, um so langsamer ändert sich die Stromstärke.

Der Aufbau (oder Abbau) einer Stromstärke durch Anlegen einer Spannung an einen Stromkreis mit Selbstinduktivität kann in Analogie zur Erhöhung

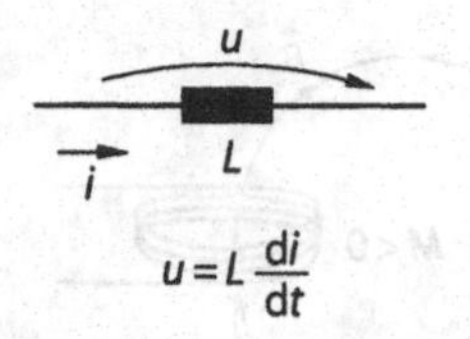

Bild 9.37 Schaltzeichen der Selbstinduktivität L. Eine widerstandslose Spule oder Leiterschleife im Magnetfeld (Bild 9.34) erscheint auf ein elektrisches Schaltelement reduziert. (Zählpfeile in Verbraucherkonvention)

(oder Verringerung) der Geschwindigkeit ($\hat{=}i$) einer Masse ($\hat{=}L$) durch Einwirkung einer Kraft ($\hat{=}u$) gesetzt werden.

Gegeninduktivität. Wenn sich eine *zweite Spule* (Bild 9.38a) im Magnetfeld der ersten aufhält, sind die beiden Spulen (oder Stromkreise) über das Magnetfeld gekoppelt. Diese magnetische Kopplung wird durch eine weitere Kenngröße ausgedrückt, die *Gegeninduktivität M*.

Das Magnetfeld der Spule 1, die den Strom i_1 führt, erzeugt in Spule 2 den Verkettungsfluss $\Psi_2(i_1)$. Die Gegeninduktivität

$$M_{21} = \frac{\Psi_2(i_1)}{i_1} \qquad [M]_{SI} = Vs/A = Wb/A = H \tag{9.76}$$

der Spule 2 in Bezug auf die Spule 1 erweist sich unabhängig vom Erregerstrom i_1, solange alle Stoffe im Feldraum konstante Permeabilitäten haben. In diesem Fall ist die Kennlinie $\Psi_2(i_1)$ wegen $B \sim i_1$ linear. Das Vorzeichen der Gegeninduktivität M_{21} hängt von den getroffenen Vereinbarungen für die Zählpfeile des Erregerstromes i_1 und des Verkettungsflusses Ψ_2 ab. Im Falle des Bildes 9.38a ergibt sich M_{21} positiv, im Falle von Bild 9.38b negativ.

Bei Erregung von Spule 2 mit dem Strom i_2 erhält man sinngemäß die Gegeninduktivität

$$M_{21} = \frac{\Psi_1(i_2)}{i_2} \tag{9.77}$$

der Spule 1 in Bezug auf die Spule 2 (Bild 9.38c). Die Bemerkungen zur Konstanz und zum Vorzeichen von M_{12} gelten auch hier.

Man kann zeigen, dass die Gegeninduktivitäten M_{12} und M_{21} eines Spulenpaares bei feldunabhängigen Permeabilitäten gemäß

$$M_{12} = M_{21} \tag{9.78}$$

denselben Wert haben, so dass die Indizes überflüssig sind. Die Gegeninduktivität M ist dann ein *Kennwert des Spulenpaares.*

Als nächstes betrachten wir den Fall, dass beide Spulen mit den Spannungen u_1 und u_2 in ein Netzwerk eingebunden sind und gleichzeitig die Ströme i_1 und i_2 führen. Mit den definierten Selbst- und Gegeninduktivitäten, die wir

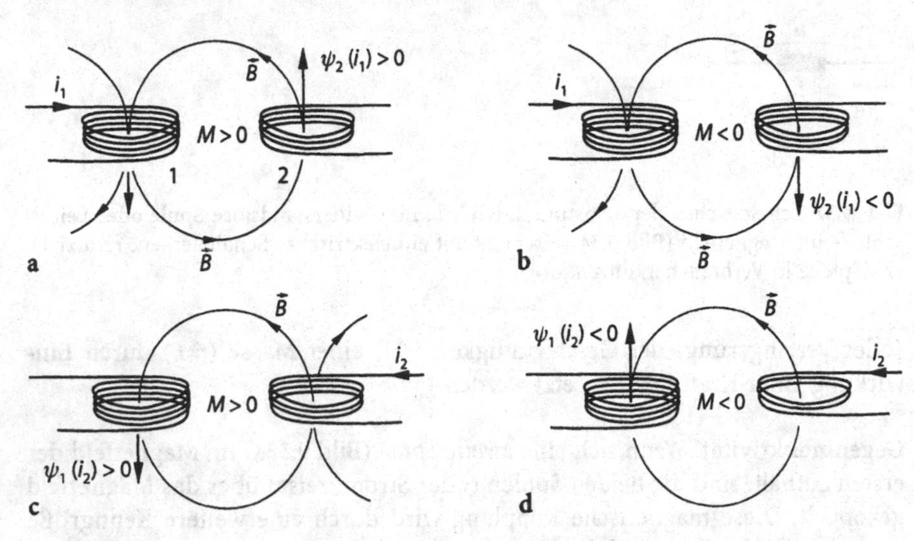

Bild 9.38 Zur Definition der Gegeninduktivität eines Spulenpaares. **a** Spule 1 wird erregt und bei Spule 2 der Verkettungsfluss ermittelt, **b** geänderter Ψ_2-Zählpfeil, **c** Spule 2 wird erregt und bei Spule 1 der Verkettungsfluss ermittelt, **d** geänderter Ψ_1-Zählpfeil

jetzt als gegeben betrachten, können die Verkettungsflüsse eines Spulenpaares (Bild 9.39a) berechnet werden. In den Spulen ist der Zählpfeil des jeweiligen Verkettungsflusses rechtswendig zum Stromzählpfeil einzuführen. Aufgrund der vorausgesetzten Konstanz der Permeabilitäten können die Beiträge zum Verkettungsfluss *überlagert* werden, welche die Spulen von sich selbst und von der jeweils anderen empfangen.

Damit ergeben sich in den Spulen 1 und 2 die Verkettungsflüsse

$$\Psi_1 = L_1 i_1 + M i_2 \quad \text{und} \quad \Psi_2 = L_2 i_2 + M i_1. \tag{9.79a, b}$$

Im Bild 9.39a – das entsprechende Schaltzeichen zeigt Bild 9.39b – ist die Gegeninduktivität M positiv. Verwendet man, wie in Bild 9.39a und b für beide Spulen geschehen, Verbraucherpfeile, ergeben sich mit Gl. (9.74) die Spannungsgleichungen

$$u_1 = \mathrm{d}\Psi_1/\mathrm{d}t. \quad \text{und} \quad u_2 = \mathrm{d}\Psi_2/\mathrm{d}t, \tag{9.80a, b}$$

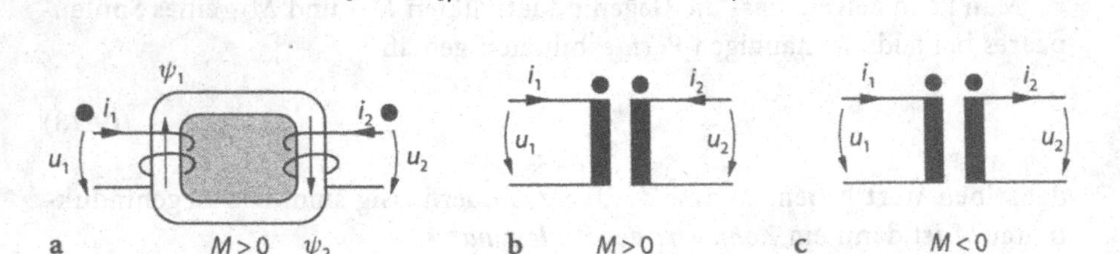

Bild 9.39 Magnetisch gekoppeltes Spulenpaar. **a** Originalanordnung und Definition der Punkte, **b** Schaltzeichen, **c** Schaltzeichen mit Verbraucherpfeilen für Spule 2

oder mit Gl. (9.79a und b)

$$u_1 = L_1 \frac{di_1}{dt} + M \frac{di_2}{dt} \quad \text{und} \quad u_2 = L_2 \frac{di_2}{dt} + M \frac{di_1}{dt}. \qquad (9.81\text{a, b})$$

Schriebe man dagegen z. B. für die Spule 2 nach Bild 9.39c die Erzeugerkonvention vor, indem man die Zählpfeile für i_2 und Ψ_2 in Bild 9.39a umdrehte, erschiene in Gl. (9.80b) ein Minuszeichen, das sich nach Gl. (9.81b) fortpflanzen würde. Die Gln. (9.79) für die Verkettungsflüsse blieben unverändert. Allerdings wäre die Gegeninduktivität jetzt negativ.

Wenn man unsicher ist, ob die Vorzeichen der Gleichungsterme nach Umkehrung von Zählpfeilen stimmen, bietet sich folgende Probe an: Man bezeichne alle Ströme, Verkettungsflüsse und Spannungen, deren Zählpfeile umgekehrt wurden, in den neuen Gleichungen vorübergehend als $-i$, $-\psi$ bzw. $-u$. Dann müssen sich bei Berücksichtigung des Vorzeichens der Gegeninduktivität dieselben Beziehungen ergeben wie vor der Umkehrung der Zählpfeile.

Die Gln. (9.81) bilden ein System gekoppelter Differentialgleichungen. Im Schaltsymbol der beiden Spulen (Bild 9.39b) mit den Selbstinduktivitäten L_1 und L_2 markiert man die magnetische Kopplung der beiden Spulen durch das Symbol M und zwei Punkte.

Die Punkte werden den Wicklungsklemmen nach folgender Regel zugeteilt: Man bespannt den *magnetischen* Kreis mit einer Bilanzfläche (in Bild 9.39a dunkel) und ordnet die Punkte so an, dass die von den beiden Punktklemmen ausgehenden Wicklungsdurchläufe die Fläche von derselben Seite her passieren.

Aus dieser Regel folgt: Fließen bezüglich der Wicklungspunkte gleichsinnige (gegensinnige) Ströme durch beide Spulen, überlagern sich die Beiträge der Ströme zu den Verkettungsflüssen in beiden Spulen verstärkend (schwächend). Dementsprechend ist der Wert der Gegeninduktivität in den Gln. (9.79) und (9.81) bei *gleichsinnigen Stromzählpfeilen* (Bild 9.39a und b) positiv und bei *gegensinnigen Stromzählpfeilen* (Bild 9.39c) negativ.

Im Gegensatz zu den Anschlüssen eines Widerstandes oder einer Selbstinduktivität dürfen die Klemmen beider gekopppelter Spulen *nicht vertauscht* werden. Schaltet man z. B. beide Spulen in Serie, hängt die an den äußeren Klemmen feststellbare Selbstinduktivität davon ab, ob die Spulen bezüglich der Punkte gleichsinnig (Bild 9.40a) oder gegensinnig (Bild 9.40b) in Reihe liegen. Aus den Gln. (9.81) ergibt sich in beiden Fällen die resultierende Selbstinduktivität $L = L_1 + L_2 + 2M$. In Bild 9.40a hat M allerdings einen positiven Wert, in Bild 9.40b einen negativen.

Wegen seiner vier Klemmen bezeichnet man ein magnetisch gekoppeltes Spulenpaar als *Vierpol*.

Die engste magnetische Kopplung zweier Spulen erzielt man, wenn beide auf einen hochpermeablen Ringkern (vgl. Bild 9.41 und Abschn. 9.10) gewickelt werden.

Im Grenzfall durchsetzt der Fluss Φ im Ringkern (Querschnitt A, mittlerer Umfang l, konstante Permeabilität $\mu \gg \mu_0$) jede Windung beider Spu-

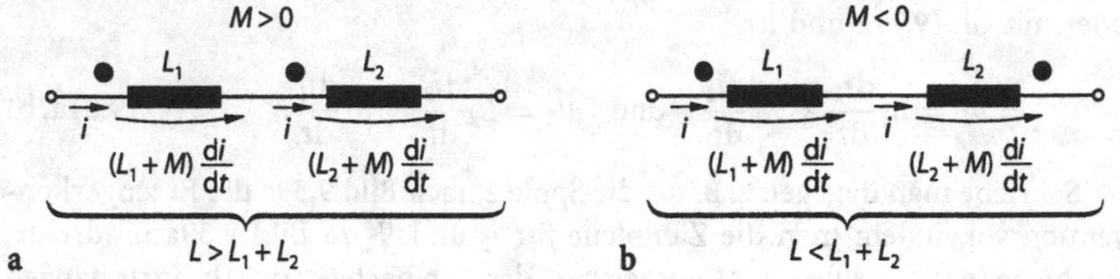

Bild 9.40 Serienschaltung zweier magnetisch gekoppelter Spulen. a gleichsinnig ($M > 0$), b gegensinnig ($M < 0$)

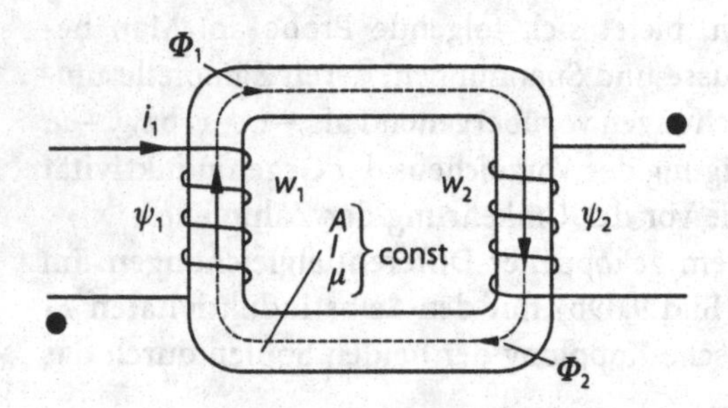

Bild 9.41 Zwei Spulen auf einem gemeinsamen, hochpermeablen Ringkern. Der Grenzfall engster magnetischer Kopplung verlangt, dass der magnetische Fluss Φ vollständig jede Windung beider Spulen durchdringt. Die Wicklungspunkte sind nur zur Einübung ihrer Definition (s. o.) eingetragen.

len in voller Höhe. Ein solches Spulenpaar bezeichnet man als streuungsfrei. Seine Gegeninduktivität $M_{21} = \Psi_2(i_1)/i_1$ ergibt sich mit $\Psi_2(i_1) = w_2\Phi_1(i_1)$ und $\Phi_1 = B_1 A$ sowie $(B_1/\mu)l = w_1 i_1$ zu

$$M = w_1 w_2 \frac{\mu A}{l}. \tag{9.82}$$

Für die Selbstinduktivitäten $L_1 = w_1\Phi_1(i_1)/i_1$ und $L_2 = w_2\Phi_2(i_2)/i_2$ erhält man auf ähnlichem Wege

$$L_1 = w_1^2 \frac{\mu A}{l} \quad \text{und} \quad L_2 = w_2^2 \frac{\mu A}{l}. \tag{9.83a, b}$$

Der gemeinsame Faktor $\mu A/l$ ist der *magnetische Leitwert* des Ringkerns. Im vorausgesetzten Fall der idealen magnetischen Kopplung gilt $M^2 = L_1 L_2$. In Wirklichkeit ist M^2 stets kleiner als $L_1 L_2$, da das von einer Spule erregte Feld die andere Spule nie vollständig durchsetzt, sondern auch (Streu-)Wege im Luftraum nutzt.

9.19 Energie des Magnetfeldes

Wie das elektrische Feld speichert auch das magnetische Feld Energie. Der Zusammenhang zwischen magnetischer Flussdichte $\vec{B}$ und Energiedichte w_m (in J/m^3) wird im Folgenden mit dem Energieerhaltungssatz hergeleitet. Dazu ermitteln wir die *elektrische* Energie, die in eine widerstandslose, anfangs feldfreie Ringspule eingespeist werden muss, um in ihrem gesamten Kernbereich die magnetische Flussdichte $\vec{B}$ aufzubauen. Der elektrische Energieaufwand muss nach dem Energieerhaltungsgesetz im Magnetfeld gespeichert sein.

Für die Analyse wird eine Ringspule (Bilder 9.42 und 9.22) gewählt. Ihr Magnetfeld ist besonders übersichtlich. In ihrem Kern herrscht überall ein praktisch homogenes Feld. Der Außenraum bleibt feldfrei. Der Kern der Ringspule besteht aus einem Stoff mit der Magnetisierungskennlinie $b(h)$. Das Kern- oder Feldvolumen $V = Al$ ist das Produkt der konstanten Querschnittsfläche A und des mittleren Kernumfanges l. Entsprechend $\sqrt{A} \ll l$ ist ein *dünner* Kern vorausgesetzt, so dass alle Feldlinien praktisch gleich lang sind. Der Spulendraht sei widerstandslos.

Wir schließen die streuungsfreie Ringspule nach Bild 9.42 an eine verstellbare Stromquelle an. Ihr Quellenstrom i erregt im ganzen Kern die magnetische Feldstärke $h = w\,i/l$ (vgl. Abschn. 9.10). Der Verkettungsfluss der Spule beträgt $\psi = wb(h)A$. Durch die beiden letzten Gleichungen ist die Kennlinie $\psi(i)$ oder $i(\psi)$ definiert. Wenn der Quellenstrom von Null beginnend erhöht wird, induziert das mitwachsende Magnetfeld eine Spannung (Selbstinduktion). An den Klemmen der Spule erscheint nach Gl. (9.74) (Verbraucherpfeilsystem) die Spannung $u = \mathrm{d}\psi/\mathrm{d}t$. Die Stromquelle liefert in der Zeitspanne $\mathrm{d}t$ die elektrische Energie $\mathrm{d}W = ui\mathrm{d}t$ an die Spule. Durch Einsetzen von $u\mathrm{d}t = \mathrm{d}\psi$ folgt daraus $\mathrm{d}W = i\mathrm{d}\psi$, wobei der Verkettungsfluss ψ und die Stromstärke i der Spule über die Magnetisierungskennlinie $b(h)$ zusammenhängen. Während der Quellenstrom von Null auf den Wert I verändert wird, nimmt die Spule

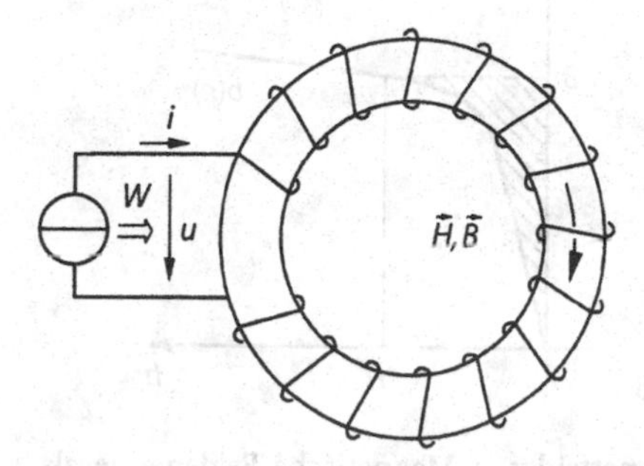

Bild 9.42 Die von der verstellbaren Stromquelle bei Stromerhöhung abgegebene elektrische Energie wird in der widerstandslosen Spule als magnetische Feldenergie gespeichert.

die elektrische Energie $W = \int\limits_0^{\Psi} i(\psi)\mathrm{d}\psi$ auf. Nach welcher Zeitfunktion sich der Strom aufbaut, spielt keine Rolle. Im Integranden steht die im allgemeinen Fall nichtlineare $i(\psi)$-Kennlinie. Die obere Grenze $\Psi = \psi(I)$ ist der Verkettungsfluss aus der Kennlinie beim Strom I. Nach dem Energieerhaltungsgesetz wird die von der Spule aufgenommene elektrische Energie W vollständig als Feldenergie

$$W_m = \int\limits_0^{\Psi} i(\psi)\mathrm{d}\psi \tag{9.84}$$

im Magnetfeld gespeichert. Ein Ohm'scher Widerstand im Kreis verböte diesen Schluss. Deshalb ist die Spule als widerstandslos vorausgesetzt. Die magnetische Feldenergie der Spule entspricht der schraffierten i-ψ-Fläche in Bild 9.43a.

Wenn die Magnetisierungskennlinie gemäß $\psi = Li$ linear verläuft (konstante Selbstinduktivität L), folgt aus Gl. (9.84) mit $i(\psi) = \psi/L$ und $\Psi = LI$

$$W_m = \frac{1}{2L}\Psi^2 = \frac{1}{2}\Psi I = \frac{1}{2}LI^2. \tag{9.85a–c}$$

Die im Magnetfeld einer linearen Spule gespeicherte magnetische Energie W_m hängt quadratisch vom Strom I ab, der das Magnetfeld erregt.

In den Gln. (9.85) erscheinen die integralen Größen Ψ und I. Die ursprüngliche Frage nach der Abhängigkeit der Energiedichte w_m des Magnetfeldes vom Flussdichtebetrag B beantworten wir, indem wir in Gl. (9.84) die Variable ψ durch b ersetzen und das Ergebnis durch das Kernvolumen $V = Al$ dividieren. So erhält man den Ausdruck $w_m = \frac{1}{Al}\int_0^B \frac{h(b)l}{w}\mathrm{d}(wbA)$, in dem die Integrationsvariable b von dem schließlich erreichten Flussdichtebetrag B zu unterscheiden ist. Für den Fall einer eindeutigen Magnetisierungskennlinie

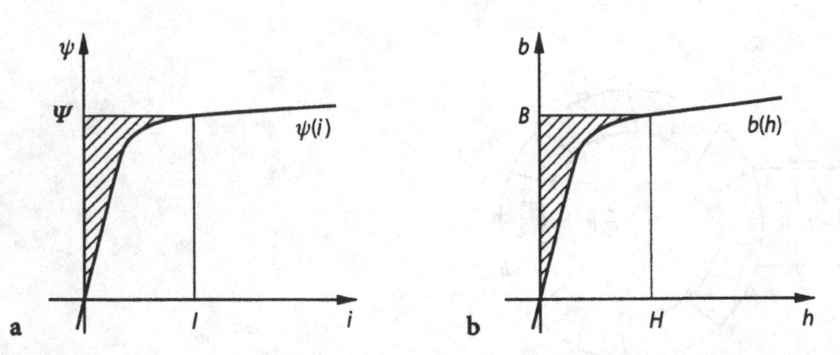

Bild 9.43 Energie und Energiedichte des Magnetfeldes. **a** Magnetische Feldenergie als „Fläche" im i-ψ-Diagramm, **b** Energiedichte des Magnetfeldes als „Fläche" im $b(h)$-Diagramm des Stoffes

$h(b)$ folgt daraus die Energiedichte

$$w_m = \int_0^B h(b)\mathrm{d}b \qquad [w_m] = \frac{\mathrm{J}}{\mathrm{m}^3} \tag{9.86}$$

des magnetischen Feldes. Die Energiedichte ist wieder als „Fläche" laut Bild 9.43b interpretierbar.

Bei *linearer* Magnetisierungskennlinie $h(b) = b/\mu$ (konstante Permeabilität μ) folgt aus Gl. (9.86) für die Energiedichte des magnetischen Feldes der Ausdruck

$$W_m = \frac{BH}{2}. \tag{9.87}$$

Der Zähler von Gl. (9.87) kann auch als μH^2 oder B^2/μ geschrieben werden. Die Ausdrücke sind denen des elektischen Feldes (Gl. (7.67)) analog. Die Energie des magnetischen Feldes und deren Dichte sind nie negativ.

Die Gln. (9.86) und (9.87) für die Energiedichte w_m des Magnetfeldes sind für den speziellen Fall einer Ringspule mit homogenem Feld hergeleitet worden. Da die Energiedichte eine lokale Größe ist, gelten dieselben Formeln auch im *inhomogenen* Feld. Den gesamten Energieinhalt

$$W_m = \int_{\text{Feldraum}} w_m \mathrm{d}V \tag{9.88}$$

eines magnetischen Feldes erhält man durch Integration der Energiedichte w_m über den Feldraum.

Wir wollen abschließend die Energiedichte des magnetischen Feldes mit derjenigen des elektrostatischen vergleichen, wobei wir für beide Felder „hohe" Feldstärken annehmen. Mit $B = 2T$ (Luftspaltfeldstärke in hochgesättigtem Eisenkreis) und $E = 2 \cdot 10^6$ V/m (nahe am elektrischen Durchbruch in Luft) und den nach Gl. (7.7 und 9.6) gegebenen Feldkonstanten ε_0 und μ_0, die in bester Näherung auch für Luft gelten, erhalten wir nach Gl. (7.67) $w_e = 17{,}7\ \mathrm{J/m^3}$ und nach Gl. (9.87) $w_m = 15{,}9 \cdot 10^5\ \mathrm{J/m^3}$. Der Unterschied der Größenordnungen macht plausibel, dass Elektromotoren nach elektromagnetischem und nicht nach elektrostatischem Funktionsprinzip gebaut werden.

9.20 Zusammenfassung zum Magnetfeld

Bewegte Ladungen, insbesondere elektrische Ströme, erregen Magnetfelder. Die magnetische Flussdichte (Induktion) ist gemäß $\oint \vec{B}\mathrm{d}\vec{A} = 0$ oder $\operatorname{div}\vec{B} = 0$ stets quellenfrei, die magnetische Feldstärke $\vec{H}$ nach dem Durchflutungssatz $\oint \vec{H}\mathrm{d}\vec{s} = \int \vec{S}\mathrm{d}\vec{A}$ oder $\operatorname{rot}\vec{H} = \vec{S}$ ein Wirbelfeld.

Im Falle (hier nicht behandelter) schnellveränderlicher Felder und auch bei einigen Anordnungen mit langsam veränderlichem Feld ist im Durchflutungssatz zusätzlich zum Leitungsstrom $\int \vec{S}\mathrm{d}\vec{A}$ gemäß $\oint \vec{H}\mathrm{d}\vec{s} = \int \vec{S}\mathrm{d}\vec{A} + \int \frac{\partial \vec{D}}{\partial t}\mathrm{d}\vec{A}$ der Verschiebungsstrom $\int \frac{\partial \vec{D}}{\partial t}\mathrm{d}\vec{A}$ zu berücksichtigen. Aus dieser allgemeingültigen Fassung wird deutlich, dass das magnetische Feld ($\vec{H}$), das elektrische Strömungsfeld ($\vec{S}$) und das elektrische Feld ($\vec{D}$) miteinander gekoppelt sind.

Auch das Induktionsgesetz $\oint \vec{E}\mathrm{d}\vec{s} = -\int \frac{\partial \vec{B}}{\partial t}\mathrm{d}\vec{A}$ koppelt das elektrische Feld ($\vec{E}$) mit dem magnetischen ($\vec{B}$), indem die elektrische Umlaufspannung (linke Gleichungsseite) und der negative Fluss[18] von $\partial\vec{B}/\partial t$ (rechte Seite) stets wertgleich sind.

Die Wirkung von Stoffen auf das Magnetfeld kann aus ihrer Magnetisierung $\vec{M}$ erklärt werden. $\vec{M}$ ist als Dichte der durch elementare Kreisströme gebildeten magnetischen Dipole definiert. Die magnetische Feldstärke $\vec{H}$, eine zweckmäßige Rechengröße, ist durch das allgemeingültige Stoffgesetz $\vec{H} = \vec{B}/\mu_0 - \vec{M}$ erklärt. Für den sehr wichtigen Sonderfall, dass die Magnetisierung proportional der Flussdichte ist, gilt das einfache Stoffgesetz $\vec{B} = \mu\vec{H}$ mit μ als Permeabilität des Materials.

Die Stetigkeit von B_n und H_t sowie die Brechung der Magnetfeldlinien an flächenstromfreien μ-Grenzflächen folgen aus der Quellenfreiheit von $\vec{B}$ und dem Durchflutungssatz.

Die Berechnung des magnetischen Feldes gelingt auf elementare Weise nur in übersichtlichen Sonderfällen mit besonderer Symmetrie. Auch bei fortgeschrittenen, hier nicht zur Verfügung stehenden mathematischen Methoden führen analytische Berechnungsverfahren nur selten zum Ziel. Es bleibt dann nur die Zuflucht zu numerischen Verfahren.

Bei Kenntnis der Verteilung der magnetischen Flussdichte $\vec{B}$ sind die übrigen interessierenden Größen wie Kräfte, Drehmomente, Kraft- und Energiedichten sowie Selbst- und Gegeninduktivitäten oder induzierte Spannungen leicht zu ermitteln; sie hängen explizit von der Flussdichte ab.

Die Lorentzkraft $\vec{F} = q\vec{v} \times \vec{B}$ kann an der bewegten Ladung q wegen $\vec{F} \perp \vec{v}$ keine Arbeit verrichten, wohl aber am bewegten stromführenden Leiter.

Das magnetische Feld tritt wie das elektrostatische oder das elektrische Strömungsfeld nur im Sonderfall entkoppelt von den anderen Feldern auf. Insofern haben wir in den Kapiteln 7 bis 9 Spezialfälle behandelt. Die Tabelle 17.9 gibt eine Einteilung der Felder mit den zugehörigen Grundgleichungen an. Die dortigen Begriffe werden in der Literatur allerdings uneinheitlich verwendet.

---

[18] Fluss im Sinne des mathematischen Begriffs nach Abschn. 6.3

10 Lineare Netzwerke mit harmonischer Erregung

Ein elektrisches Netzwerk heißt linear, wenn seine Schaltelemente Geraden als Kennlinien haben. Das trifft bei idealen Quellen[1], bei *Ohm'schen* Widerständen sowie Kondensatoren und Spulen mit *konstanter* Kapazität bzw. Induktivität zu. Diese Elemente haben die *lineare* Kennlinie $u(i)$, $q(u)$ bzw. $\psi(i)$.

Die Quellen erregen das Netzwerk *harmonisch*, wenn alle Quellenspannungen und -ströme zeitlich sinusartig und mit derselben Frequenz verlaufen.

Obwohl alle Vorgänge in Netzwerken auf den Gesetzen des elektromagnetischen Feldes beruhen, erscheinen die in den vorausgegangenen Kapiteln behandelten *Feldgrößen* $\vec{E}$, $\vec{D}$, $\vec{P}$, $\vec{S}$, $\vec{B}$, $\vec{H}$, $\vec{M}$ und $\vec{J}$ nicht. Die Felder wirken *innerhalb* der Schaltungselemente. Im Folgenden beschreiben die *integralen*, an den Klemmen meßbaren *Größen* Spannung u, Strom i, Ladung q und Verkettungsfluss ψ die Vorgänge, wobei Strom und Spannung – wie in Gleichstromnetzwerken – vorherrschen.

10.1 Grundbegriffe

Wir interessieren uns vorerst nur für *harmonische*, d. h. *sinusoidale* Größen. Zur Abgrenzung ist den harmonischen Zeitverläufen in Bild 10.1a, c und d ein *nicht* harmonischer, aber *periodischer* (Bild 10.1b) gegenübergestellt.

Die im Folgenden am Beispiel des Spannungsverlaufes $u(t)$ erläuterten Begriffe gelten sinngemäß auch für Ströme oder andere zeitveränderliche Größen.

Die harmonische Spannung nach Bild 10.1a

$$u(t) = \hat{u} \cos\left(\frac{2\pi}{T}(t + t_u)\right) \tag{10.1}$$

ist durch ihre – nie negative – Amplitude $\hat{u}$, durch ihre – stets positive – Periode T und ihre – im Bild positive – Nullphasenzeit t_u festgelegt.

[1] Ideale Quellen treten stets als Bestandteil realer Quellen auf.

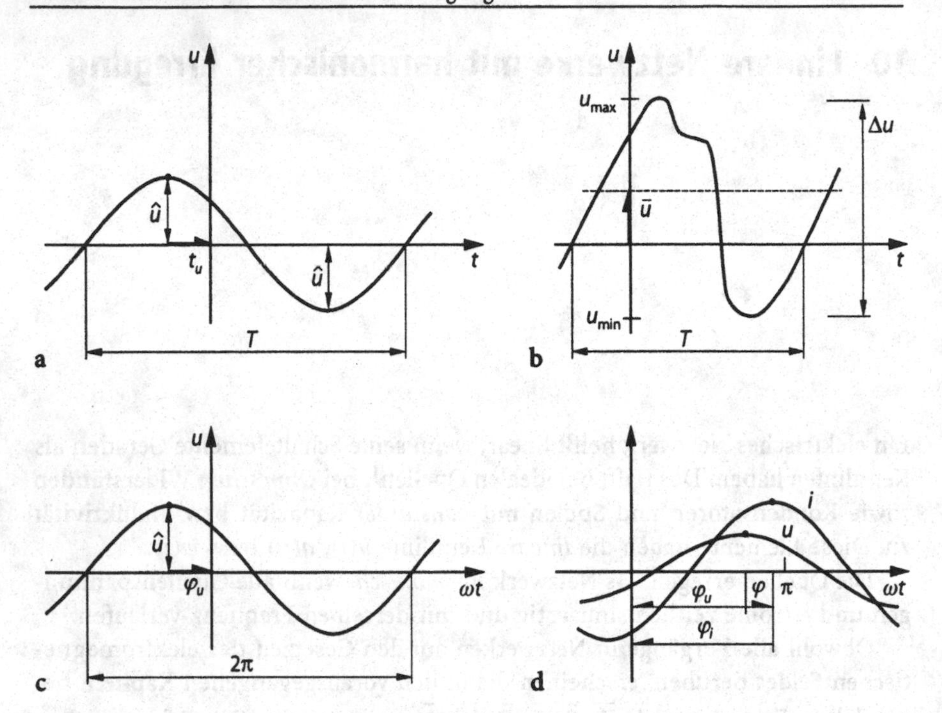

Bild 10.1 Periodische Zeitverläufe. **a**, **c** und **d** harmonisch, **b** nicht harmonisch. Halbpfeile in / entgegen der Achsrichtung bezeichnen positive / negative Größen.

Nach jedem ganzzahligen Vielfachen n der Periode T wiederholt sich der Zeitverlauf gemäß

$$u(t) = u(t + nT), \tag{10.2}$$

was periodische Zeitverläufe charakterisiert.

Hätte man denselben Spannungsverlauf durch die Sinusfunktion

$$u(t) = \hat{u} \sin\left(\frac{2\pi}{T}(t + t'_u)\right) \tag{10.3}$$

ausgedrückt, blieben T *und* $\hat{u}$ unverändert, während die Nullphasenzeit

$$t'_u = t_u + T/4 \tag{10.4}$$

eine Viertelperiode größer wäre. Im Zeitpunkt $-t_u$ bzw. $-t'_u$, welcher der negativen Nullphasenzeit entspricht, hat das Argument der Cosinus- bzw. Sinusfunktion den Wert Null. Im Folgenden wird meistens die Cosinus-Funktion benutzt.

Die Periode T steht zur Frequenz f in der Beziehung

$$f = \frac{1}{T} \qquad [f]_{SI} = \frac{1}{s} = s^{-1} = Hz = \text{Hertz}^2 \tag{10.5}$$

[2] H. Hertz 1857–1894

Die Frequenz gibt die Anzahl der Perioden pro Zeit an. Eine kurze Periode entspricht einer hohen Frequenz.

Häufig wird Gl. (10.1) kompakter durch

$$u(t) = \hat{u}\cos(\omega t + \varphi_u) \tag{10.6}$$

ausgedrückt. Darin bedeuten

$$\omega = \frac{2\pi}{T} = 2\pi f \qquad [\omega]_{SI} = \frac{1}{s} = \frac{\text{rad}}{s} = \frac{\text{Radiant}}{s} \tag{10.7}$$

die *Kreisfrequenz* der Spannung und

$$\varphi_u = \frac{2\pi}{T} t_u = \omega t_u \qquad [\varphi_u]_{SI} = \text{rad} = 1 \tag{10.8}$$

der *Nullphasenwinkel* der Spannung.

Die nichtharmonische, aber periodische Spannung nach Bild 10.1b ist durch ihre Periode T, ihren Maximalwert u_{max}, ihren Minimalwert u_{min} und ihre nie negative Schwingbreite

$$\Delta u = u_{max} - u_{min} \tag{10.9}$$

charakterisiert. Nullphasenzeit oder -winkel sind hier nicht definiert.

Der *arithmetische oder lineare Mittelwert* oder der *Gleichwert*

$$\bar{u} = \frac{1}{T}\int_{(T)} u(t)\mathrm{d}t, \tag{10.10}$$

der *Effektivwert*

$$U = \sqrt{\frac{1}{T}\int_{(T)} u^2(t)\mathrm{d}t} \tag{10.11}$$

und der *Gleichrichtwert*

$$\overline{|u|} = \frac{1}{T}\int_{(T)} |u(t)|\mathrm{d}t \tag{10.12}$$

mitteln den Zeitverlauf durch verschiedene bestimmte Integrale. Das Symbol (T) unter dem Integralzeichen weist darauf hin, dass das Integrationsintervall eine zusammenhängende Periode umfasst. Seine Lage auf der Zeitachse ist beliebig.

Der Gl. (10.10) für den Gleichwert ist zu entnehmen, dass die „Rechteckfläche" $\bar{u}T$ denselben Inhalt hat wie die vorzeichenrichtige „Fläche" unter der $u(t)$-Kurve. Für *harmonische* Zeitverläufe gilt $\bar{u} = 0$, da sich die „Teilflächen" oberhalb und unterhalb der Zeitachse kompensieren. Das Gl.

(10.10) entsprechende Differential $d\bar{u} = u(t)\frac{dt}{T}$ erlaubt folgende Deutung: Jeder Augenblickswert $u(t)$, der den Zeitverlauf im ganzen Bereich der differentiellen Zeitspanne dt repräsentiert, geht mit dem „Gewicht" dt/T in den Mittelwert ein.

Wenn der Zeitverlauf, wie der in Bild 10.1b, einen Gleichwert $\bar{u} \neq 0$ hat, spricht man von einer *Misch*spannung oder allgemein von einer *Misch*größe. Die *mittelwertfreien* Verläufe in den Teilbildern a, c und d sind *Wechsel*spannungen oder *Wechsel*größen.

Das Effektivwertquadrat U^2 ist nach Gl. (10.11) gleich dem arithmetischen Mittelwert des Spannungsquadrates $u^2(t)$. Daher die Merkform $U^2 = \overline{u^2(t)}$, in der die Überstreichung wieder die Bildung des arithmetischen Mittelwertes bedeutet! Die „Rechteckfläche" U^2T hat denselben Inhalt wie die „Fläche" unter der nie negativen $u^2(t)$-Kurve. Eine periodische Spannung mit dem Effektivwert U erzeugt gemäß $\frac{U^2}{R}T = \int\limits_{(T)} \frac{u^2(t)}{R}dt$ in einem Widerstand während einer Periode dieselbe Wärme wie eine betragsgleiche Gleichspannung. Sinngemäßes gilt nach $RI^2 \cdot T = \int\limits_{(T)} Ri^2(t)dt$ auch für die Stromstärke $i(t)$ mit dem Effektivwert I.

Durch Anwendung von Gl. (10.11) auf den Spannungsverlauf nach Gl. (10.6) kann man sich davon überzeugen, dass bei *harmonischem* Verlauf der Effektivwert

$$U = \frac{\hat{u}}{\sqrt{2}} \tag{10.13}$$

nur von der Amplitude und nicht von der Frequenz f oder dem Nullphasenwinkel φ_u abhängt.

Der Gleichrichtwert nach Gl. (10.12) ist der arithmetische Mittelwert des *Betrages* der zeitveränderlichen Größe $u(t)$. Der Gleichrichtwert eines *harmonischen* Spannungsverlaufes ist gleich dem Mittelwert einer positiven Sinus- oder Cosinushalbwelle. Durch Integration erhält man

$$\overline{|u|} = \frac{2}{\pi}\hat{u}. \tag{10.14}$$

Der Gleichrichtwert eines harmonischen Zeitverlaufes steht – wie der Effektivwert – in einem festen Verhältnis zur Amplitude.

Für Wechselgrößen sind weitere Kennwerte definiert. Der *Formfaktor*

$$F = \frac{U}{\overline{|u|}} \tag{10.15}$$

gibt das Verhältnis von Effektiv- zu Gleichrichtwert an. Der *Scheitelfaktor*

$$S = \frac{|u|_{\max}}{U} \tag{10.16}$$

ist der Quotient aus dem größten Augenblicksbetrag und dem Effektivwert. Für harmonische Zeitverläufe gilt $F = \frac{\pi}{2\sqrt{2}} = 1{,}11$ und $S = \sqrt{2} = 1{,}41$. Die DIN-Normen 1311, 5483 und 40110 [DIN1] enthalten zusätzliche Kenngrößen und Begriffe.

In Bild 10.1d haben die harmonische Spannung u und der harmonische Strom i die Nullphasenwinkel φ_u und φ_i. Da die Stromstärke i ihr Maximum hier später durchläuft als die Spannung u, sagt man: u eilt i um den *Phasenverschiebungswinkel*

$$\varphi = \varphi_u - \varphi_i \tag{10.17}$$

vor oder – was dasselbe besagt – i eilt u um den Winkel φ *nach*. Im Bild sind die Größen φ_u und φ_i negativ, φ ist positiv. Die dem Winkel φ entsprechende zeitliche Verschiebung ist φ/ω.

10.2 Reelle und komplexe Darstellung harmonischer Zeitverläufe

In diesem Abschnitt sind die *mathematischen* Begriffe und Operationen für die Berechnung von Wechselstromnetzwerken mit *harmonischer* Erregung zusammengestellt. Kenntnisse über komplexe Zahlen werden vorausgesetzt.

Die harmonische Spannung

$$u(t) = U\sqrt{2}\cos(\omega t + \varphi_u), \tag{10.18a}$$

deren Amplitude gemäß $\hat{u} = U\sqrt{2}$ durch den Effektivwert U ausgedrückt ist, kann mit Hilfe der komplexen Exponentialfunktion in der Form

$$u(t) = U\sqrt{2}\frac{\mathrm{e}^{\mathrm{j}(\omega t + \varphi_u)} + \mathrm{e}^{-\mathrm{j}(\omega t + \varphi_u)}}{2} \tag{10.18b}$$

oder

$$u(t) = \frac{\sqrt{2}}{2}\left(U\mathrm{e}^{\mathrm{j}\varphi_u}\mathrm{e}^{\mathrm{j}\omega t} + U\mathrm{e}^{-\mathrm{j}\varphi_u}\mathrm{e}^{-\mathrm{j}\omega t}\right) \tag{10.18c}$$

geschrieben werden. Darin ist t die Zeit, ω die Kreisfrequenz, φ_u der Nullphasenwinkel und $\mathrm{j} = \sqrt{-1}$ die imaginäre Einheit. Die Darstellung geht auf die enge Verwandtschaft der Exponentialfunktion mit der Sinus- und Cosinusfunktion zurück. Zwischen ihnen gilt für beliebige, reelle Winkel α die Euler-Formel

$$\mathrm{e}^{\mathrm{j}\alpha} = \cos\alpha + \mathrm{j}\sin\alpha \tag{10.19}$$

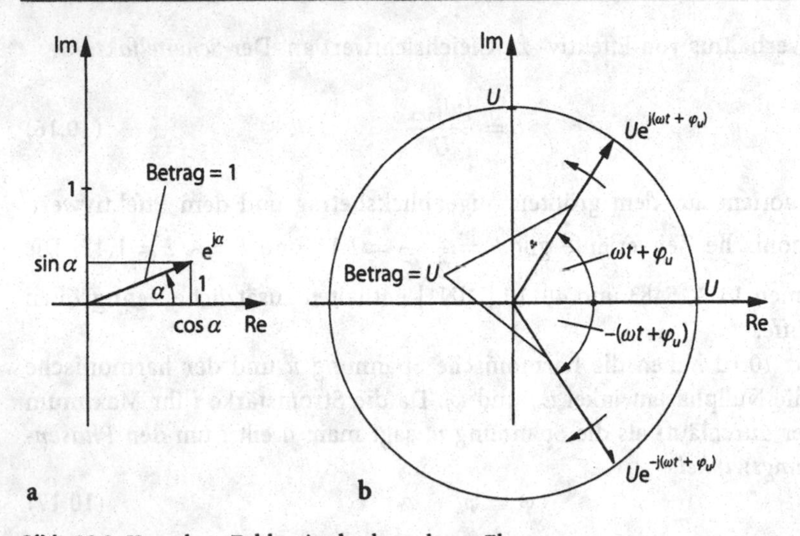

Bild 10.2 Komplexe Zahlen in der komplexen Ebene
a Der Pfeil $e^{j\alpha}$ ruht wegen $\alpha = \text{const}$, **b** Der Pfeil der komplexwertigen Größe $Ue^{j(\omega t+\varphi_u)}$ rotiert im Gegenuhrzeigersinn mit der Kreisfrequenz ω als Winkelgeschwindigkeit, der Pfeil von $Ue^{-j(\omega t+\varphi_u)}$ im Uhrzeigersinn.

und damit die zu Gl. (10.18b und c) führende Beziehung $\cos\alpha = (e^{j\alpha} + e^{-j\alpha})/2$. Die Gl. (10.19) zerlegt die komplexe Zahl $e^{j\alpha}$ in rechtwinklige Koordinaten, nämlich den Realteil und Imaginärteil

$$\operatorname{Re} e^{j\alpha} = \cos\alpha \qquad \text{bzw.} \qquad \operatorname{Im} e^{j\alpha} = \sin\alpha. \qquad (10.20, 21)$$

Mit $\alpha = \omega t + \varphi_u$ und der Gl. (10.19) sind die Gln. (10.18b) und (10.18c) zu verifizieren.

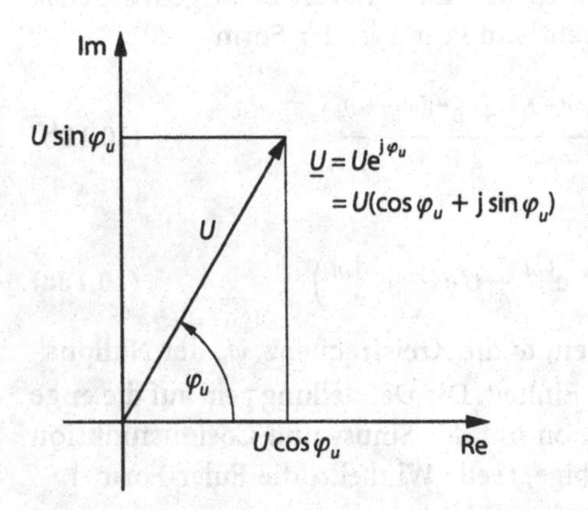

Bild 10.3 Zur Definition des Effektivwertzeigers. Er ist zeitunabhängig.

In der komplexen Ebene erscheint die komplexe Zahl $e^{j\alpha}$ als Punkt mit den Koordinaten nach Gl. (10.20) und (10.21) (Bild 10.2a). Zur Hervorhebung markiert man den Ort durch einen vom Koordinatenursprung ausgehenden Pfeil. Der Betrag von $e^{j\alpha}$ ist Eins. Er entspricht der Länge des Pfeiles.

Der Gl. (10.18b) entnommene Term $Ue^{j(\omega t+\varphi_u)}$ bezeichnet nach dieser Vereinbarung einen entgegen dem Uhrzeigersinn[3] mit der Winkelgeschwindigkeit ω rotierenden Pfeil der „Länge" U. Er bildet mit der reellen Achse den momentanen Winkel $\omega t + \varphi_u$ (Bild 10.2b). Der Term $Ue^{-j(\omega t+\varphi_u)}$ ist ganz analog als im Uhrzeigersinn rotierender Pfeil zu deuten, wobei der Winkel jetzt den Wert $-(\omega t + \varphi_u)$ hat. Aus dieser Veranschaulichung folgt erneut, dass $u(t)$ auch in den Ausdrücken nach Gl. (10.18b und c) in jedem Zeitpunkt reell ist. Die Imaginärteile beider Summanden kompensieren sich. Zum gleichen Ergebnis kommt man rechnerisch, indem man die Exponentialfunktionsterme nach Gl. (10.19) durch die Kreisfunktionen „sin" und „cos" ersetzt.

Zeiger. Um Gl. (10.18c) kompakter zu formulieren, werden einige Abkürzungen festgelegt. Man fasst den Effektivwert U und den Nullphasenwinkel φ_u nach Bild 10.3 im konstanten - nicht zeitabhängigen - komplexwertigen *Effektivwertzeiger*

$$\underline{U} = Ue^{j\varphi_u} \tag{10.22}$$

zusammen. Mit Gl. (10.19) folgt daraus die gleichwertige kartesische Form

$$\underline{U} = U(\cos\varphi_u + j\sin\varphi_u). \tag{10.23}$$

Die Unterstreichung weist auf die Komplexwertigkeit von $\underline{U}$ hin. Nach Gl. (10.23) gilt für den Realteil und den Imaginärteil

$$U_1 = Re\underline{U} = U\cos\varphi_u \quad \text{bzw.} \quad U_j = Im\underline{U} = U\sin\varphi_u. \tag{10.24, 25}$$

Der Imaginärteil (Index j) ist wie der Realteil (Index 1) eine reelle Größe!

Aus einem gegebenen Zeiger $\underline{U}$ berechnet man den Effektivwert

$$U = |\underline{U}| \tag{10.26}$$

der zugehörigen harmonischen Schwingung (vgl. Gln. (10.18)) durch Betragsbildung. Liegt der Zeiger in kartesischer Form $\underline{U} = U_1 + jU_j$ vor, ergibt sich der Betrag nach

$$U = \sqrt{U_1^2 + U_j^2}. \tag{10.27}$$

Der dem Zeiger $\underline{U}$ und dem Zeitverlauf $u(t)$ zugehörige Nullphasenwinkel

$$\varphi_u = Arc\underline{U} \tag{10.28}$$

[3]Gegen-Uhrzeigersinn = mathematisch positiver Drehsinn

folgt aus der Arcus-Funktion. Sie ist gemäß

$$\text{Arc}\underline{U} = \text{Arctan}\frac{U_j}{U_1} + \begin{cases} 0 \\ \pi \end{cases} \text{für} \quad U_1 \begin{cases} > 0 \\ < 0 \end{cases} \tag{10.29}$$

mit der Arcustangens-Funktion verknüpft. Nach dieser Definition liegt der Nullphasenwinkel im Intervall $-\pi/2 \leq \text{Arc}\underline{U} \leq 3\pi/2$. Da man zu einem Nullphasenwinkel ohne Bedeutungsänderung 2π oder -2π addieren darf, kann er auch in die Intervalle $0\ldots2\pi$ oder $-\pi\ldots\pi$ verschoben werden.

Ferner wird die komplexwertige Hilfsfunktion

$$\underline{e}_t(t) = \underline{e}_t = \frac{\sqrt{2}}{2}e^{j\omega t} \tag{10.30}$$

definiert, die in der komplexen Ebene, wie oben beschrieben, als rotierender Pfeil zu veranschaulichen ist. Wir setzen die definierten Abkürzungen in Gl. (10.18) ein und erhalten

$$u(t) = U\sqrt{2}\cos(\omega t + \varphi_u) = \underline{U}\,\underline{e}_t + \underline{U}^*\underline{e}_t^*. \tag{10.31}$$

Die Cosinus-Funktion ist durch die komplexwertigen Funktionen $\underline{e}_t$ und $\underline{e}_t^*$ ersetzt. Der hochgestellte Stern bildet den konjugiert-komplexen Ausdruck. Die Summe der rechts stehenden komplexen Terme ist reell; addiert man zu einer komplexen Zahl ihre Konjugierte, erhält man stets einen reellen Wert. Der konjugiert-komplexe Term $\underline{U}^*\underline{e}_t^*$ enthält gegenüber dem Summanden $\underline{U}\,\underline{e}_t$ keine unabhängige Information. Man sagt: Die harmonische Spannung $u(t)$ hat den Zeiger $\underline{U}$. Die Gl. (10.31) legt fest, in welcher Beziehung $u(t)$ und $\underline{U} = Ue^{j\varphi_u}$ zueinander stehen. Der konstante Zeiger $\underline{U}$ „vertritt" die harmonische Zeitfunktion. Er ist das Ergebnis einer Transformation. In ihm sind nach Gl. (10.22) Effektivwert und Nullphasenwinkel kombiniert. Die Kreisfrequenz steht als gegeben im Hintergrund.

Die komplexen Terme auf der rechten Seite der Gl. (10.31) werden wir uns zu Nutze machen. Die zunächst komplizierter erscheinende komplexe Form bietet den Vorteil, dass für die komplexwertige Exponentialfunktion übersichtlichere Rechenvorschriften gelten als für die reelle Cosinus-Funktion.

Addition und Subtraktion. Für die Summe oder Differenz

$$u_c(t) = U_a\sqrt{2}\cos(\omega t + \varphi_a) \pm U_b\sqrt{2}\cos(\omega t + \varphi_b) \tag{10.32a}$$

zweier harmonischer Spannungen mit den Effektivwerten U_a und U_b und den Nullphasenwinkeln φ_a und φ_b und der gemeinsamen Kreisfrequenz ω folgt aus den getroffenen Vereinbarungen

$$u_c(t) = (\underline{U}_a \pm \underline{U}_b)\underline{e}_t + (\underline{U}_a^* \pm \underline{U}_b^*)\underline{e}_t^*. \tag{10.32b}$$

Die Zeiger $\underline{U}_a$ und $\underline{U}_b$ sind nach Gl. (10.22) gebildet. Man liest aus den Gln. (10.32) ab, dass die Summe oder die Differenz zweier *gleichfrequenter* harmonischer Spannungen eine harmonische Spannung gleicher Frequenz ist; das komplexe Ergebnis hat dieselbe Struktur wie Gl. (10.31). Die konjugiert-komplexen Terme sind wieder eine Folge der Zerlegung der reellen Schwingung in komplexwertige Größen. Sie enthalten keine zusätzliche Information.

Wir erkennen in dem Faktor vor der komplexen Zeitfunktion $\underline{e}_t$ den Ergebniszeiger

$$\underline{U}_c = \underline{U}_a \pm \underline{U}_b \tag{10.33}$$

der Ergebnisschwingung. Die Summe oder Differenz ist nach den Rechenregeln für komplexe Zahlen zu bilden.

Die dem Zeiger $\underline{U}_c$ entsprechende Zeitfunktion

$$u_c(t) = U_c\sqrt{2}\cos(\omega t + \varphi_c) \tag{10.34}$$

hat den Effektivwert und den Nullphasenwinkel

$$U_c = |\underline{U}_c| \quad \text{bzw.} \quad \varphi_c = \text{Arc}\underline{U}_c. \tag{10.35a, b}$$

Das Ergebnis lässt sich in der komplexen Ebene zeichnerisch (Bild 10.4b) ermitteln und veranschaulichen. Die Rechnung ist auch ohne komplexe Zahlen möglich, wäre aber umständlicher und weniger anschaulich.

Differentiation und Integration einer harmonischen Schwingung. *Die Ableitung* $a(t) = \mathrm{d}u/\mathrm{d}t$ der Spannung nach Gl. (10.31) ergibt in reeller Schreibweise

$$a = \frac{\mathrm{d}u}{\mathrm{d}t} = -\omega U\sqrt{2}\sin(\omega t + \varphi_u) = \omega U\sqrt{2}\cos(\omega t + \varphi_u + \pi/2) \tag{10.36}$$

und in komplexwertiger wegen $\mathrm{d}(\mathrm{e}^{\mathrm{j}\omega t})/\mathrm{d}t = \mathrm{j}\omega\mathrm{e}^{\mathrm{j}\omega t}$ den Ausdruck

$$a = \frac{\mathrm{d}u}{\mathrm{d}t} = \mathrm{j}\omega\underline{U}\underline{e}_t + (\mathrm{j}\omega\underline{U})^*\underline{e}_t^*. \tag{10.37}$$

Die Ableitung $a(t)$ eilt $u(t)$ nach Gl. (10.36) um eine Viertelperiode oder 90° voraus (Bild 10.5a). Ihr Effektivwert beträgt das ω-fache von U. Die Ableitung hat nach Gl. (10.37) den Zeiger $\underline{A} = \mathrm{j}\omega\underline{U}$, der auch in der Form $\underline{A} = \omega\underline{U}\mathrm{e}^{\mathrm{j}\pi/2}$ angebbar ist. Im Zeigerbild 10.5b erscheint $\underline{A} = \mathrm{j}\omega\underline{U}$ – der Zeiger von $a = \mathrm{d}u/\mathrm{d}t$ – um 90° im Gegenuhrzeigersinn gegen $\underline{U}$ – den Zeiger von $u(t)$ – gedreht. Ganz allgemein bilden Zeiger die Voreilung einer Zeitfunktion als Drehung entgegen dem Uhrzeigersinn ab.

Das *unbestimmte Integral* $s(t) = \int u\mathrm{d}t$ der Spannung nach Gl. (10.31) ergibt in reeller Schreibweise

$$s = \int u\mathrm{d}t = \frac{U}{\omega}\sqrt{2}\sin(\omega t + \varphi_u) = \frac{U}{\omega}\sqrt{2}\cos(\omega t + \varphi_u - \pi/2) \tag{10.38}$$

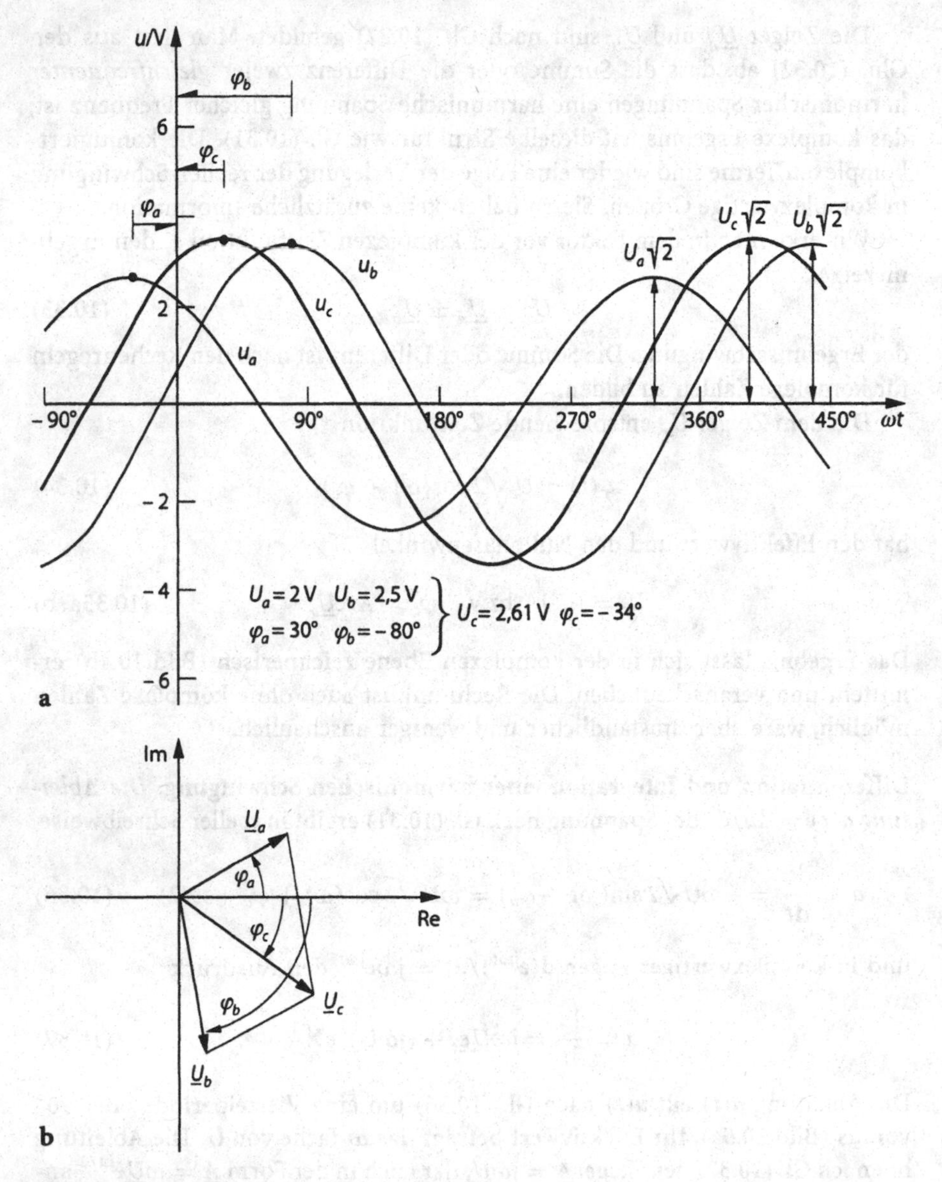

Bild 10.4 Addition zweier harmonischer Spannungen. a Zeitdiagramm b Zeigerdiagramm Das Zeigerbild ist gegenüber dem Zeitbild um den Faktor $\sqrt{2}$ vergrößert, d. h die *Strecken* für Zeiger und Amplitude stimmen überein. Die konstanten Zeiger „vertreten" die zeitabhängigen harmonischen Schwingungen.

und in komplexwertiger wegen $\int e^{j\omega t} dt = \frac{1}{j\omega} e^{j\omega t}$ den Ausdruck

$$s = \int u \mathrm{d}t = \frac{\underline{U}}{j\omega} \underline{e}_t + \left(\frac{\underline{U}}{j\omega}\right)^* \underline{e}_t^*. \tag{10.39}$$

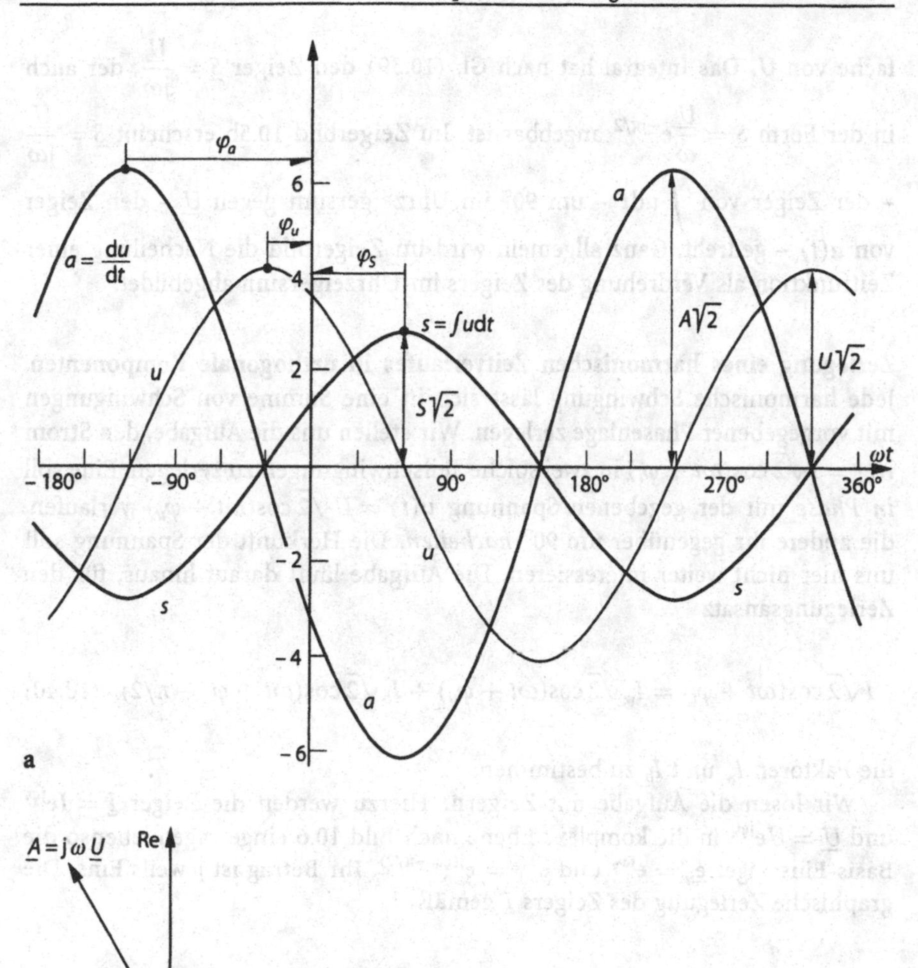

Bild 10.5 Ableitung $a(t) = du/dt$ und unbestimmtes Integral $s(t) = \int u dt$ einer harmonischen Spannung $u(t)$. **a** Zeitdarstellung **b** Zeigerbild
Die Zeitkurven und die zugehörigen Effektivwertzeiger haben jeweils denselben Maßstab, d. h. die Amplitudenstrecken sind gegenüber den Zeigern um den Faktor $\sqrt{2}$ länger.

Die Integrationskonstante ist gleich Null gesetzt, da wir *Mischvorgänge ausschließen*. Das unbestimmte Integral $s(t)$ eilt $u(t)$ nach Gl. (10.38) um eine Viertelperiode oder 90° *nach* (Bild 10.5a). Sein Effektivwert beträgt das $(1/\omega)$-

fache von U. Das Integral hat nach Gl. (10.39) den Zeiger $\underline{S} = \dfrac{\underline{U}}{\mathrm{j}\omega}$, der auch in der Form $\underline{S} = \dfrac{\underline{U}}{\omega}\mathrm{e}^{-\mathrm{j}\pi/2}$ angebbar ist. Im Zeigerbild 10.5b erscheint $\underline{S} = \dfrac{\underline{U}}{\mathrm{j}\omega}$ – der Zeiger von $\int u\mathrm{d}t$ – um 90° im Uhrzeigersinn gegen $\underline{U}$ – den Zeiger von $u(t)$ – gedreht. Ganz allgemein wird im Zeigerbild die Nacheilung einer Zeitfunktion als Verdrehung des Zeigers im Uhrzeigersinn abgebildet.

Zerlegung eines harmonischen Zeitverlaufes in orthogonale Komponenten. Jede harmonische Schwingung lässt sich in eine Summe von Schwingungen mit vorgegebener Phasenlage zerlegen. Wir stellen uns die Aufgabe, den Strom $i(t) = I\sqrt{2}\cos(\omega t + \varphi_i)$ in zwei solche Teilschwingungen zu zerlegen. Eine soll *in Phase* mit der gegebenen Spannung $u(t) = U\sqrt{2}\cos(\omega t + \varphi_u)$ verlaufen, die andere ihr gegenüber um 90° *nacheilen*. Die Herkunft der Spannung soll uns hier nicht weiter interessieren. Die Aufgabe läuft darauf hinaus, für den Zerlegungsansatz

$$I\sqrt{2}\cos(\omega t + \varphi_i) = I_w\sqrt{2}\cos(\omega t + \varphi_u) + I_b\sqrt{2}\cos(\omega t + \varphi_u - \pi/2) \quad (10.40)$$

die Faktoren I_w und I_b zu bestimmen.

Wir lösen die Aufgabe mit Zeigern. Hierzu werden die Zeiger $\underline{I} = I\mathrm{e}^{\mathrm{j}\varphi_i}$ und $\underline{U} = U\mathrm{e}^{\mathrm{j}\varphi_u}$ in die komplexe Ebene nach Bild 10.6 eingetragen, ebenso die Basis-Einszeiger $\underline{e}_u = \mathrm{e}^{\mathrm{j}\varphi_u}$ und $\underline{e}_{u\perp} = \mathrm{e}^{\mathrm{j}(\varphi_u - \pi/2)}$. Ihr Betrag ist jeweils Eins. Die graphische Zerlegung des Zeigers $\underline{I}$ gemäß

$$\underline{I} = I_w\underline{e}_u + I_b\underline{e}_{u\perp} \quad (10.41a)$$

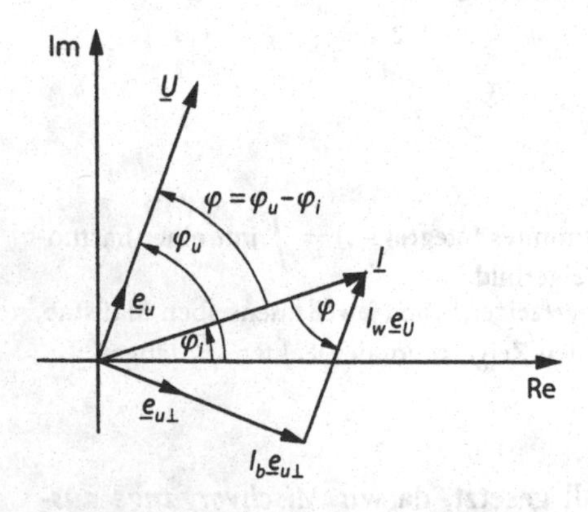

Bild 10.6 Zerlegung eines harmonischen Stromes in orthogonale Teilschwingungen zur Basis der Spannung

in orthogonale Komponenten zur Basis der beiden Einszeiger löst das Problem. Die reellen Faktoren der Zerlegung

$$I_w = I\cos\varphi \quad \text{und} \quad I_b = I\sin\varphi \quad \text{mit} \quad \varphi = \varphi_u - \varphi_i \qquad (10.41\text{b, c, d})$$

können aus dem Zeigerdiagramm als Koordinaten des Zeigers $\underline{I}$ im verdrehten $\underline{e}_u - \underline{e}_{u\perp}$-Koordinatensystem[4] abgelesen werden. Die Faktoren I_w und I_b, die Wirk- und Blindstrom heißen, können auch negativ sein. Im Bild 10.6 sind beide positiv.

Statt den Strom zur Basis der Spannung in Wirk- und Blindanteil zu zerlegen, kann man auch die *Spannung zur Basis des Stromes zerlegen.* Als Basiszeiger verwendet man dann $\underline{e}_i = e^{j\varphi_i}$ und $\underline{e}_{\perp i} = e^{j(\varphi_i+\pi/2)}$. Nach dem Zerlegungsansatz

$$\underline{U} = U_w\underline{e}_i + U_b\underline{e}_{\perp i} \qquad (10.42\text{a})$$

liest man aus dem zugehörigen (nicht dargestellten) Zeigerbild ähnlich wie aus Bild 10.6 die reellen Zerlegungsfaktoren

$$U_w = U\cos\varphi \quad \text{und} \quad U_b = U\sin\varphi \quad \text{mit} \quad \varphi = \varphi_u - \varphi_i \qquad (10.42\text{b, c, d})$$

ab, die *Wirk- und Blindspannung* heißen. Man beachte, dass der Basis-Einszeiger $\underline{e}_{\perp i} = e^{j(\varphi_i+\pi/2)}$ dem Strom *voreilt*; daher das im Index *voran*gestellte $\perp$-Zeichen.

10.3 Zeigerrechnung für Wechselstromnetze

Im Folgenden wird gezeigt, dass die Methoden zur Berechnung linearer Gleichstromnetzwerke durch Verwendung komplexer Größen (Zeiger) auf lineare Wechselstromnetzwerke übertragbar sind. Allerdings müssen ihre Quellen das Netz *harmonisch* erregen.

Das Verfahren wird am Beispiel der Reihenschaltung eines Widerstandes R, eines Kondensators mit der Kapazität C und einer Spule mit der Induktivität L hergeleitet (Bild 10.7a). Diese Serie liegt an einer Quelle mit der harmonischen Wechselspannung $u_q(t)$. Gegeben sind R, L, C und $u_q = U_q\sqrt{2}\cos(\omega t + \varphi_q)$, gesucht der Strom i und die Spannungen u_R, u_L und u_C.

Zur Lösung ist zunächst zu beachten:

Die Kirchhoff'schen Sätze, d. h. der Knoten- und Maschensatz, gelten bei zeitveränderlichen Größen für jeden Augenblickswert.

Aus dem Maschensatz (Gl. 3.4) folgt $u_q = u_R + u_L + u_C$. Daraus erhält man mit den für die Schaltungselemente im Verbraucherpfeilsystem gültigen Strom-Spannungs-Beziehungen $u_R = Ri$ (Gl. 2.3), $u_L = \dfrac{d\psi}{dt} = L\dfrac{di}{dt}$ (Gl. 9.74,75) und

[4] In diesem Sinne sind die Zeiger 1 und j die Basis-Einszeiger der komplexen Ebene.

$u_C = \frac{1}{C}q = \frac{1}{C}\int i\mathrm{d}t$ (Gl. 7.53 und 1.6) die Spannungsgleichung

$$u_q = Ri + L\frac{\mathrm{d}i}{\mathrm{d}t} + \frac{1}{C}\int i\mathrm{d}t, \tag{10.43}$$

die den Strom i, seine zeitliche Ableitung und sein unbestimmtes Integral enthält. Wir interessieren uns nicht für den vorübergehenden Einschaltvorgang, sondern nur für die dauerhafte, *stationäre* Lösung, bei der alle Größen nach der Art der Erregung - also zeitlich harmonisch und ohne Gleichwert - verlaufen. Demgemäß setzen wir die gesuchte Stromstärke

$$i = I\sqrt{2}\cos(\omega t + \varphi_i) \quad \text{oder} \quad i = \underline{I}\underline{e}_t + \underline{I}^*\underline{e}_t^* \quad \text{mit} \quad \underline{I} = I\mathrm{e}^{\mathrm{j}\varphi_i} \tag{10.44, 45}$$

harmonisch an. Dabei sind die im vorigen Abschnitt erläuterten Bezeichnungen verwendet, insbesondere der Stromzeiger $\underline{I}$. Die Kreisfrequenz ω ist diejenige der Quellenspannung, die Parameter I und φ_i sind unbekannt.

Wir drücken die Quellenspannung u_q, den Strom i, seine Ableitung und sein Integral in Gl. (10.43) durch die im vorigen Abschnitt eingeführte komplexwertige Form aus und erhalten

$$\begin{aligned} \underline{U}_q\underline{e}_t + \underline{U}_q^*\underline{e}_t^* &= R\left[\underline{I}\underline{e}_t + \underline{I}^*\underline{e}_t^*\right] + L\left[\mathrm{j}\omega\underline{I}\underline{e}_t + \left(\mathrm{j}\omega\underline{I}\right)^*\underline{e}_t^*\right] \\ &+ \frac{1}{C}\left[\frac{\underline{I}}{\mathrm{j}\omega}\underline{e}_t + \left(\frac{\underline{I}}{\mathrm{j}\omega}\right)^*\underline{e}_t^*\right], \end{aligned} \tag{10.46}$$

worin die im vorigen Abschnitt gewonnenen Ausdrücke für die Ableitung (Gl. (10.37)) und das unbestimmte Integral (Gl. (10.39)) einer harmonischen Funktion eingeflossen sind. Wir streben jetzt die Form $[\ ]\,\underline{e}_t + [\ ]\,\underline{e}_t^* = 0$ an

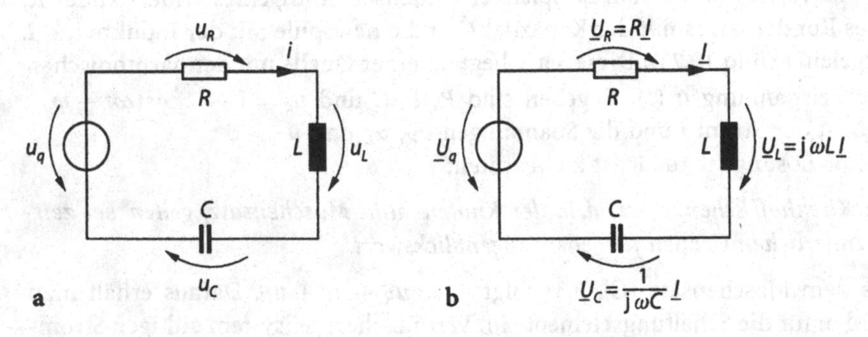

Bild 10.7 Einfacher Wechselstromkreis mit harmonischer Spannungsquelle im ES (Erzeugerpfeilsystem), Widerstand im VS (Verbraucherpfeilsystem), Spule (VS) und Kondensator (VS) in Serienschaltung
a Reelle harmonische Größen **b** Zeigergrößen

und erhalten durch Umordnen der Terme die Gleichung

$$\left[\underline{U}_q - \left(R + j\omega L + \frac{1}{j\omega C}\right)\underline{I}\right]\underline{e}_t + \left[\underline{U}_q^* - \left(R + j\omega L + \frac{1}{j\omega C}\right)^* \underline{I}^*\right]\underline{e}_t^* = 0. \tag{10.47}$$

Sie verlangt, dass in jedem Augenblick *beide eckigen Klammern gleich Null* sind. Mit dem linken Klammerterm erhält man die komplexe Spannungsgleichung

$$\underline{U}_q - \left(R + j\omega L + \frac{1}{j\omega C}\right)\underline{I} = 0, \quad \text{woraus} \quad \underline{I} = \frac{\underline{U}_q}{R + j\left(\omega L - \frac{1}{\omega C}\right)} \tag{10.48}$$

folgt. Der gesuchte Effektivwert des Stromes und sein Nullphasenwinkel ergeben sich daraus zu

$$I = |\underline{I}| \quad \text{und} \quad \varphi_i = \text{Arc}\underline{I}. \tag{10.49, 50}$$

Auf den rechten Klammerterm wird weiter unten eingegangen.

Dem Ausdruck

$$\text{Arc}\underline{I} = \text{Arc}\underline{U}_q - \text{Arc}\left[R + j\left(\omega L - \frac{1}{\omega C}\right)\right] = \varphi_q - \text{Arc}\left[R + j\left(\omega L - \frac{1}{\omega C}\right)\right]$$

ist zu entnehmen, dass der Realteil R des eckig geklammerten Argumentes der Arcus-Funktion stets positiv ist, so dass wir nach Gl. (10.29) auch

$$\varphi_i = \varphi_q - \text{Arctan}\frac{\omega L - \frac{1}{\omega C}}{R} \tag{10.51}$$

schreiben können. Durch Nullsetzen der rechten eckigen Klammer in Gl. (10.47) ergibt sich für den Stromzeiger $\underline{I}$ ebenfalls die Lösung nach Gl. (10.48), wovon man sich durch Konjugieren des Klammerterms überzeugen kann.

Für den Zeiger $\underline{U}_L$ der Spannung $u_L = L\frac{di}{dt}$ erhalten wir nach Gl. (10.37) den Ausdruck

$$\underline{U}_L = j\omega L\underline{I}, \tag{10.52}$$

für den Zeiger $\underline{U}_C$ der Spannung $u_C = \frac{1}{C}\int i dt$ gilt nach Gl. (10.39)

$$\underline{U}_C = \frac{1}{j\omega C}\underline{I}. \tag{10.53}$$

Die Spannung am Ohm'schen Widerstand wird gemäß $u_R = Ri$ aus dem Strom i durch Multiplikation gewonnen. Aus der entsprechenden komplexwertigen Form $\underline{U}_R\underline{e}_t + \underline{U}_R^*\underline{e}_t^* = R\left(\underline{I}\underline{e}_t + \underline{I}^*\underline{e}_t^*\right)$ folgt mit derselben Begründung wie der nach Gl. (10.47) das Ohm'sche Gesetz

$$\underline{U}_R = R\underline{I} \tag{10.54}$$

mit Zeigergrößen. Die Effektivwerte und Nullphasenwinkel der drei Spannungen werden wieder entsprechend Gl. (10.35a und b) errechnet.

Die bisherigen Ausführungen *begründen* die Zeigerrechnung. Das Verfahren lässt sich mit etwas Übung *schematisch* handhaben, indem man die Zeigergrößen von Anfang an einführt (Bild 10.7b), dann die Kirchhoff'schen Gesetze mit den eingetragenen komplexen Strom-Spannungs-Beziehungen erfüllt und schließlich den Bezug zu den eigentlich gesuchten reellen harmonischen Größen mit den Gln. (10.35a) und (10.35b) herstellt. Die Hilfsfunktionen $\underline{e}_t$ und $\underline{e}_t^*$ dürfen dabei in Vergessenheit geraten. Sie dienten der Erläuterung und Begründung des Verfahrens.

Der komplexwertige Quotient

$$\underline{Z} = \frac{\underline{U}}{\underline{I}} \tag{10.55}$$

aus Spannungs- und Stromzeiger eines Zweipoles, den wir im *Verbraucherpfeilsystem* beschreiben, ist der *komplexe Widerstand* oder die *komplexe Impedanz* des Zweipols. Aus ihr berechnet man die *Impedanz* oder den *Scheinwiderstand* Z und den *Phasenverschiebungswinkel* φ des Zweipoles nach

$$Z = |\underline{Z}| \tag{10.56}$$

und

$$\varphi = \varphi_u - \varphi_i = \mathrm{Arc}\underline{Z}. \tag{10.57}$$

Während die Zeiger $\underline{U}$ und $\underline{I}$ harmonische Zeitverläufe vertreten, gibt die ebenfalls komplexwertige Größe $\underline{Z}$ nach Gl. (10.55) an, wie der Strom- und der Spannungszeiger miteinander *verknüpft* sind. Die komplexe Impedanz $\underline{Z}$ eines Zweipols beschreibt keine harmonische Schwingung. Vielmehr repräsentiert $\underline{Z}$ das Effektivwertverhältnis und die Phasenverschiebung zwischen Zweipolspannung und -strom bei harmonischer Erregung. Tabelle 10.1 fasst das Strom-Spannungs-Verhalten linearer Schaltungselemente zusammen.

Die in Kap. 3 bis 5 für Gleichstromnetze erläuterten Verfahren gelten in komplexwertiger Form auch für lineare Netze mit harmonischer Wechselerregung. Hierzu zählen die Zusammenfassung passiver Netzwerke durch Reihen- und Parallelschaltung, die Strom- und Spannungsteilerregel, das Verhalten von Quellen mit Innen*impedanz* und die Verfahren zur Netzwerkberechnung (Zweigstrom-, Maschenstrom- und Knotenpotentialverfahren, Überlagerungsprinzip, Ersatzquellenreduktion, Zweipolzerlegung und Netzwerkumwandlung).

Als Beispiel der Zusammenfassung passiver Elemente zu einer Reihenimpedanz betrachten wir die an die Spannungsquelle angeschlossene Serienschaltung in Bild 10.7b. Ihre komplexe Impedanz $\underline{Z} = R + j\omega L + \frac{1}{j\omega C}$ erscheint im Nenner von Gl. (10.48). Sie ist unmittelbar aus dem Bild abzulesen und hängt von R, L, C und der Kreisfrequenz ω

Tabelle 10.1 Verhalten linearer Schaltungselemente bei harmonischer Erregung

1 Element	2 Zeigergleichung	3 Effektivwertgleichung	4 $\varphi = \varphi_u - \varphi_i = \operatorname{Arc}\underline{Z}$	5 $\underline{Z} = \underline{U}/\underline{I}$	6 $Z = U/I$
1 Ohm'scher Widerstand	$\underline{U} = R\underline{I}$	$U = RI$	0	R	R
2 Spule[5]	$\underline{U} = \mathrm{j}\omega L\underline{I}$	$U = \omega LI$	$\pi/2$	$\mathrm{j}\omega L$	ωL
3 Kondensator[5]	$\underline{U} = \frac{1}{\mathrm{j}\omega C}\underline{I}$	$U = \frac{1}{\omega C}I$	$-\pi/2$	$\frac{1}{\mathrm{j}\omega C}$	$\frac{1}{\omega C}$
4 Ideale Spannungsquelle	$\underline{U} = \underline{\mathrm{const}}$ $\underline{I}$: Bemerk.	$U = \mathrm{const}$ I : Bemerk.	Bemerk.	Bemerk.	Bemerk.
5 Ideale Stromquelle	$\underline{I} = \underline{\mathrm{const}}$ $\underline{U}$: Bemerk.	$I = \mathrm{const}$ U : Bemerk.	Bemerk.	Bemerk.	Bemerk.

Spalten: 4 Phasenverschiebungswinkel, 5 Komplexe Impedanz, 6 Impedanz, Scheinwiderstand. Bemerkung: Die Größe ist nicht durch die Quelle, sondern das angeschlossene Netz bestimmt. Die Angaben in den Zeilen 1–3 setzen das Verbraucherpfeilsystem (VS) voraus; die Effektivwertgleichungen in Spalte 3 gelten auch im ES.

ab. Die Kreisfrequenz bestimmt bei festen Werten von R, L und C, ob der Imaginärteil von $\underline{Z}$ positiv, Null oder negativ ist. Bei sehr kleiner Frequenz überwiegt der dritte Summand, so dass der Kondensator die Schaltung dominiert. Bei sehr hoher Frequenz überwiegt die Induktivität der Spule. Bei der aus $\omega_0 L - 1/(\omega_0 C) = 0$ folgenden Kreisfrequenz $\omega_0 = \sqrt{1/(LC)}$ verhält sich die Serienschaltung wegen $\underline{Z}(\omega_0) = R$ rein Ohmsch. Das Verhalten der Reihenschaltung aus Ohm'schem Widerstand, Spule und Kondensator wird im Abschnitt 10.4 über den *Reihenschwingkreis* näher untersucht.

Zeigerbilder. Die Spannungsgleichung $\underline{U}_q = R\underline{I} + \mathrm{j}\omega L\underline{I} + \frac{1}{\mathrm{j}\omega C}\underline{I}$ für den Stromkreis nach Bild 10.7 kann graphisch in der komplexen Ebene dargestellt werden (Bild 10.8). Dabei kommt es meistens nicht auf Maßstäblichkeit, sondern auf die Struktur des Bildes an.

Wir beginnen die Konstruktion mit dem unbekannten Stromzeiger $\underline{I}$, dem wir zwangsläufig eine willkürliche Richtung geben, z. B. mit $\varphi_i = 0$ die der reellen Achse. Der Zeiger der Widerstandsspannung $\underline{U}_R = R\underline{I}$ ist $\underline{I}$ parallel. Die Spulenspannung $\underline{U}_L = j\omega L$ eilt $\underline{I}$ um 90° vor, die Kondensatorspannung $\underline{U}_C = \underline{I}/(j\omega C)$ um 90° nach. Wir fügen die Zeiger zu einem Streckenzug zu-

[5]Die Meßgröße, von der die (Feld-)Energie W abhängt, eilt *nach*. Das ist die Stromstärke bei der Spule ($W_m = Li^2/2$) und die Spannung beim Kondensator ($W_e = Cu^2/2$).

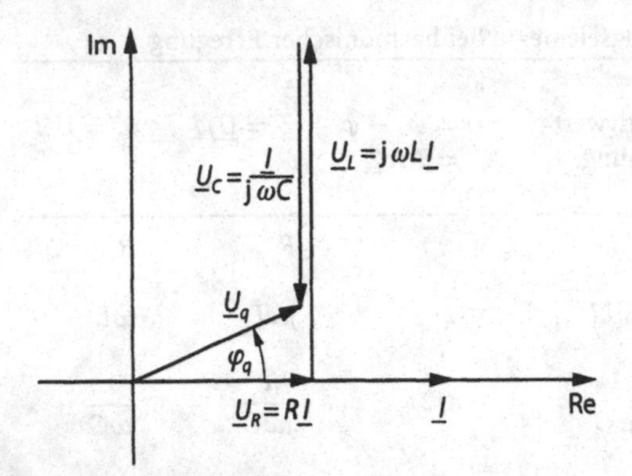

Bild 10.8 Spannungszeigerbild für den Stromkreis nach Bild 10.7. Die Teilspannungen U_L und U_C sind hier höher als die Quellenspannung U_q!

sammen, und zwar in der *Reihenfolge*, in der die entsprechenden Elemente im Schaltbild 10.7b verknüpft sind.

Die Verbindungslinie vom Anfangspunkt des Zeigers $\underline{U}_R$ zur Spitze des Zeigers $\underline{U}_C$ bildet wegen $\underline{U}_R + \underline{U}_L + \underline{U}_C = \underline{U}_q$ den Zeiger der Quellenspannung $\underline{U}_q$. Ihr Nullphasenwinkel φ_q stimmt i. a. nicht mit dem gegebenen Wert überein; dem ließe sich abhelfen, indem man das ganze Zeigerbild - bei festgehaltenen Achsen - verdrehte. Wir haben willkürlich $U_L > U_C$ gewählt, womit sich der Phasenverschiebungswinkel $\varphi = \varphi_q - \varphi_i$ positiv ergibt. Die Serienschaltung verhält sich in diesem Falle *induktiv*; der Strom eilt der Spannung nach.

Die Konstruktion eines Zeigerbildes beginnt - wie hier - häufig mit einer unbekannten Größe. Wichtig ist nur, dass man durch fortschreitende Anwendung der Strom-Spannungs-Gleichungen alle Netzwerkelemente miteinander verknüpft.

Ein Spannungszeigerbild visualisiert den Kirchhoff'schen Maschensatz bei harmonischen Wechselspannungen. Die oben empfohlene *Reihenfolge* der Spannungszeiger-Summanden gestaltet das Spannungsbild *potentialrichtig*. Man kann dann zwischen beliebigen Knoten Spannungen aus dem Zeigerbild abgreifen.

Das Netzwerk nach Bild 10.7 ist unverzweigt. Bei Netzwerken mit Knoten sind die aus dem Kirchhoff'schen Knotensatz folgenden Stromgleichungen in *Strom-Zeigerbildern* darstellbar. Die Potentialrichtigkeit hat im Strom-Zeigerbild keine Entsprechung; eine Vorzugsreihenfolge für die Reihung der Stromsummanden existiert nicht.

Magnetisch gekoppelte Kreise. Die nach Bild 10.9a magnetisch gekoppelten Spulen - für beide ist das VS gewählt - haben die komplexen Spannungsgleichungen

$$\underline{U}_1 = j\omega L_1\underline{I}_1 + j\omega M\underline{I}_2 \quad \text{und} \quad \underline{U}_2 = j\omega L_2\underline{I}_2 + j\omega M\underline{I}_1. \qquad (10.58\text{a, b})$$

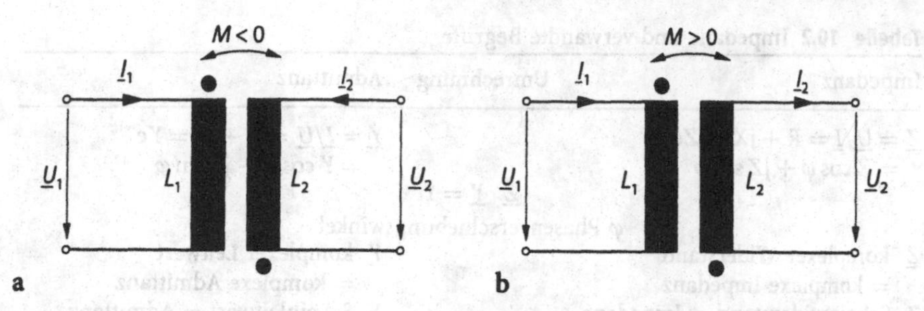

Bild 10.9 Widerstandsloser Transformator oder Übertrager **a** Beide Spulen im VS **b** Spule 2 im ES

Die Gleichungen folgen aus den Gln. (9.81a,b) durch den Übergang auf Zeigergrößen. Die Gegeninduktivität M ist nach der Lage der Wicklungspunkte zu den Stromzählpfeilen in Bild 10.9a negativ (vgl. Abschnitt 9.18).

Wenn man die Spule 2 - was häufig geschieht - im ES beschreibt (Bild 10.9b), lauten die Spannungsgleichungen für dieselbe Anordnung

$$\underline{U}_1 = \mathrm{j}\omega L_1 \underline{I}_1 + \mathrm{j}\omega M \underline{I}_2 \quad \text{und} \quad \underline{U}_2 = -\mathrm{j}\omega L_2 \underline{I}_2 - \mathrm{j}\omega M \underline{I}_1 . \qquad (10.59\text{a, b})$$

Die Gegeninduktivität M desselben Übertragers ist jetzt positiv. Von der Gleichwertigkeit der beiden Darstellungen überzeugt man sich, indem man in den Gln. (10.59) M durch $-M$ und $\underline{I}_2$ durch $-\underline{I}_2$ ersetzt. Man erhält dann wieder die erste Darstellung der Spannungsgleichungen. Die Spannungsgleichungen beschreiben einen widerstandslosen Transformator oder Übertrager.

Impedanz, Admittanz und verwandte Begriffe. Der Kehrwert des komplexen Widerstandes $\underline{Z} = \underline{U}/\underline{I}$ eines Zweipoles wird als komplexer Leitwert

$$\underline{Y} = \frac{\underline{I}}{\underline{U}} \qquad (10.60)$$

bezeichnet. Die Koordinaten von $\underline{Z}$ und $\underline{Y}$ und einige verknüpfende Beziehungen sind in Tabelle 10.2 aufgelistet.

Einige der Begriffe sind redundant. Es genügt die Angabe der komplexen Größen $\underline{Z}$ oder $\underline{Y}$ oder ihrer kartesischen oder polaren Koordinaten. Die jeweils andere Form erhält man durch Umrechnung. Wie bei Gleichstromnetzwerken benutzt man bei Reihenschaltungen mit Vorteil den komplexen Widerstand, bei Parallelschaltungen den komplexen Leitwert.

Zum Beispiel errechnet man für eine Serienschaltung mit dem Widerstand R_1 und der Induktivität L_1 bei der Kreisfrequenz ω_1 die Größen $\underline{Z} = R_1 + j\omega_1 L_1$, $R = R_1, X = \omega L_1$, $Z = \sqrt{R^2 + X^2}$, $\varphi = \operatorname{Arc}\underline{Z} = \operatorname{Arc}\tan(X/R)$, $\underline{Y} = 1/\underline{Z}$, $G = \operatorname{Re}\underline{Y}$ und $B = \operatorname{Im}\underline{Y}$. Man beachte, dass G nicht gleich $1/R$ ist und B nicht gleich $1/X$.

Tabelle 10.2 Impedanz und verwandte Begriffe

Impedanz	Umrechnung	Admittanz
$\underline{Z} = \underline{U}/\underline{I} = R + \mathrm{j}X = Z\mathrm{e}^{\mathrm{j}\varphi}$ $= Z\cos\varphi + \mathrm{j}Z\sin\varphi$	$\underline{Z}\cdot\underline{Y} = 1$	$\underline{Y} = \underline{I}/\underline{U} = G + \mathrm{j}B = Y\mathrm{e}^{-\mathrm{j}\varphi}$ $= Y\cos\varphi - \mathrm{j}Y\sin\varphi$
	φ Phasenverschiebungswinkel	
$\underline{Z}$ komplexer Widerstand = komplexe Impedanz		$\underline{Y}$ komplexer Leitwert = komplexe Admittanz
Z Scheinwiderstand = Impedanz		Y Scheinleitwert = Admittanz
R Wirkwiderstand = Resistanz		G Wirkleitwert = Konduktanz
X Blindwiderstand = Reaktanz		B Blindleitwert = Suszeptanz

10.4 Reihenschwingkreis

Die Schaltung nach Bild 10.7 wird als *Reihenschwingkreis* bezeichnet, wenn der Widerstand R genügend klein ist. Wir interessieren uns für die Stromstärke im Kreis und die Spannungen am Widerstand, an der Spule und am Kondensator in Abhängigkeit von der Kreisfrequenz ω der harmonischen Quellenspannung.

Da im vorigen Abschnitt der Stromzeiger $\underline{I}$ schon berechnet wurde (Gl. (10.48)), brauchen wir die Ergebnisse nur zusammenzustellen. Für den Strom und die drei Spannungen gelten die Zeiger

$$\underline{I} = \frac{\underline{U}_q}{R + \mathrm{j}\omega L + 1/(\mathrm{j}\omega C)}, \tag{10.61}$$

$$\underline{U}_R = R\underline{I}, \quad \underline{U}_L = \mathrm{j}\omega L\underline{I} \quad \text{und} \quad \underline{U}_C = \frac{1}{\mathrm{j}\omega C}\underline{I}. \tag{10.62-64}$$

Die zugehörigen Effektivwerte

$$I = \frac{U_q}{\sqrt{R^2 + [\omega L - 1/(\omega C)]^2}}, \tag{10.65}$$

$$U_R = RI, \quad U_L = \omega LI \quad \text{und} \quad U_C = \frac{1}{\omega C}I \tag{10.66-68}$$

ergeben sich durch Betragsbildung. Mit Gl. (10.51) war schon der Nullphasenwinkel

$$\varphi_i = \varphi_q - \operatorname{Arctan}\frac{\omega L - \frac{1}{\omega C}}{R} \tag{10.70}$$

des Stromes hergeleitet worden. Die Nullphasenwinkel

$$\varphi_R = \varphi_i, \quad \varphi_L = \varphi_i + \pi/2 \quad \text{und} \quad \varphi_C = \varphi_i - \pi/2 \tag{10.70-72}$$

der Spannungen folgen nach den Gln. (10.62–64) aus dem des Stromes. Bei gegebenen Werten von R, L, C, U_q und φ_q können die Funktionen nach den

Gln. (10.65–10.72) in Funktion der Kreisfrequenz berechnet und dargestellt werden. Man nennt solche Kurven *Frequenzgänge*, genauer: *Betrags-* oder *Phasenfrequenzgänge.*

Der Nenner $\underline{N}(j\omega)$ des Bruches in Gl. (10.61), den wir als Funktion der imaginärwertigen Variablen $\underline{x} = j\omega$ auffassen, bestimmt den Kurvenverlauf der Frequenzgänge. Deshalb untersuchen wir $\underline{N}(\underline{x})$ näher. Die Pole des Bruches, d.h. die *Nullstellen* $\underline{\lambda}_1$ und $\underline{\lambda}_2$ der Nennerfunktion

$$\underline{N}(\underline{x}) = R + L\underline{x} + \frac{1}{\underline{x}C} = \frac{L}{\underline{x}}\left(\frac{R}{L}\underline{x} + \underline{x}^2 + \frac{1}{LC}\right) \tag{10.73}$$

erhält man durch Lösung der quadratischen Gleichung $\underline{\lambda}^2 + \frac{R}{L}\underline{\lambda} + \frac{1}{LC} = 0$ mit der üblichen Lösungsformel zu

$$\underline{\lambda}_{1,2} = -\frac{R}{2L} \pm \sqrt{\left(\frac{R}{2L}\right)^2 - \frac{1}{LC}}. \qquad [\lambda]_{SI} = s^{-1} \tag{10.74a}$$

Wenn die imaginäre Variable $\underline{x} = j\omega$ den Wert $\underline{\lambda}_1$ oder $\underline{\lambda}_2$ annehmen könnte, würde $1/\underline{N}$ und damit der Strom unendlich werden. Dieser Fall kann nur bei $R = 0$ eintreten; sonst sind bei positivem Radikanden die Nullstellen $\underline{\lambda}_1$ und $\underline{\lambda}_2$ reell oder bei negativem Radikanden konjugiert komplex, aber nicht rein imaginär.

Wir interessieren uns vornehmlich für den Fall kleiner Widerstände, bei denen der Radikand in Gl. (10.74a) negativ ist. In diesem Fall ist die Form

$$\underline{\lambda}_{1,2} = -\frac{R}{2L} \pm j\sqrt{\frac{1}{LC} - \left(\frac{R}{2L}\right)^2} \tag{10.74b}$$

von Vorteil. Um kürzere Ausdrücke zu erhalten, definieren wir die *Kennkreisfrequenz*

$$\omega_0 = \sqrt{\frac{1}{LC}} \qquad [\omega_0]_{SI} = s^{-1} \tag{10.75}$$

als diejenige Kreisfrequenz, bei der $1/\underline{N}$, d.h. der Strom $\underline{I}$, im Falle $R = 0$ (ungedämpfter Fall) unendlich wird, und den *Dämpfungsgrad*

$$D = \frac{R}{2}\sqrt{\frac{C}{L}} = \frac{R}{2}\frac{1}{\omega_0 L} = \frac{R}{2}\omega_0 C. \qquad [D] = 1 \tag{10.76a, b, c}$$

Die Definition für D entsteht, wenn man den Quotienten $\left(\frac{R}{2L}\right)^2 / \frac{1}{LC}$ der beiden Terme im Radikanden der Gl. (10.74) als D^2 abkürzt. Die *Güte* eines Schwingkreises ist als

$$Q = 1/(2D) \tag{10.76d}$$

definiert. Ein Schwingkreis mit geringem Dämpfungsgrad hat eine hohe Güte.

Mit D und ω_0 können wir Gl. (10.74b) in die übersichtliche Form

$$\underline{\lambda}_{1,2} = -D\omega_0 \pm \mathrm{j}\omega_0\sqrt{1-D^2} \tag{10.74c}$$

bringen. Die Größen $\underline{\lambda}_1$ und $\underline{\lambda}_2$ heißen *Eigenwerte* der Schaltung. Ihr Betrag ist gleich der Kennkreisfrequenz ω_0. Für $D = 1$ ist der Radikand Null und die beiden $\underline{\lambda}$-Werte reell und gleich.

Beim Dämpfungsgrad $D < 1$ bilden $\underline{\lambda}_1$ und $\underline{\lambda}_2$ laut Gl. (10.74c) ein konjugiert komplexes Paar. In diesem Fall, für den wir uns näher interessieren, wird

$$^{\mathrm{e}}d = D\omega_0 \qquad [^{\mathrm{e}}d]_{\mathrm{SI}} = s^{-1} \tag{10.77}$$

als *Eigendämpfung* bezeichnet und

$$^{\mathrm{e}}\omega = \omega_0\sqrt{1-D^2} \qquad [^{\mathrm{e}}\omega]_{\mathrm{SI}} = s^{-1} \tag{10.78}$$

als *Eigenkreisfrequenz*. Die Eigenwerte $\underline{\lambda}_1 = -{}^{\mathrm{e}}d + \mathrm{j}\,{}^{\mathrm{e}}\omega$ und $\underline{\lambda}_2 = -{}^{\mathrm{e}}d - \mathrm{j}\,{}^{\mathrm{e}}\omega$ können dann in λ bzw. λ^* umbenannt werden.

Mit den Eigenwerten $\underline{\lambda}_1$ und $\underline{\lambda}_2$ – d. h. den Nullstellen der Nennerfunktion nach Gl. (10.73) – bilden wir ihre faktorisierte Form $\underline{N}(\mathrm{j}\omega) = \frac{L}{\mathrm{j}\omega}(\mathrm{j}\omega - \underline{\lambda}_1)(\mathrm{j}\omega - \underline{\lambda}_2)$. Damit ergibt sich die faktorisierte Darstellung

$$\underline{I} = \frac{\underline{U}_q}{L}\frac{\mathrm{j}\omega}{(\mathrm{j}\omega - \underline{\lambda}_1)(\mathrm{j}\omega - \underline{\lambda}_2)} \tag{10.79}$$

des Stromes und die entsprechende Effektivwertgleichung

$$I = \frac{U_q}{L}\frac{\omega}{|\mathrm{j}\omega - \underline{\lambda}_1|\,|\mathrm{j}\omega - \underline{\lambda}_2|}. \tag{10.80}$$

Die beiden letzten Gleichungen liefern dieselben Ergebnisse wie die Gln. (10.61) bzw. (10.65).

Wie sehen die Kurvenverläufe des Stromes und der Spannungen aus? Wir könnten jetzt Gl. (10.61) oder Gl. (10.79) auswerten, entschließen uns aber, die Stromstärke in einer dritten Form anzugeben, indem wir in Gl. (10.61) die Größen R und L durch den Dämpfungsgrad D und die Kennkreisfrequenz ω_0 ersetzen. Damit ergibt sich

$$\underline{I} = \frac{\underline{U}_q}{\omega_0 L}\cdot\frac{1}{2D + \mathrm{j}\left(\frac{\omega}{\omega_0} - \frac{\omega_0}{\omega}\right)}. \tag{10.81}$$

Die Spannungen sollen in normierter Form – d. h. auf $\underline{U}_q$ bezogen – angegeben werden. Man erhält mit den Gln. (10.62–10.64)

$$\frac{\underline{U}_R}{\underline{U}_q} = 2D\frac{1}{2D + \mathrm{j}\left(\frac{\omega}{\omega_0} - \frac{\omega_0}{\omega}\right)}, \tag{10.82}$$

$$\frac{\underline{U}_L}{\underline{U}_q} = \mathrm{j}\frac{\omega}{\omega_0} \cdot \frac{1}{2D + \mathrm{j}\left(\frac{\omega}{\omega_0} - \frac{\omega_0}{\omega}\right)} \quad \text{und} \quad \frac{\underline{U}_C}{\underline{U}_q} = \frac{1}{\mathrm{j}\frac{\omega}{\omega_0}} \cdot \frac{1}{2D + \mathrm{j}\left(\frac{\omega}{\omega_0} - \frac{\omega_0}{\omega}\right)}. \tag{10.83, 84}$$

Man erkennt aus Gl. (10.81), dass allein der Dämpfungsgrad D den Stromverlauf in Funktion der normierten Kreisfrequenz ω/ω_0 festlegt. Der den drei Spannungsverhältnissen gemeinsame Bruch hat sein Betragsmaximum $1/(2D)$ bei $\omega = \omega_0$, der Kennkreisfrequenz. In Bild 10.10 sind die den drei letzten Gleichungen zugehörigen Betrags- und Phasenfrequenzgänge für drei Fälle dargestellt. Sie unterscheiden sich nur im Widerstandswert R voneinander (Zahlenwerte vgl. Tabelle 10.3).

Durch Differenzieren der den Gln. (10.82–10.84) zugehörigen Betragsgänge und Nullsetzen der Ableitungen erhält man die drei Kreisfrequenzen

$$\omega_R = \omega_0, \quad \omega_L = \omega_0 \frac{1}{\sqrt{1 - 2D^2}} \quad \text{und} \quad \omega_C = \omega_0\sqrt{1 - 2D^2}, \tag{10.85-87}$$

bei denen die Spannungen ihr *Maximum* haben. Für negative Radikanden, also für $D > 0{,}707$ hat nur noch die Widerstandsspannung und die ihr proportionale Stromstärke ein Maximum (Bild 10.10c).

Für $D \ll 1$ durchlaufen alle drei Spannungen ausgeprägte Maxima (Bild 10.10a). Die drei entsprechenden Frequenzen fallen dann praktisch mit dem Wert der Kennkreisfrequenz ω_0 zusammen. Sie werden in diesem Fall als *Resonanzfrequenzen* bezeichnet.

Die Spannungen am Kondensator und an der Spule betragen bei $\omega = \omega_0$ das $1/(2D)$-fache der äußeren Quellenspannung, im Bild 10.10a das 5fache. Ein solcher Überhöhungseffekt wird als *Resonanz* bezeichnet.

Im Bereich eines Dämpfungsgrades nicht weit unter 0,707 ist deutlich zwischen den drei Resonanzfrequenzen ω_R, ω_L, und ω_C gemäß Gl. (10.85–10.87) zu unterscheiden (Bild 10.10b). Der Resonanzeffekt ist dabei schwächer ausgeprägt.

Wie kann der Dämpfungsgrad D aus der Kurve des Betragsfrequenzganges U_R/U_q nach Gl. (10.82) bestimmt werden? Die Kurve durchläuft bei den beiden Kreisfrequenzen $\omega_0(\sqrt{1 + D^2} \pm D)$ den Wert $U_R/U_q = 1/\sqrt{2} = 0{,}707$. Der Kreisfrequenz-Abstand $\Delta\omega$ der beiden Punkte beträgt $2D\omega_0$. Aus $\Delta\omega = 2D\omega_0$ folgt für den zu bestimmenden Dämpfungsgrad $D = \frac{\Delta\omega}{2\omega_0}$. Wegen $20\log\left(1/\sqrt{2}\right) \approx -3\,\mathrm{dB}$[6] bezeichnet man $\Delta\omega$ auch als die 3 dB-Kreisfrequenz-Bandbreite.

Die Kreisfrequenz, bei der die Serienschaltung wie ein Ohm'scher Widerstand wirkt, heißt *Kompensationskreisfrequenz* ω_K. Aus Gl. (10.81) ist abzule-

[6] Das einheitenähnliche Zeichen dB = Dezibel = 0,1 Bel = 0,1 B signalisiert, dass die davorstehende Zahl als Logarithmus eines Quotienten der Dimension Eins zu verstehen ist.

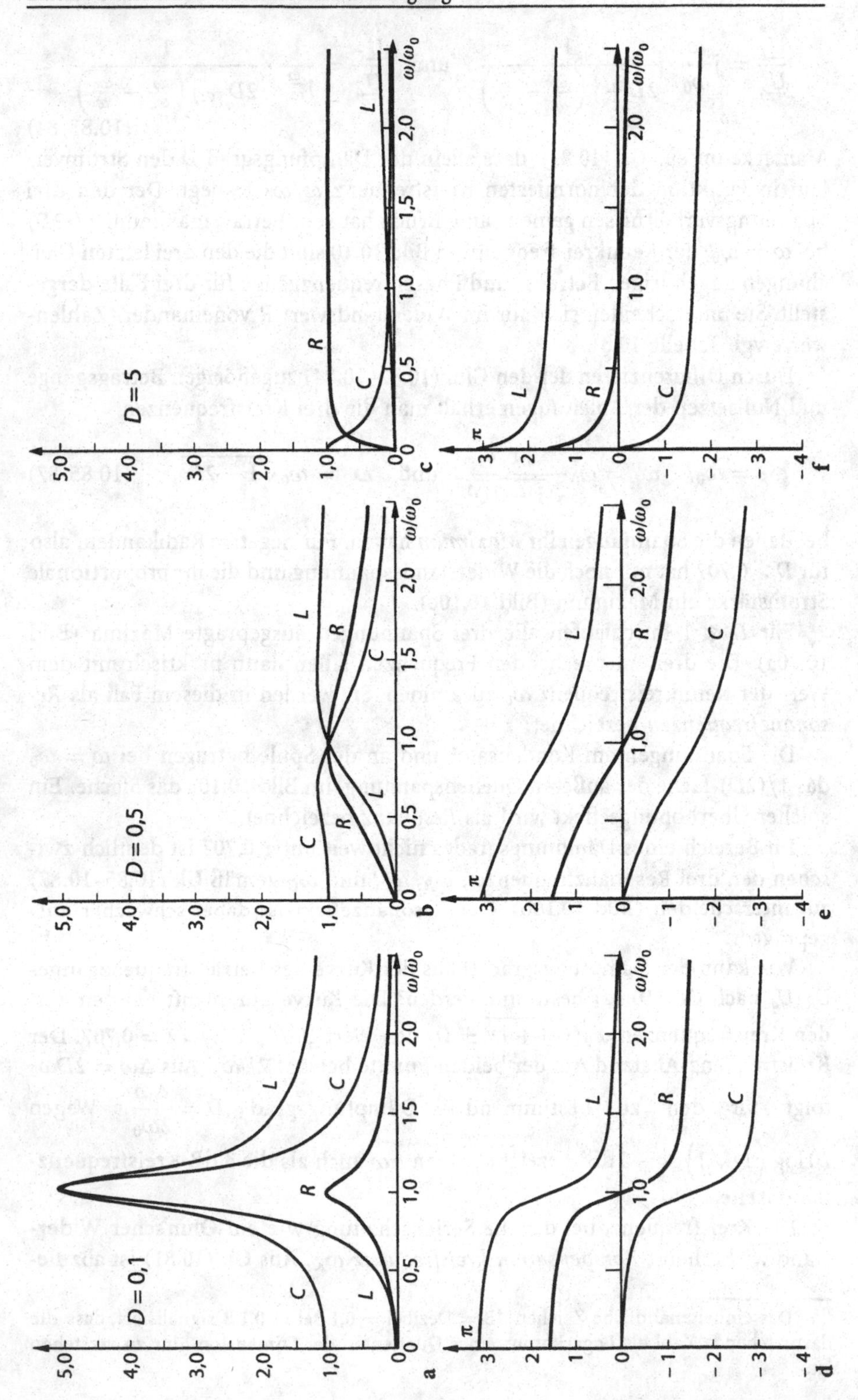
D = 0,1
D = 0,5
D = 5
C
L
R
ω/ω₀
a
b
c
d
e
f
π

Tabelle 10.3 Zahlenwerte zu Bild 10.10. Induktivität und Kapazität bleiben konstant.

Bild 10.10	R/Ω	L/H C/F	D	ω_0/s^{-1}	$\underline{\lambda}_1/\omega_0$ $\underline{\lambda}_2/\omega_0$	${}^{d}\omega/\omega_0$ ${}^{e}\omega/\omega_0$	ω_R/ω_0 ω_L/ω_0 ω_C/ω_0	ω_K/ω_0
a,d	0,632	0,01 0,001	0,1	316	−0,1 + j0,995 −0,1 − j0,995	0.1 0,995	1 1,01 0,990	1
b,e	3,16	0,01 0,001	0.5	316	−0,5 + j0,866 −0,5 − j0,866	0,5 0,866	1 1,41 0,707	1
c,f	31,6	0,01 0,001	5,0	316	−0,101 −9,9	— —	1 — —	1

sen, dass dieser Fall bei $\omega_K = \omega_0$ eintritt; der Imaginärteil im Nenner ist dann Null. Für schwach gedämpfte Resonanzkreise ($D \ll 1$) - auch mit anderer als der Serienstruktur - kann die Eigen- und Resonanzfrequenz durch die meistens leichter zu bestimmende Kompensationsfrequenz *angenähert* werden. Sie ergibt sich durch Nullsetzen eines Imaginärteiles, hier aus $\mathrm{Im}\left(\underline{I}/\underline{U}_q\right) = 0$ oder $\mathrm{Im}\left(\underline{U}_q/\underline{I}\right) = 0$.

Die *Eigenkreisfrequenz* ${}^{e}\omega$ ist in den Frequenzgängen nicht direkt sichtbar, sieht man von schwach gedämpften Schwingkreisen einmal ab, bei denen ${}^{e}\omega \approx \omega_0 \approx \omega_K \approx \omega_R \approx \omega_L \approx \omega_C$ gilt. Die Eigenkreisfrequenz bildet trotzdem die tiefere Ursache für die Resonanz. Dieses Phänomen tritt bei *eigenwertnaher Anregung* auf, genauer: wenn der Erregerfrequenzterm $j\omega$ *einem Eigenwert nahekommt.* Dann wird der Betrag $\left|j\omega - \underline{\lambda}_1\right|$ im Nenner der Gl. (10.80) klein und der Strom I entsprechend groß. Ein System mit reellen Eigenwerten wird durch harmonische Erregung nicht in Resonanz gebracht: Der imaginäre Term $j\omega$ kann dem reell vorausgesetzten Eigenwert $\underline{\lambda}$ nicht nahekommen; der Eigenwertabstand $\left|j\omega - \underline{\lambda}\right|$ bleibt für jede von Null verschiedene Erregerkreisfrequenz groß.

In Kap. 15 über instationäre Vorgänge wird der Eigenwertbegriff ausführlicher behandelt und in Bild 15.9 illustriert.

←

Bild 10.10 Spannungsverhältnisse und Phasenverschiebungen im Reihenschwingkreis in Funktion der auf ω_0 bezogenen Kreisfrequenz bei drei verschiedenen Dämpfungsgraden D. Zahlenwerte und Lage der Resonanzfrequenzen vgl. Tabelle 10.3
In a–c bedeuten $R: U_R/U_q$, $L: U_L/U_q$, $C: U_C/U_q$
In d–f bedeuten $R: \varphi_R - \varphi_q = \varphi_i - \varphi_q$, $L: \varphi_L - \varphi_q$, $C: \varphi_C - \varphi_q$

10.5 Leistung bei harmonischem Verlauf von Strom und Spannung

Bei zeitveränderlicher Spannung u und Stromstärke i eines im Verbraucherpfeilsystem (VS) beschriebenen Zweipoles ist der Augenblickswert der aufgenommenen elektrischen Leistung

$$p = ui \qquad [p]_{\mathrm{SI}} = \mathrm{W} \tag{10.88}$$

das Produkt der Augenblickswerte von Spannung und Strom.

Verlaufen beide Größen gemäß $u = U\sqrt{2}\cos(\omega t + \varphi_u)$ und $i = I\sqrt{2}\cos(\omega t + \varphi_i)$ harmonisch, erhält man mit $\varphi_i = \varphi_u - \varphi$ und der Multiplikationsregel $\cos\alpha \cdot \cos\beta = [\cos(\alpha+\beta) + \cos(\alpha-\beta)]/2$ für cos-Funktionen die Augenblicksleistung

$$p = UI\cos\varphi + UI\cos(2\omega t + 2\varphi_u - \varphi). \tag{10.89}$$

Die Leistung schwingt mit der Kreisfrequenz 2ω harmonisch um den Mittelwert

$$P = UI\cos\varphi, \qquad [P]_{\mathrm{SI}} = \mathrm{W} \tag{10.90}$$

der als *Wirkleistung* bezeichnet wird (Bild 10.11a). Die Amplitude des schwingenden Leistungsanteiles

$$S = UI \qquad [S]_{\mathrm{SI}} = \mathrm{VA} \tag{10.91}$$

heißt *Scheinleistung*. Die Leistungsschwingung ist bei Wechselstrom unvermeidlich.

Ist der Zweipol ein Ohm'scher Widerstand (Bild 10.11b), gilt mit $\varphi = 0$ und $\cos\varphi = 1$ im VS für die Leistungsamplitude $S = P$; die Augenblicksleistung nach Gl. (10.89) ist dann nicht negativ. In allen anderen Fällen – also für $\cos\varphi < 1$ – wechselt das Vorzeichen der Augenblicksleistung (Bild 10.11a). Die im Zweipol enthaltenen Widerstände nehmen stets Energie auf; die energiespeichernden Spulen und Kondensatoren wirken im Takt der doppelten Netzfrequenz abwechselnd als Verbraucher und Erzeuger. Die Richtung des Leistungsflusses wechselt. Wenn der *Leistungsfaktor* $P/S = \cos\varphi$ ungleich ± 1 ausfällt, enthält der Zweipol *mindestens ein* solches Speicherelement.

Bild 10.11 Augenblicksleistung von Zweipolen bei harmonischer Spannung und Stromstärke

a Ohmsch-induktiver Zweipol mit $\cos\varphi = 0{,}75$

b Ohm'scher Widerstand, d. h. $\cos\varphi = 1$, nur Wirk-, keine Blindleistung ($Q = 0$)

c Spule, d. h. $\cos\varphi = 0$, nur Blind-, keine Wirkleistung ($P = 0$)

In allen drei Teilbildern gilt $\varphi_i = 30^\circ$ und das Verbraucherpfeilsystem.

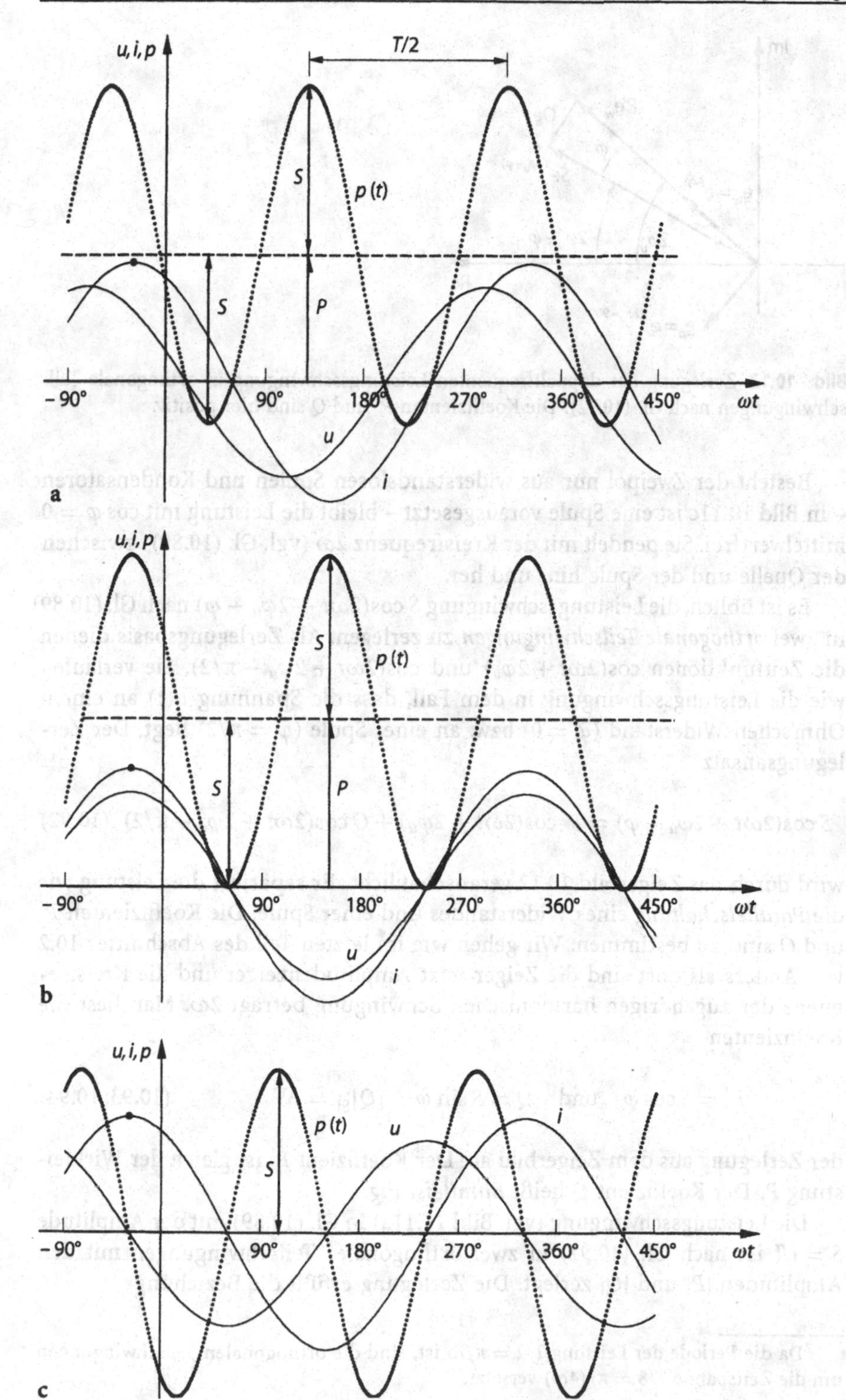
u, i, p
T/2
S
p (t)
P
– 90°
90°
180°
270°
360°
450°
ωt
u
i
a
b
c

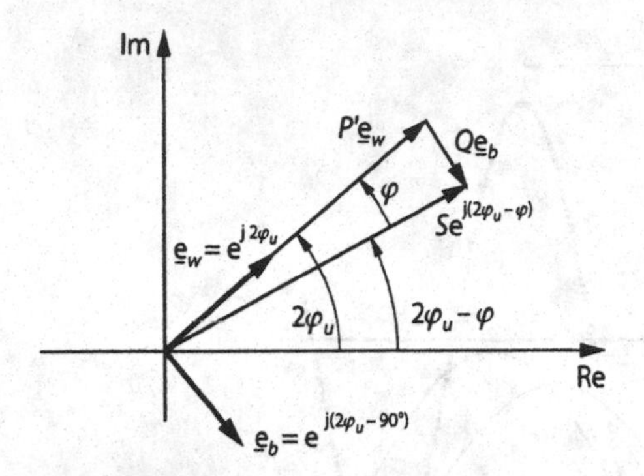

Bild 10.12 Zerlegung der doppeltfrequenten Leistungsschwingung in orthogonale Teilschwingungen nach Gl. (10.92). Die Koeffizienten P' und Q sind hier positiv.

Besteht der Zweipol nur aus widerstandslosen Spulen und Kondensatoren – in Bild 10.11c ist eine Spule vorausgesetzt – bleibt die Leistung mit $\cos\varphi = 0$ mittelwertfrei. Sie pendelt mit der Kreisfrequenz 2ω (vgl. Gl. (10.89)) zwischen der Quelle und der Spule hin- und her.

Es ist üblich, die Leistungsschwingung $S\cos(2\omega t + 2\varphi_u - \varphi)$ nach Gl. (10.89) in zwei *orthogonale Teilschwingungen* zu zerlegen. Als Zerlegungsbasis dienen die Zeitfunktionen $\cos(2\omega t + 2\varphi_u)$ und $\cos(2\omega t + 2\varphi_u - \pi/2)$. Sie verlaufen wie die Leistungsschwingung in dem Fall, dass die Spannung $u(t)$ an einem Ohm'schen Widerstand ($\varphi = 0$) bzw. an einer Spule ($\varphi = \pi/2$) liegt. Der Zerlegungsansatz

$$S\cos(2\omega t + 2\varphi_u - \varphi) = P'\cos(2\omega t + 2\varphi_u) + Q\cos(2\omega t + 2\varphi_u - \pi/2) \quad (10.92)$$

wird durch das Zeigerbild 10.12 veranschaulicht. Er separiert die Leistung wie die *Parallelschaltung* eines Widerstandes und einer Spule. Die Koeffizienten P' und Q sind zu bestimmen. Wir gehen wie im letzten Teil des Abschnittes 10.2 vor. Anders als dort sind die Zeiger jetzt Amplitudenzeiger und die Kreisfrequenz der zugehörigen harmonischen Schwingung beträgt 2ω. Man liest die Koeffizienten

$$P' = S\cos\varphi \quad \text{und} \quad Q = S\sin\varphi \quad [Q]_{\mathrm{SI}} = \mathrm{AV} \quad (10.93, 10.94)$$

der Zerlegung aus dem Zeigerbild ab. Der Koeffizient P' ist gleich der Wirkleistung P. Der Koeffizient Q heißt *Blindleistung*.

Die Leistungsschwingung (vgl. Bild 10.11a) in Gl. (10.89) mit der Amplitude $S = UI$ ist nach Gl. (10.92) in zwei orthogonale[7] Teilschwingungen mit den Amplituden $|P|$ und $|Q|$ zerlegt. Die Zerlegung erfüllt die Beziehung

[7] Da die Periode der Leistung $T/2 = \pi/\omega$ ist, sind die orthogonalen Teilschwingungen um die Zeitspanne $T/8 = \pi/(4\omega)$ versetzt.

$$S^2 = P^2 + Q^2 \tag{10.95}$$

zwischen Schein-, Wirk und Blindleistung.

Zur Zerlegung nach Gl. (10.92) existiert eine Alternative. Formuliert man die Augenblicksleistung nach Gl. (10.89) gemäß $p = UI\cos\varphi + UI\cos(2\omega t + 2\varphi_i + \varphi)$ mit dem Nullphasenwinkel φ_i der *Stromstärke*, führt die Zerlegung der Leistungsschwingung – wie vor Gl. (10.92) erklärt – auf den modifizierten Ansatz $S\cos(2\omega t + 2\varphi_i + \varphi) = P'\cos(2\omega t + 2\varphi_i) + Q\cos(2\omega t + 2\varphi_i + \pi/2)$ mit neuen Koeffizienten P' und Q. Die beiden Basisfunktionen der Zerlegung verlaufen jetzt wie die Leistungsschwingung in dem Fall, dass der Strom $i(t)$ durch einen Ohm'schen Widerstand ($\varphi = 0$) bzw. eine Spule ($\varphi = \pi/2$) fließt; der alternative Zerlegungsansatz separiert die Leistung wie eine *Reihenschaltung* aus einem Widerstand und einer Spule. Die Koeffizienten der alternativen Zerlegung ergeben sich aus einem Zeigerbild, das Bild 10.12 ähnelt, wieder zu $P' = P = S\cos\varphi$ und $Q = S\sin\varphi$. Die beiden Leistungskoordinaten P und Q lassen sich nach Tabelle 10.4 auch mit den am Ende des Abschn. 10.2 eingeführten Wirk- und Blindkoordinaten des Stromes oder der Spannung ausdrücken.

Wirk- und Blindleistung folgen auch direkt aus den Integralen

$$P = \frac{2}{T}\int_{(T/2)} ui\,\mathrm{d}t \quad \text{bzw.} \quad Q = \frac{2}{T}\int_{(T/2)} u(t)\cdot i(t + T/4)\,\mathrm{d}t. \tag{10.96, 10.97}$$

Die Wirkleistung ist danach der Gleichwert der Momentanleistung und die Blindleistung der Gleichwert einer *fiktiven* Leistung $u(t)\cdot i(t + T/4)$. Sie ist mit einem um eine Viertelperiode vorverschobenen Strom zu bilden. Als Integrand kommt in Gl. (10.97) auch $u(t - T/4)\cdot i(t)$ in Frage, ohne dass sich das Ergebnis ändert. Das Integral für die Wirkleistung gilt für beliebige Ströme und Spannungen, wenn sie dieselbe Periode T haben. Das Blindleistungsintegral bleibt auf den harmonischen Fall beschränkt.

Die beiden behandelten Zerlegungen der Augenblicksleistung harmonischer Spannungen und Ströme können ferner durch die Summen

$$p = P\frac{u^2(t)}{U^2} + Q\frac{u(t)\cdot u(t - T/4)}{U^2} \quad \text{bzw.} \quad p = P\frac{i^2(t)}{I^2} + Q\frac{i(t)\cdot i(t + T/4)}{I^2} \tag{10.98a, b}$$

ausgedrückt werden. Durch Einsetzen harmonischer Terme für u und i kann man sich davon überzeugen, dass beide Ausdrücke in Gl. (10.89) übergehen. Sie zeigen nochmals das Wesen der Leistungszerlegung in den gleichwertbehafteten ersten und gleichwertfreien zweiten Anteil.

Zum Anschluss der Leistungsgrößen an die komplexe Rechnung ist die komplexe Scheinleistung

$$\underline{S} = Se^{j\varphi} \tag{10.99a}$$

Tabelle 10.4 Zerlegung von Stromstärke $\underline{I}$, Spannung $\underline{U}$ und Scheinleistung $\underline{S}$ eines Zweipoles in Wirk- und Blindanteile

Größe 1	Symbol 2	Zweipol 3	Widerstand 4	Spule 5	Kondensator 6
Komplexe Impedanz	$\underline{Z} =$	$\dfrac{\underline{U}}{\underline{I}} = Z\mathrm{e}^{\mathrm{j}\varphi}$	R	$\mathrm{j}\omega L$	$\dfrac{1}{\mathrm{j}\omega C}$
Phasenverschiebungswinkel	$\varphi =$	$\varphi_u - \varphi_i$	$0°$	$90°$	$-90°$
Impedanz	$Z =$	$\dfrac{U}{I}$	R	ωL	$\dfrac{1}{\omega C}$
Wirkstrom	$I_w =$	$I\cos\varphi$	I	0	0
Blindstrom	$I_b =$	$I\sin\varphi$	0	I	$-I$
Wirkspannung	$U_w =$	$U\cos\varphi$	U	0	0
Blindspannung	$U_b =$	$U\sin\varphi$	0	U	$-U$
Scheinleistung	$S =$	UI	UI	UI	UI
Wirkleistung	$P =$	$S\cos\varphi$ $= UI_w = U_wI$	UI	0	0
Blindleistung	$Q =$	$S\sin\varphi$ $= UI_b = U_bI$	0	UI	$-IU$
Komplexe Scheinleistung	$\underline{S} =$	$S\mathrm{e}^{\mathrm{j}\varphi}$ $= P + \mathrm{j}Q$	UI	$\mathrm{j}UI$	$-\mathrm{j}UI$

Die allgemeingültigen Gleichungen aus Spalte 2 und 3 gelten unabhängig davon, welche Zählpfeilvereinbarung für den Zweipol getroffen ist. Die speziellen Angaben in den Spalten 4 bis 6 setzen dagegen Verbraucherpfeile (VS) voraus. Die Produkte UI können für die Schaltelemente R, L und C durch Ausdrücke mit U^2 *oder* I^2 ersetzt werden, indem man die Effektivwertgleichungen nach Tabelle 10.1 auswertet. Wirk- und Blindanteile von Strom und Spannung: vgl. Schluss des Abschn. 10.2. Die dortigen Basis-Einszeiger hängen nicht vom Pfeilsystem ab.

definiert. Wegen $\mathrm{Re}\underline{S} = S\cos\varphi = P$ und $\mathrm{Im}\underline{S} = S\sin\varphi = Q$ fasst sie gemäß

$$\underline{S} = P + \mathrm{j}Q \tag{10.99b}$$

die Wirk- und Blindleistung in einer komplexwertigen Größe zusammen. Der spezielle Phasenbezug der „Koordinaten“ P und Q zur Leistungsschwingung – wie ihn Bild 10.12 ausdrückt – bleibt dabei außer Acht.

Die komplexe Scheinleistung ergibt sich als Produkt des Spannungszeigers und des konjugierten Stromzeigers gemäß

$$\underline{S} = \underline{U}\,\underline{I}^*, \tag{10.99c}$$

was sich wegen $\underline{U}\,\underline{I}^* = U\mathrm{e}^{\mathrm{j}\varphi_u}I\mathrm{e}^{-\mathrm{j}\varphi_i} = UI\mathrm{e}^{\mathrm{j}(\varphi_u-\varphi_i)} = UI\mathrm{e}^{\mathrm{j}\varphi}$ mit Gl. (10.99a) verträgt.

In Tabelle 10.4 sind die $\underline{S}$-Werte verschiedener Zweipole zusammengestellt. Die Gleichungen der Tabelle bilden einen widerspruchsfreien Formalismus. Der Phasenverschiebungswinkel φ nimmt – abhängig vom Zweipol und dem

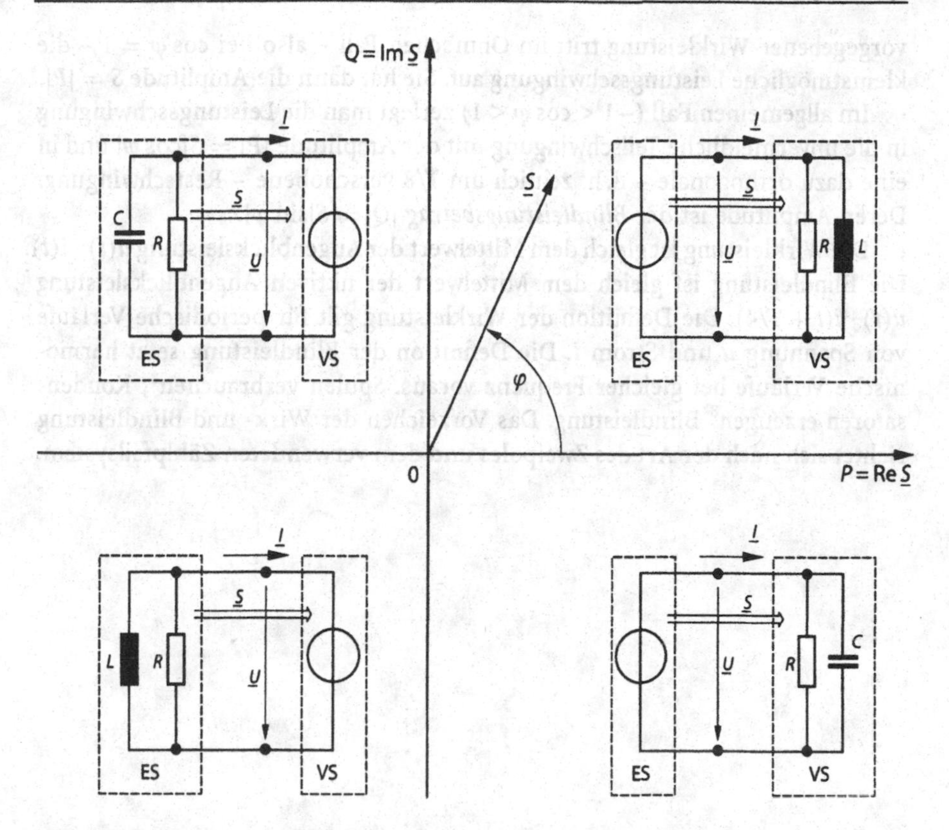

Bild 10.13 Wirk- und Blindleistung P bzw. Q und Phasenverschiebungswinkel φ verschiedener Netzwerke in der komplexen $\underline{S}$-Ebene
Ohmsch-induktives Netzwerk im Quadranten $0^\circ < \varphi < 90^\circ$: Der rechte Zweipol (VS) nimmt *die* Wirk- und Blindleistung auf ($P > 0$, $Q > 0$), die der linke (ES) abgibt. Spulen verbrauchen Blindleistung.
Ohmsch-kapazitives Netzwerk im Quadranten $0^\circ > \varphi > -90^\circ$: Der rechte Zweipol (VS) nimmt Wirkleistung auf ($P > 0$) und gibt Blindleistung ab ($Q < 0$). Kondensatoren erzeugen Blindleistung.

verwendeten Zählpfeilsystem – einen Wert im Intervall $-180^\circ < \varphi \leq 180^\circ$ ein. Das Bild 10.13 illustriert die möglichen Fälle der Phasenverschiebung durch Beispielnetzwerke. Aus der Quadrantenlage der Netzwerke ist das zugehörige Intervall des Phasenverschiebungswinkels φ und das Vorzeichen der Wirk- und Blindleistung ablesbar.

Zusammenfassung. Ein Zweipol – VS vorausgesetzt – nimmt bei harmonischer Spannung und gleichfrequenter harmonischer Stromstärke im Mittel die Leistung $P = UI \cos\varphi$ auf.

Der konstanten *Wirkleistung* P ist eine doppeltfrequente Leistungsschwingung mit der Amplitude $S = UI$ überlagert, die man *Scheinleistung* nennt. Bei vorgegebener Wirkleistung tritt im Ohm'schen Fall – also bei $\cos\varphi = 1$ – die kleinstmögliche Leistungsschwingung auf. Sie hat dann die Amplitude $S = |P|$.

Im allgemeinen Fall ($-1 < \cos\varphi < 1$) zerlegt man die Leistungsschwingung in die unvermeidliche Teilschwingung mit der Amplitude $|P| = S|\cos\varphi|$ und in eine dazu orthogonale – d. h. zeitlich um $T/8$ verschobene – Restschwingung. Deren Amplitude ist der *Blindleistungsbetrag* $|Q| = S|\sin\varphi|$.

Die Wirkleistung ist gleich dem Mittelwert der Augenblicksleistung $u(t) \cdot i(t)$. Die Blindleistung ist gleich dem Mittelwert der fiktiven Augenblicksleistung $u(t) \cdot i(t + T/4)$. Die Definition der Wirkleistung gilt für periodische Verläufe von Spannung u und Strom i. Die Definition der Blindleistung setzt harmonische Verläufe bei gleicher Frequenz voraus. Spulen verbrauchen[8], Kondensatoren erzeugen[8] Blindleistung. Das Vorzeichen der Wirk- und Blindleistung richtet sich nach der Art des Zweipoles und dem verwendeten Zählpfeilsystem.

[8] Dass wir die Begriffe „verbrauchen“ oder „erzeugen“ auch für die Blindleistung verwenden, ist kein Anlaß, letztere mit der Wirkleistung zu verwechseln.

11 Ortskurven

Berechnet man Werte des Stromes $\underline{I}(\omega)$ im Reihenschwingkreis nach Bild 10.7 für einen zusammenhängenden Kreisfrequenzbereich und trägt die entsprechenden komplexen Werte in die komplexe Stromebene ein (Bild 11.1), entsteht die *Ortskurve* des Stromes mit der Kreisfrequenz als *Parameter*. Interessierende Punkte werden auf der Kurve mit dem zugehörigen Parameterwert markiert. Ein Pfeil macht den aufsteigenden Durchlaufsinn des Parameters kenntlich. Die Achsen der Darstellung sind der Real- und der Imaginärteil des Stromes. In Bild 11.1 ist die Ortskurve $\underline{I}(\omega)$ in *normierter* Form dargestellt. Als Be-

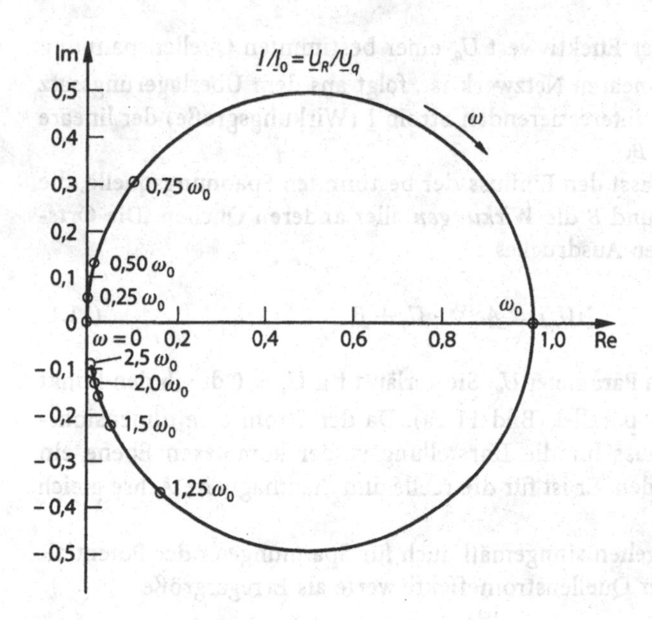

Bild 11.1 Normierte Stromortskurve $\underline{I}/\underline{I}_0 = \dfrac{2D}{2D + \mathrm{j}(\omega/\omega_0 - \omega_0/\omega)}$ des Reihenschwingkreises nach Bild 10.7.
Ihre Form hängt nicht vom Dämpfungsgrad (hier: $D = 0{,}1$) ab, nur die Parametrierung. Man beachte die starke Spreizung des Parameters ω auf dem Kreis im Bereich der Resonanz um $\omega = \omega_0$.

zugsgröße dient die konstante Stromstärke $\underline{I}_o = \underline{U}_q/R$. Der normierte Strom $\underline{I}/\underline{I}_0 = R\underline{I}(\omega)/\underline{U}_q = \underline{U}_R(\omega)/\underline{U}_q$ hat die Dimension Eins. Die Kreisfrequenz, die als Parameter fungiert, durchläuft hier den Bereich $0 \le \omega \le 2{,}5\omega_0$. Die Kurve ist durch numerische Auswertung von Gl. (10.82) entstanden. Wegen ihrer Normierung ist sie den Kurven „R" in Bild 10.10a und d gleichwertig. Auch aus der Stromortskurve ist abzulesen, dass sich der Reihenschwingkreis für kleine Frequenzen kapazitiv verhält, für große induktiv und bei der Kennkreisfrequenz ω_0 Ohmsch.

Verallgemeinernd bezeichnen wir die in einer Ortskurve dargestellte komplexwertige Größe – z. B. Strom, Spannung, Potential, Impedanz oder Admittanz – mit $\underline{K}$ und den *reellen* Parameter – z. B. Kreisfrequenz, Widerstand, Induktivität, Kapazität, Quellenspannung, Quellenstrom oder deren Nullphasenwinkel – mit x. Die *Ortskurve* $\underline{K}(x)$ vereinigt Betrags- *und* Phasengang – $K(x) = |\underline{K}(x)|$ bzw. $\varphi_K(x) = \text{Arc}\underline{K}(x)$ – in *einer* Kurve. Ortskurven können in jedem Fall punktweise berechnet werden, wie im Falle von Bild 11.1 geschehen. Der Rest dieses Kapitels erläutert, wie man Ortskurven übersichtlicher Netzwerke fast ohne numerische Rechnungen skizziert.

11.1 Effektivwert einer Quellenspannung als Parameter

Wenn der Parameter der Effektivwert U_q einer bestimmten Quellenspannung $\underline{U}_q = U_q e^{j\varphi_q}$ in einem linearen Netzwerk ist, folgt aus dem Überlagerungssatz nach Gl. (5.1) für einen interessierenden Strom $\underline{I}$ (Wirkungsgröße) der lineare Ausdruck $\underline{I} = \underline{A} \cdot \underline{U}_q + \underline{B}$.

Der Term $\underline{A} \cdot \underline{U}_q$ erfasst den Einfluss der bestimmten Spannungsquelle, die als *Erregung* fungiert, und $\underline{B}$ die *Wirkungen* aller anderen Quellen. Die Ortskurve des gleichwertigen Ausdruckes

$$\underline{I}(U_q) = \underline{A}e^{j\varphi_q} \cdot U_q + \underline{B} \tag{11.1}$$

ist eine *Gerade* mit dem Parameter U_q. Sie verläuft für $U_q = 0$ durch den Punkt $\underline{B}$ und dem Term $\underline{A}e^{j\varphi_q}$ parallel (Bild 11.2a). Da der Strom eine dimensionsbehaftete Größe ist, muss für die Darstellung in der komplexen Ebene ein Maßstab festgelegt werden. Er ist für die reelle und die imaginäre Achse gleich zu wählen.

Die Überlegungen gelten sinngemäß auch für Spannungen oder Potentiale als Wirkungsgröße oder Quellenstromeffektivwerte als Erregergröße.

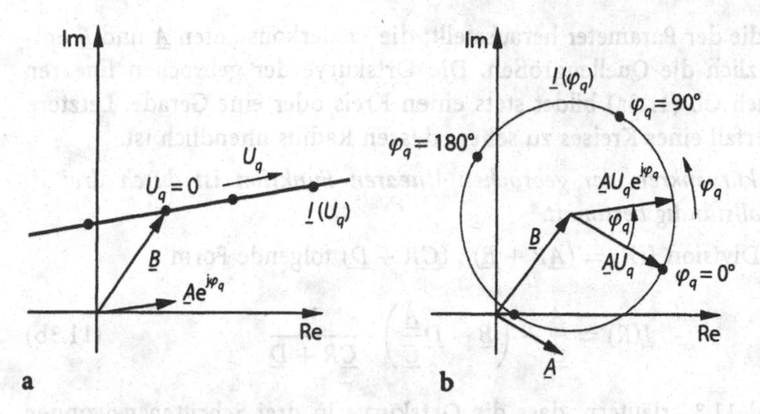

Bild 11.2 Stromortskurve bei veränderlicher Quellenspannung
Parameter ist
a der Effektivwert U_q nach Gl. (11.1),
b der Nullphasenwinkel φ_q nach Gl. (11.2).

11.2 Nullphasenwinkel einer Quellengröße als Parameter

Wir interessieren uns jetzt für die Stromortskurve $\underline{I}(\varphi_q)$ eines linearen Netzes; Parameter ist der Nullphasenwinkel φ_q einer bestimmten Quellenspannung. Die Ortskurve ist wieder durch Gl. (11.1) gegeben. Der Form

$$\underline{I}(\varphi_q) = \underline{A}U_q \cdot e^{j\varphi_q} + \underline{B} \tag{11.2}$$

ist zu entnehmen, dass die Ortskurve $\underline{I}(\varphi_q)$ einen Kreis mit dem Mittelpunkt $\underline{B}$ und dem Radius AU_q durchläuft (Bild 11.2b).

Das Ergebnis gilt sinngemäß auch für Spannungen oder Potentiale als Wirkungsgröße. Der Parameter kann auch der Nullphasenwinkel einer Stromquelle sein.

11.3 Wert eines Schaltelementes als Parameter

Die Ortskurve $\underline{I}(R)$ beantwortet die Frage, wie ein interessierender Netzwerkstrom $\underline{I}$ vom Wert R eines bestimmten Widerstandes (= Schaltelement) abhängt. Man kann zeigen, dass in einem linearen Netzwerk die interessierende Stromstärke durch *die gebrochen lineare Funktion*

$$\underline{I}(R) = \frac{\underline{A}R + \underline{B}}{\underline{C}R + \underline{D}} \tag{11.3a}$$

beschrieben wird. Der Parameter – d. h. der Widerstand R – erscheint im Zähler und im Nenner nie im Quadrat oder höheren Potenzen. In den vier Konstanten $\underline{A}$ bis $\underline{D}$ verbergen sich die komplexen Impedanzen des Netzwerkes – außer derjenigen, die der Parameter herausstellt; die Zählerkonstanten $\underline{A}$ und $\underline{B}$ enthalten zusätzlich die Quellengrößen. Die Ortskurve der gebrochen linearen Funktion nach Gl. (11.3a) bildet stets einen Kreis oder eine Gerade. Letztere ist als Sonderfall eines Kreises zu sehen, dessen Radius unendlich ist.

Der Ortskurvenkreis der gebrochen linearen Funktion ist durch drei Punkte vollständig bestimmt.

Die aus der Division $\underline{I}(R) = (\underline{A}R + \underline{B}) : (\underline{C}R + \underline{D})$ folgende Form

$$\underline{I}(R) = \frac{\underline{A}}{\underline{C}} + \left(\underline{B} - \underline{D}\frac{\underline{A}}{\underline{C}}\right) \cdot \frac{1}{\underline{C}R + \underline{D}} \tag{11.3b}$$

und das Bild 11.3 erläutern, dass die Ortskurve in drei Schritten gewonnen werden kann:

1. Die Ortskurve des Nenners $\underline{K}_G = \underline{C}R + \underline{D}$ ist eine *Gerade* (vgl. Abschn. 11.1). Ihre Kehrwertfunktion $\underline{K}_B = 1/(\underline{C}R + \underline{D})$ hat einen *Kreis* durch den Ursprung als Ortskurve. Die Kehrwertbildung[1] wird als *Inversion* bezeichnet. Der ursprungsfernste (Scheitel-)Punkt des Kreises $\underline{k}_B(R)$ liegt am Ort $\underline{k}_{BS} = \frac{1}{\underline{e}_n} \cdot \frac{1}{\mathrm{Re}\,(\underline{D}/\underline{e}_n)}$, wobei der Einszeiger $\underline{e}_n = \mathrm{j}\underline{C}/|\underline{C}|$ senkrecht auf der Geraden $\underline{K}_G = \underline{C}R + \underline{D}$ steht. Der im Nenner von $\underline{k}_{BS}$ erscheinende Ort ist der ursprungsnächste Punkt der Geraden $\underline{k}_G$. Der Kreis $\underline{k}_B(R)$ hat den Durchmesser $|\underline{k}_{BS}|$ und den Mittelpunkt $\underline{k}_{BS}/2$.
   Bei $\underline{D} = 0$ – die Nennergerade geht dann durch den Nullpunkt – entartet $\underline{K}_B$ zur Nullpunktsgerade. Sie folgt aus der Nennergerade durch Spiegelung an der reellen Achse.
2. Im nächsten Schritt wird die Ortskurve $\underline{K}_B$ mit dem eingeklammerten konstanten Faktor $\underline{F} = F\mathrm{e}^{\mathrm{j}\varphi_F} = \underline{B} - \underline{D}\underline{A}/\underline{C}$ multipliziert. Das Resultat, die Ortskurve $\underline{I}_v = \underline{F}\,\underline{K}_B$, erscheint gegenüber der Ortskurve $\underline{K}_B$ um den Faktor F gestreckt und um den Winkel φ_F gedreht. Man bezeichnet diesen Schritt als *Drehstreckung*.
3. Schließlich folgt die gesuchte Ortskurve $\underline{I}(R) = \underline{A}/\underline{C} + \underline{I}_v(R)$ durch Addition der Konstanten $\underline{A}/\underline{C}$, was einer *Verschiebung* entspricht.

Die Darstellung nach Gl. (11.3b) setzt $\underline{C} \neq 0$ voraus. Im Falle $\underline{C} = 0$ ist die Ortskurve nach Gl. (11.3a) eine Gerade. Für den Fall $\underline{F} = 0$, also für $\underline{B}\,\underline{C} = \underline{D}\,\underline{A}$, degeneriert die Ortskurve zum festen Punkt $\underline{I} = \underline{A}/\underline{C}$.

Die Überlegungen gelten sinngemäß auch für Ortskurven einer Spannung, eines Potentiales, einer Impedanz oder einer Admittanz, wobei der Parameter statt des Widerstandes R auch die Induktivität L einer Spule oder die Kapazität C eines Kondensators sein kann. Stets ist die Ortskurve kreisförmig oder gerade und damit durch höchstens drei Punkte festgelegt.

[1] Nach den Regeln der komplexen Rechnung hat die Zahl $1/\underline{z}$ den Betrag $1/|\underline{z}|$ und das Argument $-\mathrm{Arc}\,\underline{z}$.

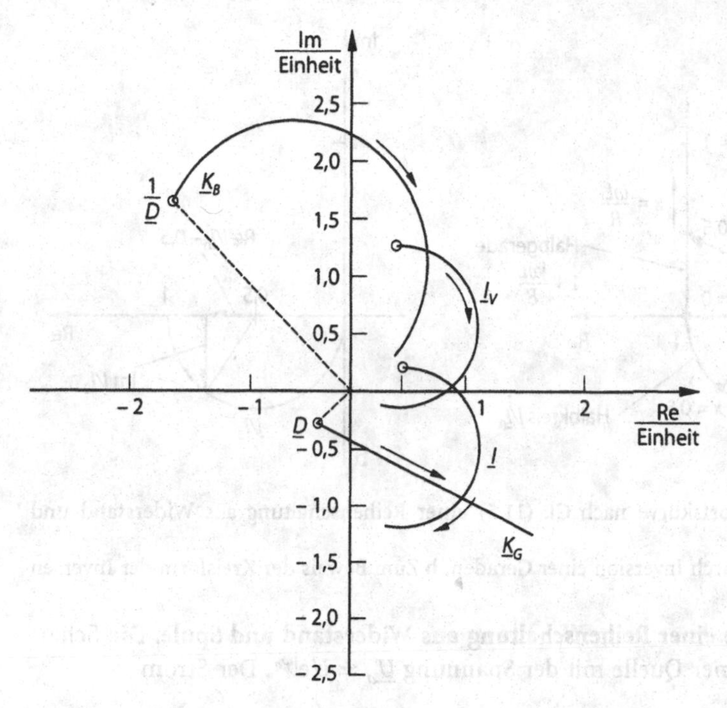

Bild 11.3 Die Ortskurve der gebrochen linearen Funktion $\underline{I}(R)$ nach Gl. (11.3) verläuft kreisförmig.
Konstruktionsreihenfolge:

	Inversion		Drehstreckung		Verschiebung	
$\underline{K}_G$	$\rightarrow$	$\underline{K}_B$	$\rightarrow$	$\underline{I}_v$	$\rightarrow$	$\underline{I}$
			hier: Stauchung			

Das Symbol o markiert den Punkt $R = 0$, die Pfeile die Richtung wachsenden Parameters.
Bei Fortsetzung der Geraden $\underline{K}_G$ ins Unendliche liefe $\underline{K}_B = \underline{K}_G^{-1}$ in den Nullpunkt.
Die Zahlen an den Achsen messen den Real- oder den Imaginärteil in der jeweiligen SI-Einheit

11.4 Kreisfrequenz als Parameter

Solange die Ortskurve $\underline{I}(\omega)$ mit der Kreisfrequenz ω als Parameter in *gebrochen linearer Form* auftritt (wie Gl. (11.3), aber ω statt R), gelten die Aussagen des vorigen Abschnittes sinngemäß. In diesem *Sonderfall* sind die Ortskurven ebenfalls Kreise oder Geraden. Im Allgem*einen* verlaufen die Ortskurven aber *nicht kreis- oder geradenförmig.*

Die folgenden Beispiele zeigen, dass man die Ortskurve in vielen Fällen ohne längere Rechnung skizzieren kann.

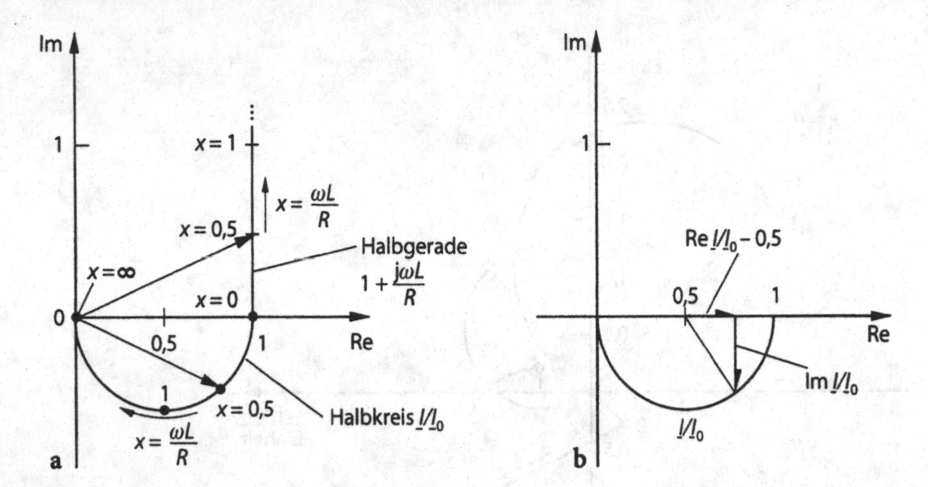

Bild 11.4 Stromortskurve nach Gl. (11.5) einer Reihenschaltung aus Widerstand und Spule
a Konstruktion durch Inversion einer Geraden, **b** Zum Beweis der Kreisform der Inversen

Stromortskurve einer Reihenschaltung aus Widerstand und Spule. Die Schaltung liege an einer Quelle mit der Spannung $\underline{U}_q = U\mathrm{e}^{\mathrm{j}\varphi_q}$. Der Strom

$$\underline{I} = \underline{U}_q \frac{1}{R + \mathrm{j}\omega L} \tag{11.4}$$

hat auch in ω die gebrochen lineare Form, so dass ein Kreis für die Ortskurve $\underline{I}(\omega)$ zu erwarten ist. Um keine Darstellungsmaßstäbe festlegen zu müssen, stellen wir die Ortskurve in der normierten Form

$$\underline{I}/\underline{I}_0 = \frac{1}{1 + \mathrm{j}\omega L/R} \tag{11.5}$$

für den Kreisfrequenzbereich $0 \leq \omega < \infty$ dar (Bild 11.4a). Dabei ist der Bezugsstrom zu $\underline{I}_0 = \underline{U}_q/R$ festgesetzt. Im Nenner steht die auf den Widerstand R bezogene Impedanz

$$\underline{Z}/R = 1 + \mathrm{j}\omega L/R, \tag{11.6}$$

deren Ortskurve eine zur imaginären Achse parallele (Halb-)Gerade ist (Bild 11.4a). Die gesuchte Stromortskurve $\underline{I}/\underline{I}_0$ erhält man durch Inversion der Geraden. Durch Einsetzen von drei Punkten (z. B. $\omega L/R = 0; 1; \infty$) in Gl. (11.6) ergibt sich ein (Halb-)Kreis mit dem Radius 0,5 und dem Mittelpunkt $0{,}5 + \mathrm{j}0$. Man überprüfe Radius und Mittelpunkt mit den in Punkt 1 unterhalb Gl. (11.3b) gegebenen Formeln.

Dass die Ortskurve $\underline{I}/\underline{I}_0 = 1/(1 + \mathrm{j}x)$ – dabei ist $x = \omega L/R$ ihr Parameter – kreisförmig verläuft, kann wie folgt bewiesen werden: Die Hypothenusenlänge des in Bild 11.4b hervorgehobenen Dreieckes muss für alle Parameterwerte x den Wert 0,5 haben. Die Gleichung $\left(\mathrm{Re}\,\underline{I}/\underline{I}_0 - 0{,}5\right)^2 + \left(\mathrm{Im}\,\underline{I}/\underline{I}_0\right)^2 = 0{,}5^2$ nach Pythagoras ist mit $\underline{I}/\underline{I}_0$

nach Gl. (11.5) erfüllt. (Hinweis: Durch Erweitern des Bruches in Gl. 11.5 mit dem konjugiert-komplexen Nenner erhält man die kartesische Form der Stromortskurve $\underline{I}/\underline{I}_0 = 1/\left(1+x^2\right) - \mathrm{j}x/\left(1+x^2\right)$, aus der Real- und Imaginärteil zu entnehmen sind.)

Impedanzortskurve einer R-C-Parallelschaltung in Reihe mit einer Spule. Die Schaltung hat die Impedanz

$$\underline{Z}(\omega) = \mathrm{j}\omega L + \frac{1}{1/R + \mathrm{j}\omega C}. \tag{11.7}$$

Als Bezugsgröße eignet sich z. B. der Ohm'sche Widerstand R. Damit erhält man die normierte Impedanz

$$\underline{Z}/R = \mathrm{j}\omega L/R + \frac{1}{1 + \mathrm{j}\omega RC}. \tag{11.8a}$$

Mit der ebenfalls normierten[2] Kreisfrequenz $x = \omega RC$, mit der wir ω auch im Term $\mathrm{j}\omega L/R$ ersetzen, erhält man

$$\underline{Z}/R = \mathrm{j}x\underbrace{\frac{L/R}{RC}}_{A} + \frac{1}{1 + \mathrm{j}x}. \tag{11.8b}$$

Der Faktor $A = (L/R)\,/\,(RC)$ hat die Dimension Eins. Er bestimmt die *Form* der Impedanzortskurve. Der erste Summand in Gl. (11.8b) bildet den Frequenzparameter x auf die positive imaginäre Achse ab, der zweite Ausdruck auf den schon geläufigen Halbkreis. Die parameterrichtige, numerisch errechnete Summe ergibt je nach Faktor A die Ortskurven nach Bild 11.5.

Stromortskurve beim Reihenschwingkreis. Die Stromortskurve ist schon in Bild 11.1 auf Basis einer punktweisen Auswertung der Gl. (10.82) dargestellt. Dabei ist die normierte Stromortskurve $\underline{I}/\underline{I}_0$ wegen $\underline{I}_0 = \underline{U}_q/R$ identisch mit der Ortskurve des Spannungsverhältnisses $\underline{U}_R/\underline{U}_q$. Hier bleibt nachzutragen, wie man das Bild *ohne* numerische Berechnung skizzieren würde.

Die Ortskurvengleichung 10.82

$$\underline{I}/\underline{I}_0 = \frac{\underline{U}_R}{\underline{U}_q} = \frac{2D}{2D + \mathrm{j}(\omega/\omega_0 - \omega_0/\omega)} = \frac{1}{1 + \mathrm{j}(\omega/\omega_0 - \omega_0/\omega)/(2D)}$$

nimmt mit der – aus Gründen der besseren Übersicht eingeführten – reellen Funktion

$$f(\omega/\omega_0) = (\omega/\omega_0 - \omega_0/\omega)/(2D) \tag{11.9}$$

[2] Vgl. Unterabschnitt „Bemerkung zur Normierung“ am Ende dieses Kapitels.

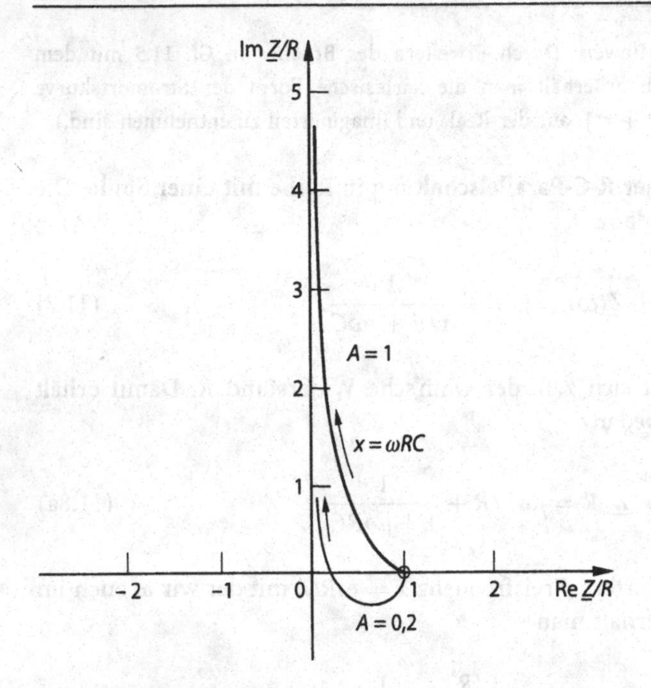

Bild 11.5 Impedanzortskurven nach Gl. (11.8b) einer *R*-*C*-Parallelschaltung in Reihe mit einer Spule. Das Zeichen o markiert den Gleichstromfall $x = \omega RC = 0$. Beide Ortskurven bilden den Parameterbereich $0 \leq x \leq 5$ ab.

die als Sonderfall von Gl. (11.3a) zu betrachtende Form

$$\underline{I}/\underline{I}_0 = \frac{1}{1 + \mathrm{j} \cdot f(\omega/\omega_0)} \tag{11.10}$$

an. Die reelle Funktion $f(\omega/\omega_0)$ durchläuft für den Frequenz-Parameterbereich $0 \leq \omega/\omega_0 < \infty$ den Wertebereich $-\infty < f < +\infty$. Der Nenner $1 + \mathrm{j} \cdot f(\omega/\omega_0)$ bildet denselben Parameterbereich auf die zur imaginären Achse parallele Gerade ab, die durch den Punkt 1 geht. Deren Inverse ist – wie bei Gl. (11.5) – kreisförmig. In diesem Fall wird der *ganze* Kreis durchlaufen (Bild 11.1).

Ortskurven größerer Netzwerke. Der Eingangsstrom des in Bild 11.6a dargestellten Netzwerkes hat für hier nicht weiter interessierende Schaltelementdaten die Ortskurve $\underline{I}(\omega)$ laut Bild 11.6b. Dabei ist eine reelle Erregerspannung $\underline{U}_q = U_q$ vorausgesetzt. Ortskurven dieser Komplexität müssen punktweise berechnet werden. Sie entziehen sich der einfachen graphischen Konstruktion.

Die Ortskurve schneidet die reelle Achse viermal. Die entsprechenden vier *Kompensationsfrequenzen* sind mit dem Zeichen „K" markiert. Das Netzwerk wirkt dort Ohmsch; der Eingangsstrom ist jeweils in Phase mit der Quellenspannung.

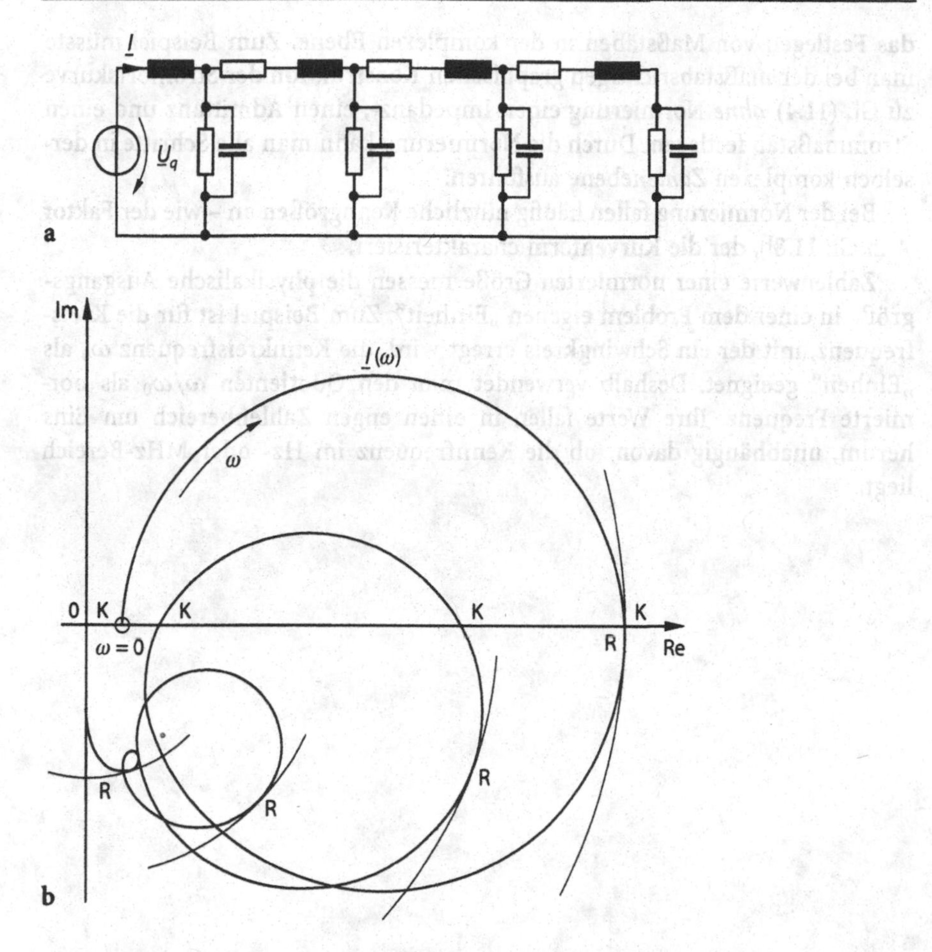

Bild 11.6 Stromortskurve b eines Netzwerkes a mit 4 Kompensations- und 4 Resonanzfrequenzen. Die Ursprungs-Schmiegekreise berühren die Ortskurve an den Resonanzpunkten R. Die Quellenspannung $\underline{U}_q$ ist reell vorausgesetzt.

Ferner zeigt der Strom in den vier mit „R" markierten Bereichen *Resonanz*. Dort durchläuft der Effektivwert $I = |\underline{I}|$ jeweils ein lokales Maximum. Die niedrigste Resonanzfrequenz fällt mit der niedrigsten Kompensationsfrequenz ($\neq 0$) im rechten Scheitelpunkt der Ortskurve zusammen. Dort schneidet die Ortskurve die reelle Achse ungefähr rechtwinklig.

Im Gleichstromfall muss sich das Netzwerk – wie ein Blick auf das Schaltbild zeigt – Ohmsch verhalten, im Fall sehr hoher Frequenzen induktiv. Beides ist durch die Ortskurve bestätigt.

Bemerkung zur Normierung. In den vorausgegangenen Abschnitten wurden die Ortskurven häufig normiert. Als Bezugsgrößen verwendet man netzwerkeigene Werte. Oft kann man unter mehreren Bezugsgrößen wählen. Die Normierung – d. h. die Definition von Größen mit der Dimension Eins – erspart das Festlegen von Maßstäben in der komplexen Ebene. Zum Beispiel müsste man bei der maßstabsrichtigen graphischen Konstruktion der Stromortskurve zu Gl. (11.4) *ohne* Normierung einen Impedanz-, einen Admittanz und einen Strommaßstab festlegen. Durch die Normierung kann man alle Schritte in derselben komplexen *Zahlen*ebene ausführen.

Bei der Normierung fallen häufig nützliche Kenngrößen an – wie der Faktor A in Gl. 11.8b, der die Kurvenform charakterisiert.

Zahlenwerte einer normierten Größe messen die physikalische Ausgangsgröße in einer dem Problem eigenen „Einheit". Zum Beispiel ist für die Kreisfrequenz, mit der ein Schwingkreis erregt wird, die Kennkreisfrequenz ω_0 als „Einheit" geeignet. Deshalb verwendet man den Quotienten ω/ω_0 als normierte Frequenz. Ihre Werte fallen in einen engen Zahlenbereich um Eins herum, unabhängig davon, ob die Kennfrequenz im Hz- oder MHz-Bereich liegt.

12 Drehstrom

Wir betrachten m zu einem *Stern* (Bild 12.1b) oder *Ring* (Bild 12.1c) verbundene Wechselspannungsquellen mit den gegeneinander phasenverschobenen harmonischen Quellenspannungen $v_\mu = V\sqrt{2}\cos(\omega t + \varphi_V - (\mu - 1)2\pi/m)$. Der Index μ durchläuft die Werte $\mu = 1, 2, \ldots, m$. Die Quellenspannungen haben den Effektivwert V und die Kreisfrequenz ω gemeinsam. Sie sind um den m-ten Teil einer Periode $T = 2\pi/\omega$ gegeneinander verschoben, genauer: $v_{\mu+1}$ eilt v_μ um die Zeitspanne T/m nach, was einer jeweiligen Phasenverschiebung um den Winkel $2\pi/m$ entspricht. Aufgrund der zyklischen Symmetrie eilt auch v_1 gegenüber v_m um $2\pi/m$ nach. Der Index 1 folgt in diesem zyklischen Sinne *nach* dem Index m. Die Quellenspannung der ersten Wechselspannungsquelle ($\mu = 1$) hat den Nullphasenwinkel φ_V.

Der rotierende Stabmagnet in der Anordnung nach Bild 12.1a könnte die gegeneinander phasenverschobenen Quellenspannungen in den am Umfang versetzen Spulen induzieren. Allerdings verliefen diese Spannungen nicht harmonisch.

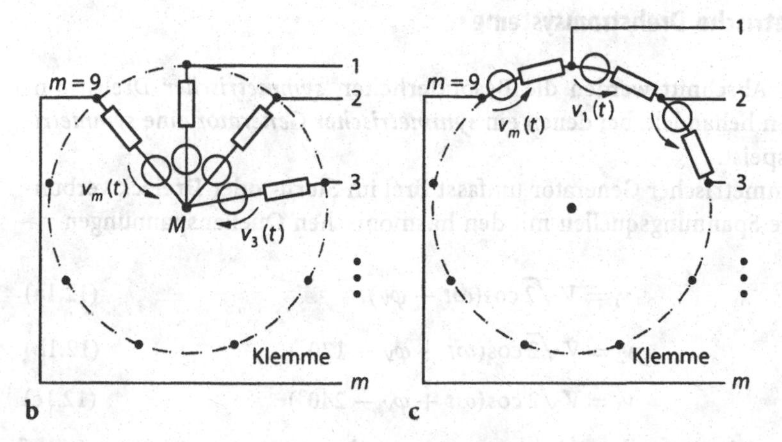

Bild 12.1 Prinzip einer Mehrphasenspannungsquelle mit Innenimpedanzen
a Induktion phasenverschobener Quellenspannungen in unverknüpften Wicklungen
b Sternschaltung, c Ringschaltung (1, 2, 3, ..., m: Nummer des Stranges oder Außenleiters)

Der *Mehrphasengenerator* nach Bild 12.1b oder c ist über m *Außenleiter* an eine mehrphasige Lastschaltung anschließbar, die ebenfalls in Stern- oder Ringschaltung ausgeführt sein kann. Wenn Generator *und* Last sterngeschaltet sind, *kann* man den *Stern-* oder *Mittelpunkt M* des Generators mit demjenigen der Last durch einen *Sternpunkt-* oder *Mittelleiter* verbinden.

Bei der Sternschaltung bezeichnet man den Zweig zwischen Stern- und *Anschlusspunkt* oder *Klemme* zum Außenleiter als *Strang*. Bei der Ringschaltung ist ein *Strang* ein Zweig zwischen zwei Anschlusspunkten der Außenleiter. Die *Strangspannung* und der *Strangstrom* beziehen sich auf einen Strang einer Stern- oder Ringschaltung. Schaltungsabhängig tragen die Stranggrößen die spezielleren Namen *Stern-* und *Ringspannung bzw. Stern- und Ringstrom.* Bei Mehrphasensystemen mit der Strangzahl $m = 3$ ist der Begriff Ring durch die speziellere Bezeichnung *Dreieck* zu ersetzen. Die Spannung zwischen zwei Außenleitern heißt *Außenleiterspannung.*

Die *Phasenfolge* nennt die Stränge in der zeitlichen Reihenfolge, in der die Strangspannungen ihr Maximum durchlaufen. Der oben beschriebene m-Phasengenerator hat demnach die Phasenfolge $1, 2, \ldots, m$.

Mehrphasennetzwerke können mit den allgemeinen Methoden zur Netzwerkberechnung untersucht werden. Insofern ist dieses Kapitel eine Vertiefung der Kapitel 3 bis 5 und 10. Einfache Wechselstromkreise sind *einphasig* zu nennen, wenn man sie gegen Mehrphasennetzwerke abgrenzen will.

Die Betriebsmittel der öffentlichen Stromversorgung - im Wesentlichen Generatoren, Transformatoren, Schalter und Leitungen - sind *drei*phasig ausgeführt. Solche Mehrphasensysteme heißen *Drehstromsysteme.* Wir beschränken uns im Folgenden auf diesen Fall mit der Strang- oder Phasenzahl $m = 3$.

12.1 Symmetrische Drehstromsysteme

In diesem Abschnitt werden die Besonderheiten *symmetrischer* Drehstromschaltungen behandelt, bei denen ein *symmetrischer Generator* eine *symmetrische Last* speist.

Ein symmetrischer Generator umfasst drei im Stern- oder Dreieck verbundene ideale Spannungsquellen mit den harmonischen Quellenspannungen

$$v_1 = V\sqrt{2}\cos(\omega t + \varphi_V), \tag{12.1a}$$

$$v_2 = V\sqrt{2}\cos(\omega t + \varphi_V - 120°), \tag{12.1b}$$

$$v_3 = V\sqrt{2}\cos(\omega t + \varphi_V - 240°). \tag{12.1c}$$

Ihre Phasenfolge ist $1, 2, 3$ oder - was wegen der zyklischen Symmetrie auf dasselbe hinausläuft - $2, 3, 1$ oder $3, 1, 2$. In Bild 12.2 sind die Zeitverläufe und die Zeiger des Drehspannungssystemes für den Fall $\varphi_V = 0$ gegenübergestellt.

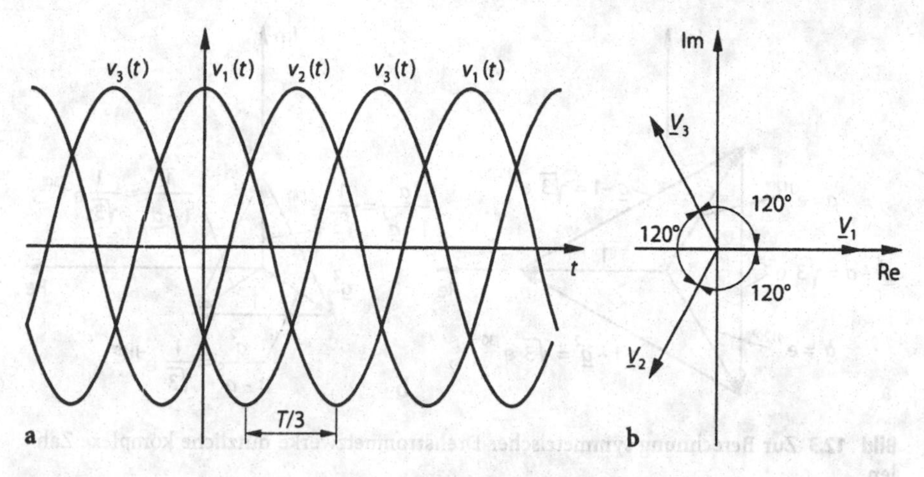

Bild 12.2 Symmetrisches Drehspannungssystem a Zeitverläufe, b Zeigerbild

Bei der Berechnung von Drehstromnetzen mit komplexen Zahlen erscheint häufig der Term e^{j120°. Als Abkürzung dafür ist der *Drehoperator* oder *Dreher*

$$\underline{a} = e^{j120^\circ} = -0{,}5 + j\frac{\sqrt{3}}{2} \qquad [a] = 1 \tag{12.2}$$

definiert[1]. Durch Multiplikation eines Spannungs- oder Stromzeigers mit $\underline{a}$ erhält man den um 120° voreilenden Zeiger. Nützliche Funktionen des Drehoperators, wie z. B. $\underline{a}^2$ oder $1 - \underline{a}$, sind in Bild 12.3 zusammengestellt. Die ebenfalls hilfreiche Identität

$$1 + \underline{a}^2 + \underline{a} = 0 \tag{12.3a}$$

bildet sich in der komplexen Zahlenebene als ein an seinen Ausgangspunkt zurückkehrender gleichseitiger Dreiecksweg ab (Bild 12.3b). Ferner verifizieren wir die Beziehungen

$$|\underline{a}| = 1, \quad \underline{a}^3 = 1, \quad \underline{a}^* = \underline{a}^2 \quad \text{und} \quad 1/\underline{a} = \underline{a}^2. \tag{12.3b-e}$$

Zur einfacheren Notation erklären wir die Spannung $v_1(t)$ zur *Bezugsspannung* $v(t)$. Mit ihrem Zeiger

$$\underline{V} = V e^{j\varphi_V} \tag{12.4}$$

erhalten wir für die Quellenspannungen nach Gl. (12.1) die komplexe Darstellung

$$\underline{V}_1 = \underline{V}, \quad \underline{V}_2 = \underline{a}^2\underline{V} \quad \text{und} \quad \underline{V}_3 = \underline{a}\,\underline{V}. \tag{12.5a–c}$$

[1] In der Literatur findet man auch die Definition mit e^{-j120°.

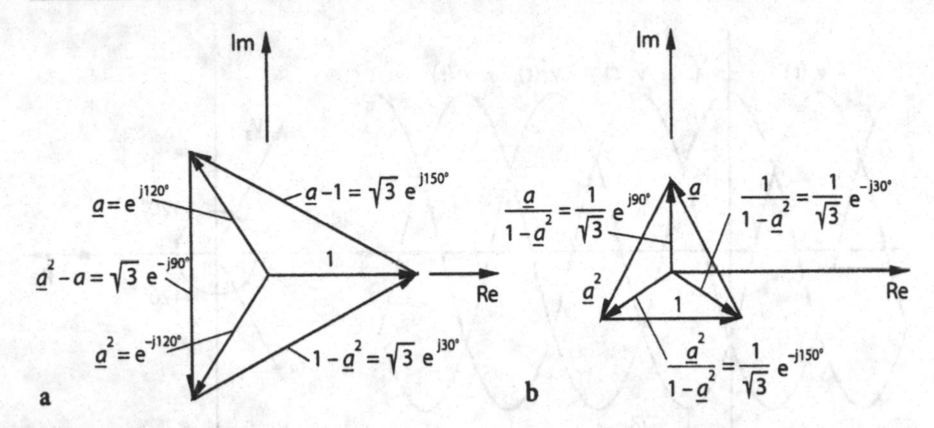

Bild 12.3 Zur Berechnung symmetrischer Drehstromnetzwerke nützliche komplexe Zahlen
a Anordnung von $1, \underline{a}^2$ und $\underline{a}$ in Sternform, **b** Anordnung in Dreieckform

Die drei Quellen mit den Spannungen $\underline{V}$, $\underline{a}^2\underline{V}$ und $\underline{a}\,\underline{V}$ bilden ein symmetrisches Drehspannungssystem mit der Phasenfolge 1, 2, 3. Die Quellen können in Stern- oder Dreieckschaltung angeordnet sein. In Serie zu den Quellen geschaltete – in allen drei Strängen gleiche – *Innenimpedanzen* $\underline{Z}_i$ begrenzen den Kurzschlussstrom der *symmetrischen Drehspannungsquelle*. Einfache symmetrische Drehstromnetzwerke mit einer dreiphasigen Quelle und einer dreiphasigen Last können wegen der Kombinationsmöglichkeiten von Stern- und Dreieckschaltung in vier Varianten auftreten (Bild 12.4).

Die perspektivische Darstellung betont die zyklische Symmetrie der Netzwerke: Jedes geht bei Rotation um eine zu den Außenleitern parallele Mittelachse nach jeweils 120° in sich selber über. Zur räumlichen Symmetrie der Schaltungen kommt die zeitlich zyklisch symmetrische Anregung durch ihre drei Quellen hinzu. Es ist zu erwarten, dass sich die Symmetrien in den Strömen und Spannungen des Netzwerkes abbilden. Die ohne Herleitung in Bild 12.4 eingetragenen Größen bestätigen die Erwartung.

Alle innerhalb einer symmetrischen Schaltung vergleichbaren Spannungen und Ströme bilden Drehsysteme derselben Phasenfolge.
Drehsysteme bilden z. B. die Generator-Quellenspannungen, die Spannungen an den Innenimpedanzen des Generators, die Außenleiterspannungen, die Lastströme usw.

Bild 12.4 Symmetrische Drehstromnetzwerke mit jeweils einer Quelle und einer Last
Nur die Größen $\underline{U}$ und $\underline{I}$ sind unbekannt.
Generator: **a** und **b** in Sternschaltung, **c** und **d** in Dreieckschaltung
Last: **a** und **c** in Sternschaltung, **b** und **d** in Dreieckschaltung

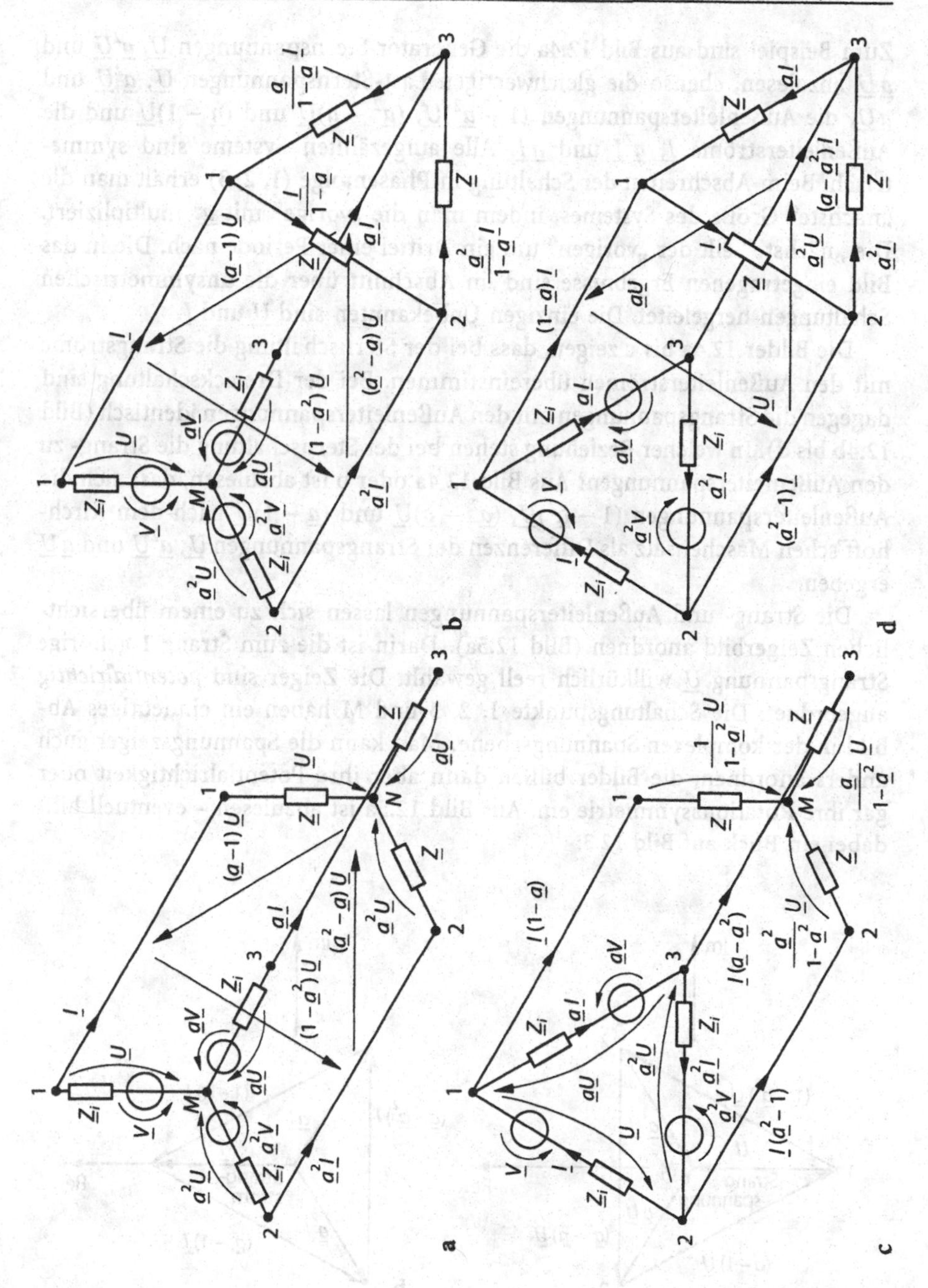

Zum Beispiel sind aus Bild 12.4a die Generator-Sternspannungen $\underline{U}$, $\underline{a}^2\underline{U}$ und $\underline{a}\,\underline{U}$ abzulesen, ebenso die gleichwertigen Last-Sternspannungen $\underline{U}$, $\underline{a}^2\underline{U}$ und $\underline{a}\,\underline{U}$, die Außenleiterspannungen $(1-\underline{a}^2)\underline{U}$, $(\underline{a}^2-\underline{a})\underline{U}$ und $(\underline{a}-1)\underline{U}$ und die Außenleiterströme $\underline{I}$, $\underline{a}^2\underline{I}$ und $\underline{a}\,\underline{I}$. Alle aufgezählten Systeme sind symmetrisch. Beim Abschreiten der Schaltung in Phasenfolge (1, 2, 3) erhält man die „nächste“ Größe des Systemes, indem man die „vorige“ mit $\underline{a}^2$ multipliziert. Die „nächste“ eilt der „vorigen“ um ein Drittel einer Periode nach. Die in das Bild eingetragenen Ergebnisse sind im Abschnitt über die unsymmetrischen Schaltungen hergeleitet. Die einzigen Unbekannten sind $\underline{U}$ und $\underline{I}$.

Die Bilder 12.4a bis c zeigen, dass bei der Sternschaltung die Strangströme mit den Außenleiterströmen übereinstimmen. Bei der Dreieckschaltung sind dagegen die Strangspannungen mit den Außenleiterspannungen identisch (Bild 12.4b bis d). In welcher Beziehung stehen bei der Sternschaltung die Strang- zu den Außenleiterspannungen? Aus Bild 12.4a oder b ist abzulesen, dass sich die Außenleiterspannungen $(1-\underline{a}^2)\underline{U}$, $(\underline{a}^2-\underline{a})\underline{U}$ und $(\underline{a}-1)\underline{U}$ nach dem Kirchhoff'schen Maschensatz als Differenzen der Strangspannungen $\underline{U}$, $\underline{a}^2\underline{U}$ und $\underline{a}\,\underline{U}$ ergeben.

Die Strang- und Außenleiterspannungen lassen sich zu einem übersichtlichen Zeigerbild anordnen (Bild 12.5a). Darin ist die zum Strang 1 gehörige Strangspannung $\underline{U}$ willkürlich reell gewählt. Die Zeiger sind *potentialrichtig* angeordnet: Die Schaltungspunkte 1, 2, 3 und M haben ein eindeutiges Abbild in der komplexen Spannungsebene. Man kann die Spannungszeiger auch anders anordnen; die Bilder büßen dann aber ihre Potentialrichtigkeit oder gar ihre Rotationssymmetrie ein. Aus Bild 12.5a ist abzulesen – eventuell hilft dabei ein Blick auf Bild 12.3:

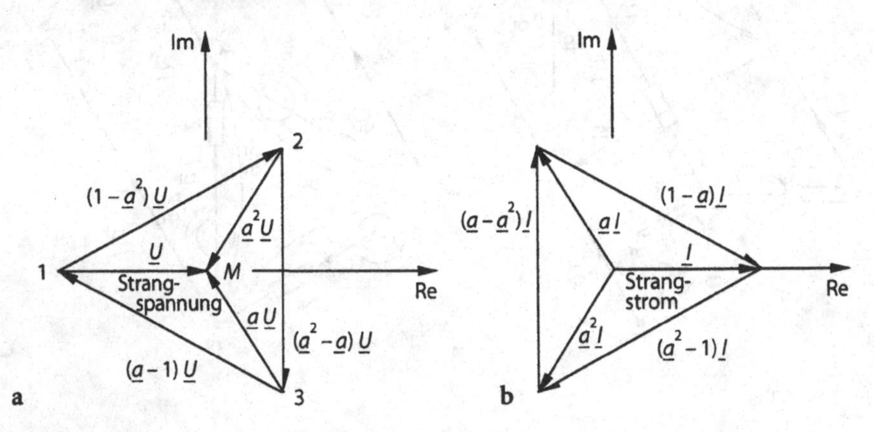

Bild 12.5 Strang- und Außenleitergrößen in symmetrischen Drehstromschaltungen nach Bild 12.4
Jedes der sechs gleichschenkligen Teildreiecke mit dem Seitenverhältnis $1:\sqrt{3}:1$ in **a** oder **b** bildet eine Maschen- bzw. Knotengleichung ab.
a Spannungen bei Sternschaltung, **b** Ströme bei Dreieckschaltung

Bei der Sternschaltung ist der Effektivwert der Außenleiterspannungen um den Faktor $\sqrt{3}$ größer als derjenige der Strangspannungen.

Der in Niederspannungsnetzen verbreiteten Nenn-Strangspannung von 230° V entspricht die Außenleiterspannung 230 V $\sqrt{3} \approx 400$ V.

Ganz ähnlich sind bei der Dreieckschaltung die Außenleiter- und Strang*ströme* verknüpft. Für jeden Dreiecksknoten (Bild 12.4b bis d) verlangt der Kirchhoff'sche Knotensatz, dass der Strom im Außenleiter die Differenz der Ströme in den beiden angeschlossenen Strängen ist. Das entsprechende Stromzeigerbild 12.5b - z. B. für die Dreieckschaltungen in Bild 12.4c oder d - hat dieselbe Struktur, wie das Spannungszeigerbild 12.5a.

Bei der Dreieckschaltung ist der Effektivwert der Außenleiterströme um den Faktor $\sqrt{3}$ größer als derjenige der Strangströme.

Man überzeuge sich zur Übung davon, dass das Stromverhältnis $\sqrt{3}$ auch auf die Schaltung nach Bild 12.4b zutrifft.

Einphasige Ersatzschaltung. Die in die Schaltungen des Bildes 12.4 eingetragenen Ströme erfüllen für jeden Knoten den Kirchhoff'schen Knotensatz. Die Bilder enthalten dagegen keine Angabe über die *Verknüpfung* von Strömen und Spannungen. Die entsprechenden Spannungsgleichungen gewinnen wir aus dem Kirchhoff'schen Maschensatz.

Für die Schaltung nach **Bild 12.4a** beträgt die Spannung $\underline{U}_{MN}$ zwischen den Sternpunkten Null, da die Strangspannungen $\underline{U}$ von Generator und Last gleich sind. Aus der Maschengleichung $-\underline{V} + \underline{Z}_i\underline{I} + \underline{Z}\,\underline{I} = \underline{U}_{MN}$, für einen Weg von M über den Außenleiter 1 nach N *und* zurück über den - nicht gezeichneten - Zählpfeil $\underline{U}_{MN}$, folgt mit $\underline{U}_{MN} = 0$ der Strom

$$\underline{I} = \frac{\underline{V}}{\underline{Z}_i + \underline{Z}} \tag{12.6}$$

des Bezugsstranges 1. Die Spannungsgleichung

$$\underline{U} = \underline{V} - \underline{Z}_i\underline{I} \tag{12.7}$$

für den Bezugsstrang ist direkt aus Bild 12.4a ablesbar. Mit den letzten beiden Gleichungen und den Eintragungen in das Schaltbild sind alle Ströme und Spannungen bekannt. Dieselben Gleichungen erhielte man auch aus einem Umlauf über den Außenleiter 2 oder 3.

Zur Schaltung nach **Bild 12.4b** formulieren wir die Spannungsgleichungen $\underline{U} = \underline{V} - \underline{Z}_i\underline{I}$ zum Generatorstrang 1 und $(1 - \underline{a}^2)\underline{U} = \underline{Z}\frac{1}{1 - \underline{a}}\underline{I}$ zum Laststrang 12. Durch Auflösen der zweiten Gleichung nach der Generatorstrangspannung $\underline{U}$ und Gleichsetzen mit der rechten Seite der ersten erhält man $\underline{V} - \underline{Z}_i\underline{I} = \frac{\underline{Z}\,\underline{I}}{(1 - \underline{a}^2)(1 - \underline{a})}$. Mit $(1 - \underline{a}^2)(1 - \underline{a}) = 3$ - vgl. hierzu Bild 12.3a

- folgt daraus der Außenleiterstrom

$$\underline{I} = \frac{\underline{V}}{\underline{Z}_i + \underline{Z}/3}. \tag{12.8}$$

Die Spannungsgleichung des Generatorbezugsstranges

$$\underline{U} = \underline{V} - \underline{Z}_i\underline{I} \tag{12.9}$$

ist hier nur zu wiederholen. Die Schaltung verhält sich, als speiste der Generator eine *sterngeschaltete* Last mit der Strangimpedanz $\underline{Z}/3$. Dieses Ergebnis ist nach den Formeln für die Dreieck-Stern-Umwandlung (Gln. 5.15) zu erwarten: Ersetzt man dort die Dreieckwiderstände durch die Impedanz $\underline{Z}$, ergeben sich die Strangimpedanzen der gleichwertigen Sternschaltung zu $\underline{Z}^2/(3\underline{Z}) = \underline{Z}/3$.

In der Schaltung nach **Bild 12.4c** führt der Maschenweg von der Generatorklemme 1 zu Klemme 2 über den Außenleiter 2, durchläuft die Last zu ihrer Klemme 1 und geht über den Außenleiter 1 zum Ausgangspunkt zurück. Die entsprechende Spannungsgleichung lautet $\underline{U} + \underline{Z}\,\underline{I}\left((\underline{a}^2 - 1) - (1 - \underline{a})\right) = 0$. Der Klammerausdruck $-2 + \underline{a}^2 + \underline{a}$ hinter $\underline{Z}\,\underline{I}$ hat wegen $-2 + \underline{a}^2 + \underline{a} = -2 - 1 + \underbrace{1 + \underline{a}^2 + \underline{a}}_{=0}$ den Wert -3. Aus $\underline{U} - 3\underline{Z}\underline{I} = 0$ und der wieder gleichen Spannungsgleichung

$$\underline{U} = \underline{V} - \underline{Z}_i\underline{I}. \tag{12.10}$$

für den Generatorbezugsstrang 12 folgt der Strom

$$\underline{I} = \frac{\underline{V}}{\underline{Z}_i + 3\underline{Z}}. \tag{12.11}$$

Die Schaltung verhält sich, als wäre an den im Dreieck geschalteten Generator eine symmetrische Dreiecklast mit der Strangimpedanz $3\underline{Z}$ angeschlossen. Durch Umwandlung des Laststernes in eine Dreieckschaltung nach den Gln. (5.14) kann man sich davon überzeugen, dass die äquivalente Dreieckimpedanz den Wert $3\underline{Z}$ hat.

Für das Drehstromnetzwerk nach **Bild 12.4d** lösen wir die Maschengleichung $\underline{V} - \underline{Z}_i\underline{I} - \underline{Z}\,\underline{I} = 0$ nach dem Strom

$$\underline{I} = \frac{\underline{V}}{\underline{Z}_i + \underline{Z}} \tag{12.12}$$

auf, der im Generator- *und* im Laststrang 12 fließt. Das Ergebnis ist dasselbe wie bei der reinen Sternschaltung. Auch die Spannungsgleichung des Generatorbezugsstranges lautet wieder

$$\underline{U} = \underline{V} - \underline{Z}_i\underline{I}. \tag{12.13}$$

Einphasiges Ersatzschaltbild. Wir haben jetzt für jede der symmetrischen Schaltungen den Generator-Bezugsstrangstrom $\underline{I}$ berechnet, können daraus die Generator-Bezugstrangspannung $\underline{U} = \underline{V} - \underline{Z}_i\underline{I}$ ermitteln und dann alle weiteren Größen aus den Schaltbildern 12.4 ablesen. Alle vier behandelten symmetrischen Schaltungen haben dieselbe, eben erwähnte Spannungsgleichung für den Generator-Bezugsstrang. Die vier Ausdrücke $\underline{I} = \underline{V}/(\underline{Z}_i + k \cdot \underline{Z})$ für den Generator-Bezugsstrangstrom unterscheiden sich nur darin, wie die Lastimpedanz eingeht. Der Faktor k nimmt je nach Schaltung den Wert 1, 1/3 oder 3 an. Die Ergebnisse der Rechnung legen das *einphasige Ersatzschaltbild* nach Bild 12.6a nahe.

Aus dem zugehörigen einphasigen Zeigerbild (Bild 12.6b) folgt das dreiphasige durch Rotation um jeweils 120°.

12.2 Unsymmetrische Drehstromsysteme

Wir lassen jetzt verschiedene Impedanzen in den einzelnen Generator- und Laststrängen zu. Die Quellenspannungen sollen zwar noch harmonisch und mit derselben Frequenz verlaufen, dürfen aber beliebige Amplituden und Nullphasenwinkel haben. Besondere Symmetrien existieren nicht mehr.

Generator und Last in Sternschaltung ohne Mittelleiter. Die Schaltung hat nach Bild 12.7 nur zwei Knoten, so dass nur eine Knotengleichung

$$\underline{I}_1 + \underline{I}_2 + \underline{I}_3 = 0 \tag{12.14}$$

für die Strang- oder Außenleiterströme aufzustellen ist (vgl. Bild 3.3).

Wir drücken die drei Ströme durch die Spannungen aus, die an der jeweiligen Serienschaltung aus Generator- und Lastimpedanz herrschen. Die dabei verwendete Spannung $\underline{U}_{MN}$, die Sternpunktespannung, ist zwischen den

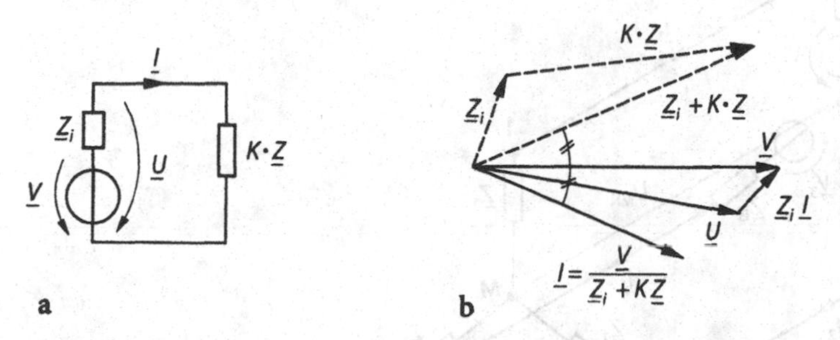

Bild 12.6 Einphasige Ersatzschaltung einer symmetrischen Drehstromschaltung
a Ersatzschaltbild
$k = 1$ für Schaltung nach Bild 12.4a und d, $k = 1/3$ bzw. $k = 3$ für Bild 12.4b bzw. c
b Zeigerbild
Die Bezeichnungen haben dieselbe Bedeutung wie in Bild 12.4

Sternpunkten von Last und Generator messbar. Die so angereicherte Knotengleichung

$$\frac{\underline{V}_1 - \underline{U}_{MN}}{\underline{Z}_{i1} + \underline{Z}_1} + \frac{\underline{V}_2 - \underline{U}_{MN}}{\underline{Z}_{i2} + \underline{Z}_2} + \frac{\underline{V}_3 - \underline{U}_{MN}}{\underline{Z}_{i3} + \underline{Z}_3} = 0 \tag{12.15}$$

lässt sich nach der Sternpunktespannung

$$\underline{U}_{MN} = \frac{\dfrac{\underline{V}_1}{\underline{Z}_{i1} + \underline{Z}_1} + \dfrac{\underline{V}_2}{\underline{Z}_{i2} + \underline{Z}_2} + \dfrac{\underline{V}_3}{\underline{Z}_{i3} + \underline{Z}_3}}{\dfrac{1}{\underline{Z}_{i1} + \underline{Z}_1} + \dfrac{1}{\underline{Z}_{i2} + \underline{Z}_2} + \dfrac{1}{\underline{Z}_{i3} + \underline{Z}_3}} \tag{12.16}$$

auflösen. Die jetzt bekannte Sternpunktespannung $\underline{U}_{MN}$ macht alle anderen Größen leicht zugänglich. Aus dem Leiterstrom

$$\underline{I}_1 = \frac{\underline{V}_1 - \underline{U}_{MN}}{\underline{Z}_{i1} + \underline{Z}_1} \tag{12.17}$$

folgt die Generator-Strangspannung

$$\underline{U}_{1N} = \underline{V}_1 - \underline{Z}_{i1}\underline{I}_1 \tag{12.18}$$

und die Last-Strangspannung

$$\underline{U}_{1M} = \underline{Z}_1\underline{I}_1. \tag{12.19}$$

Entsprechende Gleichungen gelten für die beiden anderen Stränge. Die Außenleiterspannungen

$$\underline{U}_{12} = \underline{U}_{1N} - \underline{U}_{2N},\ \underline{U}_{23} = \underline{U}_{2N} - \underline{U}_{3N} \text{ und } \underline{U}_{31} = \underline{U}_{3N} - \underline{U}_{1N} \tag{12.20a-c}$$

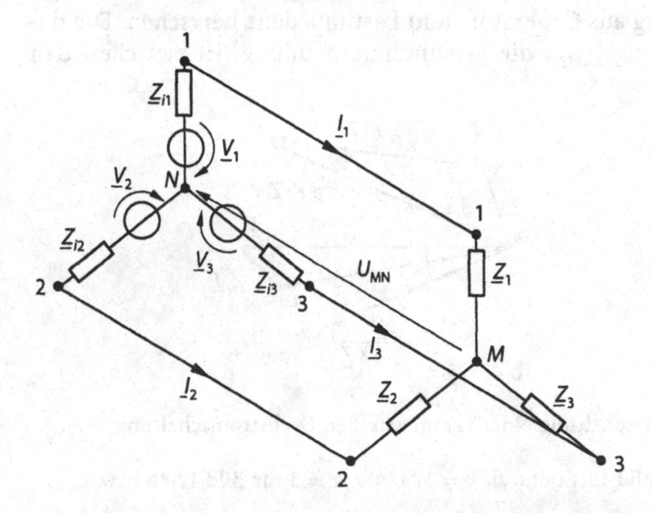

Bild 12.7 Generator und Last in Sternschaltung ohne Mittelleiter

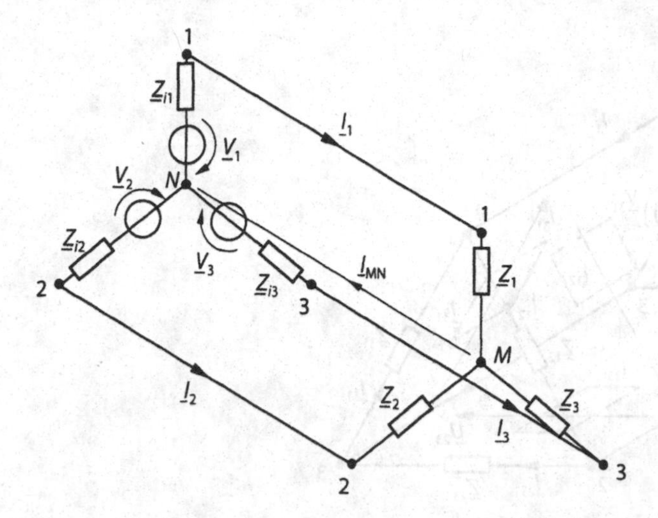

Bild 12.8 Generator und Last in Sternschaltung mit Mittelleiter.
Der Mittelleiter zerlegt die Schaltung in drei unabhängige Stromkreise

errechnen sich als Differenzen von Sternspannungen.

Im *symmetrischen* Fall, bei dem die Schaltung vollständig durch die komplexwertigen Größen $\underline{V}_1 = \underline{V}$, $\underline{V}_2 = \underline{a}^2\underline{V}$, $\underline{V}_3 = \underline{a}\,\underline{V}$, $\underline{Z}_{i1,i2,i3} = \underline{Z}_i$ und $\underline{Z}_{1,2,3} = \underline{Z}$ gegeben ist, hat der Zähler in Gl. (12.16) den Wert Null und damit auch die Sternpunktespannung $\underline{U}_{MN}$. Die Gln. (12.17) bis (12.20) können dann direkt ausgewertet werden. Sie liefern die im vorigen Abschnitt angegebenen symmetrischen Ergebnisse.

Generator und Last in Sternschaltung mit Mittelleiter (Bild 12.8). Der Mittelleiter verhindert, dass sich zwischen den Sternpunkten M und N eine Spannung ausbildet. Er erzwingt $\underline{U}_{MN} = 0$. Die Spannungsgleichungen der drei Maschen, die jeweils einen Außenleiter und den Mittelleiter enthalten, sind entkoppelt.

Mit $\underline{U}_{MN} = 0$ gelten die Gln. (12.17) bis (12.20) unverändert. Der Mittelleiter kann als Rückleiter der drei Außenleiter betrachtet werden. Er führt den Strom

$$\underline{I}_{MN} = \underline{I}_1 + \underline{I}_2 + \underline{I}_3. \tag{12.21}$$

Im *symmetrischen* Fall verhält sich die Schaltung mit Mittelleiter wie die ohne. Der Mittelleiter bleibt stromlos.

Generator und Last in Dreieckschaltung. Das Netzwerk nach Bild 12.9 hat 3 Knoten und 6 Zweige. Dabei betrachten wir jeden Außenleiter samt den Anschlusspunkten an seinen Enden als *einen* Knoten.

Als die Unbekannten der zu lösenden Netzwerksgleichungen sollen *Maschenströme* benutzt werden. Nach Gl. (3.2) ist die Stromverteilung im Netzwerk durch $6 - (3 - 1) = 4$ Maschenströme vollständig beschrieben. Wir lassen den

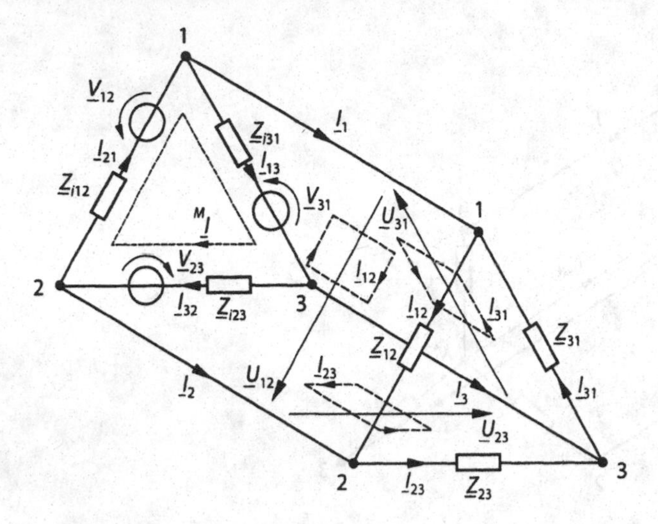

Bild 12.9 Generator und Last in Dreieckschaltung

mit ${}^{M}\underline{I}$ bezeichneten Maschenstrom im Generatordreieck zirkulieren und die drei anderen in den „Rechtecken" des „Schaltungsprismas". Da die Maschenströme $\underline{I}_{12}$, $\underline{I}_{23}$ und $\underline{I}_{31}$ identisch mit den Strangströmen des Lastdreiecks sind, ist deren Bezeichnung für die Maschenströme übernommen. Man beachte, dass die Doppelindizes der Ströme im Lastdreieck aufsteigend, im Generatordreieck dagegen abfallend gewählt sind. Im Allgemeinen gilt $\underline{I}_{12} \neq \underline{I}_{21}$, $\underline{I}_{23} \neq \underline{I}_{32}$ und $\underline{I}_{31} \neq \underline{I}_{13}$.
Die Spannungsgleichungen

$$\begin{pmatrix} \underline{Z}_{i12} + \underline{Z}_{12} & 0 & 0 & \underline{Z}_{i12} \\ 0 & \underline{Z}_{i23} + \underline{Z}_{23} & 0 & \underline{Z}_{i23} \\ 0 & 0 & \underline{Z}_{i31} + \underline{Z}_{31} & \underline{Z}_{i31} \\ \underline{Z}_{i12} & \underline{Z}_{i23} & \underline{Z}_{i31} & \underline{Z}_{i12} + \underline{Z}_{i23} + \underline{Z}_{i31} \end{pmatrix} \cdot \begin{pmatrix} \underline{I}_{12} \\ \underline{I}_{23} \\ \underline{I}_{31} \\ {}^{M}\underline{I} \end{pmatrix} = \begin{pmatrix} \underline{V}_{12} \\ \underline{V}_{23} \\ \underline{V}_{31} \\ \underline{V}_{12} + \underline{V}_{23} + \underline{V}_{31} \end{pmatrix} \tag{12.22}$$

für die Maschenstrom-Maschen schreiben wir in übersichtlicher Matrixform. Die vierte Zeile enthält die Generator-Maschengleichung. Da wir bei der Indizierung der Ströme und Spannungen, bei der Orientierung ihrer Zählpfeile und bei der Reihenfolge der Gleichungen die zyklische Symmetrie der Anordnung beachtet haben, sind wir in Gl. (12.22) durch einen regelmäßigen Aufbau der Matrix und der Vektoren belohnt.

Das Gleichungssystem lässt sich mit den für lineare algebraische Gleichungen üblichen Methoden nach den vier Maschenströmen $\underline{I}_{12}$, $\underline{I}_{23}$, $\underline{I}_{31}$ und ${}^{M}\underline{I}$ auflösen. Aus den jetzt als gegeben zu denkenden Maschenströmen, die mit den Last-Strangströmen identisch sind, können Generatorstrang- und Außenleiterströme durch einfache Differenzbildung berechnet werden. Die Außenleiterspannungen erhält man als stromabhängige Spannungen an den Lastimpedanzen und die Spannungen an den Innenimpedanzen als Differenzen von Quellenspannungen und Außenleiterspannungen. Damit sind alle Größen des unsymmetrischen Netzwerkes vollständig bestimmt.

Für den *symmetrischen* Fall, bei dem die Schaltung vollständig durch die komplexwertigen Größen $\underline{V}_1 = \underline{V}$, $\underline{V}_2 = \underline{a}^2\underline{V}$, $\underline{V}_3 = \underline{a}\,\underline{V}$, $\underline{Z}_{i12,i23,i31} = \underline{Z}_1$ und $\underline{Z}_{12,23,31} = \underline{Z}$ gegeben ist, könnte man das Gleichungssystem ebenfalls lösen. Wir beschreiten einen weniger mühsamen Weg. Wir *vermuten*, dass die drei Außenleitermaschenströme ein symmetrisches System gemäß $\underline{I}_{12} = \underline{I}_L$, $\underline{I}_{23} = \underline{a}^2\underline{I}_L$ und $\underline{I}_{31} = \underline{a}\,\underline{I}_L$ bilden und kontrollieren, ob sich damit das lineare Gleichungssystem widerspruchsfrei erfüllen lässt.

Die vierte Gleichung des Systems

$$\underline{Z}_i \underbrace{(1 + \underline{a}^2 + \underline{a})}_{0} \underline{I}_L + 3\underline{Z}_1 {}^M\underline{I} = \underline{V} \underbrace{(1 + \underline{a}^2 + \underline{a})}_{0}$$

liefert unabhängig von den ersten dreien ${}^M\underline{I} = 0$. Jeder Generator-Strangstrom hat dieselbe Stärke wie der Strom im entsprechenden Laststrang. Wir setzen ${}^M\underline{I} = 0$ und die *symmetrischen* Drehsystem-Terme für die Quellenspannugen und die Maschenströme in die übrigen drei Gleichungen ein und erhalten

$$\begin{pmatrix} \underline{Z}_i + \underline{Z} & 0 & 0 \\ 0 & \underline{Z}_i + \underline{Z} & 0 \\ 0 & 0 & \underline{Z}_i + \underline{Z} \end{pmatrix} \begin{pmatrix} 1 \\ \underline{a}^2 \\ \underline{a} \end{pmatrix} \underline{I}_L = \begin{pmatrix} 1 \\ \underline{a}^2 \\ \underline{a} \end{pmatrix} \underline{V}.$$

Jede der drei entkoppelten Zeilengleichungen liefert dieselbe Spannungsgleichung, nämlich $(\underline{Z}_i + \underline{Z})\,\underline{I}_L = \underline{V}$. Sie ist mit Gl. (12.12) identisch.

Dass wir eine wesentliche Eigenschaft der Lösung *erraten* haben – nämlich ihre Symmetrie – stört nicht. Entscheidend bleibt, dass der Ansatz schließlich auf eine Lösung führt, die das Gleichungssystem (12.22) *widerspruchsfrei erfüllt.*

Stern- und Dreieckschaltung gemischt. Wenn z. B. der Generator in Stern-, die Last dagegen in Dreieckanordnung geschaltet ist, könnte man – wie oben – die Knoten und Maschengleichungen aufstellen und die unbekannten Ströme durch Lösung eines linearen Gleichungssystems ermitteln.

Wir wählen einen anderen Weg. Die Dreiecklast wird nach den Regeln der Netzwerkumwandlung aus Abschn. 5.4 in eine *äquivalente Sternschaltung* umgewandelt[2]. Mit den so ermittelten Ersatzlast-Sternimpedanzen ist der

[2]Man könnte auch den Generator der Last anpassen, indem man ihn in einen gleichwertigen dreieckgeschalteten umwandelt. Dann müssten aber auch seine Quellenspannungen transformiert werden.

„gemischte Fall“ auf den der „reinen Sternschaltung“ ohne Mittelpunktleiter zurückgeführt. Die Ströme und Spannungen der Schaltung sind jetzt durch die Gln. (12.16)–(12.20) zu berechnen.

Der vergleichbare Fall, dass der Generator dreieck-, die Last aber sterngeschaltet ist, kann durch Stern-Dreieck-Wandlung der Last auf das schon oben gelöste Problem der reinen Dreieckschaltung zurückgeführt werden.

Die benötigten Transformationsgleichungen

$$\begin{pmatrix} \underline{Z}_1 \\ \underline{Z}_2 \\ \underline{Z}_3 \end{pmatrix} = \frac{1}{\underline{Z}_{12} + \underline{Z}_{23} + \underline{Z}_{31}} \begin{pmatrix} \underline{Z}_{12}\underline{Z}_{31} \\ \underline{Z}_{23}\underline{Z}_{12} \\ \underline{Z}_{31}\underline{Z}_{23} \end{pmatrix} \quad \text{bzw.}$$

$$\begin{pmatrix} \underline{Y}_{12} \\ \underline{Y}_{23} \\ \underline{Y}_{31} \end{pmatrix} = \frac{1}{\underline{Y}_1 + \underline{Y}_2 + \underline{Y}_3} \begin{pmatrix} \underline{Y}_1\underline{Y}_2 \\ \underline{Y}_2\underline{Y}_3 \\ \underline{Y}_3\underline{Y}_1 \end{pmatrix} \tag{12.23a, b}$$

zur Berechnung der Ersatzlast-Strangimpedanzen folgen aus den Gln. (5.15) und (5.14) durch Übergang auf komplexe Impedanzen oder Admittanzen. Auch hier macht die Vektorform die Gleichungen übersichtlicher.

Symmetrische Komponenten. Unsymmetrische Drehstrom- oder Drehspannungs-Systeme können aus symmetrischen unterschiedlicher Phasenfolge zusammengestellt, d. h. „komponiert“ werden. Das Vorgehen läuft auf eine „Koordinatentransformation“ hinaus, mit der insbesondere Fehlerfälle im Drehstromnetz vorteilhaft darzustellen sind.

Wir fassen z. B. die Ströme[3] eines Drehstromsystems in der einspaltigen Matrix

$$\underline{\bar{I}} = \begin{pmatrix} \underline{I}_1 \\ \underline{I}_2 \\ \underline{I}_3 \end{pmatrix} = \underline{I}_1 \begin{pmatrix} 1 \\ 0 \\ 0 \end{pmatrix} + \underline{I}_2 \begin{pmatrix} 0 \\ 1 \\ 0 \end{pmatrix} + \underline{I}_3 \begin{pmatrix} 0 \\ 0 \\ 1 \end{pmatrix} \tag{12.24}$$

zusammen. Da keine Verwechslungsgefahr mit Vektoren im dreidimensionalen Raum besteht, bezeichnet man $\underline{\bar{I}}$ kürzer als *Stromvektor*. Die komplexwertigen Stromstärken $\underline{I}_1$, $\underline{I}_2$ und $\underline{I}_3$ sind seine *Koordinaten*, die Einsvektoren auf der rechten Seite der Gl. (12.24) seine Basisvektoren. Die Einsvektoren können nicht anschaulich gedeutet werden. Sie sind eine formale Begleiterscheinung der Zusammenfassung der Ströme in einem Vektor.

Wir komponieren den Stromvektor jetzt mit anderen Basisvektoren, die dem Drehstromfall angemessener sind. Der Stromvektor $\underline{\bar{I}}$ erhält dann z. B. die

[3] Das können drei Außenleiterströme oder drei Strangströme sein.

Form

$$\underline{\bar{I}} = \begin{pmatrix} \underline{I}_1 \\ \underline{I}_2 \\ \underline{I}_3 \end{pmatrix} = \underbrace{\underline{I}_m \begin{pmatrix} 1 \\ \underline{a}^2 \\ \underline{a} \end{pmatrix}}_{\text{Mitkomponente}} + \underbrace{\underline{I}_g \begin{pmatrix} 1 \\ \underline{a} \\ \underline{a}^2 \end{pmatrix}}_{\text{Gegenkomponente}} + \underbrace{\underline{I}_0 \begin{pmatrix} 1 \\ 1 \\ 1 \end{pmatrix}}_{\text{Nullkomponente}}, \tag{12.25}$$

worin $\underline{a} = e^{j120^\circ}$ den geläufigen Drehoperator bezeichnet.

Der in Klammern stehende linke oder mittlere Basisvektor entspricht einem symmetrischen Drehstromsystem mit der Phasenfolge 1, 2, 3 bzw. 1, 3, 2, der rechte einem System gleichphasiger Ströme. Die *symmetrischen* Stromkoordinaten $\underline{I}_m$, $\underline{I}_g$ und $\underline{I}_0$ heißen *Mit-, Gegen- bzw. Nullstrom*, die unterklammerten Terme *Mit-, Gegen- bzw. Nullsystem* oder auch *Mit-, Gegen-* bzw. *Nullkomponente* des Stromvektors $\underline{\bar{I}}$.

Die Bedeutung der einzelnen symmetrischen Koordinaten erkennt man am besten, wenn man die zwei anderen Null setzt: z.B. ist der Fall $\underline{I}_m \neq 0$ und $\underline{I}_g = \underline{I}_0 = 0$ der symmetrische mit der Phasenfolge 1, 2, 3.

Die Vektorgleichung (12.25) zerlegt die *Originalströme* $\underline{I}_1$, $\underline{I}_2$ und $\underline{I}_3$ in die *Bildströme* $\underline{I}_m$, $\underline{I}_g$ und $\underline{I}_0$. Da hierbei *superponiert* wird (vgl. Abschn. 5.1), verbieten sich die symmetrischen Komponenten in nichtlinearen Fällen.

In der Gl. (12.25) gleichwertigen kompakteren Matrixform erscheint der Stromvektor

$$\underline{\bar{I}} = \underline{\bar{\bar{T}}}\,\underline{\bar{I}}_S \tag{12.26}$$

als Produkt der Matrix

$$\underline{\bar{\bar{T}}} = \begin{pmatrix} 1 & 1 & 1 \\ \underline{a}^2 & \underline{a} & 1 \\ \underline{a} & \underline{a}^2 & 1 \end{pmatrix} \tag{12.27a}$$

und des transformierten Stromvektors

$$\underline{\bar{I}}_S = \begin{pmatrix} \underline{I}_m \\ \underline{I}_g \\ \underline{I}_0 \end{pmatrix}. \tag{12.27b}$$

Gleichung (12.25) oder (12.26) ermittelt die im Netzwerk messbaren Originalströme, die wir als *physikalische* Stromkoordinaten bezeichnen, aus den *symmetrischen.* Vorher ist aber das Umkehrproblem zu lösen. Den Stromvektor

$$\underline{\bar{I}}_S = \underline{\bar{\bar{T}}}^{-1}\underline{\bar{I}} \tag{12.28}$$

mit den symmetrischen Koordinaten $\underline{I}_m$, $\underline{I}_g$ und $\underline{I}_0$ erhält man aus den physikalischen $\underline{I}_1$, $\underline{I}_2$ und $\underline{I}_3$ durch Auflösung der Matrizengleichung (12.26) nach $\underline{\bar{I}}_S$. Die dabei anfallende Matrix

$$\underline{\bar{\bar{T}}}^{-1} = \frac{1}{3}\begin{pmatrix} 1 & \underline{a} & \underline{a}^2 \\ 1 & \underline{a}^2 & \underline{a} \\ 1 & 1 & 1 \end{pmatrix} \tag{12.29}$$

ist die zu $\underline{\overline{\overline{T}}}$ inverse. Zur Überprüfung überzeuge man sich, dass das Matrizenprodukt $\underline{\overline{\overline{T}}}\,\underline{\overline{\overline{T}}}^{-1}$ die Einsmatrix ergibt.

Wir wiederholen Gl. (12.28) in der Vektorform

$$\underline{\overline{I}}_S = \begin{pmatrix} \underline{I}_m \\ \underline{I}_g \\ \underline{I}_0 \end{pmatrix} = \frac{\underline{I}_1}{3}\begin{pmatrix} 1 \\ 1 \\ 1 \end{pmatrix} + \frac{\underline{I}_2}{3}\begin{pmatrix} \underline{a} \\ \underline{a}^2 \\ 1 \end{pmatrix} + \frac{\underline{I}_3}{3}\begin{pmatrix} \underline{a}^2 \\ \underline{a} \\ 1 \end{pmatrix}. \tag{12.30}$$

Aus ihrer dritten Zeile folgt, dass der Nullstrom $\underline{I}_0$ bei einer Sternschaltung nur auftreten kann, wenn ein Mittelleiter existiert. Ein parasitärer Kreisstrom in der Dreieckschaltung eines - einfachheitshalber leerlaufend vorzustellenden - Generators mit unsymmetrischen Quellenspannungen macht sich ebenfalls durch einen Nullstrom bemerkbar. Man überzeuge sich ferner anhand Gl. 12.30 davon, dass ein symmetrisches Originalstromsystem $\underline{I}_1 = \underline{I}, \underline{I}_2 = \underline{a}^2\underline{I}, \underline{I}_3 = \underline{a}\,\underline{I}$ mit der Phasenfolge 1, 2, 3 auf ein reines Mitsystem, also auf die symmetrischen Koordinaten $\underline{I}_m = \underline{I}$ und $\underline{I}_g = \underline{I}_0 = 0$ abgebildet wird.

Wir brechen die Behandlung symmetrischer Komponenten hier ab, ohne sie anzuwenden und bemerken allgemein: Ein *dem Problem angepasstes* „Koordinatensystem" - hier das symmetrische anstelle des physikalischen - erleichtert häufig den Lösungsweg. Dementsprechend lassen sich viele Betriebs- und Störfälle in Drehstromnetzen mit symmetrischen Koordinaten transparenter beschreiben.

12.3 Leistung im Drehstromsystem

Die Gesamtleistung, die eine Drehstromschaltung aufnimmt oder abgibt, kann aus ihren Strang- *oder* aus ihren Außenleitergrößen bestimmt werden. Wir gehen zunächst den ersten Weg und bezeichnen die augenblickliche Spannung und Stromstärke des μ-ten Stranges mit $u_{S\mu}$ und $i_{S\mu}$. Die insgesamt von der Schaltung aufgenommene Momentanleistung

$$p(t) = \sum_{\mu=1}^{3} u_{S\mu}(t) \cdot i_{S\mu}(t) \tag{12.31}$$

errechnet man als Summe der drei Strang-Momentanleistungen. Wir bezeichnen die Leistung als aufgenommen, weil für die drei Stränge das Verbraucherpfeilsystem vorausgesetzt ist. Da Gl. (12.31) *Stranggrößen* verwendet, gilt sie in gleicher Form für Stern- und Dreieckschaltung. Die Zeitfunktionen $u_{S\mu}$ und $i_{S\mu}$ dürfen beliebig verlaufen.

Symmetrischer Fall. Zunächst interessiert uns die Gesamt-*Wirkleistung* im symmetrischen Fall bei harmonischem Verlauf von Strom und Spannung. Mit den Effektivwerten U_S und I_S der Strangspannung und -stromstärke und deren Phasenverschiebungswinkel φ_S beträgt die Wirkleistung jedes Stranges $U_S I_S \cos\varphi_S$. Da insgesamt drei gleiche Stränge vorhanden sind, ergibt sich die Gesamt-Wirkleistung zu

$$P = 3U_S I_S \cos\varphi_S. \tag{12.32}$$

Die Formel gilt wie Gl. (12.31) für beide Schaltungsarten.

Anstelle der Stranggrößen sollen nun die Effektivwerte der *Außenleiterspannung* U und -stromstärke I in Gl. (12.32) erscheinen. Nach Abschn. 12.1 gilt bei Sternschaltung $U_S = U/\sqrt{3}$ und $I_S = I$ und bei Dreieckschaltung $U_S = U$ und $I_S = I/\sqrt{3}$. Für beide Schaltungsarten erhält man mit $3/\sqrt{3} = \sqrt{3}$ die Gesamt-Wirkleistung

$$P = \sqrt{3}UI \cos\varphi_S. \tag{12.33}$$

Der Index S des Phasenverschiebungswinkels φ_S erinnert daran, dass er mit den Stranggrößen definiert ist.

Als Scheinleistung S und Blindleistung Q einer symmetrischen Drehstromschaltung sind die Ausdrücke

$$S = \sqrt{3}UI \quad \text{bzw.} \quad Q = \sqrt{3}UI \sin\varphi_S \tag{12.34, 12.35}$$

definiert. Sie betragen das dreifache der Schein- bzw. Blindleistung eines Stranges. Die Gln. (12.34) und (12.35) dürfen nicht zu der Ansicht verleiten, Schein- und Blindleistung einer Drehstromschaltung wären, wie im einphasigen Fall, als Schwingungen der Gesamt-Momentanleistung zu deuten. Zum besseren Verständnis der Warnung werten wir Gl. (12.31) für den symmetrischen Fall aus. Die oben erklärten Stranggrößen U_S, I_S und φ_S und den Nullphasenwinkel φ_u der Strangspannung u_{S1} setzen wir als bekannt voraus.

Die Strangströme und -spannungen

$$\begin{pmatrix} u_{S1} \\ u_{S2} \\ u_{S3} \end{pmatrix} = \sqrt{2}U_S \begin{pmatrix} \cos(\omega t + \varphi_u) \\ \cos(\omega t + \varphi_u - 120°) \\ \cos(\omega t + \varphi_u + 120°) \end{pmatrix} \quad \text{und}$$

$$\begin{pmatrix} i_{S1} \\ i_{S2} \\ i_{S3} \end{pmatrix} = \sqrt{2}I_S \begin{pmatrix} \cos(\omega t + \varphi_u - \varphi_S) \\ \cos(\omega t + \varphi_u - \varphi_S - 120°) \\ \cos(\omega t + \varphi_u - \varphi_S + 120°) \end{pmatrix}$$

schreiben wir übersichtshalber in Vektorform, ebenso die drei Strangleistungen

$$\begin{pmatrix} p_1 \\ p_2 \\ p_3 \end{pmatrix} = \begin{pmatrix} u_{S1} i_{S1} \\ u_{S2} i_{S2} \\ u_{S3} i_{S3} \end{pmatrix} = U_S I_S \cos\varphi_S \begin{pmatrix} 1 \\ 1 \\ 1 \end{pmatrix} + U_S I_S \begin{pmatrix} \cos(2\omega t + 2\varphi_u - \varphi_S) \\ \cos(2\omega t + 2\varphi_u - \varphi_S - 240°) \\ \cos(2\omega t + 2\varphi_u - \varphi_S + 240°) \end{pmatrix}. \tag{12.36}$$

Jede erscheint – wie die Augenblicksleistung in Gl. (10.89) – in einen konstanten und einen mit der doppelten Netzkreisfrequenz ω schwingenden, mittelwertfreien Anteil zerlegt. Die momentane Summe $p = p_1 + p_2 + p_3$ der drei Strangleistungen ergibt sich wegen
$\cos(\alpha) + \cos(\alpha - 240°) + \cos(\alpha + 240°) = 0$ zu

$$p = 3U_S I_S \cos\varphi_S. \tag{12.37}$$

Die Augenblicksleistung p, die ein symmetrisches Drehspannungs- mit einem symmetrischen Drehstromsystem bildet, ist konstant und gleich der durch Gl. (12.32) oder (12.37) gegebenen Wirkleistung. *Die Gesamtleistung schwingt nicht.* Da sich die schwingenden Anteile der Strangleistungen ausbalancieren, spricht man von einem *balancierten* System.

Die Konstanz der Leistung bietet Vorteile gegenüber einem Einphasensystem: Auch bei ideal harmonischer Spannung und Stromstärke treten in den Wellen von Einphasenmotoren oder -generatoren große Drehmomentpendelungen auf. Die symmetrischen Strom- und Spannungssysteme einer Drehstrommaschine erregen dagegen keine Pendelmomente.

Leistung aus den Außenleitergrößen im unsymmetrischen Fall. Der unsymmetrische Fall ist schon durch Gl. (12.31) abgehandelt. Benötigt werden dafür aber die *Stranggrößen.*

Kann die Leistung auch aus den *Außenleiter*strömen und -spannungen bestimmt werden, ohne die Stränge zu betrachten? Das muss möglich sein, da die elektrische Leistung entlang den - Generator und Verbraucher verbindenden - Leitungen geführt wird.

Um die genauere Antwort vorzubereiten, betrachten wir – über die Behandlung des Drehstromfalles hinausgehend – das durch einen Kasten markierte Teilnetzwerk in Bild 12.10a. Es ist über n_D Doppelleitungen mit dem linksliegenden, nicht dargestellten Rest des Netzwerkes verbunden. Die Adern der Doppelleiter können als Hin- und Rückleiter angesehen werden, da sie denselben Strom führen. Die durch die Leitungen insgesamt übertragene Leistung

$$p = \sum_{\mu=1}^{n_D} u_\mu i_\mu \tag{12.38}$$

hängt nur von den Außenleitergrößen ab. Man benötigt keine Information über das Netzwerkinnere. Die Spannungen zwischen Adern verschiedener Doppelleitungen gehen nicht ein. Die sich aufdrängende Vorstellung entkoppelter Zweipole im Netzwerk bildet nur einen – besonders einfachen – Sonderfall.

Das Teilnetzwerk nach Bild 12.10b mit insgesamt n Außenleitern bietet nicht direkt die Annehmlichkeit, dass die Leitungen in Paaren mit Hin- und Rückstrom angeordnet sind. Diese Struktur erreichen wir erst durch einen Kunstgriff: Wir fügen das Hilfsnetzwerk nach Bild 12.10c hinzu, dessen Strom-

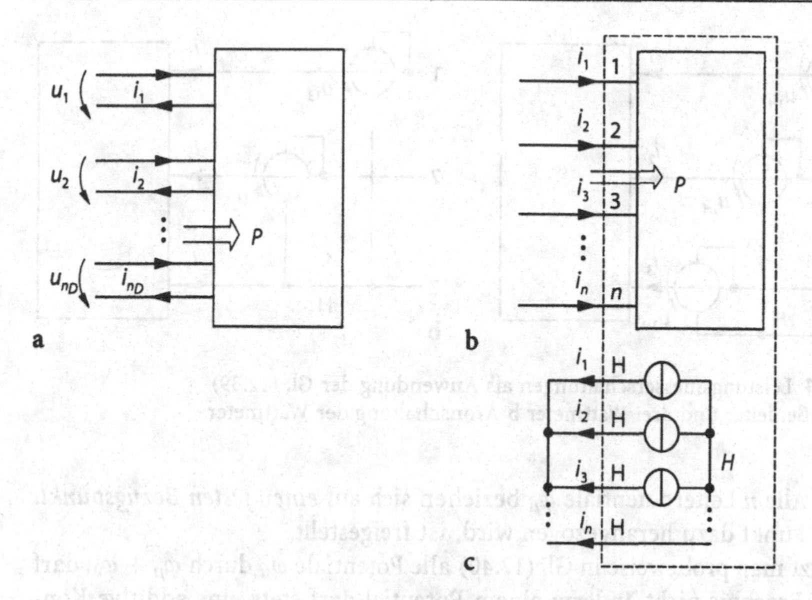

Bild 12.10 Zur Leistungsberechnung aus Außenleiterspannungen und -strömen
a Netzwerk mit n_D Doppelleitungen aus Hin- und Rückleiter
b Netzwerk mit n Außenleitern, c Separates Hilfsnetzwerk zu b ohne Leistungsumsatz

quellen *die* Ströme erzwingen, die in das Hauptnetzwerk fließen. Da die Leitungen des Hilfsnetzwerks widerstandslos sind, bauen die Stromquellen keine Spannungen auf. Alle seine Punkte sind *gegeneinander* spannungslos. Sie haben gleiches Potential. Zur Erinnerung daran ist es überall mit demselben Symbol H markiert. Leistung wird in ihm nicht umgesetzt.

Der gestrichelte Bilanzkasten schneidet insgesamt n *Doppel*leitungen. Das eingerahmte Gesamtnetzwerk hat die Struktur des Netzwerkes in Bild 12.10a. Deshalb kann der von ihm aufgenommene Leistungsmomentanwert

$$p = \sum_{\mu=1}^{n} u_{\mu H} i_\mu \tag{12.39}$$

nach Gl. (12.38) als Produktsumme der Leiterströme und *der* Spannungen berechnet werden, welche die Leiter gegen das Hilfsnetzwerk führen. Wir entledigen uns jetzt wieder des nur zur Herleitung erfundenen Hilfsnetzwerks, das keinen Anteil an der Leistung nach Gl. (12.39) hat, und halten fest: Die Spannungen $u_{\mu H}$ beziehen sich auf *denselben* Hilfspunkt H; weiteres braucht ihm nicht auferlegt zu werden. Wegen dieser Freiheit können wir Gl. (12.39) auch in die elegantere Form

$$p = \sum_{\mu=1}^{n} \varphi_\mu i_\mu \tag{12.40}$$

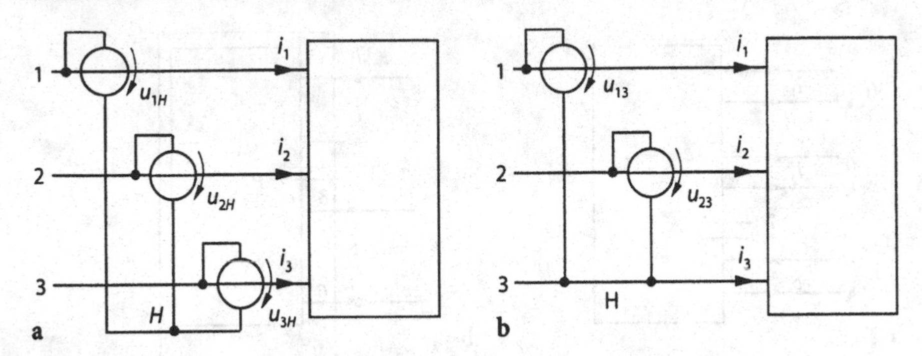

Bild 12.11 Leistungsmesserschaltungen als Anwendung der Gl. (12.39)
a Drei Außenleiter und drei Wattmeter b Aronschaltung der Wattmeter

kleiden. Alle n Leiterpotentiale φ_μ beziehen sich auf *einen festen Bezugspunkt.* Welcher Punkt dazu herangezogen wird, ist freigestellt.

Ersetzt man probeweise in Gl. (12.40) alle Potentiale φ_μ durch $\varphi_\mu + \varphi_0$, darf sich das Ergebnis nicht ändern; einem Potential darf stets eine additive Konstante – hier φ_0 – zugeschlagen werden. Aus
$\sum_{\mu=1}^{n}(\varphi_\mu + \varphi_0)i_\mu = \sum_{\mu=1}^{n} \varphi_\mu i_\mu + \varphi_0 \sum_{\mu=1}^{n} i_\mu$ bestätigen wir mit dem Kirchhoff'schen Knotensatz – also mit $\sum_{\mu=1}^{n} i_u = 0$ – erwartungsgemäß den Ausdruck nach Gl. (12.40).

Gleichung (12.39) oder (12.40) wird nun auf ein Drehstromnetzwerk nach Bild 12.11a angewendet. Die Leistungsmesser sind dort so geschaltet, dass sie die drei Produktsummanden der Gesamtleistung nach Gl. (12.39)

$$p = u_{1H}i_1 + u_{2H}i_2 + u_{3H}i_3 \tag{12.41}$$

erfassen. Die drei momentanen Teilleistungen $u_{1H}i_1$, $u_{2H}i_2$ und $u_{3H}i_3$ dürfen nicht mit den Strangleistungen verwechselt werden. Nur die *Summe* der aus den Außenleitergrößen gebildeten Produkte ist gleich der *Summe* der Strangleistungen. Die Produkte können unterschiedliches Vorzeichen haben, weshalb bei der Messung die Polung der Strom- und Spannungspfade ebenso sorgfältig zu koordinieren ist wie in der Theorie die Orientierung der Zählpfeile.

Den Hilfsknotenpunkt H bilden hier die *miteinander verbundenen* Spannungspfadklemmen der Wattmeter. Die Gesamtleistung wird auch dann richtig gemessen, wenn die Spannungspfad-Innenwiderstände ungleich sind.

Da wir über den Hilfspunkt H frei verfügen können, liefert die Schaltung nach Bild 12.11b mit nur zwei Leistungsmessern dieselbe Gesamtleistung, die jetzt aber gemäß

$$p = u_{13}i_1 + u_{23}i_2 \tag{12.42}$$

in *zwei* Komponenten anfällt. Die Schaltung nach Teilbild b folgt aus der nach Teilbild a, indem der Hilfspunkt H auf den Leiter 3 des Netzwerkes b gelegt ist. Der dritte Leistungsmesser bleibt dann wegen $u_{3H} = u_{33} = 0$ spannungslos. Er ist überflüssig, da er stets die Leistung Null anzeigen würde. Die Zwei-Wattmeter-Schaltung wird als Aronschaltung bezeichnet.

Bei einem *Vierleiter-System* kommt man durch sinngemäße Anwendung der Schaltung nach Aron mit drei Leistungsmessern aus. Man verbindet den gemeinsamen Spannungspfadknoten H mit *dem* Leiter, der kein Wattmeter enthält. In der Regel ist das der Mittelleiter.

Nochmals wird darauf hingewiesen, dass die Gln. (12.39) bis (12.42) Augenblickswerte verknüpfen. Übliche Wattmeter zeigen nur einen Teilaspekt dieser Information an, nämlich den Gleichwert der Augenblicksleistung, also die Wirkleistung. Wenn die Außenleiterspannungen und -ströme harmonisch und gleichfrequent verlaufen, gelten die Gln. (12.39)-(12.42) auch in ihrer Gl. (10.99c) entsprechenden komplexwertigen Form.

Zur Übung wird empfohlen, die von der Dreiecklast in Bild 12.9 aufgenommene komplexwertige Gesamt-Scheinleistung $\underline{S} = \underline{U}_{12}\underline{I}_{12}^* + \underline{U}_{23}\underline{I}_{23}^* + \underline{U}_{31}\underline{I}_{13}^*$ auch aus den Leitergrößen zu berechnen. Das Ergebnis muss identisch sein. Für die Wirkleistung $P = \mathrm{Re}\underline{S}$ ist das unmittelbar einleuchtend. Offenbar gilt aber auch für die Blindleistung $Q = \mathrm{Im}\underline{S}$ eine Erhaltungsregel. Ihr *Gesamtwert* wird an den Außenleitern in gleicher Größe gemessen wie in den Strängen. Die Summanden - also die jeweils mit einem Außenleiterpotential und einer konjugiert komplexen Leiterstromstärke gebildeten Produkte - sind dagegen vom Bezugspunkt H (vgl. Bild 12.11) abhängig.

Die angegebenen Leistungsformeln gelten prinzipiell wieder für beide Zählpfeilsysteme. Wenn die Formel *Stranggrößen* enthält, gilt *deren* Zählpfeilkonvention. Bei *Leitergrößen* ist zu fordern, dass alle Spannungszählpfeile auf denselben (Hilfs-)Punkt zielen und alle Stromzählpfeile zum selben Netzwerk orientiert sind. Für das Netzwerk, auf das die Strompfeile zeigen, gilt das VS, für dasjenige am anderen Ende der Leitung das ES. Die als Kästen symbolisierten Netzwerke in Bild 12.10 und 12.11 sind im VS dargestellt.

13 Lineare Netzwerke mit periodischer Erregung

In Kap. 10 bis 12 sind *harmonische* Quellenströme und -spannungen vorausgesetzt. Da bei der Berechnung linearer Netze Ströme und Spannungen nach dem Superpositionsprinzip zerlegt werden können, darf man die sinusoidalen Größen aus komplexwertigen Exponentialfunktionen zusammensetzen und die Methode der komplexen Wechselstromrechnung benutzen.

In diesem Kapitel verlaufen die Quellengrößen nicht mehr harmonisch, aber noch *periodisch*. Wir suchen wieder die *stationären* Ströme und Spannungen im linearen Netzwerk. Der Anfangszustand des Netzwerkes, bevor die Quellen es erregten, und flüchtige Vorgänge – z. B. ein Einschaltstromstoß – interessieren uns noch nicht. Die Aufgabe ist, wie sich zeigen wird, ebenfalls mit dem Superpositionsprinzip zu lösen.

13.1 Periodische Funktion als harmonische Summe

Eine reelle periodische Funktion $f(t)$ der Periode T_1 (vgl. Bild 13.1) lässt sich gemäß

$$f(t) \approx f_n(t) = c_0 + \sum_{k=1}^{n} \hat{C}_k \cos(k\omega_1 t + \varphi_k) \tag{13.1}$$

durch eine Summe aus ihrem *Gleichwert* c_0 und aus *Harmonischen* $\hat{C}_k \cos(k\omega_1 t + \varphi_k)$ *nähern*. Mit wachsender Anzahl n der Harmonischen wird die Näherung besser. Die Gl. (13.1) entwickelt die Funktion $f_n(t)$ in einer Fourier-Reihe.

Die Grundharmonische $\hat{C}_1 \cos(\omega_1 t + \varphi_1)$ schwingt mit der *Grund*kreisfrequenz

$$\omega_1 = \frac{2\pi}{T_1}, \tag{13.2}$$

die höchste *berücksichtigte* Harmonische $\hat{C}_n \cos(n\omega_1 t + \varphi_n)$ mit der Kreisfrequenz $n\omega_1$. Die Amplituden $\hat{C}_k$ sind die *Fourier-Koeffizienten* und φ_k die zugehörigen *Fourier-Nullphasenwinkel* der Funktion $f(t)$.

Die Konstanten c_0, $\hat{C}_k$ und φ_k in Gl. (13.1) erhält man durch die im Folgenden erläuterte *Fourier-Analyse* der Funktion $f(t)$.

Der Gleich- oder Mittelwert

$$c_o = \frac{1}{T_1} \int\limits_{(T_1)} f(t) \mathrm{d}t \tag{13.3}$$

ist durch Integration über eine zusammenhängende Periode T_1 zu ermitteln. Die Integration kann an einem beliebigen Zeitpunkt beginnen. Deshalb ist anstelle der *Grenzen* unter dem Integralzeichen das *Integrationsintervall* angegeben.
Die reellen Fourier-Koeffizienten und Fourier-Nullphasenwinkel

$$\hat{C}_k = 2 \left|\underline{c}_k\right| \quad \text{bzw.} \quad \varphi_k = \operatorname{Arc} \underline{c}_k \tag{13.4a, b}$$

folgen aus den komplexen Fourier-Koeffizienten

$$\underline{c}_k = \frac{1}{T_1} \int\limits_{(T_1)} f(t) \mathrm{e}^{-\mathrm{j}k\omega_1 t} \mathrm{d}t. \qquad [c_k] = \left[f(t)\right] \tag{13.5}$$

Fourier-Analyse nach dem Sprungstellenverfahren. Das Sprungstellenverfahren gilt nur für abschnittsweise *linear* verlaufende Funktionen $f(t)$ mit *Sprüngen* und *Knicken* (Bild 13.1b bis d). Für diesen speziellen Typ liefert es dasselbe Ergebnis wie Gl. (13.5), erspart aber die Integration. Die komplexen Fourier-Koffizienten erscheinen als die Summe

$$\underline{c}_k = \frac{1}{\mathrm{j}2\pi k} \left(\sum_{i=1}^{r} s_i \mathrm{e}^{-\mathrm{j}k\omega_1 t_i} + \frac{1}{\mathrm{j}\omega_1 k} \sum_{i=1}^{r'} s_i' \mathrm{e}^{-\mathrm{j}k\omega_1 t_i'} \right). \tag{13.6}$$

Die erste Teilsumme berücksichtigt die eventuellen r Unstetigkeiten, d. h. Sprünge s_i der Funktion $f(t)$, die zweite die eventuellen r' Knicke, d. h. Sprünge s_i' der Ableitung $\mathrm{d}f/\mathrm{d}t$. Beide im Folgenden präzisierten Sprunggrößen sind direkt aus dem Verlauf von $f(t)$ ablesbar (Bild 13.1b–d).

Wir ermitteln dazu die Anzahl r und r' der Sprung- bzw. Knickstellen *einer Periode* der Funktion $f(t)$ durch Abzählen. Wenn die Funktion nicht springt ($r = 0$, Bild 13.1b), liefert die erste Summe keinen Beitrag; wenn sie keine Knickstellen hat ($r' = 0$, Bild 13.1c), entfällt die zweite. Die Zeitpunkte der Sprungstellen werden mit t_i ($i = 1, 2, \dots, r$), die der Knickstellen mit t_i' ($i = 1, 2, \dots, r'$) bezeichnet. Die vorzeichenbehaftete Sprunghöhe

$$s_i = f(t_{i+}) - f(t_{i-}) \tag{13.7}$$

ist die Differenz der Funktionswerte unmittelbar nach und unmittelbar vor dem Sprungzeitpunkt t_i.

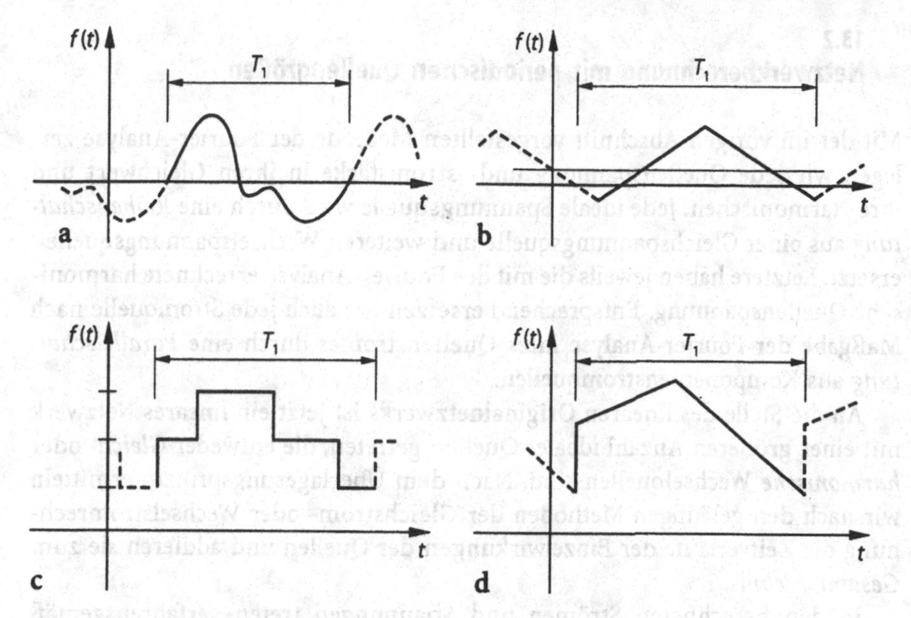

Bild 13.1 Funktionen mit der Periode T_1
a Stetige und differenzierbare Funktion ohne Sprünge und Knickstellen
b Streckenzug ohne Sprünge, aber mit $r' = 2$ Knickstellen pro Periode
c Streckenzug ohne Knickstellen, aber mit $r = 4$ Sprüngen pro Periode
d Streckenzug mit einem Sprung ($r = 1$) und $r' = 2$ Knickstellen pro Periode

Die r' Ableitungssprünge

$$s_i' = \left.\frac{\mathrm{d}f}{\mathrm{d}t}\right|_{t'_{i+}} - \left.\frac{\mathrm{d}f}{\mathrm{d}t}\right|_{t'_{i-}} \tag{13.8}$$

sind sinngemäß zu ermitteln.

Die komplexen Fourier-Koeffizienten $\underline{c}_1$ bis $\underline{c}_n$ nach Gl. (13.5), deren zweifache Beträge die Amplituden $\hat{C}_1$ bis $\hat{C}_n$ ergeben, hängen nur von den Sprüngen ab, nicht vom *Niveau* der Funktionswerte. Letzteres geht nur in den Gleichwert c_0 ein, der wieder mit Gl. (13.3) zu berechnen ist. Die Anzahl n der berücksichtigten Harmonischen wählt man im Kompromiss zwischen Aufwand und Fehler der Analyse.

Die Fourier-Koeffizienten und die zugehörigen Nullphasenwinkel stellen die Funktion $f(t)$ *spektral* dar. Sie bilden das *Spektrum* von $f(t)$. Periodische Funktionen haben ein *frequenzdiskretes* oder *Linien*spektrum. Es treten nur Harmonische mit den diskreten Kreisfrequenzen ω_1, $2\omega_1$, $3\omega_1$ usw. auf.

Die Rekonstruktion der Zeitfunktion aus dem Spektrum (Fourier-Synthese) erfordert die Amplituden *und* Phasenwinkel des Spektrums. Die Integrale (13.3) und (13.5) oder die Summe (13.6) *transformieren* die Zeitfunktion $f(t)$ in den *Frequenzbereich*; die Summe nach Gl. (13.1) transformiert das durch die $2n + 1$ Konstanten c_0, $\hat{C}_k$ und φ_k gegebene *Spektrum* zurück in den *Zeitbereich*.

13.2
Netzwerkberechnung mit periodischen Quellengrößen

Mit der im vorigen Abschnitt vorgestellten Methode der Fourier-Analyse zerlegen wir jede Quellenspannung und -stromstärke in ihren Gleichwert und ihre Harmonischen. Jede ideale Spannungsquelle wird durch eine *Reihenschaltung* aus einer Gleichspannungsquelle und weiteren Wechselspannungsquellen ersetzt. Letztere haben jeweils die mit der Fourier-Analyse errechnete harmonische Quellenspannung. Entsprechend ersetzen wir auch jede Stromquelle nach Maßgabe der Fourier-Analyse ihres Quellenstromes durch eine *Parallelschaltung* aus Komponentenstromquellen.

An die Stelle des linearen Originalnetzwerks ist jetzt ein lineares Netzwerk mit einer größeren Anzahl idealer Quellen getreten, die entweder *Gleich*- oder *harmonische* Wechselquellen sind. Nach dem Überlagerungsprinzip ermitteln wir nach den geläufigen Methoden der Gleichstrom- oder Wechselstromrechnung die Zeitverläufe der Einzelwirkungen der Quellen und addieren sie zum *Gesamtergebnis.*

In den berechneten Strömen und Spannungen treten verfahrensgemäß keine anderen Frequenzkomponenten auf als in den Quellengrößen. Die Wirkungen sind vom (Zeitverlaufs-)Typ der Erregungen.

13.3
Leistung periodischer Ströme und Spannungen

Die Spannung und der Strom

$$u = U_0 + \sum_{\mu=1}^{m} \sqrt{2} U_\mu \cos(\mu\omega_1 t + \varphi_\mu) \quad \text{bzw.} \quad i = I_0 + \sum_{\nu=1}^{n} \sqrt{2} I_\nu \cos(\nu\omega_1 t + \psi_\nu) \tag{13.9a, b}$$

seien aus Fourier-Analysen in Komponentenform gegeben. Mit Gl. (10.11) erhält man durch Integration die zugehörigen Effektivwerte

$$U = \sqrt{U_0^2 + U_1^2 + U_2^2 + \ldots + U_m^2} \quad \text{bzw.} \quad I = \sqrt{I_0^2 + I_1^2 + I_2^2 + \ldots + I_n^2}. \tag{13.10a, b}$$

Die momentane Zweipolleistung

$$p = ui \tag{13.11}$$

hat im Allgemeinen dieselbe Periode[1] $2\pi/\omega_1$ wie die Grundschwingung von Strom- und Spannung (Bild 13.2).

Die Leistung ergibt sich als Produkt der Spannung und des Stromes, die wir – um beim Multiplizieren die Übersicht zu behalten – in der Form

[1] Die Grundschwingung einer periodischen Funktion hat deren Periode.

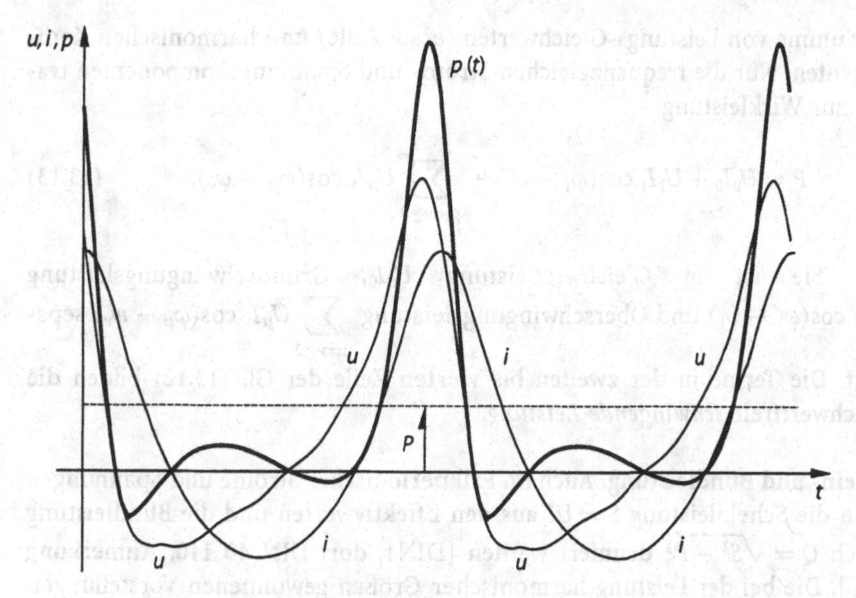

Bild 13.2 Momentane Leistung, die eine periodische Spannung mit einem Strom gleicher Periode – d. h. gleicher Grundfrequenz – bildet.
Dargestellt sind zwei Perioden. P = Wirkleistung

$u = U_0 + u_1 + u_2 + \ldots + u_m$ bzw. $i = I_0 + i_1 + i_2 + \ldots + i_n$ notieren. Wir erhalten damit
$p = U_0 I_0 + U_0(i_1 + i_2 \ldots + i_n) + I_0(u_1 + u_2 + \ldots + u_m) + \sum\limits_{\mu \geq 1, \nu \geq 1} u_\mu i_\nu$. Die Indizes μ und ν in der Summe $\sum\limits_{\mu \geq 1, \nu \geq 1} u_\mu i_\nu$ bilden alle $m \cdot n$ möglichen Paare. Da sich gemäß $\cos\alpha \cdot \cos\beta = \left[\cos(\alpha + \beta) + \cos(\alpha - \beta)\right]/2$ jedes Produkt $u_\mu i_\nu$ von cos-Funktionen in zwei cos-Terme mit Summen- und Differenzargument aufspaltet, ergeben sich aus $\sum\limits_{\mu \geq 1, \nu \geq 1} u_\mu i_\nu$ insgesamt $2m \cdot n$ cos-Terme.

Durch Ausmultiplizieren und Sortieren erhält man schließlich die momentane Leistung

$$\begin{aligned} p &= U_0 I_0 + \sum_{\mu = \nu \geq 1} U_\mu I_\nu \cos(\varphi_\mu - \psi_\nu) \\ &+ I_0 \sum_{\mu \geq 1} \sqrt{2} U_\mu \cos(\mu\omega_1 t + \varphi_\mu) + U_0 \sum_{\nu \geq 1} \sqrt{2} I_\nu \cos(\nu\omega_1 t + \psi_\nu) \\ &+ \sum_{1 \leq \mu \neq \nu \geq 1} U_\mu I_\nu \cos\left((\mu - \nu)\omega_1 t + \varphi_\mu + \psi_\nu\right) \\ &+ \sum_{\mu \geq 1, \nu \geq 1} U_\mu I_\nu \cos\left((\mu + \nu)\omega_1 t + \varphi_\mu + \psi_\nu\right) \end{aligned} \tag{13.12}$$

als Summe von Leistungs-Gleichwerten (erste Zeile) und harmonischen Komponenten. Nur die frequenzgleichen Strom- und Spannungskomponenten tragen zur Wirkleistung

$$P = U_0 I_0 + U_1 I_1 \cos(\varphi_1 - \psi_1) + \sum_{\mu=\nu\geq 2} U_\mu I_\nu \cos(\varphi_\mu - \psi_\nu), \tag{13.13}$$

bei. Sie ist in Gleichwertleistung $U_0 I_0$, Grundschwingungsleistung $U_1 I_1 \cos(\varphi_1 - \psi_1)$ und Oberschwingungsleistung $\sum_{\mu=\nu\geq 2} U_\mu I_\nu \cos(\varphi_\mu - \psi_\nu)$ separiert. Die Terme in der zweiten bis vierten Zeile der Gl. (13.12) bilden die gleichwertfreie *schwingende Leistung.*

Schein- und Blindleistung. Auch im Fall periodischer Ströme und Spannungen kann die Scheinleistung $S = UI$ aus den Effektivwerten und die Blindleistung durch $Q = \sqrt{S^2 - P^2}$ definiert werden [DIN1, dort DIN 40 110, Anmerkung 1.7,]. Die bei der Leistung harmonischer Größen gewonnenen Vorstellungen dürfen aber nicht auf diese Definitionen übertragen werden.

Nachtrag zum Effektivwert. Mit den Gln. (13.10) sind die Effektivwerte U und I ohne Herleitung angegeben worden. Am Beispiel des Spannungseffektivwertes sei das skizzenhaft nachgeholt. Wegen $U^2 = \overline{u^2}$ erhält man den Effektivwert als Mittel des Produktes $u \cdot u$. Es kann ähnlich dargestellt werden wie das Produkt $u \cdot i$ in Gl. (13.12). Nur das $u \cdot u$-Äquivalent ihrer ersten Zeile enthält die zum Effektivwertquadrat beitragenden zeitunabhängigen Komponenten. Ersetzt man in der ersten Zeile von Gl. (13.12) I_0 durch U_0, I_ν durch U_ν und ψ_ν durch φ_ν, ergibt sich mit $\mu = \nu$ das Gl. (13.10a) zugehörige Effektivwertquadrat.

13.4 Kirchhoff'sche Sätze und Energieerhaltung

Der Energieerhaltungssatz verlangt, dass stets – auch bei nichtperiodischen Vorgängen und in nichtlinearen Netzwerken – die Summe aller Schaltelementleistungen des Netzwerkes momentan gleich Null ist. Folgt diese Aussage auch direkt aus den beiden Kirchhoff'schen Sätzen?

Zur Antwort bilden wir die Summe aller Elementleistungen

$$\sum_{\text{Netzwerk}}{}^{'\text{Mit}'} u_\mu i_\mu = \sum_{\text{Masche 1}}{}^{'\text{Mit}'} u_\mu {}^1 i + \sum_{\text{Masche 2}}{}^{'\text{Mit}'} u_\mu {}^2 i + \ldots + \sum_{\text{Masche } m}{}^{'\text{Mit}'} u_\mu {}^m i \tag{13.14}$$

des Netzwerkes mit m Maschen.

Sie ist auf der linken Gleichungsseite mit den Zweigspannungen und -strömen u_μ bzw. i_μ des Netzwerkes gebildet, auf der rechten maschenweise mit den Maschenströmen ^1i bis ^mi. Das Symbol 'Mit' hat die bei Gl. (3.3) erläuterte Bedeutung. Die Maschenströme können jeweils vor die Summe gezogen werden. Unter jedem Summenzeichen verbleibt dann die Maschen-Umlaufspannung $\sum_{\text{Masche}}{}^{\text{'Mit'}} u_\mu$, die nach dem Kirchhoff'schen Maschensatz (Gl. (3.4b)) gleich Null ist.

Damit ist die rechte Seite der Gl. (13.14) und folglich die linke gleich Null. Wir haben aus den Kirchhoff'schen Sätzen hergeleitet, was nach dem Energieerhaltungssatz offensichtlich ist: Die Summe aller Schaltelementleistungen in einem Netzwerk ist zu jedem Zeitpunkt gleich Null. Der Maschensatz wurde explizit eingebracht, der Knotensatz implizit dadurch, dass wir mit Maschenströmen argumentiert haben. Sie erfüllen den Knotensatz a priori (vgl. Ende von Abschn. 3.2).

Entsprechend gilt für monofrequent erregte lineare Netze in komplexwertiger Notation $\sum_{\text{Netzwerk}}{}^{\text{'Mit'}} \underline{U}_\mu \underline{I}_\mu^* = 0$. Wegen $\underline{U}_\mu \underline{I}_\mu^* = P_\mu + jQ_\mu$ folgt daraus:

In linearen Netzen mit monofrequenter Erregung gilt auch für die Blindleistung eine Erhaltungsregel.

Sie erlaubt zum Beispiel, die drei Strang-Blindleistungen eines Drehstrommotors zu einem sinnvollen Begriff – der Motor-Blindleistung – zu addieren (vgl. auch Schluss von Abschn. 12.3).

14 Nichtlineare Widerstandsnetzwerke

In diesem Kapitel werden *Gleichstromnetzwerke* untersucht, die neben idealen Quellen und Ohm'schen Widerständen auch nichtlineare Zweipole enthalten, aber keine Spulen oder Kondensatoren. Schon *ein* Zweipol mit der nichtlinearen Kennlinienfunktion $u(i)$ oder $i(u)$ macht ein Netzwerk nichtlinear. Die Ausführungen gelten auch für zeitveränderliche Vorgänge, wenn sie quasistatisch, d. h. so langsam verlaufen, dass Kapazitäten und Induktivitäten aus den Schaltungen ausgespart bleiben dürfen. Das Netzwerk führt dann in jedem Zeitpunkt Ströme und Spannungen, als seien die momentanen Quellengrößen Gleichwerte.

Worin unterscheiden sich die Methoden zur Berechnung linearer Netze von denen für nichtlineare? An die Stelle des linearen Ohm'schen Gesetzes $u = Ri$ oder $i = Gu$, in dem R bzw. G Konstanten sind, treten die nichtlinearen *Kennlinienfunktionen* $u(i)$ oder $i(u)$. Alle weiteren Unterschiede sind Folge dieses ersten.

Der Widerstands- und der Leitwertsbegriff treten in den Hintergrund. Sie helfen als Beschreibungsgrößen nicht weiter. Für die vielfältigen und interessanten Phänomene, die in speziellen nichtlinearen Schaltungen auftreten, ist in diesem Kapitel kein Platz. Es stellt vor allem die Berechnungsmethode dar.

14.1 Kennlinien

Statische Kennlinien (Bild 14.1) verbinden die möglichen Wertepaare (u, i) des Zweipols. Nichtlineare Zweipole sind danach zu unterscheiden, ob man *eindeutig* von einer Größe auf die andere schließen kann und ob dieser Schluss in beiden Richtungen möglich, also umkehrbar ist.

Bei der Kennlinie nach Bild 14.1a oder b ist eindeutig vom Strom auf die Spannung und von der Spannung auf den Strom zu schließen. Die *Funktionen* $u(i)$ oder $i(u)$, die zueinander Umkehrfunktionen sind, enthalten beide die vollständige Information der Kennlinie. Die Kennlinie des Lichtbogens nach Bild 14.1b hat für $|i| < i_0$ und für $|u| < u_0$ Definitionslücken.

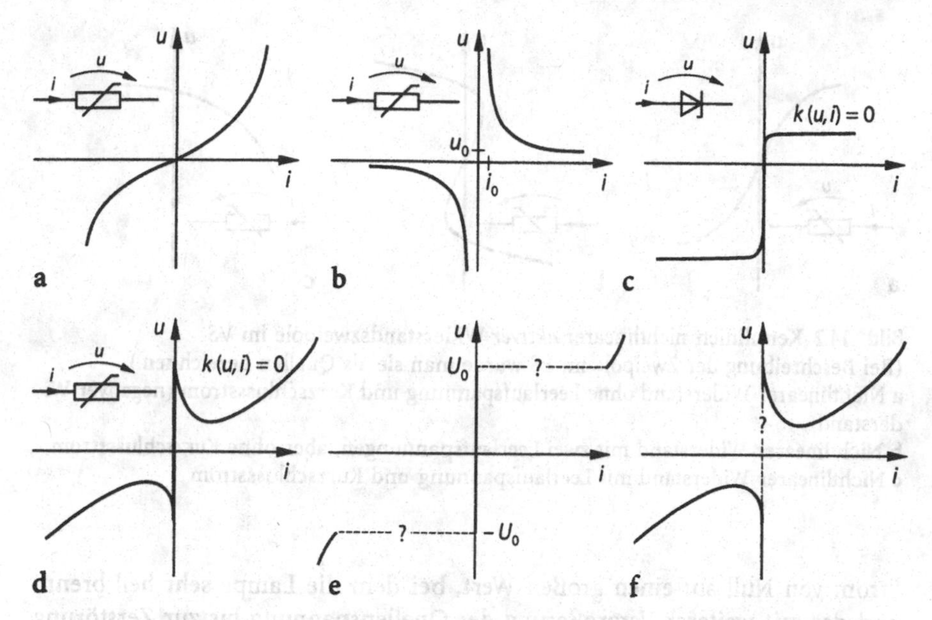

Bild 14.1 Kennlinien nichtlinearer passiver Zweipole im VS
a Metallischer Leiter bei Berücksichtigung der Erwärmung, **b** Lichtbogen, **c** Z-Diode, **d** Glimmlampe. **e** und **f** Glimmlampe bei Erregung mit einer Spannungs- bzw. Stromquelle

Die Kennlinie nach Bild 14.1a beschreibt einen Metallwiderstand, dessen Wert sich mit der Erwärmung durch die eigenen Verluste erhöht. Die Kennlinie ist nur anwendbar, wenn sich der Widerstand im thermischen Gleichgewicht befindet.

Die Z-Dioden-Kennlinie in Bild 14.1c enthält achsparallele Bereiche. Die Funktion $u(i)$ muss den Kennlinienteil auf der u-Achse aussparen. Dort gilt $i(u) = 0$, wobei der beschränkte Argumentbereich zu beachten ist.

Die Glimmlampen-Kennlinie nach Bild 14.1d hat einen u-achsparallelen Abschnitt, der durch $i(u) = 0$ gegeben ist. In einem Teilbereich der Kennlinie existieren zu jeder Spannung drei verschiedene Ströme. Da man dort keine Funktion mit u als Argument angeben kann, ist die Kennlinie durch die implizite Funktion $k(u, i) = 0$ bezeichnet. Die implizite Form hilft allerdings bei der praktischen Rechnung nicht weiter. Die drei Ströme bedeuten nicht, dass die Glimmlampe zu einer bestimmten Spannung zufällig mal diesen, mal jenen Strom aufnimmt. Die Kennlinie zeigt vielmehr *alle möglichen* Arbeitspunkte. Sie ist in solchen Fällen in der Regel mit verschiedenen Messschaltungen aufgenommen, bei denen sich pro vorgegebener Einstellung genau *ein* Paar (u, i) reproduzierbar ergibt. Die Wertepaare werden in einer einzigen Ergebniskurve – eben der Kennlinie $k(u, i) = 0$ – zusammengefasst.

Wenn man z. B. eine Glimmlampe mit einer einstellbaren, praktisch idealen *Spannungsquelle* speist, erhält man den Kennlinienteil $i(u)$ nach Bild 14.1e. Bei einer Steigerung der Spannung über ihren Glimmeinsatzwert U_0 „springt" der

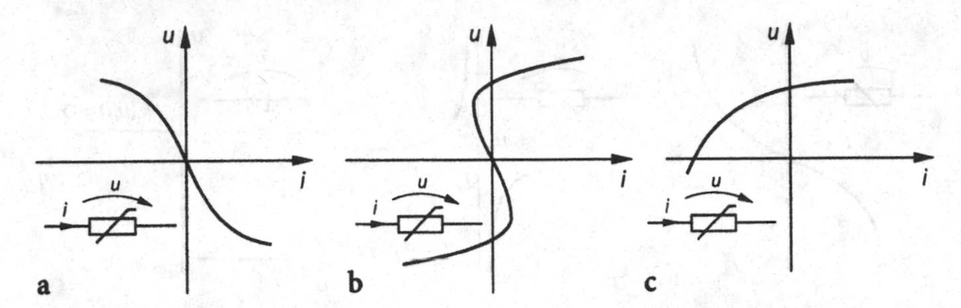

Bild 14.2 Kennlinien nichtlinearer *aktiver* Widerstandszweipole im VS
(Bei Beschreibung der Zweipole im ES würde man sie als Quellen bezeichnen.)
a Nichtlinearer Widerstand ohne Leerlaufspannung und Kurzschlussstrom (negativer Widerstand),
b Nichtlinearer Widerstand mit zwei Leerlaufspannungen, aber ohne Kurzschlussstrom,
c Nichtlinearer Widerstand mit Leerlaufspannung und Kurzschlussstrom

Strom von Null auf einen großen Wert, bei dem die Lampe sehr hell brennt und der mit weiterer Vergrößerung der Quellenspannung bis zur Zerstörung anwächst. Die Zeitverläufe $u(t)$ und $i(t)$ des „Sprunges" kann die Kennlinie nicht darstellen: Dynamische oder transiente oder Übergangsvorgänge entziehen sich der statischen Betrachtung.

Erregt man die Glimmlampe dagegen mit einer einstellbaren, praktisch idealen *Stromquelle*, fallen die Kennlinienteile $u(i)$ nach Bild 14.1f an. Der auf der u-Achse verlaufende Kennlinienteil ist dieser Messung unzugänglich. Durch „Zusammenschieben" der Funktionen $i(u)$ aus Bild 14.1e und $u(i)$ aus Bild 14.1f entsteht die Kennlinie nach Bild 14.1d.

Der in Teilabschnitten unterschiedliche Kennlinienverlauf ist im Allgemeinen aus verschiedenen Leitungsmechanismen erklärbar. Allen Kennlinien des Bilds 14.1 ist gemeinsam, dass die Zweipole in keinem Punkt Leistung ui abgeben. Sie verhalten sich *passiv*.

Ein nichtlinearer Zweipol, der in mindestens einem Kennlinienpunkt Leistung abgibt, wird als *aktiver Widerstand* oder als *Quelle* bezeichnet (Bild 14.2a–c). Es ist erlaubt, denselben nichtlinearen aktiven Zweipol als Quelle oder auch als Widerstand zu klassieren. Die Sprachregelung richtet sich zweckmäßigerweise nach dem gewählten Zählpfeilsystem.

14.2 Maschen- und Knotengleichungen

Die Spannungen und Ströme eines Netzwerkes – sei es linear oder nichtlinear – sind dann richtig bestimmt, wenn die Kirchhoff'schen Gleichungen für alle Maschen und Knoten erfüllt sind: Die Umlaufspannung jeder Masche und der von jedem Knoten abfließende Gesamtstrom hat Null zu sein.

Über die Zahl der unabhängigen Gleichungen und die Auswahl der Unbekannten, die auch als *Netzwerkskoordinaten* bezeichnet werden, informieren die Kapitel 3 und 4. Es empfiehlt sich, *die* Größen als Unbekannte auszuwählen, die im Argument der jeweiligen Kennlinienfunktion steht. Den Überlagerungssatz dürfen wir im nichtlinearen Fall wegen $u(i_1 + i_2) \neq u(i_1) + u(i_2)$ oder $i(u_1 + u_2) \neq i(u_1) + i(u_2)$ nicht anwenden. Die Kirchhoff'schen Gleichungen führen im allgemeinen Fall auf ein *gekoppeltes System nichtlinearer algebraischer Gleichungen.* Ihre Zahl und die der Unbekannten stimmen überein. Wenn man eine Lösung gefunden hat, muss man oft nach weiteren suchen; eine Komplikation, die bei linearen Netzwerken entfällt.

14.3 Unverzweigter nichtlinearer Stromkreis

Die Formulierung des Netzwerkproblems sowie ein graphisches und ein numerisches Lösungsverfahren werden an einem Beispiel demonstriert.

Gesucht ist der Strom I, der sich einstellt, wenn man die Reihenschaltung nach Bild 14.3 aus einer Glimmlampe – mit der Kennlinie nach Bild 14.1d – und dem Ohm'schen Widerstand R an eine ideale Spannungsquelle anschließt.

Graphische Lösung. Am schnellsten kommt man *graphisch* zum Ziel. Der Weg verspricht Erfolg, da das Problem nur eine Unbekannte hat. Der Strom eignet sich als Unbekannte, da im gesamten interessanten Kennlinienteil $i \neq 0$ – dort brennt die Glimmlampe – die Spannung in Funktion des Stromes darstellbar ist.

Der Stromkreis wird gedanklich an den Klemmen im Sinne einer Zweipolzerlegung nach Abschn. 5.3 aufgetrennt. Der Quellen- und der Verbraucherzweipol haben die Kennlinien $u_q(i) = U_q - Ri$ bzw. $u_G(i)$. Die Funktion $u_G(i)$ bildet nur den Kennlinienteil nach Bild 14.1f ab. Die Schnittpunkte B und C der geraden und der nichtlinearen Kennlinie sind Lösungspunkte. In ihnen sind Spannung und Strom beider Zweipole jeweils wertgleich. Zusätzlich schneidet der auf der u-Achse liegende Kennlinienteil nach Bild 14.1e die Quellengerade im Punkt A mit den Koordinaten $(U_q, 0)$.

Man hätte alle drei Punkte auch gleich mit der *ganzen* Kennlinie $k(u, i) = 0$ nach Bild 14.1d gewinnen können. Es wäre dann aber falsch, sie als Graph einer *Funktion*

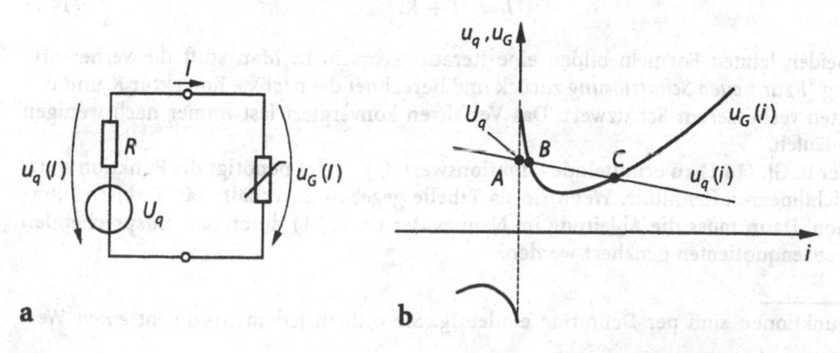

Bild 14.3 Gleichstromkreis mit Glimmlampe a Ersatzschaltung b Graphische Lösung

$u(i)$ zu bezeichnen. Eine *einzige* Funktion $u(i)$ oder $i(u)$ zur Beschreibung der *ganzen* Kennlinie existiert nicht, da letztere mehrdeutig ist[1]. Für eine *numerische* Lösung ist die separate Betrachtung der Teilkennlinien unumgänglich. Dort *muss* mit Funktionen gearbeitet werden, seien sie durch Formeln oder durch Wertetabellen definiert.

Die Aufgabe ist noch nicht vollständig gelöst. Es war nach *einem* Strom gefragt. Wir haben aber gleich drei ermittelt. Die Aufgabe ist in diesem strengeren Sinn statisch nicht lösbar. Wenn man wissen will, welcher der drei Ströme sich wirklich einstellt, muss man die Aufgabe präzisieren: Das Modell der Schaltung ist um mindestens einen Energiespeicher zu erweitern und dessen Ausgangszustand festzulegen. Der Energiespeicher ermöglicht, die dynamischen Vorgänge, nach deren Abschluss ein Gleichgewichtspunkt erreicht wird, realistisch nachzubilden. Die Kennlinien liefern nur die statischen Gleichgewichtspunkte. Zu deren Stabilität[2] sagen sie nichts.

Numerische Lösung. Zur numerischen Bearbeitung ordnen wir der Spannungsgleichung $U_q - RI = u_G(I)$, die wieder nur die Teilkennlinie nach Bild 14.1f erfasst, die Funktion $f(i) = U_q - Ri - u_G(i)$ zu. Für den gesuchten Strom I gilt $f(I) = 0$. Die Suche nach I läuft auf die Bestimmung der Nullstellen der Funktion $f(i)$ hinaus. Hierzu bietet die Mathematik effiziente numerische Verfahren an, z. B. die *Iteration nach Newton.*

Man legt zuerst einen Schätzwert ${}^sI$ der Lösung I fest, zu dem der Funktionswert $f_s = f({}^sI)$ gehört. Man unterstellt, dass die Tangentengerade $g(i) = f_s + \left.\frac{\mathrm{d}f}{\mathrm{d}i}\right|_{{}^sI} (i - {}^sI)$ an den Graphen von $f(i)$ im Punkt $({}^sI, f_s)$ die Funktion $f(i)$ brauchbar nähert. Statt der Nullstelle I von $f(i)$ bestimmen wir ersatzweise die Nullstelle ${}^vI$ der Tangentengeraden aus $g({}^vI) = f_s + \left.\frac{\mathrm{d}f}{\mathrm{d}i}\right|_{{}^sI} ({}^vI - {}^sI) = 0$. Die Größe ${}^vI$ betrachten wir als *verbesserte Schätzung* der eigentlich gesuchten Nullstelle I von $f(i)$. Wir bezeichnen die Differenz $K = {}^vI - {}^sI$ als Korrektur und erhalten aus $f_s + \left.\frac{\mathrm{d}f}{\mathrm{d}i}\right|_{{}^sI} K = 0$ dafür

$$K = -\frac{f({}^sI)}{\left.\frac{\mathrm{d}f}{\mathrm{d}i}\right|_{{}^sI}} \tag{14.1}$$

Damit ergibt sich die verbesserte Lösung

$${}^vI = {}^sI + K. \tag{14.2}$$

Die beiden letzten Formeln bilden eine Iterationsvorschrift: Man stuft die verbesserte Lösung ${}^vI$ zur *neuen Schätzlösung* zurück und berechnet die nächste Korrektur K und den nächsten verbesserten Schätzwert. Das Verfahren konvergiert fast immer nach wenigen Durchläufen.

Der in Gl. (14.1) zu ermittelnde Funktionswert $f_s = f({}^sI)$ benötigt die Funktion $u_G(i)$ der nichtlinearen Kennlinie. Wenn sie als Tabelle gegeben ist, erhält man f_s durch Interpolation. Dann muss die Ableitung im Nenner der Gl. (14.1) durch den entsprechenden Differenzenquotienten genähert werden.

---

[1] Funktionen sind per Definition eindeutig. Sie ordnen jedem Argument *einen* Wert zu.

[2] Näheres hierzu in Abschn. 15.8.

Bei mehreren Nullstellen bestimmt die erste Schätzung, bei welcher Lösung man ankommt. Um alle zu erreichen, ist eine Suchstrategie erforderlich.

14.4 Verzweigter nichtlinearer Stromkreis

Ein verzweigtes nichtlineares Widerstandsnetzwerk bildet sich auf ein *System* von nichtlinearen algebraischen Gleichungen ab.

Als **Beispiel** dient das Netzwerk in Bild 14.4, das wir uns zunächst *ohne* die eingetragenen Ströme I_a und I_b vorstellen. Es ist uns in linearer Version aus den Kapiteln 3 und 4 bestens bekannt. Anders als dort sollen alle Widerstände jetzt kubische Kennlinien $u \sim i^3$ haben. Das in Bild 3.1 für jeden Widerstand eingetragene Wertepaar aus Strom und Spannung soll auf der jeweiligen Kennlinie liegen. Beispielsweise gilt für den Widerstand 2 die Kennlinienfunktion $u_2 = c_2 i_a^3$ mit $c_2 = 9\text{V}/(3\text{A})^3$. Das Netzwerk ist zu berechnen.

Man muss erwarten, dass die Lösung die Werte aus Bild 3.1 hat. Sie erfüllen die Kirchhoff'schen Gleichungen unabhängig davon, ob mit Bild 3.1 ein lineares oder nichtlineares Netzwerk gemeint ist.

Als Netzwerkskoordinaten, d. h. als Unbekannten, wählen wir die Ströme I_a und I_b in den Widerständen 2 bzw. 1, womit wir uns für das Zweigstromverfahren laut Abschnitt 4.1 entschieden haben. Wie dort drücken wir die anderen Zweigströme durch die Unbekannten I_a und I_b und die gegebenen Quellenströme aus und tragen die Ergebnisse direkt in das Schaltbild ein.

Die Spannungsgleichungen

$$-u_1(I_b) + U_{q1} - u_3(I_a + I_q) - u_2(I_a) = 0 \tag{14.3a}$$

$$u_2(I_a) + u_3(I_a + I_q) - U_{q2} + u_4(I_a + I_q - I_b) = 0 \tag{14.3b}$$

für die linke und rechte Masche entsprechen den Gln. (4.1). Jeder eingeklammerte Stromterm bildet das Argument der davorstehenden Kennlinienfunktion. Wie sie im Detail verläuft, spielt vorerst keine Rolle. Wichtig ist nur, dass jede Kennlinie *eindeutig* vom Strom abhängt.

Eine graphische Lösung wie im Fall des einfachen Stromkreises im vorigen Abschnitt bietet sich bei zwei Unbekannten nicht mehr an. Es kommt nur ein *numerisches* Verfahren

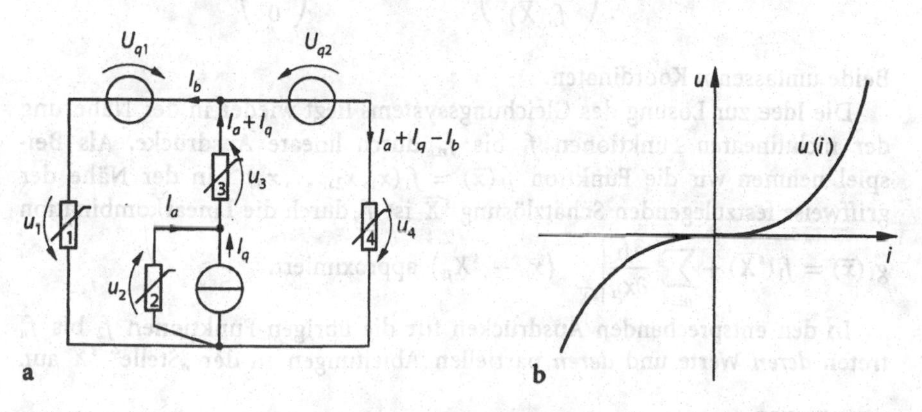

Bild 14.4 Nichtlineares Widerstandsnetzwerk (vgl. Bild 3.1)
a Schaltung, b Kennlinientyp aller vier nichtlinearen Widerstände: $u \sim i^3$

in Frage. Wir könnten z. B. für die Unbekannten I_a und I_b Werte raten, die linken Seiten der Gln. (14.3) ausrechnen und so lange probieren, bis sich für beide Null ergibt. Dann hätten wir eine Lösung gefunden. Das Verfahren wäre primitiv, aber durchaus durchführbar. Es verschafft zumindest Einsicht in das zu lösende Problem.

Empfehlenswerter ist die *Iteration nach Newton für mehrere Unbekannte*, eine Verallgemeinerung der im vorigen Abschnitt vorgestellten Nullstellensuche.

Die Bestimmung der Lösungen I_a und I_b aus den Gln. (14.3) fassen wir als Sonderfall der allgemeineren Aufgabe auf, das System aus n nichtlinearen algebraischen Gleichungen

$$f_1(X_1, X_2, \ldots, X_n) = 0, \quad f_2(\cdots) = 0, \quad \ldots \quad , f_n(\cdots) = 0 \tag{14.4a}$$

nach den n Unbekannten $X_1, X_2, \ldots, X_n$ aufzulösen. Zur kompakteren Formulierung stellt man die n Unbekannten im Vektor[3] $\overline{X} = \begin{pmatrix} X_1 \\ \vdots \\ X_n \end{pmatrix}$ zusammen. Die Gln. (14.4a) erhalten damit die Form

$$f_1(\overline{X}) = 0, \quad f_2(\overline{X}) = 0, \ldots, f_n(\overline{X}) = 0. \tag{14.4b}$$

Die noch dichtere Schreibweise

$$\overline{f}(\overline{X}) = \overline{0} \tag{14.4c}$$

desselben Problems gelingt mit dem Funktionenvektor und dem Nullvektor

$$\overline{f}(\overline{X}) = \begin{pmatrix} f_1(\overline{X}) \\ \vdots \\ f_n(\overline{X}) \end{pmatrix} \quad \text{bzw.} \quad \overline{0} = \begin{pmatrix} 0 \\ \vdots \\ 0 \end{pmatrix}. \tag{14.5}$$

Beide umfassen n Koordinaten.

Die Idee zur Lösung des Gleichungssystems liegt wieder in der Näherung der nichtlinearen Funktionen f_1 bis f_n durch lineare Ausdrücke. Als Beispiel nehmen wir die Funktion $f_1(\overline{x}) = f_1(x_1, x_2, \ldots, x_n)$.[4] In der Nähe der griffweise festzulegenden Schätzlösung ${}^s\overline{X}$ ist f_1 durch die Linearkombination

$$g_1(\overline{x}) = f_1({}^s\overline{X}) + \sum_{\mu=1}^{n} \left.\frac{\partial f_1}{\partial x_\mu}\right|_{{}^s\overline{X}} \cdot (x_\mu - {}^sX_\mu) \text{ approximiert.}$$

In den entsprechenden Ausdrücken für die übrigen Funktionen f_2 bis f_n treten *deren* Werte und *deren* partiellen Ableitungen an der „Stelle“ ${}^s\overline{X}$ auf.

[3] eigentlich: Spaltenmatrix
[4] An die Stelle der Lösung $X_1, \ldots, X_n$ sind die Veränderlichen $x_1, \ldots, x_n$ getreten.

Wir fassen sie in dem Vektor $\overline{f}(^s\overline{X})$ bzw. in der nach C. G. Jakobi benannten $n \times n$-Matrix $\overline{\overline{J}}(^s\overline{X})$ zusammen. Damit erhält man

$$\overline{f}(^s\overline{X}) = \begin{pmatrix} f_1(^s\overline{X}) \\ \vdots \\ f_n(^s\overline{X}) \end{pmatrix} \quad \text{bzw} \quad \overline{\overline{J}}(^s\overline{X}) = \begin{pmatrix} \left.\frac{\partial f_1}{\partial x_1}\right|_{^s\overline{X}} & \cdots & \left.\frac{\partial f_1}{\partial x_n}\right|_{^s\overline{X}} \\ \vdots & & \vdots \\ \left.\frac{\partial f_n}{\partial x_1}\right|_{^s\overline{X}} & \cdots & \left.\frac{\partial f_n}{\partial x_1}\right|_{^s\overline{X}} \end{pmatrix}. \tag{14.6, 14.7}$$

Man löst das lineare Gleichungssystem

$$\overline{\overline{J}}(^s\overline{X})\overline{K} = -\overline{f}(^s\overline{X}) \tag{14.8}$$

nach dem Korrekturvektor $\overline{K}$ auf und berechnet damit die verbesserte Schätzlösung

$$^v\overline{X} = {}^s\overline{X} + \overline{K}. \tag{14.9}$$

Die Gln. (14.6)–(14.9) bilden wieder eine Iterationsvorschrift: Man stuft die verbesserte Lösung $^v\overline{X}$ aus Gl. (14.9) zur *neuen Schätzlösung* zurück und *verbessert* sie, indem die Gln. (14.6)–(14.9) erneut durchlaufen werden. Das Verfahren konvergiert fast immer nach wenigen Durchläufen.

Bei $n = 2$ Unbekannten lassen sich die Funktionen $f_1(x_1, x_2)$ und $f_2(x_1, x_2)$ räumlich veranschaulichen. Ihre Werte bilden jeweils eine Raumfläche über der (x_1, x_2)-Ebene. Die Flächen schneiden sich in einer Kurve im (x_1, x_2, f)-Raum. Der Durchtrittspunkt der Schnittkurve durch die (x_1, x_2)-Ebene, d. h. durch die Ebene $f = 0$, entspricht der gesuchten Lösung. Mehrere Durchtrittspunkte sind vorstellbar. Die linearen Funktionen $g_1(x_1, x_2)$ und $g_2(x_1, x_2)$ - sie sind Näherungen von $f_1(x_1, x_2)$ und $f_2(x_1, x_2)$ für die Stelle $\left(^sX_1; {}^sX_2\right)$ – entsprechen in diesem Bild Tangentialebenen an die Raumflächen im Punkt $\left(^sX_1; {}^sX_2, {}^sf_1\right)$ bzw. $\left(^sX_1; {}^sX_2, {}^sf_2\right)$.

Wir führen jetzt das begonnene Beispiel nach Bild 14.4 zu Ende. Mit den vorausgesetzten kubischen Kennlinien folgt aus dem Gleichungssystem (14.3)

$$-c_1 I_b^3 + U_{q1} - c_3(I_a + I_q)^3 - c_2 I_a^3 = 0 \quad \text{und}$$
$$c_2 I_a^3 + c_3(I_a + I_q)^3 - U_{q2} + c_4(I_a + I_q - I_b)^3 = 0.$$

Die Unbekannten I_a und I_b sind Nullstellen der Funktionen

$$f_1(i_a, i_b) = -c_1 i_b^3 + U_{q1} - c_3(i_a + I_q)^3 - c_2 i_a^3 \quad \text{und}$$
$$f_2(i_a, i_b) = c_2 i_a^3 + c_3(i_a + I_q)^3 - U_{q2} + c_4(i_a + I_q - i_b)^3.$$

Nach dem in den Gln. (14.6)–(14.9) zusammengefassten Iterationsverfahren legen wir zuerst die Schätzlösung $^s\overline{I} = \begin{pmatrix} ^sI_a \\ ^sI_b \end{pmatrix}$ griffweise fest und berechnen daraus den Funktionswertevektor

$$\overline{f}(^s\overline{I}) = \begin{pmatrix} -c_1\, {}^sI_b^3 + U_{q1} - c_3({}^sI_a + I_q)^3 - c_2\, {}^sI_a^3 \\ c_2\, {}^sI_a^3 + c_3({}^sI_a + i_q)^3 - U_{q2} + c_4({}^sI_a + I_q - {}^sI_b)^3 \end{pmatrix} \quad \text{und die Jakobi-Matrix}$$

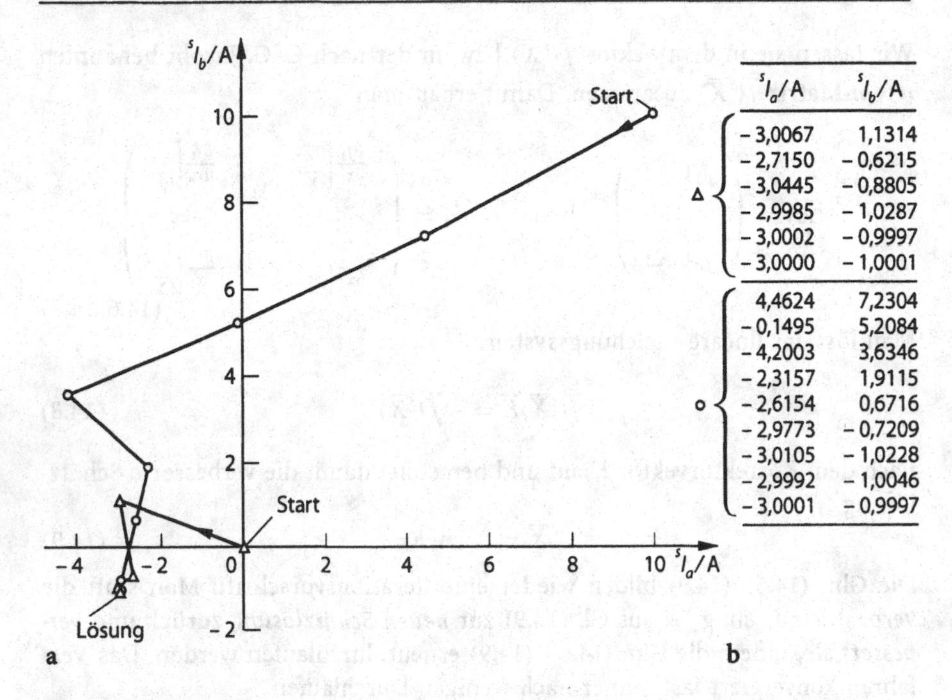

	${}^sI_a$/A	${}^sI_b$/A
Δ	-3,0067	1,1314
	-2,7150	-0,6215
	-3,0445	-0,8805
	-2,9985	-1,0287
	-3,0002	-0,9997
	-3,0000	-1,0001
o	4,4624	7,2304
	-0,1495	5,2084
	-4,2003	3,6346
	-2,3157	1,9115
	-2,6154	0,6716
	-2,9773	-0,7209
	-3,0105	-1,0228
	-2,9992	-1,0046
	-3,0001	-0,9997

Bild 14.5 Konvergenz des Iterationsverfahrens nach Newton bei zwei verschiedenen Anfangsschätzungen für das Netzwerk nach Bild 14.4 mit kubischen Kennlinien. Sie erfüllen die Werte nach Bild 3.1.
a Streckenzug Δ: ${}^s\overline{I} = \begin{pmatrix} 0 \\ 0 \end{pmatrix}$, Streckenzug o: ${}^s\overline{I} = \begin{pmatrix} 10\text{A} \\ 10\text{A} \end{pmatrix}$, b Zahlenwerte

$$\overline{\overline{J}}({}^s\overline{I}) = \left(\begin{array}{c|c} -c_3 3({}^sI_a + I_q)^2 - c_2 3\,{}^sI_a^2 & -c_1 3\,{}^sI_b^2 \\ \hline c_2 3\,{}^sI_a^2 + c_3 3({}^sI_a + I_q)^2 + c_4 3({}^sI_a + I_q - {}^sI_b)^2 & -c_4 3({}^sI_a + I_q - {}^sI_b)^2 \end{array}\right).$$ Damit

wird aus dem linearen Gleichungssystem $\overline{\overline{J}}({}^s\overline{I})\overline{K} = -\overline{f}({}^s\overline{I})$ der Vektor $\overline{K}$ und mit ihm die verbesserte Schätzlösung ${}^v\overline{I} = {}^s\overline{I} + \overline{K}$ bestimmt.

Das Verfahren konvergiert bei den in Bild 14.5 angegebenen Startwerten nach weniger als zehn Durchläufen und erreicht die aus Bild 3.1 zu erwartenden Größenwerte $I_a = -3A$ und $I_b = -1A$.

Weitere Lösungen sind bei dem monoton verlaufenden Kennlinientyp nicht zu erwarten. Übrigens haben auch magnetische Netzwerke nur eine Lösung; die dort beteiligten nichtlinearen Magnetisierungskennlinien (vgl. Bild 9.24) sind ebenfalls monoton.

15 Instationäre Vorgänge in Netzwerken

In diesem Kapitel werden Netzwerke untersucht, die aus Quellen, Widerständen, Spulen und Kondensatoren aufgebaut sind. Spulen und Kondensatoren wirken als Energiespeicher. Die Quellenströme und -spannungen dürfen zeitlich so beliebig verlaufen, wie das technisch möglich ist. Darüber hinaus sind auch Sprünge zugelassen. Sprünge modellieren schnelle Wertänderungen, deren zeitlicher Verlauf im Einzelnen nicht mehr interessiert.

Die behandelten Netzwerkaufgaben sind vollständig und akzeptabel gestellt, wenn das Schaltbild, die Schaltelementgrößen und die Zeitverläufe der Quellengrößen bekannt und wenn die Anfangswerte aller Kondensatorspannungen und aller Spulenströme widerspruchsfrei gegeben sind. Unter einem Anfangswert ist der Wert im Anfangszeitpunkt t_0 der zu untersuchenden Zeitspanne zu verstehen. Die „Geschichte" des Netzwerkes *vor* t_0 ist unerheblich. Sie beeinflusst die Lösung nur, indem sie zu den Anfangswerten führt.

Ein- und Umschaltvorgänge, die auch als transiente oder Ausgleichsvorgänge bezeichnet werden, sind technisch besonders wichtige instationäre Vorgänge. Die Lösung der Netzwerkaufgabe zielt vor allem auf die *Zeitfunktionen* der Ströme und Spannungen.

15.1 Wahl zweckmäßiger Variablen

Schon bei Gleichstromnetzwerken kann man – wie in Kapitel 4 behandelt – verschiedene Netzwerkgrößen als Unbekannten auswählen. Eine günstige Wahl erleichtert die Lösung. Das gilt in erhöhtem Maße für die Berechnung instationärer Vorgänge.

Es wird empfohlen, solche Größen als Unbekannten festzulegen, die ihrer Natur nach *stetig* verlaufen. Stetigkeit darf man bei Kondensatoren von ihrer Ladung $q(t)$ oder Spannung $u(t)$ erwarten und bei Spulen von ihrem Verkettungsfluss $\psi(t)$ oder Strom $i(t)$. Von diesen *Zustandsgrößen*, die wir verallgemeinernd mit $z(t)$ bezeichnen, hängt die im Schaltelement gespeicherte Feldenergie ab. Ein Sprung der Zustandsgröße $z(t)$ entspräche einem Sprung

Tabelle 15.1 Zustands- und Erregergrößen linearer und nichtlinearer Speicherelemente

Schalt-element	Differential-gleichung	Zustands-größe	Erreger-größe	Kennlinie	Speicher-energie
i, u (Kondensator)	$\mathrm{d}u = \frac{1}{C} i\mathrm{d}t$	u	i	$q = Cu$	$\frac{1}{2}Cu^2$
$i = \frac{\mathrm{d}q}{\mathrm{d}t}$, $u(q)$	$\mathrm{d}q = i\mathrm{d}t$	q	i	$u(q)$	$\int u\mathrm{d}q$
i, u (Spule)	$\mathrm{d}i = \frac{1}{L} u\mathrm{d}t$	i	u	$\psi = Li$	$\frac{1}{2}Li^2$
$i(\psi)$, $u = \frac{\mathrm{d}\psi}{\mathrm{d}t}$	$\mathrm{d}\psi = u\mathrm{d}t$	ψ	u	$i(\psi)$	$\int i\mathrm{d}\psi$
Allgemein	$\mathrm{d}z = e\mathrm{d}t$	z	e		

der Speicherenergie, die im linearen Fall z^2 proportional ist. Dann müsste aber eine unendliche und damit unrealistische Leistung umgesetzt werden.

Der Ladungsdurchsatz $q(t)$ und der Verkettungsfluss $\psi(t)$ bieten sich im nichtlinearen Fall an, im linearen genügen Strom bzw. Spannung.

Dass die Zustandsgröße z eines Speicherelementes selbst dann stetig verläuft, wenn seine Erregergröße e (Tabelle 15.1) springt, erkennt man an der Differentialgleichung $\mathrm{d}z = e\mathrm{d}t$, nach der z und e verknüpft sind: Die Zustandsgröße z ändert sich in einer infinitesimal kleinen Zeitspanne $\mathrm{d}t$ nur um den infinitesimal kleinen Wert $\mathrm{d}z$. Erst ein Sprung von e auf den Wert Unendlich hätte einen Sprung von z zufolge. Die Zustandsgröße verhält sich träge – z. B. so, wie die Geschwindigkeit ($\hat{=} z$) einer Masse bei Einwirkung einer Kraft ($\hat{=} e$).

Von den momentanen Zustandsgrößen eines Netzwerks kann man – wie noch gezeigt wird – auf die übrigen momentanen Netzwerkspannungen und -ströme schließen. Die Zustandsgrößen fixieren nicht nur den Zustand der Speicherelemente, sondern auch den des ganzen Netzwerkes. Hieraus erklärt sich die Bezeichnung der Größe und ihre hervorragende Eignung als Unbekannte.

Die Zustandsgrößen sind auch dann mit Vorteil als Unbekannten zu verwenden, wenn nach anderen Netzwerkgrößen gefragt ist. Andere Variablen sind möglich. Hier werden Zustandsvariablen verwendet[1].

Die Berechnung instationärer Netzwerkprobleme läuft mathematisch auf die Lösung von gewöhnlichen Differentialgleichungen hinaus. Bei der Darstellung des Stoffes droht die Gefahr, dass die mathematischen Lösungsmethoden die elektrisch-physikalischen Aspekte überwuchern. Um mathematische Ex-

[1] Man muß, um nach Rom zu kommen, nicht alle Wege gehen.

zesse zu vermeiden, konzentrieren wir uns im Folgenden auf einfache Fälle. Sie beleuchten das Wesentliche instationärer Fälle.

15.2 Zwei Beispiele mit numerischer Lösung

Erstes Beispiel. Wir wollen das instationäre Verhalten der Schaltung nach Bild 15.1 im Zeitraum $t \geq t_0$ untersuchen. Die Stromstärke i habe zum Zeitpunkt t_0 den Wert $i(t_0)$. Man bezeichnet t_0 und $i(t_0)$ als die Anfangswerte des Problems. Die Ursache dieser Werte kümmert uns nicht. Sie gehören zur Aufgabenstellung.

Die Lösung soll so formuliert werden, dass die Quellenspannung $u_q(t)$ eine beliebige Zeitfunktion sein darf.

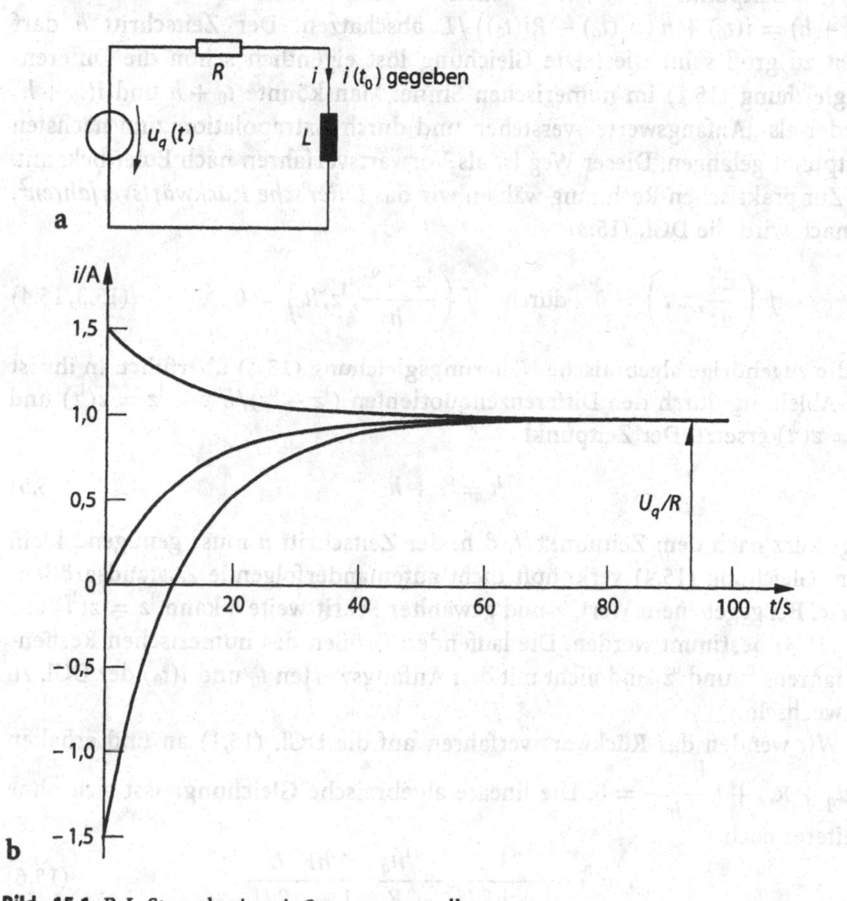

Bild 15.1 R-L-Stromkreis mit Spannungsquelle
a Schaltbild
b Numerische Lösungen für $t_0 = 0$, $i(t_0) : -1{,}5\,A; 0\,A; 1{,}5\,A$, $u_q(t) = U_q = 1\,\text{V}$, $R = 1\Omega$, $L = 12\,\text{H}$. Schrittweite: $h = 0{,}6\,\text{s}$

Als Unbekannte ist nach Tabelle 15.1 der Strom i - die Zustandsvariable der Spule - zu empfehlen. Die Spannungsgleichung

$$-u_q + Ri + L\frac{di}{dt} = 0 \quad \text{und der Anfangswert} \quad i(t_0) \qquad (15.1, 15.2)$$

bilden die gestellte Aufgabe auf eine gewöhnliche, lineare Differentialgleichung (DGl.) mit dem Anfangswert $i(t_0)$ ab. Zu ermitteln ist der Stromverlauf $i(t)$ für $t \geq t_0$, der die DGl. erfüllt und den Anfangswert $i(t_0)$ hat.

Aus der Form $di/dt = (u_q - Ri)/L$ liest man ab, wie sich der Strom mit der Zeit ändert. Im Zeitpunkt t_0 gilt $di/dt|_{t_0} = \left(u_q(t_0) - Ri(t_0)\right)/L$. Aus den Werten im Anfangszeitpunkt t_0 weiß man also, mit welcher Rate $di/dt|_{t_0}$ der Strom anfangs steigt oder fällt.

Wir können mit $di/dt|_{t_0}$ den Strom für einen kurz nach t_0 folgenden Zeitpunkt $t_0 + h$ durch die lineare Extrapolation $i(t_0 + h) = i(t_0) + h\left(u_q(t_0) - Ri(t_0)\right)/L$ abschätzen. Der Zeitschritt h darf nicht zu groß sein. Die letzte Gleichung löst eigentlich schon die Differentialgleichung (15.1) im numerischen Sinne: Man könnte $t_0 + h$ und $i(t_0 + h)$ wieder als „Anfangswerte" verstehen und durch Extrapolation zum nächsten Zeitpunkt gelangen. Dieser Weg ist als Vorwärtsverfahren nach Euler bekannt.

Zur praktischen Rechnung wählen wir das *Euler'sche Rückwärtsverfahren*[2]. Danach wird die DGl. (15.3)

$$f\left(\frac{dz}{dt}, z, t\right) = 0 \quad \text{durch} \quad f\left(\frac{{}^1z - {}^0z}{h}, {}^1z, {}^1t\right) = 0 \qquad (15.3, 15.4)$$

in die zugehörige algebraische Näherungsgleichung (15.4) überführt. In ihr ist die Ableitung durch den Differenzenquotienten $({}^1z - {}^0z)/h$ mit ${}^1z = z({}^1t)$ und ${}^0z = z({}^0t)$ ersetzt. Der Zeitpunkt

$${}^1t = {}^0t + h \qquad (15.5)$$

liegt kurz nach dem Zeitpunkt ${}^0t$, d. h. der Zeitschritt h muss genügend klein sein. Gleichung (15.4) verknüpft dicht aufeinanderfolgende Zustandsgrößenwerte. Bei gegebenem Wert ${}^0z$ und gewählter Schrittweite h kann ${}^1z = z({}^1t)$ aus Gl. (15.4) bestimmt werden. Die laufenden Größen des numerischen Rechenverfahrens ${}^0t$ und ${}^0z$ sind nicht mit den Anfangswerten t_0 und $i(t_0)$ der DGl. zu verwechseln.

Wir wenden das Rückwärtsverfahren auf die DGl. (15.1) an und erhalten $-{}^1u_q + R\,{}^1i + L\frac{{}^1i - {}^0i}{h} = 0$. Die lineare algebraische Gleichung lässt sich ohne Weiteres nach

$${}^1i = {}^0i \cdot \frac{1}{1 + hR/L} + \frac{{}^1u_q}{R} \cdot \frac{hR/L}{1 + hR/L} \qquad (15.6)$$

auflösen.

---

[2]Es wird hier benutzt, weil es einfach darzustellen und numerisch besonders stabil ist.

Der Präfix 1 der Quellenspannung ${}^1u_q$ weist darauf hin, dass sie zum Zeitpunkt ${}^1t$ zu nehmen ist. Im Folgenden ist eine konstante Quellenspannung vorausgesetzt. Damit gilt ${}^1u_q = U_q$.

Die algebraische Gl. (15.6) löst die DGl. (15.1) numerisch. Das Verfahren beginnt bei t_0 mit ${}^0i = i(t_0)$. Nach Berechnung von ${}^1i$ wird dieser Wert, der für den Zeitpunkt ${}^1t = {}^0t + h$ gilt, als neuer Wert ${}^0i$ genommen usw..

Man liest aus Gl. (15.6) ab: Für den Fall ${}^1u_q = 0$ - die Quelle ist auf die Spannung Null eingestellt und bildet einen Kurzschluss - nimmt der Strom, ausgehend von ${}^0i = i(t_0)$, wegen $1 + hR/L = \text{const} > 1$ von Schritt zu Schritt nach einer geometrischen Reihe ab und verschwindet schließlich.

Wenn bei ${}^1u_q = U_q$ - die Quelle hat die konstante Spannung U_q - der Strom zu irgendeinem Zeitpunkt den Wert ${}^0i = U_q/R$ erreicht hat, liefert Gl. (15.6) das Resultat ${}^1i = {}^0i$. Der Strom behält den konstanten Wert U_q/R bei.

Im Fall $i(t_0) = U_q/R$ bleibt der Strom von Anfang an konstant. Der Anfangswert ist dann die Lösung. Der sonst auftretende *Ausgleichsvorgang* zwischen dem Anfangswert $i(t_0)$ und dem Endwert U_q/R entfällt.

Das Bild 15.1b zeigt die numerischen Lösungen bei konstanter Quellenspannung $U_q = 1\,\text{V}$ für drei verschiedene Strom-Anfangswerte $i(t_0)$. Als Zeit-Anfangswert ist $t_0 = 0$ festgesetzt. In allen Fällen strebt der Strom nach abgeschlossenem Ausgleichsvorgang gegen den Endwert U_q/R. Der Ausgleichsvorgang vermittelt zwischen dem Anfangs- und Endwert.

Zweites Beispiel. Das lineare Netzwerk nach Bild 15.2 mit einer Spule, einem Kondensator, einem Widerstand und zwei Quellen soll für beliebige Zeitverläufe der Quellengrößen $u_q(t)$ und $i_q(t)$ untersucht werden. Die Anfangswerte der Zeit, des Spulenstromes und der Kondensatorspannung sind t_0, $i(t_0)$ bzw. $u(t_0)$.

Als Variable wählen wir wieder die Zustandsgrößen der Schaltung, d. h. den Spulenstrom i und die Kondensatorspannung u. Um keine weiteren Unbekannten einzuführen, wird der Kondensatorstrom direkt in der Form $C\,\mathrm{d}u/\mathrm{d}t$ in das Netzwerk eingetragen.

Die Kirchhoff'schen Sätze liefern die Spannungs- und die Knotengleichung

$$-u_q(t) + Ri + L\,\mathrm{d}i/\mathrm{d}t + u = 0 \quad \text{bzw.} \quad i = C\,\mathrm{d}u/\mathrm{d}t + i_q(t). \qquad (15.7\text{a, b})$$

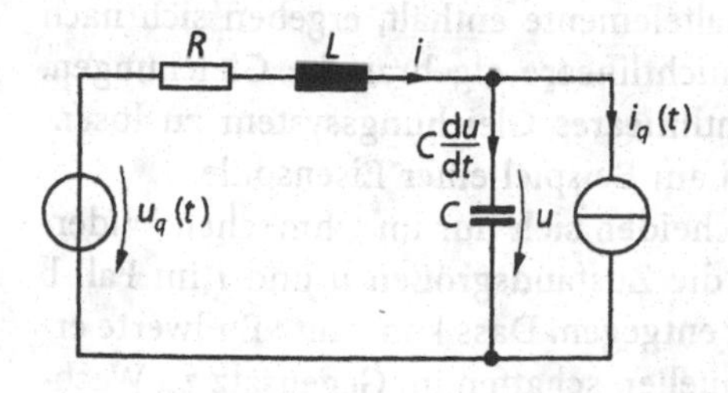

Bild 15.2 Netzwerk mit zwei Speichern

Zusammen mit den Anfangswerten $u(t_0)$ und $i(t_0)$ beschreiben die DGln. (15.7) die gestellte Aufgabe vollständig. Die einzigen Unbekannten in den beiden gekoppelten linearen DGln. sind die Funktionen $u(t)$ und $i(t)$.

Mit den allgemeinen Bezeichnungen $z_1 = u$ und $z_2 = i$ für die Zustandsvariablen fügen sich die Gln. (15.7) der Vektordifferentialgleichung

$$\overline{f}\left(\frac{\mathrm{d}\overline{z}}{\mathrm{d}t}, \overline{z}, t\right) = \overline{0} \quad \text{mit dem Zustandsvektor} \quad \overline{z} = \begin{pmatrix} z_1 \\ z_2 \end{pmatrix} \qquad (15.8\text{a, b})$$

und $\overline{f}$ und $\overline{0}$ als Funktionen- bzw. Nullvektor. Die im Funktionenvektor zusammengestellten Funktionen hängen von den *Koordinaten* z_1 und z_2 des *Zustandsvektors* $\overline{z}$ ab, in unserem Fall von u und i.

Das Euler'sche Rückwärtsverfahren zur numerischen Lösung des DGl.-Systems (15.8a) ist analog Gl. (15.4) durch das algebraische Gleichungssystem

$$\overline{f}\left(\frac{{}^1\overline{z} - {}^0\overline{z}}{h}, {}^1\overline{z}, {}^1t\right) = \overline{0} \qquad (15.9)$$

beschrieben. Um vom Vektor ${}^0\overline{z}$ zur Zeit ${}^0t$ auf den Vektor ${}^1\overline{z}$ zur geringfügig späteren Zeit ${}^1t = {}^0t + h$ zu schließen, ist das Gleichungssystem (15.9) nach ${}^1\overline{z}$ aufzulösen.

Wir wenden das Verfahren auf die Gln. (15.7) an und erhalten

$$-{}^1u_q + R\,{}^1i + L\frac{{}^1i - {}^0i}{h} + {}^1u = 0 \quad \text{und} \quad -{}^1i + C\frac{{}^1u - {}^0u}{h} + {}^1i_q = 0. \qquad (15.10\text{a, b})$$

Die beiden algebraischen Gleichungen sind linear in den Unbekannten ${}^1u$ und ${}^1i$. Sie haben die Lösung

$${}^1i = \frac{{}^0i + \frac{h}{L}\left({}^1u_q - {}^0u\right) + \frac{h^2}{LC}\,{}^1i_q}{1 + \frac{R}{L}h + \frac{1}{LC}h^2} \quad \text{und} \quad {}^1u = {}^0u + \frac{h}{C}\left({}^1i - {}^1i_q\right). \qquad (15.11\text{a, b})$$

Damit sind die DGln. (15.7) numerisch nach dem Euler'schen Rückwärtsverfahren gelöst – jedenfalls, wenn man von der „Mühe" des Digitalrechners absieht.

Falls das Netzwerk nichtlineare Schaltelemente enthält, ergeben sich nach dem Euler'schen Rückwärtsverfahren nichtlineare algebraische Gleichungen. Dann ist in jedem Zeitschritt ein nichtlinieares Gleichungssystem zu lösen. Abschnitt 15.7 demonstriert diesen Fall am Beispiel einer Eisenspule.

Die Fälle in Bild 15.3a und b unterscheiden sich nur im Ohm'schen Widerstand. Im Gegensatz zu Fall a streben die Zustandsgrößen u und i im Fall b ihren Endwerten gedämpft schwingend entgegen. Dass konstante Endwerte erreicht werden, ist plausibel: Die Gleichquellen schaffen im Gegensatz zu Wechselquellen keine bleibende Unruhe. Die Endwerte der Zustandsgrößen lassen

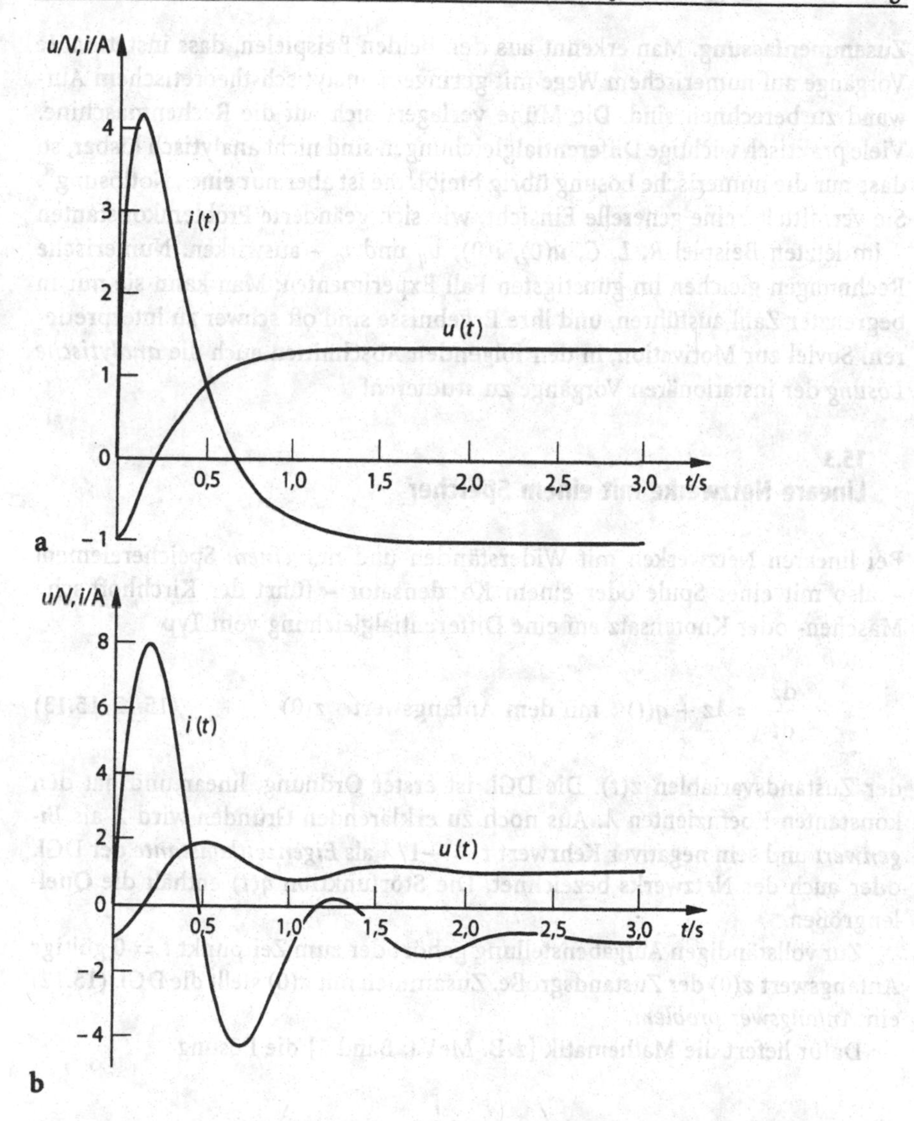

Bild 15.3 Numerische Ergebnisse nach Gln. (15.11) zur Schaltung Bild 15.2
$L = 0{,}0253\,\text{H}$, $C = 1\,\text{F}$, Anfangswerte $t_0 = 0$, $u(t_0) = -1\,\text{V}$, $i(t_0) = 1\,\text{A}$, Gleichquellen: $u_q = 1\,\text{V}$, $i_q = -1\,\text{A}$, Zeitschritt $h = 5\,\text{ms}$
a $R = 0{,}35\Omega$: kriechender, **b** $R = 0{,}0955\Omega$: schwingender Übergangsvorgang

sich direkt aus den DGln. (15.7) ermitteln, indem man die Ableitungen Null setzt. Das ist sinnvoll, wenn klar ist, dass sich die Zustandsgrößen schließlich nicht mehr ändern. Man erhält für den Spulenstrom i aus Gl. (15.7b) den Wert von i_q und für die Spannung u am Kondensator $u_q - Ri_q$.

Zusammenfassung. Man erkennt aus den beiden Beispielen, dass instationäre Vorgänge auf numerischem Wege mit geringem analytisch-theoretischem Aufwand zu berechnen sind. Die Mühe verlagert sich auf die Rechenmaschine. Viele praktisch wichtige Differentialgleichungen sind nicht analytisch lösbar, so dass nur die numerische Lösung übrig bleibt. Sie ist aber nur eine „Notlösung". Sie vermittelt keine generelle Einsicht, wie sich geänderte Problemkonstanten – im letzten Beispiel R, L, C, $u(0)$, $i(0)$, u_q und i_q – auswirken. Numerische Rechnungen gleichen im günstigsten Fall Experimenten: Man kann sie nur in begrenzter Zahl ausführen, und ihre Ergebnisse sind oft schwer zu interpretieren. Soviel zur Motivation, in den folgenden Abschnitten auch die *analytische Lösung* der instationären Vorgänge zu studieren!

15.3 Lineare Netzwerke mit einem Speicher

Bei linearen Netzwerken mit Widerständen und nur *einem* Speicherelement – also mit einer Spule oder einem Kondensator – führt der Kirchhoff'sche Maschen- oder Knotensatz auf eine Differentialgleichung vom Typ

$$\frac{\mathrm{d}z}{\mathrm{d}t} = \lambda z + q(t) \quad \text{mit dem Anfangswert} \quad z(0) \qquad (15.12, 15.13)$$

der Zustandsvariablen $z(t)$. Die DGl. ist erster Ordnung, linear und hat den konstanten Koeffizienten λ. Aus noch zu erklärenden Gründen wird λ als *Eigenwert* und sein negativer Kehrwert $\tau = -1/\lambda$ als *Eigenzeitkonstante* der DGl. oder auch des Netzwerks bezeichnet. Die Störfunktion $q(t)$ enthält die Quellengrößen.

Zur vollständigen Aufgabenstellung gehört der zum Zeitpunkt $t = 0$ gültige Anfangswert $z(0)$ der Zustandsgröße. Zusammen mit $z(0)$ stellt die DGl. (15.12) ein *Anfangswertproblem*.

Dafür liefert die Mathematik [z. B. MeVa, Band 2] die Lösung

$$z(t) = \mathrm{e}^{\lambda t}\left(z(0) + \int_0^t \mathrm{e}^{-\lambda t'} q(t')\mathrm{d}t'\right). \qquad (15.14)$$

Damit sind wir eigentlich mit dem mathematischen Teil des Problems fertig.

Einen *alternativen Weg* bietet die noch nicht an den Anfangswert angepasste *allgemeine Lösung*

$$z(t) = z_h(t) + z_p(t) = c\mathrm{e}^{\lambda t} + z_p(t) \qquad (15.15\mathrm{a, b})$$

nach dem Superpositionsprinzip. Darin bezeichnen $z_h(t) = c\mathrm{e}^{\lambda t}$ mit der Konstanten c die allgemeine Lösung der *homogenen Differentialgleichung*

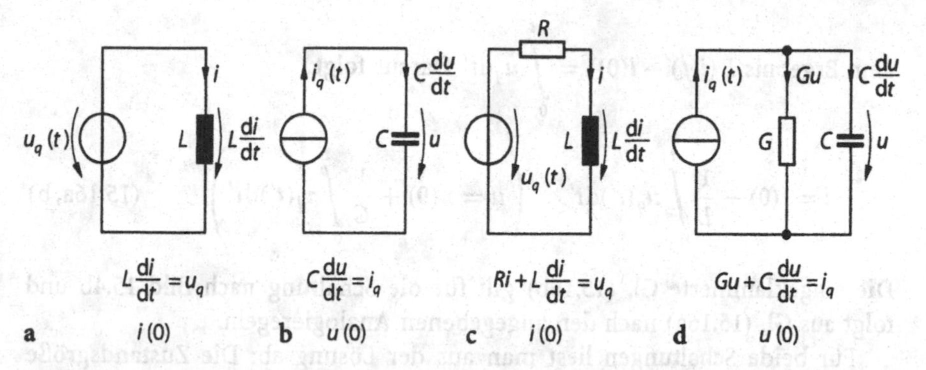

Bild 15.4 Netzwerke mit einem Speicher. Die DGln. **a** und **b** sowie **c** und **d** sind strukturgleich.

$\dfrac{\mathrm{d}z_h}{\mathrm{d}t} = \lambda z_h$, die der DGl. (15.12) zugeordnet ist. Wir nennen $z_h(t)$ im Folgenden kurz die *Eigenlösung*.

Die partikuläre Lösung $z_p(t)$ der *inhomogenen* Differentialgleichung (15.12) ist die von den Quellen *erzwungene Lösung*. Sie hängt nicht vom Anfangswert ab. Wenn die DGl. die Störfunktion $q(t) = 0$ hat, ist die partikuläre Lösung gleich Null. Die DGl. ist dann von Anfang an homogen.

Durch Anpassung der Gl. (15.15b) an den Anfangswert $z(0)$ erhält man schließlich die Lösung

$$z(t) = \underbrace{\big(z(0) - z_p(0)\big)\,\mathrm{e}^{\lambda t}}_{\text{Ausgleichslösung}} + \underbrace{z_p(t)}_{\text{Erzwungene Lösung}} \qquad (15.15\text{c})$$

des Anfangswertproblems Gl. (15.12) und (15.13). Der Term $\mathrm{e}^{\lambda t}$ kann wegen $\lambda = -1/\tau$ auch in der Form $\mathrm{e}^{-t/\tau}$ geschrieben werden.

Die Lösung des Anfangswertproblems ist gefunden, wenn sie durch den Anfangswert $z(0)$ verläuft und die DGl. (15.12) für $t \geq 0$ erfüllt. Man kontrolliert dies durch Einsetzen von z und $\mathrm{d}z/\mathrm{d}t$ in die Differentialgleichung. Zur Übung überzeuge man sich so davon, dass Gl. (15.15c) die DGl. (15.12) und den Anfangswert erfüllt.

Im Folgenden werden die einfachen Netzwerke des Bildes 15.4 untersucht. Die jeweilige Differentialgleichung steht unter dem Schaltbild. Die DGln. des Bildes 15.4a und b sowie c und d sind *gleicher Struktur*. Deshalb wird die Lösung für a auf b übertragbar sein, indem man u_q durch i_q, L durch C, $i(0)$ durch $u(0)$ und i durch u ersetzt. Entsprechendes gilt für die DGln. c und d; zusätzlich ist dort R gegen G auszutauschen.

Zu Bild 15.4a und b. Die DGln. haben *nicht* die Struktur der Gl. (15.12), da ihnen das λz entsprechende Glied fehlt. Die an den Anfangswert $i(0)$ angepasste Lösung der DGl. $L\mathrm{d}i = u_q\mathrm{d}t$ erhält man durch Integration beider Seiten mit dem Ergebnis $L\,(i(t) - i(0)) = \int\limits_0^t u_q \mathrm{d}t'$ Daraus folgt

$$i = i(0) + \frac{1}{L}\int\limits_0^t u_q(t')\mathrm{d}t'. \qquad \left(u = u(0) + \frac{1}{C}\int\limits_0^t i_q(t')\mathrm{d}t'\right) \qquad (15.16\mathrm{a,b})$$

Die eingeklammerte Gl. (15.16b) gilt für die Schaltung nach Bild 15.4b und folgt aus Gl. (15.16a) nach den angegebenen Analogieregeln.

Für beide Schaltungen liest man aus der Lösung ab: Die Zustandsgröße ist das Integral der Quellengröße. Wenn die Quellen „genullt" sind (vgl. Bild 5.2), bleibt der Anfangswert konstant bestehen: Bei einer kurzgeschlossenen widerstandslosen Spule ($u_q = 0$) fließt der Anfangsstrom $i(0)$ für alle Zeiten; ein stromloser, d. h. leerlaufender Kondensator ($i_q = 0$) behält seine Anfangsspannung $u(0)$ bei. Gleichquellen rufen linear mit der Zeit verlaufende Zustandsgrößen i bzw. u hervor.

Zu Bild 15.4c und d. Wir untersuchen die Wirkung der in Tabelle 15.2 aufgezählten sechs Zeitverläufe der Quellenspannung bzw. des Quellenstromes.

Fall 1: Nullquellen. Bei der kurzgeschlossenen Spule mit Vorwiderstand ist das homogene Anfangswertproblem

$$L\frac{\mathrm{d}i}{\mathrm{d}t} + Ri = 0, \quad i(0) \quad \text{oder} \quad \frac{\mathrm{d}i}{\mathrm{d}t} = -\frac{R}{L}i, \quad i(0) \qquad (15.17\mathrm{a,b})$$

zu lösen. Es bildet einen Sonderfall der Gl. (15.12). Aus Gl. (15.14) lesen wir mit $\lambda = -R/L$ und $q(t') = 0$ direkt die Lösung

$$i = i(0)\mathrm{e}^{\lambda t} \qquad (15.18)$$

ab. Aus der numerischen Lösung im vorigen Abschnitt wissen wir schon, dass der Strom i – ausgehend vom Anfangsstrom $i(0)$ – bei gleichen Zeitschritten nach einer geometrischen Reihe abklingt. Das passt zur angegebenen Lösung (15.18). Die abklingende Exponentialfunktion mit dem Faktor $\lambda = -R/L$ im Exponenten beschreibt das *Eigenverhalten* der Schaltung bei „genullter" Quellenspannung. In diesem Kontext wird die Exponentialfunktion als *Eigenfunktion* oder *Eigenlösung*, λ als *Eigenwert* und die Zeitkonstante

$$\tau = -\frac{1}{\lambda} \qquad (15.19)$$

als *Eigenzeitkonstante* bezeichnet.

Entsprechende Überlegungen für die Schaltung nach Bild 15.4d führen auf die Lösung

$$u = u(0)\mathrm{e}^{\lambda t} \quad \text{mit} \quad \lambda = -\frac{G}{C}. \qquad (15.20\mathrm{a,b})$$

Tabelle 15.2 Zeitverläufe der Quellengrößen $u_q(t)$ bzw. $i_q(t)$ nach Bild 15.4c und d

Fall 1	Fall 2	Fall 3	Fall 4	Fall 5	Fall 6
0	konstant	$e^{\alpha t}$	$e^{\lambda t}$	$\cos(\omega t + \varphi_q)$	Impuls

Zu 1 Die Quellengröße ist Null: Die R-L-Reihenschaltung findet einen Kurzschluss vor, die R-C-Schaltung einen Leerlauf. Zu lösen ist nur die homogene Differentialgleichung.
Zu 2 Gleichquellen mit U_q und I_q als Quellenspannung bzw. -strom
Zu 3 Exponentieller Verlauf
Zu 4 Verlauf nach der Eigenfunktion
Zu 5 Harmonische Quelle
Zu 6 Quelle liefert kurzen Impuls mit Spannungs-Zeit-Fläche Ψ bzw. Strom-Zeit-Fläche Q

Fall 2: Gleichquellen. Zu lösen ist das Anfangswertproblem

$$\frac{di}{dt} = -\frac{R}{L}i + \frac{U_q}{L}, \quad i(0). \tag{15.21}$$

Wir lösen es mit nach der Superpositionsmethode der Gl. (15.15a und b), wobei wieder $\lambda = -R/L$ gesetzt ist.

Da die Quellenspannung konstant ist, werden alle Netzwerksgrößen nach Abschluss des Ausgleichsvorgangs ebenfalls Gleichgrößen sein. Die *partikuläre*, d. h. die durch die Gleichquelle erzwungene Lösung erhält man deshalb durch Nullsetzen von di/dt in Gl. (15.21) zu $i_p = \frac{U_q}{R}$. Die *Eigenlösung* ist nach Gl. (15.15b) $i_h = ce^{\lambda t}$. Mit $i = i_h + i_p$ ergibt sich die Lösung $i = ce^{\lambda t} + \frac{U_q}{R}$. Sie wird an den Anfangswert $i(0)$ angepasst, indem man die Konstante c aus $i(0) = ce^0 + \frac{U_q}{R}$ zu $c = i(0) - \frac{U_q}{R}$ berechnet. Damit lautet die Lösung des durch Gl. (15.21) gestellten Anfangswertproblems

$$i = \underbrace{\left(i(0) - \frac{U_q}{R}\right) e^{\lambda t}}_{\text{Ausgleichslösung}} + \underbrace{\frac{U_q}{R}}_{\text{Erzwungene Lösung}}. \tag{15.22}$$

Der Ausgleichsstrom vermittelt zwischen dem Anfangswert $i(0)$ und dem durch die Quelle erzwungenen Strom U_q/R. Die Lösung ist in Bild 15.1b für drei verschiedene Anfangswerte $i(0)$ dargestellt. Der Eigenwert beträgt dort $\lambda = -1\Omega/12\text{H} = 0{,}08\overline{3}\,\text{s}^{-1}$ und die Eigenzeitkonstante $\tau = 12\text{H}/1\Omega = 12\,\text{s}$. Nach ca. 70 s ist der Ausgleichsvorgang praktisch abgeschlossen.

Entsprechende Überlegungen für die Schaltung nach Bild 15.4d führen auf die Lösung

$$u = \underbrace{\left(u(0) - \frac{I_q}{G}\right) e^{\lambda t}}_{\text{Ausgleichslösung}} + \underbrace{\frac{I_q}{G}}_{\text{Erzwungene Lösung}} \quad \text{mit} \quad \lambda = -\frac{G}{C}. \qquad (15.23\text{a, b})$$

Mit Gl. (15.14) wäre man zum gleichen Ergebnis gekommen und mit Gl. (15.15c) am schnellsten.
Setzt man die Quellengröße in Gl. (15.22) oder (15.23) Null, geht die Lösung in die des Falles 1 über.

Fall 3: Exponentialquellen. Zu lösen ist das Anfangswertproblem

$$\frac{\mathrm{d}i}{\mathrm{d}t} = -\frac{R}{L}i + \frac{U_q e^{\alpha t}}{L}, \quad i(0). \qquad (15.24)$$

Wir lösen es nach dem Superpositionsverfahren. Wir vermuten, dass die *partikuläre*, d. h. die durch die Quellenspannung $u_q = U_q e^{\alpha t}$ erzwungene Lösung vom Typ der Anregung ist und versuchen es deshalb mit $i_p = I_p e^{\alpha t}$. Durch Einsetzen in die DGl. (15.24) erhält man $\alpha I_p e^{\alpha t} = -\frac{R}{L} I_p e^{\alpha t} + \frac{U_q e^{\alpha t}}{L}$. Nach Division durch $e^{\alpha t} \neq 0$ folgt daraus mit $\lambda = -R/L$ die Konstante $I_p = \frac{U_q/L}{\alpha - \lambda}$. Bei $\alpha = \lambda$, also bei Erregung mit der Eigenfunktion, würde der Nenner Null. Deshalb ist dieser Fall vorerst *auszuschließen*.

Die *Eigenlösung* ist nach Gl. (15.15b) wieder $i_h = c e^{\lambda t}$. Mit $i = i_h + i_p$ erhält man die Lösung $i = c e^{\lambda t} + I_p e^{\alpha t}$. Sie wird an den Anfangswert $i(0)$ angepasst, indem die Konstante c aus $i(0) = c e^0 + I_p$ zu $c = i(0) - I_p$ ermittelt wird. Damit lautet die Lösung des durch Gl. (15.24) gestellten Anfangswertproblems

$$i = \underbrace{(i(0) - I_p)\, e^{\lambda t}}_{\text{Ausgleichslösung}} + \underbrace{I_p e^{\alpha t}}_{\text{Erzwungene Lösung}} \quad \text{mit} \quad I_p = \frac{U_q/L}{\alpha - \lambda} \text{ und } \lambda = -\frac{R}{L} \qquad (15.25\text{a-c})$$

Der Ausgleichsstrom vermittelt zwischen dem Anfangswert $i(0)$ und dem durch die Quelle erzwungenen Strom $i_p = I_p e^{\alpha t}$. Entsprechende Überlegungen für die Schaltung nach Bild 15.4d führen zur Lösung

$$u = \underbrace{(u(0) - U_p)\, e^{\lambda t}}_{\text{Ausgleichslösung}} + \underbrace{U_p e^{\alpha t}}_{\text{Erzwungene Lösung}} \quad \text{mit} \quad U_p = \frac{I_q/C}{\alpha - \lambda} \quad \text{und} \quad \lambda = -\frac{G}{C}. \qquad (15.26\text{a-c})$$

Mit Gl. (15.14) wäre man zum gleichen Ergebnis gekommen.

Die Lösung (15.25) animiert zu einem interessanten Gedankenexperiment. Wir wählen mit $\alpha = 0.99\,\lambda$ den Quellenwert α so, dass die Quellenspannung nur etwas langsamer als die Eigenlösung abklingt, d. h. wir betrachten eine *eigenlösungsnahe Erregung*. Damit liegt die Konstante $I_p = U_q/(0{,}01R)$ fest. Ferner stellen wir den Anfangsstrom auf $i(0) = I_p$ so ein, dass nach Gl. (15.25a) der Ausgleichsvorgang entfällt. Damit erhalten wir für den Strom $i = I_p e^{\alpha t}$. Das Verhältnis v der Spannung $Ri(t)$ am Widerstand R zur Quellenspannung $u_q(t)$ ergibt sich damit zu $v = \dfrac{Ri}{u_q} = \dfrac{RI_p e^{\alpha t}}{U_q e^{\alpha t}} = 100$. Die Widerstandsspannung Ri ist zu jedem Zeitpunkt das Hundertfache der Quellenspannung! Wir haben einen R-L-Kreis in Resonanznähe erregt.

Fall 4: Erregung mit der Eigenfunktion. Zu lösen ist das Anfangswertproblem

$$\frac{di}{dt} = \lambda i + \frac{U_q e^{\lambda t}}{L}, \quad i(0) \quad \text{mit} \quad \lambda = -\frac{R}{L}. \tag{15.27a, b}$$

Dies entspricht dem eben zurückgestellten Fall $\alpha = \lambda$. Wir benutzen Gl. (15.14) mit $q(t) = \dfrac{U_q e^{\lambda t}}{L}$. Im Integranden ergibt sich dabei eine Konstante. Mit deren Integration erhält man

$$i = e^{\lambda t}\left(i(0) + \frac{U_q}{L}t\right). \tag{15.28}$$

Der durch die Quelle verursachte Term $U_q t/L$ wächst unbegrenzt mit der Zeit. Trotzdem verschwindet der Strom i wegen des schneller abklingenden Faktors $e^{\lambda t}$ rasch.

Entsprechende Überlegungen für die Schaltung nach Bild 15.4d führen auf die Lösung

$$u = e^{\lambda t}\left(u(0) + \frac{I_q}{C}t\right) \quad \text{mit} \quad \lambda = -\frac{G}{C}. \tag{15.29a, b}$$

Die Lösung (15.28) mit der Eigenfunktion $e^{\lambda t}$ als Erregung sieht wegen des Faktors t ganz anders aus als die für die Erregung $e^{\alpha t}$ bei $\alpha \neq \lambda$ (Gl. (15.25)). Trotzdem ist der Fall 4, der *Resonanzfall*, durch den Fall 3 einschachtelbar (Bild 15.5).

Fall 5: Harmonische Erregung. Zu lösen ist das Anfangswertproblem

$$\frac{di}{dt} = -\frac{R}{L}i + \frac{\sqrt{2}U_q\cos(\omega t + \varphi_q)}{L}, \quad i(0) \tag{15.30}$$

Wir überlagern wieder die partikuläre und die Eigenlösung. Die *partikuläre*, d. h. die durch die Quellenspannung $u_q = \sqrt{2}U_q\cos(\omega t + \varphi_q)$ erzwungene stationäre Lösung $i_p = \sqrt{2}I_p\cos(\omega t + \varphi_p)$ finden wir mit der komplexen

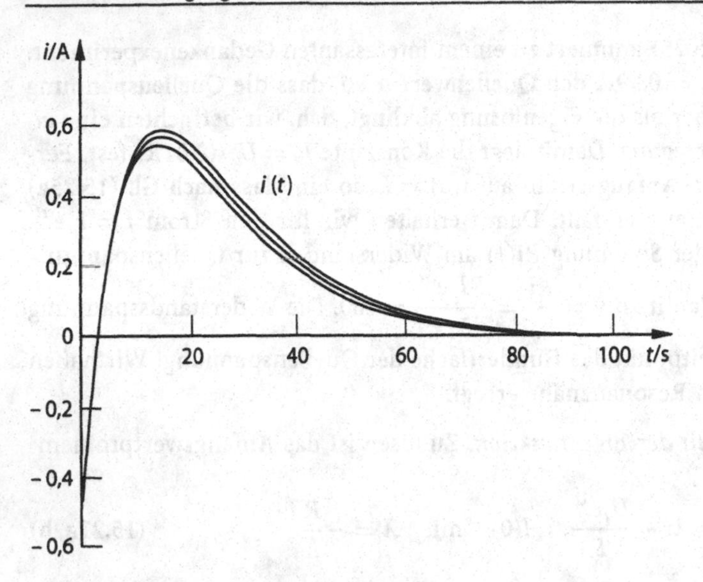

Bild 15.5 Strom im induktiven Kreis nach Bild 15.4c bei exponentieller Erregung $u_q = U_q e^{\alpha t}$
$R = 1\,\Omega$, $L = 12\,\text{H}$, $\lambda = -R/L = 0{,}08\overline{3}\,\text{s}^{-1}$, $\tau = L/R = 12\,\text{s}$, $U_q = 2\,\text{V}$, $i(0) = -0{,}5\,\text{A}$
Obere Kurve: $\alpha = \lambda/1{,}05$ Mittlere Kurve: $\alpha = \lambda$ Untere Kurve: $\alpha = \lambda/0{,}95$

Wechselstromrechnung. Aus $\underline{I}_p = \dfrac{\underline{U}_q}{R + \mathrm{j}\omega L}$ ergibt sich $I_p = \dfrac{U_q}{\sqrt{R^2 + \omega^2 L^2}}$ und $\varphi_p = \varphi_q - \operatorname{Arctan}(\omega L/R)$. Die *Eigenlösung* ist wieder $i_h = c e^{\lambda t}$. Mit $i = i_h + i_p$ erhält man die Lösung $i = c e^{\lambda t} + \sqrt{2} I_p \cos(\omega t + \varphi_p)$. Sie wird an den Anfangswert $i(0)$ angepasst, indem die Konstante c aus $i(0) = c e^0 + \sqrt{2} I_p \cos\varphi_p$ zu $c = i(0) - \sqrt{2} I_p \cos\varphi_p$ ermittelt wird. Damit lautet die Lösung des Anfangswertproblems (15.30)

$$i = \underbrace{\left(i(0) - \sqrt{2} I_p \cos\varphi_p\right) e^{\lambda t}}_{\text{Ausgleichslösung}} + \underbrace{\sqrt{2} I_p \cos(\omega t + \varphi_p)}_{\text{Erzwungene Lösung}} \quad \text{mit} \quad \lambda = -\frac{R}{L}. \tag{15.31a-c}$$

Der Ausgleichsvorgang entfällt bei $i(0) = i_p(0)$, d. h. wenn der Anfangswert $i(0)$ den Wert hat, den die partikuläre Lösung für die Anfangszeit liefert.

Welcher Nullphasenwinkel Φ_q der Quellenspannung $u_q(t)$ ruft den maximalen Ausgleichsstrom beim Einschalten des stromlosen R-L-Zweipols im Zeitnullpunkt hervor? Wegen $i(0) = 0$ nimmt der Ausgleichsstrom $-\sqrt{2} I_p \cos\varphi_p e^{\lambda t}$ ein Maximum bei $\varphi_p = \pi$ ein. Aus $\varphi_p = \varphi_q - \operatorname{Arctan}(\omega L/R)$ erhält man den gesuchten Nullphasenwinkel $\Phi_q = \operatorname{Arctan}(\omega L/R) + \pi$. Bild 15.6 zeigt diesen Fall.

Wenn der Ohm'sche Widerstand R sehr klein ist, gilt $\Phi_q \approx 3\pi/2$ oder auch $\Phi_q \approx -\pi/2$. Die Quellenspannung verläuft in diesem Fall gemäß $u_q = \sqrt{2} U_q \cos(\omega t - \pi/2)$. Im Einschaltzeitpunkt $t = 0$ geht die Quellenspan-

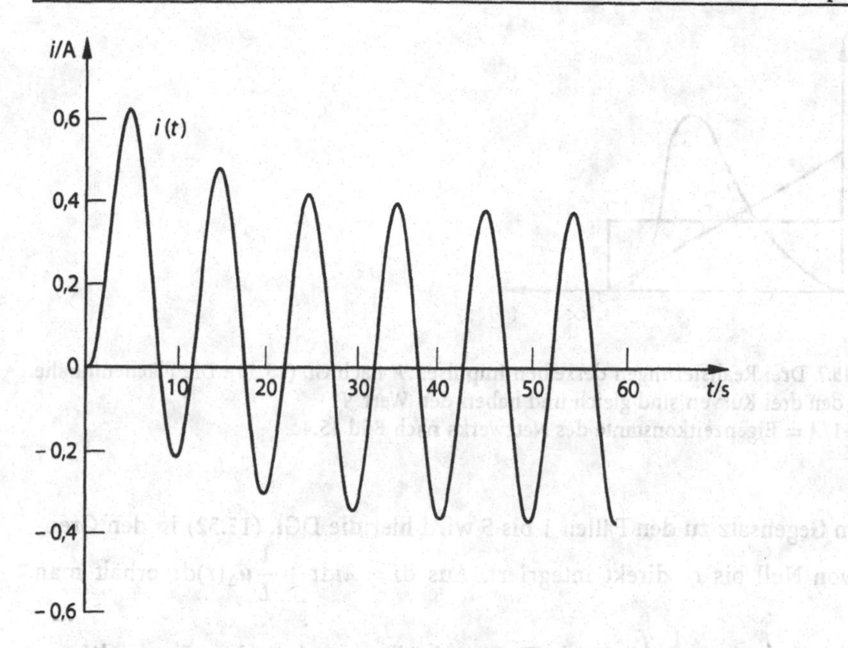

Bild 15.6 Einschalten einer stromlosen *R-L*-Serienschaltung an eine harmonische Wechselspannungsquelle im Zeitnullpunkt.
Fall des maximalen Ausgleichsstromes.
$R = 1\Omega$, $L = 12\,\text{H}$, $u_q(t) = \sqrt{2}U_q\cos(\omega t + \Phi_q)$, $U_q = 2\,\text{V}$, $\omega = 0{,}628\text{rad/s}$, $\Phi_q = -1{,}7\text{rad}$

nung u_q durch Null: Einschalten im Nullpunkt der Quellenspannung führt zum größtmöglichen Ausgleichsstrom.

Die Wechsel- und Drehstromrechnungen in Kap. 10 bis 13 sehen wir jetzt von einem erhöhten Standpunkt: Sie erfassen nur die partikuläre oder erzwungene Lösung der zu Grunde liegenden DGln.. Die Ausgleichsvorgänge bleiben ausgeblendet.

Fall 6: Impulserregung. Zu lösen ist das Anfangswertproblem

$$\frac{di}{dt} = -\frac{R}{L}i + \frac{u_\Delta(t)}{L}, \quad i(0) = 0. \tag{15.32}$$

Dabei soll die impulsartige Spannung $u_\Delta(t)$ nach der Zeit $t_\Delta \ll \tau = -1/\lambda = L/R$ wieder auf Null zurückgegangen sein (Bild 15.7). Die Spannung $u_\Delta(t)$ soll so verlaufen, dass sie die Spannungs-Zeit-Fläche

$$\Psi = \int_0^{t_\Delta} u_\Delta(t)\mathrm{d}t \qquad [\Psi]_{\mathrm{SI}} = \mathrm{Vs} \tag{15.33}$$

besitzt, die auch als Spannungsimpuls bezeichnet wird (Bild 15.7). Den Impuls Ψ betrachten wir als gegeben, ohne dass der Verlauf der Spannung $u_\Delta(t)$ im Einzelnen bekannt sein muss.

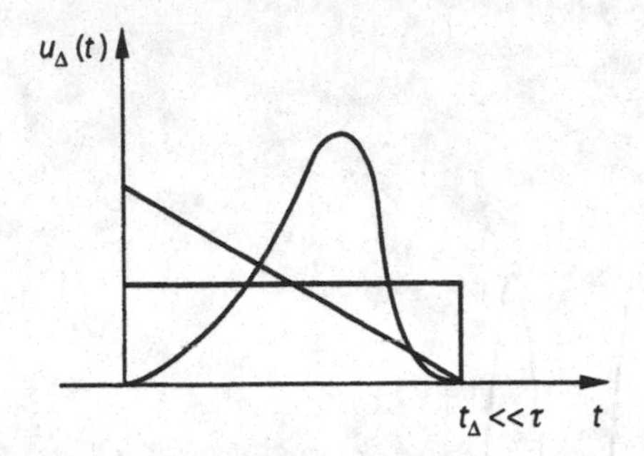

Bild 15.7 Drei Realisierungen desselben Impulses Ψ nach Gl. (15.33): Die Flächeninhalte unter den drei Kurven sind gleich und haben den Wert Ψ.
$\tau = -1/\lambda$ = Eigenzeitkonstante des Netzwerks nach Bild 15.4c

Im Gegensatz zu den Fällen 1 bis 5 wird hier die DGl. (15.32) in den Grenzen von Null bis t_Δ direkt integriert. Aus $\mathrm{d}i = \lambda i \mathrm{d}t + \frac{1}{L} u_\Delta(t)\mathrm{d}t$ erhält man $\int_{i(0)}^{i(t_\Delta)} \mathrm{d}i = \lambda \int_0^{t_\Delta} i \mathrm{d}t + \frac{1}{L}\int_0^{t_\Delta} u_\Delta(t)\mathrm{d}t$. Dafür schreiben wir kurz $I_1 = I_2 + I_3$. Wegen $i(0) = 0$ gilt $I_1 = i(t_\Delta)$ und wegen Gl. (15.33) $I_3 = \Psi/L$. Außerdem vermuten wir $I_2 \approx 0$, was noch zu überprüfen ist. Damit erhält man $i(t_\Delta) = \Psi/L$. Wir kontrollieren, ob die Vernachlässigung von I_2 berechtigt ist: Dazu setzen wir zur Berechnung von I_2 für den zu integrierenden Strom i im ganzen Zeitintervall von Null bis t_Δ den konstanten Wert Ψ/L ein. Das überschätzt $|I_2|$, da sich der Strom in Wirklichkeit vom Wert Null ausgehend aufbaut. Wir erhalten hieraus $I_2 = \lambda\frac{\Psi}{L}\int_0^{t_\Delta} \mathrm{d}t = \lambda\frac{\Psi}{L}t_\Delta = -\frac{\Psi}{L}\frac{t_\Delta}{\tau} = -I_3\frac{t_\Delta}{\tau}$. Wegen der Voraussetzung $\frac{t_\Delta}{\tau} \ll 1$ gilt $|I_2| \ll |I_3|$. Die Annahme $I_2 \approx 0$ *ist* gerechtfertigt und wir bleiben bei dem Ergebnis $i(t_\Delta) = \Psi/L$: Nach der Zeit t_Δ nimmt der Strom den Wert Ψ/L ein. Da die Zeitspanne t_Δ des Impulses sehr kurz ist, ordnen wir den Stromwert Ψ/L vereinfachend bereits dem Zeitnullpunkt zu. Der Impuls erzeugt so gesehen den „Anfangswert" $i(0) = \Psi/L$. Da die Quellengröße nach dem Impuls den Wert Null beibehält (Bild 15.7), klingt der Strom so ab wie im Fall 1. Wir erhalten schließlich die *Impulsantwort*[3]

$$i = \frac{\Psi}{L}\mathrm{e}^{\lambda t} \qquad \text{mit} \qquad \lambda = -\frac{R}{L}. \tag{15.34a, b}$$

[3]Mit Hilfe der Distribution $\delta(t)$, der verallgemeinerten Stoßfunktion nach P. Dirac (1902–1984), ist das Ergebnis schneller zu gewinnen – allerdings auf Kosten der näheren Einsicht in das Problem.

Entsprechende Überlegungen für die Schaltung nach Bild 15.4d führen zur Antwort

$$u = \frac{Q}{C} e^{\lambda t} \quad \text{mit} \quad \lambda = -\frac{G}{C} \qquad (15.35a, b)$$

auf den Stromimpuls Q, der wegen $Q = \int_0^{t_\Delta} i_\Delta(t)\mathrm{d}t$ in Coulomb zu messen ist.

Es wird nochmals betont: Zur Berechnung der Impulsantwort genügt die Spannungs-Zeit- oder die Strom-Zeit-„Fläche" Ψ *bzw.* Q des Impulses. Der *Zeitverlauf* der impulsartigen Erregung im Detail spielt keine Rolle. Er muss nur kurz genug sein. Der Näherungsfehler verschwindet mit Annäherung der Impulsdauer t_Δ an Null.

Öffnen eines induktiven Stromkreises. Zu untersuchen ist das Abschalten eines induktiven Stromkreises (Bild 15.8), der anfangs den Strom $i(0)$ führt. „Abschalten" bedeutet, dass der Strom *in sehr kurzer Zeit* auf den Wert Null zurückgeht. In der Praxis geschieht das durch Öffnen eines Schalters.

Man könnte die Stromstärke auch ohne den Schalter auf den Wert Null führen:

1. durch schnelle Vergrößerung des Widerstandes auf den Wert Unendlich oder
2. mit einer großen negativen Quellenspannung, die im Endzustand einen Strom entgegengesetzten Vorzeichens aufbauen würde. Der Vorgang müsste beim Strom Null abgebrochen werden oder
3. mit einer stellbaren Stromquelle.

Am einfachsten ist der Fall 3 zu übersehen. Das Ersatznetzwerk nach Bild 15.8b veranschaulicht ihn.

Wir schreiben einfach den Quellenstrom vor. Er nehme gemäß $i_q = i(0)\,(1 - t/t_\Delta)$ während der Zeitspanne $0 \le t \le t_\Delta$ gleichmäßig vom Anfangswert $i(0)$ auf den bleibenden Endwert Null ab. Die vorausgesetzte Gleichmäßigkeit der Abnahme ist nicht wesentlich, sondern bequem.

Wir sind angenehm überrascht, gar keine DGl. lösen zu müssen. Im Gegensatz zu den vorher behandelten Fällen ist der Verlauf der Zustandsvariablen

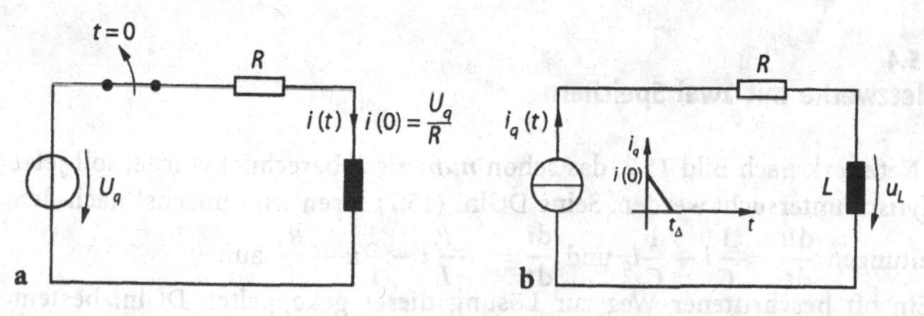

Bild 15.8 Öffnen eines induktiven Stromkreises **a** Originalnetzwerk, **b** Ersatznetzwerk

gegeben. Zu berechnen bleiben nur die Spannungen Ri_q am Widerstand und $L\,\mathrm{d}i_q/\mathrm{d}t$ an der Spule.

Die Widerstandsspannung nimmt stromproportional ab, für die Spulenspannung erhält man in der Zeitspanne $0 \leq t \leq t_\Delta$ den konstanten Wert $u_L = -Li(0)/t_\Delta$. In der Spule wird also ein rechteckförmiger Spannungsimpuls induziert.

Das Ergebnis ist bemerkenswert: Ein unendlich schnelles Schalten ($t_\Delta \rightarrow 0$) induzierte eine unendlich hohe Spannung in der Spule. In Wirklichkeit kommt es nicht dazu. Zwischen den Polen des Schalters zündet ein Lichtbogen. Damit verschafft sich der Strom die Möglichkeit, weiterzufließen, d. h. langsamer abzunehmen und die in der Spule gespeicherte Energie $0{,}5Li^2(0)$ mit begrenzter Leistung in Wärme umzuwandeln. In Fällen hoher Speicherenergie muss der sprungartige „Abschaltvorgang" durch gezielte Maßnahmen „verstetigt" werden.

Um Missverständnissen vorzubeugen: Die angestellten Überlegungen zielen nicht darauf, die Spannung an einem realen Schalter zu bestimmen; es sollte vielmehr klargestellt werden, dass ein Spulenstrom nicht abrupt abgeschaltet werden kann. Eigentlich wissen wir das schon aus Abschnitt 15.1. Dort war als wichtigstes Merkmal von Zustandsgrößen herausgestellt worden, dass sie *nicht* springen können.

Wenn man dem Strom nicht vorschreibt, wie er über der Zeit abnehmen soll, sondern nur, dass er im Zeitintervall $0 \leq t \leq t_\Delta$ vom Wert $i(0)$ *irgendwie* auf den Wert Null verschwinden soll, kommt man durch Integration der DGl. $u_L\mathrm{d}t = L\mathrm{d}i$ gemäß $\int\limits_0^{t_\Delta} u_L\mathrm{d}t = L \int\limits_{i(0)}^{i(t_\Delta)} \mathrm{d}i$ und mit $i(t_\Delta) = 0$ zum Resultat $\int\limits_0^{t_\Delta} u_L\mathrm{d}t = -Li(0)$.

Der Impulswert der Spulenspannung, d. h. ihre Spannungs-Zeit-„Fläche", beträgt nach der letzten Gleichung $-Li(0)$. Das Ergebnis gilt allgemein; der zuvor angegebene rechteckimpulsförmige Spannungsverlauf $u_L = -Li(0)/t_\Delta$ erfasst den Spezialfall, dass der Strom gleichmäßig abnimmt.

Für den Kurzschluss eines Kondensators gelten ähnliche Überlegungen.

15.4 Netzwerke mit zwei Speichern

Das Netzwerk nach Bild 15.2, das schon *numerisch* berechnet wurde, soll jetzt *analytisch* untersucht werden. Seine DGln. (15.7) lösen wir zunächst nach den Ableitungen $\dfrac{\mathrm{d}u}{\mathrm{d}t} = \dfrac{1}{C}i - \dfrac{1}{C}i_q$ und $\dfrac{\mathrm{d}i}{\mathrm{d}t} = -\dfrac{R}{L}i - \dfrac{1}{L}u + \dfrac{u_q}{L}$ auf.

Ein oft beschrittener Weg zur Lösung dieser gekoppelten DGln. besteht darin, eine der beiden Zustandsgrößen zu eliminieren. Zum Beispiel könnte man die erste der beiden DGln. nach i auflösen, $\mathrm{d}i/\mathrm{d}t$ bilden und die Terme für i und $\mathrm{d}i/\mathrm{d}t$ in die zweite DGl. einsetzen. Man erhielte dann *eine* DGl. 2. Ordnung in der Spannung u. Der Strom i wäre eliminiert. Diesen Weg nehmen wir nicht, da er schwerer auf Mehrspeichernetzwerke zu übertragen ist.

Wir fassen beide DGln. – sie sind linear, erster Ordnung und haben konstante Koeffizienten – statt dessen in der vektorwertigen DGl.

$$\frac{\mathrm{d}}{\mathrm{d}t}\begin{pmatrix} u \\ i \end{pmatrix} = \begin{pmatrix} 0 & 1/C \\ -1/L & -R/L \end{pmatrix}\begin{pmatrix} u \\ i \end{pmatrix} + \begin{pmatrix} -i_q/C \\ u_q/L \end{pmatrix} \qquad (15.36)$$

zusammen. Diese nach den Ableitungen aufgelöste Form heißt *Normalform* eines Systems linearer DGln. erster Ordnung. Die Gl. (15.36) stellt zusammen mit den Anfangswerten $u(0)$ und $i(0)$ ein *Anfangswertproblem* (AWP).

Abkürzend schreibt man die Gleichung und die Anfangswerte in der Form

$$\frac{\mathrm{d}\overline{z}}{\mathrm{d}t} = \overline{\overline{A}}\,\overline{z} + \overline{q} \quad \text{bzw.} \quad \overline{z}(0). \qquad (15.37\text{a, b})$$

Die Struktur dieser Gleichung erinnert an Gl. (15.12). Dabei bezeichnen im Fall unseres Netzwerkes

$$\overline{z} = \begin{pmatrix} u \\ i \end{pmatrix}, \qquad (15.38\text{a})$$

$$\overline{\overline{A}} = \begin{pmatrix} 0 & 1/C \\ -1/L & -R/L \end{pmatrix}, \qquad (15.38\text{b})$$

$$\overline{q} = \begin{pmatrix} -i_q/C \\ u_q/L \end{pmatrix} \qquad (15.38\text{c})$$

und

$$\overline{z}(0) = \begin{pmatrix} u(0) \\ i(0) \end{pmatrix} \qquad (15.38\text{d})$$

den *Zustandsvektor*, die quadratische *Systemmatrix*, den im Allgemeinen zeitabhängigen *Störvektor* und den *Anfangsvektor* zur DGl. (15.36). Die Matrixschreibweise[4] drängt sich bei einem Problem mit nur zwei Speichern eigentlich noch nicht auf und erscheint als Ballast. Sie wird präsentiert, da man sie leicht auf Mehrspeichernetze übertragen kann.

Zur Lösung

$$\overline{z} = \overline{z}_h + \overline{z}_p \qquad (15.39)$$

[4]Die „Vektoren" sind eigentlich Spaltenmatrizen. Es gelten hier nicht die von Vektoren gewohnten Operationen, sondern die der Matrizenrechnung. Die Bildung eines Betrages von $\overline{z}$ ist z. B. nicht möglich, da die $\overline{z}$-Koordinaten im allgemeinen dimensionsverschieden sind.

des Anfangswertproblems (15.37) überlagern wir die *Eigenlösung* $\overline{z}_h$ der *homogenen* DGl.

$$\frac{\mathrm{d}\overline{z}_h}{\mathrm{d}t} = \overline{\overline{A}}\overline{z}_h \tag{15.40}$$

und die *partikuläre* Lösung $\overline{z}_p$ der *inhomogenen* DGl. (15.37a).

Die Quellen – genauer: die zeitabhängigen Quellenspannungen und -ströme in den Koordinaten des Störvektors $\overline{q}$ – erzwingen die *partikuläre* Lösung $\overline{z}_p$. Sie hängt nicht von den Anfangswerten ab. Häufig ist die partikuläre Lösung vom Typ der Quellengrößen. Bei Wechselerregung liegt die Methode der komplexen Rechnung nahe. Wenn das Netzwerk keine Quellen hat, gilt $\overline{z}_p = \overline{0}$.

Die *homogene* DGl. (15.40) beschreibt das Netzwerk bei „genullten" Quellen (vgl. Bild 5.2). Die allgemeine Lösung $\overline{z}_h$, die *Eigenlösung*, enthält freie Konstanten, die durch Anpassung von Gl. (15.39) an die Anfangswerte zu bestimmen sind. Die Eigenlösung ist eine *Eigenschaft* des dem Originalnetzwerk zugeordneten Netzwerkes mit „genullten" Quellen; die speziellen Zeitverläufe der Quellengrößen spielen dabei keine Rolle. Wesentlich bleibt aber die Quellen*art*: Genullte Spannungs- und Stromquellen unterscheiden sich wie Kurzschluss und Leerlauf!

Zur Lösung von Gl. (15.40) hat sich der Exponential-Ansatz[5]

$$\overline{z}_h = {}^{\mathrm{e}}\overline{z}\mathrm{e}^{\underline{\lambda}t} \tag{15.41}$$

für die *Eigenlösung*[6] *mit dem Eigenwert* $\underline{\lambda}$ und dem *Eigenvektor* ${}^{\mathrm{e}}\overline{z}$ als nützlich erwiesen. Welche Werte der Eigenwert und die Koordinaten des Eigenvektors haben, lässt sich durch Erproben des Ansatzes an Gl. (15.40) bestimmen.

Wir erarbeiten zunächst die *Eigenlösung* und schreiben dabei übersichtshalber die Kurzform jeweils neben die Langversion. Die Eigenlösung

$$\begin{pmatrix} u_h \\ i_h \end{pmatrix} = \begin{pmatrix} {}^{\mathrm{e}}U \\ {}^{\mathrm{e}}I \end{pmatrix} \mathrm{e}^{\underline{\lambda}t} \quad \text{bzw.} \quad \overline{z}_h = {}^{\mathrm{e}}\overline{z}\mathrm{e}^{\underline{\lambda}t} \tag{15.42a, b}$$

setzen wir in die homoge DGl.

$$\frac{\mathrm{d}}{\mathrm{d}t}\begin{pmatrix} u_h \\ i_h \end{pmatrix} = \begin{pmatrix} 0 & 1/C \\ -1/L & -R/L \end{pmatrix} \begin{pmatrix} u_h \\ i_h \end{pmatrix} \quad \text{bzw.} \quad \frac{\mathrm{d}\overline{z}_h}{\mathrm{d}t} = \overline{\overline{A}}\overline{z}_h \tag{15.43a, b}$$

ein und erhalten nach Division durch $\mathrm{e}^{\underline{\lambda}t} \neq 0$ das algebraische Gleichungssystem

$$\underline{\lambda}\begin{pmatrix} {}^{\mathrm{e}}U \\ {}^{\mathrm{e}}I \end{pmatrix} = \begin{pmatrix} 0 & 1/C \\ -1/L & -R/L \end{pmatrix} \begin{pmatrix} {}^{\mathrm{e}}U \\ {}^{\mathrm{e}}I \end{pmatrix} \quad \text{bzw.} \quad \underline{\lambda}{}^{\mathrm{e}}\overline{z} = \overline{\overline{A}}{}^{\mathrm{e}}\overline{z}. \tag{15.44a, b}$$

[5]Eingeweihten sei bestätigt, daß dieser Ansatz bei mehrfachen Eigenwerten nicht ausreicht.

[6]Der hochgestellt Präfix „e" für „Eigen...", z. B. in ${}^{\mathrm{e}}\overline{z}$ oder ${}^{\mathrm{e}}U$, hat nichts mit eingeprägten Größen zu tun.

Es ist homogen. Seine Form

$$\left[\begin{pmatrix} 0 & 1/C \\ -1/L & -R/L \end{pmatrix} - \underline{\lambda}\begin{pmatrix} 1 & 0 \\ 0 & 1 \end{pmatrix}\right]\begin{pmatrix} {}^{e}\underline{U} \\ {}^{e}\underline{I} \end{pmatrix} = \begin{pmatrix} 0 \\ 0 \end{pmatrix} \text{ bzw. } \left(\overline{\overline{A}} - \underline{\lambda}\overline{\overline{E}}\right){}^{e}\overline{\underline{z}} = \overline{0}, \tag{15.45a, b}$$

in der die Einsmatrix $\overline{\overline{E}}$ auftritt, oder auch die gleichwertige Schreibweise

$$\begin{pmatrix} -\underline{\lambda} & 1/C \\ -1/L & -R/L - \underline{\lambda} \end{pmatrix}\begin{pmatrix} {}^{e}\underline{U} \\ {}^{e}\underline{I} \end{pmatrix} = \begin{pmatrix} 0 \\ 0 \end{pmatrix} \quad \text{bzw.} \quad \left(\overline{\overline{A}} - \underline{\lambda}\overline{\overline{E}}\right){}^{e}\overline{\underline{z}} = \overline{0} \tag{15.46a, b}$$

betont die Homogenität. Jede der Gln. (15.44) bis (15.46) formuliert dasselbe spezielle Matrix-Eigenwertproblem.

Das homogene lineare algebraische Gleichungssystem hat nur dann eine nichttriviale Lösung, wenn die Determinante

$$\det\begin{pmatrix} -\underline{\lambda} & 1/C \\ -1/L & -R/L - \underline{\lambda} \end{pmatrix} \quad \text{bzw.} \quad \det\left(\overline{\overline{A}} - \underline{\lambda}\overline{\overline{E}}\right) \tag{15.47a, b}$$

seiner Koeffizientenmatrix verschwindet. Mit

$$\underline{\lambda}\left(\frac{R}{L} + \underline{\lambda}\right) + \frac{1}{LC} = 0 \quad \text{bzw.} \quad \det\left(\overline{\overline{A}} - \underline{\lambda}\overline{\overline{E}}\right) = 0 \tag{15.48a, b}$$

erhalten wir das *charakteristische Polynom*

$$\underline{\lambda}^2 + \frac{R}{L}\underline{\lambda} + \frac{1}{LC} = 0. \tag{15.49}$$

Wir sind ihm schon einmal beim Reihenschwingkreis in Gl. (10.73) begegnet und bestätigen die dort angegebenen Nullstellen

$$\underline{\lambda}_{1,2} = -\frac{R}{2L} \pm \sqrt{\left(\frac{R}{2L}\right)^2 - \frac{1}{LC}}, \quad [\underline{\lambda}_{1,2}]_{SI} = s^{-1} \tag{15.50}$$

Mit den speziellen Werten $\underline{\lambda}_1$ und $\underline{\lambda}_2$ kennt man den *Zeitaspekt* der Eigenlösung (15.41). Wir haben in Gl. (15.41) zwar nur *einen* Eigenwert angesetzt, müssen jetzt aber mit *zweien* Vorlieb nehmen.

Wenn der Radikand positiv ist ($D > 1$ nach Gl. (10.76)) ergeben sich zwei *negative* Eigenwerte. Jeder entspricht nach Gl. (15.42) einer abklingenden Exponentialfunktion unterschiedlicher Zeitkonstante. Das war bei dem numerisch berechneten Beispiel des Bildes 15.3a zu erahnen. Wenn der Radikand sich dagegen negativ ergibt ($0 < D < 1$), bilden die Eigenwerte ein *konjugiert komplexes Paar*. Nach Bild 15.3b ist zu vermuten, dass dieser Fall auf eine gedämpfte

Schwingung hinausläuft. Bei verschwindendem Radikand ($D = 1$) existiert nur ein (zweifacher) Eigenwert.

Wir setzen die Eigenwerte jetzt als berechnet voraus und bestimmen die beiden zugehörigen Eigenvektoren. Dazu wird jeder Eigenwert in Gl. (15.46) eingesetzt, womit man mit $\underline{\lambda}_1$ und $\underline{\lambda}_2$ die beiden Gleichungssysteme

$$\begin{pmatrix} -\underline{\lambda}_1 & 1/C \\ -1/L & -R/L - \underline{\lambda}_1 \end{pmatrix} \begin{pmatrix} {}^e U_1 \\ {}^e I_1 \end{pmatrix} = \begin{pmatrix} 0 \\ 0 \end{pmatrix} \quad \text{bzw.} \quad \left(\overline{\overline{A}} - \underline{\lambda}_1 \overline{\overline{E}}\right) {}^e\overline{z}_1 = \overline{0} \tag{15.51a, b}$$

und

$$\begin{pmatrix} -\underline{\lambda}_2 & 1/C \\ -1/L & -R/L - \underline{\lambda}_2 \end{pmatrix} \begin{pmatrix} {}^e U_2 \\ {}^e I_2 \end{pmatrix} = \begin{pmatrix} 0 \\ 0 \end{pmatrix} \quad \text{bzw.} \quad \left(\overline{\overline{A}} - \underline{\lambda}_2 \overline{\overline{E}}\right) {}^e\overline{z}_2 = \overline{0} \tag{15.52a, b}$$

erhält. Die Auflösung nach den Eigenvektoren erleichtert, dass die Determinante der quadratischen Matrix jeweils gleich Null ist (vgl. Term (15.47) und Gl. (15.48)); die beiden Zeilen der Matrix $\begin{pmatrix} -\underline{\lambda}_1 & 1/C \\ -1/L & -R/L - \underline{\lambda}_1 \end{pmatrix}$ sind linear abhängig[7]. Dasselbe gilt für die andere Matrix $\begin{pmatrix} -\underline{\lambda}_2 & 1/C \\ -1/L & -R/L - \underline{\lambda}_2 \end{pmatrix}$. Es genügt, jeweils *eine* Gleichung auszuwerten. Da nur eine Gleichung für zwei Unbekannten zur Verfügung steht, kann eine Unbekannte willkürlich festgelegt werden. Wir setzen ${}^e U_1 = 1\,\text{V}$ und ermitteln aus $-\underline{\lambda}_1 {}^e U_1 + {}^e I_1/C = 0$ den Wert ${}^e I_1 = \underline{\lambda}_1 C \cdot 1\,\text{V}$. Auf gleiche Weise erhalten wir mit ${}^e U_2 = 1\,\text{V}$ den Ausdruck ${}^e I_2 = \underline{\lambda}_2 C \cdot 1\,\text{V}$. Hiermit verfügen wir über die *fast* allgemeine Lösung

$$\begin{aligned} \begin{pmatrix} u_h \\ i_h \end{pmatrix} &= c_1 \begin{pmatrix} 1\,\text{V} \\ \underline{\lambda}_1 C \cdot 1\,\text{V} \end{pmatrix} e^{\underline{\lambda}_1 t} + c_2 \begin{pmatrix} 1\,\text{V} \\ \underline{\lambda}_2 C \cdot 1\,\text{V} \end{pmatrix} e^{\underline{\lambda}_2 t} \quad \text{bzw.} \\ \overline{z}_h &= c_1 {}^e\overline{z}_1 e^{\underline{\lambda}_1 t} + c_2 {}^e\overline{z}_2 e^{\underline{\lambda}_2 t} \end{aligned} \tag{15.53}$$

der homogenen DGl. (15.43). Die Einschränkung „fast" weist darauf hin, dass der Ansatz (15.42) für den Fall $\underline{\lambda}_1 = \underline{\lambda}_2 = -\frac{R}{2L}$, d. h. für $D = 1$ versagt. Dies erkennt man daran, dass die Lösung (15.53) wegen der dann parallelen Vektoren nicht mehr an jeden Anfangsvektor angepasst werden könnte.

Wir schließen den Fall mehrfacher Eigenwerte aus. Dazu wird auf die mathematische Literatur verwiesen.

Wie sind die beiden Konstanten c_1 und c_2 und die Summe in Gl. (15.53) ins Spiel gekommen? Wir haben zunächst zwei Terme ${}^e\overline{z}_1 e^{\underline{\lambda}_1 t}$ und ${}^e\overline{z}_2 e^{\underline{\lambda}_2 t}$ ermittelt, die jeweils die homogene DGl. (15.40) erfüllen. Aber auch jedes Vielfache,

[7] Davon kann man sich auch durch Einsetzen von $\underline{\lambda}_1$ bzw. $\underline{\lambda}_2$ nach Gl. 15.50 überzeugen.

speziell jedes c_1- bzw. c_2-fache der Terme erfüllt die DGl. und damit auch jede Linearkombination.

Aus Gl. (15.39) folgt mit Gl. (15.53) die *allgemeine Lösung*

$$\begin{pmatrix} u \\ i \end{pmatrix} = \underbrace{c_1 \begin{pmatrix} 1\,\mathrm{V} \\ \underline{\lambda}_1 C \cdot 1\,\mathrm{V} \end{pmatrix} \mathrm{e}^{\underline{\lambda}_1 t} + c_2 \begin{pmatrix} 1\,\mathrm{V} \\ \underline{\lambda}_2 C \cdot 1\,\mathrm{V} \end{pmatrix} \mathrm{e}^{\underline{\lambda}_2 t}}_{\text{Ausgleichslösung}} + \underbrace{\begin{pmatrix} u_p \\ i_p \end{pmatrix}}_{\text{Erzwungene Lösung}} \tag{15.54a}$$

bzw.

$$\overline{z} = \overline{\overline{Z}}_h \overline{c} + \overline{z}_p \tag{15.54b}$$

der *inhomogenen* DGl. (15.36). Sie gilt für $D \neq 1$.

Die komprimierte Form (15.54b) nutzt die quadratische Fundamentalmatrix und den Konstantenvektor

$$\overline{\overline{Z}}_h(t) = \begin{pmatrix} {}^{\mathrm{e}}\overline{z}_1 \mathrm{e}^{\underline{\lambda}_1 t} & {}^{\mathrm{e}}\overline{z}_2 \mathrm{e}^{\underline{\lambda}_2 t} \end{pmatrix} \quad \text{bzw.} \quad \overline{c} = \begin{pmatrix} c_1 \\ c_2 \end{pmatrix}. \tag{15.55a, b}$$

Die zeitabhängige Fundamentalmatrix enthält in ihren Spalten jeweils das Produkt aus dem konstanten Eigenvektor und der zugehörigen Zeitfunktion $\mathrm{e}^{\mathit{Eigenwert} \cdot t}$.

Wir setzen jetzt voraus, dass die erzwungene Lösung bekannt ist. Die Konstanten c_1 und c_2 – sie haben die Dimension Eins – werden durch Anpassung der allgemeinen Lösung (15.54) an die für den Zeitpunkt $t = 0$ gegebenen Anfangswerte bestimmt, indem das lineare Gleichungssystem

$$\begin{pmatrix} 1\,\mathrm{V} & 1\,\mathrm{V} \\ \underline{\lambda}_1 C \cdot 1\,\mathrm{V} & \underline{\lambda}_2 C \cdot 1\,\mathrm{V} \end{pmatrix} \begin{pmatrix} c_1 \\ c_2 \end{pmatrix} = \begin{pmatrix} u(0) - u_p(0) \\ i(0) - i_p(0) \end{pmatrix} \tag{15.56a}$$

bzw.

$$\overline{\overline{Z}}_h(0) \overline{c} = \overline{z}(0) - \overline{z}_p(0) \tag{15.56b}$$

nach c_1 und c_2 bzw. $\overline{c}$ aufgelöst wird. Im Fall $D > 1$, also bei reellen Eigenwerten, sind die Konstanten c_1 und c_2 reell. Bei konjugiert-komplexen Eigenwerten, d. h. bei $D < 1$, bilden c_1 und c_2 gemäß

$$c_1 = |c_1|\, \mathrm{e}^{\mathrm{j}\varphi_c} = c_2^* \tag{15.57}$$

ein konjugiert-komplexes Paar. Die im Allgemeinen komplexen Konstanten[8] c_1 und c_2 gelten jetzt als berechnet.

[8] Aus der fehlenden Unterstreichung darf hier nicht geschlossen werden, die Größe sei immer reell.

Bei reellen Eigenwerten ist die Lösung (15.54) leicht zu interpretieren und kann so stehen bleiben. Bei konjugiert-komplexen Eigenwerten $\underline{\lambda}_1$ und $\underline{\lambda}_2 = \underline{\lambda}_1^*$ führen wir besondere Symbole für ihre kartesischen und ihre Polarkoordinaten ein, nämlich

$$\underline{\lambda}_1 = {}^{e}\sigma_1 + j\,{}^{e}\omega_1 \quad \text{und} \quad \underline{\lambda}_1 = \lambda_1 e^{j\,{}^{e}\varphi_1} \tag{15.58a, b}$$

mit

$${}^{e}\sigma_1 = -\frac{R}{2L} \quad \text{und} \quad {}^{e}\omega_1 = \sqrt{\frac{1}{LC} - \left(\frac{R}{2L}\right)^2} \tag{15.59a, b}$$

bzw.

$$\lambda_1 = |\underline{\lambda}_1| = \sqrt{\frac{1}{LC}} \quad \text{und} \quad {}^{e}\varphi_1 = \operatorname{Arc}\underline{\lambda}_1 . \tag{15.60a, b}$$

Dabei bedeuten $-{}^{e}\sigma_1 = {}^{e}d$ die Eigendämpfung und ${}^{e}\omega_1$ die Eigenkreisfrequenz des Netzwerkes (Bild 15.9). Das Bild verknüpft diese Koordinaten mit den Parametern $\omega_0 = \sqrt{\frac{1}{LC}}$ und $D = \sqrt{\left(\frac{R}{2L}\right)^2 / \frac{1}{LC}} = \frac{R}{2}\sqrt{\frac{C}{L}}$, wie schon in Abschn. 10.4 angegeben.

Ferner nutzen wir die mit $e^{\operatorname{Re}\underline{B} + j\operatorname{Im}\underline{B}} = e^{\operatorname{Re}\underline{B}} \cdot e^{j\operatorname{Im}\underline{B}}$ verbundene mathematische Identität

$$\underline{A}e^{\underline{B}} + \left(\underline{A}e^{\underline{B}}\right)^* = 2\,|\underline{A}|\,e^{\operatorname{Re}\underline{B}} \cos\left(\operatorname{Im}\underline{B} + \operatorname{Arc}\underline{A}\right), \tag{15.61}$$

welche die komplexwertige e- mit der reellwertigen cos-Funktion verknüpft.

Die Größen $\underline{A}$ und $\underline{B}$ sind i. a. komplex. Mit $c_2 = c_1^*$, $\underline{\lambda}_2 = \underline{\lambda}_1^*$ und $\underline{B} = \underline{\lambda}_1 t$ folgt aus Gl. (15.54)

$$\begin{pmatrix} u \\ i \end{pmatrix} = \underbrace{c_1 \begin{pmatrix} 1\,\text{V} \\ \underline{\lambda}_1 C \cdot 1\,\text{V} \end{pmatrix} e^{\underline{\lambda}_1 t} + \left\{ c_1 \begin{pmatrix} 1\,\text{V} \\ \underline{\lambda}_1 C \cdot 1\,\text{V} \end{pmatrix} e^{\underline{\lambda}_1 t} \right\}^*}_{\text{Ausgleichslösung}} + \underbrace{\begin{pmatrix} u_p \\ i_p \end{pmatrix}}_{\substack{\text{Erzwungene} \\ \text{Lösung}}} ,$$

was der Kurzform

$$\overline{z} = \underbrace{c_1\,{}^{e}\overline{z}_1 e^{\underline{\lambda}_1 t} + \left\{ c_1\,{}^{e}\overline{z}_1 e^{\underline{\lambda}_1 t} \right\}^*}_{\text{Ausgleichslösung}} + \underbrace{\overline{z}_p}_{\substack{\text{Erzwungene} \\ \text{Lösung}}}$$

entspricht. Damit erhalten wir die auf den Fall $0 \le D \le 1$ zugeschnittene Form

$$\begin{pmatrix} u \\ i \end{pmatrix} = \underbrace{2\,|c_1|\,e^{{}^{e}\sigma_1 t} \begin{pmatrix} 1\,\text{V} \cdot \cos\left({}^{e}\omega_1 t + \varphi_c\right) \\ 1\,\text{V} \cdot \lambda_1 C \cos\left({}^{e}\omega_1 t + \varphi_c + {}^{e}\varphi_1\right) \end{pmatrix}}_{\text{Ausgleichslösung}} + \underbrace{\begin{pmatrix} u_p \\ i_p \end{pmatrix}}_{\substack{\text{Erzwungene} \\ \text{Lösung}}} . \tag{15.62}$$

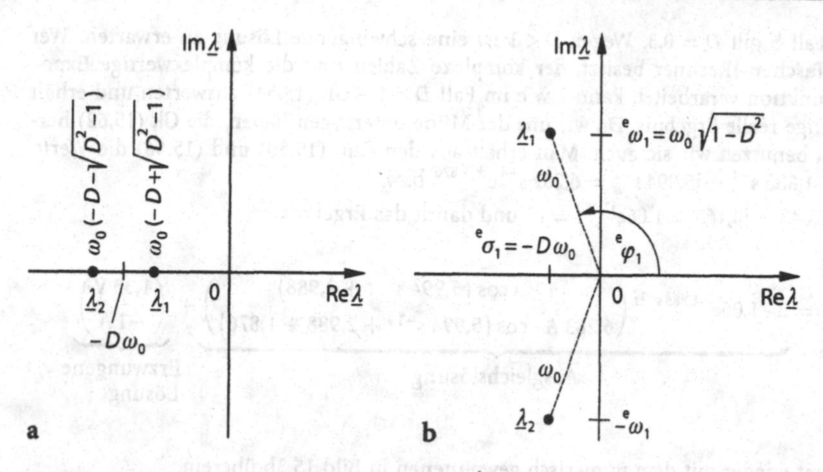

Bild 15.9 Eigenwerte[9] in der komplexen Ebene
a $D > 1$: Die beiden Eigenwerte sind reell. b $D < 1$: Sie bilden ein konjugiert-komplexes Paar.

Alle in der Lösung auftretenden Konstanten einschließlich $c_1 = |c_1|\,e^{j\varphi_c}$ sind schon vorher bestimmt worden.

Aus Gl. (15.62), die aus Gl. (15.54) für den Fall konjugiert-komplexer Eigenwerte ($D < 1$) hergeleitet ist, liest man ab: Die Ausgleichsspannung und -stromstärke verlaufen gedämpft schwingend. Die beiden Größen gemeinsame *Eigendämpfung* $-{}^e\sigma_1$ und *Eigenkreisfrequenz* ${}^e\omega_1$ sind mit den Gln. (15.59) festgelegt. Die Eigendämpfung wird auch *Abklingkoeffizient* genannt. Die Amplituden der Eigenschwingungen von Strom und Spannung stehen im konstanten Verhältnis $\lambda_1 C = \omega_0 C$. Die Eigenschwingung des Stromes eilt derjenigen der Spannung um den Winkel ${}^e\varphi_1 = \text{Arc}\underline{\lambda}_1 \geq \pi/2$ vor (vgl. Bild 15.9b).

Die schon im Bild 15.3a und b dargestellten numerisch berechneten Ergebnisse sollen mit den hergeleiteten *analytischen* Lösungen kontrolliert werden. Das Netzwerk ist mit Gleichquellen erregt. Wir erwarten, dass die partikuläre Lösung ebenfalls Gleichwerte liefert, so dass die Ableitungen di/dt und du/dt mit der Zeit verschwinden. Man entnimmt den DGln. (15.36) die partikuläre Lösung $\begin{pmatrix} u_p \\ i_p \end{pmatrix} = \begin{pmatrix} U_q - RI_q \\ I_q \end{pmatrix}$.

Im Fall a gilt bei den im Bild 15.3 angegebenen Zahlenwerten $D = 1{,}1$. Wegen $D > 1$ ist die kriechende Lösung (15.53) zu erwarten. Man erhält $\underline{\lambda}_1$ und $\underline{\lambda}_2$ sowie c_1 und c_2 durch Auswertung der Gln. (15.50) bzw. (15.56) mit dem Resultat

$$\begin{pmatrix} u \\ i \end{pmatrix} = \underbrace{-3{,}648\begin{pmatrix} 1\,\text{V} \\ -4{,}03\,\text{A} \end{pmatrix} e^{-4{,}03\,\text{s}^{-1}t} + 1{,}298\begin{pmatrix} 1\,\text{V} \\ -9{,}79\,\text{A} \end{pmatrix} e^{-9{,}79\,\text{s}^{-1}t}}_{\text{Ausgleichslösung}} + \underbrace{\begin{pmatrix} 1{,}35\,\text{V} \\ -1\,\text{A} \end{pmatrix}}_{\substack{\text{Erzwungene} \\ \text{Lösung}}}.$$

Dieses Ergebnis stimmt mit dem numerisch gewonnenen in Bild 15.3a überein.

---
[9] Bild 15.9 illustriert auch den Schluss von Abschn. 10.5 über den Reihenschwingkreis. Dort heißt die Eigenkreisfrequenz ${}^e\omega$ (ohne Index 1).

Im Fall b gilt $D = 0{,}3$. Wegen $D < 1$ ist eine schwingende Lösung zu erwarten. Wer einen (Taschen-)Rechner besitzt, der komplexe Zahlen und die komplexwertige Exponentialfunktion verarbeitet, kann - wie im Fall $D > 1$ - Gl. (15.54) auswerten und erhält das richtige reelle Ergebnis. Da wir uns der Mühe unterzogen haben, die Gl. (15.62) herzuleiten, benutzen wir sie auch. Man erhält aus den Gln. (15.50) und (15.56) die Werte $\underline{\lambda}_{1,2} = -1{,}885\,\mathrm{s}^{-1} \pm \mathrm{j}5{,}994\,\mathrm{s}^{-1} = 6{,}282\,\mathrm{s}^{-1}\mathrm{e}^{\pm \mathrm{j}1{,}876}$ bzw.
$c_1 = -1{,}048 + \mathrm{j}0{,}163 = 1{,}06\mathrm{e}^{\mathrm{j}2{,}988} = c_2^*$ und damit das Ergebnis

$$\begin{pmatrix} u \\ i \end{pmatrix} = \underbrace{2 \cdot 1{,}06\mathrm{e}^{-1{,}885\,\mathrm{s}^{-1}t} \begin{pmatrix} 1\,\mathrm{V} \cdot \cos\left(5{,}994\,\mathrm{s}^{-1}t + 2{,}988\right) \\ 6{,}283\,\mathrm{A} \cdot \cos\left(5{,}994\,\mathrm{s}^{-1}t + 2{,}988 + 1{,}876\right) \end{pmatrix}}_{\text{Ausgleichslösung}} + \underbrace{\begin{pmatrix} 1{,}35\,\mathrm{V} \\ -1\,\mathrm{A} \end{pmatrix}}_{\substack{\text{Erzwungene} \\ \text{Lösung}}}$$

Es stimmt wieder mit dem numerisch gewonnenen in Bild 15.3b überein.

Zusammenfassung. Die Gln. (15.54) lösen das Anfangswertproblem (15.37). Die zur Lösung gehörigen Eigenwerte und -vektoren sind aus Gl. (15.48) bzw. (15.51) und (15.52) zu bestimmen.

Die Quellen erzwingen die partikuläre Lösung. Die Anfangswerte gehen nicht darin ein. Der Vektor $\vec{c}$ mit den Integrationskonstanten folgt aus Gl. (15.56). Die Lösung gilt nicht für den Fall mehrfacher Eigenwerte.

Was kann man sich unter Eigenvektoren vorstellen, speziell in Netzwerken mit mehr als zwei Speichern? Wenn man die Quellen eines Netzwerks „nullt" und seine Speicher mit beliebigen Anfangswerten ausstattet, erscheinen im Zeitverlauf der Zustandsgrößen normalerweise alle kriechenden oder schwingenden Eigenlösungen gleichzeitig.[10] Startet man das Netzwerk dagegen mit einem Eigenvektor, erscheint nur die eine Eigenlösung, die ihm entspricht. Alle Zustandgrößen verlaufen dann mit der einen Eigendämpfung und im schwingenden Fall zusätzlich mit der einen Eigenfrequenz. Da im Fall einer kriechenden Eigenlösung auch die Eigenvektoren reelle Koordinaten haben, kann man sie direkt als Anfangswerte verwenden. Der abklingende Zustandsvektor bleibt dem Eigenvektor stets parallel.

Das Gesagte gilt im Prinzip auch für komplexwertige Eigenvektoren, ist aber nicht realisierbar, da Anfangswerte reell sein müssen. Was ist in diesem Fall unter einem eigenvektorartigen reellen Anfangszustand zu verstehen? Dann erzeugt man reelle Anfangswerte, indem man die komplexwertigen Eigenvektorkoordinaten auf eine beliebige feste Richtung in der komplexen Ebene projiziert.

Der Fall mehrfacher, d. h. nicht disjunkter Eigenwerte ist verwickelter.

---

[10] Diese *freie Bewegung* lässt sich an einem mechanisch-akustischen Beispiel verdeutlichen: Nach einem Glockenschlag verändert sich der Klang der Glocke mit den nacheinander ausklingenden Eigenschwingungen, bis zuletzt auch der tiefe Summton mit der kleinsten Eigendämpfung verstummt.

15.5 Große Netzwerke

Das im vorigen Abschnitt beschriebene Verfahren lässt sich bei Aussparung mehrfacher Eigenwerte auf größere Netzwerke übertragen. Das DGl.-System muss dazu in seiner Normalform (15.37) vorliegen. Sie ergibt sich allerdings nur unter glücklichen Umständen ohne besondere Anstrengung. Im Folgenden wird erläutert, wie man in den anderen Fällen zur Normalform kommt.

Zuerst wird man die Zustandsvariablen im Zustandsvektor $\overline{z}$ zusammenfassen. Seine Koordinaten sind somit Kondensatorspannungen oder Spulenströme. Bei der Zusammenstellung der Zustandsgrößen ist darauf zu achten, dass jede ihren Anfangswert unabhängig von den anderen einnehmen kann. In den Netzwerkausschnitten nach Bild 15.10a und b können nur zwei Kondensatorspannungen bzw. zwei Spulenströme Zustandsgrößen sein. Die dritte Größe hängt jeweils von den anderen zweien ab. Drei beliebige Anfangswerte widersprächen einander.

Um den Zustandsvektor nicht unnötig aufzublähen, wird man parallelgeschaltete Kondensatoren zu einem Ersatzkondensator zusammenfassen und in Reihe liegende Induktivitäten zu einer Ersatzspule. Die komplette Reihen- bzw. Parallelschaltung trägt dann nur eine Koordinate zum Zustandsvektor bei.

Auch reihengeschaltete Kondensatoren und parallelgeschaltete Spulen (Bild 15.10c, d) darf man zusammenfassen. Die Anfangswerte der Einzel-Zustandsgrößen können dann aber unabhängig vorgegeben sein – man könnte z.B. auf eine Kette von Kondensatoren mit unterschiedlichen Einzelladungen stoßen. In diesem Fall verteilt sich die Spannung auf die einzelnen Kondensatoren nicht nach der geläufigen Teilerregel, sondern hängt in jedem Zeitpunkt auch von den Anfangswerten ab.

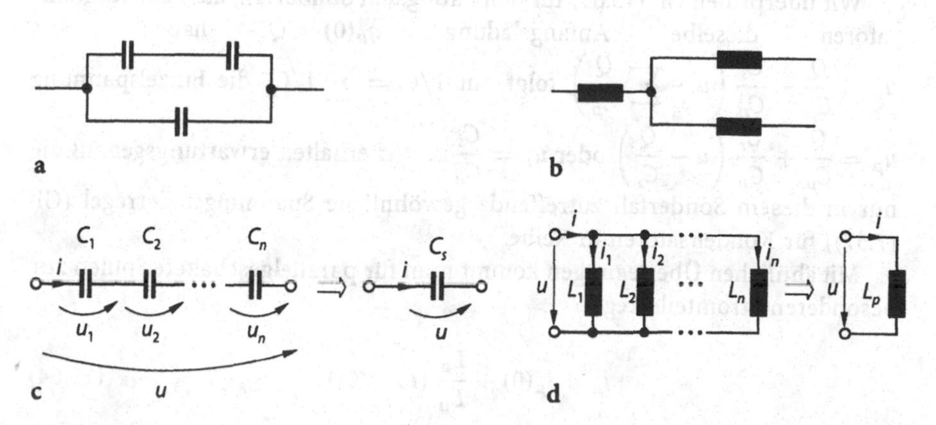

Bild 15.10 Zur Festlegung der Zustandsvariablen
Nur zwei der Kondensatorspannungen a oder Spulenströme b sind Zustandsgrößen.
c, d Die Speicher können zu jeweils einem Ersatzspeicher zusammengefasst werden.

Um dies zu erläutern, gehen wir von einzeln und beliebig vorgeladenen Kondensatoren aus, die erst anschließend zu einer Kette verbunden werden (Bild 15.10c). Solange kein Strom fließt, tritt auch bei unterschiedlich geladenen Kondensatoren kein Ausgleichsvorgang auf. Bei dem allen Kondensatoren gemeinsamen Strom i ändert sich die Spannung am μ-ten Kondensator der Kette um $\mathrm{d}u_\mu = i\mathrm{d}t/C_\mu$. Die Änderung $\mathrm{d}u$ der Kettenspannung beträgt $\mathrm{d}u = \sum \mathrm{d}u_\mu = i\mathrm{d}t \sum 1/C_\mu$. Mit der Ersatzkapazität C_s gemäß $1/C_s = \sum 1/C_\mu$ folgt daraus $i = C_s \frac{\mathrm{d}u}{\mathrm{d}t}$. Die beliebige Vorladung der Kondensatoren hindert uns somit nicht, sie zu einem Ersatzkondensator zusammenzufassen.

Wie gelangt man von einem berechneten Wert der Ersatzspannung u zu den Einzelspannungen u_μ? Während des gesamten instationären Vorganges ist der Ladungsdurchsatz q allen Kondensatoren gemeinsam. Deshalb darf man die Spannung in der Form $u = \sum \frac{q_\mu(0) + q}{C_\mu}$ schreiben. Mit $q_\mu(0)/C_\mu = u_\mu(0)$ und $u(0) = \sum u_\mu(0)$ folgt daraus $u = u(0) + q \sum 1/C_\mu$. Der daraus isolierte Ladungsdurchsatz $q = (u - u(0)) / \left(\sum 1/C_\mu\right)$ oder $q = C_s\,(u - u(0))$ lässt sich in den Ausdruck $u_\mu = \frac{q_\mu(0) + q}{C_\mu}$ für die Einzelspannung einsetzen und man erhält schließlich die besondere Teilerregel

$$u_\mu = u_\mu(0) + \frac{C_s}{C_\mu}\,(u - u(0))\,, \tag{15.63}$$

mit der die einzelnen Kondensatorspannungen u_μ aus der Gesamtspannung u der Reihenschaltung zu berechnen sind.

Wir überprüfen Gl. (15.63) für den häufigsten Sonderfall, dass alle Kondensatoren dieselbe Anfangsladung $q_\mu(0) = Q$ haben. Aus $u_\mu = \frac{Q}{C_\mu} + \frac{C_s}{C_\mu}\left(u - \sum \frac{Q}{C_\mu}\right)$ folgt mit $1/C_s = \sum 1/C_\mu$ die Einzelspannung $u_\mu = \frac{Q}{C_\mu} + \frac{C_s}{C_\mu}\left(u - \frac{Q}{C_s}\right)$ oder $u_\mu = \frac{C_s}{C_\mu} u$. Wir erhalten erwartungsgemäß die nur in diesem Sonderfall zutreffende gewöhnliche Spannungsteilerregel (Gl. (7.57)) für Kondensatoren in Reihe.

Mit ähnlichen Überlegungen kommt man für parallelgeschaltete Spulen zur besonderen Stromteilerregel

$$i_\mu = i_\mu(0) + \frac{L_p}{L_\mu}\,(i - i(0))\,. \tag{15.64}$$

Die Ersatzinduktivität L_p der parallelgeschalteten Induktivitäten folgt nach $1/L_p = \sum 1/L_\mu$ aus den Einzelinduktivitäten L_μ.

Auch wenn die Ersatzspannung u in Gl. (15.63) oder der Ersatzstrom i in Gl. (15.64) nach abgeschlossenem Ausgleichsvorgang dauerhaft Null sein sollte, werden die Einzelspannungen bzw. -ströme i. a. Werte ungleich Null haben. Im kapazitiven Fall kompensieren sich dann bleibende Kondensatorspannungen ungleichen Vorzeichens, im induktiven Fall fließen bleibende Kreisströme, und die im Ersatzelement insgesamt gespeicherte Energie ist nicht Null!

Wenn man die Speicher nicht zusammenfasst, erhält man ein DGl.-System entsprechend höherer Ordnung. Wenn z. B. die Schaltung nach Bild 15.4d an Stelle des einen Kondensators eine Reihenschaltung aus zehn Kondensatoren mit der Ersatzkapazität C_s enthielte, entspräche dem ein System mit zehn DGln. erster Ordnung. Das charakteristische Polynom wäre 10. Ordnung, hätte den einfachen Eigenwert $\lambda_1 = -G/C_s$ und den neunfachen Eigenwert $\lambda_{2...10} = 0$. Man erkennt den Vorteil der Zusammenfassung!

Als nächstes machen wir uns klar, dass die gegebenen n Zustandsvariablen auch alle anderen momentanen Größen des Netzwerks festlegen. Dazu stellen wir uns ein dem Originalnetzwerk zugeordnetes Widerstandsnetzwerk vor. In ihm sind alle Kondensatoren durch fiktive Spannungsquellen und alle Spulen durch fiktive Stromquellen ersetzt. Deren Quellenspannungen und -ströme haben den Momentanwert der entsprechenden Zustandsgrößen. Das Hilfsnetzwerk hat keine Speicher, nur die im Originalnetzwerk vorhandenen Widerstände und Quellen und die zusätzlichen, *fiktiven Quellen*. Die momentanen Ströme und Spannungen im Hilfsnetzwerk sind jetzt mit den Methoden für Gleichstromnetzwerke zu berechnen.

Hierzu wird ein geeigneter Unbekanntensatz im Vektor $\overline{\zeta}$ zusammengefasst. Seine n_ζ Koordinaten sind Zweigströme, Maschenströme oder Knotenpotentiale – wie im Kapitel 4 beschrieben. Zustandsgrößen kommen in $\overline{\zeta}$ nicht vor, da sie in fiktive Quellen umgedeutet sind.

Wir fassen die Quellenspannungen und -ströme der n_Q Quellen des Originalnetzwerks noch im Quellenvektor $\overline{Q}$ zusammen und können damit die Kirchhoffschen Gleichungen des Hilfsnetzwerks in der Form

$$\underbrace{\overline{\overline{A_\zeta}}}_{n_\zeta \times n_\zeta}\,\underbrace{\overline{\zeta}}_{n_\zeta \times 1} = \underbrace{\overline{\overline{A_Q}}}_{n_\zeta \times n_Q}\,\underbrace{\overline{Q}}_{n_Q \times 1} + \underbrace{\overline{\overline{A_z}}}_{n_\zeta \times n}\,\underbrace{\overline{z}}_{n \times 1} \tag{15.65}$$

anschreiben. Die Elemente der Matrizen $\overline{\overline{A_\zeta}}$, $\overline{\overline{A_Q}}$ und $\overline{\overline{A_z}}$ sind direkt den einzelnen Gleichungen des Systems zu entnehmen. Das Symbol $\overline{\overline{A}}$ erinnert daran, dass die Matrizen einem *algebraischen* Gleichungssystem zugehören. Die Lösung $\overline{\zeta}$ des Gleichungssystems berücksichtigt die im Originalnetzwerk vorhandenen Quellen und die fiktiven „Quellen", die den Zustandsgrößen entsprechen. Der Vektor $\overline{\zeta}$ gilt für den Zeitpunkt, für den der Zustandsvektor angegeben ist. Wir betrachten die Lösung

$$\overline{\zeta} = \overline{\overline{A_\zeta}}^{-1}\left(\overline{\overline{A_Q}}\,\overline{Q} + \overline{\overline{A_z}}\,\overline{z}\right) \tag{15.66}$$

jetzt als gegeben und bestätigen: Die Zustandsgrößen legen den Zustand des *ganzen* Netzwerks fest.

Zur Formulierung der Differentialgleichungen für das *Speichernetzwerk* dürfen wir jetzt auf den Zustandsvektor $\overline{z}$, aber auch auf den Vektor $\overline{\zeta}$ zurückgreifen. Damit erhalten wir aus den Kirchhoff'schen Gleichungen das DGl.-System

$$\underbrace{\overline{\overline{D_\bullet}}}_{n\times n}\underbrace{\frac{\mathrm{d}\overline{z}}{\mathrm{d}t}}_{n\times 1} = \underbrace{\overline{\overline{D_z}}}_{n\times n}\underbrace{\overline{z}}_{n\times 1} + \underbrace{\overline{\overline{D_\zeta}}}_{n\times n_\zeta}\underbrace{\overline{\zeta}}_{n_\zeta\times 1} + \underbrace{\overline{\overline{D_Q}}}_{n\times n_Q}\underbrace{\overline{Q}}_{n_Q\times 1}\,. \tag{15.67}$$

Die Besetzung der $\overline{\overline{D}}$-Matrizen folgt direkt aus den Koeffizienten der Knoten- und Maschengleichungen nach Kirchhoff. Das Symbol $\overline{\overline{D}}$ erinnert daran, dass die Matrizen einem DGl.-System entstammen. Durch Einsetzen von Gl. (15.66) folgt

$$\overline{\overline{D_\bullet}}\frac{\mathrm{d}\overline{z}}{\mathrm{d}t} = \overline{\overline{D_z}}\,\overline{z} + \overline{\overline{D_\zeta}}\,\overline{\overline{A_\zeta}}^{-1}\left(\overline{\overline{A_Q}}\,\overline{Q} + \overline{\overline{A_z}}\,\overline{z}\right) + \overline{\overline{D_Q}}\,\overline{Q} \tag{15.68}$$

und durch Multiplikation mit $\overline{\overline{D_\bullet}}^{-1}$ und Sortieren erhalten wir schließlich die angestrebte Normalform

$$\frac{\mathrm{d}\overline{z}}{\mathrm{d}t} = \overline{\overline{D_\bullet}}^{-1}\left(\overline{\overline{D_z}} + \overline{\overline{D_\zeta}}\,\overline{\overline{A_\zeta}}^{-1}\overline{\overline{A_z}}\right)\overline{z} + \overline{\overline{D_\bullet}}^{-1}\left(\overline{\overline{D_Q}} + \overline{\overline{D_\zeta}}\,\overline{\overline{A_\zeta}}^{-1}\overline{\overline{A_Q}}\right)\overline{Q}. \tag{15.69}$$

Im Vergleich mit der Form $\frac{d\overline{z}}{dt} = \overline{\overline{A}}\overline{z} + \overline{q}$ sind die Systemmatrix $\overline{\overline{A}}$ und der Störvektor $\overline{q}$ zu identifizieren. Zur Lösung gilt das im vorigen Abschnitt Gesagte. Bei größeren Netzwerken wird man die Eigenwerte und -vektoren der Systemmatrix $\overline{\overline{A}}$ numerisch berechnen.

Wenn man die *Matrix-Exponentialfunktion* $\mathrm{e}^{\textit{quadratische Matrix}}$ zur Verfügung hat – sie bildet die quadratische Matrix im Exponenten auf eine Matrix gleicher Dimension ab und steht möglicherweise auf Rechenmaschinen wie die Sinus- oder Cosinus-Funktion abrufbereit – gelingt die Lösung des Anfangswertproblems (15.37) allgemein, auch für den Fall mehrfacher Eigenwerte. Sie lautet

$$\overline{z}(t) = \underbrace{\mathrm{e}^{\overline{\overline{A}}t}\left(\overline{z}(0) - \overline{z}_p(0)\right)}_{\text{Ausgleichslösung}} + \underbrace{\overline{z}_p(t)}_{\text{Erzwungene Lösung}} \tag{15.69a}$$

Die Lösung hat dieselbe Struktur wie die nach Gl. (15.15c) des einfachen Anfangswertproblemes. Allerdings ist die Exponentialfunktion in Gl. (15.69a) matrixwertig und die $\overline{z}$-Größen sind vektorwertig. An die Stelle des Eigenwertes λ tritt die Systemmatrix $\overline{\overline{A}}$.

15.6 Schaltvorgänge

Wenn in einem Speichernetzwerk zum Zeitpunkt $t_0 = 0$ ein Schalter betätigt wird (oder auch mehrere gleichzeitig) geht das Netzwerk von seiner alten in eine neue Konfiguration über. Der Schaltvorgang leitet einen instationären Vorgang ein. Der Zustandsvektor $\overline{z}(0)$ zur Zeit $t_0 = 0$ ist aus dem *Endzustand* der Kondensatoren und Spulen in der *alten* Netzkonfiguration bestimmt. Häufig sind die Speicher energielos.

Da die Schalter unendlich schnell schalten sollen, findet der Konfigurationsübergang vollständig im Zeitnullpunkt statt. Die Zustandsgrößen der Speicher überstehen dank ihrer Trägheit den momentanen Konfigurationswechsel unverändert. Die aus der alten Netzkonfiguration bekannten Endzustände der Speicher definieren den *Anfangszustand* $\overline{z}(0)$ *nach* der Schalthandlung. Für den sich daran anschließenden instationären Vorgang gelten die Netzwerkgleichungen der neuen Konfiguration, womit wieder eine Anfangswertaufgabe gestellt ist.

Die gegebenen Hinweise genügen, Schaltvorgänge[11] als Sonderfall der in den vorausgegangenen Abschnitten behandelten instationären Vorgänge zu berechnen.

15.7 Nichtlineare Speicher

Für die bisher behandelten linearen Speicherelemente gelten lineare Gleichungen. Die linearen DGln. $u = L\,\mathrm{d}i/\mathrm{d}t$ und $i = C\,\mathrm{d}u/\mathrm{d}t$ verknüpfen Stromstärke und Spannung einer Spule bzw. eines Kondensators. Der Verkettungsfluss ψ und Strom i der Spule sind einander proportional, ebenso Ladung q und Spannung u beim Kondensator. Die Kennlinien $\psi = Li$ bzw. $q = Cu$ verlaufen gerade. Die Selbstinduktivität L bzw. die Kapazität C sind im Falle linearer Speicher konstant.

Nichtlineare Speicher haben dagegen die nichtlineare Kennlinie $i(\psi)$ bzw. $u(q)$. Hier bieten sich der Verkettungsfluss ψ bzw. der Ladungsdurchsatz q als Zustandsgrößen an (vgl. Tabelle 15.1). An die Stelle der Strom-Spannungs-DGl. treten die DGln. $u = \mathrm{d}\psi/\mathrm{d}t$ bzw. $i = \mathrm{d}q/\mathrm{d}t$. Obwohl sie linear sind, führt die Berechnung eines Netzwerks mit nichtlinearen Speichern auf ein nichtlineares Problem. Zum Beispiel herrscht an einem Widerstand in Reihe mit einer nichtlinearen Spule die Spannung $Ri = Ri(\psi)$. Die Nichtlinearität wird durch den Term $Ri(\psi)$ in die Rechnung eingeschleust - nicht durch die DGl. $u = \mathrm{d}\psi/\mathrm{d}t$ selbst.

[11] Man beachte die zwei Bedeutungen des Wortes Schaltvorgang. Im engeren Sinne steht es für die Schalthandlung selbst, hier dagegen für den gesamten sich daran anschließenden instationären Vorgang

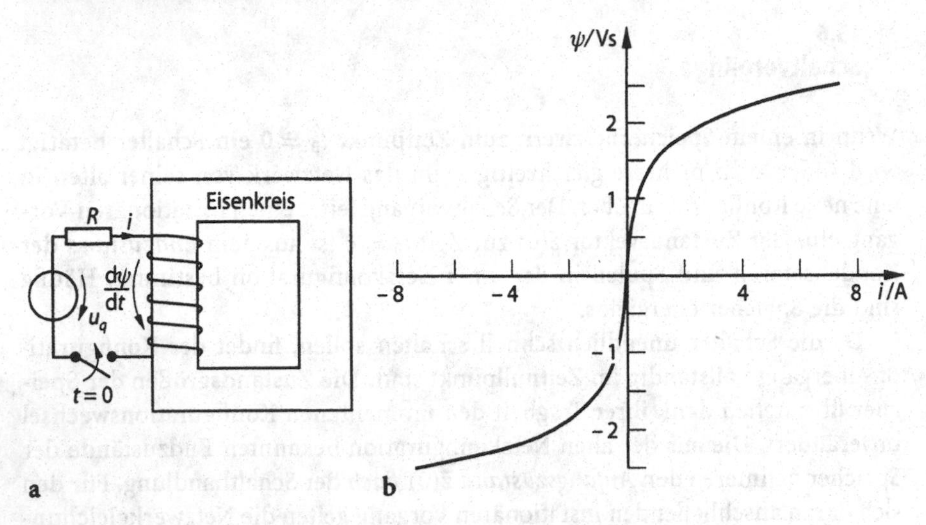

Bild 15.11 Spule mit Eisenkreis. a Aufbau, b Kennlinie des Eisenkreises

Die in Abschn. 15.3 und 15.4 angegebenen analytischen Lösungsmethoden setzen lineare Schaltelemente voraus und führen hier nicht zum Ziel. Das nichtlineare Anfangswertproblem kann insbesondere nicht durch Superposition gelöst werden, da der Überlagerungssatz versagt. Begriffen wie Eigen- und partikuläre Lösung, Eigenwert und Eigenvektor des Systems ist der Boden entzogen. Von speziellen Fällen abgesehen kommen nur numerische Lösungsverfahren in Frage.

Beispielhaft soll im Folgenden der Einschaltvorgang einer Spule mit Eisenkern untersucht werden (Bild 15.11). Dazu ziehen wir das Newton'sche Iterations- und das Euler'sche Rückwärtsverfahren heran. Beide sind bereits in Kap. 14 bzw. Abschn. 15.2 vorgestellt.

Die Funktion $i(\psi)$ der Spule ist der Magnetisierungskennlinie des Bleches ähnlich, aus dem der Eisenkreis geschichtet ist (vgl. Abschn. 9.11). Für unsere Zwecke genügt als Näherung für die Kennlinie (Bild 15.11b) z. B. die Hyperbel-Sinusfunktion

$$i(\psi) = I_B \sinh\left(\psi/\Psi_B\right) . \tag{15.70}$$

Sie nähert die Kennlinienfunktion mit nur zwei Koeffizienten I_B und Ψ_B.[12]

[12] Die Koeffizienten lassen sich aus den Wertepaaren (Ψ_μ, I_μ) auf numerischem Wege bestimmen, indem man I_B und Ψ_B so wählt, daß der Ausdruck $\sum \left(I_B \sinh\left(\Psi_\mu/\Psi_B\right) - I_\mu\right)^2$ oder auch $\sum \left|I_B \sinh\left(\Psi_\mu/\Psi_B\right) - I_\mu\right|$ minimal wird. Die Summe erfaßt alle Wertepaare. Die Minimumsuche ist wie die Nullstellensuche eine Standardaufgabe der numerischen Mathematik.

Nach Schließen des Schalters zum Zeitpunkt $t = 0$ gilt die Differentialgleichung

$$Ri(\psi) + \frac{d\psi}{dt} - u_q = 0. \tag{15.71}$$

Da die Spule vor dem Einschalten keinen Strom führt, ist die DGl. wegen $i(0) = 0$ für den *Anfangswert* $\psi(0) = 0$ zu lösen. Die Zustandsvariable ψ legt auch hier den Netzwerkzustand vollständig fest: Die Stromstärke ist über die Kennlinie $i(\psi)$ fest an den Verkettungsfluss ψ gebunden. Für die Quellenspannung kommt jede Zeitfunktion in Frage.

Bei vernachlässigbarem Widerstand R ist die Anfangswertaufgabe analytisch lösbar. Durch Integration der DGl. $d\psi = u_q d\tau$ in den Grenzen von 0 bis t erhält man die Lösung

$$\psi = \int_0^t u_q d\tau, \quad \text{wobei} \quad i = I_B \sinh\left(\psi/\Psi_B\right) \tag{15.72a, b}$$

aus der gegebenen Kennlinie folgt. Die Lösung gilt für beliebige Zeitverläufe der Quellenspannung u_q. Das Integral erfüllt für $t = 0$ den Anfangswert $\psi(0) = 0$.

Wenn die Quellenspannung harmonisch nach

$$u_q = U_q\sqrt{2}\cos(\omega t + \varphi_q) \tag{15.73}$$

gegeben ist, gilt speziell

$$\psi = \frac{U_q\sqrt{2}}{\omega}\left[\sin\left(\omega t + \varphi_q\right) - \sin\varphi_q\right] \quad \text{und} \quad i = I_B \sinh\left(\psi/\Psi_B\right). \tag{15.74a, b}$$

Das Maximum des Verkettungsflusses hängt vom Nullphasenwinkel φ_q der Quellenspannung ab. Im Fall $\varphi_q = 0$ – der Schaltzeitpunkt liegt dann im Spannungsmaximum – verläuft der Fluss harmonisch mit der Amplitude $\hat{\Psi} = U_q\sqrt{2}/\omega$. Bei allen anderen Werten von φ_q kommt ein bleibender Gleichanteil hinzu. Im Extremfall – wenn im Nulldurchgang der Spannung geschaltet wird – durchläuft der Verkettungsfluss das Betragsmaximum $2\hat{\Psi}$.

Solange der Verkettungsfluss ψ den linearen Teil der Kennlinie $i(\psi)$ nach Bild 15.11b nicht verlässt, verläuft der Strom der Spannung praktisch proportional. Sobald aber Punkte im Sättigungsknie oder noch höhere Werte erreicht werden, erzwingt die Kennlinie $i(\psi)$ erheblich größere Ströme. Bei der Bemessung von Eisendrosseln ist auf diesen Effekt zu achten. Das Bild 15.12 stellt die Fälle $\varphi_q = -\pi/2$ und $\varphi_q = 0$ einander gegenüber. In beiden maßstabsgleichen Teilbildern ist die Verzerrung des Stromes erkennbar, im Falle des Teilbildes a am deutlichsten durch Formvergleich der Maxima und Minima.

Wie ist vorzugehen, wenn der Widerstand R nicht zu vernachlässigen ist? In diesem Fall muss die DGl. (15.71) *numerisch* gelöst werden. Eine analytische Lösung existiert nicht.

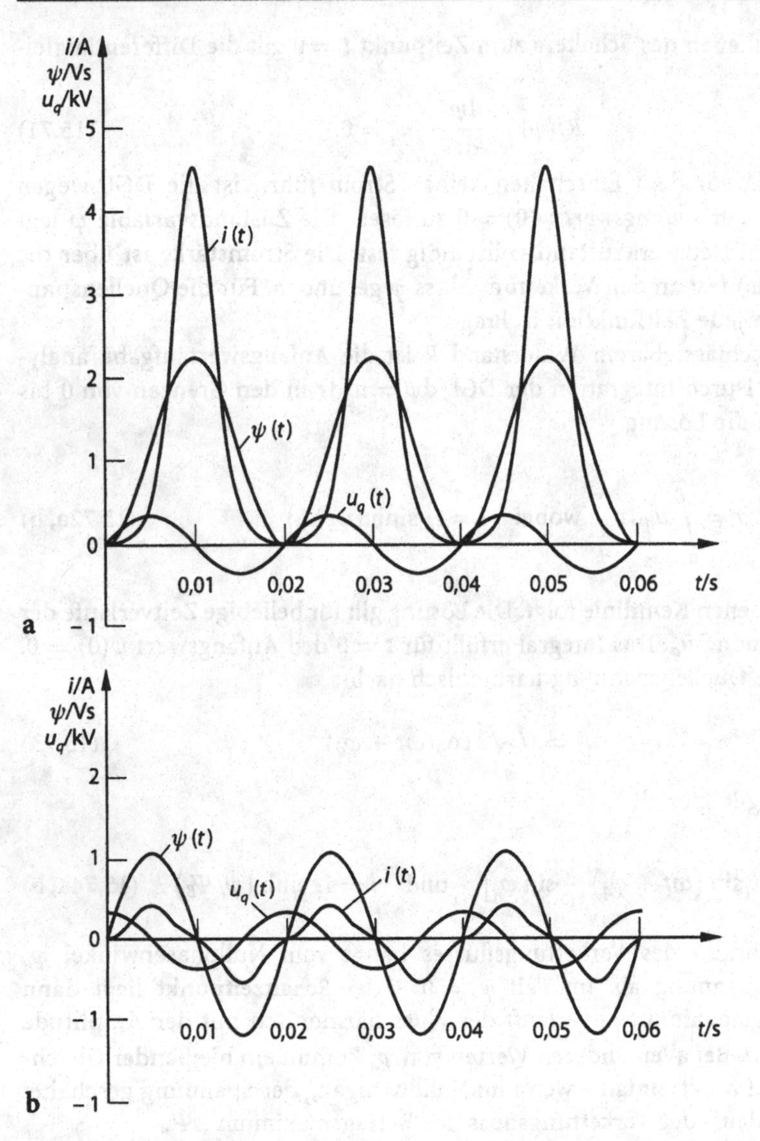

Bild 15.12 Einschalten einer widerstandslosen Spule mit Eisenkern nach Bild 15.11 ($R = 0$)
a Schalten im Nulldurchgang der Quellenspannung, b Schalten in ihrem Maximum

Wir benutzen wieder das durch Gl. (15.3) und (15.4) beschriebene Euler'sche Rückwärtsverfahren und erhalten mit $z = \psi$ aus Gl. (15.71) die algebraische Gleichung

$$Ri({}^1\psi) + \frac{{}^1\psi - {}^0\psi}{h} - {}^1u_q = 0. \qquad (15.75)$$

Die hochgestellten Präfixe und h haben dieselbe Bedeutung wie in Abschn. 15.2.

Mit der speziellen Magnetisierungskurve und Quellenspannung nach Gl. (15.70) bzw. (15.73) folgt daraus die Gleichung

$$RI_B \sinh({}^1\psi/\Psi_B) + \frac{{}^1\psi - {}^0\psi}{h} - U_q\sqrt{2}\cos(\omega\,{}^1t + \varphi_q) = 0. \qquad (15.76)$$

Sie hat als einzige Unbekannte ${}^1\psi$, den Verkettungsfluss zur Zeit ${}^1t = {}^0t + h$. Die Gl. (15.76) kann nicht algebraisch nach ${}^1\psi$ aufgelöst werden. Zur Lösung kommt wieder das numerische Verfahren nach Newton (vgl. Kap. 14) in Frage.

Dazu legt man für ${}^1\psi$ den Schätzwert ${}^{s1}\psi$ fest. Hierzu eignet sich der Wert der Zustandsgröße zum letzten Zeitpunkt ${}^0t$. Man wird also ${}^{s1}\psi = {}^0\psi$ setzen und dann die Gln. (14.1) und (14.2) sinngemäß anwenden. Damit erhält man

$$f({}^{s1}\psi) = RI_B \sinh({}^{s1}\psi/\Psi_B) + \frac{{}^{s1}\psi - {}^0\psi}{h} - U_q\sqrt{2}\cos(\omega\,{}^1t + \varphi_q) \quad \text{und}$$

$$\left.\frac{\mathrm{d}f}{\mathrm{d}\psi}\right|_{{}^{s1}\psi} = \frac{RI_B}{\Psi_B}\cosh({}^{s1}\psi/\Psi_B) + \frac{1}{h}.$$

Mit der Korrektur $K = \frac{f({}^{s1}\psi)}{\left.\frac{\mathrm{d}f}{\mathrm{d}\psi}\right|_{{}^{s1}\psi}}$ erreicht man die verbesserte Lösung ${}^{v1}\psi = {}^{s1}\psi + K$. Die Schätzung wird solange verbessert, bis die Korrektur eine gewählte Betragsschranke unterschreitet. Der dann vorliegende Wert ${}^{v1}\psi$ wird zur Lösung ${}^1\psi$ erhoben. Das Lösungsverfahren nach Newton muss für jeden weiteren Zeitschritt von neuem abgearbeitet werden.

Bild 15.13a zeigt das Ergebnis der numerischen Rechnung, das mit dem Programm in Abschn. 17.9 gewonnen wurde. Der Widerstand dämpft die Einschaltströme, wovon man sich durch Vergleich mit Bild 15.12a überzeugen kann. Der Strom klingt nicht harmonisch ab; seine Maxima verlaufen erheblich schärfer als die Minima. Erst nach längerer Zeit ist der Gleichanteil aus dem Verkettungsfluss und dem Strom verschwunden, was Bild 15.13b für den Strom belegt.

Schaltet man dagegen nahe dem Spannungsmaximum (Bild 15.13c), tritt praktisch keine Überhöhung von i und ψ auf. Die Größen verlaufen von Anfang an so, wie in Bild 15.13b nach Abklingen des Einschaltvorganges.

Die beiden für den widerstandslosen Fall diskutierten Grenzfälle - maximale Stromüberhöhung bei Schalten im Nulldurchgang der Quellenspannung und kein Ausgleichsvorgang bei Schalten im Spannungsmaximum - treten bei geringfügig verschobenen Schaltzeitpunkten auf.

Vom Beispiel abstrahierend bleibt festzuhalten: Bei Netzwerken mit nichtlinearen Widerständen und Speichern versagen analytische Rechnungen im Allgemeinen. Die DGl. oder das DGl.-System ist numerisch zu lösen. Die im

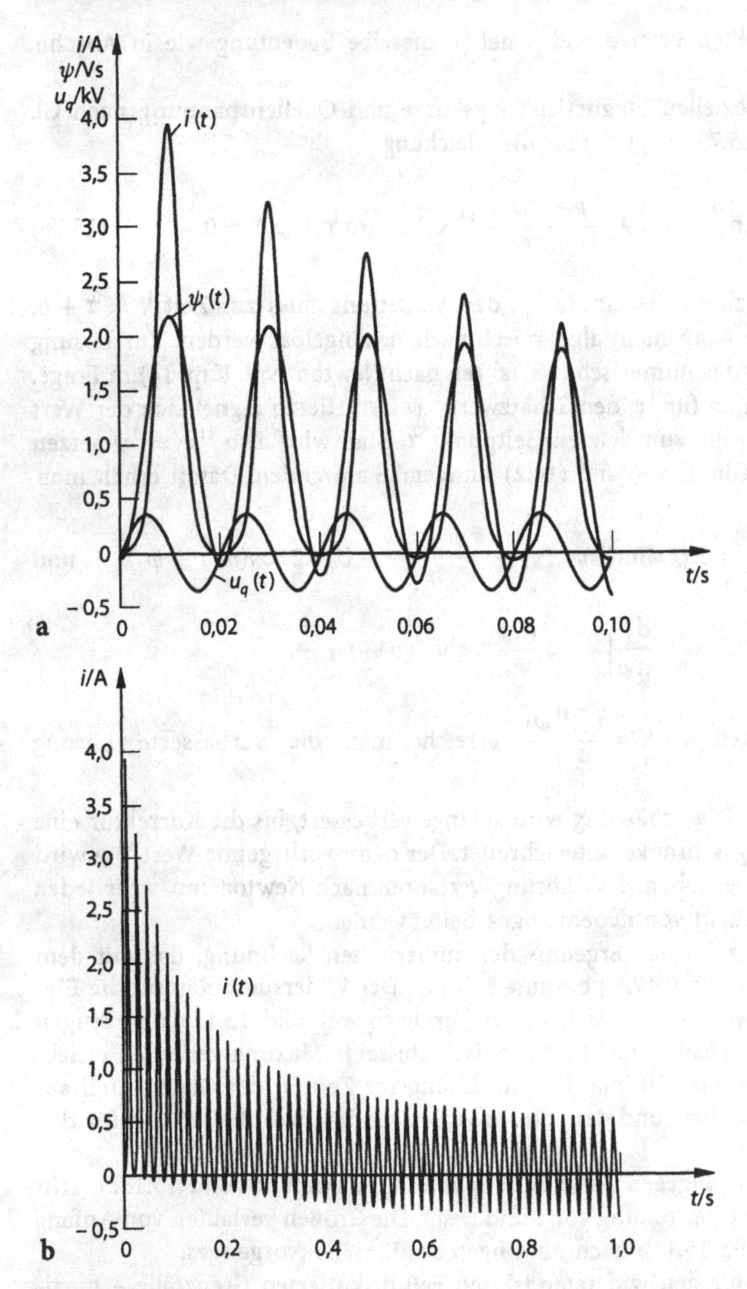

Bild 15.13 Einschalten einer Eisenspule mit Widerstand nach Bild 15.11
a Schaltzeitpunkt nahe dem Nulldurchgang der Quellenspannung u_q (vgl. Programm laut Abschn. 17.9)
b Wie a, Strom bis zum Verschwinden des Gleichanteils,
c (nächste Seite) Schaltzeitpunkt nahe dem Maximum von u_q

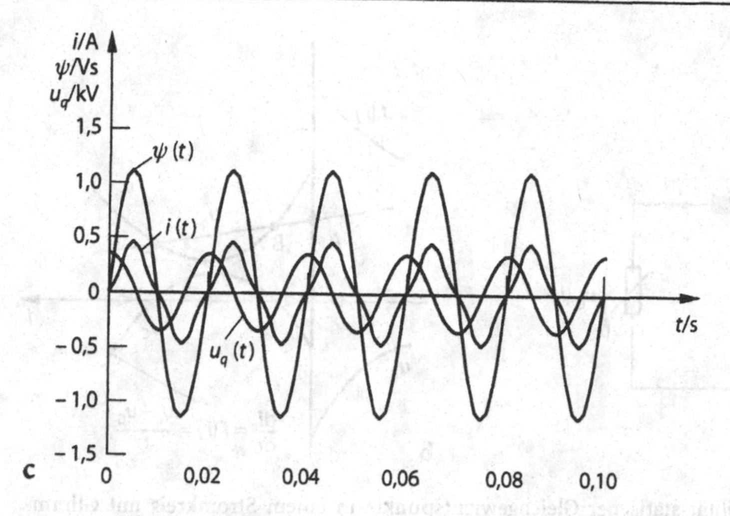

Bild 15.13 (Fortsetzung)

letzten Beispiel benutzten numerischen Verfahren sind bewährte Standardmethoden. Sie lassen sich auf Probleme mit mehreren Speichern übertragen. Die Klasse der damit zu lösenden Aufgaben ist sehr groß. Es sollte aber nicht der Eindruck entstehen, die Methoden nach Newton und Euler seien anderen numerischen Verfahren stets überlegen.

15.8 Hinweis zur Stabilität

In Abschn. 14.3 über den einfachen nichtlinearen Stromkreis ohne Speicher sind für die Glimmlampenschaltung nach Bild 14.3 drei statische Gleichgewichtspunkte angegeben. Wir greifen diesen Fall wieder auf, um zu klären, welche Punkte dauerhafte, stabile Arbeitspunkte sind.

Zunächst ist zu beachten, dass das statische Modell nach Bild 14.3 nichts über die Stabilität aussagt. Es muss um mindestens einen Energiespeicher erweitert werden.

Die entsprechenden Induktivitäten und Kapazitäten drängen sich dem Beobachter normalerweise nicht auf. Zum Beispiel wird ein einfacher Stromkreis aus Batterie, Leitungsdrähten und einem Ohm'schen Verbraucher in der Regel durch ein Ersatzschaltbild aus einer Spannungsquelle und einen Widerstand abzubilden sein. Bei schnellen Stromänderungen ist aber die Selbstinduktivität des Kreises und bei schnellen Spannungsänderungen seine Leitungskapazität zu berücksichtigen. Die „versteckten“ Energiespeicher greifen in das Geschehen ein und sind fallweise in das Ersatzschaltbild einzubeziehen.

Wir untersuchen das Verhalten der Glimmlampenschaltung deshalb auf der Basis eines erweiterten Modells, in dem eine Induktivität in Reihe zur Glimm-

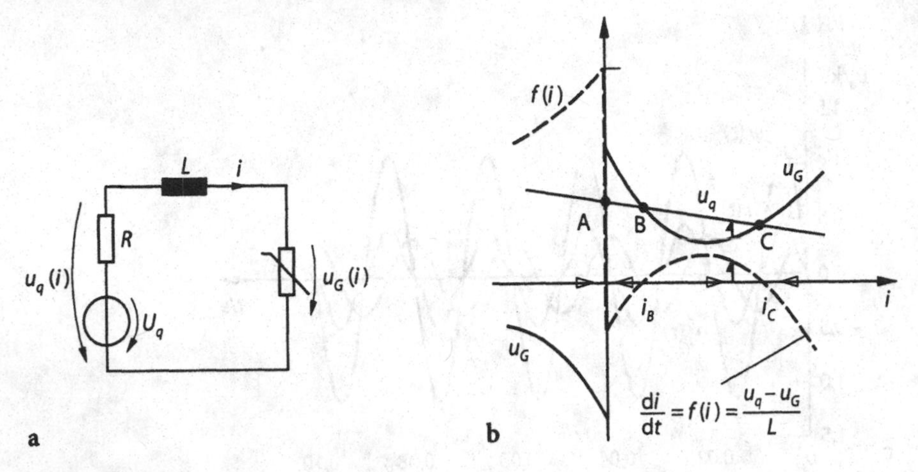

Bild 15.14 Stabilität statischer Gleichgewichtspunkte in einem Stromkreis mit Glimmlampe
a Ersatzschaltbild, **b** Kennlinie. Der Punkt B ist instabil, A und C sind stabil.

lampe geschaltet ist. Ob dieser Ansatz richtig ist, entscheidet erst der Vergleich zwischen Rechenergebnis und Experiment.

Dem Ansatz entspricht das Ersatzschaltbild 15.14a. In der zugehörigen DGl. $Ri + L\dfrac{di}{dt} + u_G(i) = U_q$ bezeichnet U_q die Quellenspannung der idealen Gleichquelle. Aufgelöst nach di/dt erhält man $\dfrac{di}{dt} = \dfrac{1}{L}\left(U_q - Ri - u_G(i)\right)$. Die Reihenschaltung aus der idealen Quelle und dem Widerstand R hat die Kennliniengerade $u_q(i) = U_q - Ri$, womit die DGl. in $\dfrac{di}{dt} = \dfrac{1}{L}\left(u_q - u_G\right)$ übergeht. Ihre rechte Seite $f(i) = \left(u_q - u_G\right)/L$ ist eine Funktion des Stromes i (Bild 15.14b). Die Ströme in den Gleichgewichtspunkten A, B und C bilden die Nullstellen von $f(i)$. Wegen $\dfrac{di}{dt} = f(i)$ steigt der Strom mit der Zeit an, solange $f(i)$ positiv ist. Bei negativen Werten von $f(i)$ nimmt er ab. Die Änderungstendenz des Stromes ist durch Pfeile auf der i-Achse markiert. Befindet sich die Stromstärke i z. B. in der Nähe des Gleichgewichtspunktes B, entfernt sie sich von diesem Punkt. Der Punkt B ist instabil.

Für die Punkte A und C gilt das Gegenteil. Bei Störung des Gleichgewichts kehrt der Strom stets zum Gleichgewichtspunkt zurück. Beide Punkte sind stabil.

Das Experiment bestätigt die theoretische Stabilitätsuntersuchung. Dagegen hätte ein Modell mit einem der Glimmlampe parallelgeschalteten Kondensator die Stabilität falsch beurteilt.

Wir haben die Stabilität aus dem Verlauf der Funktion $f(i)$ in der Umgebung des Gleichgewichtspunktes abgelesen. Nulldurchgänge der Funktion $f(i)$ mit negativer Steigung df/di zeigen einen stabilen Arbeitspunkt an, positiv steigende einen instabilen. So gesehen ist es nicht nötig, die Funktion $f(i)$ über der ganzen i-Achse zu kennen. Nur ihr Verlauf nahe dem Gleichgewichtspunkt entscheidet.

Mit dieser Erkenntnis wird die Stabilität z. B. des Punktes B nochmals diskutiert. In enger Nachbarschaft von B verläuft die Funktion $f(i)$ stetig. Sie kann dort durch ihre Tangentengerade $f(i) \approx c \cdot (i - i_B)$ mit der Steigung $c = \left.\frac{\mathrm{d}f}{\mathrm{d}i}\right|_{i_B}$ angenähert werden. Statt der nichtlinearen DGl. $\frac{\mathrm{d}i}{\mathrm{d}t} = f(i)$ begnügen wir uns für die Umgebung des Punktes B mit der linearen DGl. $\frac{\mathrm{d}i}{\mathrm{d}t} = c\,(i - i_B)$. Mit der Stromabweichung $\bar{i} = i - i_B$ und $\frac{\mathrm{d}\bar{i}}{\mathrm{d}t} = \frac{\mathrm{d}i}{\mathrm{d}t}$ folgt daraus die lineare und homogene DGl. $\frac{\mathrm{d}\bar{i}}{\mathrm{d}t} = c\bar{i}$.

Aus der Theorie der DGln. wissen wir, dass der Koeffizient c identisch mit dem Eigenwert der DGl. ist. Die Steigung c tritt als Eigenwert auf! Die (Eigen-) Lösung der DGl. $\frac{\mathrm{d}\bar{i}}{\mathrm{d}t} = c\bar{i}$ verläuft nach $\bar{i} \sim e^{ct}$ exponentiell. Für den Punkt B ist die Steigung c positiv. Die Lösung strebt nicht gegen Null, sondern wächst exponentiell. Der Gleichgewichtspunkt B ist instabil. Wir sind zum gleichen Ergebnis gelangt wie zuvor.

Die Stabilität der Gleichgewichtspunkte nichtlinearer Netzwerke mit *mehreren* Speichern lässt sich ähnlich untersuchen: Man ermittelt die Eigenwerte des im interessierenden Gleichgewichtspunkt linearisierten Gleichungssystems. Sobald ein positiver Eigenwert auftritt, ist der Gleichgewichtspunkt instabil.

Zur Beurteilung der Stabilität existieren ausgefeilte mathematische Kriterien. Zum Verständnis des physikalischen Kerns genügt diese Einführung.

16 Literaturauswahl

Fächer des Elektrotechnik-Grundstudiums

[Hütt] Hütte, Die Grundlagen der Ingenieurwissenschaften, Springer-Verlag Berlin, ca. 1570 Seiten

Mathematik

[MeVa] Meyberg, Vachenauer: Höhere Mathematik, 2 Bände, Springer-Verlag Berlin, zusammen 986 Seiten

Physik

[Feyn] Feynman, Leighton, Sands: The Feynman Lectures on Physics, 2 Bände, Addison-Wesley Publishing Comp., zusammen ca. 1060 Seiten

[Stöc] Stöcker (Hrsg.): Taschenbuch der Physik, Formeln, Tabellen, Übersichten, Verlag Harri Deutsch, 874 Seiten

Normen

[DIN1] DIN-Taschenbuch 22: Einheiten und Begriffe für physikalische Größen, Beuth-Verlag Berlin, 383 Seiten

[DIN2] DIN-Taschenbuch 202: Formelzeichen, Formelsatz, Mathematische Zeichen und Begriffe, Beuth-Verlag Berlin, 350 Seiten

Grundlagen der Elektrotechnik

[Fro1] Frohne, Ueckert: Einführung in die Elektrotechnik, 3 Bände Teubner-Verlag Stuttgart, zusammen 654 Seiten

[Fro2] Frohne: Elektrische und magnetische Felder, Teubner-Verlag Stuttgart, 482 Seiten

[Prec] Prechtl: Vorlesungen über die Grundlagen der Elektrotechnik, 2 Bände, Springer-Verlag Wien, zusammen 927 Seiten

Theoretische Elektrotechnik

[Beck] Becker, Sauter: Theorie der Elektrizität, Band 1, Teubner-Verlag Stuttgart, 311 Seiten

[Simo] Simonyi: Theoretische Elektrotechnik, VEB Deutscher Verlag der Wissenschaften Berlin, 973 Seiten

17 Tabellen, Programme

Tabelle 17.1 Griechisches Alphabet

α	A	Alpha	η	H	Eta	ν	N	Ny	τ	T	Tau
β	B	Beta	ϑ	Θ	Theta	ξ	Ξ	Xi	υ	Y	Ypsilon
γ	Γ	Gamma	ι	I	Jota	o	O	Omikron	φ	Φ	Phi
δ	Δ	Delta	κ	K	Kappa	π	Π	Pi	χ	X	Chi
ε	E	Epsilon	λ	Λ	Lambda	ρ	P	Rho	ψ	Ψ	Psi
ζ	Z	Zeta	μ	M	My	σ	Σ	Sigma	ω	Ω	Omega

Tabelle 17.2 Basiseinheiten des Système International d'Unités (SI-Einheiten)

Größe	Symbol	Einheit	Symbol	Hinweis zur Definition
Länge	l	Meter	m	Lichtgeschwindigkeit
Masse	m	Kilogramm	kg	Prototyp
Zeit	t	Sekunde	s	Dauer einer Schwingung
Elektrische Stromstärke	i	Ampere	A	Kraft zwischen Leitern
Thermodynamische Temperatur	T	Kelvin	K	Tripelpunkt des Wassers
Lichtstärke	I	Candela	cd	Vereinbarte Strahlungsquelle
Stoffmenge	n	Mol	mol	Vergleichsstoff ^{12}C

Tabelle 17.3 Vorsätze und Vorsatzzeichen für dezimale Vielfache und Teile von Einheiten

Vorsatz	Vorsatzzeichen	Zehnerpotenz	Vorsatz	Vorsatzzeichen	Zehnerpotenz
Yotta	Y	10^{24}	Dezi	d	10^{-1}
Zetta	Z	10^{21}	Zenti	c	10^{-2}
Exa	E	10^{18}	Milli	m	10^{-3}
Peta	P	10^{15}	Mikro	µ	10^{-6}
Tera	T	10^{12}	Nano	n	10^{-9}
Giga	G	10^{9}	Piko	p	10^{-12}
Mega	M	10^{6}	Femto	f	10^{-15}
Kilo	k	10^{3}	Atto	a	10^{-18}
Hekto	h	10^{2}	Zepto	z	10^{-21}
Deka	da	10^{1}	Yocto	y	10^{-24}

Tabelle 17.4 Abgeleitete Einheiten des Système International d'Unités (SI-Einheiten) für elektrische, magnetische und einige andere Größen [DIN1, dort DIN 1301]

Größe	Symbol	Einheit	Symbol	Darstellungsvarianten und Potenzprodukt der Basiseinheiten
Drehmoment	$\vec{M}$	Newton · Meter	Nm	$\mathrm{Nm} = \frac{\mathrm{kg\,m^2}}{\mathrm{s^2}}$
Druck, Spannung	p	Pascal	Pa	$\mathrm{Pa} = \frac{\mathrm{N}}{\mathrm{m^2}} = \frac{\mathrm{kg}}{\mathrm{s^2 m}}$
Ebener Winkel	α	Radiant	rad	$\mathrm{rad} = \frac{\mathrm{m}}{\mathrm{m}} = 1 = \frac{180^\circ}{\pi}$; $1^\circ = \frac{\pi}{180}\mathrm{rad}$
Elektr. Dipolmoment	$\vec{p}$	Coulomb·Meter	C·m	$\mathrm{C \cdot m} = \mathrm{As \cdot m}$
Elektr. Durchflutung	Θ	Ampere	A	Basiseinheit
Elektr. Feldstärke	$\vec{E}$	Volt/Meter	$\frac{\mathrm{V}}{\mathrm{m}}$	$\frac{\mathrm{V}}{\mathrm{m}} = \frac{\mathrm{N}}{\mathrm{C}} = \frac{\mathrm{kg\,m}}{\mathrm{s^3 A}}$
Elektr. Fluss	Ψ	Coulomb	C	$\mathrm{C} = \mathrm{As}$
Elektr. Flussdichte, Elektr. Erregung	$\vec{D}$	Coulomb/Quadratmeter	$\frac{\mathrm{C}}{\mathrm{m^2}}$	$\frac{\mathrm{C}}{\mathrm{m^2}} = \frac{\mathrm{As}}{\mathrm{m^2}}$
Elektr. Leitfähigkeit	κ	Siemens/Meter	$\frac{\mathrm{S}}{\mathrm{m}}$	$\frac{\mathrm{S}}{\mathrm{m}} = \frac{1}{\Omega\mathrm{m}} = \frac{\mathrm{s^3 A^2}}{\mathrm{kg\,m^3}}$
Elektr. Leitwert	G	Siemens	S	$\mathrm{S} = \frac{1}{\Omega} = \frac{\mathrm{s^3 A^2}}{\mathrm{kg\,m^2}}$
Elektr. Polarisation	$\vec{P}$	Coulomb/Quadratmeter	$\frac{\mathrm{C}}{\mathrm{m^2}}$	$\frac{\mathrm{C}}{\mathrm{m^2}} = \frac{\mathrm{As}}{\mathrm{m^2}}$
Elektr. Potential	φ	Volt	V	$\mathrm{V} = \frac{\mathrm{J}}{\mathrm{C}} = \frac{\mathrm{W}}{\mathrm{A}} = \frac{\mathrm{kg\,m^2}}{\mathrm{s^3 A}}$
Elektr. Spannung	U	Volt	V	$\mathrm{V} = \frac{\mathrm{J}}{\mathrm{C}} = \frac{\mathrm{W}}{\mathrm{A}} = \frac{\mathrm{kg\,m^2}}{\mathrm{s^3 A}}$
Elektr. spezifischer Widerstand	ρ	Ohm·Meter	Ωm	$\Omega\mathrm{m} = \frac{\mathrm{Vm}}{\mathrm{A}} = \frac{\mathrm{kg\,m^3}}{\mathrm{s^3 A^2}}$
Elektr. Strombelag	A	Ampere/Meter	$\frac{\mathrm{A}}{\mathrm{m}}$	
Elektr. Stromdichte	$\vec{S}$	Ampere/Quadratmeter	$\frac{\mathrm{A}}{\mathrm{m^2}}$	
Elektr. Widerstand	R	Ohm	Ω	$\Omega = \frac{\mathrm{V}}{\mathrm{A}} = \frac{\mathrm{kg\,m^2}}{\mathrm{s^3 A^2}}$
Energie, Arbeit, Wärmemenge	W	Joule	J	$\mathrm{J} = \mathrm{Nm} = \mathrm{Ws} = \frac{\mathrm{kg\,m^2}}{\mathrm{s^2}}$
Frequenz	f	Hertz	Hz	$\mathrm{Hz} = \frac{1}{\mathrm{s}}$
Impuls	$\vec{p}$	Newton-Sekunde	N · s	$\mathrm{N \cdot s} = \frac{\mathrm{kg\,m}}{\mathrm{s}}$
Induktivität	L	Henry	H	$\mathrm{H} = \frac{\mathrm{Wb}}{\mathrm{A}} = \frac{\mathrm{Vs}}{\mathrm{A}} = \frac{\mathrm{J}}{\mathrm{A^2}} = \frac{\mathrm{kg\,m^2}}{\mathrm{s^2 A^2}}$

Tabelle 17.4. (Fortsetzung)

Größe	Symbol	Einheit	Symbol	Darstellungsvarianten und Potenzprodukt der Basiseinheiten
Kapazität	C	Farad	F	$F = \frac{C}{V} = \frac{As}{V} = \frac{J}{V^2} = \frac{A^2 s^4}{kg\, m^2}$
Kraft	$\vec{F}$	Newton	N	$N = \frac{kg\, m}{s^2}$
Ladung, Elektrizitätsmenge	Q	Coulomb	C	$C = As$
Leistung	P	Watt	W	$W = \frac{J}{s} = \frac{Nm}{s} = \frac{kg\, m^2}{s^3} = V \cdot A$
Magn. Dipolmoment	$\vec{m}$	Ampere Quadratmeter	$A \cdot m^2$	
Magn. Feldstärke	$\vec{H}$	Ampere/Meter	$\frac{A}{m}$	
Magn. Fluss	Φ	Weber	Wb	$Wb = Vs = \frac{kg\, m^2}{s^2 A}$
Magn. Flussdichte, magn. Induktion	$\vec{B}$	Tesla	T	$T = \frac{Wb}{m^2} = \frac{kg}{s^2 A}$
Magn. Leitwert	G_m	Weber/Ampere	H	$H = \frac{Wb}{A} = \frac{Vs}{A} = \frac{kg\, m^2}{A^2 s^2}$
Magn. Polarisation	$\vec{J}$	Tesla	T	$T = \frac{Wb}{m^2} = \frac{kg}{s^2 A}$
Magn. Skalarpotential	ψ	Ampere	A	Basiseinheit
Magn. Schwund	$-\frac{d\Phi}{dt}$	Volt	V	$V = \frac{J}{C} = \frac{W}{A} = \frac{kg\, m^2}{s^3 A}$
Magn. Spannung	V	Ampere	A	Basiseinheit
Magn. Vektorpotential	$\vec{A}$	Tesla-Meter	Tm	$Tm = \frac{Wb}{m} = Tm = \frac{Wb}{m} = \frac{kg\, m}{s^2 A}$
Magn. Widerstand	R_n	Henry^{-1}	H^{-1}	$H^{-1} = \frac{A}{Wb} = \frac{A}{Vs} = \frac{A^2 s^2}{kg\, m^2}$
Magnetisierung	$\vec{M}$	Ampere/Meter	$\frac{A}{m}$	
Permeabilität	μ	Henry/Meter	$\frac{H}{m}$	$\frac{H}{m} = \frac{Vs}{Am} = \frac{kg\, m}{s^2 A^2}$
Permittivität	ε	Farad/Meter	$\frac{F}{m}$	$\frac{F}{m} = \frac{As}{Vm} = \frac{A^2 s^4}{kg\, m^3}$
Raumladungsdichte	ρ	Columb/Kubikmeter	$\frac{C}{m^3}$	$\frac{C}{m^3} = \frac{As}{m^3}$
Raumwinkel	Ω	Steradiant	sr	$sr = \frac{m^2}{m^2}$
Winkelgeschwind-digkeit	ω	Radiant/Sekunde	rad/s	$rad/s = 1/s$

Tabelle 17.5 Zeichen für Verhältnisgrößen

Sprechweise	Zeichen	Faktor	Sprechweise	Zeichen	Faktor
per unit	pu	1			
Prozent	%	0,01	parts per billion	ppb	10^{-9}
Promille	‰	0,001	parts per trillion	ppt	10^{-12}
parts per million	ppm	10^{-6}	parts per quadrillion	ppq	10^{-15}

Tabelle 17.6 Einige Einheiten außerhalb des SI

Bar	Gauß	Kalorie	Kilopond	Oerstedt
1 bar = 100 000 Pa	1 G = 10^{-4}T	1 cal = 4,1868 J	1 kp = 9,807 N	1 Oe = $79{,}577 \frac{A}{m}$

Tabelle 17.7 Einige Naturkonstanten

Naturkonstante	Symbol und Wert	Bemerkung
Avogadro-Konstante	$N_A = 6{,}022 \cdot 10^{23}\ mol^{-1}$	auch als Loschmidt-Konstante bezeichnet
Elektrische Feldkonstante, Permittivität des Vakuums	$\varepsilon_0 = 8{,}85 \cdot 10^{-12} \frac{As}{Vm}$	$\mu_0\varepsilon_0 c_0^2 = 1$
Elektronen-Ruhemasse	$m_e = 9{,}11 \cdot 10^{-31}$ kg	
Elementarladung	$e = 1{,}602 \cdot 10^{-19}$ As	
Faraday-Konstante	$F = 96\,485 \frac{C}{mol}$	$F = eN_A$
Gravitations-Konstante	$G = 6{,}67 \cdot 10^{-11} \frac{Nm^2}{kg^2}$	$g = 9{,}81 \frac{N}{kg}$
Magnetische Feldkonstante, Permeabilität des Vakuums	$\mu_0 = 1{,}26 \cdot 10^{-6} \frac{Vs}{Am} = 4\pi \cdot 10^{-7} \frac{Vs}{Am}$	$\mu_0\varepsilon_0 c_0^2 = 1$
Protonen-Ruhemasse	$m_P = 1{,}67 \cdot 10^{-27}$ kg	
Vakuum-Lichtgeschwindigkeit	$c_0 = 299{,}8 \cdot 10^6 \frac{m}{s}$	$\mu_0\varepsilon_0 c_0^2 = 1$

Tabelle 17.8 Einige Stoffwerte, vorwiegend aus [Stöc]

Stoff	Dichte $\frac{\rho}{\text{kg/m}^3}$	Spezifische Wärme $\frac{c_p}{\text{J/(kgK)}}$	Wärmeleitfähigkeit $\frac{\lambda}{\text{W/(m}\cdot\text{K)}}$	Temperaturdehnbeiwert $\frac{\alpha}{\text{K}^{-1}}$	Spez. Leitfähigkeit $\frac{\kappa}{\text{S/m}}$	Relative Permittivität $\frac{\varepsilon_r}{1}$	Relative Permeabilität $\frac{\mu_r}{1}$
Aluminium	2700	900	240	$23 \cdot 10^{-6}$	$33 \cdot 10^{6}$	—	1
Glas	2500	840	0,81	$8 \cdot 10^{-6}$	10^{-12}	4	1
Kupfer	8900	390	400	$17 \cdot 10^{-6}$	$56 \cdot 10^{6}$	—	1
Luft	1,3	1000	0,025	$1000 \cdot 10^{-6}$	10^{-14}	1	1
Öl	900	1900	0,13	$250 \cdot 10^{-6}$	10^{-12}	2,7	1
PVC	1400	1500	0,16	$240 \cdot 10^{-6}$	10^{-14}	3	1
Stahl	7800	500	50	$12 \cdot 10^{-6}$	$10 \cdot 10^{6}$	—	1...10000
Wasser, dest.	1000	4200	0,60	$100 \cdot 10^{-6}$	$50 \cdot 10^{-6}$	80	1

Alle Werte sind von der genaueren Stoffspezifikation, der Temperatur und weiteren Parametern abhängig. Die Tabelle enthält nur grobe Richtwerte.

Tabelle 17.9 Einteilung der Elektrizitätslehre, geordnet nach zunehmender Kopplung der Felder

Gebiet	$\text{rot}\,\vec{E}$	$\text{div}\,\vec{D}$	$\text{rot}\,\vec{H}$	$\text{div}\,\vec{B}$	$\vec{D}$	$\vec{B}$	$\vec{S}$
Elektrostatik	0	ρ	$(\vec{H}=0)$	$(\vec{B}=0)$	$\varepsilon\vec{E}$ [b]	0	0
Magnetostatik	$(\vec{E}=0)$	$(\vec{D}=0)$	0	0	0	$\mu\vec{H}$ [c]	0
Elektrodynamik stat.[a] Ströme	0	ρ	$\vec{S}$	0	$\varepsilon\vec{E}$ [b]	$\mu\vec{H}$ [c]	$\kappa(\vec{E}+{}^e\vec{E})$
Elektrodynamik quasistat. Ströme	$-\frac{\partial\vec{B}}{\partial t}$	ρ	$\vec{S}$	0	$\varepsilon\vec{E}$ [b]	$\mu\vec{H}$ [c]	$\kappa(\vec{E}+{}^e\vec{E})$
Elektrodynamik	$-\frac{\partial\vec{B}}{\partial t}$	ρ	$\vec{S}+\frac{\partial\vec{D}}{\partial t}$	0	$\varepsilon\vec{E}$ [b]	$\mu\vec{H}$ [c]	$\kappa(\vec{E}+{}^e\vec{E})$

Die Literatur verwendet einige Begriffe der ersten Spalte uneinheitlich. Hier gemäß [Simo]
[a] stat. = stationärer, [b] allgemein: $\vec{D}=\varepsilon_0\vec{E}+\vec{P}(\vec{E})$, [c] allgemein: $\vec{B}=\mu_0\vec{H}+\vec{M}(\vec{H})$.
Die ersten vier Terme im Tabellenkopf (rot $\vec{E}$ bis div $\vec{B}$) bilden mit denen der letzten Zeile die Maxwell'schen Gleichungen. Die Gleichungen der rechten drei Spalten sind Stoffgesetze.

17.9 Programm zu Bild 15.13a

```
% Einschalten einer Eisenspule mit Widerstand (Bild 15.13a)

% Magnetisierungs-Kennlinie: i=iB*sinh(psi/psiB)
% Sprache: MATLAB, Einheiten: SI

% EINGABE ---------------------------------------------
iB=0.1; psiB=0.5;% Bezugswerte der Magnetisierungskennlinie
R=5; % Widerstand
o=314;uqdach=250*sqrt(2);phiq=-pi/2*1.1; % Q-Spgs-Parameter
h=0.00025; Tsim=0.1; % Zeitschritt und Simulationszeitspanne
t0=0; psi0=0;  % Anfangswerte
% RECHNUNG MIT EULER-RÜCKWÄRTS- UND NEWTON-VERFAHREN ------
psi=psi0; t=t0; PSI=[psi]; T=[t]; Uq=[uqdach*cos(phiq)];
while t<t0+Tsim;
      t=t+h;         % nächster Zeitpunkt
      p=psi;         % Schätzwert für den Verkettungsfluss(t)
      uq=uqdach*cos(o*t+phiq); Uq=[Uq uq]; % Q-Spannung
      k=1;           % Fehlerschranken-Initialisierung
      while abs(k)>1e-10;
            i=iB*sinh(p/psiB); i_=iB/psiB*cosh(p/psiB);
            f=R*i+(p-psi)/h-uq;
            f_=R*i_+1/h;    % Ableitung nach p
            k=-f/f_;  % Korrektur
            p=p+k; % Verbesserter Verkettungsfluss
      end
      psi=p;            % Endgültiger Verkettungsfluss z.Z. t
      T=[T t]; PSI=[PSI psi];
end

%AUSGABE ----------------------------------------------
      I=iB*sinh(PSI/psiB);
      plot(T,PSI,T,I,T,Uq/1000); grid

%ERLÄUTERUNGEN ----------------------------------------
% % leitet Kommentar ein.
% ; trennt Anweisungen und unterdrückt Druckausgabe.
% T=[t] erzeugt eine 1x1-Matrix mit dem einzigen Element t.
% T=[T t] fügt der Zeilenmatrix T am Ende das Element t an.
% I=iB*sinh(PSI/psiB) berechnet die Zeilenmatrix I element-
%                     weise aus der Zeilenmatrix PSI.
% plot(T,PSI,T,I,T,Uq/1000) zeichnet PSI,I und Uq/1000 über T.
% grid erzeugt ein Hilfslinien-Gitter
```

Sachwortverzeichnis